Mathematatik für Informatiker

Gunther Schmidt   Thomas Ströhlein

Relationen und Graphen

Mit 200 Abbildungen

Springer-Verlag
Berlin Heidelberg New York
London Paris Tokyo

Gunther Schmidt
Thomas Ströhlein
Institut für Informatik, Technische Universität München
Postfach 202420, D-8000 München 2

CR Subject Classification (1987): G.2, B.6, F.3.1–2, D.2.4, I.2.2

ISBN-13:978-3-540-50304-0 e-ISBN-13:978-3-642-83608-4
DOI: 10.1007/978-3-642-83608-4

CIP-Titelaufnahme der Deutschen Bibliothek
Schmidt, Gunther: Relationen und Graphen / Gunther Schmidt; Thomas Ströhlein. –
Berlin; Heidelberg; New York; London; Paris; Tokyo: Springer, 1989
(Mathematik für Informatiker)
ISBN-13:978-3-540-50304-0

NE: Ströhlein, Thomas:

Von den Autoren auf einem Macintosh in TEX gesetzt; Bilder in MacDraw und MacPaint.

2145/3140-543210 Gedruckt auf säurefreiem Papier

Vorwort

Anwendungen der Mathematik in anderen Wissenschaften bieten häufig Situationen, die als ein Geflecht von Beziehungen (Relationen) zwischen Objekten zu beschreiben sind. Anders als bei Fragestellungen aus der Analysis wird in diesen Fällen allerdings selten „gerechnet", obwohl die zugehörige Theorie hinreichend entwickelt ist und ein praktikabler Kalkül seit langem bereitsteht.

Schon Aristoteles wird ein mathematischer Umgang mit Relationen zugeschrieben, doch widmeten ihnen wohl George Boole und Charles S. Peirce als erste eine mathematische Behandlung im heutigen Sinne. Ihr Werk wurde insbesondere von Ernst Schröder systematisch fortgeführt; von ihm erschien um 1890 die dreibändige „Algebra der Logik", in deren Vorwort er schreibt: „Namentlich gebührt Herrn Peirce das Verdienst, die Brücke von den älteren, bloß verbalen Behandlungen jener Disziplin zu der neuen rechnerisch zu Werke gehenden geschlagen zu haben." Propagandist dieser Vorgehensweise war Leopold Löwenheim, der – angesichts mengentheoretischer Paradoxien – anregte, man solle die ganze Mathematik „verschrödern".

Ein halbes Jahrhundert später haben u. a. Alfred Tarski, Jacques Riguet und J. C. C. McKinsey eine moderne theoretische Grundlegung für einen Kalkül der Relationen gegeben. Es fehlt aber bisher ein leicht zugängliches Lehrbuch für dieses Gebiet. Wir wollen hier die Theorie der Relationen entwickeln und das „Rechnen" mit Relationen in vielen Anwendungsfällen darstellen. Dabei erwähnen wir graphentheoretische und kombinatorische Fragen (z. B. die Heiratssätze), gehen auf Spiele wie Schach und NIM ein, besprechen ansatzweise das relationale Datenbank-Konzept, entwickeln ausführlich die Verifikations- und Korrektheitsbegriffe für die Programmierung, haben aber auch „theoretische" Anwendungen im Auge, wie das Prinzip der transfiniten Induktion.

Das Lesen dieses Buches erfordert bemerkenswert wenige Voraussetzungen. Mit den Kenntnissen eines Studenten, der die mathematische Anfängervorlesung für sein Studienfach gehört hat, sollte von jedem Kapitel der überwiegende Teil verständlich sein. Das schließt nicht aus, daß die hinteren Abschnitte einzelner Kapitel schwierig werden können. Anschauliche Anwendungen machen das Buch durchaus für Abiturienten oder für eine Arbeitsgemeinschaft an einem Gymnasium geeignet.

Parallel zu dem Manuskript entstand in den letzten zwei Jahren das relationenalgebraische Formelmanipulationssystem RALF. Es verfügt inzwischen über das gesamte hier dargestellte grundlegende Formelwissen. Eine Reihe von Beweisen in diesem Buch, aber natürlich nicht alle, sind damit kontrolliert worden.

Literatur können wir nicht vollständig zitieren. Relationenalgebraische Primärliteratur hat oft eine andere Notation und abweichende Voraussetzungen, ist also für den schnellen Vergleich selten hilfreich. Viele Bezüge wären zudem wegen der Ausrichtung solcher Arbeiten auf die mathematische Theorie nur schwer auszumachen. Dennoch sind alle wesentlichen Vorgänger und Vorbilder in den Literaturhinweisen zu finden, ebenso eine Reihe historisch interessanter Verweise für die behandelten Anwendungen.

Die Entstehung dieses Buches hat sich über viele Jahre hingezogen. Während dieser Zeit haben uns Studenten, Freunde, Kollegen und Mitarbeiter unterstützt. Ihnen, die nicht alle namentlich genannt werden können, sei an dieser Stelle herzlich gedankt. Den folgenden Kollegen sind wir verbunden für Kommentare, Kritik und Anregungen: Kurt Antreich, Rudolf Berghammer, Ulrich Güntzer, Fridolin Hofmann, Wolfram Kahl, Kurt Meyberg, Bernhard Möller, Werner Rüb, Ralf Steinbrüggen und Hans Zierer. Ludwig Zagler danken wir insbesondere für die Durchsicht des spieltheoretischen und schachbezogenen Teils. Von Friedrich L. Bauer haben wir über Jahre hinweg bis in die letzte Phase der Entstehung des Buches eine Fülle von Anregungen und Anstößen erfahren, für die wir ihm herzlich danken. Nicht zuletzt danken wir dem Springer-Verlag für die angenehme Zusammenarbeit.

München, im Mai 1988

Gunther Schmidt
Thomas Ströhlein

Inhaltsverzeichnis

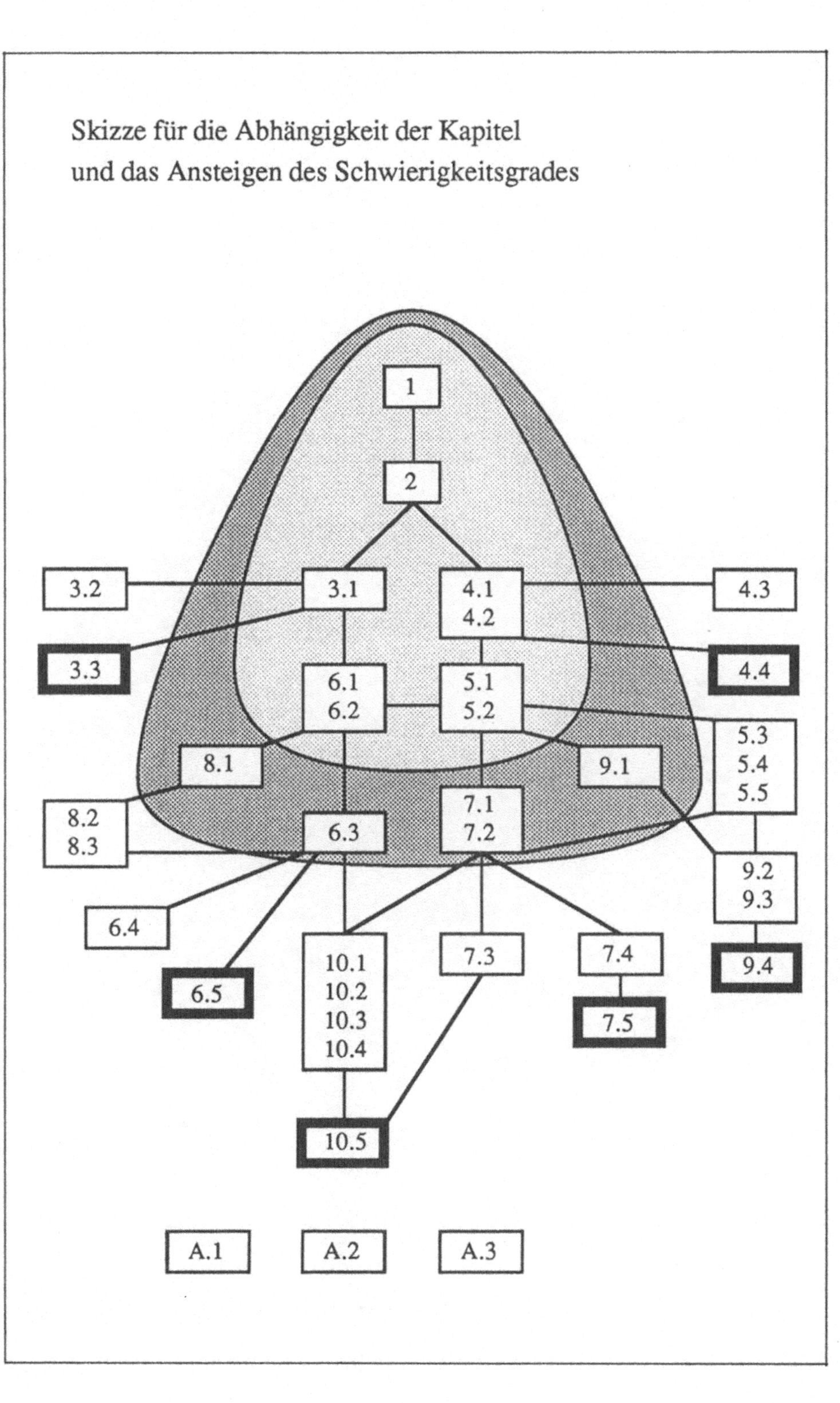

Skizze für die Abhängigkeit der Kapitel
und das Ansteigen des Schwierigkeitsgrades

1. Mengen

Wenn wir im folgenden Kapitel Relationen *auf einer Menge* einführen, können wir uns für die Mengenlehre auf allgemein Bekanntes stützen, das hier zur Vorstellung unserer Notation kurz referiert wird.

Eine Menge M ist eine Kollektion von wohlunterscheidbaren Dingen, *Elementen* x; etwa $M = \{ x \mid E(x) \}$ die Menge aller Elemente mit der Eigenschaft E oder $\emptyset$ die leere Teilmenge. Mit $x \in M$ wird das *Enthaltensein* („ist Element von") bezeichnet. Man geht meist von einer Menge X (Grundmenge) aus. Mit 2^X beschreiben wir die Menge aller Teilmengen von X (Potenzmenge); M ist Teilmenge von X genau wenn M Element von 2^X ist.

Für Teilmengen M, N von X kennt man als Operationen die Bildung von *Vereinigung* $M \cup N$, *Durchschnitt* $M \cap N$ und *Komplement* $\overline{M}$, oft auch als $X \backslash M$ oder $\mathcal{C}M$ notiert, sowie die *Inklusion* $M \subset N$, gelesen als M „ist enthalten in (oder ist gleich)" N oder N „umfaßt" M.

Die algebraischen Beziehungen zwischen den Operationen $\cup$ und $\cap$ sind wohlbekannt. Vereinigungs- und Durchschnittsbildung verhalten sich

assoziativ	$(M \cup N) \cup P = M \cup (N \cup P)$
	$(M \cap N) \cap P = M \cap (N \cap P)$
kommutativ	$M \cup N = N \cup M, \quad M \cap N = N \cap M$
distributiv	$M \cup (N \cap P) = (M \cup N) \cap (M \cup P)$
	$M \cap (N \cup P) = (M \cap N) \cup (M \cap P)$
absorptiv	$M \cap (M \cup N) = M, \quad M \cup (M \cap N) = M.$

(Sie erfüllen damit Forderungen, die man an einen sog. *distributiven Verband* stellt.) Die Operationen $\cup$ und $\cap$ verhalten sich dual zueinander. Wie man dem Absorptionsgesetz entnehmen kann, sind sie auch

idempotent $\qquad M \cup M = M, \quad M \cap M = M.$

Die Inklusionsaussage $M \subset N$ kann man ohne weiteres als eine bequemere Schreibweise für $M \cap N = M$, aber auch für $M \cup N = N$ auffassen. Mit $\subset$ ist eine *Ordnung* auf der Potenzmenge 2^X gegeben, d. h. $\subset$ ist

reflexiv	$M \subset M$		
antisymmetrisch	$M \subset N,\ N \subset M$	$\Longrightarrow$	$M = N$
transitiv	$M \subset N,\ N \subset P$	$\Longrightarrow$	$M \subset P.$

Offenbar sind nicht alle Elemente bzgl. dieser Ordnung vergleichbar, d. h. es gibt Teilmengen M, N von X mit $M \not\subset N$ und $M \not\supset N$.

Wir haben bisher die algebraischen Operationen der Mengenlehre betont. Im endlichen Fall kann man für die Teilmengen von $X = \{ a, b \}$ Verknüpfungstafeln aufstellen wie in Abb. 1.1.

$.\cup.$	$\emptyset$	$\{a\}$	$\{b\}$	$\{a,b\}$
$\emptyset$	$\emptyset$	$\{a\}$	$\{b\}$	$\{a,b\}$
$\{a\}$	$\{a\}$	$\{a\}$	$\{a,b\}$	$\{a,b\}$
$\{b\}$	$\{b\}$	$\{a,b\}$	$\{b\}$	$\{a,b\}$
$\{a,b\}$	$\{a,b\}$	$\{a,b\}$	$\{a,b\}$	$\{a,b\}$

$.\cap.$	$\emptyset$	$\{a\}$	$\{b\}$	$\{a,b\}$
$\emptyset$	$\emptyset$	$\emptyset$	$\emptyset$	$\emptyset$
$\{a\}$	$\emptyset$	$\{a\}$	$\emptyset$	$\{a\}$
$\{b\}$	$\emptyset$	$\emptyset$	$\{b\}$	$\{b\}$
$\{a,b\}$	$\emptyset$	$\{a\}$	$\{b\}$	$\{a,b\}$

$\overline{\cdot}$	$\emptyset$	$\{a\}$	$\{b\}$	$\{a,b\}$
	$\{a,b\}$	$\{b\}$	$\{a\}$	$\emptyset$

$.\subset.$	$\emptyset$	$\{a\}$	$\{b\}$	$\{a,b\}$
$\emptyset$	1	1	1	1
$\{a\}$	0	1	0	1
$\{b\}$	0	0	1	1
$\{a,b\}$	0	0	0	1

Abb. 1.1 Mengenoperationen

Wir könnten auch die Inklusionsordnung $\subset$ für Elemente $M, N \in 2^X$ der Potenzmenge von X an den Anfang stellen. (Eine Tafel in Abb. 1.1 gibt an, wann im Beispiel die Beziehung $\subset$ herrscht.) Dann wären die übrigen Operationen einzuführen wie folgt:

$$M \cup N := \begin{cases} \text{kleinste aller Teilmengen von } X\text{, die} \\ \text{sowohl } M \text{ als auch } N \text{ umfassen} \end{cases}$$

$$M \cap N := \begin{cases} \text{größte aller Teilmengen von } X\text{, die} \\ \text{sowohl in } M \text{ als auch in } N \text{ enthalten sind.} \end{cases}$$

Es handelt sich also um die Bildung der *kleinsten oberen Schranke*, des sog. *Supremums* (bzw. der *größten unteren Schranke* oder des *Infimums*) von zwei Mengen hinsichtlich der Inklusionsordnung.

Für eine beliebige Menge $\mathcal{A} \subset 2^X$ von Teilmengen wird entsprechend erklärt

$$\sup \mathcal{A} := \begin{cases} \text{kleinste aller Teilmengen von } X\text{, die} \\ \text{alle Teilmengen aus } \mathcal{A} \text{ umfassen} \end{cases}$$

$$\inf \mathcal{A} := \begin{cases} \text{größte aller Teilmengen von } X\text{, die} \\ \text{in allen Teilmengen aus } \mathcal{A} \text{ enthalten sind.} \end{cases}$$

Besteht $\mathcal{A}$ aus den Teilmengen $A_1 := \{a,b,c\}$, $A_2 := \{b,f\}$ und $A_3 := \{a,b,f\}$ über der Grundmenge $X = \{a,b,c,d,e,f\}$, so ist $\sup \mathcal{A} = A_1 \cup A_2 \cup A_3 = \{a,b,c,f\}$ und $\inf \mathcal{A} = A_1 \cap A_2 \cap A_3 = \{b\}$.

Es ist möglich, beliebige Suprema und Infima in 2^X auf diese Weise deskriptiv selbst unter Heranziehung von unendlich vielen Vergleichsmengen zu bestimmen. (Damit bildet die Potenzmenge einen sog. vollständigen distributiven Verband.)

Nun betrachten wir zusätzlich die Komplementbildung: Das Komplement verhält sich

$$\textbf{involutorisch} \qquad M = \overline{\overline{M}}.$$

Für sein Zusammenwirken mit Vereinigungs- und Durchschnittsbildung gelten die bekannten Gesetze von

de Morgan $\overline{M \cup N} = \overline{M} \cap \overline{N}, \quad \overline{M \cap N} = \overline{M} \cup \overline{N},$

$$\overline{\sup\{ M \mid M \in \mathcal{A}\}} = \inf\{ N \mid \overline{N} \in \mathcal{A}\},$$
$$\overline{\inf\{ M \mid M \in \mathcal{A}\}} = \sup\{ N \mid \overline{N} \in \mathcal{A}\}.$$

Charakteristisch für das Komplement ist, daß für jede Teilmenge M von X

$$\overline{M} \cup M = X, \qquad \overline{M} \cap M = \emptyset.$$

Schließlich gilt auch

$$\emptyset \cup M = M, \qquad \emptyset \cap M = \emptyset,$$
$$X \cup M = X, \qquad X \cap M = M.$$

Das Bestehen der Inklusion $M \subset N$ ist gleichbedeutend mit $\overline{M} \cup N = X$, mit $M \cap \overline{N} = \emptyset$, mit $M \cap N = M$ wie auch mit $M \cup N = N$. (Vereinigungs-, Durchschnitts- und Komplementbildung erfüllen damit Forderungen, die man an einen sog. vollständigen *booleschen* Verband stellt.)

Allgemein spricht man vom *Nullelement* oder kleinsten Element des Verbandes bzw. vom *Universalelement* oder größten Element.

Ein wichtiger boolescher Verband ist der Verband der *Wahrheitswerte* $\mathbb{B} = \{0, 1\}$ mit den Operationen $\vee$ (Disjunktion, „Oder“, lat. vel), $\wedge$ (Konjunktion, „Und“, lat. et) und $\overline{}$ (Negation, „Nicht“, lat. non). Abb. 1.2 zeigt die Ordnungsbeziehungen zwischen den Teilmengen der Grundmenge $X = \{1, 2, 3\}$, wobei eine Menge jeweils in den darüberliegenden und mit einer Folge von Linien verbundenen Mengen enthalten sein soll.

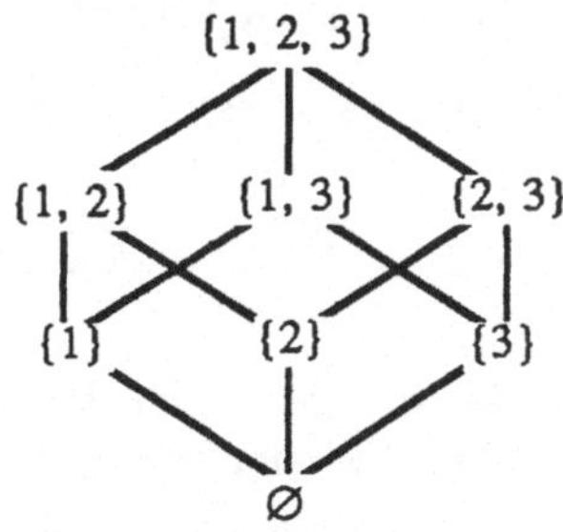

Abb. 1.2 Inklusionsordnung einer Potenzmenge

Die einelementigen Teilmengen $\{x\}$, $x \in X$, liegen in der Inklusionsordnung der leeren Menge $\emptyset$ am nächsten. Wann immer eine Teilmenge M mit $\emptyset \neq M$ und $M \subset \{x\}$ vorgelegt ist, gilt $M = \{x\}$. Es gibt also keine echten nichtleeren Teilmengen von $\{x\}$. Diese Teilmengen heißen daher *Atome*. Verschiedene Atome haben notwendig leeren Durchschnitt; ferner erwähnen wir die Eigenschaft

$$a \text{ Atom}, \ a \subset M \cup N \quad \Longrightarrow \quad a \subset M \ \text{ oder } \ a \subset N.$$

Neben die bisherigen Operationen auf Mengen kann als eine Art der Differenzbildung für zwei Mengen A und B die Verknüpfung $A \backslash B := A \cap \overline{B}$ treten, womit in der Tat gilt $A \cup (A \backslash B) = A$ und $X \backslash M = \overline{M}$. Die symmetrisch gebildete Form

$$A + B := (\overline{A} \cap B) \cup (A \cap \overline{B}),$$

genannt *symmetrische Differenz* von A und B (auch: symmetrische Summe), hat wesentlich interessantere Rechengesetze. Im booleschen Verband der Wahrheitswerte spricht man auch vom „exklusiven Oder“. Es gilt offenbar

$$A + B = (A \cup B) \cap \overline{A \cap B}.$$

Dies rechnet man – wenngleich vielleicht mühsam – ebenso elementar nach, wie die Gültigkeit von

Assoziativität $(A + B) + C = A + (B + C)$,

Kommutativität $A + B = B + A$,

und $\cap$-*Distributivität* $A \cap (B + C) = (A \cap B) + (A \cap C)$.

Aufgrund der Assoziativität darf man also auch schreiben $A + B + C$ bzw. $A + B + C + D$; in Abb. 1.3 ist die Bildung solcher symmetrischen Differenzen schematisch dargestellt.

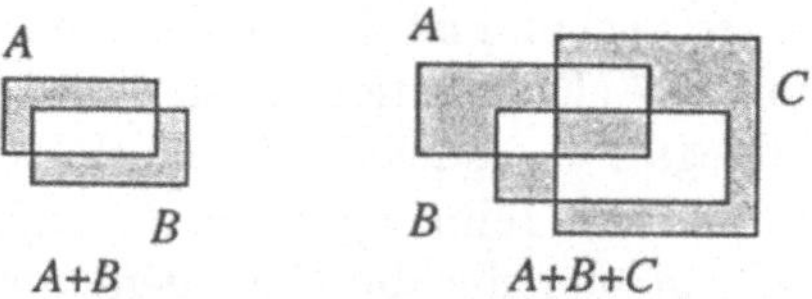

Abb. 1.3 Symmetrische Differenzen

Weitere wichtige Rechenregeln geben wir hier ohne Beweis an:

$$A + A = \emptyset, \quad A + \emptyset = A, \quad A + \overline{A} = X, \quad A + X = \overline{A}$$

$$A + (A + B) = B, \quad A + B = \emptyset \iff A = B$$

$$A + B = \overline{\overline{A} + B} = \overline{A} + \overline{B}.$$

Als Operation, die aus den Teilmengen einer Menge herausführt, kennt man schließlich das *kartesische Produkt* zweier Mengen M und N, die Menge aller (geordneten) Paare bestehend aus einem Element von M und einem Element von N; dieses ist wie üblich mit $M \times N$ bezeichnet.

2. Homogene Relationen

Am einfachsten zu untersuchen sind Relationen zwischen Elementen ein und derselben Menge, sog. homogene Relationen. Viele wesentliche Aspekte lassen sich bereits daran erläutern, und man erleichtert sich für den Anfang die Notation. Heterogene Relationen, also Relationen zwischen zwei verschiedenen Mengen, bringen keine wesentliche Erschwernis; sie werden bis Kap. 4 zurückgestellt.

In Abschnitt 2.1 gehen wir auf die noch rein mengentheoretisch auffaßbaren booleschen Operationen ein. Vereinigung, Durchschnitt und Komplement machen nicht davon Gebrauch, daß eine Relation stets Teilmenge eines kartesischen Produkts ist.

Durch diese Tatsache kommen in den Abschnitten 2.2 und 2.3 zwei neue Operationen hinzu: Transposition und Komposition von Relationen. Deren Auftreten kennzeichnet den Übergang von der *Mengen*algebra zur *Relationen*algebra. In Abschnitt 2.4 erwähnen wir eine Reihe von neuen Begriffen im Zusammenhang mit Teilmengen und Punkten, die zur ordnungstheoretischen Klärung beitragen und im Anhang wieder aufgenommen werden.

2.1 Boolesche Operationen auf Relationen

Wir nehmen an, der Mengenbegriff sei hinreichend geklärt und betrachten *Relationen*. Das Wort „Relation" beschreibt in der Umgangssprache allgemein Beziehungen zwischen Objekten. Eine mathematische Präzisierung erfährt der Relationsbegriff, wenn wir als Objekte nur noch Elemente einer Menge zulassen und wie folgt definieren:

2.1.1 Definition. Gegeben sei eine Menge V. Eine Teilmenge R des kartesischen Produkts $V \times V$ heißt eine **(homogene) Relation** auf V. □

Die Relation „ist Bruder von" ist definiert auf einer Menge von Personen; die Relation „ist kleiner als" etwa auf der Menge $\mathbb{N}$ der natürlichen Zahlen. Die Beziehung besteht entweder zwischen zwei Elementen, oder sie besteht nicht; 3 ist kleiner als 5, aber es trifft nicht zu, daß 4 kleiner ist als 2. Durch diese Alternative zerteilt eine Relation die Menge der Paare von Elementen der vorgegebenen Menge V in solche, für die die Relation besteht, und solche, für die sie nicht besteht.

Der Relation „hat zum Nachfolger“ auf $\mathbb{N}$ entspricht die Teilmenge

$$\text{Nachf} := \{ (0,1), (1,2), (2,3), \dots \} \subset \mathbb{N} \times \mathbb{N},$$

weil 0 die 1, 1 die 2 zum Nachfolger hat, usw. In Abb. 2.1.1 ist die gewohnte Relation $x \leq y$ auf den reellen Zahlen graphisch als Teilmenge angegeben.

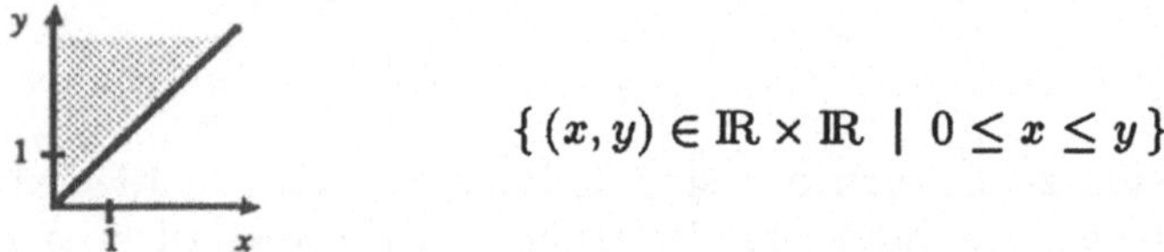

$$\{ (x,y) \in \mathbb{R} \times \mathbb{R} \mid 0 \leq x \leq y \}$$

Abb. 2.1.1 Relation als Teilmenge

Im Falle endlicher Mengen ist auch eine Tabellen-, Matrizen- oder Zuordnungsdarstellung denkbar, die in Abb. 2.1.2 für die Relation „ist kongruent modulo 3 zu“ auf der Menge der Zahlen $\{ 1, 2, \dots, 7 \} \subset \mathbb{N}$ angegeben sind.

	1	2	3	4	5	6	7
1	×			×			×
2		×			×		
3			×			×	
4	×			×			×
5		×			×		
6			×			×	
7	×			×			×

$$\begin{array}{c} \\ 1\\2\\3\\4\\5\\6\\7 \end{array} \begin{array}{c} \begin{array}{ccccccc} 1&2&3&4&5&6&7 \end{array} \\ \begin{pmatrix} 1&0&0&1&0&0&1\\ 0&1&0&0&1&0&0\\ 0&0&1&0&0&1&0\\ 1&0&0&1&0&0&1\\ 0&1&0&0&1&0&0\\ 0&0&1&0&0&1&0\\ 1&0&0&1&0&0&1 \end{pmatrix} \end{array}$$

1	{1,4,7}
2	{2,5}
3	{3,6}
4	{1,4,7}
5	{2,5}
6	{3,6}
7	{1,4,7}

Abb. 2.1.2 Relation als Tabellen und als boolesche Matrix

Völlig nahtlos verbindet sich die Relationentheorie mit der Graphentheorie, wenn man eine beliebige homogene Relation als *Übergangsrelation* eines Graphen auffaßt oder umgekehrt. Die graphische Darstellung einer Relation B auf einer Menge V erfolgt gewöhnlich so: Man zeichnet die Elemente von V als Punkte und verbindet diejenigen x und y aus V durch einen gerichteten *Pfeil* mit x als *Anfangspunkt* und y als *Endpunkt*, die in der Relation B stehen, für die also gilt $(x,y) \in B$. Anfangs- und Endpunkt werden oft unter dem (mißverständlichen) Oberbegriff „Endpunkte“ zusammengefaßt. Eine auf diese Weise bildlich dargestellte Relation bezeichnet man als Graphen, genauer als gerichteten 1-Graphen[1].

2.1.2 Definition. Ein **1-Graph** (kurz: Graph) $G = (V, B)$ besteht aus einer Menge V von **Punkten** (auch: Knoten, Ecken, engl. vertices, nodes) und einer Relation $B \subset V \times V$, genannt die **Assoziierte** oder assoziierte Relation. Die Kardinalität $|V|$ der Punktmenge wird als **Ordnung** des Graphen bezeichnet; G heißt **endlich** bei endlicher Ordnung. □

[1] Die Bezeichnung 1-Graph kommt daher, daß man in Relation stehende Elemente durch genau *einen* Pfeil verbindet. (Läßt man bis zu s parallele und gleichgerichtete Pfeile zu, so spricht man vom s-Graphen.) Pfeile haben in diesem Kapitel noch keine eigenständige Existenz, sind also keine mathematischen Objekte. Sie veranschaulichen nur das Bestehen der Relationsbeziehung. Dafür sind zwei Pfeile mit gleichem Anfangs- und Endpunkt sicher unnötig.

Ein Pfeil mit übereinstimmendem Anfangs- und Endpunkt heißt **Schlinge** (engl. loop); in Abb. 2.1.3 ist im Punkt b die Schlinge (b,b) eingetragen.

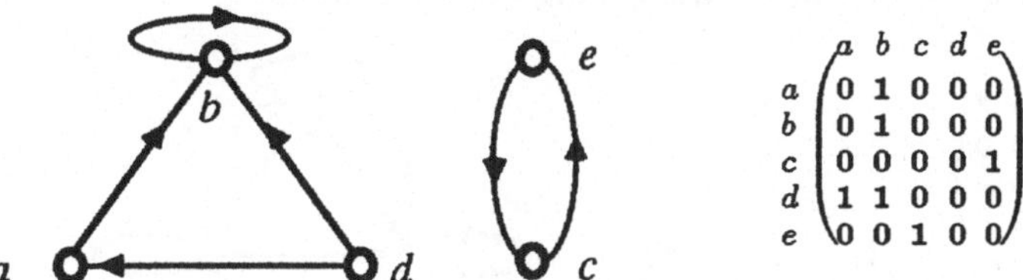

Abb. 2.1.3 Ein 1-Graph und seine Assoziierte als boolesche Matrix

Eine Datenstruktur für die Abspeicherung einer endlichen Relation oder eines endlichen 1-Graphen – was im wesentlichen dasselbe ist, wie wir eben gesehen haben – kann in Programmiersprachen wie PASCAL mit Hilfe eines Feldes angegeben werden. Natürlich muß man sich bewußt sein, daß dies oft eine sehr verschwenderische Art der Speicherung ist. Außerdem hat man nur selten eine Relation im Rechner darzustellen, welche für die ganze Zeit der Untersuchung auf derselben Menge besteht. Häufiger sind „knotendynamische" Situationen, bei denen die Grundmenge im Laufe der Zeit größer oder kleiner werden kann. Das führt zu wesentlich aufwendigeren Datenstrukturen.

Für Relationen, aufgefaßt als Teilmengen, ist bereits Durchschnitt, Vereinigung und Komplement sowie die Inklusion definiert. Im Hinblick auf diese drei Operationen bildet die Menge der Relationen auf der Menge V, also die Potenzmenge $2^{V\times V}$, einen sog. vollständigen booleschen Verband.

Wir wollen nun in der Notation sichtbar machen, wo wir mit Relationen R, S rechnen:

Vereinigung	$R \sqcup S = \{ (x,y) \mid (x,y) \in R \vee (x,y) \in S \}$
Supremum	$\sup\{ R \mid R \in \mathcal{S} \} = \{ (x,y) \mid \exists R \in \mathcal{S} : (x,y) \in R \}$
Durchschnitt	$R \sqcap S = \{ (x,y) \mid (x,y) \in R \wedge (x,y) \in S \}$
Infimum	$\inf\{ R \mid R \in \mathcal{S} \} = \{ (x,y) \mid \forall R \in \mathcal{S} : (x,y) \in R \}$
Komplement	$\overline{R} = \{ (x,y) \mid (x,y) \notin R \}$
Inklusion	$R \subset S \iff \forall x,y : [(x,y) \in R \rightarrow (x,y) \in S]$.

Damit unterscheiden wir die Schreibweise für die Verknüpfung von Wahrheitswerten in der booleschen Algebra $(\vee, \wedge)$, für die Operationen $\cup, \cap$ für Mengen und schließlich für das Rechnen $\sqcup$ und $\sqcap$ mit Relationen. In allen drei Fällen darf mit den Gesetzen der booleschen Algebra gerechnet werden. Wir haben weiterhin die **leere Relation** (Nullrelation) O (entsprechend der leeren Teilmenge $\emptyset \subset V \times V$) und die **Universalrelation** (Allrelation) L (entsprechend dem gesamten kartesischen Produkt $V \times V \subset V \times V$). Beispielsweise gilt

$$L = \overline{R} \sqcup S \iff R \subset S.$$

Ein Graph heißt **leer** bzw. **vollständig**, wenn seine Assoziierte die Null- bzw. die Universalrelation ist. Ist die Assoziierte eines Graphen in derjenigen eines anderen Graphen enthalten, so spricht man von einem **Teilgraphen**. Schränkt man sich auf eine Teilmenge der Punkte ein und übernimmt alle zwischen diesen bestehenden Relationsbeziehungen, so spricht man von einem **Untergraphen**. Punkte nennt man **isoliert**, wenn sie mit keinem anderen Punkt durch eine Relationsbeziehung verbunden sind.

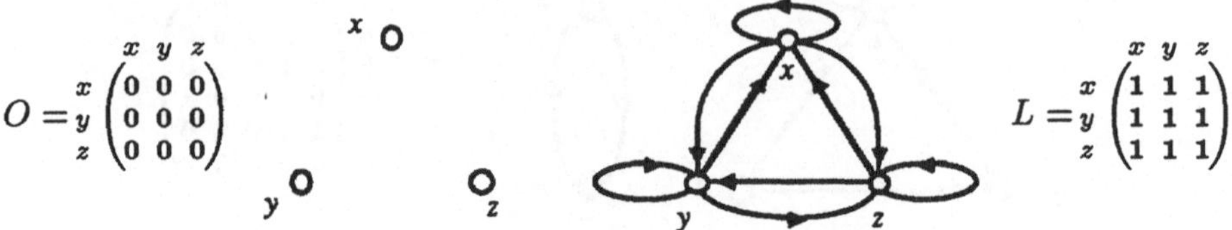

Abb. 2.1.4 Nullrelation und Universalrelation

Ist in einem Graphen die Punktmenge leer, so wird es verzwickt: F. Harary und R. C. Read studierten diese Degeneration im Jahre 1973 in einer Arbeit mit dem doppeldeutigen Titel "Is the null graph a pointless concept?".

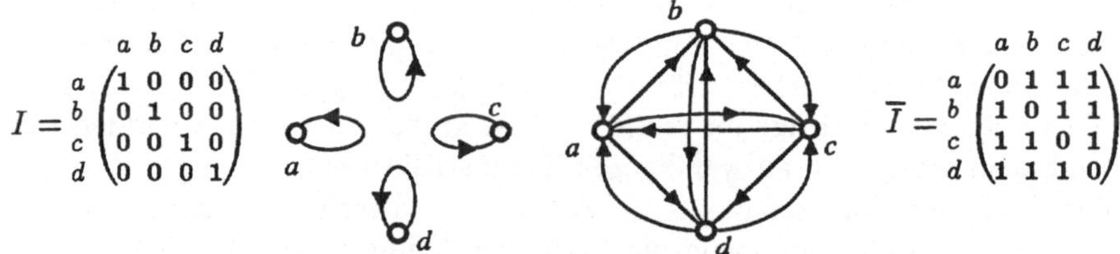

Abb. 2.1.5 Identität und Verschiedensein

Auch die **Identität** und das **Verschiedensein** von Elementen

$$I = \{(x,y) \mid x = y\} \subset V \times V,$$
$$\overline{I} = \{(x,y) \mid x \neq y\} \subset V \times V$$

sind Relationen auf V. Ihnen entsprechen Diagonale und deren Komplement in der Matrixform; Abb. 2.1.5 zeigt zwei Darstellungen. Die Identität wirkt zugleich als neutrales Element der später einzuführenden Multiplikation oder Komposition von Relationen.

Mit Hilfe der Identität lassen sich erste einfache Eigenschaften von Relationen erklären. Damit sollen solche Begriffe simultan auch für Graphen zur Verfügung stehen, auch wenn z. B. „irreflexiv“ eher im Zusammenhang mit einer Relation gebraucht und „schlingenfrei“ meist als Attribut eines Graphen verwendet wird.

2.1.3 Definition. Ist R eine homogene Relation, so heißt

R **reflexiv** $:\Longleftrightarrow \quad I \subset R \quad \Longleftrightarrow \quad R \sqcup I = R \quad \Longleftrightarrow \quad \forall x : (x,x) \in R;$

R **irreflexiv** $:\Longleftrightarrow \quad R \subset \overline{I} \quad \Longleftrightarrow \quad R \sqcap \overline{I} = R \quad \Longleftrightarrow \quad \forall x : (x,x) \in \overline{R}.$
(schlingenfrei) □

Die Äquivalenz vorstehender Definitionsvarianten bedarf kaum eines Beweises.

Die geringstmögliche Vergrößerung einer Relation R bis zum Erreichen der Eigenschaft der Reflexivität ist ein erstes Beispiel einer sog. Hüllenbildung, für die wir in den Abschnitten 2.2 und 3.1 weitere wichtige Beispiele finden werden.

2.1.4 Definition. Ist R eine homogene Relation, so heißt

$$h_{\text{refl}}(R) := \inf\{\, H \mid H \supset R \text{ und } H \text{ reflexiv} \,\} = R \sqcup I$$

die **reflexive Hülle** von R. □

Die *deskriptive* Infimum-Definition als Durchschnitt *aller* betroffenen Relationen und die *konstruktive* Supremum-Definition als Vereinigung zweier Relationen führen in der Tat zum selben Ergebnis: Mit $H \supset R$ und $H \supset I$ gilt $H \supset R \sqcup I$; also ist $R \sqcup I$ eine untere Schranke der Menge aller reflexiven Relationen $H \supset R$ und wird somit vom Infimum $h_{\text{refl}}(R)$ umfaßt. Umgekehrt ist $S := R \sqcup I$ zweifellos eine Relation, die einerseits R umfaßt und andererseits reflexiv ist, damit unter den Relationen H vorkommt und mithin auch deren Infimum umfaßt. Verbandstheoretische Argumente dieser Art werden im Anhang noch einmal systematisch geschildert.

Wir erinnern nur am Rande an die Tatsache, daß eine homogene Relationenalgebra zugleich ein Ring mit Addition $+$, Multiplikation $\sqcap$ und L als Einselement der Multiplikation ist, in welchem die Multiplikation *idempotent* ist. Liegt umgekehrt ein solcher sog. **boolescher** Ring vor, dessen Operationen mit $+$ und $\sqcap$ notiert seien, so kann man darin

Vereinigung	$A \sqcup B := (A + B) + (A \sqcap B)$	und
Negation	$\overline{A} := A + L$	

definieren und feststellen, daß wiederum ein boolescher Verband entsteht. Man vergleiche Kapitel 1.

2.2 Konversion einer Relation

Mit der Einbeziehung der Möglichkeit, Relationen zu transponieren, beginnt die über die reine Mengenalgebra hinausreichende eigentliche Relationenalgebra. Der Übergang von R zur **transponierten** oder **konversen** Relation ist definiert als

$$R^{\mathsf{T}} := \{\, (x, y) \mid (y, x) \in R \,\}.$$

In Abb. 2.2.1 ist dies mit zwei verschiedenen Darstellungsformen einer Relation erläutert. Die Relationsbeziehung R^{T} soll zwischen x und y genau dann herrschen, wenn y und x in der Relation R stehen.

	R
a	$\{b\}$
b	$\{d, e\}$
c	$\{e\}$
d	$\{d\}$
e	$\emptyset$

	R^{T}
a	$\emptyset$
b	$\{a\}$
c	$\emptyset$
d	$\{b, d\}$
e	$\{b, c\}$

Tabellen für R und R^{T}

$$\begin{array}{c} \\ a \\ b \\ c \\ d \\ e \end{array}\begin{array}{c} a\;b\;c\;d\;e \\ \begin{pmatrix} 0&1&0&0&0 \\ 0&0&0&1&1 \\ 0&0&0&0&1 \\ 0&0&0&1&0 \\ 0&0&0&0&0 \end{pmatrix} \end{array} \qquad \begin{array}{c} \\ a \\ b \\ c \\ d \\ e \end{array}\begin{array}{c} a\;b\;c\;d\;e \\ \begin{pmatrix} 0&0&0&0&0 \\ 1&0&0&0&0 \\ 0&0&0&0&0 \\ 0&1&0&1&0 \\ 0&1&1&0&0 \end{pmatrix} \end{array}$$

Boolesche Matrizen für R und R^{T}

Abb. 2.2.1 Konversion einer homogenen Relation

Für die Darstellung dieser Relation als 1-Graph in Abb. 2.2.2 bedeutet Transposition die Umkehrung der Pfeilrichtungen.

Abb. 2.2.2 **Übergang zum transponierten 1-Graphen**

Die Gestalt der Rechenregeln für die Konversion von Relationen ist von der Transposition von Matrizen her teilweise bekannt. Die Transposition ist involutorisch und mit der Komplementbildung vertauschbar,

$$(R^{\mathrm{T}})^{\mathrm{T}} = R, \qquad \overline{R}^{\mathrm{T}} = \overline{R^{\mathrm{T}}}.$$

Wir skizzieren einen Beweis nur im letztgenannten Fall: Ausgehend von $\overline{R}^{\mathrm{T}}$ gelangt man zur Mengenschreibweise

$$\forall x, y : (x, y) \in \overline{R}^{\mathrm{T}} \iff \forall x, y : (y, x) \in \overline{R}$$
$$\iff \forall x, y : (y, x) \notin R \iff \forall x, y : (x, y) \notin R^{\mathrm{T}} \iff \forall x, y : (x, y) \in \overline{R^{\mathrm{T}}}.$$

Auch mit Vereinigungs- und Durchschnittsbildung sowie mit der Inklusionsordnung und dem Übergang zum Supremum und zum Infimum ist die Transposition vertauschbar:

$$R \subset S \iff R^{\mathrm{T}} \subset S^{\mathrm{T}},$$
$$(R \sqcup S)^{\mathrm{T}} = R^{\mathrm{T}} \sqcup S^{\mathrm{T}}, \quad (R \sqcap S)^{\mathrm{T}} = R^{\mathrm{T}} \sqcap S^{\mathrm{T}},$$
$$[\sup\{ R \mid R \in \mathcal{A} \}]^{\mathrm{T}} = \sup\{ S \mid S^{\mathrm{T}} \in \mathcal{A} \},$$
$$[\inf\{ R \mid R \in \mathcal{A} \}]^{\mathrm{T}} = \inf\{ S \mid S^{\mathrm{T}} \in \mathcal{A} \}.$$

Schließlich gehen Identität, Null- und Universalrelation bei Transposition in sich über:

$$I^{\mathrm{T}} = I, \quad O^{\mathrm{T}} = O, \quad L^{\mathrm{T}} = L.$$

Diese Transpositionsregeln[1] sind so geläufig, daß wir sie später stets anwenden werden, ohne explizit auf die verwendete Regel zu verweisen.

Wir verwenden nun die Transposition zur Erinnerung an die folgenden wohlbekannten Symmetriebegriffe für eine homogene Relation R:

R **symmetrisch** $:\iff \forall x, y : [(x, y) \in R \rightarrow (y, x) \in R]$;
R **asymmetrisch** $:\iff \forall x, y : [(x, y) \in R \rightarrow (y, x) \notin R]$;
R **antisymmetrisch** $:\iff \forall x, y : [x \neq y \rightarrow \{ (x, y) \notin R \vee (y, x) \notin R \}]$.

---

[1] Im Anhang A.2 zeigen wir, wie die Regeln auf algebraische Weise, d. h. ohne auf die prädikatenlogische Form zurückzugehen, aus wenigen Axiomen hergeleitet werden können.

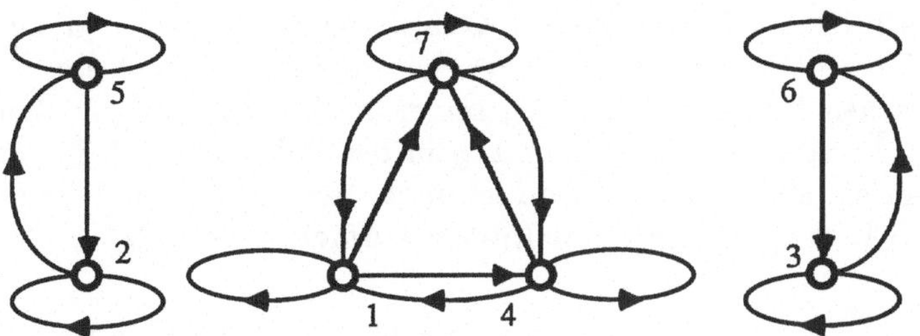

Abb. 2.2.3 Reflexive und symmetrische Relation als Graph

Statt antisymmetrisch sagt man auch **identitiv**, eine Wortwahl, zu der die gleichwertige Form

$$\forall x, y : [\{ (x,y) \in R \wedge (y,x) \in R \} \rightarrow x = y]$$

besser paßt. Die Umsetzung der Begriffe in relationale Form ist einfach; wir hätten auch die Version aus dem folgenden Satz zur Definition erheben können.

2.2.1 Satz. Für eine homogene Relation R gilt

$$\begin{array}{lllll} R \text{ symmetrisch} & \iff & R^{\mathrm{T}} \subset R & \iff & R^{\mathrm{T}} = R; \\ R \text{ asymmetrisch} & \iff & R \sqcap R^{\mathrm{T}} \subset O & \iff & R^{\mathrm{T}} \subset \overline{R}; \\ R \text{ antisymmetrisch} & \iff & R \sqcap R^{\mathrm{T}} \subset I & \iff & R^{\mathrm{T}} \subset \overline{R} \sqcup I. \end{array}$$ □

Der 1-Graph in Abb. 2.2.3 gibt die symmetrische Relation aus Abb. 2.1.2 wieder. Bereits dieses kleine Beispiel wirkt unübersichtlich. Die Darstellung mit einem Paar entgegengerichteter Pfeile zwischen zwei Punkten ist wenig ökonomisch. Für bildliche Darstellungen einer symmetrischen Relation gibt man deswegen gerne dem „ungerichteten" Graphen aus Abb. 2.2.4 den Vorzug und stellt das Paar entgegengerichteter Pfeile zeichnerisch dar durch eine (ungerichtete) *Kante* zwischen den betreffenden Punkten.

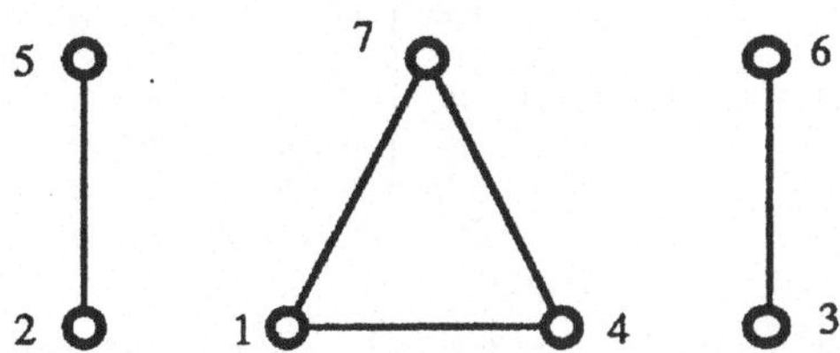

Abb. 2.2.4 Irreflexive und symmetrische Relation als ungerichteter Graph

Kanten hat ein schlingenfreier Graph nur zwischen verschiedenen Punkten. Es ist ohnehin nicht bequem, Reflexivität einer Relation dadurch auszudrücken, daß man alle Schlingen zeichnet; manchmal ist es übersichtlicher, die betreffenden Knoten geeignet zu kennzeichnen. Eine Relation, die symmetrisch und irreflexiv ist, heißt **Adjazenz**.

2.2.2 Definition. Ein **einfacher Graph** (kurz: Graph, engl. simple graph) $G = (V, \Gamma)$ besteht aus einer Menge V von Punkten und einer irreflexiven, symmetrischen Relation Γ auf V, seiner **Adjazenz**. Es gilt demnach stets $\Gamma = \Gamma^{\mathrm{T}} \subset \overline{I}$. Stehen zwei Punkte x, y in der Relation Γ, d. h. $(x, y) \in \Gamma$, so nennt man sie adjazent oder **benachbart**. Ist (V, B) ein 1-Graph, so heiße $(V, \overline{I} \sqcap (B \sqcup B^{\mathrm{T}}))$ sein **zugeordneter einfacher Graph**. □

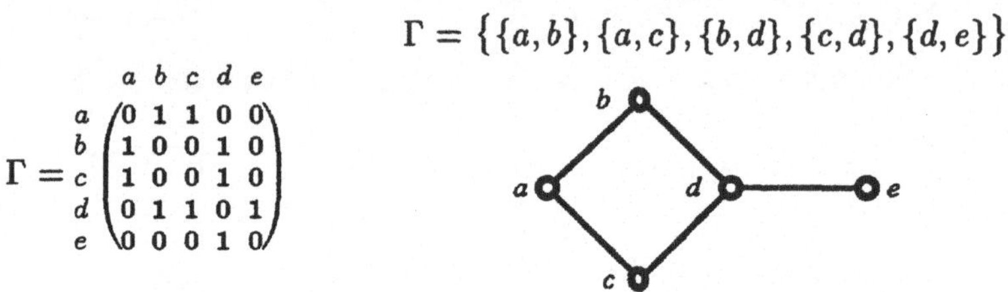

$$\Gamma = \big\{\{a,b\},\{a,c\},\{b,d\},\{c,d\},\{d,e\}\big\}$$

$$\Gamma = \begin{array}{c} \\ a \\ b \\ c \\ d \\ e \end{array} \begin{array}{c} a\;b\;c\;d\;e \\ \begin{pmatrix} 0&1&1&0&0 \\ 1&0&0&1&0 \\ 1&0&0&1&0 \\ 0&1&1&0&1 \\ 0&0&0&1&0 \end{pmatrix} \end{array}$$

Abb. 2.2.5 Darstellungen eines einfachen Graphen

Manchmal wird die irreflexive Relation Γ auch als Teilmenge der Menge aller 2-elementigen Punktmengen beschrieben. Wählt man *alle* zweielementigen Teilmengen von V aus, so ist $\Gamma = \overline{I}$, und man spricht von der **n-Clique**, falls $|V| = n$. In Abb. 2.2.5 ist ein Beispiel eines einfachen Graphen angegeben.

In Abb. 2.2.6 haben wir für die 11 Länder der Bundesrepublik eine Adjazenzbeziehung dargestellt. Zwei (also zwei verschiedene) Bundesländer sind genau dann mit einer Kante verbunden, wenn es zwischen ihnen eine gemeinsame Grenzlinie gibt.

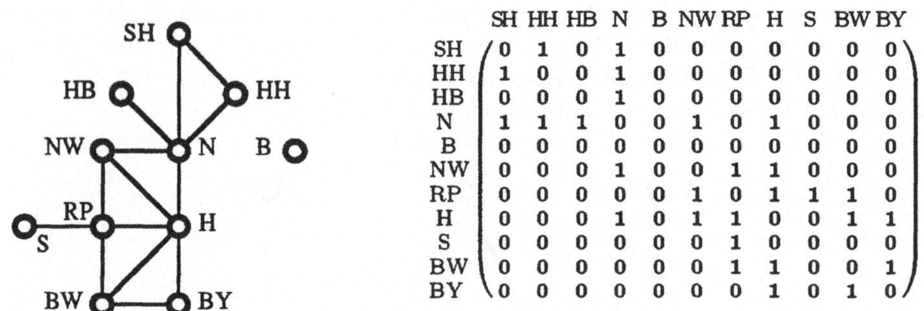

	SH	HH	HB	N	B	NW	RP	H	S	BW	BY
SH	0	1	0	1	0	0	0	0	0	0	0
HH	1	0	0	1	0	0	0	0	0	0	0
HB	0	0	0	1	0	0	0	0	0	0	0
N	1	1	1	0	0	1	0	1	0	0	0
B	0	0	0	0	0	0	0	0	0	0	0
NW	0	0	0	1	0	0	1	1	0	0	0
RP	0	0	0	0	0	1	0	1	1	1	0
H	0	0	0	1	0	1	1	0	0	1	1
S	0	0	0	0	0	0	1	0	0	0	0
BW	0	0	0	0	0	0	1	1	0	0	1
BY	0	0	0	0	0	0	0	1	0	1	0

Abb. 2.2.6 Nachbarschaft der Bundesländer als boolesche Matrix der Adjazenz

Jede Relation wird von einer symmetrischen Relation umfaßt, nämlich von der Universalrelation L. Fragt man nach einer möglichst kleinen symmetrischen Relation, die eine gegebene Relation umfaßt, so gelangt man – entsprechend dem Vorgehen bei der reflexiven Hülle in (2.1.4) – wieder zu einer Hüllenbildung. Auch hier läßt sich eine deskriptive und eine offensichtlich äquivalente konstruktive Form der Definition unterscheiden.

2.2.3 Definition. Ist R eine homogene Relation, so heißt

$$h_{\text{symm}}(R) := \inf\{ H \mid H \supset R,\ H \text{ symmetrisch} \} = R \sqcup R^{\mathrm{T}} \quad \textbf{symmetrische Hülle} \text{ von } R. \qquad \square$$

In enger Beziehung zur Transposition stehen auch die folgenden Konnexitätsbegriffe:

R **konnex** $:\iff \forall x, y : (x, y) \in R \vee (y, x) \in R;$

R **semikonnex** $:\iff \forall x, y : [x \neq y \rightarrow \{ (x, y) \in R \vee (y, x) \in R \}].$

Jedes Paar von Punkten steht bei einer konnexen Relation in der Beziehung R oder in der Beziehung R^{T}. Bei einer semikonnexen Relation wird dieses nur noch von Paaren verschiedener Punkte verlangt. Eine reflexive semikonnexe Relation ist demnach sogar konnex. Wir geben auch hier ohne Beweis die relationenalgebraische Form dieser Eigenschaften als Satz an.

2.2.4 Satz. Für eine homogene Relation R gilt

R konnex $\iff L \subset R \sqcup R^{\mathrm{T}} \iff \overline{R} \subset R^{\mathrm{T}} \iff \overline{R}$ asymmetrisch;

R semikonnex $\iff \overline{I} \subset R \sqcup R^{\mathrm{T}} \iff \overline{R} \subset R^{\mathrm{T}} \sqcup I \iff \overline{R}$ antisymmetrisch. $\square$

Nennen wir ein Punktepaar (x, y) **kollateral (unabhängig, unvergleichbar)**, wenn $x \neq y$, $(x, y) \notin R$, $(y, x) \notin R$, so können wir auch festhalten: Ein Graph ohne kollaterale Punktepaare ist semikonnex.

2.3 Produkt zweier Relationen

Der Grundgedanke der Komposition von Relationen ist ähnlich dem der Hintereinanderschaltung von Funktionen. Bei Relationen ist allerdings einem Element – im Gegensatz zur Situation bei Funktionen – eine *Menge* von Resultaten zugeordnet. Diese Menge darf leer, einelementig oder mehrelementig sein. Durch Komposition von Relationen R und S ordnen wir einem Element x daher die Vereinigung aller Ergebnismengen zu, die durch S den Elementen y mit $(x, y) \in R$ zugeordnet werden. In der Graphendarstellung von Abb. 2.3.1 werden je zwei hintereinandergesetzte Pfeile gewissermaßen durchgeschaltet.

2.3.1 Definition. Für Relationen $R, S \subset V \times V$ ist das **Produkt** $R \circ S \subset V \times V$ erklärt vermöge

$$R \circ S := \{ (x, z) \in V \times V \mid \exists y \in V : (x, y) \in R \wedge (y, z) \in S \}. \qquad \square$$

Man spricht auch von **Komposition** oder **Multiplikation** zweier Relationen. Anstelle des Zeichens $\circ$ ist außer dem reinen Nebeneinandersetzen RS in der Literatur seit E. Schröder (1890) auch „ ; “ als Operationssymbol üblich: $R\,;S$. Das Kompositionszeichen hat in der Tat eine ähnliche Bedeutung wie das Semikolon als Trennzeichen in Programmiersprachen. Wir werden, sobald die einführenden Erörterungen abgeschlossen sind, auf das Zeichen $\circ$ verzichten und von der Form $R \circ S$ zur Form RS übergehen.

Im Beispiel der Abb. 2.3.1 ist $(x, z) \in R \circ S$, weil

$$\exists i \in V : (x, i) \in R \wedge (i, z) \in S,$$

(nämlich $i = x$), was soviel bedeutet, wie

$$[(x, x) \in R \wedge (x, z) \in S] \vee [(x, y) \in R \wedge (y, z) \in S] \vee [(x, z) \in R \wedge (z, z) \in S].$$

Nun wird für diese Produktbildung die Matrizendarstellung von Relationen recht bequem, weil das Grundschema der Matrizenmultiplikation hier auf boolesche Weise nachvollzogen wird: Statt mit $+$ und $\cdot$ in einem Körper wird mit $\vee$ und $\wedge$ im zweielementigen booleschen Verband $\mathbb{B} = \{0, 1\}$ der Wahrheitswerte gerechnet. Man vergleiche die Disjunktion über die elementweise gebildete Konjunktion der x-Zeile von R und der z-Spalte von S

$$(R_{xx} \wedge S_{xz}) \vee (R_{xy} \wedge S_{yz}) \vee (R_{xz} \wedge S_{zz}) = \exists i : R_{xi} \wedge S_{iz} = (R \circ S)_{xz}$$

mit dem üblichen Matrixprodukt

$$(R_{xx} \cdot S_{xz}) + (R_{xy} \cdot S_{yz}) + (R_{xz} \cdot S_{zz}) = \sum_{i \in V} R_{xi} \cdot S_{iz} = (R \cdot S)_{xz}.$$

Wir haben also $R_{xy} = 1 \in \mathbb{B}$ gesetzt im Falle $(x, y) \in R$, d. h. falls x und y in der Relation R stehen. Die Präzedenz zwischen $\circ$ und $\sqcup$, $\sqcap$ vereinbaren wir so, daß $\circ$, wie üblich bei einer Multiplikation, stärker bindet als $\sqcup$ und $\sqcap$, die insofern auf der Ebene einer Addition angesiedelt sind. Es gilt also beispielsweise $Q \circ R \sqcap S = (Q \circ R) \sqcap S$.

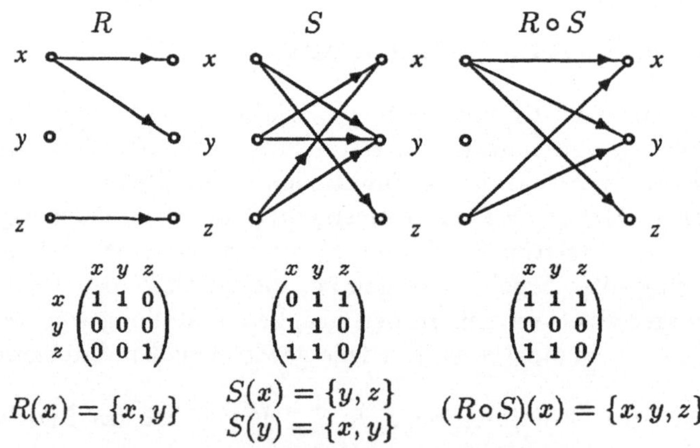

$$\begin{array}{c|ccc} & x & y & z \\ \hline x & 1 & 1 & 0 \\ y & 0 & 0 & 0 \\ z & 0 & 0 & 1 \end{array} \qquad \begin{pmatrix} 0 & 1 & 1 \\ 1 & 1 & 0 \\ 1 & 1 & 0 \end{pmatrix} \qquad \begin{pmatrix} 1 & 1 & 1 \\ 0 & 0 & 0 \\ 1 & 1 & 0 \end{pmatrix}$$

Abb. 2.3.1 Komposition von Relationen

Auf der Menge $\mathcal{R} = \mathcal{R}(V)$ der Relationen auf einer Menge V liegen hier zwei Strukturen vor: In bezug auf die mengentheoretischen Operationen ist die Struktur $(\mathcal{R}, \sqcup, \sqcap, \overline{})$ ein vollständiger atomarer boolescher Verband mit Nullelement O, Universalelement L und Inklusionsordnung $\subset$ (siehe Kap. 1). $(\mathcal{R}, \circ)$ ist überdies eine Halbgruppe mit dem Einselement I gemäß folgendem Satz:

2.3.2 Satz (*Eigenschaften der Multiplikation*).

i) Die Multiplikation von Relationen ist assoziativ:

$$(Q \circ R) \circ S = Q \circ (R \circ S).$$

ii) Die Identität I wirkt als Einselement der Multiplikation, d. h. :

$$I \circ R = R \circ I = R. \qquad \square$$

Der Beweis dafür kann ebenso wie der Beweis des folgenden Satzes nach Übergang zur prädikatenlogischen Form durch elementare Umformungen geführt werden. Die nächste Aussage wird durch Abb. 2.3.2 motiviert.

$$R = \begin{pmatrix} 0&0&0&0\\ 0&1&0&0\\ 0&0&0&1\\ 0&1&0&1 \end{pmatrix} \quad L \circ R = \begin{pmatrix} 0&1&0&1\\ 0&1&0&1\\ 0&1&0&1\\ 0&1&0&1 \end{pmatrix} \quad R \circ L = \begin{pmatrix} 0&0&0&0\\ 1&1&1&1\\ 1&1&1&1\\ 1&1&1&1 \end{pmatrix}$$

Abb. 2.3.2 Zur Tarski-Regel

2.3.3 Satz (*Tarski-Regel*). $\quad L \circ R \circ L = L$ für alle $R \neq O$. $\square$

Bei einer axiomatischen Einführung der Relationenalgebra zeigt sich, daß die Tarski-Regel mit der „Einfachheit" der Algebra zusammenhängt. Von A. Tarski (1941) stammt auch die äquivalente Formulierung, die in Übung 2.3.5 zu untersuchen ist:

$$\text{Es gilt} \quad R \circ L = L \quad \text{oder} \quad L \circ \overline{R} = L \quad \text{für alle } R.$$

Die folgenden Umformungen von Relationeninklusionen finden sich bereits 1890 bei E. Schröder. Sie sind von zentraler Bedeutung für den Kalkül der Relationen. In der Folge wurden sie mehrfach neu entdeckt. Einer der Gründe mag sein, daß erst 1936 von M. H. Stone die Übereinstimmung der booleschen Verbände und der Verbände von Teilmengen bewiesen wurde. Davor verlief die Entwicklung zweigleisig. Für Teilmengenverbände gab es, u. a. bei L. Löwenheim, einen eigenen – nicht logisch, sondern geometrisch argumentierenden – „Gebietekalkul".

Komposition und Transposition werden durch die von der Matrizenrechnung her bekannte und leicht zu beweisende Formel

$$(R \circ S)^{\mathrm{T}} = S^{\mathrm{T}} \circ R^{\mathrm{T}}$$

verbunden. Eine über die Matrizenrechnung hinausgehende Formel regelt das Zusammenspiel der Komposition mit Transposition und Komplement:

2.3.4 Satz (*Schröder-Umformung*). Für Relationen Q, R und S gilt stets

$$Q \circ R \subset S \iff Q^{\mathrm{T}} \circ \overline{S} \subset \overline{R} \iff \overline{S} \circ R^{\mathrm{T}} \subset \overline{Q}.$$

Beweis: Eine offensichtlich äquivalente Version der Behauptung ist

$$\overline{A}^{\mathrm{T}} \circ \overline{B}^{\mathrm{T}} \subset C \iff \overline{B}^{\mathrm{T}} \circ \overline{C}^{\mathrm{T}} \subset A \iff \overline{C}^{\mathrm{T}} \circ \overline{A}^{\mathrm{T}} \subset B,$$

worin die Relationen A, B, C zyklisch durchgetauscht sind. $\overline{A}^{\mathrm{T}} \circ \overline{B}^{\mathrm{T}} \subset C$ lautet in ausführlicher prädikatenlogischer Schreibweise

$$\forall x, y : [\{\exists z : (x, z) \in \overline{A}^{\mathrm{T}} \wedge (z, y) \in \overline{B}^{\mathrm{T}}\} \rightarrow (x, y) \in C].$$

Nach Umsetzen der Subjunktion $a \rightarrow b$ in $\overline{a} \vee b$ und anschließender prädikatenlogischer Umformung kann man mit der Regel von de Morgan

$$\forall x, y : \forall z : (x, z) \notin \overline{A}^{\mathrm{T}} \vee (z, y) \notin \overline{B}^{\mathrm{T}} \vee (x, y) \in C$$

schreiben. Dies ist gleichbedeutend mit der Aussage

$$\forall x, y, z : (z, x) \in A \vee (y, z) \in B \vee (x, y) \in C,$$

welche sich in den anderen beiden Fällen – bis auf Vertauschung der Disjunktionsterme – ebenfalls ergeben hätte. □

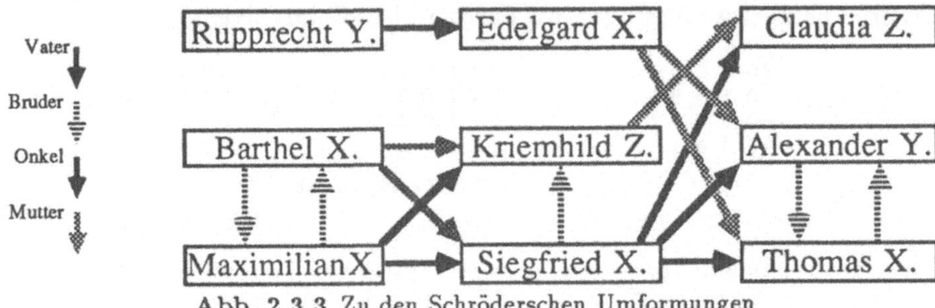

Abb. 2.3.3 Zu den Schröderschen Umformungen

Den Übergang zwischen den Inklusionen kann man sich wie folgt merken: Man transponiere die erste (oder zweite) Relation und komplementiere und vertausche die beiden anderen Relationen.

Ein Analogon für die Schrödersche Umformung gibt es im Falle $Q \subset R \circ S$ mit dem Produkt auf der größeren Seite nicht. Übung 2.3.4 deutet an, um wieviel spezieller dieser Fall ist. Daher kann man auch $\overline{R \circ S}$ nicht „ausrechnen".

Am Beispiel einiger Familienbeziehungen versuchen wir eine umgangssprachliche Deutung der Schröderschen Umformungen. Dazu betrachten wir neben den Relationen B „ist Bruder von", V „ist Vater von", M „ist Mutter von" und P „ist Pate von" in Abb. 2.3.3 und 2.3.4 auch die Relationen $E := V \sqcup M$ „ist Elternteil von" und $B \circ E$ „ist Onkel von". Man kann sich nun vorstellen, daß es in einer bestimmten Familie die traditionelle Pflicht eines jeden Onkels ist, die Patenschaft zu übernehmen, d. h. es gilt dort $B \circ E \subset P$. Damit sind andersgeartete Patenschaften keineswegs ausgeschlossen.

Nach dem Satz von Schröder gilt in einer solchen Familie auch $B^{\mathrm{T}} \circ \overline{P} \subset \overline{E}$, was sich so liest: Wenn es ein Familienmitglied x gibt, so daß x Bruder von z, jedoch nicht Pate von y ist, dann kann z kein Elternteil von y sein. Natürlich nicht, denn dann wäre x entgegen der Familienregel Onkel von y ohne dessen Pate zu sein. Hier ist die formale Manipulation kürzer und sicherer als die quantorenbehaftete Darstellung in der Umgangssprache. Für die Familienverhältnisse aus Abb. 2.3.3 zeigt Abb. 2.3.4 die entsprechenden Matrizen.

Eine weitere wesentliche Hilfe für das Rechnen mit Relationen stellt eine Variante[1] der Schröderschen Umformungen dar, die von J. Riguet als „formule

[1] In der abstrakten Relationenalgebra kann sie anstelle des Satzes von Schröder als Axiom verwendet werden und ist insofern diesem gleichwertig; siehe Übung 2.3.3.

de Dedekind“ eingeführt wurde und von P. Lorenzen als „Bund-Axiom“ bezeichnet wird.

$$V = \begin{array}{c} \\ \mathrm{R}\\ \mathrm{B}\\ \mathrm{M}\\ \mathrm{E}\\ \mathrm{K}\\ \mathrm{S}\\ \mathrm{C}\\ \mathrm{A}\\ \mathrm{T} \end{array} \begin{array}{c} \mathrm{R\,B\,M\,E\,K\,S\,C\,A\,T} \\ \begin{pmatrix} 0&0&0&1&0&0&0&0&0\\ 0&0&0&0&0&0&0&0&0\\ 0&0&0&0&1&1&0&0&0\\ 0&0&0&0&0&0&0&0&0\\ 0&0&0&0&0&0&0&0&0\\ 0&0&0&0&0&0&0&1&1\\ 0&0&0&0&0&0&0&0&0\\ 0&0&0&0&0&0&0&0&0\\ 0&0&0&0&0&0&0&0&0 \end{pmatrix} \end{array} \quad M = \begin{array}{c} \mathrm{R\,B\,M\,E\,K\,S\,C\,A\,T} \\ \begin{pmatrix} 0&0&0&0&0&0&0&0&0\\ 0&0&0&0&0&0&0&0&0\\ 0&0&0&0&0&0&0&0&0\\ 0&0&0&0&0&0&0&1&1\\ 0&0&0&0&0&0&1&0&0\\ 0&0&0&0&0&0&0&0&0\\ 0&0&0&0&0&0&0&0&0\\ 0&0&0&0&0&0&0&0&0\\ 0&0&0&0&0&0&0&0&0 \end{pmatrix} \end{array} \quad B \circ E = \begin{array}{c} \mathrm{R\,B\,M\,E\,K\,S\,C\,A\,T} \\ \begin{pmatrix} 0&0&0&0&0&0&0&0&0\\ 0&0&0&0&1&1&0&0&0\\ 0&0&0&0&0&0&0&0&0\\ 0&0&0&0&0&0&0&0&0\\ 0&0&0&0&0&0&0&0&0\\ 0&0&0&0&0&0&1&0&0\\ 0&0&0&0&0&0&0&0&0\\ 0&0&0&0&0&0&0&0&0\\ 0&0&0&0&0&0&0&0&0 \end{pmatrix} \end{array}$$

$$B = \begin{array}{c} \mathrm{R}\\ \mathrm{B}\\ \mathrm{M}\\ \mathrm{E}\\ \mathrm{K}\\ \mathrm{S}\\ \mathrm{C}\\ \mathrm{A}\\ \mathrm{T} \end{array} \begin{pmatrix} 0&0&0&0&0&0&0&0&0\\ 0&0&1&0&0&0&0&0&0\\ 0&1&0&0&0&0&0&0&0\\ 0&0&0&0&0&0&0&0&0\\ 0&0&0&0&0&0&0&0&0\\ 0&0&0&0&1&0&0&0&0\\ 0&0&0&0&0&0&0&0&0\\ 0&0&0&0&0&0&0&0&1\\ 0&0&0&0&0&0&0&1&0 \end{pmatrix} \quad P = \begin{pmatrix} 0&0&0&0&0&1&0&0&0\\ 0&0&0&0&1&1&0&0&0\\ 0&0&0&0&0&0&0&0&0\\ 0&0&0&0&0&0&0&0&0\\ 0&0&0&0&0&0&0&0&0\\ 0&0&0&0&0&0&1&0&0\\ 0&0&0&0&0&0&0&0&0\\ 0&0&0&0&0&0&0&0&0\\ 0&0&0&0&0&0&0&0&0 \end{pmatrix} \quad B^{\mathrm{T}} \circ \overline{P} = \begin{pmatrix} 0&0&0&0&0&0&0&0&0\\ 1&1&1&1&1&1&1&1&1\\ 1&1&1&1&0&0&1&1&1\\ 0&0&0&0&0&0&0&0&0\\ 1&1&1&1&1&1&0&1&1\\ 0&0&0&0&0&0&1&0&0\\ 0&0&0&0&0&0&0&0&0\\ 1&1&1&1&1&1&1&1&1\\ 1&1&1&1&1&1&1&1&1 \end{pmatrix}$$

Abb. 2.3.4 Boolesche Matrizen zu Abb. 2.3.3

2.3.5 Korollar (*Dedekind-Formel, J. Riguet, 1948*). Für Relationen Q, R und S gilt stets

$$Q \circ R \sqcap S \subset (Q \sqcap S \circ R^{\mathrm{T}}) \circ (R \sqcap Q^{\mathrm{T}} \circ S).$$

Ein „komponentenfreier“ **Beweis** durch Ableitung aus den Schröderschen Umformungen wird in Übung 2.3.3 verlangt. Wir zeigen hier:

$$\begin{aligned}
(x,y) \in Q \circ R \sqcap S \quad &\Longleftrightarrow \quad [\exists z : (x,z) \in Q \wedge (z,y) \in R] \wedge (x,y) \in S \\
\Longleftrightarrow \quad &\exists z : [(x,z) \in Q \wedge (x,y) \in S \wedge (y,z) \in R^{\mathrm{T}}] \wedge \\
&\qquad [(z,y) \in R \wedge (z,x) \in Q^{\mathrm{T}} \wedge (x,y) \in S] \\
\Longrightarrow \quad &\exists z : [(x,z) \in Q \wedge [\exists w : (x,w) \in S \wedge (w,z) \in R^{\mathrm{T}}]] \wedge \\
&\qquad (z,y) \in R \wedge [\exists u : (z,u) \in Q^{\mathrm{T}} \wedge (u,y) \in S] \\
\Longleftrightarrow \quad &\exists z : [(x,z) \in Q \wedge (x,z) \in S \circ R^{\mathrm{T}}] \wedge [(z,y) \in R \wedge (z,y) \in Q^{\mathrm{T}} \circ S] \\
\Longleftrightarrow \quad &\exists z : [(x,z) \in Q \sqcap S \circ R^{\mathrm{T}}] \wedge [(z,y) \in R \sqcap Q^{\mathrm{T}} \circ S] \\
\Longleftrightarrow \quad &(x,y) \in (Q \sqcap S \circ R^{\mathrm{T}}) \circ (R \sqcap Q^{\mathrm{T}} \circ S). \qquad \square
\end{aligned}$$

Die Dedekind-Formel kommt ohne Komplement aus und ist manchmal vorteilhaft in Beweisen, die als eine Kette von Inklusionen wiedergegeben werden können. Angewendet auf die schon erwähnten Familienbeziehungen erhält

$$B \circ E \sqcap P \subset (B \sqcap P \circ E^{\mathrm{T}}) \circ (E \sqcap B^{\mathrm{T}} \circ P)$$

die folgende Deutung: Wenn x Onkel und Pate von y ist, dann gibt es ein Familienmitglied z, so daß x Bruder von z ist und ein Patenkind w hat mit z als Elternteil und weiterhin z Elternteil von y ist sowie ein Bruder u von z existiert, der Pate von y ist. Diese Ausführungen gelten übrigens für jede Familie, also auch in solchen, in denen nicht traditionell jeder Onkel zugleich als Pate fungiert.

Im folgenden Satz sind nun die wesentlichen Rechenregeln für die Multiplikation zusammengefaßt.

2.3.6 Satz (*Rechenregeln für die Multiplikation*).

i) $$R \circ O = O \circ R = O;$$

ii) Monotonie der Multiplikation
$$P \subset Q, \quad R \subset S \quad \Longrightarrow \quad P \circ R \subset Q \circ S;$$

iii) $\sqcap$-Subdistributivität der Multiplikation
$$Q \circ (R \sqcap S) \subset Q \circ R \sqcap Q \circ S$$
$$Q \circ \inf\{\, R \mid R \in \mathcal{A} \,\} \subset \inf\{\, S \mid S = Q \circ R \text{ und } R \in \mathcal{A} \,\};$$

iv) $\sqcup$-Distributivität der Multiplikation
$$Q \circ (R \sqcup S) = Q \circ R \sqcup Q \circ S$$
$$Q \circ \sup\{\, R \mid R \in \mathcal{A} \,\} = \sup\{\, S \mid S = Q \circ R \text{ und } R \in \mathcal{A} \,\}.$$

Für die Multiplikation mit Q von rechts gelten (iii, iv) entsprechend.

Beweis[1]: i) Wir nutzen aus, daß L jede andere Relation umfaßt: Nach der Schröderschen Umformung gilt $R \circ O \subset O \Longleftrightarrow R^{\mathrm{T}} \circ L \subset L$.

ii) Wegen $P \circ S \subset P \circ S$ gilt nach Schröder $P^{\mathrm{T}} \circ \overline{P \circ S} \subset \overline{S} \subset \overline{R}$. Wiederum mit dieser Umformung erhält man die Monotonie $P \circ R \subset P \circ S$ bezüglich des zweiten Faktors. $P \circ S \subset Q \circ S$ beweist man analog und erhält damit auch $P \circ R \subset Q \circ S$.

iii) Aufgrund der eben bewiesenen Monotonie gilt $Q \circ (R \sqcap S) \subset Q \circ R$ sowie $Q \circ (R \sqcap S) \subset Q \circ S$; also $Q \circ (R \sqcap S) \subset Q \circ R \sqcap Q \circ S$. Im Falle des unendlichen Durchschnitts schließt man ebenso. Für alle $S \in \mathcal{A}$ gilt $\inf\{\, R \mid R \in \mathcal{A} \,\} \subset S$ und somit nach (ii) $Q \circ \inf\{\, R \mid R \in \mathcal{A} \,\} \subset Q \circ S$. Die linke Seite muß also im Durchschnitt aller dieser rechten Seiten enthalten sein.

iv) Aus Monotoniegründen ist $Q \circ R \subset Q \circ (R \sqcup S)$ und $Q \circ S \subset Q \circ (R \sqcup S)$, also $Q \circ R \sqcup Q \circ S \subset Q \circ (R \sqcup S)$. Andererseits gilt nach Schröder sicherlich $Q^{\mathrm{T}} \circ \overline{Q \circ R} \subset \overline{R}$ und $Q^{\mathrm{T}} \circ \overline{Q \circ S} \subset \overline{S}$ und damit nach (iii) $Q^{\mathrm{T}} \circ \overline{Q \circ R \sqcup Q \circ S} = Q^{\mathrm{T}} \circ (\overline{Q \circ R} \sqcap \overline{Q \circ S}) \subset Q^{\mathrm{T}} \circ \overline{Q \circ R} \sqcap Q^{\mathrm{T}} \circ \overline{Q \circ S} \subset \overline{R} \sqcap \overline{S} = \overline{R \sqcup S}$. Wieder führt Satz 2.3.4 zu $Q \circ (R \sqcup S) \subset Q \circ R \sqcup Q \circ S$. Diese Schlußweisen übertragen sich auch auf den Fall der Supremumsbildung. □

Das Beispiel zwei- oder mehrreihiger boolescher Matrizen
$$O = L \circ O = L \circ (I \sqcap \overline{I}) \subset L \circ I \sqcap L \circ \overline{I} = L \sqcap L = L$$
zeigt, daß i. a. keine $\sqcap$-Distributivität herrscht.

Aus (2.3.3) und (2.3.6) folgt unmittelbar, daß die Universalrelation L nur von der Nullrelation O annulliert wird. Wir halten also fest
$$R \circ L = O \quad \Longleftrightarrow \quad R = O.$$

---

[1] Im Hinblick auf die axiomatischen Überlegungen im Anhang A.2 beachte man, daß der Beweis die Transpositionsregeln aus Abschnitt 2.2 nicht benutzt.

Angesichts der Umständlichkeit der Schreibweise mit dem Kringel $\circ$ für die Multiplikation entscheiden wir uns, von jetzt ab die Multiplikation durch einfaches Nebeneinandersetzen zu kennzeichnen.

Residuen und symmetrischer Quotient

Die folgenden Erörterungen dienen nur zu Außenbezügen und können bei der ersten Durchsicht ohne weiteres übersprungen werden.

Die Ähnlichkeit zwischen Matrizen über einem Körper und Relationen kann man noch etwas weiter verfolgen und fragen: Lassen sich unter gewissen Voraussetzungen lineare Gleichungen wie im Reellen auflösen? Dieser Frage ist R. D. Luce im Jahre 1952 nachgegangen, und er hat neben den wiederentdeckten Schröderschen Umformungen folgendes bewiesen:

2.3.7 Satz (*Auflösung linearer Gleichungen*). Sind R und S gegebene Relationen, so gilt

$$RX = S \text{ hat Lösungen } X \quad \Longleftrightarrow \quad S \subset R\overline{R^{\mathrm{T}}\overline{S}} \quad \Longleftrightarrow \quad S = R\overline{R^{\mathrm{T}}\overline{S}}.$$

Im Falle der Lösbarkeit ist jede Lösung in der speziellen Lösung $\overline{R^{\mathrm{T}}\overline{S}}$ enthalten.

Beweis: Ist X eine Relation mit $RX = S$, so ist $RX \subset S$ nach Schröder äquivalent zu $R^{\mathrm{T}}\overline{S} \subset \overline{X}$ und zu $X \subset \overline{R^{\mathrm{T}}\overline{S}}$, woraus folgt $S = RX \subset R\overline{R^{\mathrm{T}}\overline{S}}$. Die umgekehrte Inklusion $R\overline{R^{\mathrm{T}}\overline{S}} \subset S$ ist äquivalent zu $R^{\mathrm{T}}\overline{S} \subset R^{\mathrm{T}}\overline{S}$ und gilt daher stets. □

Wir besprechen nun einige mit der Komposition eng verwandte, aber weit weniger geläufige Operationen. Gelegentlich wird ein eigenes, schon 1890 bei E. Schröder erwähntes Operationszeichen „$\underset{,}{+}$“ verwendet. Das Zeichen „$\underset{,}{+}$“ ist in Anlehnung an „;“, d. h. an „$\cdot$“ und „,“ gebildet, was Schröder als Symbol für die Relationenmultiplikation benutzte. Die Operationszeichen „$\cdot\,.$“ und „$.\,\cdot$“ finden sich bei G. Birkhoff.

2.3.8 Definition. Es seien R und S Relationen

i) $S \underset{,}{+} R := \overline{\overline{S}\,\overline{R}}$;

ii) $S \,.\!\cdot R := \overline{R^{\mathrm{T}}\,\overline{S}} = \overline{R}^{\mathrm{T}} \underset{,}{+} S = \sup\{\, X \mid RX \subset S \,\}$

Rechts-Residuum von S durch R;

iii) $S \cdot\!. R := \overline{\overline{S}\,R^{\mathrm{T}}} = S \underset{,}{+} \overline{R}^{\mathrm{T}} = \sup\{\, Y \mid YR \subset S \,\}$

Links-Residuum von S durch R. □

Das Rechtsresiduum ist zugleich die *größte* Lösung von $RX \subset S$ und im Falle der Lösbarkeit von $RX = S$ im Sinne von (2.3.7) auch dafür die größte Lösung. Für das Linksresiduum kam im Zusammenhang mit Verifikationsuntersuchungen auch schon die englische Bezeichnung „weakest prespecification“ mit der Notation R/S auf.

Es ist einleuchtend, daß sich durch die zweifache Negation bei (i) Distributivität und Subdistributivität vertauschen. Wir stellen einige Beziehungen dieser Art ohne Beweis zusammen.

2.3.9 Satz. i) Die Operation $\dagger$ ist $\sqcap$-distributiv, d. h.

$$(Q \sqcap R)\dagger S = (Q\dagger S) \sqcap (R\dagger S)$$
$$Q\dagger(R \sqcap S) = (Q\dagger R) \sqcap (Q\dagger S);$$

ii) Die Operation $\dagger$ ist monoton, d. h.

$$P \subset Q,\ R \subset S \quad\Longrightarrow\quad P\dagger R \subset Q\dagger S;$$

iii) $$\overline{I}\dagger R = R\dagger\overline{I} = R;$$

iv) $$\overline{I} \mathbin{\cdot .} \overline{R} = R^{\mathrm{T}}.$$

v) Es gelten die folgenden, hier nur einseitig wiedergegebenen Distributivitätsregeln

$$(P \sqcap Q) \mathbin{.\cdot} R = (P \mathbin{.\cdot} R) \sqcap (Q \mathbin{.\cdot} R),$$
$$P \mathbin{.\cdot} (Q \sqcup R) = (P \mathbin{.\cdot} Q) \sqcap (P \mathbin{.\cdot} R);$$

vi) $$PQ \subset R \iff Q \subset R \mathbin{.\cdot} P \iff P \subset R \mathbin{\cdot .} Q;$$

vii) $$(PQ) \mathbin{.\cdot} P \supset Q, \qquad (PQ) \mathbin{\cdot .} Q \supset P.$$ □

Die Aussage (iv) kann dazu dienen, die ganze Relationenalgebra von einer anderen Seite her aufzuziehen, indem man nicht mehr die Transposition vorgibt, sondern die Bildung des Linksresiduums. Die Transposition kann mit Hilfe des Linksresiduums ausgedrückt werden. Statt der Schröder-Umformung hat man dann (vi). Wir verfolgen das jedoch nicht weiter.

Wir verwenden später die folgende symmetrisierte Form der Residuen.

2.3.10 Definition. Bei gegebenen Relationen R und S heiße

$$\mathrm{syQ}(R,S) := \overline{R^{\mathrm{T}}\overline{S}} \sqcap \overline{\overline{R}^{\mathrm{T}}S} = \sup\{\, X \mid RX \subset S \text{ und } XS^{\mathrm{T}} \subset R^{\mathrm{T}} \,\}$$

der **symmetrische Quotient**[1] zwischen R und S. □

Obige Definition beinhaltet zwei Varianten, von deren Gleichwertigkeit wir uns nun zu überzeugen haben, wobei wir mit $W := \overline{R^{\mathrm{T}}\overline{S}} \sqcap \overline{\overline{R}^{\mathrm{T}}S}$ abkürzen: $RX \subset S$ und $XS^{\mathrm{T}} \subset R^{\mathrm{T}}$ sind offenbar äquivalent zu $X \subset \overline{R^{\mathrm{T}}\overline{S}}$ und $X \subset \overline{\overline{R}^{\mathrm{T}}S}$, so daß sicherlich für jedes X mit diesen Eigenschaften $X \subset W$ gilt. Andererseits haben wir uns eben schon überlegt, daß W die erste der Aussonderungseigenschaften, nämlich $RW \subset S$, erfüllt. Es gilt auch $WS^{\mathrm{T}} \subset \overline{\overline{R}^{\mathrm{T}}S}S^{\mathrm{T}} \subset R^{\mathrm{T}}$ und der

[1] Durch die Tatsache, daß $R\,\mathrm{syQ}(R,S) \subset R\overline{R^{\mathrm{T}}\overline{S}} \subset S$, wird die Wahl der Bezeichnung „Quotient“ teilweise gerechtfertigt. Wir werden in Abschnitt 4.4 sehen, daß oft sogar Gleichheit herrscht. Man beachte, daß die namengebende erste Variante von $\mathrm{syQ}(R,S)$ nur eine *symmetrisch gebaute*, aber i. a. keine symmetrische Relation ist. Im Falle $R = S$ ist dieses Konstrukt seit J. Riguet bekannt als (franz.) noyau.

symmetrische Quotient erfüllt $XS^{\mathrm{T}} \subset R^{\mathrm{T}}$. Damit ist W in der Tat die größte aller Relationen mit beiden Eigenschaften, also auch deren Supremum.

Abstrakte Relationenalgebren

Man konnte sehen, daß die mit komponentenweisem Ausrechnen beweisbaren Sätze 2.3.2, 2.3.3 und 2.3.4 und normale Mengenschlußweisen ausgereicht haben, um im Beweis der Sätze 2.3.6 und 2.3.7 völlig ohne Elementbeziehungen $(x, y) \in R$ auszukommen. In den Übungen wird verlangt, auch die Dedekind-Formel 2.3.5 und die Rechenregeln für die Transposition in entsprechender Weise ohne Eingehen auf die Elementepaare „komponentenfrei" zu beweisen. Beweise ohne Quantoren sind in der Regel wesentlich kürzer und sie lassen die verwendeten formalen Schlüsse klarer erkennen. Sie sind damit leichter nachprüfbar – gegebenenfalls automatisch nachvollziehbar – und weniger fehleranfällig, während ihr mnemotechnischer Wert erhalten bleibt.

Wir werden eine algebraische Struktur, in der die Gesetze des atomaren vollständigen booleschen Verbandes, die Eigenschaften der Multiplikation (2.3.2), die Tarski-Regel (2.3.3) und die Schröderschen Umformungen (2.3.4) gültig sind, eine (abstrakte) Relationenalgebra nennen. Im Gegensatz dazu sprechen wir bei Vorgabe einer Grundmenge V und der Relationen darauf von konkreten Relationen. Einen Beweis, der nur die Rechenregeln einer Relationenalgebra und daraus abgeleitete wie (2.3.6) verwendet und nicht von der matrixartigen Struktur eines Elementes $R \subset V \times V$ Gebrauch macht, werden wir **relationenalgebraisch** nennen. Resultate mit solchen Beweisen gelten in jeder Relationenalgebra, also auch in solchen, die man etwa durch das Verfahren aus (7.5.14) konstruiert hat.

Übungen

2.3.1 Für jede Relation R gilt $(I \sqcap RR^{\mathrm{T}})R = R = R(I \sqcap R^{\mathrm{T}}R)$.

2.3.2 Man beweise relationenalgebraisch, daß stets

$$Q\overline{\overline{R}S} \subset \overline{\overline{QR}S} \quad \text{und} \quad \overline{Q\overline{R}S} \subset \overline{Q\overline{RS}}.$$

2.3.3 Man leite die Dedekind-Formel $QR \sqcap S \subset (Q \sqcap SR^{\mathrm{T}})(R \sqcap Q^{\mathrm{T}}S)$ relationenalgebraisch ab. Hinweis: Im Produkt QR wird der Faktor Q nach SR^{T} und seinem Komplement sowie der Faktor R nach $Q^{\mathrm{T}}S$ und seinem Komplement zerlegt.

2.3.4 Im Jahre 1952 hat R. D. Luce die Existenz einer Relation X mit den drei Eigenschaften

$$X \subset S, \quad Q \subset LX \quad \text{und} \quad QX^{\mathrm{T}} \subset R$$

als hinreichende Bedingung für das Bestehen der Inklusion $Q \subset RS$ angegeben. Man beweise dies mit Hilfe der Dedekind-Beziehung.

2.3.5 Man beweise die Äquivalenz der Tarski-Regel $R \neq O \implies LRL = L$ mit der Aussage $RL = L$ oder $L\overline{R} = L$.

2.3.6 Die Relationen $R, R^{\mathrm{T}}R$ bzw. RR^{T} können nur gleichzeitig verschwinden, d. h. es gilt

$$R \neq O \iff R^{\mathrm{T}}R \neq O.$$

2.3.7 Jede in der Identität enthaltene Relation ist idempotent, d. h.

$$R \subset I \implies R^2 = R.$$

2.3.8 Für jedes R gilt $\overline{RL} = \overline{\overline{RL}}L$.

2.4 Teilmengen und Punkte

Mit Hilfe von Relationen auf einer Menge kann man auch deren Teilmengen charakterisieren. Man ordnet der Teilmenge $U \subset V$ die Relation

$$u := \{(x, y) \mid x \in U, y \in V\}$$

zu, deren Bestehen nur von der ersten Komponente des Paars abhängig ist. Der Teilmenge $U = \{b, c\} \subset V = \{a, b, c, d\}$ entspricht so die Relation u, die in Abb. 2.4.1 links als Matrix dargestellt ist. Man sieht, daß u durch eine „zeilenkonstante" Matrix dargestellt wird, und überlegt sich, daß derartige Matrizen durch $u = uL$ charakterisiert sind. Die Beziehung zwischen Teilmengen $U \subset V$ und Relationen R auf V, die der Bedingung $R = RL$ genügen, ist offenbar in beiden Richtungen eindeutig.

$$u = \begin{array}{c} \\ a \\ b \\ c \\ d \end{array} \begin{array}{c} a\ b\ c\ d \\ \begin{pmatrix} 0 & 0 & 0 & 0 \\ 1 & 1 & 1 & 1 \\ 1 & 1 & 1 & 1 \\ 0 & 0 & 0 & 0 \end{pmatrix} \end{array} \qquad \begin{pmatrix} 0 \\ 1 \\ 1 \\ 0 \end{pmatrix}$$

Abb. 2.4.1 Teilmenge als Relation

Man könnte auch die rechts angegebene Kurzdarstellung der zeilenkonstanten Relation mit einem Vektor wählen. Wir haben also wieder eine gewisse Analogie zur Matrizenrechnung. So wie Relationen als Matrizen dargestellt werden können, entsprechen den Teilmengen die Vektoren. In Fortführung dieser Analogie verwenden wir Großbuchstaben für Relationen und Kleinbuchstaben für Vektoren.

2.4.1 Definition. Wir nennen die Relation x mit der Eigenschaft $x = xL$ eine **(durch Kennzeichnung gegebene) Teilmenge** oder einen **(booleschen) Vektor**. □

Für jede Relation R bildet $x := RL$ einen Vektor. Übernimmt man die Redeweise, die für Funktionen üblich ist, so beschreibt er den **Definitionsbereich** der Relation R:

$$(i, j) \in RL \iff \exists k : (i, k) \in R.$$

Sind x, y Vektoren, so auch $\overline{x}$, $x \sqcup y$ und $x \sqcap y$, aber natürlich nicht in jedem Falle x^{T}. Insbesondere gilt $\overline{RL} = \overline{RL}L$; siehe Übung 2.3.8. Die Vektoren bilden daher einen Unterverband der Relationen. Da mit x bei beliebigem R auch Rx ein Vektor ist, hat dieser Unterverband Eigenschaften eines sog. Ideals.

Wir beweisen nun zwei häufig anzuwendende Formeln, welche beschreiben, wie sich die Multiplikation von Relationen beim Auftreten von Vektoren verhält. Man denke an das **Ausblenden** bestimmter Zeilen einer booleschen

$[Q \sqcap RL] \circ S = Q \circ S \sqcap RL:$

$$\left[\begin{pmatrix}0&0&0&1\\1&0&1&0\\0&0&0&0\\1&0&1&0\end{pmatrix} \sqcap \begin{pmatrix}1&1&1&1\\1&1&1&1\\1&1&1&1\\0&0&0&0\end{pmatrix}\right] \circ \begin{pmatrix}0&1&1&1\\1&0&1&1\\0&0&0&1\\1&0&1&1\end{pmatrix} = \begin{pmatrix}0&0&0&1\\1&0&1&0\\0&0&0&0\\1&0&1&0\end{pmatrix} \circ \begin{pmatrix}0&1&1&1\\1&0&1&1\\0&0&0&1\\1&0&1&1\end{pmatrix} \sqcap \begin{pmatrix}1&1&1&1\\1&1&1&1\\1&1&1&1\\0&0&0&0\end{pmatrix}$$

$[Q \sqcap (PL)^{\mathrm{T}}] \circ S = Q \circ [S \sqcap PL]:$

$$\left[\begin{pmatrix}0&0&0&1\\1&0&1&0\\0&0&0&0\\1&0&1&0\end{pmatrix} \sqcap \begin{pmatrix}1&1&0&0\\1&1&0&0\\1&1&0&0\\1&1&0&0\end{pmatrix}\right] \circ \begin{pmatrix}0&1&1&1\\1&0&1&1\\0&0&0&1\\1&0&1&1\end{pmatrix} = \begin{pmatrix}0&0&0&1\\1&0&1&0\\0&0&0&0\\1&0&1&0\end{pmatrix} \circ \left[\begin{pmatrix}0&1&1&1\\1&0&1&1\\0&0&0&1\\1&0&1&1\end{pmatrix} \sqcap \begin{pmatrix}1&1&1&1\\1&1&1&1\\0&0&0&0\\0&0&0&0\end{pmatrix}\right]$$

Abb. 2.4.2 Ausblenden von Zeilen vor und nach Multiplikation

Matrix beim Schnitt mit dem Vektor RL, wobei alle anderen Zeilen durch Nullzeilen ersetzt werden. Analog werden durch LR Spalten ausgeblendet.

2.4.2 Satz. Für beliebige Relationen Q, R und S gilt

i) $$[Q \sqcap RL]S = QS \sqcap RL;$$

ii) $$[Q \sqcap (RL)^{\mathrm{T}}]S = Q[S \sqcap RL].$$

Beweis: i) $(Q \sqcap RL)S \subset QS \sqcap RLS \subset QS \sqcap RL$
$\subset (Q \sqcap RLS^{\mathrm{T}})(S \sqcap Q^{\mathrm{T}}RL) \subset (Q \sqcap RL)S.$

ii) $[Q \sqcap (RL)^{\mathrm{T}}]S \sqcap L \subset [Q \sqcap (RL)^{\mathrm{T}} \sqcap LS^{\mathrm{T}}][S \sqcap (Q^{\mathrm{T}} \sqcap RL)L]$
$\subset Q(S \sqcap RL) = Q(S \sqcap RL) \sqcap L$
$\subset [Q \sqcap L(S \sqcap RL)^{\mathrm{T}}][S \sqcap RL \sqcap Q^{\mathrm{T}}L] \subset [Q \sqcap (RL)^{\mathrm{T}}]S.$ □

Natürlich gilt auch $(Q \sqcap \overline{RL})S = QS \sqcap \overline{RL}$ sowie $(Q \sqcap \overline{RL}^{\mathrm{T}})S = Q(S \sqcap \overline{RL})$. Im Fall (i) wird für ein Relationenprodukt ausgesagt, daß man das Ausblenden von Zeilen des ersten Faktors und die Multiplikation vertauschen kann. Transposition von (i) und Umbenennung liefert die Regel

$$Q[S \sqcap (RL)^{\mathrm{T}}] = QS \sqcap (RL)^{\mathrm{T}},$$

d. h. das Ausblenden von Spalten des zweiten Faktors ist gleichwertig zu der entsprechenden Operation für die betreffenden Spalten des Produkts. Im Fall (ii) ist das Ausblenden von Spalten des ersten Faktors eines Produkts gleichwertig zum Ausblenden entsprechender Zeilen des zweiten Faktors. Die Aussage (ii) geht bei Transposition in sich über. Abb. 2.4.2 zeigt ein Beispiel.

$$\begin{pmatrix}0&0&0&0&0\\1&1&1&1&1\\1&1&1&1&1\\0&0&0&0&0\\1&1&1&1&1\end{pmatrix} \qquad \begin{pmatrix}0&0&0&0&0\\0&0&0&0&0\\1&1&1&1&1\\0&0&0&0&0\\0&0&0&0&0\end{pmatrix} \qquad \begin{pmatrix}0\\0\\1\\0\\0\end{pmatrix}$$

Abb. 2.4.3 Teilmenge, Punkt und Vektor

Ähnlich wie Teilmengen von V lassen sich auch einzelne Elemente (genauer: einelementige Teilmengen) von V durch Relationen kennzeichnen.

2.4.3 Definition. Wir nennen eine Relation

$$x \textbf{ Punkt } :\iff x = xL,\ xx^{\mathrm{T}} \subset I,\ x \neq O. \qquad \square$$

Man überlegt sich, daß ein Vektor mit $xx^{\mathrm{T}} \subset I$ in der Tat höchstens einelementig ist: Wegen $xx^{\mathrm{T}} \subset I$ gilt nämlich

$$\forall i,j : [\{\exists k : (i,k) \in x \wedge (k,j) \in x^{\mathrm{T}}\} \rightarrow (i,j) \in I];$$

das bedeutet

$$\forall i,j : [\{\exists k : (i,k) \in x \wedge (j,k) \in x\} \rightarrow i = j];$$

infolge der Zeilenkonstanz $x = xL$ gibt es also höchstens eine Zeile mit nichtverschwindendem Eintrag. Daß es eine nichtleere Teilmenge ist, wird explizit gefordert.

Auf einer solchen Charakterisierung eines Punktes basieren die folgenden Sätze zum „algebraischen Umgang" mit Punkten als Elementen von V.

2.4.4 Satz. i) $R \subset Sx \iff Rx^{\mathrm{T}} \subset S$, falls x ein Punkt.
ii) $y \subset Sx \iff x \subset S^{\mathrm{T}}y$, falls x, y Punkte.

Beweis: i) Aus der Voraussetzung $R \subset Sx$ folgt mit Ausnutzung von $xx^{\mathrm{T}} \subset I$ und der Monotonie $Rx^{\mathrm{T}} \subset Sxx^{\mathrm{T}} \subset S$. Für die umgekehrte Richtung verwenden wir die Tarski-Regel und die Äquivalenz $Rx^{\mathrm{T}} \subset S \iff \overline{S}x \subset \overline{R}$, um zu schließen auf

$$L = LxL = Lx = \overline{S}x \sqcup Sx \subset \overline{R} \sqcup Sx,$$

also $R \subset Sx$. ii) Mit (i) folgt $y \subset Sx \iff yx^{\mathrm{T}} \subset S$, was wir transponieren zu $xy^{\mathrm{T}} \subset S^{\mathrm{T}}$, um unter nochmaliger Verwendung von (i) die Behauptung zu erhalten. $\square$

Im folgenden Satz weisen wir Punkte als Atome nach, siehe auch Abb. 2.4.4, und geben algebraische Kriterien für Gleich- und Ungleichheit zweier Punkte.

2.4.5 Satz. i) Jeder Punkt ist ein Atom unter den Vektoren, d. h. ist x ein Punkt und y ein Vektor mit $O \neq y \subset x$, so folgt $x = y$.
ii) Sind x, y Punkte, so gilt:

$$x \neq y \iff x \subset \overline{y} \iff xy^{\mathrm{T}} \subset \overline{I} \iff x^{\mathrm{T}}y = O;$$
$$x = y \iff x \subset y \iff xy^{\mathrm{T}} \subset I \iff x^{\mathrm{T}}y = L.$$

Beweis: i) Weil $Ly = LyL = L$ nach der Tarski-Regel, können wir mit $xx^{\mathrm{T}} \subset I$ schließen

$$x = Ly \sqcap x \subset (L \sqcap xy^{\mathrm{T}})(y \sqcap L^{\mathrm{T}}x) \subset xy^{\mathrm{T}}y \subset xx^{\mathrm{T}}y \subset y.$$

ii) Wir betrachten vorab die jeweils erste Äquivalenz der beiden Zeilen. $x \neq y$ kann nach (i) nicht heißen $x \subsetneqq y$, weil dann $x = y$ folgen würde. Also gilt $x \sqcap \overline{y} \neq O$. Wegen (i) stimmt der Vektor $x \sqcap \overline{y}$ mit x überein: $x \sqcap \overline{y} = x$. Also gilt $x \subset \overline{y}$; dies wiederum hat sicherlich $x \neq y$ zur Folge. In der zweiten Zeile ergibt sich die erste Äquivalenz mit (i).

Die übrigen erhalten wir, indem wir $x \subset \overline{y}$ bzw. $x \subset y$ für die dritte Variante schreiben als $Ix \subset \overline{y}$ bzw. $\overline{I}y = \overline{y} \subset \overline{x}$ und für die vierte Variante als $xL \subset \overline{y}$ bzw. $Ly^{\mathrm{T}} \subset x^{\mathrm{T}}$. In den ersten drei der vier entstehenden Inklusionen wenden wir die Schrödersche Umformung an, in der letzten Satz 2.4.4. Offengeblieben ist nur die Frage, wieso $\overline{I}y = \overline{y}$ gilt. Die Richtung „$\subset$" ist äquivalent zu $yy^{\mathrm{T}} \subset I$ und die Richtung „$\supset$" ergibt sich nach (2.4.4) aus dem zu $Iy \subset y$ äquivalenten $\overline{y}y^{\mathrm{T}} \subset \overline{I}$. □

$$x = \begin{array}{c} \\ a \\ b \\ c \end{array}\begin{array}{c} a\;b\;c \\ \begin{pmatrix} 0 & 0 & 0 \\ 0 & 0 & 0 \\ 1 & 1 & 1 \end{pmatrix} \end{array} \qquad y^{\mathrm{T}} = \begin{array}{c} \\ a \\ b \\ c \end{array}\begin{array}{c} a\;b\;c \\ \begin{pmatrix} 0 & 1 & 0 \\ 0 & 1 & 0 \\ 0 & 1 & 0 \end{pmatrix} \end{array} \qquad xy^{\mathrm{T}} = \begin{array}{c} \\ a \\ b \\ c \end{array}\begin{array}{c} a\;b\;c \\ \begin{pmatrix} 0 & 0 & 0 \\ 0 & 0 & 0 \\ 0 & 1 & 0 \end{pmatrix} \end{array}$$

Abb. 2.4.4 Atomarität der Punkte

2.4.6 Satz (*„Punkteaxiom"*). Zu einer beliebigen Relation $R \neq O$ existieren zwei Punkte x, y mit $xy^{\mathrm{T}} \subset R$.

Beweis:[1] Ist $R \neq O$ eine Relation auf V, so gibt es Elemente $x, y \in V$ mit $(x, y) \in R$. Faßt man diese Elemente als Punkte im algebraischen Sinne auf, so gilt $xy^{\mathrm{T}} \subset R$. □

Man überzeugt sich leicht, daß Relationen, die als Produkt xy^{T} aus Punkten x, y gebildet werden, stets Atome einer Relationenalgebra sind. In Übung 2.4.2 soll dies gezeigt werden. Für den Beweis erforderlich ist unter anderem der folgende Satz, für den wir die Gültigkeit des Punkteaxioms entscheidend verwenden.

2.4.7 Satz. Jeder nicht-verschwindende Vektor enthält einen Punkt.

Beweis: Ist $O \neq v = vL$ irgendein Vektor, so gibt es nach (2.4.6) Punkte x, y mit $xy^{\mathrm{T}} \subset v$. Dann ist natürlich auch $x \subset xL = xy^{\mathrm{T}}y \subset vy \subset vL = v$. □

Auch der folgende Satz gilt nur, wenn das Punkteaxiom benutzt werden darf. Eine gewisse anschauliche Vorstellung, was ohne Gültigkeit des Punkteaxioms geschehen kann, geben parallel ablaufende Prozesse, für die eine gleichzeitige Beobachtbarkeit nicht vorgesehen oder nicht möglich ist. Bei ihnen fehlt demnach auch im algebraischen Sinne die Möglichkeit, Zwischenzustände der Abarbeitung genau als Punkt zu fixieren.

---

[1] Beim Beweis dieses Satzes fällt ein Stilbruch auf: Wir konnten die letzten Sätze *relationenalgebraisch* beweisen, d. h. durch algebraische Schlußweisen, gestützt auf das seit Abschnitt 2.1 entwickelte Regelinstrumentarium. Dabei war es außer in Beispielen nie nötig, auf die Auffassung einer Relation als Menge von Paaren zurückzugehen. Satz 2.4.6 läßt sich *nicht* auf diese Art beweisen. Es gibt nämlich algebraische Gebilde, in denen alle bisher bewiesenen Relationenaussagen gültig sind, (2.4.6) jedoch nicht. Wir geben in Abschnitt 7.5 ein Konstruktionsverfahren und ein Beispiel dafür an. Es ist also denkbar, mit Relationenalgebren zu arbeiten, in denen dieser Satz als zusätzliches **Punkteaxiom** gefordert wird, und mit Relationenalgebren ohne ein solches Axiom.

2.4.8 Satz (*Zwischenpunktsatz*). Für Punkte x, y und Relationen R, S gilt

$$x \subset RSy \iff \text{Es existiert ein Punkt } z \text{ mit } x \subset Rz \text{ und } z \subset Sy.$$

Beweis: Die Richtung „$\Longleftarrow$" ist trivial. Zum Nachweis von „$\Longrightarrow$" zeigen wir zunächst, daß mit $x \subset RSy$ auch die schärfere Aussage $x \subset R(Sy \sqcap \overline{R}^{\mathrm{T}}x)$ gilt: Aufgrund von $xx^{\mathrm{T}} \subset I$ ist $xx^{\mathrm{T}}\overline{R} \subset \overline{R}$ und $R\overline{R}^{\mathrm{T}}x \subset \overline{x}$, so daß insbesondere $R(Sy \sqcap \overline{R}^{\mathrm{T}}x) \subset \overline{x}$. Weil $Sy \sqcap \overline{R}^{\mathrm{T}}x$ ein nichtleerer Vektor ist (sonst wäre $x = O$) können wir nach dem vorigen Satz einen Punkt $z \subset Sy \sqcap \overline{R}^{\mathrm{T}}x$ auswählen. Dafür gilt $z \subset Sy$, wie einerseits verlangt, und $z \subset \overline{R}^{\mathrm{T}}x$. Letzteres führt zu $x^{\mathrm{T}}\overline{R} \subset \overline{z}^{\mathrm{T}}$ und $xz^{\mathrm{T}} \subset R$, was nach (2.4.4.i) zu $x \subset Rz$ äquivalent ist, wie andererseits verlangt. □

Noch eine grundsätzliche Bemerkung: In (2.1.2) sind wir von einer explizit gegebenen Grundmenge V ausgegangen und haben Relationen als Teilmengen von $V \times V$ eingeführt. Ist jedoch eine abstrakte Relationenalgebra im Sinne des Anhangs A.2 gegeben, so tritt die Punktmenge V in den Hintergrund. Wir werden die Möglichkeit einer abstrakten relationenalgebraischen Auffassung unterstützen, indem wir stets die algebraischen Eigenschaften von Punkten verwenden. Nur an wenigen Stellen wird es nötig, die Gültigkeit des Punkteaxioms vorauszusetzen. Auch in diesen Situationen haben wir an den relationenalgebraischen Beweisen festgehalten, selbst wenn dabei im Einzelfall ein anschaulich triviales Resultat zu formalisiert behandelt sein mag.

Vorgänger, Nachfolger und Nachbarn

Wo von Teilmengen die Rede ist, liegen auch Anzahlvergleiche nahe. Im einfachsten Fall hat man Teilmengen einer *endlichen* Grundmenge. Eine Relation auf dieser wird typischerweise als Graph dargestellt, so daß wir hier wieder zu der Redeweise übergehen, die für 1-Graphen bzw. einfache Graphen üblich ist.

2.4.9 Definition. Ist x ein Vektor, der eine endliche Teilmenge bezeichnet, so notieren wir mit

$|x|$ die Anzahl der Elemente der Teilmenge x. □

Im Punkt x unterscheiden wir die Menge der Punkte, *von* denen aus ein Pfeil zum Punkt x führt, von der Menge derjenigen Punkte, *zu* denen ein Pfeil von x aus hinführt, und definieren wie folgt:

2.4.10 Definition. Ist B die assoziierte Relation und x ein Vektor, so heißt

Bx Menge der **Vorgänger** von x (engl. predecessors),

$B^{\mathrm{T}}x$ Menge der **Nachfolger** von x (engl. successors).

Meist unter Beschränkung auf einen einzelnen Punkt erklärt man

$g_V(x) := |Bx|$ **Vorgängergrad** von x,

$g_N(x) := |B^{\mathrm{T}}x|$ **Nachfolgergrad** von x. □

Oft benötigt man die Menge $Bx \sqcap \overline{x}$ der **echten** Vorgänger und die Menge $B^{\mathrm{T}}x \sqcap \overline{x}$ der **echten** Nachfolger eines Punktes.

In Abb. 2.1.3 gilt etwa $Bd = \emptyset$ und $B^{\mathrm{T}}d = \{a, b\}$, so daß d den Vorgängergrad $g_V(d) = 0$ und den Nachfolgergrad $g_N(d) = 2$ hat.

Allgemein können wir festhalten:

$$\begin{aligned} xy^{\mathrm{T}} \subset R^{\mathrm{T}}R &\iff x \text{ und } y \text{ haben einen gemeinsamen Vorgänger} \\ xy^{\mathrm{T}} \subset RR^{\mathrm{T}} &\iff x \text{ und } y \text{ haben einen gemeinsamen Nachfolger.} \end{aligned}$$

Beispielsweise bedeutet $RR^{\mathrm{T}} \subset I$, daß keine zwei verschiedenen Elemente einen gemeinsamen Nachfolger haben. Oft werden gewisse Eigenschaften nicht in voller Schärfe benötigt, und es genügt eine abgeschwächte Form. Eine typische Abschwächung ist es, die Eigenschaft nicht für alle Punktepaare, sondern nur für Geschwister zu verlangen, also für Punkte, die einen gemeinsamen Vorgänger besitzen. Von „vollständig" ($L \subset R$) gelangt man zur Abschwächung „lokal vollständig" ($R^{\mathrm{T}}R \subset R$); von „konnex" ($L \subset R \sqcup R^{\mathrm{T}}$) zum Begriff „lokal konnex" ($R^{\mathrm{T}}R \subset R \sqcup R^{\mathrm{T}}$). Später haben wir, vor allem bei Ordnungen, „gerichtet" ($L \subset RR^{\mathrm{T}}$) und „lokal gerichtet" oder „rautenförmig" konfluent ($R^{\mathrm{T}}R \subset RR^{\mathrm{T}}$). Begriffe dieser Art sind vielfältig verflochten; insbesondere beim Vorliegen von Transitivität oder in Beziehung zur Identität.

2.4.11 Definition. Ist x ein Punkt in einem Graphen mit der assoziierten Relation B, so nennen wir

$$\begin{aligned} x \textbf{ schlingentragend} \quad :\iff \quad x \subset Bx \quad &\iff \quad x \subset B^{\mathrm{T}}x \\ &\iff \quad x \text{ ist sein eigener Vorgänger und Nachfolger.} \end{aligned}$$ □

Die assoziierte Relation B heißt in der für Graphen üblichen Redeweise *schlingenfrei*[1], falls sie irreflexiv ist, falls also $B \subset \overline{I}$ nach (2.1.3) gilt.

Die verschiedenen Charakterisierungen eines schlingentragenden Punktes sind nach Satz 2.4.4 äquivalent. Da ein schlingentragender Punkt x zugleich Vorgänger und Nachfolger von sich ist, wird er sowohl im Vorgängergrad als auch im Nachfolgergrad mitgezählt. In Abb. 2.1.3 hat der schlingentragende Punkt b als echte Vorgänger nur a und d. Er ist jedoch (unechter) Vorgänger und zugleich einziger (unechter) Nachfolger von sich selbst[2].

---

[1] Man beachte, daß diese Begriffe trotz der Verwendung der Bezeichnungen „schlingentragend" und „schlingenfrei" in Verbindung mit der Assoziierten erklärt sind, ohne daß eine „Schlinge" als mathematisches Objekt im eigentlichen Sinne auftaucht.

[2] In einem schlingenfreien Graphen im Sinne von (2.1.3) kann es in der Tat keinen schlingentragenden Punkt x geben, denn $xx^{\mathrm{T}} \subset B \subset \overline{I}$ stünde zu $xx^{\mathrm{T}} \subset I$ im Widerspruch. Mit Hilfe des Punkteaxioms findet man in einem Graphen, der nicht schlingenfrei ist, Punkte x und y mit $xy^{\mathrm{T}} \subset B \sqcap I \neq O$. Daraus folgt zunächst $x = y$ nach (2.4.5), und mit $xx^{\mathrm{T}} \subset B \sqcap I \subset B$ hat man schließlich die Existenz eines schlingentragenden Punktes nachgewiesen. Trotzdem ist Vorsicht am Platze! Es gibt nämlich Relationenalgebren, in denen das Punkteaxiom 2.4.6 nicht gilt. Dann kann es Relationen $B \not\subset \overline{I}$, also *nicht* schlingenfreie Graphen, *ohne* schlingentragende Punkte geben. Bei Gültigkeit des Punkteaxioms bedeuten allerdings Schlingenfreiheit des Graphen und Nichtexistenz schlingentragender Punkte dasselbe.

Ein schlingentragender Punkt, der zu keinem anderen Punkt in der Relation B steht, gilt bzgl. der zugeordneten Adjazenz $\Gamma := \overline{I} \sqcap (B \sqcup B^{\mathrm{T}})$ als *isoliert*.

2.4.12 Definition. Ist Γ eine Adjazenzrelation und x ein Vektor, so heiße

Γx Menge der **Nachbarn** von x.

Beschränkt man sich auf einelementige Mengen x, so definiert man weiter

$g_0(x) := |\Gamma x|$ **einfacher Grad** des Punktes x. □

In Abb. 2.2.6 besitzt H die fünf Nachbarpunkte N, NW, RP, BW und BY, hat also den einfachen Grad $g_0 = 5$.

Da eine Relationsbeziehung $xy^{\mathrm{T}} \subset \Gamma$ sowohl im einfachen Grad $g_0(x)$ als auch im einfachen Grad $g_0(y)$ mitgezählt wird, muß die Summe aller einfachen Grade gerade sein. Daraus ergibt sich ein erstes kleines Resultat.

2.4.13 Satz. Die Anzahl der Punkte ungeraden Grades in einem endlichen einfachen Graphen ist gerade. □

Wir werden in Abschnitt 5.4 Punkte nach der Zahl ihrer Nachbarn klassifizieren. Einfachster Fall ist ein Punkt ohne Nachbarn, der als isoliert bezeichnet wird. Es ist $\overline{\Gamma L}$ die Menge der isolierten Punkte. Ein Graph hat genau dann *nur* isolierte Punkte, wenn $\Gamma = O$. Ein Graph hat genau dann *keine* isolierten Punkte, wenn $\Gamma L = L$.

Übungen

2.4.1 Man beweise $R \subset I \implies \overline{RL} = (I \sqcap \overline{R})L$.

2.4.2 Sind x, y Punkte, so ist xy^{T} Atom unter den Relationen.

2.4.3 Die Punkte x, y sind durch den Produktterm xy^{T} eindeutig bestimmt, d. h. es gilt $xy^{\mathrm{T}} = uv^{\mathrm{T}} \iff xL = uL$ und $yL = vL$.

2.5 Literaturhinweise

Siehe auch die Literaturhinweise im Anhang.

HOARE CAR, HE JIFENG: *The weakest prespecification, Part 1.* Fund. Inform. (4) **9** (1986) 51–84.

LÖWENHEIM L: *Über Möglichkeiten im Relativkalkül.* Math. Ann. **76** (1915) 447–470.

LORENZEN P: *Über die Korrespondenzen einer Struktur.* Math. Z. **60** (1954) 61–65.

LUCE RD: *A note on Boolean matrix theory.* Proc. Amer. Math. **3** (1952) 382–388.

RIGUET J: *Relations binaires, fermetures, correspondances de Galois.* Bull. Soc. Math. France **76** (1948) 114–155.

SCHRÖDER E: *Algebra der Logik.* 3. Band, Teubner, Leipzig, 1895.

STONE MH: *The theory of representations for Boolean algebras.* Trans. Amer. Math. Soc. **40** (1936) 37–111.

TARSKI A: *On the calculus of relations.* J. Symbolic Logic **6** (1941) 73–89.

3. Transitivität

Der Transitivitäts-Begriff, den wir in Abschnitt 3.1 einführen, ist grundlegend in der Mathematik, wo er sowohl für Ordnungen als auch für Äquivalenzrelationen verwendet wird. Bei der Definition der transitiven Hülle werden wir uns in Abschnitt 3.2 auf die schon zweimal verwendete Technik einer Hüllenbildung stützen. Anschließend wird ein bekannter Algorithmus zur Berechnung der transitiven Hülle besprochen. Eine entsprechend angepaßte Form solcher Algorithmen ist heute verbreitet als Resolutionsverfahren der logischen Programmierung.

In gewisser Weise schließt sich in diesem Kapitel des Buches ein Kreis: Ordnungen und Verbände standen ganz am Anfang als mehr oder weniger vorgegebene mathematische Konzepte. Im bisherigen Verlauf wurden sie in einer Relationenalgebra verwendet, aber i. a. nicht selbst untersucht. Sie bildeten eine Meta-Ebene zur Verständigung über Beziehungen zwischen Relationen. Jetzt richten wir unser Interesse auch auf die Ordnung selbst; sie gerät dabei auf die Objektebene. Dazu fassen wir sie jeweils als Relation auf und weichen von der üblichen Infix-Schreibweise ab. In Abschnitt 3.3 diskutieren wir klassische Ordnungs-Konzepte in relationenalgebraischem Gewand: Maxima, Schranken, Grenzen und Extrema. Bei einer ersten Durchsicht kann dieser Abschnitt übersprungen werden.

Die detaillierte Untersuchung der Diskretheit von Ordnungen erfordert mit dem Erreichbarkeits- und Wege-Konzept mehr Hilfsmittel als bisher zur Verfügung stehen; sie erfolgt daher erst in Abschnitt 6.5.

3.1 Ordnungen und Äquivalenzen

Nachdem im vorangegangenen Kapitel eine Grundlage für den formalen Umgang mit Relationen geschaffen wurde, können jetzt spezielle Arten von Relationen untersucht werden. Eine wichtige Gruppe von Eigenschaften einer Relation gehört zum Vorfeld der Begriffe *Äquivalenz* und *Ordnung*, zweier grundlegender Konzepte der Mathematik.

3.1.1 Definition. Man nennt eine homogene Relation

$$R \text{ **transitiv** } :\iff R^2 \subset R$$
$$\iff \forall x, y, z : [(x,y) \in R \wedge (y,z) \in R \rightarrow (x,z) \in R]. \quad \square$$

Wir überzeugen uns ähnlich wie bei (2.3.4) von der Äquivalenz der relationalen und der prädikatenlogischen Schreibweise:

$$\begin{aligned}
&RR \subset R\\
\iff\quad & \forall x,z : [(\exists y : (x,y) \in R \wedge (y,z) \in R) \rightarrow (x,z) \in R]\\
\iff\quad & \forall x,z : [\forall y : (x,y) \notin R \vee (y,z) \notin R] \vee (x,z) \in R\\
\iff\quad & \forall x,y,z : (x,y) \notin R \vee (y,z) \notin R \vee (x,z) \in R\\
\iff\quad & \forall x,y,z : \big[((x,y) \in R \wedge (y,z) \in R) \rightarrow (x,z) \in R\big].
\end{aligned}$$

Aus dem Zusammenspiel dieser Transitivitätsbedingung mit den verschiedenen Symmetrie-Aussagen aus Abschnitt 2.2 entstehen die folgenden Begriffe. Wir könnten stets auch die prädikatenlogische Form angeben und wie zuvor die Gleichwertigkeit mit der relationenalgebraischen Form formal nachweisen, jedoch verzichten wir darauf, nachdem wir soeben das Muster für diese Vorgehensweise angegeben haben.

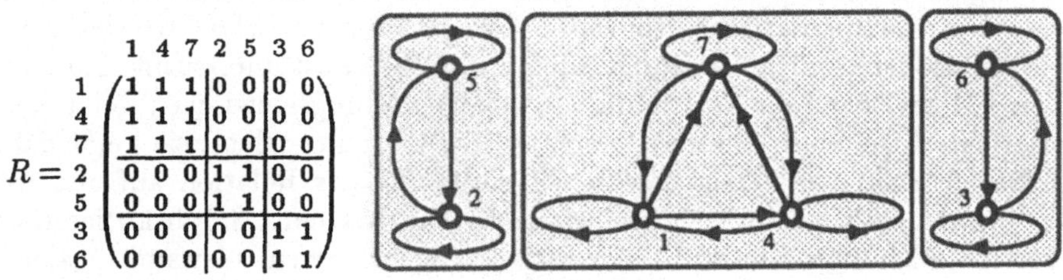

Abb. 3.1.1 Äquivalenzrelation und Äquivalenzklassen

3.1.2 Definition. Es heiße die homogene Relation

R **Quasiordnung** $:\iff$ R transitiv und reflexiv;

$\iff$ $R^2 \subset R,\ I \subset R \iff R^2 = R,\ I \subset R.$

R **Äquivalenz** $:\iff$ R transitiv, symmetrisch und reflexiv;

$\iff$ $R^2 \subset R \subset R^{\mathrm{T}},\ I \subset R;$

Statt von einer Quasiordnung spricht man auch von einer Präordnung (engl. preorder). □

Eine Äquivalenzrelation R auf einer Menge V bewirkt bekanntlich eine Zerlegung (Partitionierung) von V in Äquivalenzklassen. Die durch das Element x von R in V erzeugte **Äquivalenzklasse** $[x]_R := \{y \in V \mid (x,y) \in R\}$ enthält alle mit x in Relation stehenden oder R-äquivalenten Elemente und wird durch den Vektor $Rx = R^{\mathrm{T}}x$ beschrieben. Bekanntlich gilt $x \in [x]_R$, sowie $[x]_R = [y]_R$, falls $y \in [x]_R$ und $[x]_R \cap [y]_R = \emptyset$, falls $y \notin [x]_R$. In der Vektorschreibweise ist demnach für zwei Punkte x und y entweder $Rx = Ry$ oder $Rx \sqcap Ry = O$. Die Menge der Äquivalenzklassen heißt **Quotientenmenge** V/R. In Abb. 3.1.1 ist für die Äquivalenzrelation R aus Abb. 2.2.3 die Zerlegung angegeben. Umgekehrt erzeugt auch jede Zerlegung einer Menge eine Äquivalenzrelation.

Für eine Quasiordnung haben sich viele unscharfe Redeweisen und von den Anwendungsgebieten her sehr unterschiedliche symbolische Bezeichnungen eingebürgert. Häufige Varianten sind x „ist Vorgänger von“ y, x „liegt vor“ y, $x \leq y$. Liegt x vor y und y vor z, so heißt y „zwischen“ x und z gelegen.

Ist eine Quasiordnung symmetrisch, so liegt bereits eine Äquivalenz vor. Die Quasiordnung stellt dann von zwei äquivalenten Elementen x, y stets fest, daß im Sinne dieser Quasiordnung entweder x vor y *und* y vor x ist, oder daß x und y unvergleichbar (kollateral) sind.

Bei einer Quasiordnung R ist zugelassen, daß es zwei verschiedene Elemente gibt, die wechselseitig in der Relation R stehen.

1.	Kostadinova	BUL	2.09 m
2.	Bykova	URS	2.04 m
3.	Beyer	GDR	1.99 m
4.	Costa	CUB	1.96 m
	Kosizina	URS	1.96 m
	Redetzky	FRG	1.96 m
7.	Issajeva	BUL	1.93 m
	Awdejenko	URS	1.93 m

Abb. 3.1.2 Quasiordnung beim Sport

Manchmal zeigen Ergebnislisten sportlicher Wettbewerbe eine Quasiordnung. Ein Beispiel ist der Ausgang des Hochsprungs der Frauen bei der Leichtathletik-Weltmeisterschaft 1987, dargestellt in Abb. 3.1.2. Auf den vierten bis sechsten und auf den siebenten bis achten Platz wurden jeweils mehrere Teilnehmerinnen gleichrangig gesetzt. Die Reihenfolge, in der die Namen in der Zeitung notwendigerweise abgedruckt sind, ist willkürlich und hat keine Begründung durch das formelle Ergebnis. Auf Platz vier wurde eine *Menge* von Sportlern gesetzt, die im Hinblick auf ihre damalige sportliche Leistung als äquivalent einzustufen waren. Aus Gründen der Einheitlichkeit sollte man auch die Angabe für die Plätze eins und zwei und drei als die Angabe von einelementigen *Mengen* ansehen. Stattgefunden hat nicht eine Anordnung von Einzelsportlern, sondern von Klassen untereinander gleichrangiger[1] Sportler.

Zu fragen ist also, ob in der Tat bei jeder Quasiordnung das Zusammenwerfen von jeweils wechselseitig untereinander vergleichbaren Elementen zu einer Äquivalenz führt, und inwieweit eine solche Äquivalenz eindeutig festgelegt ist. Abb. 3.1.3 zeigt, daß durchaus nicht jede reflexive Relation eine größte Äquivalenz umfaßt.

R nicht transitiv   Äquivalenz $K_1 \subset R$ Äquivalenz $K_2 \subset R$

Abb. 3.1.3 Eine Relation ohne größte darin enthaltene Äquivalenz

[1] In den meisten Sportarten gibt es die eben erwähnten Situationen nicht. Gleichrangigkeit zweier Teilnehmer wird nötigenfalls durch Stich- oder Losentscheidungen, anhand der kleineren Zahl der Fehlversuche oder nach dem geringeren Körpergewicht zwangsweise eliminiert. Die Ergebnisse bilden nach Anwendung dieser sekundären Kriterien sogar Ordnungen und nicht nur Quasiordnungen.

3.1.3 Satz. Die Relation $R \sqcap R^{\mathrm{T}}$ ist die größte in einer Quasiordnung R enthaltene Äquivalenzrelation.

Beweis: $R \sqcap R^{\mathrm{T}}$ ist symmetrisch und reflexiv, sowie wegen $(R \sqcap R^{\mathrm{T}})^2 \subset R^2 \sqcap (R^{\mathrm{T}})^2 = R \sqcap R^{\mathrm{T}}$ transitiv. Andererseits gilt für jede in R enthaltene Äquivalenz K auch $K = K^{\mathrm{T}} \subset R^{\mathrm{T}}$, also $K \subset R \sqcap R^{\mathrm{T}}$. □

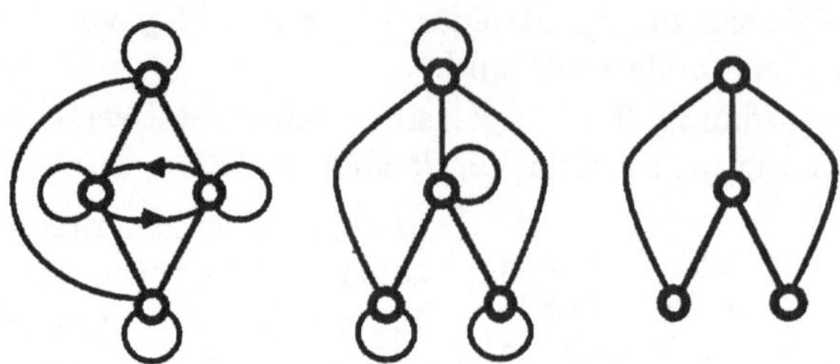

Abb. 3.1.4 Quasiordnung, Ordnung und Striktordnung in verkürzter Darstellung

Die im folgenden definierten Ordnungen und Striktordnungen unterscheiden sich von den Quasiordnungen hinsichtlich der Paare von Elementen, die wechselseitig in der Relationsbeziehung stehen dürfen. Bei einer Quasiordnung gibt es keine Einschränkung. Bei einer Ordnung sind je zwei solche Elemente notwendigerweise gleich. Auch dieses wird im Falle einer irreflexiven Ordnung nicht mehr zugelassen; es dürfen keine solchen Paare vorkommen. Um die bildliche Darstellung von Ordnungen zu erleichtern, läßt man oft die Pfeilspitzen weg und unterstellt konventionsgemäß, daß sie „aufwärts" weisen. Zu ergänzen sind sie allerdings bei „horizontalen" Verbindungen in Quasiordnungen, siehe Abb. 3.1.4.

3.1.4 Definition. Wir nennen eine homogene Relation

R **Ordnung**	$:\Longleftrightarrow$	R transitiv, antisymmetrisch, reflexiv;
	$\Longleftrightarrow$	$R^2 \subset R, \quad R \sqcap R^{\mathrm{T}} \subset I, \quad I \subset R;$
R **Striktordnung**	$:\Longleftrightarrow$	R transitiv und asymmetrisch;
	$\Longleftrightarrow$	$R^2 \subset R, \quad R \sqcap R^{\mathrm{T}} \subset O;$
	$\Longleftrightarrow$	$R^2 \subset R, \quad R^{\mathrm{T}} \subset \overline{R};$
	$\Longleftrightarrow$	R transitiv und irreflexiv;
	$\Longleftrightarrow$	$R^2 \subset R, \quad R \subset \overline{I}.$

Statt Ordnung sagt man oft **reflexive Ordnung** und statt Striktordnung **irreflexive Ordnung**, obwohl eine Striktordnung *keine* Ordnung ist. □

Beispiele für Ordnungen sind die Teilbarkeit auf der Menge der natürlichen Zahlen und die Inklusion von Mengen auf der Menge aller Teilmengen einer vorgegebenen Menge, d. h. auf der Potenzmenge zu dieser vorgegebenen Menge. Man kann eine Striktordnung R in der Tat auf vielerlei Weise charakterisieren. Die beiden Formen mit der Asymmetrie sind schon im Rahmen der booleschen Algebra als gleichwertig erkennbar. Hieraus beweisen wir nun Irreflexivität und spalten R in $(R \sqcap R^2)$ und $(R \sqcap \overline{R^2})$ auf. Sicherlich ist $R \sqcap R^2 \subset R^2 \subset \overline{I}$, weil $RR \subset \overline{I}$ nach der Schröder-Regel äquivalent zu $R^{\mathrm{T}}I \subset \overline{R}$ ist. Der zweite Teil $R \sqcap \overline{R^2}$ ist in $\overline{I}$ enthalten, weil nach Übung 2.3.7 stets $I \sqcap R \subset R^2$. Umgekehrt folgt aus $RR \subset R$ und $R \subset \overline{I}$, daß $RR \subset \overline{I}$ und somit $R^{\mathrm{T}}I \subset \overline{R}$, d. h. es folgt die Asymmetrie $R^{\mathrm{T}} \subset \overline{R}$.

Zu einer *reflexiven* Ordnung im Sinne des „$\leq$" auf $\mathbb{N}$ gibt es die Striktordnung im Sinne des „$<$". Mit jeder reflexiven Ordnung R ist $\overline{I} \sqcap R$ eine irreflexive Ordnung und mit jeder irreflexiven Ordnung R ist $I \sqcup R$ eine reflexive Ordnung, was leicht zu beweisen ist. Der irreflexive Anteil $\overline{I} \sqcap R$ einer jeden Ordnung ist eine Striktordnung, und umgekehrt liefert die reflexive Erweiterung $I \sqcup R$ einer jeden Striktordnung eine Ordnung.

Ordnungen und Striktordnungen treten also stets gepaart auf, und man benötigt generell zwei Zeichen dafür. Es hat sich daher eingebürgert, Ordnungsbeziehungen mit Infix-Symbolen wie $\leq, \subseteq, \preceq$ usw. zu notieren und für die entsprechenden irreflexiven Ordnungen jeweils das verwandte Symbol $<, \subset$ bzw. $\prec$ vorzusehen. Werden im folgenden Buchstaben für Ordnungsrelationen genommen, so bezeichnet (wegen der vordergründigen Ähnlichkeit von C mit $\subset$ und E mit $\subseteq$):

E die reflexive Ordnung „kleiner gleich"

C die irreflexive Ordnung „kleiner".

Es gelten damit in diesem Kapitel ausnahmslos die Wechselbeziehungen

$$E = I \sqcup C \quad \text{und} \quad C = E \sqcap \overline{I}.$$

3.1.5 Definition. Wir nennen eine Relation

E **lineare Ordnung** $:\Longleftrightarrow$ E Ordnung mit $L = E \sqcup E^{\mathrm{T}}$,

C **lineare Striktordnung** $:\Longleftrightarrow$ C Striktordnung mit $\overline{I} = C \sqcup C^{\mathrm{T}}$.

Üblich ist auch die mit (2.2.4) verträgliche Redeweise **konnexe Ordnung** für eine lineare Ordnung und **semikonnexe irreflexive Ordnung** für eine lineare Striktordnung. □

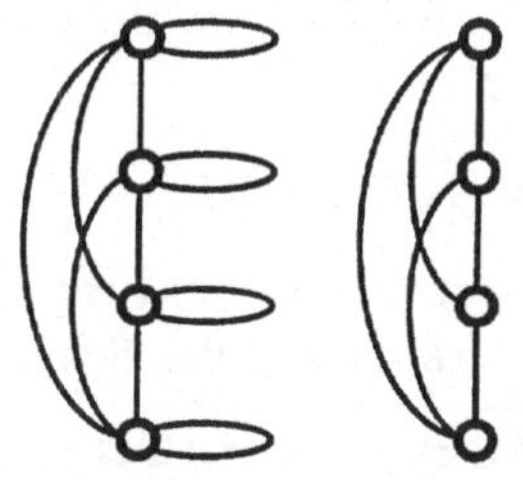

Abb. 3.1.5 Konnexe Ordnung und semikonnexe Striktordnung

Einer konnexen Ordnung entspricht bei geeigneter Umordnung der Matrixeinträge eine „volle obere Dreiecksmatrix". Die Konnexitätsbedingungen schließen aus, daß eine Ordnung aus mehreren *nebenläufigen Strängen* besteht: In (reflexiven) Ordnungen sollen alle Elemente untereinander vergleichbar sein, bei irreflexiven Ordnungen wenigstens je 2 verschiedene Elemente. Aufgrund der Antisymmetrie $C^{\mathrm{T}} \subset \overline{E}$ gilt für konnexe Ordnungen stets $C^{\mathrm{T}} = \overline{E}$.

Die Striktordnung $<$ auf $\mathbb{N}$ könnte die Redeweise „unmittelbarer" Vorgänger bzw. Nachfolger suggerieren. Ein solcher Begriff ist jedoch nicht immer angebracht. Weder in der Striktordnung der reellen noch in der der rationalen Zahlen gibt es unmittelbare Vorgänger. Hinreichend für deren Existenz ist, daß die Ordnung in einem gewissen Sinne „diskret" ist, d. h. daß man eine geordnete Folge von Zwischenpunkten zweier Punkte a und b nie unbeschränkt durch Einfügen neuer Zwischenpunkte verfeinern kann – genauer wird hierauf in Abschnitt 6.5 eingegangen. Liegt diese Diskretheit vor, so kann die gesamte Ordnung bereits aus der unmittelbaren Nachfolgerbeziehung erzeugt werden, die den Namen **Hasse-Diagramm** erhalten hat. In Abb. 3.1.6 ist eine diskrete Striktordnung und ihr zugehöriges Hasse-Diagramm angegeben. Auch in etwas allgemeineren Fällen kann eine transitive Relation gelegentlich von einer in ihr enthaltenen Relation „erzeugt" werden. In Abb. 3.2.1 geben wir dazu ein Beispiel an.

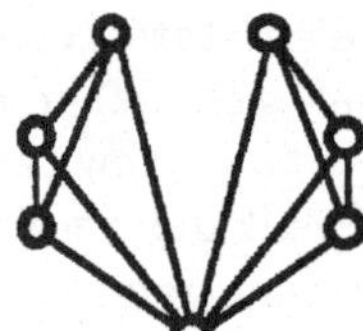
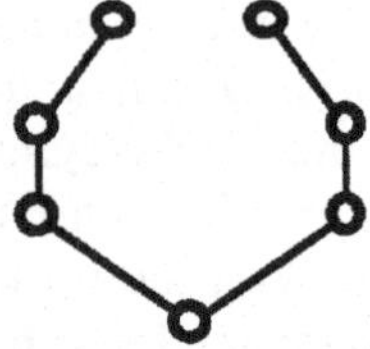

Abb. 3.1.6 Striktordnung und ihr Hasse-Diagramm

Bildliche Darstellungen einer Ordnung auf das Hasse-Diagramm der zugehörigen Striktordnung zu beschränken, ist selbst für so kleine Beispiele vorteilhaft. Das Hasse-Diagramm einer linearen Striktordnung entspricht einer Matrix, in der genau die obere Nebendiagonale mit $\mathbf{1}$ besetzt ist.

Verträglichkeit mit Äquivalenzrelationen

Im folgenden beweisen wir einige für das Rechnen mit Äquivalenzen nützliche Rechenregeln. Als erstes untersuchen wir, wie sich die Multiplikation mit einer Äquivalenz zur Durchschnitts- und Komplementbildung verhält.

3.1.6 Satz. Es seien Θ eine Äquivalenz und A, B beliebige Relationen.

i) $$\Theta\overline{\Theta A\Theta}\Theta = \overline{\Theta A\Theta}.$$

ii) $$(A\Theta \sqcap B)\Theta = A\Theta \sqcap B\Theta = (A \sqcap B\Theta)\Theta.$$

Beweis: i) Die Richtung „$\supset$" ist klar. In umgekehrter Richtung haben wir $\Theta A\Theta\Theta^{\mathsf{T}} \subset \Theta A\Theta$; hieraus folgt mit mehrfacher Anwendung der Schröder-Regel

$$\overline{\Theta A\Theta}\Theta \subset \overline{\Theta A\Theta}, \qquad \Theta^{\mathsf{T}}\Theta A\Theta = \Theta A\Theta \subset \overline{\overline{\Theta A\Theta}\Theta}, \qquad \Theta\overline{\Theta A\Theta}\Theta \subset \overline{\Theta A\Theta}.$$

ii) $$\begin{aligned}(A\Theta \sqcap B)\Theta &\subset A\Theta^2 \sqcap B\Theta = A\Theta \sqcap B\Theta \\ &\subset (A \sqcap B\Theta\Theta^{\mathsf{T}})(\Theta \sqcap A^{\mathsf{T}}B\Theta) \subset (A \sqcap B\Theta)\Theta \subset A\Theta \sqcap B\Theta^2 \\ &= B\Theta \sqcap A\Theta \subset (B \sqcap A\Theta\Theta^{\mathsf{T}})(\Theta \sqcap B^{\mathsf{T}}A\Theta) \subset (B \sqcap A\Theta)\Theta. \quad \Box\end{aligned}$$

Nun wird das Zusammenspiel von Äquivalenzen mit anderen Relationen untersucht.

3.1.7 Satz. Es seien Θ, Ω Äquivalenzen. Gilt dann $G^{\mathrm{T}}\Theta G \subset \Omega$, $F\Omega \subset G\Omega$ und $FL \supset GL$, so auch $F\Omega = G\Omega$.

Beweis:
$$\begin{aligned} G\Omega = GL \sqcap G\Omega \subset FL \sqcap G\Omega &\subset (F \sqcap G\Omega L^{\mathrm{T}})(L \sqcap F^{\mathrm{T}}G\Omega) \\ &\subset FF^{\mathrm{T}}G\Omega \subset F(F\Omega)^{\mathrm{T}}G\Omega \subset F(G\Omega)^{\mathrm{T}}G\Omega \subset F\Omega G^{\mathrm{T}}G\Omega \\ &\subset F\Omega G^{\mathrm{T}}\Theta G\Omega \subset F\Omega\Omega\Omega \subset F\Omega. \end{aligned}$$
□

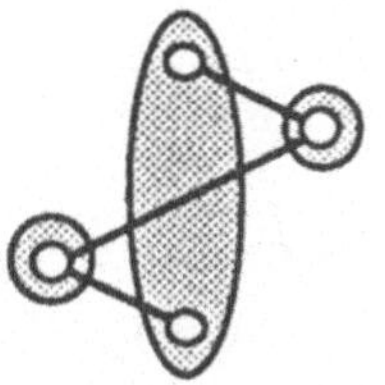

Abb. 3.1.7 Unverträglichkeit von Ordnung und Äquivalenz

Gelegentlich kommen Mengen vor, die zugleich eine Ordnung und eine Äquivalenz als Struktur tragen. Dann entsteht sofort die Frage, ob man zu Äquivalenzklassen übergehen kann und zwischen diesen Äquivalenzklassen auch wieder eine Ordnung vorfindet. Im allgemeinen kann man darauf natürlich nicht hoffen, wie Abb. 3.1.7 zeigt.

Im folgenden Satz geben wir Verträglichkeitsbedingungen an, die garantieren, daß auch die Quotientenmenge geordnet ist. In Abb. 3.1.8 ist mit der Erzeugenden S für die Quasiordnung $R := S^*$ ein Beispiel angegeben. Die Kästchen der Matrix entsprechen den Äquivalenzklassen in der Reihenfolge der Ordnung; innerhalb der Kästchen sind die Punkte von links nach rechts angeordnet.

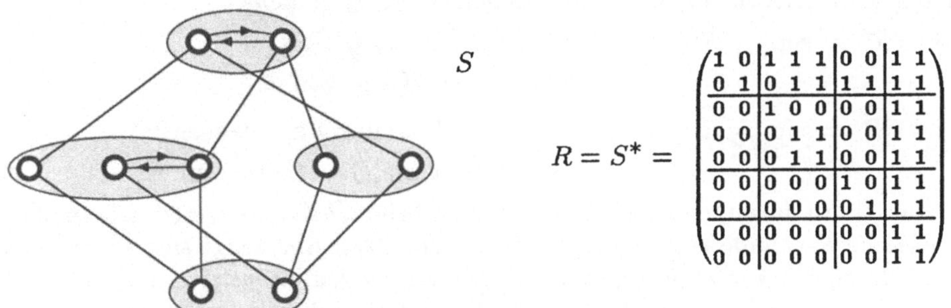

$$R = S^* = \left(\begin{array}{cc|ccc|cc|cc} 1&0&1&1&1&0&0&1&1 \\ 0&1&0&1&1&1&1&1&1 \\ \hline 0&0&1&0&0&0&0&1&1 \\ 0&0&0&1&1&0&0&1&1 \\ 0&0&0&1&1&0&0&1&1 \\ \hline 0&0&0&0&0&1&0&1&1 \\ 0&0&0&0&0&0&1&1&1 \\ \hline 0&0&0&0&0&0&0&1&1 \\ 0&0&0&0&0&0&0&1&1 \end{array}\right)$$

Abb. 3.1.8 Verträglichkeit von Quasiordnung und Äquivalenz

3.1.8 Satz. Es seien R eine Quasiordnung und Θ eine Äquivalenzrelation, zwischen denen die beiden folgenden Beziehungen bestehen

$$R\Theta \subset \Theta R, \quad R\Theta \sqcap \Theta R^{\mathrm{T}} \subset \Theta.$$

Dann ist auch $\Theta R\Theta$ eine Quasiordnung, und es gilt $\Theta R\Theta \sqcap \Theta R^{\mathrm{T}}\Theta = \Theta$.

Beweis: Wegen $\Theta R\Theta\Theta R\Theta \subset \Theta R\Theta R\Theta \subset \Theta\Theta RR\Theta \subset \Theta R\Theta$ ist $\Theta R\Theta$ transitiv und offensichtlich auch reflexiv. Weiterhin herrscht „Antisymmetrie" wegen

$$\begin{aligned} \Theta \subset \Theta R\Theta \sqcap \Theta R^{\mathrm{T}}\Theta &\subset (\Theta \sqcap \Theta R^{\mathrm{T}}\Theta\Theta R^{\mathrm{T}})(R\Theta \sqcap \Theta\Theta R^{T}\Theta) \\ &\subset \Theta(R\Theta \sqcap \Theta R^{\mathrm{T}}\Theta) = \Theta(R\Theta \sqcap \Theta R^{\mathrm{T}})\Theta \quad \text{nach Satz 3.1.6.ii} \\ &\subset \Theta\Theta\Theta \subset \Theta. \end{aligned}$$
□

Mit anderen Worten: Die Relation Θ stimmt mit der gemäß (3.1.3) gebildeten größten in $\Theta R\Theta$ enthaltenen Äquivalenz überein. Die an $\Theta R\Theta$ ablesbare Ordnung der Quotientenmenge V/Θ ergibt sich vermöge

$$[x]_\Theta \leq [y]_\Theta \quad :\Longleftrightarrow \quad \exists u, v \in V : x\Theta u \wedge uRv \wedge v\Theta y.$$

Insbesondere erfüllt offenbar $\Theta := R \sqcap R^{\mathrm{T}}$ die Voraussetzungen von (3.1.8). Damit induziert die Quasiordnung R auf den Äquivalenzklassen von $R \sqcap R^{\mathrm{T}}$ eine Ordnung.

Übung

3.1.1 Ist Θ eine Äquivalenz und gelten $L = FL$ und $F \subset \Theta$, so auch $F\Theta = \Theta$.

3.2 Hüllen und Hüllenalgorithmen

Die Rückgewinnung einer Ordnung aus ihrem Hasse-Diagramm kann wieder als *Hüllenoperation* zur Vervollständigung einer Relation bzgl. bestimmter Eigenschaften formuliert werden. Hüllenoperationen waren bereits die Bildung der reflexiven und der symmetrischen Hülle aus Kapitel 2, die darüberhinaus auch konstruktiv aufschreibbar waren.

3.2.1 Definition. Bei einer homogenen Relation R heiße

i) $R^+ := \sup_{i\geq 1} R^i = \inf\{\, H \mid R \subset H,\ H \text{ transitiv}\}$
transitive Hülle von R,

ii) $R^* := \sup_{i\geq 0} R^i = \inf\{\, H \mid R \subset H,\ H \text{ reflexiv und transitiv}\}$
reflexiv-transitive Hülle von R. □

Wir erinnern daran, daß diese Suprema und Infima existieren, weil vollständige boolesche Verbände zugrunde gelegt wurden. Man überzeugt sich sofort, daß die Infima, die wir vorübergehend J nennen wollen, transitiv sind: Sie sind untere Schranke für jedes H, das der Aussonderungsbedingung genügt. Damit erfüllen sie $JJ \subset HH \subset H$ für jedes H. Also ist auch JJ eine untere Schranke für alle H und infolgedessen in J, der größten aller dieser Schranken, enthalten.

Behauptet wird in der Definition ferner, daß eine transitive Hülle zugleich als Infimum und als Supremum beschrieben werden kann. Zunächst zeigen wir, daß das Supremum im Infimum enthalten ist. Das ergibt sich sofort daraus, daß für jedes H wegen dessen Transitivität $R^i \subset H^i \subset H$ gilt. Damit ist R^i für jedes i untere Schranke aller H, so daß auch $R^i \subset J$. Jetzt wiederum ist J eine der oberen Schranken der Relationen $R, R^2, \ldots$ und umfaßt daher das Supremum als die kleinste dieser Schranken. Umgekehrt sieht man, daß die Suprema aufgrund der sup-Distributivität der Multiplikation transitiv sind. Insofern gehört das Supremum zu den Relationen H, die von der Aussonderungsbedingung erfaßt werden. Es umfaßt daher deren Infimum J.

Wir notieren auch die abgewandelte und oft bequemere Charakterisierung

$$R^+ = \inf\{\, H \mid R \subset H,\ RH \subset H\,\},$$

die als Übung 3.2.3 bewiesen werden soll. Manchmal ist

$$R \text{ transitiv} \iff R^+ \subset R \iff R^+ = R$$

nützlich. Als weitere einfache Rechenregeln halten wir fest, daß für die beiden transitiven Hüllen einer jeden Relation R gilt

$$R^+ = RR^*, \quad R^* = I \sqcup R^+.$$

Eine ähnliche Hüllenbildung führen wir jetzt für Äquivalenzen durch:

3.2.2 Definition. Für eine homogene Relation R definieren wir die

$$\textbf{Äquivalenzhülle } h_{\text{äquiv}}(R) := \inf\{\, H \mid R \subset H,\ H \text{ Äquivalenz} \,\}$$

als untere Grenze aller umfassenden Äquivalenzrelationen. □

Sicherlich gilt dann auch $R \subset h_{\text{äquiv}}(R)$, und $h_{\text{äquiv}}(R)$ ist eine Äquivalenz. Die Aussonderungsbedingung für die Relationen H bleibt bei der Bildung des Infimums erhalten; sie ist „Infimum-erblich". Daher ist $h_{\text{äquiv}}(R)$ sogar die eindeutig bestimmte kleinste umfassende Äquivalenzrelation. Man kann sie unter Verwendung der reflexiv-transitiven Hülle ausdrücken.

3.2.3 Satz. $h_{\text{äquiv}}(R) = (R \sqcup R^{\mathrm{T}})^*$.

Beweis: Sicher gilt $h_{\text{äquiv}}(R) \subset (R \sqcup R^{\mathrm{T}})^*$, denn $(R \sqcup R^{\mathrm{T}})^*$ ist eine R umfassende Äquivalenz. Sei nun H eine beliebige Äquivalenz mit $R \subset H$. Dann gilt $R^{\mathrm{T}} \subset H^{\mathrm{T}} = H$ und somit $R \sqcup R^{\mathrm{T}} \subset H$, so daß H als reflexive und transitive Relation die reflexiv-transitive Hülle $(R \sqcup R^{\mathrm{T}})^*$ umfassen muß. Wenn das für jedes solche H gilt, dann auch für das Infimum $h_{\text{äquiv}}(R)$. □

Allen vier bisher aufgetretenen Hüllenbildungen ist folgendes gemeinsam: Es sind Abbildungen $h: \mathcal{B} \longrightarrow \mathcal{B}$ eines vollständigen Verbandes $\mathcal{B}$ in sich, und sie haben die leicht nachweisbaren Eigenschaften der *Extensität* $R \subset h(R)$, der *Isotonie* $R \subset S \implies h(R) \subset h(S)$ und der *Idempotenz* $h(h(R)) = h(R)$. Mit diesen drei Eigenschaften definiert man in der Verbandstheorie den allgemeinen Begriff einer **Hüllenbildung**.

Transitiv irreduzible Kerne

Wir interessieren uns nun dafür, welche Relationen $Q \subset R$ dieselbe transitive Hülle wie R besitzen und betrachten infolgedessen die Menge

$$\mathcal{E}_R := \{\, Q \mid Q \subset R,\ Q^+ = R^+ \,\},$$

deren Elemente wir **Erzeugende** nennen. Aus ökonomischen Gründen sucht man möglichst kleine Erzeugende. Wie man in Abb. 3.2.1 sehen kann, muß eine kleinste Relation dieser Art nicht existieren; es gibt jedoch Relationen, die im Inklusionssinne minimal sind.

3.2.4 Definition. Ist R eine gegebene Relation, so heiße eine Relation

K **transitiv irreduzibler Kern** zu R

$$:\iff \begin{cases} K \subset R, \quad K^+ = R^+, \\ \text{Aus } Q \subset K,\ Q^+ = R^+ \text{ folgt stets } Q = K. \end{cases}$$ □

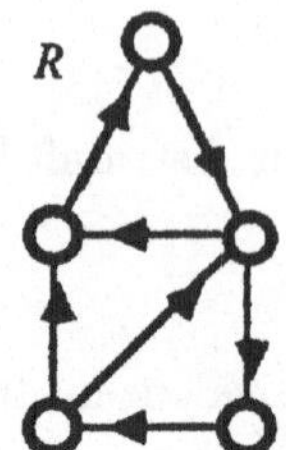

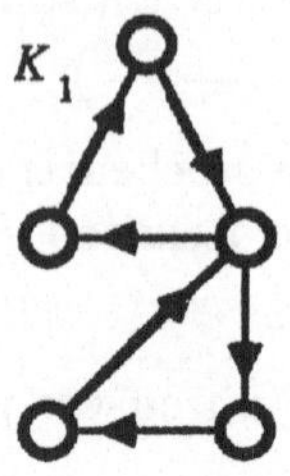

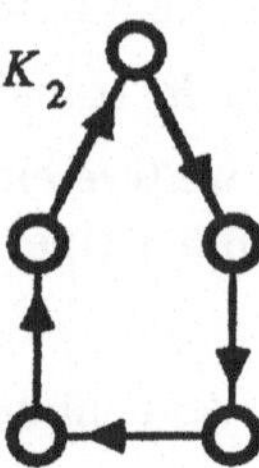

Abb. 3.2.1 Transitiv irreduzible Kerne

Transitiv irreduzible Kerne sind als minimale Elemente von $\mathcal{E}_R$ keineswegs eindeutig bestimmt. Wir fragen nun, wann ein (dann natürlich eindeutig bestimmtes) *kleinstes* Element existiert. Für dessen Existenz gibt der folgende Satz einen Hinweis. Man kann zunächst auf einfache Weise eine Relation als untere Schranke für alle transitiv irreduziblen Kerne angeben. Dazu verkleinert man die gegebene transitive Relation R, indem man Relationsbeziehungen zwischen zwei Punkten a und c aus ihr fortläßt, falls es einen Punkt b gibt, über den diese Beziehung bereits zweistufig aufgrund der Beziehung von a zu b und der von b zu c erzeugt werden kann. Allerdings ist die so entstehende Relation oft viel zu klein, in ungünstigen Fällen entsteht nur die Nullrelation.

3.2.5 Satz. Bei transitivem R ist die Relation $H_R := R \sqcap \overline{R^2}$ in jeder Erzeugenden von R enthalten.

Beweis: Wir betrachten eine Erzeugende Q und definieren $W := H_R \sqcap \overline{Q}$. Nach Definition von H_R gilt einerseits $W \subset R$. Andererseits ist $W \subset \overline{R^2}$, so daß wir bei transitivem R wegen $R = R^+ = Q^+$ und $Q \subset R$ erhalten

$$W \subset \overline{R^2} = \overline{RR} \subset \overline{QQ^+}$$

und folglich $W \subset \overline{Q} \sqcap \overline{QQ^+} = \overline{Q \sqcup QQ^+} = \overline{Q^+} = \overline{R}$. Somit ist $W \subset R \sqcap \overline{R} = O$ und infolgedessen $H_R \subset Q$. □

In Satz 6.5.6 nehmen wir diese Diskussion wieder auf und zeigen, daß H_R bei „diskreten" Relationen mit der kleinsten Erzeugenden übereinstimmt.

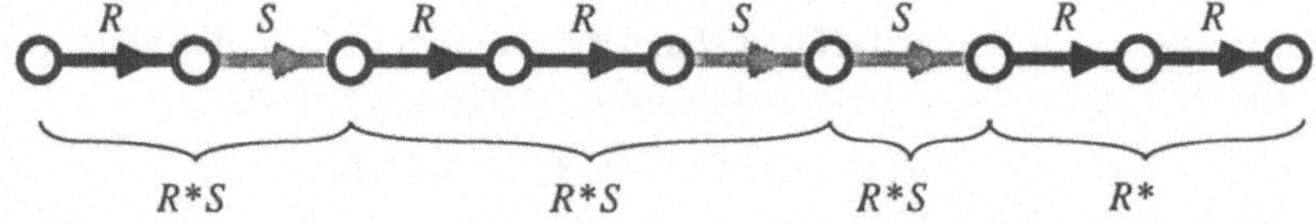

Abb. 3.2.2 Transitive Hülle $(R \sqcup S)^* = (R^*S)^*R^*$ einer Vereinigung

Der folgende Satz faßt Formeln zum Rechnen mit transitiven Hüllen zusammen.

3.2.6 Satz. Für die transitive Hülle einer Relation gilt

i) $(R^*)^{\mathrm{T}} = (R^{\mathrm{T}})^*$, $\quad (R^+)^{\mathrm{T}} = (R^{\mathrm{T}})^+$;

ii) $(R \sqcup S)^* = (R^*S)^*R^*$, $\quad (R \sqcup S)^+ = R^+ \sqcup (R^*S)^+R^*$;

iii) $R^*S^* \subset (R \sqcup S)^*$.

Beweis: i) ist eine Folge von $(R^{\mathrm{T}})^i = (R^i)^{\mathrm{T}}$. ii) $(R \sqcup S)^* = \sup_{i \geq 0}(R \sqcup S)^i$ $= \sup_{i \geq 0}(R^*S)^i R^*$, wenn man nach S sortiert. Hiermit ergibt sich

$$\begin{aligned}(R \sqcup S)^+ &= (R \sqcup S)(R \sqcup S)^* = (R \sqcup S)(R^*S)^*R^* \\ &= R(I \sqcup (R^*S)^+)R^* \sqcup S(R^*S)^*R^* \\ &= R^+ \sqcup RR^*S(R^*S)^*R^* \sqcup S(R^*S)^*R^* = R^+ \sqcup (R^+S \sqcup S)(R^*S)^*R^* \\ &= R^+ \sqcup (R^*S)(R^*S)^*R^* = R^+ \sqcup (R^*S)^+R^*.\end{aligned}$$

iii) $(R \sqcup S)^* = (S^*R)^*S^* = IS^* \sqcup (S^*R)^+S^* \supset IS^* \sqcup R^+S^* = R^*S^*$. □

Hüllenalgorithmen

Wir wenden nun diese Formeln an, um Algorithmen zur Bestimmung der transitiven Hülle zu analysieren. Dabei bedienen wir uns wieder der Graphendarstellung.

Ist die Relation R auf einer endlichen Menge als n-reihige boolesche Matrix dargestellt, so scheint eine Berechnung der transitiven Hülle angesichts der Definition $R^+ = \sup_{1 \leq i \leq n} R^i$ viel Aufwand zu erfordern. Setzt man für die Bildung des Produktes zweier n-reihiger quadratischer Matrizen nach klassischem Verfahren den Aufwand $O(n^3)$ an, so ist schon zur Berechnung der ersten n Potenzen von R (nach Übung 3.2.6 braucht man nicht mehr!) der Aufwand $O(n^4)$ nötig. Noch aufwendiger erscheint es, in der Form $R^+ = \inf\{X \mid R \sqcup RX \subset X\}$ *alle* 2^{n^2} Relationen zum Vergleich heranzuziehen. Eine erste Verbesserung mit einem Aufwand von nur noch $O(n^3 \log n)$ bringt der für manche Anwendungen bequeme und gelegentlich sogar bevorzugte „Schichtenalgorithmus", der auf Übung 3.2.6.iv basiert.

Grundlage für eine rationelle Berechnung der transitiven Hülle R^+ sind folgende Überlegungen, die sich mit der *lokalen* Einhaltung der Transitivitätsbedingung in einem Element x beschäftigen. Sie werden meist S. Warshall zugeschrieben, gehen aber wohl auf B. Roy zurück.

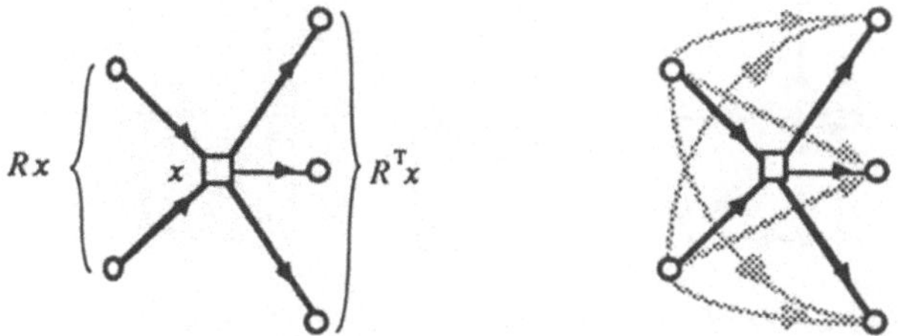

Abb. 3.2.3 Basisoperation des Roy-Warshall-Algorithmus

In jedem Einzelschritt wird ein weiteres Element x ausgewählt, und dessen Vorgänger Rx werden mit seinen Nachfolgern $R^{\mathrm{T}}x$ verbunden. Jetzt herrscht Transitivität in dem eingeschränkten Sinne, daß wenigstens in x die Pfeile stets durchgeschaltet sind. Bei diesem Einzelschritt mit dem Punkt x wird zu R genau $Rx(R^{\mathrm{T}}x)^{\mathrm{T}} = Rxx^{\mathrm{T}}R \subset R^2$ hinzugenommen.

Im folgenden Satz beweisen wir, daß diese Bemühungen um lokale Transitivität ausreichend sind, um R^+ zu berechnen; Hinweise gibt dafür Abb. 3.2.4.

3.2.7 Satz. Sind $x_1, \ldots, x_n$ die Punkte eines endlichen Graphen mit der Assoziierten R, so führt die Iteration

$$B_0 := R, \quad B_i := B_{i-1} \sqcup B_{i-1} x_i x_i^{\mathrm{T}} B_{i-1}, \; i = 1, \ldots, n,$$

zur transitiven Hülle $R^+ = B_n$.

Beweis: Wir führen den Beweis der Einfachheit halber nur für reflexives R und haben daher stets $R^+ = R^*$. Zu zeigen ist, daß $B_n = \sup_{1 \le i \le n} B_i = R^+$ für die Matrixfolge $B_0 \subset B_1 \subset \ldots$. Wegen der Eigenschaft $x_i x_i^{\mathrm{T}} \subset I$ der Punkte gilt zunächst $B_i \subset B_{i-1} \sqcup B_{i-1}^2 \subset \ldots \subset R^+$ und damit $B_n \subset R^+$.

Für den Nachweis der umgekehrten Inklusion setzen wir

$$E_i := (R \sup_{1 \le m \le i} x_m x_m^{\mathrm{T}})^* (I \sqcup R).$$

Wir kennzeichnen mit E_i – anschaulich gesprochen – denjenigen Teil der Transitivität, der sich im Sinne von Abb. 3.2.3 aufgrund der Verwendung der ersten i Punkte als Zwischenpunkte ergibt. Im Grenzfall ist $\sup_{1 \le i \le n} x_i x_i^{\mathrm{T}} = I$, und es gilt offenbar $\sup_i E_i = (RI)^*(I \sqcup R) = R^*$. Es ist also nur zu beweisen, daß $\sup_i E_i \subset B_n$. Wir zeigen, daß für $1 \le i \le n$ stets $E_i \subset B_i$, indem wir bei $E_0 = O \subset B_0$ beginnen und mit Induktion fortfahren:

$$\begin{aligned} E_i &= (R \sup_{1 \le m \le i-1} x_m x_m^{\mathrm{T}} \sqcup R x_i x_i^{\mathrm{T}})^* (I \sqcup R) \\ &= [(R \sup_{1 \le m \le i-1} x_m x_m^{\mathrm{T}})^* R x_i x_i^{\mathrm{T}}]^* (R \sup_{1 \le m \le i-1} x_m x_m^{\mathrm{T}})^* (I \sqcup R) \\ &\subset (E_{i-1} x_i x_i^{\mathrm{T}})^* E_{i-1} = (I \sqcup E_{i-1} x_i x_i^{\mathrm{T}}) E_{i-1}, \\ &\qquad \text{da} \quad (A x x^{\mathrm{T}})^* = I \sqcup A x x^{\mathrm{T}} \quad \text{für jede Teilmenge } x \\ &\subset B_{i-1} \sqcup B_{i-1} x_i x_i^{\mathrm{T}} B_{i-1} = B_i \qquad \text{nach Induktionsvoraussetzung.} \end{aligned}$$

□

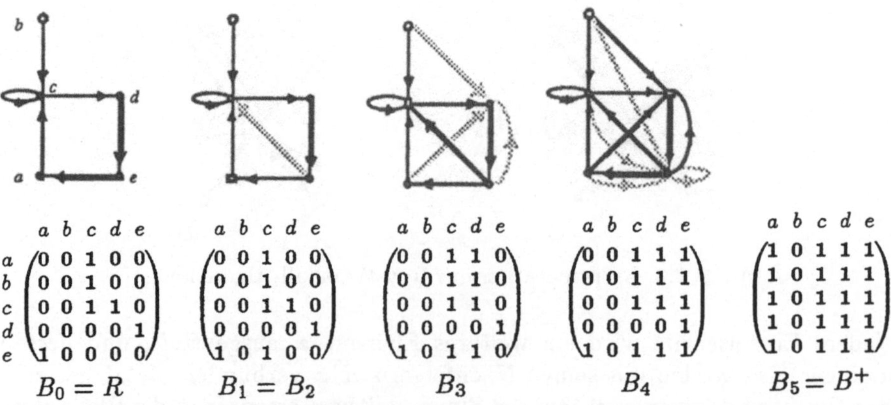

$$B_0 = R = \begin{pmatrix} 0&0&1&0&0\\ 0&0&1&0&0\\ 0&0&1&1&0\\ 0&0&0&0&1\\ 1&0&0&0&0 \end{pmatrix} \quad B_1 = B_2 = \begin{pmatrix} 0&0&1&0&0\\ 0&0&1&0&0\\ 0&0&1&1&0\\ 0&0&0&0&1\\ 1&0&1&0&0 \end{pmatrix} \quad B_3 = \begin{pmatrix} 0&0&1&1&0\\ 0&0&1&1&0\\ 0&0&1&1&0\\ 0&0&0&0&1\\ 1&0&1&1&0 \end{pmatrix}$$

$$B_4 = \begin{pmatrix} 0&0&1&1&1\\ 0&0&1&1&1\\ 0&0&1&1&1\\ 0&0&0&0&1\\ 1&0&1&1&1 \end{pmatrix} \quad B_5 = B^+ = \begin{pmatrix} 1&0&1&1&1\\ 1&0&1&1&1\\ 1&0&1&1&1\\ 1&0&1&1&1\\ 1&0&1&1&1 \end{pmatrix}$$

Abb. 3.2.4 Zwischenzustände des Roy-Warshall-Algorithmus

Wenn diese Hüllenbildung auf einem Rechner erfolgt, bei dem der für die Matrix R vorgesehene Speicherplatz „überschrieben" werden darf, wird man obige Iteration ansetzen mit

$$\textbf{for } i := 1 \textbf{ step } 1 \textbf{ until } n \textbf{ do } \quad R := R \sqcup Rx_i x_i^{\mathrm{T}} R.$$

Nun ist mit Rx_i die i-te Spalte und mit $R^{\mathrm{T}}x_i$ die i-te Zeile von R bezeichnet. Wir setzen diese Überlegungen in eine programmiersprachliche Notation um:

3.2.8 Algorithmus (*B. Roy 1959; S. Warshall 1962*). Ist R eine boolesche $n \times n$-Matrix, so wird R durch das folgende Programm in seine transitive Hülle R^+ überführt:

```
for i := 1 step 1 until n do
    for j := 1 step 1 until n do
        if R(j,i) then
            for k := 1 step 1 until n do
                R(j,k) := R(j,k) ∨ R(i,k)
```

Dieses Programm verwendet $O(n^2)$ Bit-Speicherplätze und führt $O(n^3)$ boolesche $\vee$-Operationen aus. □

Dies ist nicht das theoretisch optimale Verfahren; es wird dennoch überwiegend verwendet. Bei symmetrischem R bietet sich eine Variante des Roy-Warshall-Algorithmus an, welche die innere Schleife bereits beim ersten erreichten $R(j,i)$ abbricht. Der Aufwand sinkt dabei auf $O(n^2)$. Einen Ansatz zur Gewinnung eines asymptotisch schnelleren Algorithmus im nichtsymmetrischen Fall bietet folgendes Resultat mit der in der Informatik so gern wahrgenommenen Möglichkeit zur sukzessiven Halbierung des Problems.

3.2.9 Satz. Für die transitiven Hüllen von Matrizen, die in vier Teile mit quadratischen Diagonalmatrizen zerlegt sind, gilt

i) $\begin{pmatrix} A & O \\ C & O \end{pmatrix}^+ = \begin{pmatrix} A^+ & O \\ CA^* & O \end{pmatrix}, \quad \begin{pmatrix} O & B \\ O & D \end{pmatrix}^+ = \begin{pmatrix} O & BD^* \\ O & D^+ \end{pmatrix}$

ii) $\begin{pmatrix} A & B \\ C & D \end{pmatrix}^+ = \begin{pmatrix} A^+ \sqcup A^*BE^*CA^* & A^*BE^* \\ E^*CA^* & E^+ \end{pmatrix}$, mit $E := CA^*B \sqcup D$

Beweis: i) $\begin{pmatrix} A & O \\ C & O \end{pmatrix}^2 = \begin{pmatrix} A^2 & O \\ CA & O \end{pmatrix}; \quad \begin{pmatrix} A & O \\ C & O \end{pmatrix}^3 = \begin{pmatrix} A^3 & O \\ CA^2 & O \end{pmatrix}$ usw.

ii) Um anschließend (i) und (3.2.6) zu verwenden, gehe man aus von

$$\begin{pmatrix} A & B \\ C & D \end{pmatrix}^+ = \left[\begin{pmatrix} A & O \\ C & O \end{pmatrix} \sqcup \begin{pmatrix} O & B \\ O & D \end{pmatrix}\right]^+.$$ □

Die Bildung der transitiven Hülle einer $2n$-reihigen Matrix kann hiermit auf die Bildung der transitiven Hülle einer n-reihigen Matrix zurückgeführt werden, allerdings auf Kosten eines gewissen Aufwandes für zusätzliche Multiplikationen. Mit einer auf V. Strassen zurückgehenden Idee kann man diesen Multiplikationsaufwand asymptotisch klein halten.

Es bleibt zu erwähnen, daß Algorithmen sehr ähnlicher Art schon früher in der Numerik verwendet wurden. Eine genauere Analyse ergibt nämlich als Zwischenzustand des Roy-Warshall-Algorithmus, d. h. als Relation B_i aus (3.2.7) nach Bearbeitung der ersten Spalten von $\left(\begin{smallmatrix} A & B \\ C & D \end{smallmatrix}\right)$ die Matrix

$$\begin{pmatrix} A^+ & A^*B \\ CA^* & D \sqcup CA^*B \end{pmatrix}.$$

Man vergleiche dies mit dem Zwischenzustand

$$\begin{pmatrix} A^{-1} & -A^{-1}B \\ +CA^{-1} & D - CA^{-1}B \end{pmatrix} \begin{pmatrix} U \\ Y \end{pmatrix} = \begin{pmatrix} X \\ V \end{pmatrix}$$

eines Gauss-Jordan-Algorithmus mit Diagonal-Pivotwahl, angewendet auf das Gleichungssystem

$$\begin{pmatrix} A & B \\ C & D \end{pmatrix} \begin{pmatrix} X \\ Y \end{pmatrix} = \begin{pmatrix} U \\ V \end{pmatrix}.$$

Übungen

3.2.1 Man zeige: Jedes in I enthaltene R ist symmetrisch und jede asymmetrische Relation ist irreflexiv.

3.2.2 Man beweise, daß eine Relation R genau dann Äquivalenz ist, wenn sie reflexiv ist und $RR^{\mathrm{T}} \subset R$ erfüllt.

3.2.3 Man zeige, daß für jede homogene Relation R gilt

$$\inf\{\, H \mid R \sqcup RH \subset H \,\} = \inf\{\, H \mid R \sqcup RH = H \,\};$$
$$\inf\{\, H \mid S \sqcup RH \subset H \,\} = R^*S.$$

3.2.4 Man beweise folgendes: Eine in der Äquivalenzrelation S enthaltene Relation Q und eine beliebige Relation R erfüllen stets $Q(R \sqcap S) = QR \sqcap S$. (Man vergleiche dieses Resultat mit dem modularen Gesetz der Verbandstheorie.)

3.2.5 Für jedes R ist $\overline{R^{\mathrm{T}}\overline{R}} = R \,.\!\cdot\, R$ reflexiv und transitiv; siehe (2.3.8).

3.2.6 Man beweise mit dem Schubfachprinzip, daß für jede boolesche $n \times n$-Matrix R

i) $R^n \subset (I \sqcup R)^{n-1}$.

ii) $R^* = \sup_{0 \le i < n} R^i$.

iii) $R^+ = \sup_{0 < i \le n} R^i$.

iv) $(I \sqcup R)(I \sqcup R^2)(I \sqcup R^4)(I \sqcup R^8) \ldots (I \sqcup R^{2^{\lfloor \log n \rfloor}}) = R^*$.

3.3 Extrema, Schranken und Grenzen

Wenn eine Ordnung vorgelegt ist, verlangen typische Aufgabenstellungen, diese Ordnung in bezug auf eine Teilmenge der Punkte zu studieren und maximale oder größte Punkte usw. zu ermitteln. Nun betrachten wir aber Ordnungen auf zwei verschiedenen Ebenen, einerseits auf der Meta-Ebene der zumeist umgangssprachlichen Formulierung die Ordnung $R \subset S$ *von* Relationen und andererseits auf der Objekt-Ebene eine Ordnung E *als* Relation. Mit der nun folgenden relationenalgebraischen Untersuchung von Schranken, Grenzen und Extrema klären wir zugleich die Grundlagen unserer bisherigen Arbeitsweise; das ist ein logisch und semantisch interessanter zusätzlicher Aspekt. Diese Überlegungen sind für das Verständnis der weiteren Kapitel nicht unbedingt erforderlich.

Zunächst interessieren wir uns für die „extremalen" Elemente einer Teilmenge. Das sind die maximalen Elemente, welche keine echten Nachfolger in der Teilmenge haben, wie auch die minimalen Elemente, die keine echten Vorgänger in der Teilmenge besitzen.

3.3.1 Definition. Von einer gegebenen Ordnung betrachten wir die irreflexive Version C, dazu eine Teilmenge t und einen Punkt x. Es heiße

i) x **maximales Element** von t $:\Longleftrightarrow$ $x \subset t \subset \overline{C}^{\mathrm{T}} x$

$\Longleftrightarrow$ $x \subset t$ und $xt^{\mathrm{T}} \subset \overline{C}$

$\Longleftrightarrow$ Der Punkt x gehört zur Menge t und ist nicht kleiner als irgendein Punkt aus t.

$\mathrm{Max}(t) := t \sqcap \overline{Ct}$ Menge der Maxima von t.

ii) x **minimales Element** von t $:\Longleftrightarrow$ $x \subset t \subset \overline{C}x$

$\Longleftrightarrow$ $x \subset t$ und $tx^{\mathrm{T}} \subset \overline{C}$

$\Longleftrightarrow$ Der Punkt x gehört zur Menge t und ist nicht größer als irgendein Punkt aus t.

$\mathrm{Min}(t) := t \sqcap \overline{C^{\mathrm{T}}t}$ Menge der Minima von t.

Wenn über die Relation C Unklarheit herrschen könnte, werden wir $\mathrm{Max}_C(t)$ anstelle von $\mathrm{Max}(t)$ verwenden. □

Die ersten beiden Varianten der Definition sind nach (2.4.4.i) äquivalent. Ferner ist $x \subset \mathrm{Max}(t) = t \sqcap \overline{Ct}$ äquivalent zu $x \subset t$ und $x \subset \overline{Ct}$. Letzteres ist weiter gleichbedeutend mit $Ct \subset \overline{x}$ und $xt^{\mathrm{T}} \subset \overline{C}$, so daß $\mathrm{Max}(t)$ in der Tat die Zusammenfassung aller maximalen Punkte darstellt.

Maximalität eines Punktes x der Menge t kann als „innere" Eigenschaft von t, versehen mit der „auf t eingeschränkten" Ordnungsrelation, verstanden werden, die nachfolgend erklärten Begriffe der Schranken und Grenzen hingegen nicht! Maxima existieren bekanntlich nicht für jede Menge; insbesondere kann die leere Menge niemals maximale Elemente enthalten. Andererseits gibt es für eine Menge u. U. mehrere Maxima. Eine Existenzaussage erwähnen wir als Folge von (6.3.2).

Statt für eine Teilmenge t kann man auch für eine Relation X mit $\mathrm{Max}(X) := X \sqcap \overline{CX}$ „spaltenweise" Maxima bilden. Viele der folgenden Aussagen bleiben erhalten, und es ergeben sich interessante Identitäten wie unter anderem $\mathrm{Max}(E) = I$.

Die Definition der Maxima und Minima verlangt zunächst keine speziellen Eigenschaften der Relation C, insbesondere nicht, daß C eine Striktordnung ist. In Abb. 3.3.1 – die Pfeile sind konventionsgemäß aufwärts gerichtet – liegt eine Relation E zugrunde, die nicht transitiv, also keine Ordnung ist. Auch in

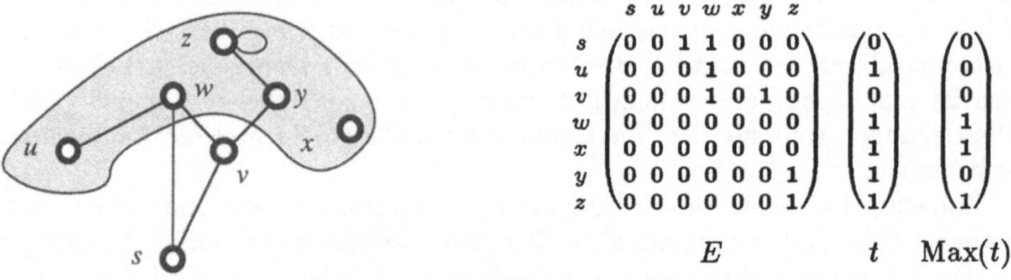

Abb. 3.3.1 Maxima einer Relation

einem solchen Fall kann man mit $\mathrm{Max}(t) = t \sqcap \overline{(E \sqcap \overline{I})t}$ die Menge derjenigen Punkte einer Menge t beschreiben, die in t keinen echten Nachfolger besitzen.

Schranken

Neben den Maxima und Minima interessieren die oberen und unteren Schranken einer Teilmenge.

3.3.2 Definition. Gegeben sei eine Ordnung E mit ihrer zugehörigen Striktordnung $C = E \sqcap \overline{I}$, eine Teilmenge t und ein Punkt x. Wir nennen

i) x **obere Schranke** von t $:\Longleftrightarrow$ $t \subset Ex$

$\Longleftrightarrow$ $t \sqcap \overline{x} \subset Cx$ $\Longleftrightarrow$ $tx^{\mathrm{T}} \subset E$

$\Longleftrightarrow$ Alle von x verschiedenen Punkte aus t sind kleiner als x.

$\mathrm{Ma}(t) := \overline{\overline{E}^{\mathrm{T}} t}$ Menge der oberen Schranken von t.

ii) x **untere Schranke** von t $:\Longleftrightarrow$ $t \subset E^{\mathrm{T}}x$

$\Longleftrightarrow$ $t \sqcap \overline{x} \subset C^{\mathrm{T}}x$ $\Longleftrightarrow$ $tx^{\mathrm{T}} \subset E^{\mathrm{T}}$

$\Longleftrightarrow$ Alle von x verschiedenen Punkte aus t sind größer als x.

$\mathrm{Mi}(t) := \overline{\overline{E} t}$ Menge der unteren Schranken von t.

Wenn unklar ist, welche Ordnung gemeint ist, werden wir diese als Index hinzufügen, etwa Ma_E. □

Die Abkürzung Ma soll an „Majorante" erinnern, engl. upper bound, und Mi an „Minorante", engl. lower bound.

Nach Satz 2.4.4 stimmen die formalen Definitionsvarianten überein. Weiterhin ist $x \subset \mathrm{Ma}(t) = \overline{\overline{E}^{\mathrm{T}} t}$ äquivalent zu $\overline{E}^{\mathrm{T}} t \subset \overline{x}$ und zu $xt^{\mathrm{T}} \subset E^{\mathrm{T}}$, so daß wir in der Tat die Menge der oberen Schranken als Vereinigung aller oberen Schranken auffassen können.

Offenbar gilt $\mathrm{Ma}(O) = L$, d. h. jeder Punkt ist obere Schranke zur leeren Punktmenge. Andererseits ist $\mathrm{Ma}(L) = \overline{\overline{E}^{\mathrm{T}} L}$. Man erwartet, daß es aufgrund der Antisymmetrie von E höchstens eine obere Schranke zu allen Punkten gibt.

In der Tat erfüllt $y := \mathrm{Ma}(L)$ die Beziehung, die einen Punkt charakterisiert:

$$yy^{\mathrm{T}} \subset \overline{\overline{E}^{\mathrm{T}}L}\,L \sqcap L\,\overline{\overline{E}^{\mathrm{T}}L}^{\mathrm{T}} \subset E^{\mathrm{T}} \sqcap E \subset I.$$

Unter Benutzung der Transitivität und der Identitäten $E\overline{E}^{\mathrm{T}} = \overline{E}^{\mathrm{T}} = \overline{E}^{\mathrm{T}}E$ für eine Ordnung kann man für die „spaltenweise" gebildeten Schranken die Beziehungen

$$\mathrm{Ma}(E) = E^{\mathrm{T}}, \quad \mathrm{Mi}(E^{\mathrm{T}}) = E,$$

$$E^{\mathrm{T}}\mathrm{Ma}(t) = \mathrm{Ma}(t) = \mathrm{Ma}(Et), \quad E\,\mathrm{Mi}(t) = \mathrm{Mi}(t) = \mathrm{Mi}(E^{\mathrm{T}}t)$$

unmittelbar nachrechnen.

Wieder könnten wir in der Definition darauf verzichten, eine Ordnung zu fordern und lediglich verlangen, daß eine Schranke direkter Nachfolger (bzw. Vorgänger) *aller* Punkte der gegebenen Menge t ist. Für eine nicht notwendig reflexive Relation R könnte man dann einführen

$$\mathrm{Ma}(t) = \overline{\overline{R \sqcup I}^{\mathrm{T}}t} \quad \text{und} \quad \mathrm{Mi}(t) = \overline{\overline{R \sqcup I}\,t}$$

und würde eine Reihe sehr ähnlicher Resultate erhalten. In Abb. 3.3.2 sind Beispiele von oberen Schranken einer Relation, die hier keine Ordnung ist, angegeben.

Wesentliche Eigenschaften von Ma und Mi sind im folgenden Satz enthalten; sie erlauben die Einordnung dieser beiden Funktionale in einen viel allgemeineren verbandstheoretischen Zusammenhang, auf den wir im Anhang eingehen.

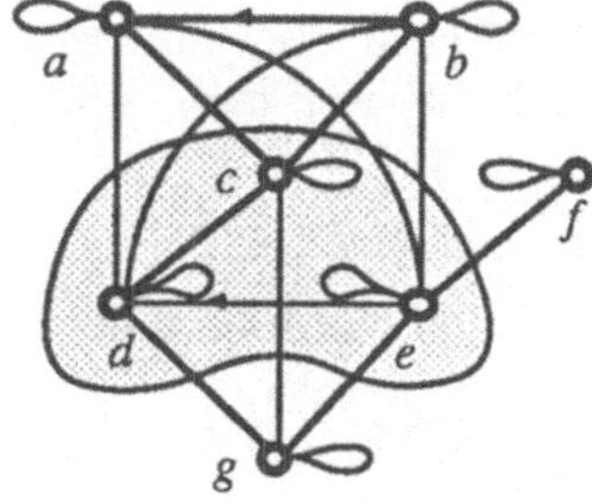

$$\begin{array}{c} \\ a\\ b\\ c\\ d\\ e\\ f\\ g \end{array}
\begin{array}{c} \begin{array}{ccccccc} a&b&c&d&e&f&g \end{array}\\
\begin{pmatrix}
1&0&0&0&0&0&0\\
1&1&0&0&0&0&0\\
1&1&1&0&0&0&0\\
1&1&1&1&0&0&0\\
1&1&0&1&1&1&0\\
0&0&0&0&0&1&0\\
0&0&1&1&1&0&1
\end{pmatrix}\\ R \end{array}
\quad
\begin{array}{c} \\ \begin{pmatrix}0\\0\\1\\1\\1\\0\\0\end{pmatrix}\\ t \end{array}
\quad
\begin{array}{c} \\ \begin{pmatrix}1\\1\\0\\0\\0\\0\\0\end{pmatrix}\\ \mathrm{Ma}(t) \end{array}
\quad
\begin{array}{c} \\ \begin{pmatrix}0\\0\\0\\0\\0\\0\\1\end{pmatrix}\\ \mathrm{Mi}(t) \end{array}$$

Abb. 3.3.2 Obere und untere Schranken

3.3.3 Satz. Gegeben seien die Schrankenfunktionale Ma und Mi.

i) Für je zwei Teilmengen t, t' gilt

$$t \subset \mathrm{Mi}(t') \iff t' \subset \mathrm{Ma}(t).$$

ii) Ma und Mi sind antiton und bei Hintereinanderschaltung expandierend:

$$t \subset \mathrm{Ma}(\mathrm{Mi}(t)), \quad t \subset \mathrm{Mi}(\mathrm{Ma}(t)).$$

Beweis: i) $t \subset \overline{\overline{E}t'} \iff \overline{E}t' \subset \overline{t} \iff \overline{E}^{\mathrm{T}}t \subset \overline{t'} \iff t' \subset \overline{\overline{E}^{\mathrm{T}}t}$. ii) Antitonie ist trivial. Die übrigen Behauptungen ergeben sich mit der Schröderschen Umformung aus den Beziehungen $\mathrm{Ma}(t) \subset \overline{\overline{E}^{\mathrm{T}}t}$ und $\mathrm{Mi}(t) \subset \overline{\overline{E}t}$. □

Nach Übung 3.3.1 ergibt sich ferner

$$\mathrm{Ma}(t) = \mathrm{Ma}(\mathrm{Mi}(\mathrm{Ma}(t))), \qquad \mathrm{Mi}(t) = \mathrm{Mi}(\mathrm{Ma}(\mathrm{Mi}(t))).$$

Weder für den Beweis von Satz 3.3.3 noch hierfür benötigt man, daß die Relation E eine Ordnung ist. Man kann also die von den Ordnungen herkommende Argumentationsweise bei beliebigen Relationen ganz ähnlich verwenden!

Paare von Funktionen mit den (i) bzw. (ii) entsprechenden (und leicht als äquivalent nachweisbaren) Eigenschaften findet man in der Tat sehr häufig. Man spricht dann von einer **Galois-Verbindung** oder Galois-Korrespondenz. In einer Galois-Korrespondenz bestimmt jede Funktion die andere eindeutig. Zu ähnlichen Fragestellungen siehe auch den Anhang A.3.

Im folgenden Satz geben wir zwei weitere Beziehungen für die Schranken-Funktionale Ma und Mi an.

3.3.4 Satz. Ist $t \neq O$ eine Teilmenge, so gilt für die Schranken

$$\mathrm{Ma}(t) \subset E^{\mathrm{T}}t, \qquad \mathrm{Mi}(t) \subset Et.$$

Beweis: Mit $t \neq O$ ist $L = Lt = \overline{E}^{\mathrm{T}}t \sqcup E^{\mathrm{T}}t$ und damit $\mathrm{Ma}(t) \subset E^{\mathrm{T}}t$. □

Wir knüpfen nun an die frühere Bemerkung an, die feststellte, daß $\mathrm{Ma}(L) = O$ gilt oder $\mathrm{Ma}(L)$ ein Punkt ist, entsprechend der *Nichtexistenz* oder *Existenz* einer eindeutig bestimmten oberen Schranke. Sie läßt sich zu einer analogen Aussage für $t \sqcap \mathrm{Ma}(t)$ verschärfen. *Innerhalb* einer Punktmenge t kann es also *höchstens* eine Schranke zu t geben:

$$[t \sqcap \mathrm{Ma}(t)][t \sqcap \mathrm{Ma}(t)]^{\mathrm{T}} \subset t[\mathrm{Ma}(t)]^{\mathrm{T}} \sqcap \mathrm{Ma}(t)t^{\mathrm{T}} \subset E \sqcap E^{\mathrm{T}} \subset I.$$

Dieser im Falle seiner Existenz eindeutig bestimmte Punkt wird als größtes Element von t bezeichnet.

Man muß nicht notwendig Antisymmetrie für E voraussetzen, um Resultate dieser Art zu erhalten. In Übung 3.3.4 wird dies ersatzweise erreicht, indem man $\mathrm{Max}(t) \sqcap \mathrm{Ma}(t)$ nimmt anstelle von $t \sqcap \mathrm{Ma}(t)$.

3.3.5 Definition. Ein Punkt x werde bei vorgelegter Ordnung E im Zusammenhang mit einer Teilmenge t betrachtet. Wir sagen, es sei

i) x **größter Punkt** von t $:\iff$ $x \subset t \subset Ex$

$\iff$ x ist zugleich obere Schranke und Punkt von t.

$\mathrm{gr}(t) := t \sqcap \mathrm{Ma}(t)$ Menge der größten Punkte von t.

ii) x **kleinster Punkt** von t $:\iff$ $x \subset t \subset E^{\mathrm{T}}x$

$\iff$ x ist zugleich untere Schranke und Punkt von t.

$\mathrm{kl}(t) := t \sqcap \mathrm{Mi}(t)$ Menge der kleinsten Punkte von t. □

Existiert ein größter Punkt einer Menge, so gehört er sicherlich zu deren Maxima und ist notwendigerweise das einzige Maximum; offensichtlich gilt nämlich $t \subset E\,\mathrm{gr}(t)$, falls $\mathrm{gr}(t) \neq O$. In die Beweise der folgenden Aussagen gehen Reflexivität und Antisymmetrie von E wesentlich ein.

3.3.6 Satz. Ist eine Ordnung gegeben, so gilt für die Mengen größter und kleinster Punkte einer Teilmenge t folgendes:

i) $\mathrm{gr}(t) = \mathrm{Max}(t) \sqcap \mathrm{Ma}(t), \qquad \mathrm{gr}(t) \neq O \implies \mathrm{gr}(t) = \mathrm{Max}(t);$

ii) $\mathrm{kl}(t) = \mathrm{Min}(t) \sqcap \mathrm{Mi}(t), \qquad \mathrm{kl}(t) \neq O \implies \mathrm{kl}(t) = \mathrm{Min}(t).$

Beweis für (i): Zu beweisen ist offenbar nur $\mathrm{gr}(t) \subset \mathrm{Max}(t)$. Da aufgrund der Antisymmetrie $C = E \sqcap \overline{I} \subset \overline{E}^{\mathsf{T}}$ läßt sich dies abschätzen mit

$$\begin{aligned}\overline{\mathrm{gr}(t)} \sqcup \mathrm{Max}(t) &= \overline{t} \sqcup \overline{\mathrm{Ma}(t)} \sqcup \mathrm{Max}(t) = \overline{t} \sqcup \overline{E}^{\mathsf{T}} t \sqcup (t \sqcap \overline{Ct}) \\ &\supset \overline{t} \sqcup Ct \sqcup (t \sqcap \overline{Ct}) \supset \overline{t} \sqcup t = L.\end{aligned}$$

Wir verwenden dieses Resultat und brauchen nur noch $\mathrm{Max}(t) \subset \mathrm{gr}(t)$ zu zeigen:

$$t \subset E\,\mathrm{gr}(t) = (C \sqcup I)\,\mathrm{gr}(t) \subset Ct \sqcup \mathrm{gr}(t)$$

und somit $\mathrm{Max}(t) = t \sqcap \overline{Ct} \subset \mathrm{gr}(t)$. □

Eine Ordnung E_W, bei der jede Teilmenge t ein kleinstes Element besitzt, nennt man eine **Wohlordnung**; sie ist charakterisiert durch $t \neq O \implies \mathrm{kl}(t) \neq O$. Häufig hat man in der Mathematik eine mit E bzw. der zugehörigen Striktordnung C geordnete Menge gegeben und unterstellt zusätzlich das Vorhandensein einer Wohlordnung E_W auf dieser Menge. Dann kann man einem Punkt mittels der Relation $F := C \sqcap \overline{C\overline{E_W^{\mathsf{T}}}}$ den wohlordnungskleinsten echt größeren Punkt zuordnen: Er ist echt größer, und es ist nicht so, daß es einen echt größeren gibt, den er im Sinne der Wohlordnung übertrifft.

Grenzen

Wir gehen nun zu einem recht eng verwandten Begriff über, indem wir etwas Ähnliches wie das größte Element unter Zuhilfenahme des Äußeren von t, also nicht mehr durch innere Eigenschaften der auf t beschränkten Ordnung, erklären. Dabei gelangen wir zum Supremum als dem kleinsten Element unter den oberen Schranken und entsprechend zum Infimum.

3.3.7 Definition. Gegeben sei eine Ordnung und eine Teilmenge t. Es heiße

i) $\mathrm{lub}(t) := \mathrm{kl}(\mathrm{Ma}(t)) = \mathrm{Ma}(t) \sqcap \mathrm{Mi}(\mathrm{Ma}(t))$ **Menge oberer Grenzen.**
Falls $x := \mathrm{lub}(t) \neq O$, heiße x obere Grenze oder **Supremum** von t.

ii) $\mathrm{glb}(t) := \mathrm{gr}(\mathrm{Mi}(t)) = \mathrm{Mi}(t) \sqcap \mathrm{Ma}(\mathrm{Mi}(t))$ **Menge unterer Grenzen.**
Falls $x := \mathrm{glb}(t) \neq O$, heiße x untere Grenze oder **Infimum** von t. □

Wegen $\mathrm{lub}(O) = \mathrm{kl}(\mathrm{Ma}(O)) = \mathrm{kl}(L)$ ist die Menge der oberen Grenzen der leeren Menge gleich der (null- oder einelementigen) Menge der kleinsten Elemente der Gesamtmenge. Für einen Punkt x gilt erwartungsgemäß

$$\begin{aligned}\mathrm{lub}(x) &= \overline{\overline{E}^{\mathrm{T}} x} \sqcap \overline{\overline{E}\,\overline{\overline{E}^{\mathrm{T}} x}} = E^{\mathrm{T}} x \sqcap \overline{\overline{E}\, E^{\mathrm{T}} x} = E^{\mathrm{T}} x \sqcap \overline{\overline{E} x} \\ &= E^{\mathrm{T}} x \sqcap E x = (E^{\mathrm{T}} \sqcap E) x = I x = x.\end{aligned}$$

Weil allgemein $\mathrm{Ma}(t) = \mathrm{Ma}(Et)$, gilt daher auch $\mathrm{lub}(E) = I$ sowie $\mathrm{lub}(t) = \mathrm{lub}(Et)$.

Die Abkürzungen lub und glb leiten sich aus den englischen Termini „least upper bound“ bzw. „greatest lower bound“ ab. Man darf nicht den Fehler begehen, lub und sup zu verwechseln: Mit sup bezeichnen wir auf der Metaebene das Supremum einer Menge von Relationen, welche als Elemente einer Relationenalgebra durch Inklusion $\subset$ geordnet sind, z. B. bei der Definition der transitiven Hülle

$$\sup\{\, X \mid R \subset X,\ XX \subset X \,\}.$$

Das Ergebnis ist eine *Relation*. Demgegenüber ist mit $\mathrm{lub}(t)$ auf der Objektebene das Supremum einer Teilmenge t in bezug auf eine gegebene Ordnungsrelation E gemeint:

$$\mathrm{lub}(t) = \overline{\overline{E}^{\mathrm{T}} t} \sqcap \overline{\overline{E}\,\overline{\overline{E}^{\mathrm{T}} t}}.$$

Das Ergebnis ist die Relation O oder ein *Punkt*. Zur Warnung diene Abb. 3.3.3, wo einmal lub von t und einmal sup von der einelementigen Menge $\{t\}$ von Relationen gebildet wird.

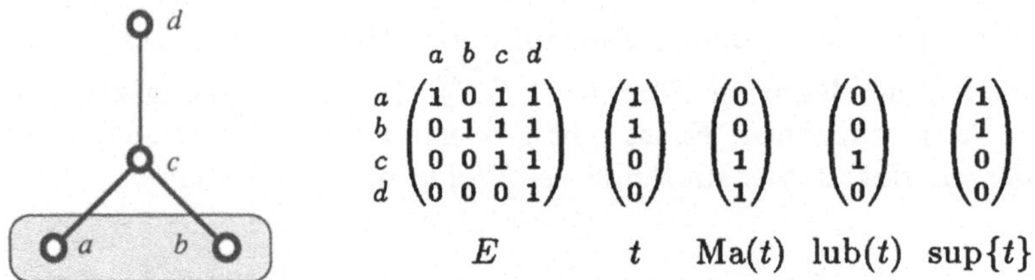

Abb. 3.3.3 Gegenüberstellung von lub und sup

Nach Konstruktion entspricht $\mathrm{lub}(t)$ stets einer 0-elementigen oder einer 1-elementigen Teilmenge, entsprechend der *Nichtexistenz* bzw. *Existenz* der kleinsten oberen Schranke bzw. oberen Grenze. Wir können sofort erste Aussagen über den Zusammenhang von gr und lub formulieren.

3.3.8 Satz. Gegeben sei eine Teilmenge t.

i) $\mathrm{gr}(t) = t \sqcap \mathrm{lub}(t)$, $\quad \mathrm{kl}(t) = t \sqcap \mathrm{glb}(t)$;

ii) $\mathrm{gr}(t) \neq O \implies \mathrm{gr}(t) = \mathrm{lub}(t)$, $\quad \mathrm{kl}(t) \neq O \implies \mathrm{kl}(t) = \mathrm{glb}(t)$.

Beweis: i) $\mathrm{gr}(t) = t \sqcap \mathrm{Ma}(t)$ und $t \sqcap \mathrm{lub}(t) = t \sqcap \mathrm{Ma}(t) \sqcap \mathrm{Mi}(\mathrm{Ma}(t))$ stimmen wegen $t \subset \mathrm{Mi}(\mathrm{Ma}(t))$, siehe (3.3.3), überein. ii) Ein nichtverschwindendes lub(t) ist ein Punkt, und es gilt $O \neq \mathrm{gr}(t) \subset \mathrm{lub}(t)$. Für einen Punkt x hatten wir in (2.4.5.i) bewiesen, daß aus $O \neq y \subset x$ folgt $y = x$. □

Eine obere Grenze einer Menge t, die zur Menge t selbst gehört, ist nach (i) deren größtes Element; Nichtexistenz eines größten Elements kann beruhen auf Nichtexistenz einer oberen Grenze oder Existenz einer nicht zur Menge gehörigen oberen Grenze.

Wegen $\mathrm{lub}(t) = \mathrm{lub}(Et)$ ändert sich die obere Grenze nicht, wenn man zu t den gesamten Vorbereich vermöge der Ordnung E hinzunimmt. Unmittelbar ergibt sich (und zwar auch bei $\mathrm{lub}(t) = O$)

$$\mathrm{Ma}(t) = \mathrm{Ma}(\mathrm{Mi}(\mathrm{Ma}(t))) = \overline{\overline{E}^{\mathrm{T}}\mathrm{Mi}(\mathrm{Ma}(t))} \subset \overline{\overline{E}^{\mathrm{T}}\mathrm{lub}(t)} = \mathrm{Ma}(\mathrm{lub}(t)).$$

Weitere einfache Folgerungen aus der Definition enthält folgender Satz:

3.3.9 Satz. Gegeben sei eine Teilmenge t.

i)	$t \subset \mathrm{Mi}(\mathrm{lub}(t))$,	$t \subset \mathrm{Ma}(\mathrm{glb}(t))$,
ii)	$\mathrm{lub}(t) \neq O \implies t \subset E\,\mathrm{lub}(t)$,	$\mathrm{glb}(t) \neq O \implies t \subset E^{\mathrm{T}}\mathrm{glb}(t)$,
iii)	$t \neq O \implies \mathrm{lub}(t) \subset E^{\mathrm{T}}t$,	$t \neq O \implies \mathrm{glb}(t) \subset Et$,
iv)	$\mathrm{lub}(t) = \mathrm{glb}(\mathrm{Ma}(t))$,	$\mathrm{glb}(t) = \mathrm{lub}(\mathrm{Mi}(t))$.

Beweis: i) Die Behauptung ergibt sich aus $\mathrm{lub}(t) \subset \mathrm{Ma}(t)$ und (3.3.3.i). ii) ist ein Spezialfall von (i) und folgt mittels (2.4.4.i), denn $\mathrm{lub}(t) \neq O$ ist ein Punkt. iii) zeigt man durch $\mathrm{lub}(t) \subset \mathrm{Ma}(t)$ und (3.3.4). iv) lautet ausführlich

$$\mathrm{Ma}(t) \sqcap \mathrm{Mi}(\mathrm{Ma}(t)) = \mathrm{Mi}(\mathrm{Ma}(t)) \sqcap \mathrm{Ma}(\mathrm{Mi}(\mathrm{Ma}(t)))$$

und gilt wegen der Bemerkungen im Anschluß an (3.3.3). □

Die für Grenzen wesentlichen Aussagen beweisen wir in folgendem Satz:

3.3.10 Satz. Gegeben seien die Teilmengen t und t'.

i) $t \subset \mathrm{Mi}(t') \implies \mathrm{lub}(t) \subset \mathrm{Mi}(t')$;
   $t \subset \mathrm{Ma}(t') \implies \mathrm{glb}(t) \subset \mathrm{Ma}(t')$.

ii) Ist x ein Punkt, so gilt
   $t \subset Ex \implies \mathrm{lub}(t) \subset Ex, \quad t \subset E^{\mathrm{T}}x \implies \mathrm{glb}(t) \subset E^{\mathrm{T}}x.$

Beweis: i) $\mathrm{lub}(t) \subset \mathrm{Mi}(\mathrm{Ma}(t)) \subset \mathrm{Mi}(\mathrm{Ma}(\mathrm{Mi}(t'))) = \mathrm{Mi}(t')$ wegen der Isotonie. ii) Wenn x ein Punkt ist, gilt $\mathrm{Mi}(x) = \overline{\overline{E}x} = Ex$. □

In (ii) darf man auf die Punkteigenschaft von x nicht verzichten, wie folgendes Beispiel zeigt: Es sei $t = x = O$. Dann gilt $t \subset Ex$, aber im allgemeinen ist $\mathrm{lub}(O) = \mathrm{Ma}(O) \sqcap \mathrm{Mi}(\mathrm{Ma}(O)) = L \sqcap \mathrm{Mi}(L) = \mathrm{Mi}(L) = \overline{\overline{E}L} \neq O$. Es reicht nicht, allein $x \neq O$ vorauszusetzen, wie man im Falle der offenen Intervalle $t := x := (0,1)$ in der geordneten Menge der reellen Zahlen sehen kann.

Eine Ordnung läßt sich besonders gut untersuchen, wenn generell die Existenz oberer bzw. unterer Grenzen gesichert ist. Auf der Meta-Ebene ist das für die Ordnung $\subset$ der Relationen garantiert. Wir formulieren die Bedingung nun für die Objektebene.

3.3.11 Definition. Es heiße eine Ordnung

i) E **vollständiger Verband** $:\Longleftrightarrow$ $O \neq \mathrm{lub}(t)$ für alle t

$\Longleftrightarrow$ $O \neq \mathrm{glb}(t)$ für alle t

$\Longleftrightarrow$ $\mathrm{glb}(t) \neq O \neq \mathrm{lub}(t)$ für alle t

$\Longleftrightarrow$ Jede Teilmenge t besitzt eine obere und untere Grenze.

ii) E **vollständiger lub-Halbverband**

$:\Longleftrightarrow$ $O \neq \mathrm{lub}(t)$ für alle $t \neq O$.

$\Longleftrightarrow$ Jede nichtleere Teilmenge t besitzt eine obere Grenze.

iii) E **vollständiger glb-Halbverband**

$:\Longleftrightarrow$ $O \neq \mathrm{glb}(t)$ für alle $t \neq O$.

$\Longleftrightarrow$ Jede nichtleere Teilmenge t besitzt eine untere Grenze. □

Wegen (3.3.9.iv) sind alle Varianten von (i)' äquivalent. Jeder vollständige Verband ist offenbar auch vollständiger lub- und vollständiger glb-Halbverband. Wir formulieren nun eine Aussage, die auch als „Satz von der oberen Grenze" bekannt ist. Sie besagt, daß in einem vollständigen glb-Halbverband aus der Existenz einer oberen *Schranke* auf die Existenz einer oberen *Grenze* geschlossen werden kann.

3.3.12 Satz (*Satz von der oberen Grenze*). In einem vollständigen glb-Halbverband E gilt für jede Teilmenge t

i) $\mathrm{Ma}(t) \neq O \quad \Longrightarrow \quad \mathrm{lub}(t) \neq O;$

ii) $t \subset E\,\mathrm{Ma}(t) \quad \Longrightarrow \quad t \subset E\,\mathrm{lub}(t).$

Beweis: i) Nach (3.3.9.iv) ist $\mathrm{lub}(t) = \mathrm{glb}(\mathrm{Ma}(t))$, so daß man (3.3.11.iii) auf die Teilmenge $Ma(t) \neq O$ anwenden kann. ii) folgt aus (i) und (3.3.9.ii). □

Auf die analoge Formulierung für lub-Halbverbände verzichten wir.

Übungen

3.3.1 Man zeige, daß allgemein $\overline{\overline{R}S} = \overline{\overline{R}\,\overline{\overline{R}^{\mathrm{T}}\overline{\overline{R}S}}}$ gilt und überlege sich dafür anhand von (3.3.2) eine Formulierung mit Mi und Ma.

3.3.2 Es sei R eine beliebige Relation, also nicht notwendig eine Ordnung. Man definiere wie in (3.3.2) $\mathrm{Ma}_R(X) := \overline{\overline{R}^{\mathrm{T}}X}$ und $\mathrm{Mi}_R(X) := \overline{\overline{R}X}$ und beweise, daß immer noch (wie nach 3.3.3.ii) gilt

$$\mathrm{Ma}_R(X) = \mathrm{Ma}_R(\mathrm{Mi}_R(\mathrm{Ma}_R(X))).$$

3.3.3 Für eine Ordnung E und eine beliebige Relation X gilt $E^{\mathrm{T}}\overline{EX} = \overline{EX}$.

3.3.4 Es sei S eine beliebige Relation, für die mit

$$G(X) := \mathrm{Ma}(X) \sqcap \mathrm{Max}(X) = \overline{\overline{S \sqcup I}^{\mathrm{T}} X} \sqcap [X \sqcap \overline{(S \sqcap \overline{I})X}]$$

eine Bildung „größter Elemente" definiert sein. Man zeige, daß

$$G(X)[G(X)]^{\mathrm{T}} \subset I.$$

3.3.5 Für Punkte x, y folgt aus $\mathrm{Ma}(x) = \mathrm{Ma}(y)$ stets $x = y$.

3.3.6 Man beweise $\mathrm{Ma}(E^{\mathrm{T}}) = \mathrm{gr}(E^{\mathrm{T}})$.

3.3.7 Man zeige $\mathrm{lub}(X \sqcup Y) = \mathrm{lub}(\mathrm{lub}(X) \sqcup \mathrm{lub}(Y))$.

3.3.8 Man zeige, daß $L = L\,\mathrm{lub}(X) \implies \mathrm{Ma}(X) = \mathrm{Ma}(\mathrm{lub}(X))$.

3.3.9 Eine Ordnung E heiße gerichtet, falls $L = EE^{\mathrm{T}}$. Man zeige, daß bei gerichtetem E gilt $\mathrm{Max}(L) = \mathrm{gr}(L)$.

3.4 Literaturhinweise

BODEWIG E: *Bericht über die verschiedenen Methoden zur Lösung eines Systems linearer Gleichungen mit reellen Koeffizienten. IV.* Nederl. Akad. Wetensch. Proc. Ser. A. **51** (1948) 53–64. Auch: Indag. Math. **10** (1948) 24–35.

GIVE'ON Y: *Lattice matrices.* Inform. and Control **7** (1964) 477–484.

ROY B: *Transitivité et connexité.* C. R. Acad. Sci. Paris **249** (1959) 216.

STRASSEN V: *Gaussian elimination is not optimal.* Numer. Math. **13** (1969) 354–356.

WARSHALL S: *A theorem on Boolean matrices.* J. Assoc. Comput. Mach. **9** (1962) 11–12.

4. Heterogene Relationen

Von den homogenen Relationen gehen wir nun über zu den heterogenen Relationen. Wenn man an die Matrizenrechnung denkt, so entspricht dem der Schritt von quadratischen zu rechteckigen Matrizen. Fast alles verläuft für heterogene Relationen genauso wie bisher; man hat allerdings darauf zu achten, ob sich zwei Relationen miteinander multiplizieren, vereinigen oder schneiden lassen. Prinzipiell gibt es zwei Möglichkeiten, sich mit partiell definierten Operationen auseinanderzusetzen. Man kann sich intuitiv darauf verlassen, daß man Relationen nur sinngemäß hintereinanderschaltet; man kann dies aber auch formal reglementieren. Letzteres ist zweifellos präziser, oft allerdings auch umständlicher. Wir werden einen Mittelweg gehen.

In Abschnitt 4.1 führen wir heterogene Relationen ein und zeigen, wie man sie in Form von 2-geteilten Graphen darstellt. Eindeutigkeit und Totalität einer Relation und die Eigenschaft, eine Funktion zu sein, untersuchen wir in Abschnitt 4.2 relationenalgebraisch. Dabei werden Relationen auch in ihren eindeutigen und mehrdeutigen Anteil zerlegt.

Neben zweistelligen Relationen, auf die wir uns in diesem Buch konzentrieren, gibt es die mehrstelligen Relationen. Mit Abschnitt 4.3 stellen wir eine Querverbindung zu den Begriffen her, die im Zusammenhang mit relationalen Datenbanken verwendet werden. Die Passagen des Abschnitts 4.4 über Difunktionalität bereiten schwierige algebraische Untersuchungen zur *Wertverlaufsgleichheit* vor; sie können beim ersten Lesen übersprungen werden.

4.1 2-geteilte Graphen

Bisher haben wir uns mit homogenen Relationen beschäftigt, also je nach Darstellung z. B. mit Teilmengen einer Produktmenge $V \times V$ oder mit quadratischen booleschen Matrizen. Etwas allgemeiner ist das Konzept einer Relation, die eine Beziehung auch zwischen Elementen *verschiedener* Mengen beschreibt. Diese können bei Anwendungen in der Informatik von verschiedener *Sorte* oder verschiedenem *Typ* sein.

4.1.1 Definition. Gegeben seien zwei Mengen X und Y. Eine Teilmenge R von $X \times Y$ heißt **(heterogene) Relation** zwischen X und Y. □

Zur Darstellung einer heterogenen Relation eignet sich neben einer rechteckigen booleschen Matrix ein 2-geteilter Graph. Eine Darstellung durch Hypergraphen findet sich in Abschnitt 5.3.

Im wesentlichen überträgt sich der für homogene Relationen in Kapitel 2 aufbereitete Kalkül auf die heterogenen Relationen:

- Die booleschen Operationen aus Abschnitt 2.1 übertragen sich vollständig: Die Menge der Relationen zwischen zwei Grundmengen X, Y bildet einen vollständigen booleschen Verband, nämlich den Verband aller Teilmengen von $X \times Y$. Natürlich kann man bei $X \neq Y$ nicht die Vereinigung oder den Durchschnitt einer Relation $R \subset X \times Y$ mit einer Relation $S \subset Y \times X$ bilden.
- Die Konversion einer heterogenen Relation führt zwar von einer Relation $R \subset X \times Y$ zu einer Relation $R^{\mathrm{T}} \subset Y \times X$, jedoch gelten alle Rechenregeln für die Konversion aus Abschnitt 2.2 sinngemäß. Natürlich ist $R \sqcup R^{\mathrm{T}}$ bei $X \neq Y$ nicht definiert.
- Beim Produkt zweier Relationen hat man auf die Sorte bzw. auf die beteiligten Grundmengen zu achten: Es ist nur erklärt für Relationen $R \subset X \times Y$ und $S \subset Y \times Z$, und anschließend ist $RS \subset X \times Z$. Unter der (separat zu überprüfenden) Voraussetzung, daß die auftretenden Produkte erklärt sind, können die Ergebnisse des Abschnittes 2.3 formal übernommen werden. Die Produkte RR^{T} und $R^{\mathrm{T}}R$ existieren natürlich stets und sind aus $X \times X$ bzw. $Y \times Y$.

Für die Null-, die Allrelation und die Identitätsrelation wollen wir die Notationen O, L und I auch bei gleichzeitiger Betrachtung verschiedener Grundmengen beibehalten. So gibt es für $R \subset X \times Y$ eine Linkseins $I \subset X \times X$ und eine Rechtseins $I \subset Y \times Y$. Genaueres ist immer aus dem Zusammenhang erkennbar. Notfalls kann man mit Hilfe von Indizes I_{XX} und I_{YY} unterscheiden; analog verwenden wir O_{XY}, L_{XY}.

$$\underset{I}{\begin{pmatrix}1&0&0&0&0\\0&1&0&0&0\\0&0&1&0&0\\0&0&0&1&0\\0&0&0&0&1\end{pmatrix}}\underset{R}{\begin{pmatrix}1&0&0\\1&1&1\\0&1&0\\0&1&1\\0&0&0\end{pmatrix}} = \underset{R}{\begin{pmatrix}1&0&0\\1&1&1\\0&1&0\\0&1&1\\0&0&0\end{pmatrix}} = \underset{R}{\begin{pmatrix}1&0&0\\1&1&1\\0&1&0\\0&1&1\\0&0&0\end{pmatrix}}\underset{I}{\begin{pmatrix}1&0&0\\0&1&0\\0&0&1\end{pmatrix}}$$

Abb. 4.1.1 Linkseins und Rechtseins zu einer booleschen Matrix

Eine typische Darstellung heterogener Relationen $R \subset X \times Y$ zeigt Abb. 4.1.2. Die Elemente von X und Y sind einander als (mit Kreisen bzw. Quadraten gekennzeichnete) Punkte gegenübergestellt und gemäß der Relation R sind Pfeile von links nach rechts gezeichnet.

Eine Auffassung dieses Gebildes als 1-Graph liegt nahe. Man betrachte dazu die Punktmenge $V = \{a, b, c, d, e, x, y, z\} = X \cup Y$ und darauf die rechts angegebene Assoziierte B. Die Matrix hat viele Nullen und ist als Darstellung weniger ökonomisch als R.

Gelegentlich, vor allem in Abschnitt 8.3, hat man zusätzlich Pfeile von rechts nach links. Dafür geeignet ist die folgende Definition.

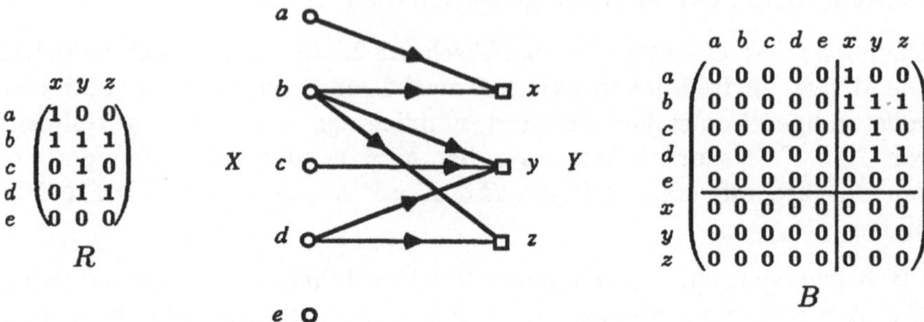

Abb. 4.1.2 Darstellungen einer heterogenen Relation

4.1.2 Definition. Das Quadrupel (X, Y, R, S) heißt **2-geteilter Graph**, (engl. bipartited graph), wenn

i) X und Y nichtleere disjunkte Punktmengen sind (**linke** bzw. **rechte**),

ii) $R \subset X \times Y$ und $S \subset Y \times X$ heterogene Relationen sind, die die Pfeile von links nach rechts bzw. von rechts nach links beschreiben. □

Ist der 2-geteilte Graph symmetrisch, $R = S^{\mathrm{T}}$, oder betrachten wir nur einen „ungerichteten" Graphen, so beschränken wir uns auf die Konstituenten des Tripels (X, Y, Q) mit $Q := R \sqcup S^{\mathrm{T}}$.

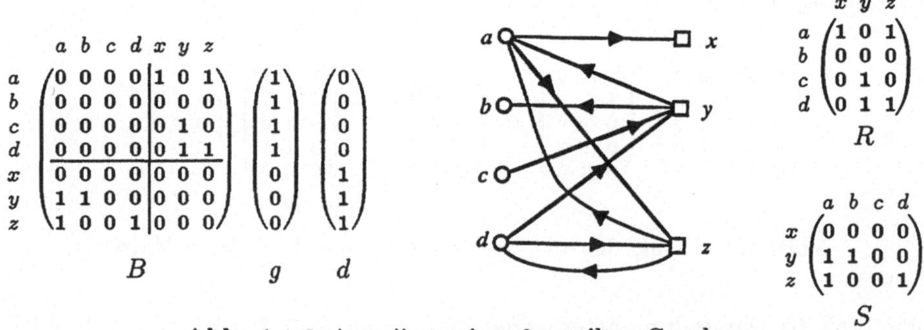

Abb. 4.1.3 Assoziierte eines 2-geteilten Graphen

Ein 2-geteilter-Graph (X, Y, R, S) führt also zu einem 1-Graphen (V, B) mit (Gesamt-) Punktmenge $V = X \cup Y$ und einer zerlegten assoziierten Matrix der Form

$$B = \begin{pmatrix} O & R \\ S & O \end{pmatrix}.$$

Entscheiden wir uns, „links" mit „g" und „rechts" mit „d" (frz. gauche, droit) zu verbinden, so kann diese Zerlegung der (Gesamt-) Punktmenge durch Vektoren g, d mit den Eigenschaften

$$\overline{g} = d, \quad g^{\mathrm{T}}g = L, \quad d^{\mathrm{T}}d = L$$

gekennzeichnet werden. Natürlich[1] gilt auch $g \sqcap d = O$, $g \sqcup d = L$, $g^{\mathrm{T}}d = O$ und $d^{\mathrm{T}}g = O$ sowie $B \subset gd^{\mathrm{T}} \sqcup dg^{\mathrm{T}}$.

Besonders wichtige Beispiele 2-geteilter Graphen treten in der Informatik in Gestalt von Petri-Netzen und Signatur-Diagrammen auf. Mit dem Signatur-Diagramm veranschaulicht man sich die Funktionalitäten und Stelligkeiten der Funktionen eines abstrakten Datentyps. Beim **Petri-Netz** nennt man die links- bzw. rechtsseitig gelegenen Punkte **Stellen** (auch: Plätze) und **Transitionen** (auch: Hürden). Allerdings wird darauf verzichtet, diese tatsächlich links und rechts zu zeichnen, weil dadurch die Abbildungen unübersichtlich würden. Mit Abb. 4.1.4 verweisen wir auf diese Beispiele 2-geteilter Graphen.

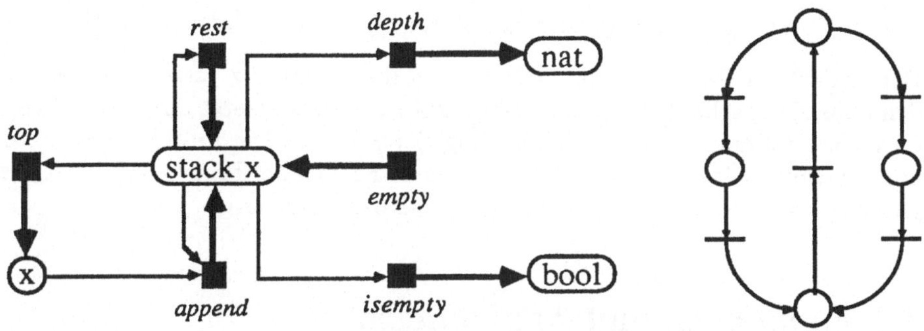

Abb. 4.1.4 Signatur-Diagramm und Petri-Netz

Wenn irgendein Graph bildlich gegeben ist, kann man versuchen, ihn als 2-geteilten Graphen zu zeichnen. Dadurch wird u. U. die Übersicht verbessert. Wenn dies durch geeignete Anordnung der Punkte möglich ist, wird seine assoziierte Matrix wie in Abb. 4.1.3 zerlegt. Man erhält dann sofort die Kennzeichnungen g, d mit obigen Eigenschaften und nennt den ursprünglichen Graphen einen **2-teilbaren Graphen** (engl. bipartite). Die ermittelte Punktzerlegung heißt auch eine **2-Teilung**. Abb. 4.1.5 zeigt zwei mögliche 2-Teilungen eines 2-teilbaren Graphen.

Eine grundlegende Beziehung für 2-geteilte Graphen beruht auf dem jeweiligen Wechsel der Punktmenge.

4.1.3 Satz. Ist B Assoziierte eines mit g, d 2-geteilten Graphen, so gilt für jede Punktmenge x

$$B(x \sqcap g) = Bx \sqcap d, \qquad B(x \sqcap d) = Bx \sqcap g.$$

[1] Vorerst haben wir keine Möglichkeit, B relationenalgebraisch unter Verwendung von R, S, g, d auszudrücken. Ebensowenig gelingt es, R und S durch B, g, d zu beschreiben. In Abschnitt 5.2 werden wir diese Übergänge mit Hilfsmitteln des Abschnitts 4.2 bewerkstelligen.

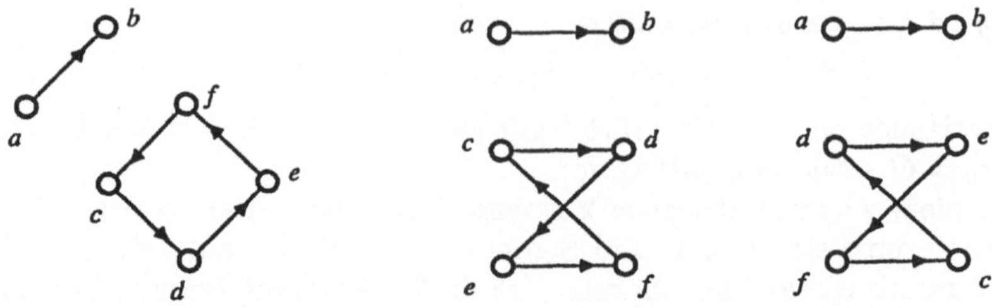

Abb. 4.1.5 2-teilbarer Graph mit unterschiedlichen Zweiteilungen

Beweis: Aus Symmetriegründen beweisen wir nur die erste Gleichung. Wegen

$$B(x \sqcap g) \subset Bg \subset (gd^{\mathrm{T}} \sqcup dg^{\mathrm{T}})g = gd^{\mathrm{T}}g \sqcup dg^{\mathrm{T}}g = O \sqcup d = d$$

gilt „$\subset$"; die Umkehrung „$\supset$" folgt aus

$$Bx \sqcap d \subset (B \sqcap dx^{\mathrm{T}})(x \sqcap B^{\mathrm{T}}d) \subset B(x \sqcap [gd^{\mathrm{T}} \sqcup dg^{\mathrm{T}}]d) = B(x \sqcap g). \qquad \square$$

Der Begriff der 2-Teilung läßt sich auf den der n-Teilung verallgemeinern, für den man die anschauliche Klassifizierung links/rechts ersetzt durch die Vorstellung einer unterschiedlichen Einfärbung der Punkte. Die Punkte eines n-teilbaren Graphen lassen sich mit höchstens n Farben so färben, daß keine zwei gleichfarbigen Punkte benachbart sind (n-**Punktfärbung**).

4.2 Funktionen und Abbildungen

Besondere Bedeutung kommt einer Gruppe von heterogenen Relationen zu, die durch *Eindeutigkeit* und/oder *Totalität* charakterisiert sind. Im ersten Fall soll von einer gegebenen Relation $R \subset X \times Y$ einem Element $x \in X$ *höchstens* ein Element $y \in Y$ zugeordnet sein, also

$$\forall x \in X \; \forall y, z \in Y : [(x, y) \in R \wedge (x, z) \in R] \rightarrow y = z$$

gelten. Man spricht dann auch von einer **Funktion aus** X **in** Y. Im zweiten Fall wird jedem $x \in X$ *wenigstens* ein Element $y \in Y$ zugeordnet, so daß

$$\forall x \in X \; \exists y \in Y : (x, y) \in R.$$

Trifft beides zusammen, so entsteht eine „Abbildung" oder eine „total definierte Funktion", also ein zentraler Begriff der Mathematik.

4.2.1 Definition. Ist R eine Relation, so nennen wir

R **total** $\;:\Longleftrightarrow\; L = RL \iff I \subset RR^{\mathrm{T}} \iff \overline{R} \subset R\overline{I}$
auch: definal $\iff$ Für alle S hat $SR = O$ zur Folge $S = O$;

R **eindeutig** $\;:\Longleftrightarrow\; R^{\mathrm{T}}R \subset I \iff R\overline{I} \subset \overline{R}$;
auch: funktional oder rechtseindeutig

R **surjektiv** $\;:\Longleftrightarrow\; R^{\mathrm{T}}$ total;
$\iff L = LR \iff I \subset R^{\mathrm{T}}R \iff \overline{R} \subset \overline{I}R$
$\iff$ Für alle S hat $RS = O$ zur Folge $S = O$;

R **injektiv**	$:\Longleftrightarrow$	R^{T} eindeutig;
	$\Longleftrightarrow$	$RR^{\mathrm{T}} \subset I \iff \overline{I}R \subset \overline{R}$;
R **Abbildung**	$:\Longleftrightarrow$	R total und eindeutig $\iff R\overline{I} = \overline{R}$. □

Wir veranschaulichen uns zunächst die verschiedenen Totalitätsbedingungen für eine Relation R zwischen den Mengen X und Y. Mit $L = RL$ wird verlangt, daß R *jedem* Element aus X mindestens ein Element aus Y zuordnet, der Definitionsbereich von R also X umfaßt. Folgt man, von irgendeinem Element ausgehend, der Relation R und anschließend der Relation R^{T}, so soll man zumindest zum anfänglichen Element zurückgelangen: $RR^{\mathrm{T}} \supset I$. Steht ein Element x zu einem Element y *nicht* in der Beziehung R, so soll es wenigstens zu einem Element z in der Beziehung R stehen, welches von y verschieden ist: $\overline{R} \subset R\overline{I}$. Im letzten Fall wird verlangt, daß R nur dann durch eine von links multiplizierte Relation S annulliert[1] wird, wenn S selbst die Nullrelation ist.

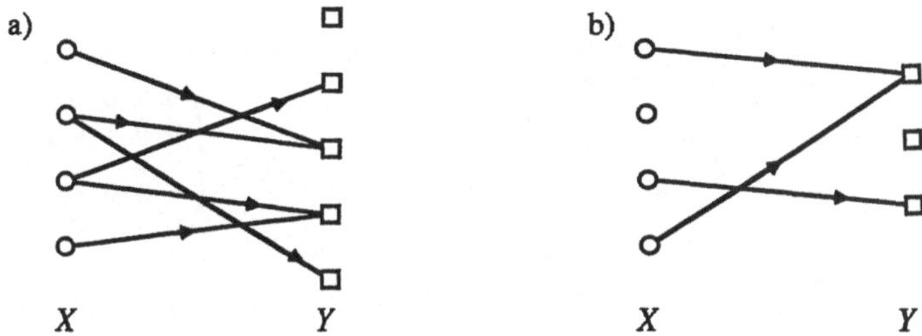

Abb. 4.2.1 Totale Relation und eindeutige Relation

Die Äquivalenz der vier Totalitätsbedingungen ist schnell gezeigt; zunächst wird sie für die ersten beiden Varianten mit Hilfe der Dedekind-Formel und unter Anwendung der Monotonieeigenschaft bewiesen:

$$RR^{\mathrm{T}} = (R \sqcap IL^{\mathrm{T}})(L \sqcap R^{\mathrm{T}}I) \supset RL \sqcap I = L \sqcap I = I; \quad L = IL \subset RR^{\mathrm{T}}L \subset RL.$$

Zwischen der ersten und der dritten Variante wird der Beweis geleistet von

$$\overline{R} \subset R\overline{I} \iff L = R \sqcup R\overline{I} = RI \sqcup R\overline{I} = RL.$$

Um schließlich zu zeigen, daß ein R mit $L \subset RL$ nur von einer Nullrelation S annulliert werden kann, überlegen wir uns, daß $SR \subset O$ äquivalent ist zu $LR^{\mathrm{T}} \subset \overline{S}$ und zu $RL \subset \overline{S}^{\mathrm{T}}$; wegen $L \subset RL \subset \overline{S}^{\mathrm{T}}$ verschwindet also S. In umgekehrter Richtung schließen wir aus der selbstverständlichen Inklusion $L^{\mathrm{T}}R^{\mathrm{T}} \subset (RL)^{\mathrm{T}}$, daß $\overline{RL}^{\mathrm{T}}R \subset O$, was dann $\overline{RL}^{\mathrm{T}} \subset O$ und somit $L \subset RL$ zur Folge hat.

[1] Hier klingt ein Sachverhalt an, den man vom Begriff der linearen Unabhängigkeit her kennt; dabei wird der Rahmen einer Theorie erster Stufe verlassen und über alle Relationen S quantifiziert.

Wir betrachten nun die beiden Eindeutigkeitsbedingungen. Verfolgt man, ausgehend von einem $y \in Y$, die Relation R rückwärts und anschließend wieder vorwärts, so kann man höchstens nach y gelangen, d. h. $R^{\mathrm{T}}R \subset I$. Die zweite Form der Bedingung ergibt sich durch eine Schrödersche Umformung.

Eine eindeutige Relation $R \subset X \times Y$ wird auch (partiell definierte) **Funktion, rechtseindeutige Relation** oder **funktionale Relation** genannt, siehe etwa CHIN, TARSKI 51. Statt injektiv sagt man auch **linkseindeutig**. Abbildungen bzw. (total definierte) Funktionen ordnen demgegenüber jedem Element aus X *genau* ein Element aus Y zu. Üblich ist dabei die Notation $f_R\colon X \longrightarrow Y$ oder $X \xrightarrow{f_R} Y$ sowie die Schreibweise $f_R(x) = y$ anstelle von $(x, y) \in R$. In Anlehnung hieran verwendet man auch für partiell definierte Funktionen oft $f_R\colon X \longrightarrow Y$ und setzt

$$f_R(x) = \begin{cases} y, & \text{falls } (x,y) \in R; \\ \text{undefiniert}, & \text{falls } (x,z) \notin R \text{ für alle } z. \end{cases}$$

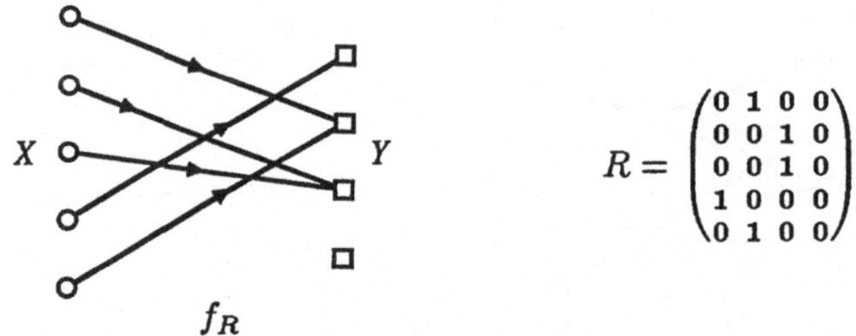

Abb. 4.2.2 Eine Abbildung f_R als totale und eindeutige Relation R

Die Reihenfolge der Aufschreibung für die Komposition von Relationen ist entgegengesetzt zur Hintereinanderausführung der Funktionen; $(x, y) \in RS$ entspricht $f_S(f_R(x)) = y$. Wenn man das berücksichtigt, erkennt man in diesen relationenalgebraischen Formeln bekannte Aussagen über Funktionen. In den eine Abbildung definierenden Implikationen $I \subset RR^{\mathrm{T}}$ und $R^{\mathrm{T}}R \subset I$ für Relationen finden wir die Inklusionen $A \subset f_R^{-1}(f_R(A))$ und $f_R(f_R^{-1}(U)) \subset U$ wieder, die bei Anwendung einer Abbildung auf Teilmengen gelten. Die Eigenschaft, eine Abbildung zu sein, läßt sich im Relationenkalkül sogar durch eine einzige Gleichung ausdrücken: $R\overline{I} = \overline{R}$.

Für eindeutige Relationen, und nicht nur für Abbildungen, gelten die folgenden Rechenregeln.

4.2.2 Satz. Q, R und S seien Relationen.

i) Q, R eindeutig $\Longrightarrow$ QR eindeutig;

ii) Q eindeutig $\Longrightarrow$ $Q(R \sqcap S) = QR \sqcap QS$;

iii) Q eindeutig $\Longrightarrow$ $RQ \sqcap S = (R \sqcap SQ^{\mathrm{T}})Q$;

iv) $\left.\begin{matrix} Q \subset R,\ R \text{ eindeutig} \\ QL \supset RL \end{matrix}\right\}$ $\Longrightarrow$ $Q = R$;

v) Q eindeutig $\Longrightarrow$ $Q\overline{R} = QL \sqcap \overline{QR}$.

Die **Beweise** lassen sich zumeist in einer Zeile angeben, wobei man insbesondere von der Dedekind-Formel und der $\sqcap$-Subdistributivität Gebrauch macht:

i) $(QR)^{\mathrm{T}}QR = R^{\mathrm{T}}Q^{\mathrm{T}}QR \subset R^{\mathrm{T}}R \subset I.$

ii) $Q(R \sqcap S) \supset (Q \sqcap QSR^{\mathrm{T}})(R \sqcap Q^{\mathrm{T}}QS) \supset QR \sqcap QS \supset Q(R \sqcap S).$

iii) $(R \sqcap SQ^{\mathrm{T}})Q \subset RQ \sqcap SQ^{\mathrm{T}}Q$
$\subset RQ \sqcap S \subset (R \sqcap SQ^{\mathrm{T}})(Q \sqcap R^{\mathrm{T}}S) \subset (R \sqcap SQ^{\mathrm{T}})Q.$

iv) $R = RL \sqcap R \subset QL \sqcap R,$ wegen $R \subset RL$
$\subset (Q \sqcap RL^{\mathrm{T}})(L \sqcap Q^{\mathrm{T}}R) \subset QQ^{\mathrm{T}}R \subset QR^{\mathrm{T}}R \subset Q.$

v) $Q\overline{R} \subset \overline{QR} \iff Q^{\mathrm{T}}QR \subset R;$
$QL \sqcap \overline{QR} \subset Q\overline{R} \iff L = \overline{QL} \sqcup (QR \sqcup Q\overline{R}).$ □

Das Produkt eindeutiger Relationen ist nach (i) wieder eindeutig, wie auch die Hintereinanderschaltung zweier partiell definierter Funktionen wieder eine partiell definierte Funktion ergibt. Während allgemein nur bewiesen werden kann, daß sich die Multiplikation gegenüber der Konjunktion subdistributiv verhält (Satz 2.3.6.iii), haben wir in (ii) gezeigt, daß jedenfalls dann Distributivität herrscht, wenn mit einer *eindeutigen* Relation von links multipliziert wird.

Darin erkennt man $f_Q^{-1}(U) \cap f_Q^{-1}(V) = f_Q^{-1}(U \cap V)$ als die bekannte Regel für Funktionen „Der Durchschnitt der Urbilder ist gleich dem Urbild vom Durchschnitt". Für deren Gültigkeit ist also *nicht* die volle Abbildungseigenschaft notwendig.

Soll nun andererseits mit einer eindeutigen Relation Q von rechts multipliziert werden, so darf man i. a. nicht auf Distributivität hoffen. Entsprechende Gegenbeispiele lassen sich leicht angeben. In vielen Fällen wird man jedoch feststellen, daß die Situation (iii) vorliegt, die man als Ersatz für eine Distributivität ansehen kann. Auch für (iii) gibt es eine zumeist nur für Abbildungen angegebene, jedoch hier für partielle Funktionen nachgewiesene Beziehung: $f_Q(U) \cap V = f_Q\left(U \cap f_Q^{-1}(V)\right)$ oder „Der Durchschnitt der Bildmenge mit V ist gleich dem Bild der mit dem Urbild von V geschnittenen Urbildmenge".

Wegen (iv) stimmt – vgl. (3.1.7) – eine Relation Q, die in einer eindeutigen Relation R enthalten ist und gleichen Definitionsbereich besitzt, mit R überein. Für (v) gibt es als Umsetzungen: $f_Q^{-1}(\overline{U}) = f_Q^{-1}(L) \cap \overline{f_Q^{-1}(U)}$ oder „Das Urbild vom Komplement ist gleich dem mit dem Definitionsbereich geschnittenen Komplement vom Urbild".

Der folgende Satz verallgemeinert die Aussage (2.4.4.i); statt für Punkte wird sie nun für transponierte Funktionen nachgewiesen.

4.2.3 Satz. Ist F eine Abbildung, so gilt für beliebige Relationen R, S

$$R \subset SF^{\mathrm{T}} \iff RF \subset S.$$

Der **Beweis** verläuft unter Verwendung von $F^{\mathrm{T}}F \subset I$ und $FL = L$ analog zu demjenigen von (2.4.4.i). □

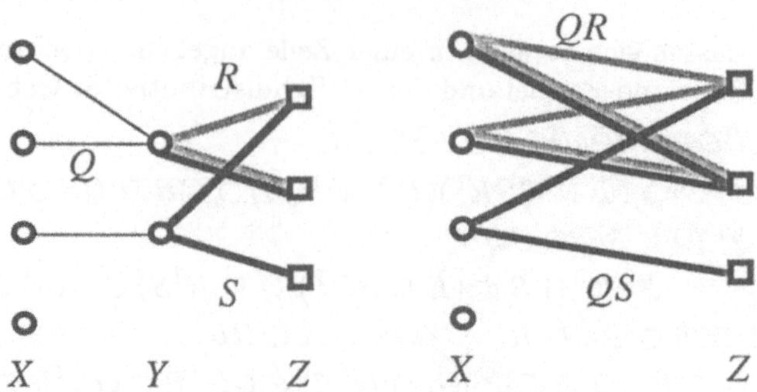

Abb. 4.2.3 $Q(R \sqcap S) = QR \sqcap QS$ **für eine eindeutige Relation** Q

Wir fügen noch drei Aussagen für Abbildungen, totale und eindeutige Relationen an, die zeigen, daß Beziehungen nach dem Schema der Definitionseigenschaften $R\overline{I} = \overline{RI}$, $R\overline{I} \supset \overline{RI}$, $R\overline{I} \subset \overline{RI}$ auch bei Verwendung einer beliebigen Relation S anstelle der Identität I gelten.

4.2.4 Satz. i) R **total** $\iff$ $R\overline{S} \supset \overline{RS}$ für alle S;
ii) R **eindeutig** $\iff$ $R\overline{S} \subset \overline{RS}$ für alle S;
iii) R **Abbildung** $\iff$ $R\overline{S} = \overline{RS}$ für alle S.

Beweis: i) $L = RL = R(S \sqcup \overline{S}) = RS \sqcup R\overline{S} \iff \overline{RS} \subset R\overline{S}$.
ii) $R^{\mathrm{T}}R \subset I \implies R^{\mathrm{T}}RS \subset S \iff R\overline{S} \subset \overline{RS}$. iii) folgt aus (i, ii). □

Hinter der Aussage (iii) verbirgt sich die Regel: „$f_R^{-1}(\overline{U}) = \overline{f_R^{-1}(U)}$, d. h. das Urbild vom Komplement einer Menge ist gleich dem Komplement vom Urbild dieser Menge". Dies ist also ein Spezialfall von (4.2.2.v) für (total definierte) Abbildungen.

Kardinalität

Ist R eine Relation zwischen endlichen Teilmengen, so sei

$$\begin{aligned} \| R \| &:= \max_z |\{ y \mid (y, z) \in R \}| \\ &= \text{maximale Anzahl der zu einem Element} \\ &\quad \text{in Relation stehenden Elemente.} \end{aligned}$$

Man kann $|x|$ auch als die Anzahl der $\mathbf{1}$-Zeilen im Vektor x, und $\| R \|$ als die maximale Anzahl von Koeffizienten $\mathbf{1}$ in einer Spalte ansehen. Es ist nicht schwierig, für diese Betrags- oder Normfunktionen die folgenden Aussagen zu beweisen:

4.2.5 Satz. Für eine Relation R und einen Vektor x, beide endlich, gelten die folgenden Abschätzungen:

i) $|Rx| \leq \| R \| \, |x|$;

ii) $\| R^{\mathrm{T}} \| \leq 1$, $|R^{\mathrm{T}}x| \leq |x|$, falls R eindeutig;

iii) $\| R^{\mathrm{T}} \| = 1$, $|R^{\mathrm{T}}x| \leq |x|$, falls R Abbildung;

iv) $\| R^{\mathrm{T}} \| = 1$, $|R^{\mathrm{T}}x| = |x|$, falls R injektive Abbildung. □

Mit dem Begriff der Kardinalität (Mächtigkeit) „zählt“ man Mengen auch im nichtendlichen Fall. Eine Menge X heißt der **Mächtigkeit** nach kleiner oder gleich einer Menge Y (notiert als $|X| \leq |Y|$), falls es eine Relation R zwischen X und Y gibt, die injektiv und total ist, $RR^{\mathrm{T}} = I$. Entsprechend heißt X der Mächtigkeit nach größer oder gleich Y (notiert als $|X| \geq |Y|$), falls es eine eindeutige und surjektive Relation R zwischen X und Y gibt, $R^{\mathrm{T}}R = I$. Hierdurch werden Mengen untereinander natürlich nur quasigeordnet.

Zwei Mengen X und Y heißen gleichmächtig, falls es eine Relation R gibt, so daß R und R^{T} Abbildungen sind. Gleichmächtigkeit ist eine Äquivalenzbeziehung zwischen Mengen.

Eine Relation, die zugleich injektiv und surjektiv ist, nennt man **bijektiv**. Im Falle einer Abbildung zwischen endlichen Mengen gleicher Kardinalität werden die Begriffe injektiv, surjektiv und bijektiv gleichwertig. Auch die Bezeichnung **Permutation** oder Permutationsmatrix ist dafür gebräuchlich. Zum Nachweis der Gleichwertigkeit behaupten wir

$$RR^{\mathrm{T}} = I \iff \exists m : R^m = I,\ R^{\mathrm{T}} = R^{m-1}, \qquad \text{falls } R \text{ endlich.}$$

Für die nichttriviale Richtung $\Longrightarrow$ stellen wir unter Ausnutzung der Tatsache, daß es nur endlich viele verschiedene Potenzen von R gibt, mit dem Schubfachprinzip fest, daß $R^t = R^s$, wobei o. E. $t > s$. Mehrmalige Multiplikation mit R^{T} und Anwendung von $RR^{\mathrm{T}} = I$ liefert $R^m = I$ mit $m := t - s$. Insbesondere gilt $R^{m-1}R = I$ und somit

$$R^{\mathrm{T}} = IR^{\mathrm{T}} = R^{m-1}RR^{\mathrm{T}} = R^{m-1}.$$

Es ist für die Grundlegung der Mengenlehre wichtig zu wissen, ob „X und Y sind gleichmächtig“ dasselbe aussagt wie „X ist der Mächtigkeit nach kleiner oder gleich Y und umgekehrt“.

Ein Beispiel soll dies illustrieren. Es sei gemäß Abb. 4.2.4 eine injektive Abbildung ι von $\{a_1, a_2, \dots\}$ nach $\{b_1, b_2, \dots\}$ sowie eine injektive Abbildung κ in umgekehrter Richtung gegeben. Es soll nun aus diesen beiden Abbildungen *konstruktiv* eine bijektive Abbildung gebildet werden. Hier kann dies dadurch geschehen, daß man sich „abwechselnd“ nach ι und nach κ^{T} richtet. Es ist also eine Teilmenge F so anzugeben, daß $\lambda := (\iota \sqcap F) \sqcup (\kappa^{\mathrm{T}} \sqcap \overline{F})$ eine bijektive Abbildung wird. Damit das derart zusammengestückelte λ die gewünschten Eigenschaften hat, müssen die Bilder κF von F unter κ^{T} sämtlich Bilder $\iota^{\mathrm{T}}F$ von F unter ι sein; es sollte also gelten $\kappa F \subset \iota^{\mathrm{T}}F$.

4.2.6 Satz (*E. Schröder, F. Bernstein*). Gegeben sei eine injektive Abbildung ι von X nach Y und eine injektive Abbildung κ von Y nach X. Dann existiert eine injektive und überdies *surjektive* Abbildung λ von X nach Y.

Beweis: Wir betrachten die Menge $\mathcal{A}$ von Relationen zwischen X und Y,

$$\mathcal{A} := \{ A \mid \kappa A \subset \iota^{\mathrm{T}} A \} = \{ A \mid A \subset \overline{\kappa^{\mathrm{T}} \overline{\iota^{\mathrm{T}} A}} \},$$

die auf zwei offensichtlich äquivalente Arten beschrieben werden kann. Zu $\mathcal{A}$ gehört sicherlich die Relation O, und $\mathcal{A}$ ist gegenüber Vereinigungsbildung abgeschlossen. Also gehört auch $F := \sup \mathcal{A}$ zu $\mathcal{A}$ und ist damit größtes Element in $\mathcal{A}$. Weiterhin überlegt man sich, daß mit A stets auch die A

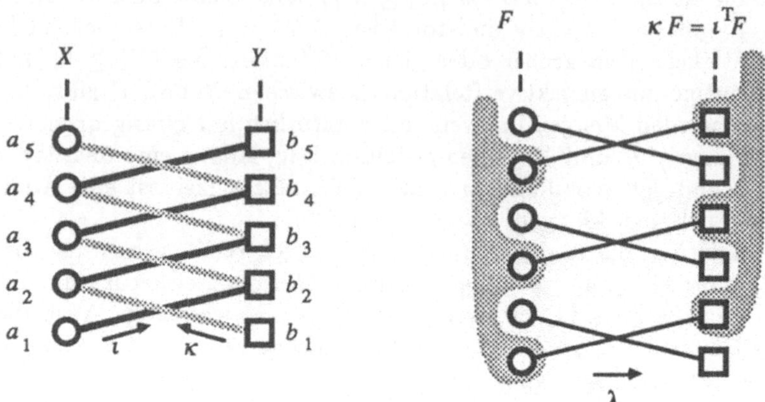

Abb. 4.2.4 Mächtigkeitsvergleich

umfassende Relation $A' := \overline{\kappa^T \overline{\iota^T A}}$ zu $\mathcal{A}$ gehört; mithin gilt $F = \overline{\kappa^T \overline{\iota^T F}}$. Es gilt ferner $F = FL$, weil $F \subset FL$ und weil $\kappa F \subset \iota^T F$ impliziert $\kappa FL \subset \iota^T FL$. Schließlich haben wir $\iota\kappa F = \iota\kappa\overline{\kappa^T\overline{\iota^T F}} = \iota\overline{\kappa\kappa^T\overline{\iota^T F}} = \iota\iota^T F = F$ und damit $\kappa^T\iota^T F = \kappa^T\iota^T\iota\kappa F \subset F$. Mit Hilfe dieses Vektors F definieren wir nun

$$\lambda := (\iota \sqcap F) \sqcup (\kappa^T \sqcap \overline{F})$$

und richten uns damit teils nach ι und teils nach der Umkehrung von κ.

Der weitere Nachweis, daß λ eine bijektive Abbildung ist, sei dem Leser überlassen. □

Injektive Abbildungen und Teilmengen

Nachdem uns diese Abbildungsbegriffe zur Verfügung stehen, wollen wir die Begriffe Teilmenge und Prädikat nochmals betrachten. Wir gehen in einem Beispiel aus von der Menge $X = \{1,2,3,4,5,6\}$ und der Menge $Z = \{\underline{2}, \underline{4}, \underline{6}\}$ und stellen die Elemente von Z den jeweils ähnlich bezeichneten Elementen aus X durch eine (total definierte) injektive Abbildung gegenüber; in Abb. 4.2.5 wird dies angedeutet.

Abb. 4.2.5 Durch Injektion gegebene Teilmenge

Dadurch, daß wir für jedes Element der Teilmenge einen eigenen durch Unterstreichung der Benennung entstandenen Stellvertreter vorgesehen haben, hat die Teilmenge Z einen ebenso selbständigen Charakter wie die Menge X. Die Menge Z wurde explizit „herauskopiert". Mit der früheren Definition 2.4.1 hatten wir die in der folgenden Abb. 4.2.6 skizzierte Betrachtungsweise betont.

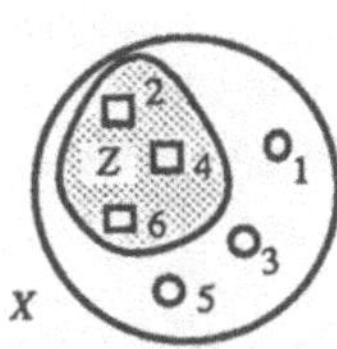

Abb. 4.2.6 Durch Kennzeichnung gegebene Teilmenge

Hier wäre die Teilmenge Z eine „unselbständige" Menge, die nur aufgrund einer Kennzeichnung ihrer Elemente durch ein Prädikat existiert. In der homogenen Relationenalgebra aller Relationen auf X gäbe es beispielsweise nur Relationen, die booleschen 6×6-Matrizen entsprechen. In dieser Relationenalgebra kann es dann natürlich keine Relationen auf der Menge Z geben, weil 3×3-Matrizen gar nicht vorkommen. Eine solche Beschränkung auf die vorgelegte Relationenalgebra mag im ersten Augenblick künstlich erscheinen. Doch führt die völlige Freizügigkeit der Mengenbildung ohnehin zu Paradoxien. Wenn hier schon frühzeitig Einschränkungen aufscheinen, bedeutet dies also nur eine frühere Warnung und zwingt zu einem stärker konstruktiv orientierten Aufbau.

Mit der folgenden Definition gehen wir auf den Aspekt einer „selbständigen" Teilmenge ein.

4.2.7 Definition. Wir sprechen beim Vorliegen einer injektiven Abbildung ι auch von einer **durch Injektion gegebenen Teilmenge.** □

Ein Übergang zwischen den Versionen (2.4.1) und (4.2.7) der Teilmengenauffassung ist im allgemeinen *nur in einer Richtung* möglich. Offensichtlich wird die von ι durch Injektion beschriebene Teilmenge zu der vom Vektor $z := \iota^{\mathsf{T}} L$ in X gekennzeichneten Teilmenge elementweise in Beziehung gesetzt. Mit der durch Injektion gegebenen Teilmenge hat man also sofort auf einfache Weise die zugehörige Kennzeichnung. In umgekehrter Richtung, bei Vorgabe eines z, ist es aber keineswegs sicher, ob man *in der gegebenen* Relationenalgebra auch ein ι dazu finden kann.

Eindeutiger und mehrdeutiger Anteil

Wir werden mehrfach Relationen verwenden, die einige Elemente mit je genau einem Element in Beziehung setzen, an anderen Stellen hingegen nicht eindeutig sind. In der folgenden Form zerlegen wir eine Relation anhand dieser unterschiedlichen Verhaltensweisen. Die Wortwahl wird im nächsten Satz gerechtfertigt.

4.2.8 Definition. Ist R eine beliebige Relation, so heiße

i) $\mathrm{eAn}(R) := R \sqcap \overline{R\overline{I}}$ **eindeutiger Anteil** von R,

ii) $\mathrm{mAn}(R) := R \sqcap R\overline{I}$ **mehrdeutiger Anteil** von R. □

Jede Relation zerfällt also in ihren eindeutigen und ihren mehrdeutigen Anteil:

$$R = \mathrm{eAn}(R) \sqcup \mathrm{mAn}(R), \quad \mathrm{eAn}(R) \sqcap \mathrm{mAn}(R) = O.$$

$R \sqcap \overline{R\overline{I}}$ liest sich so: Im eindeutigen Anteil von R finden wir die Beziehung von einem Element x zu einem Element y, wenn x zu y in der Relation R steht, aber nicht zu einem Element z, das nicht mit y identisch ist. In diesem Fall ist dem Element x durch R eindeutig das Element y zugeordnet. Herrscht hingegen die Beziehung R zwischen x und y sowie zwischen x und einem von y verschiedenen z, so ist die Zeile x dem mehrdeutigen Anteil zuzurechnen. Siehe hierzu Abb. 4.2.7.

$$\underset{R}{\begin{pmatrix} 0&0&1&0\\ 1&0&0&1\\ 1&0&0&0\\ 0&0&0&0\\ 1&1&1&1 \end{pmatrix}} \quad \underset{\overline{I}}{\begin{pmatrix} 0&1&1&1\\ 1&0&1&1\\ 1&1&0&1\\ 1&1&1&0 \end{pmatrix}} \quad \underset{R\overline{I}}{\begin{pmatrix} 1&1&0&1\\ 1&1&1&1\\ 0&1&1&1\\ 0&0&0&0\\ 1&1&1&1 \end{pmatrix}} \quad \underset{\mathrm{eAn}(R)}{\begin{pmatrix} 0&0&1&0\\ 0&0&0&0\\ 1&0&0&0\\ 0&0&0&0\\ 0&0&0&0 \end{pmatrix}} \quad \underset{\mathrm{mAn}(R)}{\begin{pmatrix} 0&0&0&0\\ 1&0&0&1\\ 0&0&0&0\\ 0&0&0&0\\ 1&1&1&1 \end{pmatrix}}$$

Abb. 4.2.7 Eindeutiger und mehrdeutiger Anteil einer Relation

Mit dem Komplement $\overline{I}$ der Identität I beschreibt man das Verschiedensein. Verschiedenheit zweier Elemente muß in vielen mathematischen Aussagen vorausgesetzt werden. Wir beweisen hier einige Formeln über ein- und mehrdeutige Anteile von Relationen, um die Technik des Umgangs mit $\overline{I}$ kennenzulernen.

4.2.9 Satz. Ist $\mathrm{eAn}(R)$ der eindeutige Anteil einer Relation R, so gilt:

i) $\mathrm{eAn}(R)$ ist eindeutig, d. h.

$$[\mathrm{eAn}(R)]^{\mathrm{T}}\,\mathrm{eAn}(R) \subset I.$$

ii) Das Funktional eAn ist idempotent, d. h.

$$\mathrm{eAn}\,(\mathrm{eAn}(R)) = \mathrm{eAn}(R).$$

iii) Das Funktional eAn ist bei konstant gehaltenem Definitionsbereich monoton fallend, d. h.

$$\left.\begin{matrix} R \subset S \\ RL \supset SL \end{matrix}\right\} \implies \mathrm{eAn}(R) \supset \mathrm{eAn}(S).$$

iv) $\mathrm{mAn}(R)$ und $\mathrm{eAn}(R)$ sind „orthogonal“ im folgenden Sinne

$$[\mathrm{mAn}(R)]^{\mathrm{T}}\,\mathrm{eAn}(R) = O, \quad R^{\mathrm{T}}\,\mathrm{eAn}(R) = [\mathrm{eAn}(R)]^{\mathrm{T}}\,\mathrm{eAn}(R).$$

Beweis: i) $[\mathrm{eAn}(R)]^{\mathrm{T}}\,\mathrm{eAn}(R) = (R \sqcap \overline{R\overline{I}})^{\mathrm{T}}(R \sqcap \overline{R\overline{I}}) \subset R^{\mathrm{T}}\overline{R\overline{I}} \subset I.$

ii) Nach Definition gilt sicherlich „$\subset$“. Andererseits ist $\overline{R\overline{I}} \subset \overline{(R \sqcap \overline{R\overline{I}})\overline{I}}$, so daß auch die umgekehrte Inklusion gilt.

iii) $R \subset S \implies R\overline{I} \subset S\overline{I} \implies \overline{S\overline{I}} \subset \overline{R\overline{I}}$ liefert als erste Hälfte des Resultates $\mathrm{eAn}(S) \subset \overline{R\overline{I}}$. Außerdem folgt $\mathrm{eAn}(S) = S \sqcap \overline{S\overline{I}} = S \sqcap \overline{S\overline{I}} \sqcap SL \subset S \sqcap \overline{S\overline{I}} \sqcap RL = (S \sqcap \overline{S\overline{I}} \sqcap RI) \sqcup (S \sqcap \overline{S\overline{I}} \sqcap R\overline{I}) \subset R \sqcup (\overline{R\overline{I}} \sqcap R\overline{I}) = R \sqcup O = R.$

iv) $[\mathrm{mAn}(R)]^{\mathrm{T}}\,\mathrm{eAn}(R) = (R \sqcap R\overline{I})^{\mathrm{T}}(R \sqcap \overline{R\overline{I}})$ schätzen wir nach oben ab mit $\ldots \subset R^{\mathrm{T}}\overline{R\overline{I}} \subset I$, aber auch $\ldots \subset (R\overline{I})^{\mathrm{T}}\overline{R\overline{I}} \subset \overline{I}$. Demnach ist dieses Produkt gleich O. □

Auch die Aussage (iii) leuchtet ein: Mit $\mathrm{eAn}(R)$ sind ja alle Zeilen von R annulliert, die mehr als eine **1** enthalten. Wird nun R durch Einfügen von Koeffizienten **1** schrittweise vergrößert, so sind drei Situationen denkbar. Erstens, **1** wird in eine Zeile mit wenigstens zwei anderen eingetragen; dann wird diese Zeile durch eAn vorher wie nachher annulliert. Zweitens, die **1** kommt in eine Zeile mit bisher genau einem Koeffizienten **1**; dann wird diese Zeile gestrichen und das Ergebnis verkleinert. Drittens, die **1** kommt in eine bislang leere Zeile, was den Definitionsbereich von R vergrößern würde. In (iii) erkennt man eine Verallgemeinerung von (4.2.2.iv).

Verwandte Aussagen stellen wir nun auch für den mehrdeutigen Anteil zusammen.

4.2.10 Satz. Ist $\mathrm{mAn}(R)$ der mehrdeutige Anteil der Relation R, so gilt

i) mAn ist ein monoton wachsendes Funktional, d. h.

$$R \subset S \implies \mathrm{mAn}(R) \subset \mathrm{mAn}(S).$$

ii) mAn ist ein idempotentes Funktional, d. h.

$$\mathrm{mAn}\,(\mathrm{mAn}(R)) = \mathrm{mAn}(R).$$

iii)
$$\mathrm{mAn}(R)L = \mathrm{mAn}(R)\overline{I}.$$

iv)
$$\mathrm{mAn}(R)L = \mathrm{mAn}(R)\overline{x} \quad \text{für jeden Punkt } x.$$

v)
$$R^{\mathrm{T}}\,\mathrm{mAn}(R) = [\mathrm{mAn}(R)]^{\mathrm{T}}\,\mathrm{mAn}(R).$$

Beweis: i) und damit auch die Richtung „$\subset$" von (ii) sind trivial. $\mathrm{mAn}(R) = R\overline{I} \sqcap R \subset (R \sqcap R\overline{I})(\overline{I} \sqcap R^{\mathrm{T}}R) \subset (R \sqcap R\overline{I})\overline{I} = \mathrm{mAn}(R)\overline{I}$ liefert die Richtung „$\supset$" von (ii). iii) $\mathrm{mAn}(R)L = \mathrm{mAn}(R)(I \sqcup \overline{I}) = \mathrm{mAn}(R) \sqcup \mathrm{mAn}(R)\overline{I} = \mathrm{mAn}(R)\overline{I}$ wegen (ii).

iv) Trivial ist „$\supset$". Außerdem gilt $\mathrm{mAn}(R)L = \mathrm{mAn}(R)(x \sqcup \overline{x}) = \mathrm{mAn}(R)x \sqcup \mathrm{mAn}(R)\overline{x}$, so daß zu beweisen ist

$$\begin{aligned}
\mathrm{mAn}(R)x &= (R\overline{I} \sqcap R)x = R\overline{I}x \sqcap Rx \\
&= R\overline{x} \sqcap Rx \quad \text{nach (4.2.2.ii) und (4.2.4.iii)} \\
&\subset (R \sqcap Rx\overline{x}^{\mathrm{T}})(\overline{x} \sqcap R^{\mathrm{T}}Rx) \\
&\subset (R \sqcap R\overline{I})\overline{x} = \mathrm{mAn}(R)\overline{x}, \qquad \text{weil stets } I\overline{x} \subset \overline{x}.
\end{aligned}$$

v) ist direkte Folge von (4.2.9.iv). □

Daß der mehrdeutige Anteil einer Relation nach (i) ein monoton wachsendes Funktional sein muß, leuchtet ein. Fügt man in eine boolesche Matrix eine zusätzliche **1** ein, so kann eine Zeile mit genau einer **1** zu einer Zeile mit mehr als einer **1** werden und neu in den mehrdeutigen Anteil gelangen, während Zeilen mit mehr als einer **1** natürlich diesen Status behalten. Man beachte, daß (iii) und (iv) auch im extremen Fall der booleschen 1×1-Matrizen, für die ja $\overline{I} = O$ gilt, erfüllt bleiben.

Wir benötigen später in verschiedenen Einkleidungen die folgenden Resultate über ein- und mehrdeutige Anteile. Dabei geht es immer um eine elementare Form des Zählens, für die nur die Quantitäten „null“, „eins“ und „mehr als eins“ zugelassen sind. Gerade an dieser Grenze zwischen Nichtexistenz und eindeutiger bzw. nichteindeutiger Existenz bewegen sich ja viele Fragestellungen der Diskreten Mathematik. Wir sehen hier, daß recht oft eine lineare relationenalgebraische Formulierung möglich ist, und man nicht im echten Sinne zählen muß.

Auch ohne Rücksicht darauf, wie die Zeilen einer booleschen Matrix im einzelnen aussehen, kann man sie markieren als solche, die verschwinden, solche, in denen es genau einen Koeffizienten 1 gibt, und solche, in denen es mehr als einen Koeffizienten 1 gibt.

4.2.11 Satz. Für eine beliebige Relation R ist

$$L = \overline{RL} \sqcup \mathrm{eAn}(R)L \sqcup \mathrm{mAn}(R)L$$

eine disjunkte Zerlegung.

Beweis: Sicherlich ist $L = \overline{RL} \sqcup RL$ eine disjunkte Zerlegung. Offenbar gilt $RL = \mathrm{eAn}(R)L \sqcup \mathrm{mAn}(R)L$, und $\mathrm{eAn}(R)L \sqcap \mathrm{mAn}(R)L = O$ folgt aus der Orthogonalität (4.2.9.iv). □

$$\underset{R}{\begin{pmatrix} 0&0&0&0\\ 1&0&0&0\\ 0&0&0&0\\ 0&1&0&0\\ 1&0&1&0\\ 0&0&1&1 \end{pmatrix}} \quad \underset{\mathrm{eAn}(R)}{\begin{pmatrix} 0&0&0&0\\ 1&0&0&0\\ 0&0&0&0\\ 0&1&0&0\\ 0&0&0&0\\ 0&0&0&0 \end{pmatrix}} \quad \underset{\mathrm{mAn}(R)}{\begin{pmatrix} 0&0&0&0\\ 0&0&0&0\\ 0&0&0&0\\ 0&0&0&0\\ 1&0&1&0\\ 0&0&1&1 \end{pmatrix}} \quad \underset{\overline{RL}}{\begin{pmatrix} 1\\0\\1\\0\\0\\0 \end{pmatrix}} \quad \underset{\mathrm{eAn}(R)L}{\begin{pmatrix} 0\\1\\0\\1\\0\\0 \end{pmatrix}} \quad \underset{\mathrm{mAn}(R)L}{\begin{pmatrix} 0\\0\\0\\0\\1\\1 \end{pmatrix}}$$

Abb. 4.2.8 Die Zerlegung $L = \overline{RL} \sqcup \mathrm{eAn}(R)L \sqcup \mathrm{mAn}(R)L$

In Abb. 4.2.8 sind diese Verhältnisse an einer booleschen Matrix gezeigt. In dieser Zerlegung sind insbesondere die Extremfälle interessant, bei denen einer der drei Bestandteile verschwindet. Wenn zwei Bestandteile verschwinden, muß der dritte mit dem Vektor L übereinstimmen. Wir gehen diese Extremfälle systematisch durch und charakterisieren sie durch Bedingungen, die an R zu stellen sind. Die Charakterisierungen (i), (iv) und (v) sind uns bereits in (4.2.1) begegnet.

4.2.12 Satz. Für eine Relation R gilt

i) $\overline{RL} = O \iff R$ total;

ii) $\overline{RL} = L \iff R = O$;

iii) $\mathrm{eAn}(R)L = O \iff R \subset R\overline{I} \iff RL \subset R\overline{I}$;

iv) $\text{eAn}(R)L = L \iff R$ Abbildung;

v) $\text{mAn}(R)L = O \iff R$ eindeutig;

vi) $\text{mAn}(R)L = L \iff R\overline{I} = L$.

Auf einen förmlichen **Beweis** verzichten wir. □

Bei (iii) könnte man von einer nirgends eindeutigen Relation sprechen und bei (vi) von einer überall mehrdeutigen Relation.

Übungen

4.2.1 Man beweise $\text{mAn}(R) \sqcup \text{mAn}(S) \sqcup \text{mAn}(R+S) = \text{mAn}(R \sqcup S)$.

4.2.2 Für beliebiges R gilt $\text{eAn}(R)\overline{I} = \overline{R} \sqcap \text{eAn}(R)L$.

4.3 Mehrstellige Relationen in Datenbanken

Bislang haben wir uns auf 2-stellige Relationen beschränkt, die auch als **dyadische** Relationen bekannt sind. In der Praxis treten häufig mehrstellige Relationen auf, etwa die **triadische** (auch: **ternäre**) (homogene) Relation,

$$R = \{(\text{Otto M., Inge M., Uwe M.}), (\text{Otto M., Eva M., Claudia Z.}), \\ (\text{Uwe M., Birgit M., Sylvia Z.}), (\text{Werner Z., Claudia Z., Tobias Z.}), \\ (\text{Tobias Z., Sylvia Z., Egon Z.})\} \subset P^3,$$

die durch eine Menge von Tripeln (Vater, Mutter, Kind) auf der Menge

$$P := \{\text{Otto M., Eva M., Inge M., Werner Z., Claudia Z., Uwe M.,} \\ \text{Birgit M., Tobias Z., Sylvia Z., Egon Z.}\}$$

von Personen erklärt ist.

Anschauliche Übersicht darüber zu gewinnen ist ungleich schwerer. Die elementaren Methoden über Tabelle, Graph oder Matrix sind ihrer Art nach 2-dimensional und werden dann recht kompliziert. Dennoch ist gerade die Darstellung derart strukturierter Information eine typische Aufgabe der Informatik. Dabei verläßt man sich u. U. auf funktionale Abhängigkeiten, die etwa im obigen Beispiel einem Kind *eindeutig* jeweils seinen leiblichen Vater bzw. seine leibliche Mutter zuordnen.

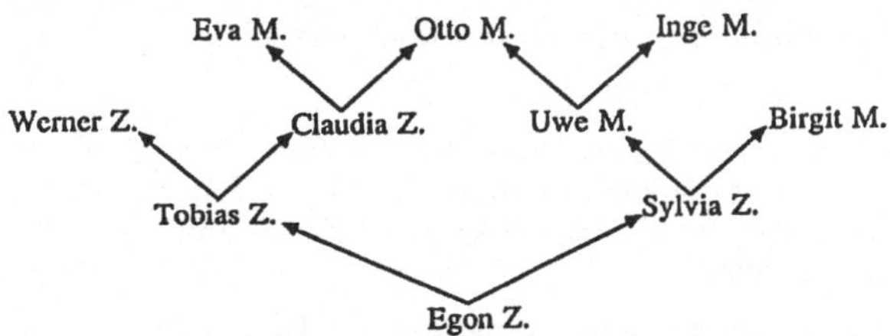

Abb. 4.3.1 Darstellung einer ternären homogenen Relation

Man stützt sich also gern auch in diesem Fall auf einfach zu übersehende 2-stellige Relationen.

Eine weitere Möglichkeit der Darstellung bieten die drei Projektionsabbildungen $\pi_i : P^3 \longrightarrow P$, $i = 1, 2, 3$, von denen π_1 zum Vater, π_2 zur Mutter und π_3 zum Kind aus dem Tripel führt. Natürlich kann P^3 eine sehr große Menge sein und $R \subset P^3$ ein vergleichsweise kleiner Teil davon. Darstellen wird man aus ökonomischen Gründen also nur die Beschränkungen $\pi_i|_R$. Man erhält dafür in Form 2-stelliger Relationen

$$\begin{aligned}
\pi_1|_R \approx \text{Vater} = \{&((\text{O M}, \text{I M}, \text{U M}), \text{O M}), ((\text{O M}, \text{E M}, \text{C Z}), \text{O M}),\\
&((\text{U M}, \text{B M}, \text{S Z}), \text{U M}), ((\text{W Z}, \text{C Z}, \text{T Z}), \text{W Z}),\\
&((\text{T Z}, \text{S Z}, \text{E Z}), \text{T Z})\} \subset R \times P\\
\pi_2|_R \approx \text{Mutter} = \{&((\text{O M}, \text{I M}, \text{U M}), \text{I M}), ((\text{O M}, \text{E M}, \text{C Z}), \text{E M}),\\
&((\text{U M}, \text{B M}, \text{S Z}), \text{B M}), ((\text{W Z}, \text{C Z}, \text{T Z}), \text{C Z}),\\
&((\text{T Z}, \text{S Z}, \text{E Z}), \text{S Z})\} \subset R \times P\\
\pi_3|_R \approx \text{Kind} = \{&((\text{O M}, \text{I M}, \text{U M}), \text{U M}), ((\text{O M}, \text{E M}, \text{C Z}), \text{C Z}),\\
&((\text{U M}, \text{B M}, \text{S Z}), \text{S Z}), ((\text{W Z}, \text{C Z}, \text{T Z}), \text{T Z}),\\
&((\text{T Z}, \text{S Z}, \text{E Z}), \text{E Z})\} \subset R \times P
\end{aligned}$$

Das schreibt man allerdings lieber kompakt auf in Gestalt der Abb. 4.3.2. Urbilder der drei Abbildungen sind die Zeilen wie (Otto M., Inge M., Uwe M.). Bild dieser Zeile unter der Abbildung *Vater* ist Otto M.

Vater	*Mutter*	*Kind*
Otto M.	Eva M.	Claudia Z.
Otto M.	Inge M.	Uwe M.
Uwe M.	Birgit M.	Sylvia Z.
Werner Z.	Claudia Z.	Tobias Z.
Tobias Z.	Sylvia Z.	Egon Z.

Abb. 4.3.2 Die 3-stellige Relation aus Abb. 4.3.1 als Tabelle

In Abb. 4.3.3 stellen wir die Darstellungen als Matrix und als Tabelle noch einmal gegenüber für die Relation $V :=$ „war irgendwann verheiratet mit" zwischen der Menge M der Männer und der Menge F der Frauen. Links in der Matrix sind Spalten mit *Elementen* von F und Zeilen mit *Elementen* von M beschriftet. Rechts sind die Tabellenspalten mit „Mann" bzw. „Frau" überschrieben, was links nur die *Gesamtheit* der Zeilen- bzw. Spaltenüberschriften klassifiziert.

Wir skizzieren nun die einheitliche Terminologie, die E. F. Codd seit 1970 in seinen Untersuchungen zum relationalen Datenbank-Modell für die Praxis etabliert hat. Für weitergehende Details verweisen wir auf die umfangreiche Literatur zu den relationalen Datenbanken.

Es ist offenbar nötig, zwischen einem **Attribut** (etwa „Mutter") und seiner jeweiligen Ausprägung zu unterscheiden. Hier zeichnet das Attribut „Mutter"

Frau / *Mann*	Eva M.	Inge M.	Birgit M.	Claudia Z.	Sylvia Z.
Otto M.	×	×			
Uwe M.			×		
Werner Z.				×	
Tobias Z.					×
Egon Z.					

Mann	*Frau*
Otto M.	Eva M.
Otto M.	Inge M.
Uwe M.	Birgit M.
Werner Z.	Claudia Z.
Tobias Z.	Sylvia Z.

Abb. 4.3.3 Matrix- und Tabellenform einer 2-stelligen Relation

Personen der Menge P aus, die in der Relation R an zweiter Stelle aufgeführt sind. Im Beispiel treten Eva M., Inge M., Birgit M., Claudia Z. und Sylvia Z. als Mütter auf. Völlig anders sähe die Ausprägung des gleichen Attributs „Mutter“ bei geändertem P und bei geändertem R aus.

Bei der Einführung einer weiteren Relation für eine Datenbank geht man nun so vor, daß man als erstes eine Menge $\mathcal{A} = \{ A_1, \ldots, A_n \}$ von Attributen, also von *Bezeichnungen* für ihre zugehörigen Wertebereiche, festlegt. Dadurch ist ein **Relationstyp** bestimmt. Im konkret gegebenen Einzelfall stehen hinter den Bezeichnungen der Wertebereiche jeweils Mengen $W(A_i)$, $1 \leq i \leq n$ von Objekten als **Wertebereiche** (engl. domain).

Die *Menge* $\mathcal{A}$ von Attributen, auch genannt **Attributliste** oder **-kombination**, führt man oft nur durch Konkatenation ihrer Elemente auf; es sind also Schreibweisen der Art $\mathcal{A} = A_1 \ldots A_n$ gebräuchlich. Eine **Relation** R ist eine Teilmenge von $W(A_1) \times \ldots \times W(A_n)$, abgekürzt auch $W(\mathcal{A})$. Attribute kann man als Projektionsabbildungen auffassen, die einem Element von $W(A_1) \times \ldots \times W(A_n)$, d. h. einem n-tupel, die jeweilige Komponente aus $W(A_i)$ zuordnen. Durch das Attribut „Mutter“ hatten wir dem Tupel (Otto M., Eva M., Claudia Z.) den Wert Eva M. zugeordnet.

Der in Datenbankbüchern oft zu findende Hinweis „Auf die Reihenfolge der Attribute kommt es nicht an.“ umschreibt einen Sachverhalt, der mathematisch etwa so zu fassen ist: Jedes n-tupel einer Relation ist eine Abbildung

$$t \colon \{ A_1, \ldots, A_n \} \longrightarrow \bigcup_{i=1}^{n} W(A_i)$$

der n Attribute in die Vereinigungsmenge der Wertebereiche mit der Eigenschaft $t(A_i) \in W(A_i)$.

Bei diesem, sich auf (Projektions-)Abbildungen stützenden Relationsbegriff stellen beide Tabellen der Abb. 4.3.4 (mit vertauschten Spalten und Zeilen!) die *gleiche* Relation dar.

X	Y	Z
x	y	z
u	v	w

Y	X	Z
v	u	w
y	x	z

Abb. 4.3.4 Eine 3-stellige Relation mit Attributen X, Y und Z

Die Menge der Relationen, betrachtet als Abbildungen, wird mit $R(\mathcal{A})$ bezeichnet.

Eine Menge von Relationstypen nennt man **relationales Datenbankschema**. Im allgemeinen werden sich die Attributlisten der Relationstypen eines Datenbankschemas überschneiden. Eine Menge spezieller Relationen dieses Systems heißt eine **relationale Datenbank**.

Mengenoperationen für mehrstellige Relationen

Da die Relationen als Mengen eingeführt wurden, sind die Mengenoperationen

Vereinigung	$R \cup S$
Durchschnitt	$R \cap S$
Differenz	$R - S$,

trivialerweise gegeben. Dabei soll vorausgesetzt sein, daß R und S „verträglich" sind, d. h. gleiche Stelligkeit haben, sowie in den Wertebereichen entsprechender Attribute aufeinander passen.

R:

X	Y	Z
x	y	z
u	x	w

S:

X	Y	Z
x	y	z
u	v	w

$R \cup S$:

X	Y	Z
x	y	z
u	x	w
u	v	w

$R \cap S$:

X	Y	Z
x	y	z

$R - S$:

X	Y	Z
u	x	w

Abb. 4.3.5 Mengenoperationen für Relationen

Natürlich gilt dafür $R \cap S = R - (R - S)$. Das Komplement einer beliebigen Relation ist im mathematischen Sinne ebenso definierbar. Es wird jedoch aus Gründen der Kardinalität nicht als Datenbankkonstrukt eingeführt. Man denke etwa an eine Relation mit den Attributen *Mitarbeitername* und *Gehalt*. Auch ohne Komplementbildung sind mit diesen Mengenoperationen alle einfachen Datenbankoperationen wie „Hinzufügen" (insert), „Löschen" (delete) und „Ändern" (update) gewährleistet.

Spezielle Datenbankoperationen

Wir kommen nun zu den eigentlichen Operationen auf Datenbank-Relationen, wobei wir sowohl den mengentheoretischen Relationsbegriff als auch den sich auf Abbildungen abstützenden Begriff verwenden wollen. Man muß sich hier stets vergegenwärtigen, daß das mathematische Konstrukt gewissermaßen die Benutzerschnittstelle sein soll, hinter der das Datenbanksystem auf die unterschiedlichsten Arten eine explizite Speicherdarstellung realisieren kann.

Projektion $\quad p_{\mathcal{X}}\colon \mathcal{R}(\mathcal{A}) \longrightarrow \mathcal{R}(\mathcal{X}), \quad \mathcal{X} \subset \mathcal{A}$

Projektionen kommen bei *binären* Relationen allenfalls in einer Kümmerform vor: Von einer Relation $R \subset X \times Y$ ausgehend, kann man die Menge RL der von der Relation in X betroffenen Elemente betrachten, entsprechend mit $R^{\mathrm{T}}L$ die in Y von der Relation betroffenen Elemente.

Im mehrstelligen Fall sei eine Menge $\mathcal{A}$ von Attributen gegeben und eine Teilmenge $\mathcal{X} \subset \mathcal{A}$. In der etwas legeren Folgenschreibweise $\mathcal{A} = A_1 \ldots A_n$ schriebe man dann $\mathcal{X} = A_{i_1} \ldots A_{i_m}$. Das muß durchaus keine konsekutive Teilfolge sein. Allerdings sollten, da $\mathcal{X}$ eine Menge ist, die Attribute $A_{i_1} \ldots A_{i_m}$ in der Folge und damit die Indizes $i_1 \ldots i_m$ alle verschieden sein. Wir betrachten nun eine Relation $R \subset W(\mathcal{A})$ als Menge von n-Tupeln über den Wertebereichen $W(A_1), \ldots, W(A_n)$. Unter der Projektion auf die Komponenten $i_1, \ldots, i_m$ versteht man die Menge derjenigen m-Tupel $r' = (r'_{i_1}, \ldots, r'_{i_m})$, für die ein n-Tupel $r = (r_1, \ldots, r_n)$ existiert, so daß r' Teilfolge von r ist, und zwar so daß $r_{i_\mu} = r'_{i_\mu}$ für $\mu = 1, \ldots, m$. Ist $R \in \mathcal{R}(\mathcal{A})$ beschrieben als Menge von Abbildungen, die mit den Attributen aus $\mathcal{A}$ indiziert sind, so ist die Projektion von R auf $\mathcal{X}$ die Menge der Abbildungen von R beschränkt auf Indizes aus $\mathcal{X}$. Es werden die Schreibweisen $R|_\mathcal{X}$, $p_{i_1 \ldots i_m}(R)$ und $p_{A_{i_1} \ldots A_{i_m}}(R)$ bzw. $p_\mathcal{X}(R)$ verwendet; gelegentlich auch $p_\mathcal{X}: \mathcal{R}(\mathcal{A}) \longrightarrow \mathcal{R}(\mathcal{X})$.

Kartesisches Produkt $\quad \times: \mathcal{R}(\mathcal{A}) \times \mathcal{R}(\mathcal{L}) \longrightarrow \mathcal{R}(\mathcal{A} \dot\cup \mathcal{L})$

Sei R eine Relation des Typs $\mathcal{A}$ mit n Attributen und S des Typs $\mathcal{L}$ mit m Attributen. In der Betrachtungsweise $R \subset W(\mathcal{A})$, $S \subset W(\mathcal{L})$ ist $R \times S \subset W(\mathcal{A}) \times W(\mathcal{L})$ einfach die Menge aller $(n+m)$-Tupel (r, s), wobei r ein n-Tupel aus R und s ein m-Tupel aus S ist. In der Auffassung $R \in \mathcal{R}(\mathcal{A})$, $S \in \mathcal{R}(\mathcal{L})$ ist $R \times S \in \mathcal{R}(\mathcal{A} \dot\cup \mathcal{L})$ die Menge derjenigen Abbildungen, für die $(R \times S)|_\mathcal{A} = R$ und $(R \times S)|_\mathcal{L} = S$ gilt. Das Symbol $\dot\cup$ bezeichnet, wie oft in der Mathematik, die disjunkte Vereinigung. Wir erinnern daran, daß die Attribute zu einem Relationstyp eine Menge bilden, also wohlunterscheidbar sein sollten. Kommt ein Attribut X sowohl in $\mathcal{A}$ als auch in $\mathcal{L}$ vor, so muß es in $\mathcal{A} \dot\cup \mathcal{L}$ beispielsweise mit $X.\mathcal{A}$ bzw. $X.\mathcal{L}$ zusätzlich nach seiner Herkunft gekennzeichnet werden.

Selektion $\quad s_B: \mathcal{R}(\mathcal{A}) \longrightarrow \mathcal{R}(\mathcal{A})$

Liegt eine Bedingung B für die n-Tupel einer Relation R vor – in Abb. 4.3.6 ist ein häufig vorkommendes Beispiel angegeben –, so ist die Relation

$$s_B(R) := \{ r \in R \mid B(r) \}$$

die Auswahl derjenigen Tupel, die die Bedingung B erfüllen.

$R =$

X	Y	Z
1	2	3
1	4	3

$S =$

A	B
10	11
−1	12

$p_{XZ}(R)$

X	Z
1	3

$R \times S$

X	Y	Z	A	B
1	2	3	10	11
1	2	3	−1	12
1	4	3	10	11
1	4	3	−1	12

$s_{Y=2}(R)$

X	Y	Z
1	2	3

$R[Y < A]S$

X	Y	Z	A	B
1	2	3	10	11
1	4	3	10	11

Abb. 4.3.6 Projektion, kartesisches Produkt, Selektion und Verbund

Division $/ : \mathcal{R}(\mathcal{A}) \longrightarrow \mathcal{R}(\mathcal{A} - \mathcal{H})$

Ist R eine Relation des Typs $\mathcal{A}$ und S eine des Typs $\mathcal{H} \subset \mathcal{A}$, so wird die Division von R durch S als Relation R/S (Quotient) des Typs $\mathcal{L} := \mathcal{A} - \mathcal{H}$ eingeführt:

$$\begin{aligned} R/S &:= \{ b \in W(\mathcal{L}) \mid \forall s \in S : (b, s) \in R \} \\ &= p_{\mathcal{L}}(R) - p_{\mathcal{L}}([p_{\mathcal{L}}(R) \times S] - R). \end{aligned}$$

Man kann auch den Quotienten bilden, falls anstelle $\mathcal{H} \subset \mathcal{A}$ geeignet $W(\mathcal{H}) \subset W(\mathcal{A})$ vorausgesetzt wird.

$R =$

A	B	C	X	Y
x	y	z	1	2
x	y	z	3	4
y	z	z	3	4
u	v	y	1	2
u	v	y	3	4
x	y	y	2	3

$S =$

X	Y
1	2
3	4

$R/S =$

A	B	C
x	y	z
u	v	y

$R =$

X	A	B	Y
x	1	2	y
y	1	3	y
z	2	3	y

$S =$

A	B	Z
1	2	u
1	2	v
1	3	w
3	2	y

$R[\,]S =$

X	A	B	Y	Z
x	1	2	y	u
x	1	2	y	v
y	1	3	y	w

Abb. 4.3.7 Division und natürlicher Verbund

Verbund $[X\Theta Y] : \mathcal{R}(\mathcal{A}) \times \mathcal{R}(\mathcal{L}) \longrightarrow \mathcal{R}(\mathcal{A} \dot{\cup} \mathcal{L})$

Seien R und S Relationen des Typs $\mathcal{A}$ bzw. $\mathcal{L}$. Sei ferner X ein Attribut aus $\mathcal{A}$ und Y ein Attribut aus $\mathcal{L}$ mit übereinstimmendem Wertebereich $W(X) = W(Y)$. Sei schließlich Θ ein Vergleichsoperator auf diesem Wertebereich $W(X)$. Wir sagen, zwei Tupel aus $R \times S$ erfüllen die Bedingung „$X\Theta Y$", wenn ihre Komponenten zum Attribut X bzw. Y in der Beziehung Θ stehen. Dann ist der **Θ-Verbund** (join bzw. equijoin) bzgl. der Attribute X und Y bestimmt durch die Selektion nach dieser Bedingung:

$$R[X\Theta Y]S := s_{X\Theta Y}(R \times S).$$

Natürlicher Verbund $[\,] : \mathcal{R}(\mathcal{A}) \times \mathcal{R}(\mathcal{L}) \longrightarrow \mathcal{R}(\mathcal{A} \cup \mathcal{L})$

Es sei $\mathcal{H} := \mathcal{A} \cap \mathcal{L}$ die Menge der Attribute X, die bei Relationen R des Typs $\mathcal{A}$ bzw. S des Typs $\mathcal{L}$ übereinstimmen, die also im kartesischen Produkt durch $X.\mathcal{A}$ und $X.\mathcal{L}$ zu unterscheiden wären. Dann ist der natürliche Verbund von R und S:

$$R[\,]S := p_{\mathcal{A} \cup \mathcal{L}}\left(s_{R.\mathcal{H}=S.\mathcal{H}}(R \times S)\right).$$

Dabei steht $\mathcal{A} \cup \mathcal{L}$ als Abkürzung für die Attribute von $R \times S$ ohne die redundanten Attribute $X.\mathcal{L}$, $X \in \mathcal{H}$. Die Kurzbezeichnung „$R.\mathcal{H} = S.\mathcal{H}$" steht für die Bedingung „$\forall X \in \mathcal{H} : R.X = S.X$“. In $R[\,]S$ werden also diejenigen Tupel aus $R \times S$ ausgewählt, die in *allen* übereinstimmenden Attributen (aus $\mathcal{H}$) gleichen Wert haben, und sodann wird der redundante Anteil entfernt.

Die wechselseitige Abhängigkeit vorstehender Operationen wurde teilweise angedeutet; Ausführungen verwandter Art finden sich auch bei PÖSCHEL, KALUŽNIN 79. Eine abgeleitete Operation ist die **verallgemeinerte Komposition** (Produkt), als „Faltung“ der i-ten mit der j-ten Komponente:

$$R \circ_{ij} S := p_{1,n+m} s_{i=j}(R \times S),$$

falls R eine n-stellige und S eine m-stellige Relation ist. Sind R und S jeweils 2-stellig, so ist das gewöhnliche Produkt

$$R \circ S = p_{1,4}(s_{2=3}(R \times S)).$$

Funktionale Abhängigkeit

Es sei $\mathcal{A}$ die Attributmenge eines Relationstyps und $\emptyset \neq \mathcal{X}, \mathcal{Y} \subset \mathcal{A}$ seien Attributkombinationen. Manchmal ist beim Entwurf eines Datenbankschemas bereits klar, daß bei allen konkret vorliegenden Relationen dieses Typs

$$p_{\mathcal{X}}^{\mathsf{T}} p_{\mathcal{Y}} : \mathcal{R}(\mathcal{X}) \longrightarrow \mathcal{R}(\mathcal{Y})$$

eine partiell definierte Funktion sein wird. Man denke an die inhärent eindeutige (aber bei Beschränkung des in der Datenbank dargestellten Personenkreises nicht notwendig totale) Zuordnung der leiblichen Mutter. In einem solchen Fall entschließt man sich, diese Vorab-Information schon von Anfang an neben dem Relationstyp mit zu erwähnen und kennzeichnet $\mathcal{Y}$ als **funktional abhängig** von $\mathcal{X}$; man sagt auch: $\mathcal{X}$ **bestimmt funktional** $\mathcal{Y}$, in Zeichen $\mathcal{X} \longrightarrow \mathcal{Y}$ (oder genauer $\mathcal{X} \xrightarrow[\mathcal{A}]{} \mathcal{Y}$, weil dieselben Attribute in einem anderen Relationstyp auftretend nicht auch funktional abhängig sein müssen).

Funktionale Abhängigkeit bedeutet in anderen Worten folgendes: Stimmen zwei Tupel von R in ihren $\mathcal{X}$-Werten überein, so stets auch in ihren $\mathcal{Y}$-Werten. Ist R eine 2-stellige Relation mit den beiden Attributen X und Y, so entspricht funktionale Abhängigkeit $X \longrightarrow Y$ der Eindeutigkeit von R.

Es heißt $\mathcal{Y}$ **voll funktional abhängig** von $\mathcal{X}$, notiert als $\mathcal{X} \stackrel{\cdot}{\longrightarrow} \mathcal{Y}$, wenn zusätzlich für alle Teilattributkombinationen $\mathcal{X}' \subset \mathcal{X}$ keine funktionale Abhängigkeit der Art $\mathcal{X}' \longrightarrow \mathcal{Y}$ besteht. Auch wenn neben dem Relationstyp keine funktionale Abhängigkeit aufgeführt ist, kann es passieren, daß bei einer konkret gegebenen Relation R diese Abhängigkeit „zufällig“ besteht. Da sich dies aber im weiteren Dasein der Datenbank ändern kann, darf man sich nicht darauf verlassen und seinen formalen Umgang mit der Datenbank darauf abstützen.

Trivialerweise hängt jede Attributkombination von einem Schlüsselattribut – minimale Attributkombination, die bereits zur „Beschreibung“ ausreicht – funktional ab. Man kann nun versuchen, mit wenigen funktionalen Abhängigkeiten auszukommen und andere möglichst nur aus diesen zu erschließen. Die dafür verwendeten **Armstrongschen Regeln** für funktionale Abhängigkeiten lauten:

1. Eine Attributkombination bestimmt funktional jede in ihr enthaltene Teilattributkombination.
2. Gilt eine Abhängigkeit $\mathcal{X} \longrightarrow \mathcal{Y}$, so auch jede Abhängigkeit der Form $\mathcal{X} \cup \mathcal{Z} \longrightarrow \mathcal{Y} \cup \mathcal{Z}$.
3. Mit $\mathcal{X} \longrightarrow \mathcal{Y}$ und $\mathcal{Y} \longrightarrow \mathcal{Z}$ gilt auch $\mathcal{X} \longrightarrow \mathcal{Z}$.

Diese Regeln sind sogar im folgenden Sinne vollständig: Aus ihnen lassen sich *alle* funktionalen Abhängigkeiten herleiten. Kann man eine funktionale Abhängigkeit nicht herleiten, so ist ein Beispiel einer Datenbank konstruierbar, welches die ursprünglichen einhält, die nicht herleitbare jedoch nicht. Funktionale Abhängigkeiten sind schwer nachprüfbar und werden üblicherweise für ein Datenbank-Schema auf Grund spezifischer Gegebenheiten durch Nennung neben dem Relationstyp postuliert; sie stellen eine Konzeptentscheidung dar, die Vorteile effizienter Implementierung bringt, jedoch auch Einschränkungen bzgl. der Darstellung (zukünftig) möglicher Information beinhaltet.

Zerlegung eines Relationstyps

Ist $\mathcal{X} \cup \mathcal{Y} = \mathcal{A}$ eine (nicht notwendig disjunkte) Vereinigung, so bestimmen die Relationstypen $\mathcal{R}(\mathcal{X})$ und $\mathcal{R}(\mathcal{Y})$ eine **Zerlegung** des Typs $\mathcal{R}(\mathcal{A})$. Es gilt dann für alle Relationen $R \in \mathcal{R}(\mathcal{A})$

$$R \subset p_{\mathcal{X}}(R)[\,]p_{\mathcal{Y}}(R).$$

Manchmal herrscht in vorstehender Inklusion sogar Gleichheit für alle Relationen, die einer Menge $\mathcal{F}$ von funktionalen Abhängigkeiten genügen. In diesem Fall sagt man, daß $\mathcal{R}(\mathcal{X})$ und $\mathcal{R}(\mathcal{Y})$ eine bzgl. $\mathcal{F}$ **verlustlose Zerlegung** bestimmen. Man benutzt in einer Datenbank statt eines „großen" Relationstyps $\mathcal{R}(\mathcal{A})$ gern „kleinere" Typen. Wenn sie eine verlustlose Zerlegung von $\mathcal{R}(\mathcal{A})$ darstellen, kann die ursprüngliche Information eindeutig zurückerhalten werden. Eine Zerlegung eines Typs in einer Datenbank kann sehr wünschenswert sein, führt aber zum Problem der Konsistenzhaltung der Daten. Es gibt schnelle Algorithmen für den Test dieser Zerlegungseigenschaft.

4.4 Difunktionalität

In Definition 2.3.10 wurde für homogene Relationen A, B der symmetrische Quotient

$$\mathrm{syQ}(A,B) = \overline{A^{\mathsf{T}}\overline{B}} \sqcap \overline{\overline{A}^{\mathsf{T}}B}$$

eingeführt. Dies läßt sich auf passende heterogene Relationen ausdehnen: Wenn A eine Relation zwischen X und Y und B eine Relation zwischen X und Z ist, kann man offenbar auch den symmetrischen Quotienten $\mathrm{syQ}(A,B)$ bilden; er ist dann eine Relation zwischen Y und Z. Die im folgenden aufgeführten Eigenschaften von syQ sind keineswegs auf homogene Relationen beschränkt.

4.4.1 Satz. i) $\mathrm{syQ}(\overline{A},\overline{B}) = \mathrm{syQ}(A,B)$;

ii) $\mathrm{syQ}(B,A) = [\mathrm{syQ}(A,B)]^{\mathrm{T}}$;

iii) $A\,\mathrm{syQ}(A,A) = A$;

iv) $I \subset \mathrm{syQ}(A,A)$;

v) $\mathrm{syQ}(A,B) \subset \mathrm{syQ}(CA,CB)$ für jedes C;

vi) $F\,\mathrm{syQ}(A,B) = \mathrm{syQ}(AF^{\mathrm{T}},B)$ für jede Abbildung F.

Beweis: (i) und (ii) sind trivial. Von (iii) hatten wir im Anschluß an (2.3.10) bereits „$\subset$“ gezeigt. Die Umkehrung „$\supset$“ und damit auch (iv) gilt, weil $I \subset \overline{\overline{A}^{\mathrm{T}}A}$ für alle Relationen A. v) $CB \subset CB \iff C^{\mathrm{T}}\overline{CB} \subset \overline{B} \Longrightarrow (CA)^{\mathrm{T}}\overline{CB} \subset A^{\mathrm{T}}\overline{B}$; im zweiten Fall analog. vi) Nach (4.2.4.iii) gilt $F\overline{S} = \overline{FS}$ für eine Abbildung F und beliebiges S, also

$$\begin{aligned} F\,\mathrm{syQ}(A,B) &= F\overline{A^{\mathrm{T}}\overline{B}} \sqcap F\overline{\overline{A}^{\mathrm{T}}B} = \overline{FA^{\mathrm{T}}\overline{B}} \sqcap \overline{F\overline{A}^{\mathrm{T}}B} \\ &= \overline{(AF^{\mathrm{T}})^{\mathrm{T}}\overline{B}} \sqcap \overline{\overline{AF^{\mathrm{T}}}^{\mathrm{T}}B} = \mathrm{syQ}(AF^{\mathrm{T}},B). \end{aligned}$$ □

Ein Beispiel eines symmetrischen Quotienten haben wir in Abschnitt 4.2 bereits mit dem eindeutigen Anteil kennengelernt; es läßt sich nämlich schreiben $\mathrm{eAn}(R) = \overline{R\overline{I}} \sqcap R = \overline{R\overline{I}} \sqcap \overline{\overline{R}I} = \mathrm{syQ}(R^{\mathrm{T}},I)$.

Man überprüfe dies an der folgenden anschaulichen Deutung: Der symmetrische Quotient zweier Relationen $A \subset X \times Y$ und $B \subset X \times Z$ setzt ein Element $y \in Y$ genau dann in Relation zu einem Element $z \in Z$, wenn y vermöge A und z vermöge B in X „gleiche Urbildmengen“ haben, d. h.

$$(y,z) \in \mathrm{syQ}(A,B) \iff \forall x : [(x,y) \in A \leftrightarrow (x,z) \in B];$$

In Matrix-Redeweise kann man sagen „wenn die betreffenden Spalten von A, B übereinstimmen“. In Abb. 4.4.1 ist $X = \{p,q,r,s,t\}$, $Y = \{a,b,c,d,e,f\}$ und $Z = \{1,\ldots,9\}$.

Bei genauerer Betrachtung von $\mathrm{syQ}(A,B)$ stellt man fest, daß sich durch geeignete Vertauschung von Zeilen und Spalten eine Block- oder Kästchenform erzeugen läßt; man hat dafür nur die übereinstimmenden Zeilen und Spalten von A bzw. B nebeneinander anzuordnen. Später werden wir zeigen, wie diese hier anschaulich präsentierte Eigenschaft algebraisch zu fassen ist, und einige darauf aufbauende Beziehungen anführen.

$$A = \begin{array}{c} \\ p \\ q \\ r \\ s \\ t \end{array}\!\!\begin{array}{c} \begin{array}{cccccc} a & b & c & d & e & f \end{array} \\ \begin{pmatrix} 0&1&1&0&1&1 \\ 0&0&0&1&0&0 \\ 0&1&0&0&1&1 \\ 0&0&1&0&0&0 \\ 0&0&0&0&1&0 \end{pmatrix} \end{array} \qquad B = \begin{array}{c} \begin{array}{ccccccccc} 1&2&3&4&5&6&7&8&9 \end{array} \\ \begin{pmatrix} 0&1&1&0&0&0&1&1&0 \\ 1&0&0&0&1&0&0&0&0 \\ 0&1&1&0&0&0&1&1&0 \\ 0&0&0&0&0&0&0&0&0 \\ 0&0&1&0&0&0&0&1&0 \end{pmatrix} \end{array}$$

$$\mathrm{syQ}(A,B) \text{ mit Umordnung}: \quad \begin{array}{c} \\ a \\ b \\ c \\ d \\ e \\ f \end{array}\!\!\begin{array}{c} \begin{array}{ccccccccc} 1&2&3&4&5&6&7&8&9 \end{array} \\ \begin{pmatrix} 0&0&0&1&0&1&0&0&1 \\ 0&1&0&0&0&0&1&0&0 \\ 0&0&0&0&0&0&0&0&0 \\ 1&0&0&0&1&0&0&0&0 \\ 0&0&1&0&0&0&0&1&0 \\ 0&1&0&0&0&0&1&0&0 \end{pmatrix} \end{array} \qquad \begin{array}{c} \\ a \\ b \\ f \\ c \\ d \\ e \end{array}\!\!\begin{array}{c} \begin{array}{ccccccccc} 4&6&9&2&7&1&5&3&8 \end{array} \\ \left(\begin{array}{ccc|cc|cc|cc} 1&1&1&0&0&0&0&0&0 \\ \hline 0&0&0&1&1&0&0&0&0 \\ 0&0&0&1&1&0&0&0&0 \\ \hline 0&0&0&0&0&0&0&0&0 \\ \hline 0&0&0&0&0&1&1&0&0 \\ \hline 0&0&0&0&0&0&0&1&1 \end{array}\right) \end{array}$$

Abb. 4.4.1 Symmetrischer Quotient

Zuvor analysieren wir jedoch, in welcher Weise sich $A\,\mathrm{syQ}(A,B)$ von B unterscheiden kann. Es ist in B enthalten, allerdings nicht in einer „zufälligen“

Form, sondern nach dem folgenden Satz, so daß eine Spalte von $A\,\mathrm{syQ}(A,B)$ entweder mit der Spalte von B übereinstimmt oder verschwindet.

4.4.2 Satz. i) $A\,\mathrm{syQ}(A,B) \;=\; B \sqcap L\,\mathrm{syQ}(A,B)$;

ii) $\mathrm{syQ}(A,B)$ surjektiv $\Longrightarrow A\,\mathrm{syQ}(A,B) = B$.

Beweis: i) $B \sqcap L\,\mathrm{syQ}(A,B) = \big(B \sqcap A\,\mathrm{syQ}(A,B)\big) \sqcup \big(B \sqcap \overline{A}\,\mathrm{syQ}(A,B)\big) = A\,\mathrm{syQ}(A,B)$, weil bereits bekannt ist, daß $A\,\mathrm{syQ}(A,B) \subset B$, und weil nach (4.4.1.i) gilt $\overline{A}\,\mathrm{syQ}(A,B) = \overline{A}\,\mathrm{syQ}(\overline{A},\overline{B}) \subset \overline{B}$. (ii) folgt aus (i). □

Haben wir eben gefragt, ob und wann $A\,\mathrm{syQ}(A,B) = B$ und damit eine typische Quotienteneigenschaft gilt, so fragen wir jetzt weiter nach der Gültigkeit einer Kürzungsregel für diese Quotienten.

4.4.3 Satz. i) Für beliebige Relationen A, B, C gilt

$$\mathrm{syQ}(A,B)\,\mathrm{syQ}(B,C) = \mathrm{syQ}(A,C) \sqcap \mathrm{syQ}(A,B)L = \mathrm{syQ}(A,C) \sqcap L\,\mathrm{syQ}(B,C).$$

ii) Wenn $\mathrm{syQ}(A,B)$ total ist, oder wenn $\mathrm{syQ}(B,C)$ surjektiv ist, gilt

$$\mathrm{syQ}(A,B)\,\mathrm{syQ}(B,C) = \mathrm{syQ}(A,C).$$

Beweis: i) Wir betrachten o. E. nur das erste Gleichheitszeichen. „$\subset$" ergibt sich nach der Schröderschen Umformung und mit (4.4.1.i,ii) aus

$$(A^{\mathrm{T}}\overline{C} \sqcup \overline{A}^{\mathrm{T}}C)[\mathrm{syQ}(B,C)]^{\mathrm{T}} = A^{\mathrm{T}}\overline{C}\,\mathrm{syQ}(\overline{C},\overline{B}) \sqcup \overline{A}^{\mathrm{T}}C\,\mathrm{syQ}(C,B) \subset A^{\mathrm{T}}\overline{B} \sqcup \overline{A}^{\mathrm{T}}B.$$

„$\supset$" erhält man mit (i), der Dedekind-Beziehung und dem eben bewiesenen Teilresultat:

$$\begin{aligned} &\mathrm{syQ}(A,B)\,L \sqcap \mathrm{syQ}(A,C) \\ &\qquad \subset \big(\mathrm{syQ}(A,B) \sqcap \mathrm{syQ}(A,C)L^{\mathrm{T}}\big)\big(L \sqcap [\mathrm{syQ}(A,B)]^{\mathrm{T}}\,\mathrm{syQ}(A,C)\big) \\ &\qquad \subset \mathrm{syQ}(A,B)\,\mathrm{syQ}(B,A)\,\mathrm{syQ}(A,C) \subset \mathrm{syQ}(A,B)\,\mathrm{syQ}(B,C). \end{aligned}$$

ii) folgt direkt aus (i). □

Hierzu ergeben sich einige Spezialfälle.

4.4.4 Korollar. i) $\mathrm{syQ}(A,B)[\mathrm{syQ}(A,B)]^{\mathrm{T}} \subset \mathrm{syQ}(A,A)$;

ii) $\mathrm{syQ}(A,A)\,\mathrm{syQ}(A,B) = \mathrm{syQ}(A,B)$;

iii) $\mathrm{syQ}(A,A)$ ist eine Äquivalenzrelation.

Beweis: Für (i) setze man $C := A$ in (4.4.3.i) und für (ii) $B := A$ und $C := B$. Wir wissen ja bereits von (4.4.1.iv), daß $\mathrm{syQ}(A,A)$ total ist.

iii) $\mathrm{syQ}(A,A)$ ist reflexiv nach (4.4.1.iv), symmetrisch nach Bauart und transitiv wegen (ii). □

Aus diesem Korollar erhalten wir sofort zwei Aussagen, darunter eine Charakterisierung der Äquivalenzrelationen.

4.4.5 Satz. i) A Äquivalenzrelation $\iff A = \mathrm{syQ}(A,A)$;

ii) A eindeutig und surjektiv $\Longrightarrow I = \mathrm{syQ}(A,A)$.

Beweis: i) „$\Longleftarrow$“ folgt aus (4.4.4.iii). „$\Longrightarrow$“: Mit $I \subset A$ gilt $\mathrm{syQ}(A,A) \subset A\,\mathrm{syQ}(A,A) \subset A$. Die umgekehrte Inklusion erhält man aus Symmetrie und Transitivität: $AA \subset A \iff A^{\mathrm{T}}\overline{A} \subset \overline{A} \Longrightarrow A^{\mathrm{T}} = A \subset \overline{A^{\mathrm{T}}\overline{A}}$. ii) $L = A^{\mathrm{T}}L = A^{\mathrm{T}}\overline{A} \sqcup A^{\mathrm{T}}A$, sobald A surjektiv. Deswegen und wegen der Eindeutigkeit von A gilt $\mathrm{syQ}(A,A) \subset A^{\mathrm{T}}A \subset I$. Nach (4.4.1.iv) ist $\mathrm{syQ}(A,A)$ reflexiv. □

Speziellere Beziehungen herrschen für symmetrische Quotienten zwischen injektiven Relationen.

4.4.6 Satz. Sind A und B injektiv, so gilt

i) $$A^{\mathrm{T}}B \subset \mathrm{syQ}(A,B);$$

ii) $$A\,\mathrm{syQ}(A,B) = AL \sqcap B;$$

iii) $$B \subset \mathrm{syQ}\left(A^{\mathrm{T}}, \mathrm{syQ}(A,B)\right).$$

Beweis: i) $O = A^{\mathrm{T}}(B \sqcap \overline{B}) = A^{\mathrm{T}}B \sqcap A^{\mathrm{T}}\overline{B}$, also $A^{\mathrm{T}}B \subset \overline{A^{\mathrm{T}}\overline{B}}$. Analog zeigt man $A^{\mathrm{T}}B \subset \overline{\overline{A}^{\mathrm{T}}B}$.
ii) „$\subset$“ ist trivial und „$\supset$“ ergibt sich aus (i) mit Hilfe der Dedekind-Beziehung $AL \sqcap B \subset (A \sqcap BL^{\mathrm{T}})(L \sqcap A^{\mathrm{T}}B) \subset AA^{\mathrm{T}}B \subset A\,\mathrm{syQ}(A,B)$. iii) Nach (i) gilt $A\,\overline{\mathrm{syQ}(A,B)} \subset \overline{B}$. Wegen (4.4.1.i) gilt $\overline{A}\,\mathrm{syQ}(A,B) \subset \overline{B}$; zusammen also $B \subset \overline{A\,\overline{\mathrm{syQ}(A,B)}} \sqcap \overline{\overline{A}\,\mathrm{syQ}(A,B)} = \mathrm{syQ}\left(A^{\mathrm{T}}, \mathrm{syQ}(A,B)\right)$. □

Der nächste Satz betrifft das Verhältnis zwischen Vektoren und symmetrischen Quotienten.

4.4.7 Satz. i) $\mathrm{syQ}(A,L)$ ist stets ein Vektor.

ii) $\mathrm{syQ}(A,B) = L \iff A$ und B sind Vektoren und $AL = BL$;

iii) $\mathrm{syQ}(A,A) = L \iff A = AL$.

Beweis: i) Sicherlich ist $\mathrm{syQ}(L,L) = L$ surjektiv, so daß sich mit (4.4.3.ii) ergibt $\mathrm{syQ}(A,L)L = \mathrm{syQ}(A,L)\,\mathrm{syQ}(L,L) = \mathrm{syQ}(A,L)$. ii) Für „$\Longrightarrow$“ gilt

$$L \subset \mathrm{syQ}(A,B) \Longrightarrow \{A^{\mathrm{T}}\overline{B} \subset O,\ \overline{A}^{\mathrm{T}}B \subset O\} \iff \{AL \subset B,\ LB^{\mathrm{T}} \subset A^{\mathrm{T}}\}.$$

Also gilt $AL \subset B \subset BL$ und $BL \subset A \subset AL$, woraus mit $LL = L$ folgt $AL = BL$. (Achtung: Es folgt *nicht* $A = AL = BL = B$; denn A und B können „unterschiedlich viele Spalten“ haben.) „$\Longleftarrow$“ Mit $ALL = AL$ gilt $(AL)^{\mathrm{T}}\overline{AL} \subset O$, also auch $L \subset \overline{(AL)^{\mathrm{T}}\overline{AL}} = \overline{(AL)^{\mathrm{T}}\overline{BL}}$ und $L = L^{\mathrm{T}} = \overline{\overline{AL}^{\mathrm{T}}AL}$.
iii) folgt aus (ii). □

Wir suchen nun nach einer relationalen Formulierung für die Eigenschaft einer (i. a. heterogenen) Relation A, auf **Kästchenform** transformierbar zu sein, wofür Abb. 4.4.1 einen Hinweis gab. Mit etwas Mühe überlegt man sich anhand von Abb. 4.4.2, daß für die Zeilen i einer Matrix A mit Kästchengestalt folgendes charakteristisch ist: Gibt es eine Zeile k und eine Spalte j mit

$(i,j) \in A$ und $(k,j) \in A$, so soll für alle Spalten m stets aus $(k,m) \in A$ folgen $(i,m) \in A$.

Etwas formaler geschrieben lautet dies

$$\forall i : \forall j,k : \{[(i,j) \in A \wedge (k,j) \in A] \rightarrow [\forall m : (k,m) \in A \rightarrow (i,m) \in A]\}$$

oder nach Umformung

$$\forall i,m : \{[\exists j,k : (i,j) \in A \wedge (j,k) \in A^{\mathrm{T}} \wedge (k,m) \in A] \rightarrow (i,m) \in A\}.$$

	1	2	3 ($j\downarrow$)	4	5 ($m\downarrow$)	6	7	8	9	10	11	12	13	14
1	0	0	0	1	0	1	0	1	0	0	0	0	1	0
12	0	0	0	0	0	0	0	0	0	0	0	0	0	0
2	0	0	0	0	0	0	1	0	0	0	0	0	0	1
$k\rightarrow$3	1	1	①	0	①	0	0	0	1	1	1	1	0	0
4	1	1	1	0	1	0	0	0	1	1	1	1	0	0
5	0	0	0	0	0	0	1	0	0	0	0	0	0	1
$i\rightarrow$6	1	1	①	0	$\boxed{1}$	0	0	0	1	1	1	1	0	0
7	0	0	0	1	0	1	0	1	0	0	0	0	1	0
8	1	1	1	0	1	0	0	0	1	1	1	1	0	0
9	0	0	0	0	0	0	1	0	0	0	0	0	0	1
10	1	1	1	0	1	0	0	0	1	1	1	1	0	0
11	0	0	0	1	0	1	1	0	0	0	0	1	0	0

	8	4	13	6	1	10	3 ($j\downarrow$)	9	11	5 ($m\downarrow$)	12	2	7	14
7	1	1	1	1	0	0	0	0	0	0	0	0	0	0
1	1	1	1	1	0	0	0	0	0	0	0	0	0	0
11	1	1	1	1	0	0	0	0	0	0	0	0	0	0
4	0	0	0	0	1	1	1	1	1	1	1	1	0	0
$i\rightarrow$6	0	0	0	0	1	1	①	1	1	$\boxed{1}$	1	1	0	0
10	0	0	0	0	1	1	1	1	1	1	1	1	0	0
$k\rightarrow$3	0	0	0	0	1	1	①	1	1	①	1	1	0	0
8	0	0	0	0	1	1	1	1	1	1	1	1	0	0
12	0	0	0	0	0	0	0	0	0	0	0	0	0	0
5	0	0	0	0	0	0	0	0	0	0	0	0	1	1
9	0	0	0	0	0	0	0	0	0	0	0	0	1	1
2	0	0	0	0	0	0	0	0	0	0	0	0	1	1

Abb. 4.4.2 Zur Kästchenform einer Matrix

Man beachte, daß diese Eigenschaft in keiner Weise auf die Anordnung von Zeilen und Spalten Bezug nimmt; wir haben also die Eigenschaft einer *Relation* erhalten, nicht die einer *Matrix*. Damit ist die folgende Definition vorbereitet:

4.4.8 Definition. Wir nennen eine Relation

A **difunktional** $:\iff \quad AA^{\mathrm{T}}A \subset A \iff AA^{\mathrm{T}}A = A \iff A\overline{A}^{\mathrm{T}}A \subset \overline{A}$

$\iff$ A läßt sich durch Umordnen von Zeilen und Spalten auf Kästchenform bringen. □

Wieder haben wir Definitionsvarianten angegeben und müssen deren Äquivalenz zeigen; im ersten Falle ist also zu beweisen, daß für A stets $A \subset AA^{\mathrm{T}}A$ gilt: $A = IA = (AL \sqcap I)A \sqcup (\overline{AL} \sqcap I)A \subset AA^{\mathrm{T}}A \sqcup (\overline{AL}^{\mathrm{T}} \sqcap I)A = AA^{\mathrm{T}}A$. Benutzt wurden $\overline{AL}^{\mathrm{T}}A \subset O$ und $AL \sqcap I \subset (A \sqcap IL^{\mathrm{T}})(L \sqcap A^{\mathrm{T}}I) \subset AA^{\mathrm{T}}$. Die zweite Äquivalenz zeigen wir wie folgt: $(AA^{\mathrm{T}})A \subset A \iff A(A^{\mathrm{T}}\overline{A}) \subset \overline{A} \iff A\overline{A}^{\mathrm{T}}A \subset \overline{A}$.

Jetzt können wir beweisen, daß jeder symmetrische Quotient notwendigerweise Kästchenform hat.

4.4.9 Satz. $\mathrm{syQ}(A,B)$ ist stets difunktional.

Beweis: Unter Benutzung von (4.4.3.i) und (4.4.4.ii) ergibt sich

$$\mathrm{syQ}(A,B)[\mathrm{syQ}(A,B)]^{\mathrm{T}}\,\mathrm{syQ}(A,B) \subset \mathrm{syQ}(A,A)\,\mathrm{syQ}(A,B) = \mathrm{syQ}(A,B).$$ □

$$
\begin{array}{r}
\\ 7\\1\\11\\4\\6\\10\\3\\8\\12\\5\\9\\2
\end{array}
\begin{array}{c}
\begin{array}{cccc|cccccccc|cc} 8&4&13&6&1&10&3&9&11&5&12&2&7&14 \end{array}\\
\left(\begin{array}{cccc|cccccccc|cc}
1&1&1&1&0&0&0&0&0&0&0&0&0&0\\
1&1&1&1&0&0&0&0&0&0&0&0&0&0\\
1&1&1&1&0&0&0&0&0&0&0&0&0&0\\ \hline
0&0&0&0&1&1&1&1&1&1&1&1&0&0\\
0&0&0&0&1&1&1&1&1&1&1&1&0&0\\
0&0&0&0&1&1&1&1&1&1&1&1&0&0\\
0&0&0&0&1&1&1&1&1&1&1&1&0&0\\
0&0&0&0&1&1&1&1&1&1&1&1&0&0\\ \hline
0&0&0&0&0&0&0&0&0&0&0&0&0&0\\ \hline
0&0&0&0&0&0&0&0&0&0&0&0&1&1\\
0&0&0&0&0&0&0&0&0&0&0&0&1&1\\
0&0&0&0&0&0&0&0&0&0&0&0&1&1
\end{array}\right)
\end{array}
\quad
\begin{array}{c}
\\
\begin{pmatrix}
1&0&0\\1&0&0\\1&0&0\\0&1&0\\0&1&0\\0&1&0\\0&1&0\\0&1&0\\0&0&0\\0&0&1\\0&0&1\\0&0&1
\end{pmatrix}\\ F
\end{array}
$$

$$
\begin{pmatrix}
1&1&1&1&0&0&0&0&0&0&0&0&0&0\\
0&0&0&0&1&1&1&1&1&1&1&1&0&0\\
0&0&0&0&0&0&0&0&0&0&0&0&0&0\\
0&0&0&0&0&0&0&0&0&0&0&0&1&1
\end{pmatrix} G^{\mathrm{T}}
$$

$$
\begin{array}{r}
\\ \{1,7,11\}\\ \{3,4,6,8,10\}\\ \{12\}\\ \{2,5,9\}
\end{array}
\begin{array}{c}
\begin{array}{ccc} l & m & n \end{array}\\
\begin{pmatrix}
1&0&0\\0&1&0\\0&0&0\\0&0&1
\end{pmatrix}
\end{array}
$$

wobei:

$$
\begin{aligned}
l &= \{4,6,8,13\}\\
m &= \{1,2,3,5,9,10,11,12\}\\
n &= \{7,14\}
\end{aligned}
$$

Abb. 4.4.3 Difunktionalität und Kästchenform

Wir geben nun einen Hinweis, warum die hier diskutierte Eigenschaft einer Relation mit dem Wort „difunktional" belegt wurde. In der Tat stehen difunktionale Relationen jeweils mit zwei Abbildungen in enger Beziehung. Wir betrachten dazu die Matrix aus Abb. 4.4.3. Man würde es in Fällen einer praktischen Anwendung wohl vorziehen, die Zeilen und Spalten zu Äquivalenzklassen zusammenzulegen und eine wesentliche kleinere Matrix zu verwenden.

Zu dieser Äquivalenzklassenbildung auf den Zeilen bzw. Spalten gehört jeweils eine natürliche Projektion F bzw. G; und die Urbildmenge der beiden Abbildungen F und G ist bei einem difunktionalen A „bis auf Isomorphie" eindeutig bestimmt.

4.4.10 Satz. i) Ein Produkt FG^{T} ist stets difunktional, wenn F und G eindeutige Relationen sind.

ii) Die Zerlegung $A = FG^{\mathrm{T}}$ einer (damit notwendigerweise difunktionalen) Relation mit zwei surjektiven Abbildungen F und G kann im wesentlichen *auf nur eine Weise* geschehen.

Beweis: i) $FG^{\mathrm{T}}GF^{\mathrm{T}}FG^{\mathrm{T}} \subset FG^{\mathrm{T}}$ ii) Angenommen, es sei $A = FG^{\mathrm{T}} = F'G'^{\mathrm{T}}$ mit $F^{\mathrm{T}}F = I$, $FF^{\mathrm{T}} \supset I$ und den beiden entsprechenden Eigenschaften für G, F' und G'. Dann gilt $AG = FG^{\mathrm{T}}G = F$ und $F^{\mathrm{T}}A = F^{\mathrm{T}}FG^{\mathrm{T}} = G^{\mathrm{T}}$, sowie analog $AG' = F'$, $F'^{\mathrm{T}}A = G'^{\mathrm{T}}$. Für $\Phi := F^{\mathrm{T}}F'$ haben wir also folgende Aussagen $\Phi\Phi^{\mathrm{T}} = F^{\mathrm{T}}F'F'^{\mathrm{T}}F = F^{\mathrm{T}}F'G'^{\mathrm{T}}G'F'^{\mathrm{T}}F = F^{\mathrm{T}}AA^{\mathrm{T}}F = G^{\mathrm{T}}G = I$, und aus Symmetriegründen $\Phi^{\mathrm{T}}\Phi = I$. Damit ist Φ eine bijektive Abbildung, und es gilt $F\Phi = FF^{\mathrm{T}}F' = FG^{\mathrm{T}}GF^{\mathrm{T}}F' = AA^{\mathrm{T}}F' = AG' = F'$ sowie $G\Phi = GF^{\mathrm{T}}F' = A^{\mathrm{T}}F' = G'$. Man vergleiche dies mit den Ausführungen zum allgemeinen Homomorphie-Konzept in den Abschnitten 7.1 und 7.2. □

Übungen

4.4.1 Man beweise, daß $RLR = R \iff R\overline{R}^{\mathrm{T}}R = O$. (In diesem Falle nennt J. Riguet die Relation R eine relation carrée.)

4.4.2 Eine Relation R heiße rechts-invertierbar, falls es ein X mit $RX = I$ gibt, und links-invertierbar, falls es ein Y mit $YR = I$ gibt. In diesem Falle nennt man X bzw. Y ein Rechts- (bzw. Links-) Inverses von R. Die zugleich rechts- und linksinvertierbaren Relationen heißen **invertierbar**.

i) Für invertierbare homogene Relationen stimmen sämtliche Rechts- und Linksinversen überein; man spricht von der **Inversen** R^{-1}. Es gilt $R^{-1} = R^{\mathrm{T}}$.

ii) Für boolesche $n \times n$-Matrizen gilt

$$R \text{ invertierbar} \iff R^m = I \text{ für geeignetes } m \geq 1.$$

(Dann spricht man auch von Permutationsmatrizen.)

4.4.3 Ist f eindeutig und Ξ eine Äquivalenz, so ist $f\Xi$ difunktional.

4.4.4 Sind Ξ, Θ Äquivalenzen, so gilt für beliebiges R

$$R^{\mathrm{T}}\Xi R \subset \Theta \implies \Xi R\Theta \text{ difunktional.}$$

4.5 Literaturhinweise

Siehe auch die Literaturhinweise im Anhang.

Chin LH, Tarski A: *Distributive and modular laws in the arithmetic of relation algebras.* Univ. California Publ. Math. 1 (1951) 341–384.

Pöschel R, Kalužnin LA: *Funktionen- und Relationenalgebren.* Birkhäuser, Basel, 1979.

5. Graphen: Assoziierte, Inzidenz und Adjazenz

Graphen sind Modelle für Relationen. Wir haben Graphen von unterschiedlichem Typus bereits phänomenologisch kennengelernt: 1-Graphen, einfache Graphen, 2-geteilte Graphen. In Abschnitt 5.1 führen wir gerichtete Graphen ein. Einige im Grunde recht einfache Konzepte lassen sich an mehr als einem Graphentypus untersuchen. Sie erhalten dabei verwandte, doch in Nuancen unterschiedliche Ausprägungen, was dazu führt, daß in der graphentheoretischen Literatur häufig präzisierende Hinweise an den Anfang gestellt werden müssen.

Wir vergleichen solcherart verwandte Begriffsbildungen, die sich vor allem auf das Fehlen und die eindeutige oder nichteindeutige Bestimmtheit eines Nachbarn, Nachfolgers usw. beziehen und untersuchen ihre Interdependenz. Dabei nehmen wir die relationenalgebraische Formulierung als Hilfsmittel für eine genaue Unterscheidung. Die Assoziierte gibt die Richtschnur für Abschnitt 5.2, die Inzidenz für Abschnitt 5.3 und die Adjazenz für Abschnitt 5.4. Schließlich wird in Abschnitt 5.5 untersucht, welche unterschiedlichen Inzidenzen zu derselben Adjazenz gehören können und welche man darunter als „Normalformen" auszeichnen kann.

5.1 Gerichtete Graphen

Nunmehr sollen, anders als in der Definition des 1-Graphen, die Pfeile eine eigenständige Existenz als mathematische Objekte bekommen. In voller Allgemeinheit darf es sogar Pfeile geben, die mit keinem Punkt in Ausgangsinzidenz sind – in Abb. 5.1.1 ist p_8 ein solcher Pfeil. Es mag ferner Pfeile geben, die mit keinem Punkt in Eingangsinzidenz stehen – p_7 in Abb. 5.1.1. Schließlich herrscht zwischen p_{10} und irgendeinem Punkt niemals eine Eingangs- oder eine Ausgangs-Inzidenz. Damit kann zu jedem Pfeil entweder ein Paar von „Anfangs- und Endpunkten" oder nur ein Anfangspunkt oder nur ein Endpunkt oder gar kein Punkt („leerer Pfeil") angegeben werden, wenn wir im folgenden verlangen, daß A und E eindeutige Relationen, also partiell definierte Funktionen sind.

5.1.1 Definition. Wir nennen $G = (P, V, A, E)$ einen **gerichteten Graphen** (kurz: Graph, engl. directed graph, digraph), falls gilt:

i) P ist eine Menge von **Pfeilen** (auch: Bögen, engl. arcs).

ii) V ist eine Menge von **Punkten**.

iii) $A, E \subset P \times V$ sind zwei eindeutige Relationen, genannt die **Ausgangsinzidenz** und die **Eingangsinzidenz**.

Die Relation $M := A \sqcup E$ heißt **Inzidenz** des Graphen. □

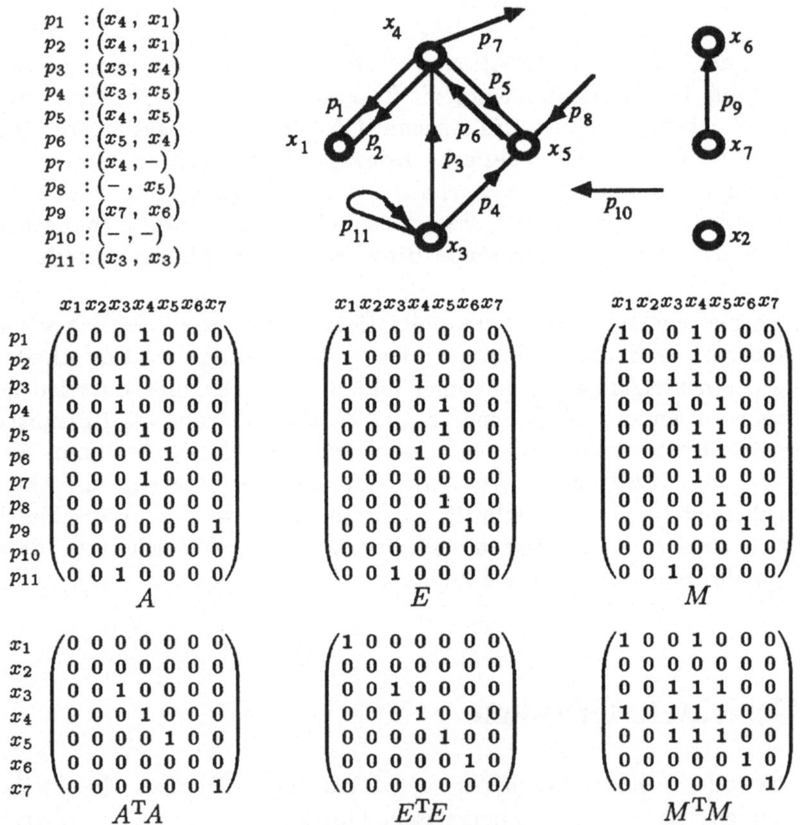

Abb. 5.1.1 Gerichteter Graph

5.1.2 Definition. In einem Graphen mit der Ausgangsinzidenz A und der Eingangsinzidenz E nennt man für einen Punkt x und einen Pfeil p

Ax Menge der in x beginnenden Pfeile,

Ex Menge der in x endenden Pfeile,

$A^{\mathrm{T}}p$ (leere oder einelementige) Menge der **Anfangspunkte** von p,

$E^{\mathrm{T}}p$ (leere oder einelementige) Menge der **Endpunkte** von p.

Ferner wird erklärt der

Ausgangsgrad $g_A(x) := |Ax| =$ Anzahl der Pfeile mit Anfangspunkt x,

Eingangsgrad $g_E(x) := |Ex| =$ Anzahl der Pfeile mit Endpunkt x. □

Verlangt wird also nicht, daß die Relationen A und E total sind; wollen wir diese Allgemeinheit betonen, so bezeichnen wir G gelegentlich als partiellen Graphen und nennen einen Pfeil p mit $A^{\mathrm{T}}p = O$ oder $E^{\mathrm{T}}p = O$ (oder beidem) auch **partiell**.

Wir kommen nun auf die Überlegungen aus (2.4.11) zurück. Dort hatten wir bei den durch die Assoziierte B charakterisierten 1-Graphen Punkte als „schlingentragend“ ausgezeichnet. Für gerichtete Graphen führen wir jetzt einen damit eng verwandten Begriff ein.

5.1.3 Definition. Ist p Pfeil eines Graphen mit Ausgangsinzidenz A und Eingangsinzidenz E, so heiße

p **Schlinge** (engl. loop) $:\Longleftrightarrow \quad A^{\mathrm{T}}p = E^{\mathrm{T}}p \neq O.$ □

In Abb. 5.1.1 hat der Punkt x_4 den Eingangsgrad 2 und den Ausgangsgrad 4. Der Pfeil p_{11} ist eine Schlinge. Die Menge der Anfangspunkte von p_8 ist leer und $\{p_1, p_2, p_5, p_7\}$ ist die Menge der in x_4 beginnenden Pfeile.

Es gibt ein breites Spektrum von Möglichkeiten, einen Graphen darzustellen. In der Definition ist die Angabe zweier Relationen A und E verlangt. Namengebend für die Graphentheorie war die Methode, einen Graphen wie in Abb. 5.1.1 „graphisch“, also zeichnerisch, darzustellen.

Dabei tritt das Problem der Darstellung von Pfeilen ohne Anfang bzw. Ende nur bei der zeichnerischen Gestaltung auf. In Abb. 5.1.1 ist daneben eine Tupel-Auflistung für die Pfeile angegeben, die – als Feld von Variablen realisiert – nichts Ungewöhnliches zeigt. Der Pfeil p_7 ist partiell, er hat keinen Endpunkt, ungeachtet der Tatsache, daß die zur zeichnerischen Darstellung von p_7 dienende Linie topologisch durch einen Endpunkt abgeschlossen sein kann.

Die Produkte $A^{\mathrm{T}}A$ und $E^{\mathrm{T}}E$ bestimmen durch ihre nichtverschwindenden Diagonalelemente diejenigen Punkte, die Anfang bzw. Ende wenigstens eines Pfeiles sind. Analog bezeichnen AA^{T} und EE^{T} durch ihre Diagonalelemente diejenigen Pfeile, die Anfangs- bzw. Endpunkte besitzen. Diese Kennzeichnungen können auch unter Verwendung von M erfolgen. Wir fassen dies im folgenden leicht zu beweisenden Satz zusammen.

5.1.4 Satz. Ist M die Inzidenz eines Graphen mit der Ausgangsinzidenz A und der Eingangsinzidenz E, so gilt

i) $I \sqcap M^{\mathrm{T}}M = A^{\mathrm{T}}A \sqcup E^{\mathrm{T}}E;$

ii) $I \sqcap MM^{\mathrm{T}} = I \sqcap (AA^{\mathrm{T}} \sqcup EE^{\mathrm{T}}).$ □

Adjazenz und Liniengraph

In Abschnitt 2.2 wurde Adjazenz an einfachen Graphen und an 1-Graphen studiert. Wir werden nun sehen, daß auch für gerichtete Graphen ein Adjazenzbegriff existiert. Zustandekommen soll eine Adjazenz für Punkte dadurch, daß ein Punkt mit einem Pfeil und dieser seinerseits mit einem *anderen* Punkt inzidiert. Analoge Forderung für zwei adjazente Pfeile ist demnach, daß ein Pfeil mit einem Punkt und dieser wiederum mit einem anderen Pfeil inzidiert. Ausgedrückt wird Adjazenz daher in der folgenden Definition über das Produkt der Inzidenz mit ihrer Transponierten.

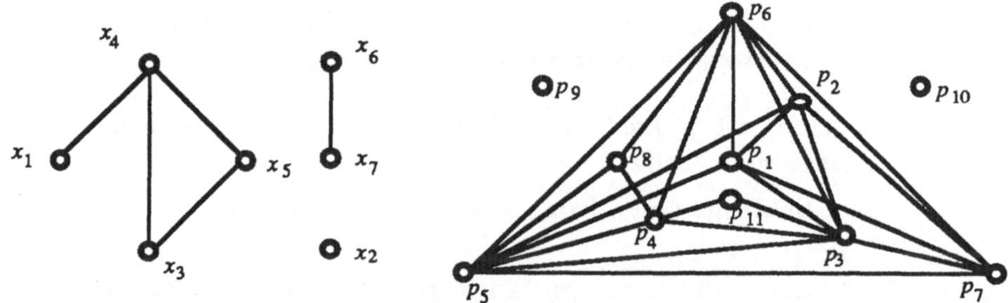

Abb. 5.1.2 Einfacher Graph und Liniengraph zum Graphen aus Abb. 5.1.1

5.1.5 Definition. Ist $M = A \sqcup E$ die Inzidenz des Graphen $G = (P, V, A, E)$, so heiße

$$\Gamma := \overline{I} \sqcap M^{\mathrm{T}}M \quad \text{(Punkt-) } \textbf{Adjazenz}, \text{ und}$$
$$\mathrm{K} := \overline{I} \sqcap MM^{\mathrm{T}} \quad \textbf{Kantenadjazenz} \text{ von } G.$$

Ferner nennen wir $G := (V, \Gamma)$ den **zugeordneten einfachen Graphen** und $L(G) := (P, \mathrm{K})$ den **Liniengraphen** von G (engl. line graph, representative graph). □

In Abb. 5.1.2 sind für den gerichteten Graphen aus Abb. 5.1.1 der zugeordnete einfache Graph und der Liniengraph gezeichnet.

Assoziierte und zugeordneter 1-Graph

Der gerichtete Graph und der 1-Graph sind sich in ihrer bildlichen Darstellung sehr ähnlich. Das zeichnerische Gebilde in der folgenden Abb. 5.1.3 dürfte entweder als 1-Graph oder als gerichteter Graph aufgefaßt werden, je nachdem ob man von der Relation B oder von den Relationen A und E ausgeht, die man ihm abgewinnen kann. In der bildlichen Darstellung sind also der 1-Graph und der gerichtete Graph kaum zu unterscheiden; in der formalen Definition differieren sie jedoch beträchtlich.

Wir werden sehen, wie man von jedem dieser Konzepte zum anderen übergehen kann. Die folgende Definition zeigt den einfachen Schritt vom Graphen zum 1-Graphen. Damit stehen die Ergebnisse über 1-Graphen auch für gerichtete Graphen zur Verfügung.

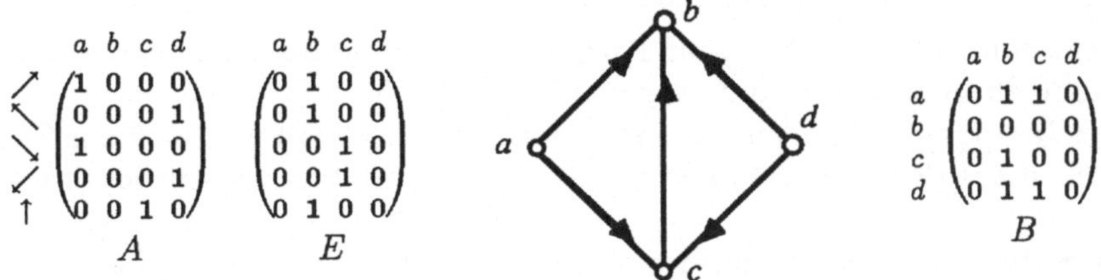

Abb. **5.1.3** Gerichteter Graph $G = (P, V, A, E)$ und 1-Graph $G = (V, B)$

5.1.6 Definition. In einem gerichteten Graphen G mit der Punktmenge V, der Ausgangsinzidenz A und der Eingangsinzidenz E bezeichnet man

$$B := A^{\mathrm{T}}E$$

als **Assoziierte** von G. Ferner nennt man (V, B) den dem gerichteten Graphen G **zugeordneten 1-Graphen.** □

Natürlich kann man von verschiedenen gerichteten Graphen zum selben 1-Graphen gelangen; daher herrscht keine eineindeutige Beziehung zwischen beiden. Wenn wir in umgekehrter Richtung vom 1-Graphen zum Graphen übergehen, sind Zusatzbedingungen notwendig, um beim Faktorisierungssatz 7.2.1 einen korrespondierenden Graphen eindeutig auszuzeichnen.

Einem gerichteten Graphen $G = (P, V, A, E)$ ist nun auf zweierlei Weise eine Adjazenz zugeordnet: Über $M := A \sqcup E$ und $\Gamma := \overline{I} \sqcap M^{\mathrm{T}}M$ (5.1.1, 5.1.5) einerseits und über $B := A^{\mathrm{T}}E$ und $\Gamma := \overline{I} \sqcap (B \sqcup B^{\mathrm{T}})$ (5.1.6, 2.2.2) andererseits. Wir überzeugen uns von der Gleichwertigkeit beider Vorgehensweisen.

5.1.7 Satz. Für einen Graphen $G = (P, V, A, E)$ mit der Inzidenz $M = A \sqcup E$ und der Assoziierten $B = A^{\mathrm{T}}E$ gilt stets

$$\overline{I} \sqcap M^{\mathrm{T}}M = \Gamma = \overline{I} \sqcap (B \sqcup B^{\mathrm{T}}).$$

Beweis: Aus der Eindeutigkeit von A und E folgt

$$\overline{I} \sqcap M^{\mathrm{T}}M = \overline{I} \sqcap (A^{\mathrm{T}}A \sqcup A^{\mathrm{T}}E \sqcup E^{\mathrm{T}}A \sqcup E^{\mathrm{T}}E) = \overline{I} \sqcap (B \sqcup B^{\mathrm{T}}).$$ □

Eigenschaften des Graphen, die nichts mit der Aufspaltung der Inzidenz in Ausgangs- und Eingangsinzidenz, also nichts mit einer „Richtung" zu tun haben, studiert man unter Verwendung der Inzidenz $M = A \sqcup E$, d. h. im zugeordneten Hypergraphen, s. (5.3.1). Eigenschaften, die von partiellen und parallelen Pfeilen absehen, studiert man unter Verwendung der Assoziierten $B = A^{\mathrm{T}}E$ im zugeordneten 1-Graphen.

Beim Wechsel der Betrachtungsweise hat man jedoch Sorgfalt walten zu lassen. Dazu betrachten wir die Beziehung zwischen „Schlinge" und „schlingentragendem Punkt". Ist p eine Schlinge, so ist offenbar $x := A^{\mathrm{T}}p = E^{\mathrm{T}}p$ ein schlingentragender Punkt, denn $xx^{\mathrm{T}} = A^{\mathrm{T}}pp^{\mathrm{T}}E \subset A^{\mathrm{T}}E = B$. (Man beachte übrigens, daß p sowohl beim Ausgangsgrad als auch beim Eingangsgrad von x gezählt wird.) Umgekehrt gibt es zu einem schlingentragenden Punkt x ohne

Voraussetzung des Punkteaxioms nicht notwendigerweise eine Schlinge p. Hat man jedoch $O \neq x \subset A^{\mathrm{T}}Ex$, so folgt nach dem Zwischenpunktsatz 2.4.8 die Existenz eines p mit $x \subset A^{\mathrm{T}}p$ und $p \subset Ex$, und diese Bedingungen lassen sich umschreiben in $x = A^{\mathrm{T}}p$ und $E^{\mathrm{T}}p = x$.

Im folgenden Satz wollen wir *ohne* Voraussetzung des Punkteaxioms Schlingenfreiheit aus (2.1.3, 2.4.11) zu einer Bedingung für A und E zurückverfolgen.

5.1.8 Satz. In einem Graphen mit der Assoziierten $B = A^{\mathrm{T}}E$ gilt

$$A \sqcap E = O \iff B \subset \overline{I}.$$

Sind A und E total, so ist beides weiterhin äquivalent zu $M\overline{I} = L$.

Beweis: $A \sqcap E = O \iff \overline{A} \sqcup \overline{E} = L \iff AI \subset \overline{E} \iff A^{\mathrm{T}}E \subset \overline{I}$. Sind A, E Abbildungen, so kann nach (4.2.1) geschlossen werden:

$$A \sqcap E = O \iff \overline{A} \sqcup \overline{E} = L \iff A\overline{I} \sqcup E\overline{I} = L \iff M\overline{I} = L. \qquad \square$$

5.2 Graphen aus der Sicht der Assoziierten

Erste Begriffe der jetzt zu untersuchenden Art tauchten bereits in Abschnitt 2.4 auf. Dort wurde die Menge Bx der Vorgänger und der Vorgängergrad $g_V(x)$ eines Punktes eingeführt; ebenso die Menge $B^{\mathrm{T}}x$ der Nachfolger und der Nachfolgergrad $g_N(x)$. Wir klassifizieren nun die Punkte eines Graphen nach diesen Gradangaben und unterscheiden Punkte ohne Nachfolger von denen mit genau einem und denen mit mehr als einem Nachfolger.

5.2.1 Definition. In einem Graphen mit der Assoziierten B betrachten wir einen Punkt x (oder auch eine Punktmenge x) und nennen

$$\begin{array}{llll} x \textbf{ initial} \text{ (auch: Quelle)} & :\iff & Bx = O \iff & g_V(x) = 0 \\ & \iff & x \text{ hat keinen Vorgänger.} & \\ x \textbf{ terminal} \text{ (auch: Senke)} & :\iff & B^{\mathrm{T}}x = O \iff & g_N(x) = 0 \\ & \iff & x \text{ hat keinen Nachfolger.} & \end{array}$$

$\overline{B^{\mathrm{T}}L}$ ist die Menge der initialen[1] und $\overline{BL}$ die der terminalen Punkte. □

Deuten wir $\overline{BL}$ in der Umgangssprache, so ist es *nicht* möglich, durch Fortschreiten längs B noch *irgendwohin* zu gelangen. In Abb. 5.2.1 sind Beispiele initialer und terminaler Punkte angegeben. Es gibt Punkte wie g, die zugleich initial und terminal sind; wir vermeiden aber hier die auf die Adjazenz bezogene Bezeichnung „isoliert", Definition 5.4.1, die auch für den Punkt h zutrifft.

---

[1] Ist ein Punkt x initial, d. h. $Bx \subset O$, so ist $x \subset \overline{B^{\mathrm{T}}L}$ aufgrund der Schröder-Umformung gleichbedeutend hiermit. In einer Relationenalgebra, die das Punkteaxiom (2.4.6) nicht erfüllt, ist allerdings die eigenartige Situation denkbar, daß trotz $\overline{B^{\mathrm{T}}L} \neq O$ kein initialer Punkt existiert.

$$
\begin{array}{c}
\begin{array}{c|cccccccc}
 & a & b & c & d & e & f & g & h \\
\hline
a & 0 & 0 & 0 & 1 & 1 & 0 & 0 & 0 \\
b & 0 & 0 & 1 & 0 & 0 & 0 & 0 & 0 \\
c & 0 & 0 & 0 & 0 & 0 & 0 & 0 & 0 \\
d & 0 & 0 & 0 & 1 & 0 & 0 & 0 & 0 \\
e & 0 & 0 & 1 & 0 & 0 & 1 & 0 & 0 \\
f & 0 & 0 & 0 & 0 & 1 & 1 & 0 & 0 \\
g & 0 & 0 & 0 & 0 & 0 & 0 & 0 & 0 \\
h & 0 & 0 & 0 & 0 & 0 & 0 & 0 & 1
\end{array}
\\ B
\end{array}
\qquad
\begin{array}{c}
\begin{pmatrix} 1\\1\\0\\0\\0\\0\\1\\0 \end{pmatrix} \\ \overline{B^{\mathrm{T}}L}
\end{array}
\qquad
\begin{array}{c}
\begin{pmatrix} 0\\0\\1\\0\\0\\0\\1\\0 \end{pmatrix} \\ \overline{BL}
\end{array}
$$

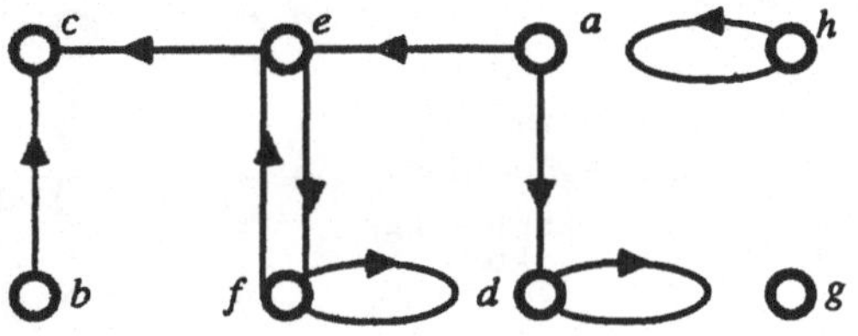

a, b, g initial
c, g terminal

Abb. 5.2.1 Initiale und terminale Punkte

Wir haben uns eben mit Punkten beschäftigt, die *keinen* Vorgänger bzw. Nachfolger hatten. Diesen am nächsten kommen solche Punkte, die *höchstens einen* Vorgänger oder Nachfolger haben. Dazu zerlegen wir die Punktmenge des Graphen mit Hilfe des eindeutigen Anteils $\mathrm{eAn}(B)$ und des mehrdeutigen Anteils $\mathrm{mAn}(B)$ der Assoziierten. Die folgende Definition enthält mehrere Varianten, die diese relationenalgebraische Form mit einer umgangssprachlichen in Beziehung setzen.

5.2.2 Definition. In einem Graphen mit der Assoziierten B heißt ein Punkt

x **funktional** $:\iff x \subset \overline{BL} \sqcup \mathrm{eAn}(B)L$
$\iff [\mathrm{mAn}(B)]^{\mathrm{T}}x = O \iff g_N(x) \le 1$
$\iff$ x hat höchstens einen Nachfolger.

x **kofunktional** $:\iff x \subset \overline{B^{\mathrm{T}}L} \sqcup \mathrm{eAn}(B^{\mathrm{T}})L$
$\iff [\mathrm{mAn}(B^{\mathrm{T}})]^{\mathrm{T}}x = O \iff g_V(x) \le 1$
$\iff$ x hat höchstens einen Vorgänger.

x **Verzweigungspunkt** (engl. branching point) $:\iff x \subset \mathrm{mAn}(B)L$
$\iff$ x nicht funktional $\iff g_N(x) \ge 2$
$\iff$ x hat wenigstens zwei Nachfolger.

x **Vereinigungspunkt** (engl. joining point) $:\iff x \subset \mathrm{mAn}(B^{\mathrm{T}})L$
$\iff$ x nicht kofunktional $\iff g_V(x) \ge 2$
$\iff$ x hat wenigstens zwei Vorgänger. □

Die ersten beiden Definitionsvarianten von (i) sind nach (4.2.11) äquivalent. Außerdem haben wir nachzuweisen, daß die Menge $B^{\mathrm{T}}x$ der Nachfolger von x injektiv ist. In der Tat ist $O = [\mathrm{mAn}(B)]^{\mathrm{T}}x = (B^{\mathrm{T}} \sqcap \overline{I}B^{\mathrm{T}})x$ wegen der Injektivität von x äquivalent zu $O = B^{\mathrm{T}}x \sqcap \overline{I}B^{\mathrm{T}}x$, damit zu $\overline{I}B^{\mathrm{T}}x \subset \overline{B^{\mathrm{T}}x}$ und schließlich zu $(B^{\mathrm{T}}x)(B^{\mathrm{T}}x)^{\mathrm{T}} \subset I$. In Abb. 5.2.2 sind diese Verhältnisse illustriert. Jeder terminale Punkt ist auch funktional.

Im Extremfall besitzt ein Graph *nur* funktionale Punkte, d. h. jeder Punkt hat höchstens einen Nachfolger. Wir sprechen dann von einem **funktionalen Graphen**; er ist charakterisiert durch $\mathrm{mAn}(B)L = O$. Nach (4.2.12.v) ist daher ein Graph genau dann funktional, wenn seine Assoziierte eindeutig ist.

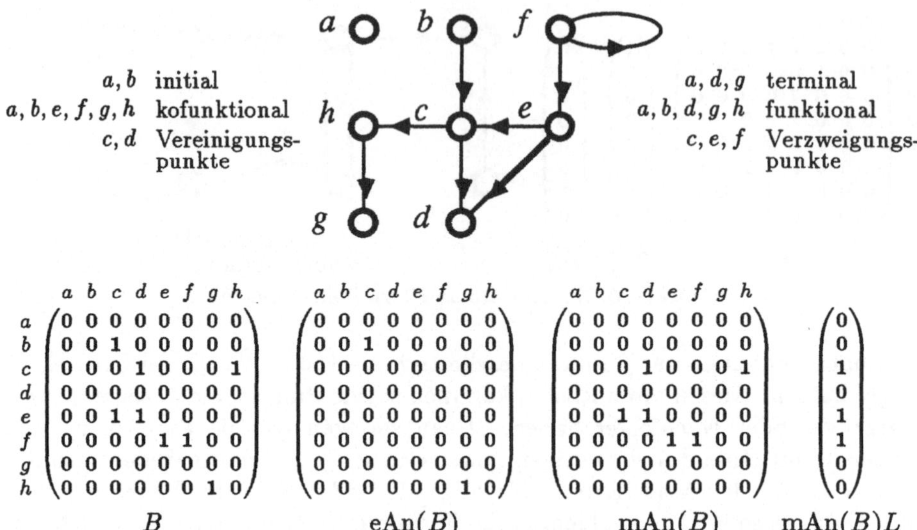

$$
B=\begin{pmatrix}0&0&0&0&0&0&0&0\\0&0&1&0&0&0&0&0\\0&0&0&1&0&0&0&1\\0&0&0&0&0&0&0&0\\0&0&1&1&0&0&0&0\\0&0&0&0&1&1&0&0\\0&0&0&0&0&0&0&0\\0&0&0&0&0&0&1&0\end{pmatrix}\quad
\mathrm{eAn}(B)=\begin{pmatrix}0&0&0&0&0&0&0&0\\0&0&1&0&0&0&0&0\\0&0&0&0&0&0&0&0\\0&0&0&0&0&0&0&0\\0&0&0&0&0&0&0&0\\0&0&0&0&0&0&0&0\\0&0&0&0&0&0&0&0\\0&0&0&0&0&0&1&0\end{pmatrix}
$$

$$
\mathrm{mAn}(B)=\begin{pmatrix}0&0&0&0&0&0&0&0\\0&0&0&0&0&0&0&0\\0&0&0&1&0&0&0&1\\0&0&0&0&0&0&0&0\\0&0&1&1&0&0&0&0\\0&0&0&0&1&1&0&0\\0&0&0&0&0&0&0&0\\0&0&0&0&0&0&0&0\end{pmatrix}\quad
\mathrm{mAn}(B)L=\begin{pmatrix}0\\0\\1\\0\\1\\1\\0\\0\end{pmatrix}
$$

(Zeilen und Spalten jeweils a,b,c,d,e,f,g,h)

Abb. 5.2.2 Funktionale Punkte und Verzweigungspunkte

In einem weiteren Extremfall ist ein Graph *ohne* funktionale Punkte: er besitzt also *nur* Verzweigungspunkte. Dann gilt $\mathrm{mAn}(B)L = L$; der mehrdeutige Anteil der Assoziierten ist total. Nach (4.2.12.vi) ist $B\overline{I} = L$ äquivalent zu dieser Bedingung.

Wenn ein gerichteter Graph nur kofunktionale Punkte hat, so bezeichnet man ihn auch als **injektiven Graphen**. Der Graph (V, B) ist genau dann injektiv, wenn (V, B^{T}) funktional ist; ein Graph erweist sich somit als injektiv, wenn seine Assoziierte injektiv ist, wenn also jeder Punkt höchstens einen Vorgänger hat. Eine analoge Überlegung gilt für funktionale Graphen.

Assoziierte eines 2-geteilten Graphen

Wir erinnern uns an Abschnitt 4.1, wo wir versucht haben, einen 2-geteilten Graphen (X, Y, R, S) als einen 1-Graphen (V, B) auf der Gesamtpunktmenge $V := X \cup Y$ aufzufassen. Dort waren die Punktmengen X und Y in der Gesamtpunktmenge V durch *Kennzeichnung* mit den Vektoren g und d angegeben worden. Das reichte allerdings nicht aus, um B und R, S ineinander umzurechnen. Wir unterstellen nun, die beiden Teilmengen seien jeweils durch *Injektion* $\gamma: X \longrightarrow V$ und $\delta: Y \longrightarrow V$ gegeben. Die Relationen γ und δ erfüllen demnach

$$\gamma\gamma^{\mathrm{T}} = I, \quad \delta\delta^{\mathrm{T}} = I, \quad \gamma^{\mathrm{T}}\gamma \sqcup \delta^{\mathrm{T}}\delta = I, \quad \gamma\delta^{\mathrm{T}} = O.$$

Darin drückt sich aus, daß beides eindeutige, totale und injektive Relationen sind, und daß die Menge V durch „disjunkte Vereinigung" von X und Y entsteht. In Abb. 5.2.3 sind diese Relationen für das Beispiel aus Abb. 4.1.3 wiedergegeben.

$$\begin{pmatrix} O & R \\ S & O \end{pmatrix} \qquad \begin{array}{c} \\ a \\ b \\ c \\ d \end{array}\!\!\begin{array}{c} x\ y\ z \\ \begin{pmatrix} 1 & 0 & 1 \\ 0 & 0 & 0 \\ 0 & 1 & 0 \\ 0 & 1 & 1 \end{pmatrix} \end{array} \quad \begin{array}{c} \\ x \\ y \\ z \end{array}\!\!\begin{array}{c} a\ b\ c\ d \\ \begin{pmatrix} 0 & 0 & 0 & 0 \\ 1 & 1 & 0 & 0 \\ 1 & 0 & 0 & 1 \end{pmatrix} \end{array} \quad \begin{array}{c} a\ b\ c\ d\ x\ y\ z \\ \begin{pmatrix} 1 & 0 & 0 & 0 & 0 & 0 & 0 \\ 0 & 1 & 0 & 0 & 0 & 0 & 0 \\ 0 & 0 & 1 & 0 & 0 & 0 & 0 \\ 0 & 0 & 0 & 1 & 0 & 0 & 0 \end{pmatrix} \end{array} \quad \begin{array}{c} a\ b\ c\ d\ x\ y\ z \\ \begin{pmatrix} 0 & 0 & 0 & 0 & 1 & 0 & 0 \\ 0 & 0 & 0 & 0 & 0 & 1 & 0 \\ 0 & 0 & 0 & 0 & 0 & 0 & 1 \end{pmatrix} \end{array}$$

$$B \qquad\qquad R \qquad\qquad S \qquad\qquad \gamma \qquad\qquad \delta$$

Abb. 5.2.3 Injektionen zum 2-geteilten Graphen aus Abb. 4.1.3

Hiermit kann man die kennzeichnenden Vektoren ausdrücken als $\gamma^{\mathrm{T}}L = g$, $\delta^{\mathrm{T}}L = d$. Durch

$$B = \gamma^{\mathrm{T}}R\gamma \sqcup \delta^{\mathrm{T}}S\delta \quad \text{bzw.} \quad R = \gamma B\delta^{\mathrm{T}}, \quad S = \delta B\gamma^{\mathrm{T}}$$

sind nun B bzw. R, S wechselseitig mit Hilfe der Injektionen γ, δ dargestellt.

Gerichteter Graph und 1-Graph

Wir kommen nun zu den Bedingungen, die die Struktur des gerichteten Graphen derjenigen des 1-Graphen nahe bringen.

5.2.3 Definition. Ist $G = (P, V, A, E)$ und $H := AA^{\mathrm{T}} \sqcap EE^{\mathrm{T}}$, so heiße

i) G **totaler Graph** $:\Longleftrightarrow$ $I \subset H$ $\Longleftrightarrow$ A total und E total
$\Longleftrightarrow$ Jeder Pfeil besitzt genau einen Anfangs- und genau einen Endpunkt.

Achtung: Bei einem totalen Graphen G ist zwar die Inzidenz M total, jedoch nicht umgekehrt. Ist nur M total, so sagen wir G „hat totale Inzidenz".

ii) Für einen totalen Graphen ist H eine Äquivalenzrelation, die man „Pfeilparallelität" nennen könnte, und wir nennen zwei Pfeile

p, q **parallel** $:\Longleftrightarrow$ $pq^{\mathrm{T}} \subset H$ $\Longleftrightarrow$ $A^{\mathrm{T}}p = A^{\mathrm{T}}q \neq O,\ E^{\mathrm{T}}p = E^{\mathrm{T}}q \neq O$
$\Longleftrightarrow$ Für p und q sind Anfangs- und Endpunkt erklärt, und sie stimmen jeweils überein.

Ist s eine natürliche Zahl, so heißt der Graph G ein **s-Graph**, wenn er ein totaler Graph ist, und es keine $s+1$ verschiedenen Pfeile darin gibt, die paarweise zueinander parallel sind. □

Details für den Äquivalenzbeweis der Varianten von Definition (ii) enthält Übung 5.2.4. Meist werden unter gerichteten Graphen nur totale Graphen verstanden. Ein s-Graph ist natürlich zugleich ein $(s+1)$-Graph. Für $s = 1$ ergibt sich in der Tat der schon bekannte 1-Graph. Das rechtfertigt die Bezeichnung s-Graph.

Wir haben nun folgendes Kriterium dafür, daß in einem Graphen alle Pfeile total und keine zwei verschiedenen Pfeile parallel sind. Man beachte, daß Parallelität hier Richtungsgleichheit beinhaltet.

5.2.4 Satz. Ist $G = (P, V, A, E)$ ein Graph und $H := AA^{\mathrm{T}} \sqcap EE^{\mathrm{T}}$, so gilt

$$H = I \quad \Longleftrightarrow \quad G \text{ total und ohne parallele Pfeile.}$$

Beweis: Nach Definition 5.2.3.i beschreibt $H \supset I$ genau die Totalität der Pfeile. Wir haben also nur noch

$$H \subset I \quad \Longleftrightarrow \quad G \text{ ohne parallele Pfeile}$$

zu zeigen. In der Richtung „$\Longrightarrow$" folgt aus $pq^{\mathrm{T}} \subset H \subset I$ mit (2.4.5.ii) sofort $p = q$. Für die Richtung „$\Longleftarrow$" nehmen wir an, es sei $H \sqcap \overline{I} \neq O$. Dann können wir (unter Voraussetzung des Punkteaxioms 2.4.6) zwei Pfeile p und q mit $pq^{\mathrm{T}} \subset H \sqcap \overline{I}$ auswählen. Diese Pfeile sind verschieden und parallel. □

Für das so anschauliche Konzept des gerichteten Graphen haben wir aus relationaler Sicht zwei Definitionen angegeben. Wir rekapitulieren: Der auf die Assoziierte bezogene Begriff des 1-Graphen verlangt praktisch nichts anderes als das Vorliegen einer homogenen Relation B. Der Inzidenz-bezogene Begriff des Graphen besteht aus der Angabe zweier eindeutiger Relationen A und E.

Es wäre nicht möglich, den Graphen aus Abb. 5.1.1 als 1-Graphen aufzufassen. Es stört, daß parallele Pfeile und partielle Pfeile vorkommen. Dieses Bild ist also nicht die zeichnerische Darstellung eines 1-Graphen. Trotzdem besitzt der Graph nach (5.1.6) eine Assoziierte $B = A^{\mathrm{T}}E$ und damit einen zugeordneten 1-Graphen, der allerdings deutlich anders aussieht.

Für die Darstellung von Graphen durch abstrakte Datentypen in der Informatik ist es unabdingbar, scharf zu unterscheiden zwischen 1-Graphen, s-Graphen und gerichteten Graphen; es gibt erhebliche Auswirkungen auf die Implementierung („Wechsel der Rechenstruktur", „Kryptäquivalenz").

Formal betrachtet entsteht nun folgendes Problem: Aus A, E erhält man zwar $B := A^{\mathrm{T}}E$; wie gewinnt man aber aus B die Relationen A und E zurück? Man kann eigene Bezeichnungen für die Pfeile einführen und anschließend die Ausgangs- und Eingangsinzidenz A und E als Matrix ermitteln. Das ist nicht schwierig, aber offenbar kein mathematisch präzises Konstruktionsverfahren. In Satz 7.2.1 wird mit den dann zur Verfügung stehenden Mitteln bewiesen, daß die Aufspaltung von B in die Faktoren A^{T} und E unter der Voraussetzung $H = I$ insoweit eindeutig ist, als alle auf diese Weise entstehenden Graphen isomorph sind.

Erst dann ist es gerechtfertigt, die Theorie der 1-Graphen als Theorie der totalen Graphen ohne parallele Pfeile zu verstehen. Beispielsweise hat nun jeder 1-Graph einen Eingangs- und Ausgangsgrad. Umgekehrt verfügt jeder Graph über einen Vorgänger- und Nachfolgergrad. Der Wechselbeziehung zwischen diesen Gradbegriffen ist Übung 5.2.1 gewidmet.

Übungen

5.2.1 Man zeige, daß in einem Graphen die folgenden Beziehungen zwischen Vorgänger- und Nachfolgergrad einerseits und Eingangs- und Ausgangsgrad andererseits herrschen (zur Definition von g siehe (5.3.2):

i) $g_N(x) \leq g_A(x)$ und $g_V(x) \leq g_E(x)$

ii) $g_N(x) = g_A(x)$ und $g_V(x) = g_E(x)$, falls $AA^\mathrm{T} \sqcap EE^\mathrm{T} = I$.
Diese Grade stimmen also in 1-Graphen überein.

iii) $g(x) \leq g_A(x) + g_E(x)$

iv) $g(x) = g_A(x) + g_E(x)$, falls $A \sqcap E = O$.

5.2.2 In totalen Graphen kann die Injektivitätsbedingung sowohl durch die Eingangsinzidenz als auch durch die Assoziierte gegeben werden, d. h.

$$EE^\mathrm{T} \subset I \iff BB^\mathrm{T} \subset I.$$

5.2.3 Man zeige, daß allgemein gilt $\overline{I} \sqcap B = A^\mathrm{T}(E \sqcap \overline{A})$.

5.2.4 Es seien p und q zwei Pfeile eines Graphen. Man weise nach, daß

$$pq^\mathrm{T} \subset AA^\mathrm{T} \iff A^\mathrm{T}p = A^\mathrm{T}q \neq O.$$

Ferner zeige man für einen totalen Graphen, daß $H := AA^\mathrm{T} \sqcap EE^\mathrm{T}$ eine Äquivalenzrelation ist.

5.3 Hypergraphen

Ein Hypergraph ist im Grunde nichts anderes als eine weitere graphentheoretische Verkleidung einer beliebigen heterogenen Relation, welche in diesem Zusammenhang Inzidenz genannt wird.

5.3.1 Definition. Das Tripel $G = (P, V, M)$ heißt **Hypergraph**, falls gilt

i) P ist eine Menge von **Hyperkanten**. (Je nach Spezialisierung auch als Kanten oder Pfeile bezeichnet; engl. hyperedge, edge, arrow, arc oder link.)

ii) V ist eine Menge von **Punkten**. (Auch als Knoten oder Ecken bezeichnet; engl. vertex oder node.)

iii) $M \subset P \times V$ ist eine Relation, genannt **Inzidenz**. Wenn $(p, x) \in M$ für eine Hyperkante p und einen Punkt x gilt, so sagt man „p und x inzidieren" oder „x liegt auf p".

Den Hypergraphen $G^\mathrm{T} := (V, P, M^\mathrm{T})$ nennt man **dualen** oder **transponierten Hypergraphen** zu G und den Hypergraphen $\overline{G} := (P, V, \overline{M})$ das **Komplement** von G. Ferner heißt G **endlich**, wenn P und V endlich sind. Ist (P, V, A, E) ein gerichteter Graph mit $M = A \sqcup E$, so heißt (P, V, M) der **zugeordnete Hypergraph**. Entsprechend Definition 5.1.5 ist mit $\Gamma := \overline{I} \sqcap M^\mathrm{T}M$ die **(Punkt-) Adjazenz** und mit $\mathrm{K} := \overline{I} \sqcap MM^\mathrm{T}$ die **Kantenadjazenz** gegeben. □

Zu dem auf homogenen Relationen basierenden „1-Graphen" hatten wir als erstes den „Grad" eingeführt. Wir setzen im heterogenen Fall fort mit dem „Rang".

5.3.2 Definition. In einem Hypergraphen G mit der Inzidenz M gehören zu einer Punktmenge x und einer Hyperkantenmenge p die Mengen

Mx der mit wenigstens einem Punkt aus x inzidierenden Kanten;

$M^{\mathrm{T}}p$ der mit wenigstens einer Kante aus p inzidierenden Punkte.

Beschränkt man sich auf einelementige Mengen x und p, so nennt man

$g(x) := |Mx|$ **Grad** des Punktes x (engl. degree),

$r(p) := |M^{\mathrm{T}}p|$ **Rang** der Kante p (engl. rank).

Weiterhin ist es üblich zu erklären

$g(G) := \sup_x g(x)$ Grad, $r(G) := \sup_p r(p)$ Rang von G bzw. M. □

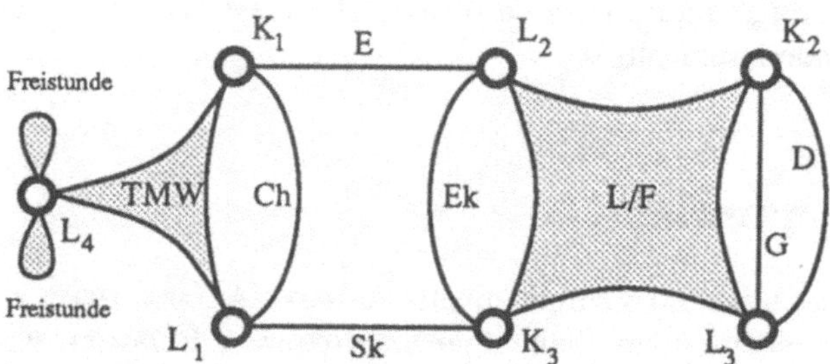

Abb. 5.3.1 Unterrichtsverteilung als Hypergraph

Ähnliche Gradbegriffe wurden mit (2.4.10), (2.4.12) und (5.1.2) eingeführt. Als Beispiel haben wir in Abb. 5.3.1 einen Ausschnitt aus der Unterrichtsverteilung an einer Schule dargestellt. Jeder Punkte repräsentiert entweder eine Klasse K_i oder einen Lehrer L_j. Eine Hyperkante vom Rang 2 ist eine normale Unterrichtsveranstaltung, die mit je einer Klasse und je einem Lehrer inzidiert. Bezeichnet wird sie mit den üblichen Abkürzungen, wie D für Deutsch, Sk für Sozialkunde, usw. Hyperkanten vom Rang 4 sind typisch bei einem gekoppelten Unterricht für zwei Klassen und zwei Lehrer in ein oder auch zwei Fächern. Eine Hyperkante vom Rang 3 bedeutet etwa Turnunterricht einer Klasse, der gleichzeitig für die Knaben von einem Lehrer und für die Mädchen von einer Lehrerin bestritten wird. Die Hyperkanten vom Rang 1 ermöglichen die Behandlung von Freistunden für Lehrer oder auch Klassen. Eine Hyperkante, die genau alle Lehrer umfaßt, könnte eine Lehrerkonferenz vorsehen. Übrigens hat bei dem Hypergraphen aus Abb. 5.3.1 jeder Punkt den Grad 3, was manchmal auch als **regulär** vom Grade 3 bezeichnet wird.

Es kann Punkte vom Grad 0, aber auch Hyperkanten vom Rang 0 geben. In der Inzidenzmatrix läßt sich dieser Sachverhalt ohne weiteres beschreiben, nur in der bildlichen Darstellung – die in der Graphentheorie oft im Vordergrund steht – scheint eine punktlose Hyperkante ungewohnt. In Abb. 5.1.1 ist der Pfeil p_{10}, aufgefaßt als Hyperkante des zugeordneten Hypergraphen, leer.

5.3.3 Definition. Gegeben sei ein Punkt x (oder eine Punktmenge x) und eine Hyperkante p (oder eine Kantenmenge p) in einem Hypergraphen mit der Inzidenz M. Wir nennen

$$x \textbf{ frei} \quad :\Longleftrightarrow \quad Mx = O \quad \Longleftrightarrow \quad g(x) = 0$$
$$\Longleftrightarrow \quad x \text{ inzidiert mit keiner Hyperkante.}$$

$$p \textbf{ leer} \quad :\Longleftrightarrow \quad M^{\mathrm{T}}p = O \quad \Longleftrightarrow \quad r(p) = 0$$
$$\Longleftrightarrow \quad p \text{ inzidiert mit keinem Punkt.}$$

Einen Hypergraphen, in dem es keine leere Hyperkante gibt, nennen wir **total**; totale Hypergraphen sind charakterisiert durch $ML = L$. Einen Hypergraphen, in dem es keinen freien Punkt gibt, nennen wir **surjektiv**; er ist durch $M^{\mathrm{T}}L = L$, gekennzeichnet. □

Wegen $Mx \subset O \Longleftrightarrow x \subset \overline{M^{\mathrm{T}}L}$ beschreibt $\overline{M^{\mathrm{T}}L}$ die Menge aller freien Punkte und entsprechend $\overline{ML}$ die Menge aller leeren Hyperkanten. Die Wahl der Wörter „total" und „surjektiv" zur Charakterisierung von Hypergraphen verträgt sich mit der späteren Definition 4.2.1. Oft wird übrigens ein Hypergraph von vornherein als total und surjektiv vorausgesetzt, etwa wenn er eingeführt wird als „Familie nichtleerer Teilmengen einer Punktmenge V, deren Vereinigung V ergibt".

Wir untersuchen zunächst das Wechselspiel zwischen den Begriffen „frei" und „initial" bzw. „terminal" und gehen anschließend auf rein inzidenzbezogene Eigenschaften ein.

Die Eigenschaft eines Punktes „zugleich initial und terminal" zu sein (eingeführt über die Assoziierte) und der Begriff „frei" (eingeführt über die Inzidenz) sind zwar untereinander recht ähnlich. Die Nuancen, in denen sie sich unterscheiden, geben dennoch Anlaß zu Fehlern, wenn man sie nicht beachtet, und zur Auflistung von Ausnahmefällen, wenn man den weniger passenden der beiden Begriffe verwendet.

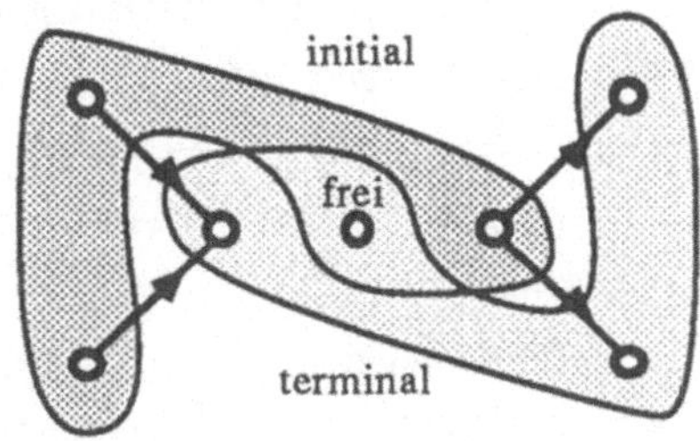

Abb. 5.3.2 Freie, initiale und terminale Punkte

Ein freier Punkt inzidiert nach Definition mit keinem Pfeil, er sollte also auch zugleich initial und terminal sein. Umgekehrt kann man freilich nicht schließen. Ein Punkt kann nämlich durchaus Anfang eines Pfeiles mit undefiniertem Ende und trotzdem initial und terminal sein. Im folgenden Satz beschränken wir uns zur Vereinfachung auf totale Graphen.

5.3.4 Satz. In einem totalen Graphen G mit der Inzidenz M und der Assoziierten B gelten stets die Inklusionen

$$B \sqcup B^{\mathrm{T}} \subset M^{\mathrm{T}}M \quad \text{und} \quad M \subset M(B \sqcup B^{\mathrm{T}}).$$

Daher herrscht für einen Punkt x stets die Beziehung

$$x \text{ initial und terminal} \iff x \text{ frei.}$$

Beweis: $B \sqcup B^{\mathrm{T}} = A^{\mathrm{T}}E \sqcup E^{\mathrm{T}}A \subset M^{\mathrm{T}}M$. Da G total ist, gilt $AL = EL = L$, so daß $M = A \sqcup E = (EL \sqcap A) \sqcup (AL \sqcap E) \subset (E \sqcap AL^{\mathrm{T}})(L \sqcap E^{\mathrm{T}}A) \sqcup (A \sqcap EL^{\mathrm{T}})(L \sqcap A^{\mathrm{T}}E) \subset MB^{\mathrm{T}} \sqcup MB = M(B \sqcup B^{\mathrm{T}})$. Nach (5.3.1) und (5.2.1) führt dies zu der Beziehung zwischen „frei" und „initial und terminal". □

Wir unterscheiden nun Punkte vom Grad 1 und Hyperkanten vom Rang 1 von solchen vom Grad bzw. Rang ≥ 2. Das Vorgehen ähnelt demjenigen von Abschnitt 5.2 und stützt sich wieder auf das Konzept des eindeutigen bzw. mehrdeutigen Anteils und auf die Zerlegung (4.2.11).

5.3.5 Definition. Im Hypergraphen mit der Inzidenz M seien ein Punkt x und eine Hyperkante p gegeben. Wir nennen

x	**Spitze**	$:\iff$	$x \subset \mathrm{eAn}(M^{\mathrm{T}})L$		
		$\iff$	$O \neq Mx \subset \overline{\overline{I}Mx}$	$\iff$	$g(x) = 1$
		$\iff$	x inzidiert mit genau einer Kante.		
x	**kantenverbindend**	$:\iff$	$x \subset \mathrm{mAn}(M^{\mathrm{T}})L$		
		$\iff$	$(M^{\mathrm{T}} \sqcap M^{\mathrm{T}}\overline{I})^{\mathrm{T}}x \neq O$	$\iff$	$g(x) \geq 2$
		$\iff$	x inzidiert mit wenigstens 2 Kanten.		
p	**Tropfen**	$:\iff$	$p \subset \mathrm{eAn}(M)L$		
		$\iff$	$O \neq M^{\mathrm{T}}p \subset \overline{\overline{I}M^{\mathrm{T}}p}$	$\iff$	$r(p) = 1$
		$\iff$	p inzidiert mit genau einem Punkt.		
p	**punktverbindend**	$:\iff$	$p \subset \mathrm{mAn}(M)L$		
		$\iff$	$(M \sqcap M\overline{I})^{\mathrm{T}}p \neq O$	$\iff$	$r(p) \geq 2$
		$\iff$	p inzidiert mit wenigstens 2 Punkten. □		

Die Gleichwertigkeit der Definitionsvarianten ergibt sich anhand von (4.2.8 bis 4.2.12). Beispiele für die eben eingeführten speziellen Punkte und Hyperkanten enthält Abb. 5.3.3.

Wir charakterisieren nun Hypergraphen, in denen alle Punkte kantenverbindend bzw. alle Kanten punktverbindend sind anhand von (4.2.12).

5.3.6 Satz. In einem Hypergraphen mit der Inzidenz M gilt:

i) $M^{\mathrm{T}}\overline{I} = L \iff$ Alle Punkte sind kantenverbindend.

$M\overline{I} = L \iff$ Alle Kanten sind punktverbindend.

ii) $M^{\mathrm{T}} \subset M^{\mathrm{T}}\overline{I} \iff$ Es gibt keine Spitzen.

$M \subset M\overline{I} \iff$ Es gibt keine Tropfen.

iii) $\overline{M^{\mathrm{T}}} = M^{\mathrm{T}}\overline{I} \iff$ Alle Punkte sind Spitzen.

$\overline{M} = M\overline{I} \iff$ Alle Kanten sind Tropfen. □

Ferner halten wir fest: In einem Hypergraphen zerfällt die Punktmenge in freie Punkte $\overline{M^{\mathrm{T}}L}$, Spitzen $\mathrm{eAn}(M^{\mathrm{T}})L$ und Kantenverbinder $\mathrm{mAn}(M^{\mathrm{T}})L$. Analog zerfällt die Hyperkantenmenge in leere Kanten $\overline{ML}$, Tropfen $\mathrm{eAn}(M)L$ und punktverbindende Kanten $\mathrm{mAn}(M)L$. In Abb. 5.3.3 sind diese Zerlegungen mit angegeben.

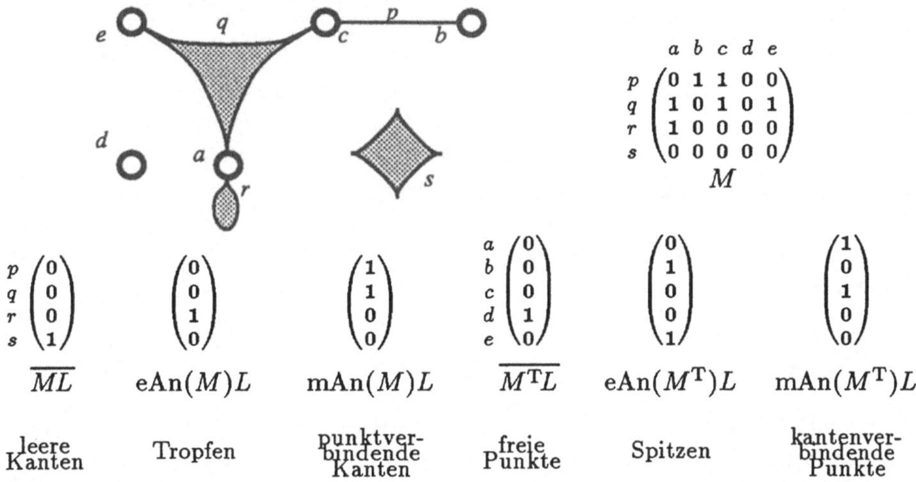

Abb. 5.3.3 Spitzen, Tropfen, verbindende Punkte und Kanten

Wir wollen in diesen Unterscheidungen noch einen Schritt weiter gehen und die folgenden Begriffe einführen, die sich bei der Behandlung von Plänen und Überdeckungsproblemen als nützlich erweisen werden.

5.3.7 Definition. In einem Hypergraphen mit der Inzidenz M nennen wir

$[\mathrm{eAn}(M^{\mathrm{T}})]^{\mathrm{T}}L$ **Menge der Stacheln,**

$[\mathrm{eAn}(M)]^{\mathrm{T}}L$ **Menge der tropfentragenden Punkte.** □

Insofern als hier sprachlich auf Tropfen und Spitzen Bezug genommen ist, sollte die Bezeichnung konsistent gewählt sein. Eine Kante sollte also genau dann Stachel heißen, wenn sie wenigstens eine Spitze hat, und ein Punkt sollte genau dann tropfentragend heißen, wenn er mit wenigstens einem Tropfen inzidiert. Beides trifft zu, wie wir im folgenden Satz zeigen.

5.3.8 Satz. In einem Hypergraphen mit der Inzidenz M gilt stets

i) $M\,\mathrm{eAn}(M^{\mathrm{T}})L = [\mathrm{eAn}(M^{\mathrm{T}})]^{\mathrm{T}}L,$

ii) $M^{\mathrm{T}}\mathrm{eAn}(M)L = [\mathrm{eAn}(M)]^{\mathrm{T}}L.$

Beweis durch Anwendung von (4.2.9.iv) und durch die Feststellung, daß für jede Relation $R^{\mathrm{T}}RL = R^{\mathrm{T}}L$ gilt. □

In Abb. 5.3.4 untersuchen wir die Konstellation aus Abb. 5.3.3 auf Stacheln und tropfentragende Punkte. Die Kanten p (wegen der Spitze b) und q (wegen der Spitze e) sind Stacheln. Tropfentragend ist nur der Punkt a (wegen des Tropfens r).

$$\begin{pmatrix} 0&1&1&0&0\\ 1&0&1&0&1\\ 1&0&0&0&0\\ 0&0&0&0&0 \end{pmatrix} \begin{pmatrix} 0\\1\\0\\0\\1 \end{pmatrix} = \begin{pmatrix} 1\\1\\0\\0 \end{pmatrix} \qquad \begin{pmatrix} 0&1&1&0\\ 1&0&0&0\\ 1&1&0&0\\ 0&0&0&0\\ 0&1&0&0 \end{pmatrix} \begin{pmatrix} 0\\0\\1\\0 \end{pmatrix} = \begin{pmatrix} 1\\0\\0\\0\\0 \end{pmatrix}$$

$$M\,\mathrm{eAn}(M^{\mathrm{T}})L = [\mathrm{eAn}(M^{\mathrm{T}})]^{\mathrm{T}}L \qquad M^{\mathrm{T}}\,\mathrm{eAn}(M)L = [\mathrm{eAn}(M)]^{\mathrm{T}}L$$

Abb. 5.3.4 Stacheln und tropfentragende Punkte zu Abb. 5.3.3

Im folgenden führen wir ähnliche Begriffe ein, wie in (5.2.3.ii), allerdings ohne Rücksicht auf die Richtung der Pfeile.

5.3.9 Definition. Ist M die Inzidenz eines Hypergraphen und sind p, q zwei seiner Hyperkanten, so heiße

i) p **enthalten in** q $\quad :\Longleftrightarrow \quad M^{\mathrm{T}}p \subset M^{\mathrm{T}}q \quad \Longleftrightarrow \quad pq^{\mathrm{T}} \subset \overline{M\,\overline{M^{\mathrm{T}}}}$;

ii) p **und** q **parallel** $\quad :\Longleftrightarrow \quad M^{\mathrm{T}}p = M^{\mathrm{T}}q \quad \Longleftrightarrow \quad pq^{\mathrm{T}} \subset \mathrm{syQ}(M^{\mathrm{T}}, M^{\mathrm{T}})$.

$H := \mathrm{syQ}(M^{\mathrm{T}}, M^{\mathrm{T}}) = \overline{M\,\overline{M^{\mathrm{T}}}} \sqcap \overline{\overline{M}M^{\mathrm{T}}}$ ist nach (4.4.4) eine Äquivalenzrelation, die man auch „Kantenparallelität" nennen könnte. G heißt **essentiell**, wenn keine Hyperkante in einer anderen enthalten ist und G heißt „parallelenfrei" oder **einfach** (engl. simple), wenn keine Hyperkante zu einer anderen parallel ist, also keine zwei verschiedenen Kanten wechselseitig ineinander enthalten sind. □

Die Definitionsvarianten in (i), und damit auch in (ii), sind mit (2.4.4.i) gleichwertig. Damit ist auch das folgende Kriterium klar.

5.3.10 Satz. Sei G ein Hypergraph mit Inzidenz M.

i) G essentiell $\quad \Longleftrightarrow \quad \overline{M\,\overline{M^{\mathrm{T}}}} \subset I$,

ii) G einfach $\quad \Longleftrightarrow \quad \mathrm{syQ}(M^{\mathrm{T}}, M^{\mathrm{T}}) \subset I$ □

In beiden Fällen gilt sogar „$=$" anstelle von „$\subset$". Man kann $\overline{I} \subset M\overline{M}^{\mathrm{T}}$ auf direkte Weise anschaulich interpretieren: Für je zwei verschiedene Hyperkanten gibt es einen Punkt mit dem die erste inzidiert, die zweite aber nicht. Eine äquivalente Form der Bedingung (i) ist $\overline{I} \subset \overline{M}M^{\mathrm{T}}$.

5.4 Graphen aus der Sicht der Adjazenz

Erste Begriffe dieser Art kamen schon in Abschnitt 2.4 vor, als wir in (2.4.12) zu einer Adjazenz Γ die Menge Γx der Nachbarn und den einfachen Grad $g_0(x)$ eines Punktes x einführten. Nun unterscheiden wir Punkte nach ihrem Grad soweit, wie dies mit relationenalgebraischen Mitteln möglich ist, d. h. danach, ob sie keinen, einen oder mehr als einen Nachbarn haben.

5.4.1 Definition. In einem Graphen mit der Adjazenz Γ heißt ein Punkt

x **isoliert** $:\iff \Gamma x = O$

$\iff g_0(x) = 0 \iff x$ hat keinen Nachbarn. □

Mit (5.3.1) hatten wir den Inzidenzbegriff „frei" eingeführt. Im Vergleich damit rechtfertigen wir die Wortwahl durch eine soziologische Unterscheidung: Ein Mensch ist „isoliert", wenn er zu keinem Mitmenschen eine Beziehung besitzt; er ist „frei", wenn keine Bindung an irgendeine übergreifende Beziehung besteht. Wir werden sehen, daß „Isolierung" nicht notwendig „Freiheit" ermöglicht: Der Mensch könnte ja an eine nur ihn betreffende Verpflichtung, die man sich als tropfenförmige Hyperkante (wie in Abb. 5.4.1) denken kann, gebunden sein.

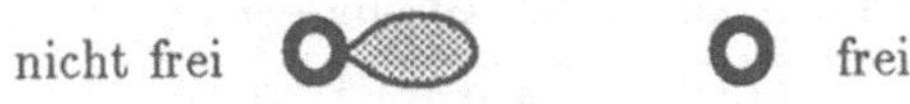

Abb. 5.4.1 Zwei isolierte Punkte

Nach dem Fall des einfachen Grades 0 gehen wir über zum Grad 1 bzw. ≥ 2.

5.4.2 Definition. Im Graphen mit der Adjazenz Γ nennen wir einen Punkt

x **hängend** (engl. pendant) $:\iff x \subset \mathrm{eAn}(\Gamma)L \iff g_0(x) = 1$

$\iff x$ hat genau einen Nachbarn,

x **fest** $:\iff x \subset \mathrm{mAn}(\Gamma)L \iff g_0(x) \geq 2$

$\iff x$ hat mehr als einen Nachbarn. □

In der früheren Abb. 2.2.6 erkennt man, wie die gesamte Punktmenge in isolierte Punkte (B), hängende Punkte (HB und S) und feste Punkte (SH, HH, N, NW, RP, H, BW und BY) zerfällt. Isolierte oder hängende Punkte möchte man gelegentlich ausschließen. Um das präzise formulieren zu können, fassen wir folgende Resultate anhand des früheren Satzes 4.2.12 zusammen:

5.4.3 Satz. Ist Γ eine Adjazenz, so ist $\mathrm{eAn}(\Gamma)L$ die Menge der hängenden Punkte und $\mathrm{mAn}(\Gamma)L$ die Menge der festen Punkte. Ferner gilt

i) $\overline{\Gamma} = \Gamma\overline{I} \iff$ Der Graph hat nur hängende Punkte.

$\Gamma \subset \Gamma\overline{I} \iff$ Der Graph hat keine hängenden Punkte.

ii) $\Gamma\overline{I} = L \iff$ Der Graph hat nur feste Punkte.

$\Gamma\overline{I} \subset \overline{\Gamma} \iff$ Der Graph hat keine festen Punkte. □

Wir hatten zwei Möglichkeiten, die Punkte zu klassifizieren: anhand ihres Inzidenzverhaltens in freie Punkte, Spitzen, und Kantenverbinder und anhand ihrer

Adjazenzbeziehungen in isolierte, hängende und feste Punkte. Es muß also die Wechselbeziehung zwischen beiden Begriffsreihen aufgedeckt werden. Wir betrachten zunächst „frei" und „isoliert" in Abb. 5.4.1.

5.4.4 Satz. In einem Graphen mit der Inzidenz M und der Adjazenz Γ gilt stets die Inklusion $\Gamma \subset M^{\mathrm{T}}M$, und wenn die Inzidenz keine Tropfen hat, d. h. bei $M \subset M\overline{I}$, gilt $M\Gamma \supset M$. Daher herrschen für einen Punkt x stets die Implikationen

$$x \text{ frei} \implies x \text{ isoliert},$$

$$x \text{ frei} \impliedby x \text{ isoliert und } M \text{ tropfenfrei}.$$

Graphen, in denen keine Kante den Rang 1 besitzt, also insbesondere die einfachen Graphen und die schlingenfreien 1-Graphen, haben eine Inzidenz ohne Tropfen.

Beweis: Es gilt $\Gamma = \overline{I} \sqcap M^{\mathrm{T}}M \subset M^{\mathrm{T}}M$; somit hat $Mx \subset O$ stets $\Gamma x \subset O$ zur Folge. Aus $M \subset M\overline{I}$ folgt $M = M\overline{I} \sqcap M \subset (M \sqcap M\overline{I})(\overline{I} \sqcap M^{\mathrm{T}}M) \subset M\Gamma$; zusätzlich gilt daher $\Gamma x \subset O \implies Mx \subset O$. □

Die Menge $\overline{M^{\mathrm{T}}L}$ der freien Punkte ist demnach enthalten in der Menge der isolierten Punkte. Genauer gilt (siehe Übung 5.4.1)

$$\overline{M^{\mathrm{T}}L} \subset \overline{[\mathrm{mAn}(M)]^{\mathrm{T}}L} = \overline{\Gamma L},$$

so daß aus $M \subset M\overline{I}$ unmittelbar $\overline{M^{\mathrm{T}}L} = \overline{\Gamma L}$ folgt. Für isolierte Punkte gibt es also beides, eine adjazenzbezogene ($\Gamma x = O$ oder $x \subset \overline{\Gamma L}$) und eine inzidenzbezogene Charakterisierung ($\mathrm{mAn}(M)x = O$ oder $x \subset \overline{[\mathrm{mAn}(M)]^{\mathrm{T}}L}$).

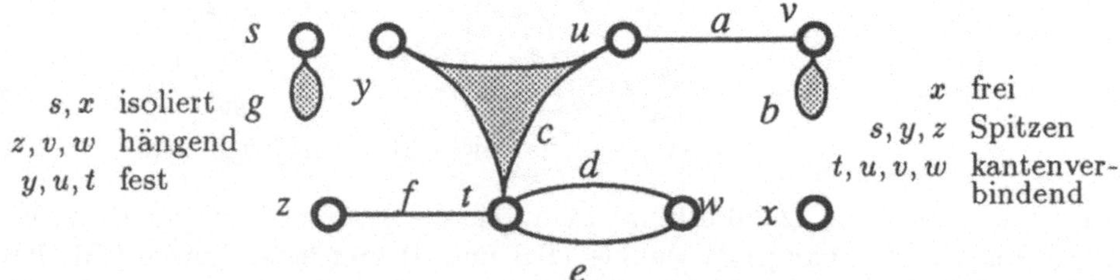

Abb. 5.4.2 Hängende Punkte und Spitzen

Dagegen kann man aus der Sicht der Adjazenz über freie Punkte nur unter der Generalvoraussetzung $M \subset M\overline{I}$ etwas Genaues aussagen; dann unterscheiden sie sich allerdings nicht von den isolierten Punkten. Auch eine Verwandtschaft zwischen den festen und den kantenverbindenden Punkten muß man erwarten; erstere mit der Adjazenz und letztere mit der Inzidenz eingeführt. Wir verschaffen uns mit Abb. 5.4.2 einen Überblick über die auftretenden Effekte. Die Begriffe divergieren stark; dementsprechend einschneidend sind die Bedingungen, unter denen sie enger korrespondieren. Das Beispiel zeigt zugleich, daß die Bedingungen in Satz 5.4.5 nicht abgeschwächt werden können.

5.4.5 Satz. Zwischen einer Inzidenz M vom Range 2 und ihrer zugehörigen Adjazenz Γ herrscht stets die Beziehung $\mathrm{mAn}(\Gamma) \subset \mathrm{mAn}(M^{\mathrm{T}})M$ und bei essentieller Inzidenz, d. h. bei $\overline{I} \subset M\overline{M^{T}}$, auch $\mathrm{mAn}(M^{T}) \subset \mathrm{mAn}(\Gamma)M^{T}$. Aus diesem Grunde gelten bei einer Inzidenz M vom Range 2 die Implikationen

$$x \text{ fest} \implies x \text{ kantenverbindend}$$

$$x \text{ fest} \impliedby x \text{ kantenverbindend und } M \text{ essentiell.}$$

Beweis: Daß der Rang ≤ 2 ist, drücken wir dadurch aus, daß wir die Kanten vorübergehend mit einer Orientierung versehen, d. h. M als die Vereinigung zweier eindeutiger Relationen A und E schreiben. Wegen (5.1.7) ist $\mathrm{mAn}(\Gamma) = \Gamma \sqcap \Gamma\overline{I}$ mit $\Gamma = \overline{I} \sqcap (A^{T}E \sqcup E^{T}A)$. Wir zeigen o. E. zwei der auftretenden Abschätzungen mit (4.2.2.iii) und unter Verwendung von Resultaten über den ein- und mehrdeutigen Anteil aus Abschnitt 4.2:

$$\begin{aligned} A^{T}E \sqcup A^{T}E\overline{I} &= (A^{T} \sqcap A^{T}E\overline{I}E^{T})E \subset (A^{T} \sqcap A^{T}E\overline{\overline{E}}^{T})E \\ &\subset (A^{T} \sqcap A^{T}\overline{I})E \subset \mathrm{mAn}(M^{T})M \\ \overline{I} \sqcap A^{T}E \sqcap E^{T}A\overline{I} &= A^{T}E \sqcap E^{T}(E\overline{I} \sqcap A\overline{I}) \subset A^{T}E \sqcap E^{T}E\overline{I} \\ &= (A^{T} \sqcap E^{T}E\overline{I}E^{T})E \subset (A^{T} \sqcap E^{T}\overline{E}E^{T})E \\ &\subset (A^{T} \sqcap E^{T}\overline{I})E \subset \mathrm{mAn}(M^{T})M. \end{aligned}$$

Es gilt also auch $\mathrm{mAn}(\Gamma)L \subset \mathrm{mAn}(M^{T})L$, so daß die Menge der festen Punkte in der Menge der kantenverbindenden Punkte enthalten ist. Nach (5.3.7) ist eine Inzidenz essentiell genau, wenn $\overline{I} \subset \overline{M}M^{T}$. Daraus folgt sofort $M^{T}\overline{I} \subset M^{T}\overline{M}M^{T} \subset \overline{I}M^{T}$ sowie die ebenfalls später benutzte Beziehung $M\overline{\overline{I}M^{T}} \subset I$. Wir können also abschätzen

$$\begin{aligned} \mathrm{mAn}(M^{T}) &= M^{T}\overline{I} \sqcap M^{T} \subset M^{T}\overline{M}M^{T} \sqcap M^{T} \\ &\subset (M^{T}\overline{M} \sqcap M^{T}M)(M^{T} \sqcap \overline{M}^{T}MM^{T}) \subset (M^{T}\overline{M} \sqcap M^{T}M)M^{T}. \end{aligned}$$

In der Klammer zerlegen wir das erste M^{T} in den zu $\overline{I}M^{T}$ und den zu $\overline{\overline{I}M^{T}}$ gehörigen Anteil und schätzen zum einen ab

$$\begin{aligned} (M^{T} \sqcap \overline{\overline{I}M^{T}})\overline{M} \sqcap M^{T}M &\subset \overline{\overline{I}M^{T}}\,\overline{M} \sqcap M^{T}M \\ &\subset (\overline{\overline{I}M^{T}} \sqcap M^{T}M\overline{M}^{T})(\overline{M} \sqcap \overline{M\overline{I}M^{T}}M) \subset (\ldots)(\overline{M} \sqcap IM) = O \end{aligned}$$

und zum anderen

$$\begin{aligned} (M^{T} \sqcap \overline{I}M^{T})\overline{M} \sqcap M^{T}M &= M^{T}\overline{M} \sqcap M^{T}M \sqcap (\overline{I}M^{T} \sqcap M^{T})\overline{M} \\ &\subset \overline{I} \sqcap M^{T}M \sqcap (\overline{I} \sqcap M^{T}M)(M^{T} \sqcap \overline{I}M^{T})\overline{M} \\ &\subset \Gamma \sqcap \Gamma M^{T}\overline{M} \subset \Gamma \sqcap \Gamma\overline{I} = \mathrm{mAn}(\Gamma). \end{aligned}$$

Also ist bei essentiellem M die Menge $\mathrm{mAn}(M^{T})L$ der kantenverbindenden Punkte in der Menge $\mathrm{mAn}(\Gamma)L$ der festen Punkte enthalten. □

In Abb. 5.4.2 ist der Punkt v kantenverbindend, aber nicht fest, weil durch die in a enthaltene Kante b der Graph nicht essentiell ist. Andererseits ist y wegen des Ranges 3 der Kante c fest, aber nicht kantenverbindend.

Aus den Sätzen 5.3.6 und 5.4.5 ergeben sich in Verbindung mit den Zerlegungen der Punktmenge in freie Punkte, Spitzen und kantenverbindende Punkte einerseits und in isolierte, hängende und feste Punkte andererseits Folgerungen für die Beziehung zwischen Spitzen und hängenden Punkten.

5.4.6 Korollar. In einem Graphen vom Range 2 gilt

x Spitze $\Longrightarrow$ x hängend, falls keine Tropfen vorkommen,

x Spitze $\Longleftarrow$ x hängend, falls die Inzidenz essentiell ist.

In Graphen vom Range 2 mit tropfenfreier essentieller Inzidenz, also insbesondere in einfachen Graphen, hat man daher

x Spitze $\Longleftrightarrow$ x hängend. □

Zu den Sätzen 5.4.4 und 5.4.6 gibt es duale Varianten, welche die Beziehung der Inzidenz zur Kantenadjazenz betreffen. Diese Umformulierungen wollen wir nicht vornehmen.

Übung

5.4.1 Man beweise daß $[\mathrm{mAn}(M)]^{\mathrm{T}} L = \Gamma L$.

5.5 Inzidenz und Adjazenz

Häufig verfügt ein Graph oder Hypergraph über beides, Inzidenz M *und* Adjazenz Γ. Ist zunächst nur eine Inzidenz M angegeben, so erhält man durch $\Gamma := \overline{I} \sqcap M^{\mathrm{T}}M$ auf natürliche Weise die Adjazenz dazu. Ist hingegen nur eine Adjazenz Γ gegeben, so wird die Situation schwieriger. Zu einem Γ, welches der Bedingung $\Gamma = \Gamma^{\mathrm{T}} \subset \overline{I}$ genügt, ist eine Relation M so anzugeben, daß $\Gamma = \overline{I} \sqcap M^{\mathrm{T}}M$. Abb. 5.5.1 zeigt oben, daß dies zunächst nicht in eindeutiger Weise möglich ist. Zu ein und derselben Adjazenz Γ sind dort drei Hypergraphen mit verschiedenen Inzidenzen M angegeben.

Die Situation ist vergleichbar derjenigen aus Abschnitt 5.2: Zu gegebenen Anfangs- und Endrelationen A, E erhielt man leicht die Assoziierte $B := A^{\mathrm{T}}E$, aus B jedoch nicht ohne weiteres A und E.

Die Problemstellung hat hier sogar eine duale Variante. Es gibt zu jeder Inzidenz M die Kantenadjazenz $K := \overline{I} \sqcap MM^{\mathrm{T}}$ Wir können aber nicht ohne weiteres zu einer vorgelegten Kantenadjazenz $\mathrm{K} = \mathrm{K}^{\mathrm{T}} \subset \overline{I}$ eine Inzidenz angeben. In Abb. 5.5.1 haben wir beispielsweise unter den drei verschiedenen Hypergraphen die dualen Hypergraphen gezeichnet, für die folglich die Kantenadjazenz K übereinstimmt.

Bei der Faktorisierung von B hatten wir in $AA^{\mathrm{T}} \sqcap EE^{\mathrm{T}} = I$ eine Bedingung gefunden, die durch Ausschluß paralleler und partieller Pfeile eine – bis auf Isomorphie – eindeutige Festlegung von A und E erlaubte. Wir suchen nun nach einer Bedingung, die einen Hypergraphen in diesem Sinne eindeutig kennzeichnet. Am nächsten liegt es wohl, im mittleren Hypergraphen aus Abb. 5.5.1 oben denjenigen zu erblicken, der aufgrund seiner zusätzlichen Eigenschaften sogar eindeutig von der Adjazenz Γ bestimmt wird. („Einfacher" ist aber zweifelsohne der erste Hypergraph, doch das erweist sich hier als zufällig.) Die Zusatzeigenschaften bestehen darin, daß erstens jede Kante mit genau zwei

$H = (P, V, M)$ mit Punktadjazenz Γ:
bzw.
$H^{\mathrm{T}} = (V, P, M^{\mathrm{T}})$ mit Kantenadjazenz K:

	p	q	r	s	t	u
p	0	1	1	1	1	0
q	1	0	1	0	1	1
r	1	1	0	1	0	1
s	1	0	1	0	1	1
t	1	1	0	1	0	1
u	0	1	1	1	1	0

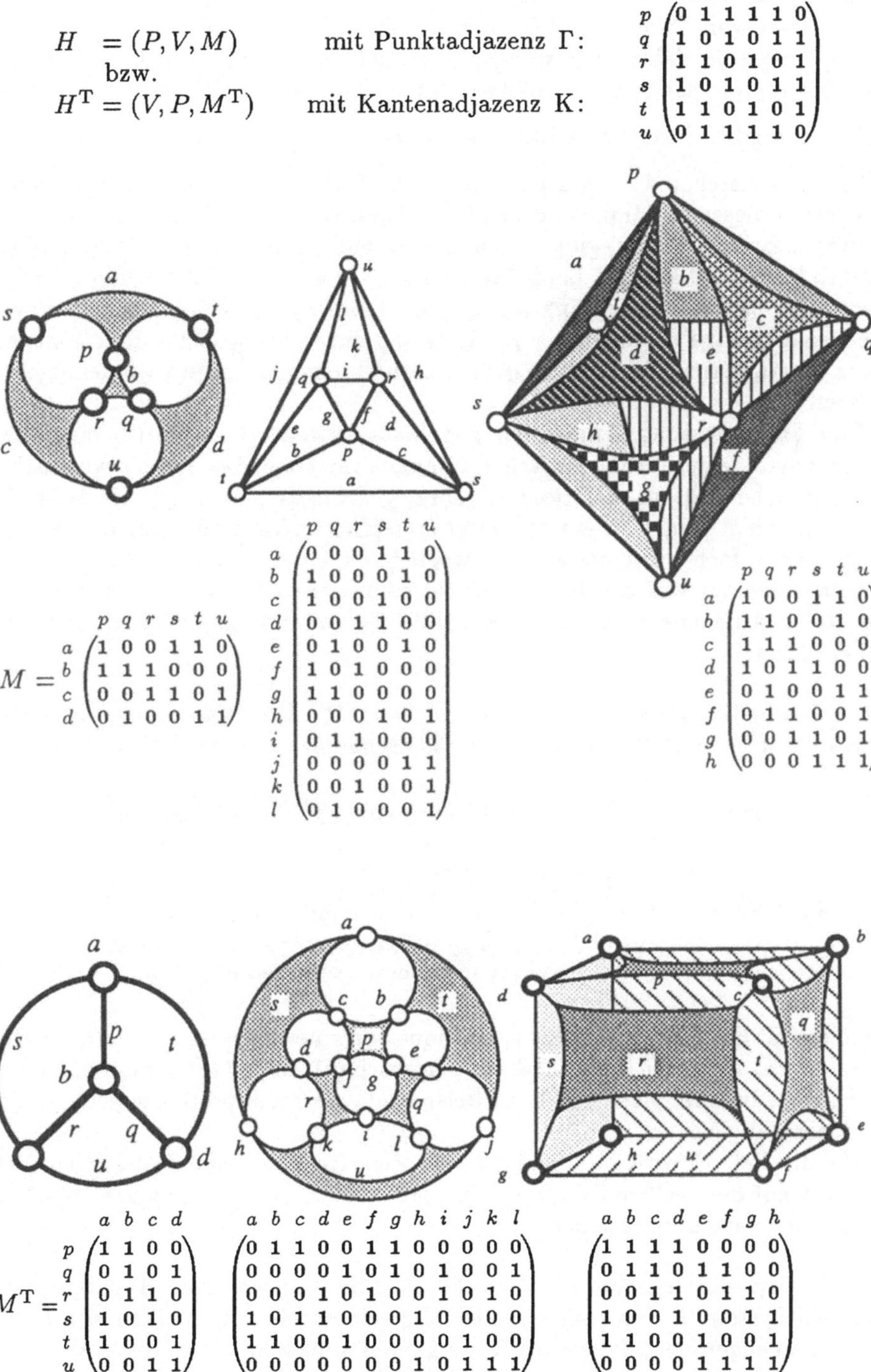

$M =$

	p	q	r	s	t	u
a	1	0	0	1	1	0
b	1	1	1	0	0	0
c	0	0	1	1	0	1
d	0	1	0	0	1	1

	p	q	r	s	t	u
a	0	0	0	1	1	0
b	1	0	0	0	1	0
c	1	0	0	1	0	0
d	0	0	1	1	0	0
e	0	1	0	0	1	0
f	1	0	1	0	0	0
g	1	1	0	0	0	0
h	0	0	0	1	0	1
i	0	1	1	0	0	0
j	0	0	0	0	1	1
k	0	0	1	0	0	1
l	0	1	0	0	0	1

	p	q	r	s	t	u
a	1	0	0	1	1	0
b	1	1	0	0	1	0
c	1	1	1	0	0	0
d	1	0	1	1	0	0
e	0	1	0	0	1	1
f	0	1	1	0	0	1
g	0	0	1	1	0	1
h	0	0	0	1	1	1

$M^{\mathrm{T}} =$

	a	b	c	d
p	1	1	0	0
q	0	1	0	1
r	0	1	1	0
s	1	0	1	0
t	1	0	0	1
u	0	0	1	1

	a	b	c	d	e	f	g	h	i	j	k	l
p	0	1	1	0	0	1	1	0	0	0	0	0
q	0	0	0	0	1	0	1	0	1	0	0	1
r	0	0	0	1	0	1	0	0	1	0	1	0
s	1	0	1	1	0	0	0	1	0	0	0	0
t	1	1	0	0	1	0	0	0	0	1	0	0
u	0	0	0	0	0	0	0	1	0	1	1	1

	a	b	c	d	e	f	g	h
p	1	1	1	1	0	0	0	0
q	0	1	1	0	1	1	0	0
r	0	0	1	1	0	1	1	0
s	1	0	0	1	0	0	1	1
t	1	1	0	0	1	0	0	1
u	0	0	0	0	1	1	1	1

Abb. 5.5.1 Hypergraphen mit gleicher Adjazenz bzw. Kantenadjazenz

Punkten inzidiert und zweitens keine zwei verschiedenen Kanten mit demselben Paar von Punkten. Wir werden eine solche Aussage in (7.2.2) und (7.2.3) beweisen, dabei aber wohlweislich nicht die Existenz einer Faktorisierung behaupten, sondern nur, daß es „bis auf Isomorphie" höchstens eine Faktorisierung gibt. Man betrachte etwa $\Gamma = \begin{pmatrix} 0&1&0&1 \\ 1&0&1&1 \\ 0&1&0&1 \\ 1&1&1&0 \end{pmatrix}$ in der Relationenalgebra aller booleschen 4×4-Matrizen. Obwohl Γ irreflexiv und symmetrisch ist, existiert in dieser Relationenalgebra *keine* Faktorisierung $\Gamma = \overline{I} \sqcap M^{\mathrm{T}}M$. Da 5 Kanten erforderlich sind, gibt es jedoch eine Faktorisierung in der Relationenalgebra bestehend aus den booleschen (4×4)-, (4×5)-, (5×4)- und (5×5)-Matrizen. Mit der Beschränkung auf die Eindeutigkeitsaussagen haben wir uns also erspart, Existenz unter Erweiterung einer vorgegebenen Relationenalgebra zu studieren. Wir wollen stets innerhalb einer festen Relationenalgebra rechnen.

Eine Faktorisierung nehmen wir ganz automatisch vor, wenn wir einen mit seiner Adjazenz gegebenen einfachen Graphen zeichnen. Unterstellt wird dabei eine hinreichend große Relationenalgebra, gekennzeichnet durch die Möglichkeit, von jedem Punkt zu jedem Punkt eine Kante ziehen zu können.

Dies ist jedoch nicht die einzige Möglichkeit, unter gewissen Zusatzbedingungen einen im wesentlichen eindeutig bestimmten Hypergraphen zu einer gegebenen Adjazenz zu finden! Mit Hilfe folgender Begriffe lernen wir eine weitere kennen.

5.5.1 Definition. Gegeben sei eine Inzidenz M, ihre zugeordnete Adjazenz $\Gamma := \overline{I} \sqcap M^{\mathrm{T}}M$ und ihre zugeordnete Kantenadjazenz $\mathrm{K} := \overline{I} \sqcap MM^{\mathrm{T}}$. Man nennt

M **konform** $:\Longleftrightarrow$ Für Vektoren y mit $yy^{\mathrm{T}} \sqcap \overline{I} \subset \Gamma$ gilt $\overline{My} \neq L$.
$\Longleftrightarrow$ Jede Menge paarweise adjazenter Punkte ist in einer Kante enthalten.

M **hellyartig** $:\Longleftrightarrow$ Für Vektoren p mit $pp^{\mathrm{T}} \sqcap \overline{I} \subset K$ gilt $\overline{M^{\mathrm{T}}p} \neq L$.
$\Longleftrightarrow$ Jede Menge paarweise adjazenter Kanten inzidiert mit einem gemeinsamen Punkt. □

Konformität liegt also vor, wenn jede Clique von einer Hyperkante umfaßt wird. Offenbar hat M genau dann die Helly-Eigenschaft, wenn M^{T} konform ist, und umgekehrt. In Abb. 5.5.2 sind links Beispiele konformer und rechts hellyartiger Inzidenzen angegeben.

Für die Helly-Eigenschaft gibt es zwei wichtige Beispiele: Systeme von Intervallen auf der reellen Zahlengeraden und die Ordnungsbeziehung zwischen partiell definierten Funktionen.

5.5.2 Beispiel. Gegeben sei $V := \mathbb{R}$ als Punktmenge eines Hypergraphen sowie ein System P von (offenen oder abgeschlossenen) Intervallen auf dieser reellen Zahlengeraden, die wir als Hyperkanten auffassen. Jedes Intervall „inzidiere" mit den in ihm enthaltenen Punkten. Dann bedeutet „Kantenadjazenz" zweier Intervalle, daß beide einen nichtleeren Durchschnitt haben. Natürlich

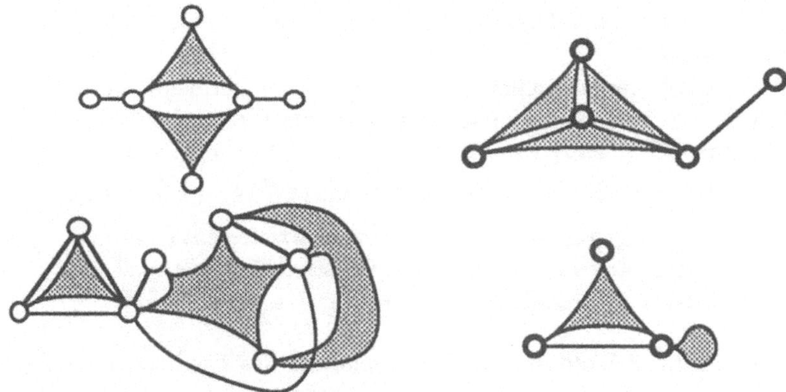

Abb. 5.5.2 Konformität und Helly-Eigenschaft

hat jede Menge von Intervallen, von denen je zwei einen nichtleeren gemeinsamen Durchschnitt haben, auch einen allen gemeinsamen Punkt; es handelt sich also um eine hellyartige „Inzidenz“. Daß dies die eindimensionale Ausdehnung voraussetzt, sieht man an den drei Mengen U_1, U_2, U_3 in Abb. 5.5.3 rechts. Gelegentlich ist in der Literatur von **Intervallgraphen** die Rede; bei diesen handelt es sich um einfache Graphen, bei denen die Punkte den Intervallen entsprechen und die Adjazenz der eben erwähnten Kantenadjazenz. □

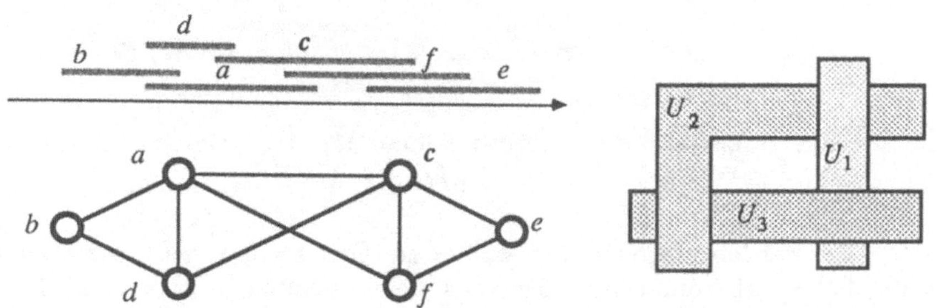

Abb. 5.5.3 Intervallsystem und Intervallgraph; System offener Mengen

Der Begriff „hellyartig“ ist auch in dem Spezialfall interessant, in dem M eine (homogene) Ordnungsrelation ist. Kantenadjazenz zweier Elemente ist dann als Existenz einer gemeinsamen oberen Schranke zu interpretieren, wie im folgenden Beispiel.

5.5.3 Beispiel. Wir betrachten die Menge aller eindeutigen Relationen (d. h. aller partiell definierten Funktionen) aus der Menge X in die Menge Y. Diese Menge diene uns auch diesmal zugleich als Punkt- und als Kantenmenge.

Sie ist durch Inklusion geordnet; das sei die Inzidenz M. Es „inzidiert“ demnach eine eindeutige Relation E mit einer eindeutigen Relation F, wenn $E \subset F$. Eine eindeutige Relation E ist „kantenadjazent“ zu einer eindeutigen Relation F, wenn es eine eindeutige Relation G mit $E \subset G$ und $F \subset G$ gibt. Kantenadjazenz zweier eindeutiger Relationen besagt also gerade, daß dort, wo beide einen definierten Funktionswert haben, diese übereinstimmen. Es gilt folgende Aussage:

Die Ordnung der partiellen Funktionen durch Inklusion ist hellyartig. Sei nämlich $E_\iota, \iota \in J$ ein System paarweise kantenadjazenter partieller Funktionen. Definiert man $G := \sup\{ E_\iota \mid \iota \in J \}$, so ist G eindeutig, weil

$$G^{\mathrm{T}}G = \sup\{ E_\iota^{\mathrm{T}}E_\chi \mid \iota, \chi \in J \} \subset \sup\{ G_{\iota\chi}^{\mathrm{T}}G_{\iota\chi} \mid \iota, \chi \in J \} \subset I,$$

wobei $G_{\iota\chi}$ die aufgrund der Kantenadjazenz existierende, sowohl E_ι als auch E_χ enthaltende, partielle Funktion sei. Offensichtlich gilt auch $E_\iota \subset G$ für alle $\iota \in J$, d. h. jedes E_ι „inzidiert" mit G. □

Die Konformität erlaubt es, unter Verwendung des Punkteaxioms zwei später benötigte Identitäten für die Inzidenz zu beweisen.

5.5.4 Satz. Für eine essentielle und konforme Inzidenz M gilt

$$M\overline{M^{\mathrm{T}}M} = \overline{M} \quad \text{und} \quad M\overline{\Gamma} = L.$$

Beweis: Nichttrivial ist von der ersten Gleichung die Richtung „$\supset$". Wir nehmen an, daß ein Punkt x und eine Kante p mit $px^{\mathrm{T}} \subset \overline{\overline{M} \sqcap M\overline{M^{\mathrm{T}}M}}$ existiert. Dann gilt dafür $Mx \subset \overline{p}$, und es folgt $L = \overline{M}x \sqcup \overline{p} = \overline{M}x \sqcup \overline{I}p \subset \overline{M}x \sqcup \overline{M}M^{\mathrm{T}}p = \overline{M}(x \sqcup M^{\mathrm{T}}p)$, weil M essentiell ist und x^{T} und p^{T} Abbildungen sind. Im Widerspruch hierzu ist für $y := x \sqcup M^{\mathrm{T}}p$ die Beziehung

$$\begin{aligned} yy^{\mathrm{T}} \sqcap \overline{I} &= (xx^{\mathrm{T}} \sqcup xp^{\mathrm{T}}M \sqcup M^{\mathrm{T}}px^{\mathrm{T}} \sqcup M^{\mathrm{T}}pp^{\mathrm{T}}M) \sqcap \overline{I} \\ &\subset (I \sqcup \overline{\overline{\overline{M^{\mathrm{T}}M}}M^{\mathrm{T}}M} \sqcup M^{\mathrm{T}}M\overline{\overline{\overline{M^{\mathrm{T}}M}}} \sqcup M^{\mathrm{T}}M) \sqcap \overline{I} \\ &\subset (I \sqcup M^{\mathrm{T}}M \sqcup M^{\mathrm{T}}M \sqcup M^{\mathrm{T}}M) \sqcap \overline{I} = \Gamma \end{aligned}$$

erfüllt, woraus aufgrund der Konformität folgt $\overline{M}y \neq L$. Die zweite Gleichung erhält man aus $M\overline{\Gamma} = M\overline{\overline{I} \sqcap M^{\mathrm{T}}M} = MI \sqcup M\overline{M^{\mathrm{T}}M} = M \sqcup \overline{M} = L$. □

In Satz 7.2.3 werden wir beweisen, daß es zu einer irreflexiven symmetrischen Relation Γ bis auf Isomorphie höchstens einen essentiellen konformen Hypergraphen mit Γ als Adjazenz gibt. Bei einer essentiellen Inzidenz kann es daher entweder nur eine einzige leere und sonst keine weiteren Kanten oder überhaupt keine leeren Kanten, bei einer konformen Inzidenz keine freien Punkte geben. Einerseits sollen also alle Cliquen, auch die maximalen, in einer Hyperkante enthalten sein, andererseits aber keine Hyperkante in einer anderen. Damit entsprechen sich, anschaulich gesagt, die maximalen Cliquen und die Hyperkanten umkehrbar eindeutig.

Übung

5.5.1 Man zeige, daß für $M := A \sqcup E$ und $M' := A' \sqcup E'$ mit disjunkten Funktionen A, E bzw. A', E' die Relation $\mathrm{syQ}(M^{\mathrm{T}}, M'^{\mathrm{T}})$ total ist, sobald $\overline{I} \sqcap M^{\mathrm{T}}M = \Gamma = \overline{I} \sqcap M'^{\mathrm{T}}M'$.

6. Erreichbarkeit

In diesem Kapitel richtet sich unser Interesse wieder auf die transitive Hülle einer Relation. Von den Anwendungen her bedient man sich dabei einer graphentheoretischen Redeweise und spricht von der Erreichbarkeitsrelation. In Abschnitt 6.1 definieren wir Wege und unterscheiden zwischen Wegen in einem 1-Graphen und Wegen in einem gerichteten Graphen. Im ersten Fall betrachtet man Punkte, im zweiten auch noch die Pfeile. Über den Begriff des Weges gelangen wir zur Erreichbarkeit und besprechen Wurzelgraphen und starken Zusammenhang. In ähnlich enger Beziehung steht der Kettenbegriff aus Abschnitt 6.2 zu Verbindbarkeit und Zusammenhang.

Die Untersuchung terminaler Punkte und der Erreichbarkeit solcher terminalen Punkte in Abschnitt 6.3 führt zu einer relationenalgebraischen Form tieferliegender Konzepte, u. a. der transfiniten Induktion. Auch bei den Korrektheitsuntersuchungen an Programmen in Abschnitt 10.1 kommen wir noch einmal darauf zurück. Daneben lassen sich Unterschiede zwischen deterministischen und nichtdeterministischen Abläufen analysieren. Aussagen zur Konfluenz und zu Church-Rosser-Theoremen folgen in Abschnitt 6.4. Verfeinerbarkeit von Wegen ist in Abschnitt 6.5 der Ausgangspunkt für die Unterscheidung diskreter und nichtdiskreter Relationen anhand einer Fixpunkteigenschaft.

6.1 Wege und Kreise

Die folgenden Untersuchungen gelten der Möglichkeit, von einem Punkt aus zu einem anderen Punkt zu gelangen, indem Punkte, die untereinander in der Relationsbeziehung stehen, nacheinander besucht werden. Die Folge der dabei durchlaufenen Punkte wird üblicherweise als Weg bezeichnet. Ein einfaches Wegkonzept ist anwendbar in 1-Graphen; ein etwas umfassenderes Wegkonzept für gerichtete Graphen, das sich auch auf die Folge der durchlaufenen Pfeile stützt, werden wir anschließend kennenlernen.

6.1.1 Definition (*Weg als Punktfolge*). Ist B die Assoziierte eines Graphen und $w = (x_0, \dots, x_h)$, $h \geq 0$, eine Folge von Punkten, so nennen wir

i) w **Weg** von x_0 nach x_h $:\Longleftrightarrow$ $x_{i-1} \subset Bx_i$ für $i = 1, \dots, h$,

ii) w **Kreis** durch x_0 $:\Longleftrightarrow$ w Weg von x_0 nach x_h, wobei $x_h = x_0$ und $h \geq 1$.

Man nennt $|w| := h$ die **Länge** des Weges w. Die Folge (x_0) heißt **leerer Weg** im Punkt x_0. Eine Folge $(x_0, x_1, \dots)$ unendlicher Länge mit $x_{i-1} \subset Bx_i$

für $i \geq 1$ heiße ein **Weg (einseitig) unendlicher Länge von x_0 aus.** Weg und Kreis heißen im Englischen path bzw. circuit. □

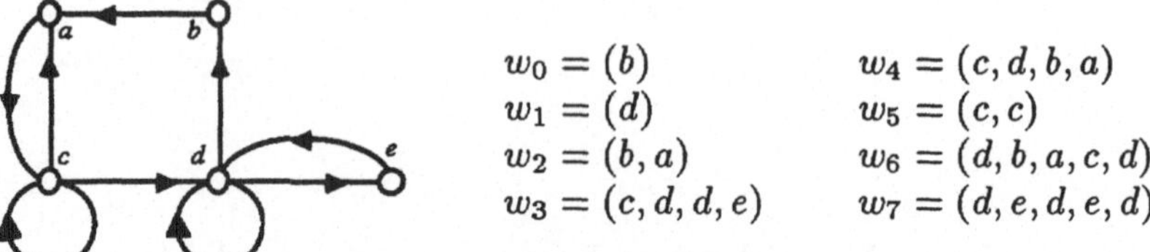

Abb. 6.1.1 Wege und Kreise

Man bezeichnet x_0 auch als **Anfangspunkt** und x_h als **Endpunkt des Weges** w. Die Wege der Länge 0 sind genau die leeren Wege. Wege der Länge 1 sind Folgen bestehend aus Anfangs- und Endpunkt eines Pfeiles. Kreise sind nichtleere Wege mit übereinstimmendem Anfangs- und Endpunkt. Ist $w = (x_0, \ldots, x_h)$ ein Kreis durch x_0, so ist $(x_i, \ldots, x_h = x_0, \ldots, x_i)$, $0 < i < h$ jeweils ein *anderer* Kreis durch x_i. Sehr oft werden allerdings diese Kreise begrifflich als ein und derselbe Kreis aufgefaßt; d. h. die Kreise werden ohne ihren „Aufhängungspunkt" x_i gesehen.

In jedem Punkt x gibt es den leeren Weg (x) der Länge 0. Falls x schlingentragender Punkt ist, gibt es durch x die Kreise (x, x), (x, x, x), ... mit den Längen 1, 2, ... Will man diese trivialen Kreise in einem schlingentragenden Punkt ausschließen, so spricht man auch einschränkend von *echten* Kreisen. In Abb. 6.1.1 ist eine Reihe von Wegen und Kreisen in einem Graphen angegeben.

Gelegentlich möchte man nur solche Wege betrachten, die deswegen relativ unkompliziert sind, weil sie keinen Punkt mehrfach durchlaufen.

6.1.2 Definition. Ein Weg oder Kreis eines Graphen heißt **elementar**, wenn kein Punkt mehrfach in der Folge auftritt. (Bei Kreisen zählt die bedingungsgemäße Übereinstimmung von Anfang und Ende *nicht* als zweifach.) □

Die Wege w_0, w_1, w_2, w_4 und die Kreise w_5, w_6 in Abb. 6.1.1 sind elementar, der Weg w_3 und der Kreis w_7 hingegen nicht.

Es besteht eine besonders enge Beziehung zwischen der transitiven Hülle der Assoziierten B eines Graphen und der Existenz von Wegen zwischen seinen Punkten. Ist $(x_0, \ldots, x_h)$ ein Weg von $x = x_0$ nach $y = x_h$, so ergibt sich unmittelbar $x \subset B^h y$. Die Umkehrung hiervon enthält folgender Satz.

6.1.3 Satz. Sind x und y zwei beliebige Punkte eines Graphen mit der Assoziierten B und ist $h \geq 0$ eine natürliche Zahl, so gilt:

i) $x \subset B^h y \iff$ Es gibt einen Weg von x nach y der Länge h.

ii) $x \subset B^* y \iff$ Es gibt einen Weg von x nach y.

iii) $x \subset B^+ x \iff$ Es gibt einen Kreis durch x.

iv) $B^+ \subset \overline{I} \iff$ Es gibt keinen Kreis.

(Im Falle eines endlichen Graphen gilt:

$B^+ \subset \overline{I} \iff$ Es gibt eine natürliche Zahl m mit $B^m = O$.)

Beweis:[1] i) Mit (2.4.5.ii) gilt $x \subset B^0 y = y \iff x = y$, und (x) ist in der Tat ein Weg der Länge 0 von x nach y. Wir schließen nun weiter durch Induktion von $h-1$ auf h: Aus $x \subset B^h y = B^{h-1}By$ folgt nach (2.4.8) die Existenz eines Punktes z mit $x \subset B^{h-1}z$ und $z \subset By$. Nach Induktionsvoraussetzung existiert ein Weg $(x = x_0, x_1, \ldots, x_{h-1} = z)$ der Länge $h-1$ von x nach z, und demnach ist $(x = x_0, \ldots, x_{h-1} = z, y)$ ein Weg der Länge h vom Punkt x zum Punkt y.

ii) $x \subset B^* y \iff xy^{\mathrm{T}} \subset B^*$ nach (2.4.4). Nun ist xy^{T} nach Übung 2.4.2 ein Atom; wenn es also in der Vereinigung $B^* = I \sqcup B \sqcup B^2 \sqcup \ldots$ enthalten ist, dann sogar in einem der Summanden: $xy^{\mathrm{T}} \subset B^f$. Dies ist wieder äquivalent zu $x \subset B^f y$, so daß ein Weg (der Länge f) von x nach y existiert. Umgekehrt schließt man über (i) und erhält $x \subset B^h y$ für irgendein h, also $x \subset B^* y$.

iii) Mit B^+ ist berücksichtigt, daß Kreise eine Länge ≥ 1 haben; alles andere folgt aus ii).

iv) Angenommen, es gelte $B^+ \subset \overline{I}$ und durch einen Punkt x laufe ein Kreis. Dann ist $xx^{\mathrm{T}} \subset B^+ \subset \overline{I}$ ein Widerspruch zur Injektivität von x. Zum Nachweis der Richtung „$\Longleftarrow$" nehmen wir an, es sei $B^+ \not\subset \overline{I}$, und wählen nach (2.4.6) ein Punktepaar x, y mit $xy^{\mathrm{T}} \subset B^+ \sqcap I$. Zum einen folgt dann $x \subset (B^+ \sqcap I)y \subset y$ und weiter nach (2.4.5) sogar $x = y$. Zum anderen folgt $x \subset B^+ y$, und damit existiert ein Weg einer Länge ≥ 1 von x nach x, also ein Kreis. Den letzten Schluß für endliche Graphen stellen wir als Übung 6.1.1. □

Wegen (iv) nennen wir einen Graphen **kreisfrei** (auch: **azyklisch**), falls $B^+ \subset \overline{I}$; er ist ohne echte Kreise bei Antisymmetrie $B^+ \sqcap B^{+\mathrm{T}} \subset I$ von B^+. Für transitives B bedeutet Kreisfreiheit dasselbe wie Irreflexivität.

Nachdem wir Bx in Definition 2.4.10 als Menge der Vorgänger von x bezeichnet haben, führen wir hier die folgenden „genealogischen" Redeweisen ein.

6.1.4 Definition. Ist B die Assoziierte eines Graphen G und sind x, y zwei Punkte, so nennen wir

i) y **erreichbar** von x aus $:\iff xy^{\mathrm{T}} \subset B^*$;

ii) B^* **Erreichbarkeit** des Graphen G;

iii) $B^+ x$ Menge der **Vorfahren** von x;

iv) $B^{+\mathrm{T}} x$ Menge der **Nachfahren** von x. □

Nach (6.1.3.ii) besteht die Relation B^* zwischen zwei Punkten x und y genau dann, wenn es eine natürliche Zahl h und einen Weg der Länge h von x nach y gibt, wenn also y von x aus (in endlich vielen Schritten) erreichbar ist.

Bisher haben wir 1-Graphen, also im wesentlichen nichts anderes als eine homogene Relation betrachtet. Ein wenig differenzierter werden die Begriffe, wenn wir beim gerichteten Graphen neben der Punktmenge auch eine Pfeilmenge haben. Damit sind heterogene Relationen zu betrachten. Wenn zwei

[1] Im Beweis von (i) und (iv) wird Satz 2.4.8 verwendet, um die Zwischenpunkte des Weges zu erhalten. Dafür wird das Punkteaxiom benötigt.

parallele Pfeile p, q von x nach y führen, ist zwischen Wegen, die über den Pfeil p und über den Pfeil q von x nach y führen, zu unterscheiden. Die durchlaufenen Pfeile werden daher als Zusatzinformation in die Folge aufgenommen.

6.1.5 Definition (*Weg als Punkt-Pfeil-Folge*). Es seien A, E die Ausgangs- und die Eingangsinzidenz eines gerichteten Graphen. Die Folge (x_0) ist der **leere Weg** im Punkt x_0. Eine alternierende Punkt-Pfeil-Folge $w = (x_0, p_1, \dots, p_h, x_h)$, $h > 0$, mit $x_0 = A^{\mathrm{T}} p_1$ (Anfangspunkt) und $x_h = E^{\mathrm{T}} p_h$ (Endpunkt) heißt **Weg** von x_0 nach x_h, falls $x_i = A^{\mathrm{T}} p_{i+1} = E^{\mathrm{T}} p_i$ für $i = 1, \dots, h-1$. Ein Weg heißt **einfach**, wenn kein Pfeil mehrfach in der Folge auftritt. □

Die Pfeile eines Weges besitzen hiernach notwendig Anfangs- und Endpunkte, sind also nicht partiell. Aus dem Zusammenhang sollte sich stets ergeben, ob von einem Weg als Punktfolge oder einem Weg als Punkt-Pfeil-Folge die Rede ist. Natürlich übertragen sich auch die verwandten Begriffe: Der Index h ist die **Länge** von w. Eine Folge $(x_0, p_1, x_1, p_2, \dots)$ mit $x_{i-1} = A^{\mathrm{T}} p_i$ und $E^{\mathrm{T}} p_i = x_i$ für $i = 1, 2, \dots$ ist ein **Weg unendlicher Länge** von x_0 aus. Ein **Kreis** durch x_0 ist nunmehr ein nichtleerer Weg als Punkt-Pfeil-Folge von x_0 nach x_0.

Wir überlegen nun, ob man mit weniger Information auskommen kann, oder ob die alternierende Punkt-Pfeil-Folge vollständig angegeben werden muß. Zunächst wird gefragt, ob die Teilfolge der Pfeile ausreichend ist. Sieht man vom leeren Weg ab, so enthält die Folge $(p_1, \dots, p_h)$, $h > 0$, *allein* die gesamte Information, da sie die Zwischenpunkte x_i $(1 \le i \le h-1)$ sowie Anfangspunkt x_0 und Endpunkt x_h eindeutig bestimmt. Durch die leere Pfeilfolge () ist der leere Weg hingegen nicht eindeutig festgelegt, da die Angabe des Anfangs- und Endpunktes nicht daraus abzulesen ist.

Nun fragen wir, ob die Teilfolge der Punkte ausreichend ist. Die Folge $(x_0, \dots, x_h)$ ist ein Weg bzw. Kreis im Sinne der Definition 6.1.1. Damit ist „elementar" auch für einen Weg als Punkt-Pfeil-Folge erklärt. Durch die Angabe einer Punkt-Folge ist ein Weg im Sinne von (6.1.5) nur eindeutig bestimmt, wenn keine parallelen Pfeile vorkommen. Ein elementarer Weg bzw. Kreis ist natürlich auch einfach.

Starker Zusammenhang

Besonderes Interesse besteht für Paare von Punkten eines Graphen, die wechselseitig voneinander erreichbar sind.

6.1.6 Definition. Ist G ein Graph mit der Assoziierten B, so heißt

i) G **stark zusammenhängend** $:\Longleftrightarrow \quad B^* = L \quad \Longleftrightarrow \quad \overline{I} \subset B^+$

$\Longleftrightarrow$ Jeder Punkt ist von jedem Punkt aus erreichbar.

ii) Die Äquivalenzklassen von Punkten nach der Äquivalenzrelation $B^* \sqcap B^{*\mathrm{T}}$ heißen **starke Zusammenhangskomponenten** von G. □

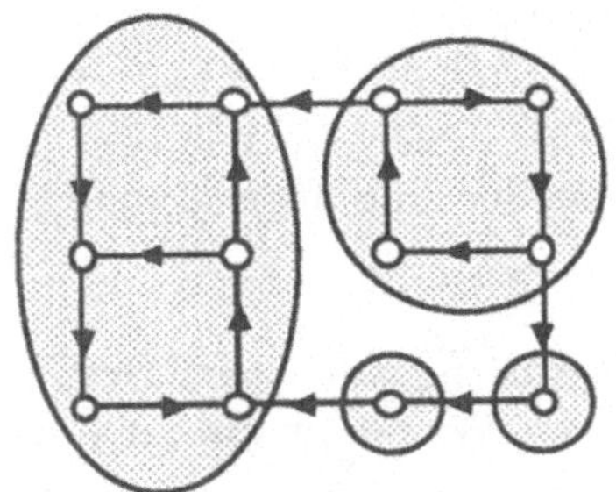

Abb. 6.1.2 Starke Zusammenhangskomponenten

Eine starke Zusammenhangskomponente von G umfaßt also jeweils möglichst viele Punkte, so daß noch jeder dieser Punkte von jedem anderen von ihnen erreicht werden kann. Gibt es nur eine solche starke Zusammenhangskomponente, so ist G stark zusammenhängend. Nach (3.1.3) ist $B^* \sqcap B^{*\mathrm{T}}$ die größte in B^* enthaltene Äquivalenzrelation. Mit diesen Begriffen erhält man eine gewisse Übersicht über einen Graphen:

6.1.7 Satz. B sei Assoziierte und x, y seien zwei Punkte eines Graphen G.

i) G stark zusammenhängend $\iff \overline{I} \subset B^+ \sqcap B^{+\mathrm{T}}$

$\iff$ Je zwei verschiedene Punkte liegen auf einem Kreis.

ii) x, y liegen in verschiedenen starken Zusammenhangskomponenten

$\iff$ Durch x, y gibt es keinen Kreis und $x \neq y$.

Beweis: i) $L = B^* = I \sqcup B^+ \iff \overline{I} \subset B^+ \iff \overline{I} \subset B^{+\mathrm{T}}$. Die Behauptung (ii) lautet formal $xy^\mathrm{T} \subset \overline{B^* \sqcap B^{*\mathrm{T}}} \iff [\{xy^\mathrm{T} \not\subset B^+$ oder $xy^\mathrm{T} \not\subset B^{+\mathrm{T}}\}$ und $xy^\mathrm{T} \subset \overline{I}]$. Dies folgt aus der Atomarität von xy^T. □

Wurzelgraphen und Wurzelbäume

Eine zentrale Rolle, insbesondere in der Informatik, spielen Graphen, bei denen ein Punkt als „Einstiegspunkt“ ausgezeichnet ist, von dem aus alle anderen Punkte erreicht werden können. Solche Graphen kommen in vielen Betrachtungen über Abläufe vor (Flußdiagramme, endliche Automaten, heuristische Suchalgorithmen), sie finden sich in Strukturen mit Verweisen (Binärbäume, Listen, Datenstrukturen, Geflechte), und sie tauchen als Codebäume und Syntaxdiagramme auf. Hier werden die sich daraus ergebenden Einflüsse auf den Zusammenhang des Graphen untersucht.

6.1.8 Definition. G sei ein Graph mit der Assoziierten B, und a sei ein Punkt in G. Dann heißt

a **Wurzel** von G (engl. root) $:\iff aL \subset B^* \iff L \subset a^\mathrm{T}B^* \iff a \subset \overline{\overline{B^*}L}$

$\iff$ Alle Punkte sind von a aus erreichbar.

Eine Wurzel bzgl. B^T heißt gelegentlich **finaler Punkt** von B. □

Die erste Definitionsvariante ist zur zweiten nach (2.4.4.i) und zur dritten wegen der Schröder-Umformung äquivalent. Aus der dritten Variante ergibt sich die verbale Form, da es *nicht* so ist, daß es irgendeinen Punkt gibt, den man von a aus *nicht* erreichen kann. Eine Wurzel kann also sowohl durch eine obere als auch durch eine untere Schranke beschrieben werden.

Nach Abb. 6.1.6 kann ein Graph durchaus mehrere Wurzeln haben; in einem stark zusammenhängenden Graphen ist sogar jeder Punkt Wurzel. Für sehr viele Anwendungen ist es aber typisch, daß unter diesen Wurzeln eine explizit als Einstieg ausgezeichnet ist. Dies ist Anlaß zur folgenden grundlegenden Definition.

6.1.9 Definition. Ein Paar $W = (G, a)$ bestehend aus einem Graphen G und einer ausgezeichneten Wurzel a von G heiße **Wurzelgraph** (engl. rooted graph). □

Wenn später von einem Homomorphismus $\Theta: G \longrightarrow G'$ zwischen Wurzelgraphen die Rede sein wird, sei stets vorausgesetzt, daß er die Wurzel in die Wurzel überführt, d. h. daß $\Theta^{\mathsf{T}} a = a'$.

In Abb. 6.1.3 sind vier Wurzelgraphen so dargestellt, wie es in den jeweiligen Anwendungsbereichen üblich ist, nämlich als endlicher Automat, als Flußdiagramm, als Syntaxdiagramm und als Listenstruktur bzw. baumartige Struktur.

Unter den Wurzelgraphen aus Abb. 6.1.3 sind solche der Art (d) besonders einfach: Es gibt keine parallelen Pfeile, es gibt keine Kreise, und alle Punkte außer der Wurzel haben genau einen Vorgänger. Wir fassen diese Charakteristika in der folgenden Definition zusammen.

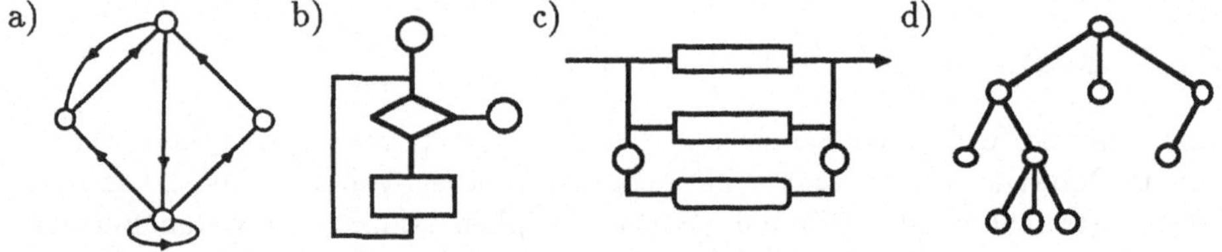

Abb. 6.1.3 Beispiele von Wurzelgraphen

6.1.10 Definition. Ein injektiver und kreisfreier Wurzelgraph heißt **Wurzelbaum** (engl. rooted tree, arborescence). Ein Wurzelgraph mit der Assoziierten B ist also ein Wurzelbaum, falls $BB^{\mathsf{T}} \subset I$ und $B^{+} \subset \overline{I}$ gilt. □

Natürlich kann es in einem Wurzel*baum* nur eine Wurzel geben; eine weitere Wurzel würde im Widerspruch zur Kreisfreiheit stehen.

Einen terminalen Punkt eines Wurzelbaumes nennt man ein **Blatt** (engl. leaf). Die übrigen Punkte werden **Verzweigungspunkte** (auch: innere Knoten) genannt, obwohl sie nicht notwendig echte Verzweigungspunkte im Sinne der Definition 5.2.2 sein müssen. Eine Reihe verschiedener Charakterisierungen eines Wurzelbaumes, die z. T. auch bei unendlicher Ordnung gelten, enthält der folgende nicht relationenalgebraisch bewiesene Satz.

6.1.11 Satz. Ist $W = (G, a)$ ein Wurzelgraph mit der Assoziierten B, so sind folgende Aussagen äquivalent:

i) W ist ein Wurzelbaum.

ii) Alle Punkte von W haben einen Vorgängergrad ≤ 1, und a hat den Vorgängergrad 0.

iii) Jeder Punkt von W ist durch genau einen Weg von der Wurzel a aus erreichbar.

Ist G von endlicher Ordnung n, so ist dies auch äquivalent zu:

iv) Es gibt in G genau $n-1$ Pfeile.

Beweis: i) $\Longrightarrow$ ii) Wegen $BB^{\mathrm{T}} \subset I$ hat ein Punkt höchstens einen Vorgänger. Die Wurzel a kann allerdings keinen Vorgänger haben, welcher von ihr aus erreichbar ist. Dies ergäbe einen Kreis im Widerspruch zu $B^+ \subset \overline{I}$.

ii) $\Longrightarrow$ iii) Sicherlich gibt es wenigstens einen Weg von a zu jedem Punkt, da ein Wurzelgraph vorliegt. Nehmen wir an, irgendein Punkt y sei längs zweier verschiedener Wege von a aus erreichbar. Spätestens in y, vielleicht auch früher, treffen die beiden verschiedenen Wege zusammen; dies geschehe im Punkt z. Ist $z \neq a$, so hat z einen Vorgängergrad ≥ 2. Ist $z = a$, so unterscheiden sich beide Wege durch einen Kreis durch a. Damit hätte a einen Vorgängergrad ≥ 1.

iii) $\Longrightarrow$ i) Angenommen, es gibt zwei Vorgänger eines Punktes. Zusammen mit den in einem Wurzelgraph existierenden Wegen von der Wurzel zu diesen Punkten hätte man dann zwei Wege zu demselben Punkt. Gäbe es einen Kreis, so hätte man unendlich viele Wege von der Wurzel zu jedem Punkt im Kreis.

i), ii), iii) $\Longrightarrow$ iv) Die Aussage gilt bei $n = 1$. Ein Wurzelbaum mit $n = 2$ hat in der Tat genau einen Pfeil. Wir schließen weiter durch Induktion: Sei ein $(n+1)$-punktiger Wurzelbaum gegeben. Wegen der Endlichkeit und der Kreisfreiheit erreicht man fortschreitend von a schließlich ein Blatt x. Dieses Blatt x und der zu ihm führende Pfeil werde von seinem eindeutigen Vorgänger y abgeschnitten. Es verbleibt der nach Induktionsannahme $n-1$ Pfeile enthaltende restliche Wurzelbaum mit n Punkten. Wenn das Blatt x und der Pfeil wieder an y angehängt werden, haben wir $n+1$ Punkte und n Pfeile.

iv) $\Longrightarrow$ i) Da jeder der n Punkte von a aus erreichbar ist, treten in den $n-1$ Pfeilen alle Punkte $\neq a$ jeweils genau einmal als Endpunkt auf, a jedoch nicht. Damit sind Vorgänger eindeutig bestimmt. Das verbietet überdies einen Kreis durch a. Aber auch ein Kreis außerhalb a ist unmöglich. Wählen wir nämlich darauf einen Punkt x und gehen wir auf irgendeinem Weg rückwärts zur Wurzel a, so erreichen wir einen Punkt, in den sowohl der Weg von a aus als auch der Kreis einmünden müßte. □

Es hat sich eingebürgert, bei der bildlichen Darstellung von Wurzelbäumen, anders als in der Natur, die Wurzel oben zu zeichnen, um die Vorausschätzung der Baumhöhe unnötig zu machen. Die Pfeilorientierung wird (leider) oft weggelassen. Natürlich ist sie dann leicht ergänzbar, wenn die Wurzel explizit ausgezeichnet ist. Wer allerdings weder die Pfeilorientierung noch die Wurzel angibt und womöglich nicht einmal vom Wurzelbaum, sondern nur vom Baum spricht, wird leicht den Fehler begehen, die beiden Wurzelbäume aus Abb. 6.1.4 in einen Topf zu werfen.

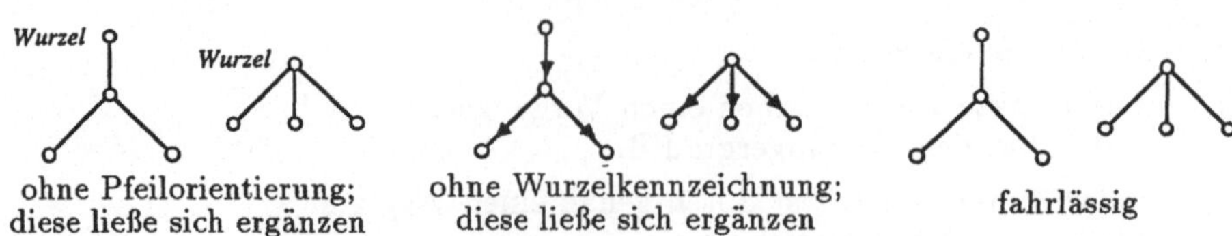

Abb. 6.1.4 Zwei verschiedene Wurzelbäume

In Wurzelgraphen gibt es eine besondere Variante des Zusammenhangs.

6.1.12 Definition. Wir nennen einen Graphen

G **quasi-stark zusammenhängend** $:\Longleftrightarrow \quad L \subset B^{\mathrm{T}*}B^*$

$\Longleftrightarrow$ Für je zwei Punkte x und y existiert ein Punkt z, von dem aus sowohl x als auch y erreichbar ist. □

Nach (6.1.8) gibt $\overline{\overline{B^*L}}$ die Menge aller Wurzeln des Graphen an. Der Graph G_2 in Abb. 6.1.5 besitzt keine Wurzel, weil $\overline{\overline{B^*L}} = O$. Andererseits enthält der Graph G_1 die Wurzeln x_1, x_2 und x_3. Damit ist er sicherlich quasi-stark zusammenhängend, denn von einer Wurzel aus kann man ja jeden Punkt, also auch jeden aus einem vorgelegten Paar x, y von Punkten erreichen. In G_2 haben y_3 und y_5 keinen gemeinsamen Vorfahren.

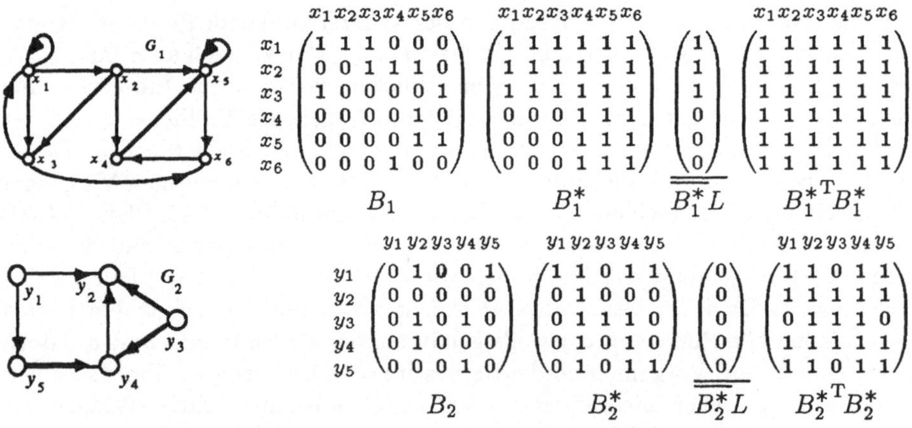

Abb. 6.1.5 Wurzeln und quasi-starker Zusammenhang

Es könnte scheinen, ein Graph sei quasi-stark zusammenhängend genau dann, wenn er eine Wurzel besitzt. Daß dies in so einfacher Form falsch ist, zeigt Abb. 6.1.6.

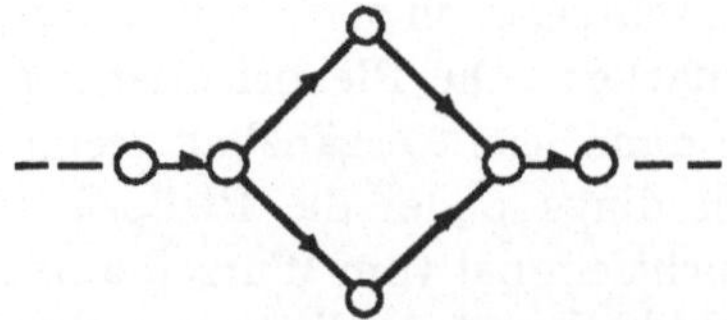

Abb. 6.1.6 Quasi-stark zusammenhängender Graph ohne Wurzel

Der folgende Satz bestätigt, daß aus der Existenz einer Wurzel quasi-starker Zusammenhang folgt, und nennt einschränkende Voraussetzungen, unter denen auch die Umkehrung gilt. Als weiteres Resultat dieser Art erhalten wir später Satz 6.3.7.

6.1.13 Satz. i) Für jeden Graphen gilt:

$$\begin{array}{c}\text{quasi-stark}\\ \text{zusammenhängend}\end{array} \quad \Longleftarrow \quad \text{Es gibt eine Wurzel.}$$

ii) Für endliche Graphen gilt:

$$\begin{array}{c}\text{quasi-stark}\\ \text{zusammenhängend}\end{array} \quad \Longleftrightarrow \quad \text{Es gibt eine Wurzel.}$$

Beweis: i) $B^{\mathrm{T}*}B^* \supset (aL)^{\mathrm{T}}aL = La^{\mathrm{T}}aL = L$, wenn a die Wurzel ist. ii) Wir haben nur noch „$\Longrightarrow$“ zu zeigen. Ist $V = \{x_1, \ldots, x_n\}$ die Punktmenge, so bestimmt man zu x_1 und x_2 ein $z_1 \in V$, von dem aus x_1 und x_2 erreichbar sind; sodann fährt man mit z_1 und x_3 fort und erhält ein $z_2 \in V$, usw. Dieser Prozeß liefert ein $z_{n-1} \in V$, das nach Konstruktion eine Wurzel ist. Dies ist allerdings keine relationenalgebraische Schlußweise. □

Terminierende Erreichbarkeit

Für eine Reihe von Fragestellungen ist es nun wichtig zu wissen, ob und wann ein Punkt ein letzt-erreichbarer Punkt ist, so daß über diesen Punkt weitere Punkte nicht mehr erreicht werden können. Nach (5.2.1) beschreibt $\overline{BL}$ die terminalen Punkte. Soll der *erreichte* Punkt terminal sein, so ist mit der Transponierten $\overline{BL}^{\mathrm{T}}$ zu schneiden.

6.1.14 Definition. Die Relation $C := B^* \sqcap \overline{BL}^{\mathrm{T}}$ heiße die zur Relation B gehörige **terminierende Erreichbarkeit**. □

Eine einfache Situation ist in Abb. 6.1.7 skizziert. Man beachte, daß b und c wegen der Schlinge in c nicht in der Relation C stehen.

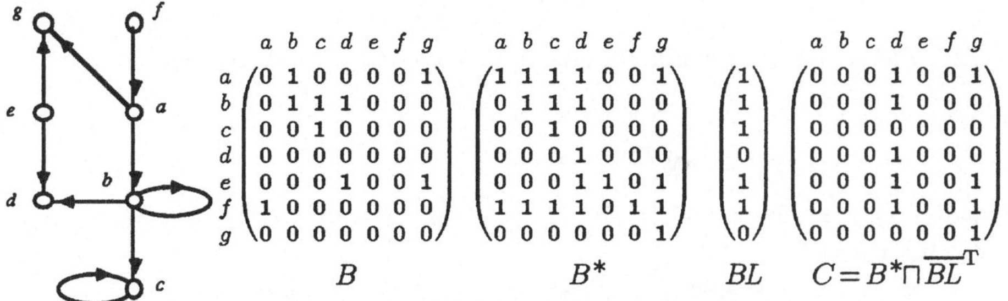

Abb. 6.1.7 Terminierende Erreichbarkeit

Für die terminierende Erreichbarkeit C beweisen wir nun einige Identitäten als algebraische Beschreibungen durchaus anschaulicher Sachverhalte.

6.1.15 Satz. Für einen Graphen G bzw. eine Relation B mit der Erreichbarkeit B^* und der terminierenden Erreichbarkeit $C := B^* \sqcap \overline{BL}^{\mathrm{T}}$ gilt:

i) $$B^*C = C, \qquad C^2 = C,$$

ii) $$BC = C \sqcap \overline{I}, \qquad \mathrm{mAn}(BC) = \mathrm{mAn}(C).$$

Beweis: i) $B^*C = B^*(B^* \sqcap \overline{BL}^{\mathrm{T}}) = B^*B^* \sqcap \overline{BL}^{\mathrm{T}} = B^* \sqcap \overline{BL}^{\mathrm{T}} = C$, nach (2.4.2). Hieraus folgt sofort $C^2 \subset B^*C = C$, und wir haben auch die umgekehrte Inklusion $C = CI = C(I \sqcap C) \sqcup C(I \sqcap \overline{C}) \subset C^2 \sqcup O$, da

$$\begin{aligned} C(I \sqcap \overline{C}) &= C(I \sqcap \overline{B^* \sqcap \overline{BL}^{\mathrm{T}}}) \subset C\,(I \sqcap (\overline{I} \sqcup (BL)^{\mathrm{T}})) \subset C\,(I \sqcap (BL)^{\mathrm{T}}) \\ &= C(I \sqcap BL) \subset CBL \subset (B^* \sqcap \overline{BL}^{\mathrm{T}})BL = B^*(BL \sqcap \overline{BL}) = O. \end{aligned}$$

ii) $C \sqcap \overline{I} = B^* \sqcap \overline{BL}^{\mathrm{T}} \sqcap \overline{I} \subset B^+ \sqcap \overline{BL}^{\mathrm{T}} = BB^* \sqcap \overline{BL}^{\mathrm{T}} = B(B^* \sqcap \overline{BL}^{\mathrm{T}}) = BC$ nach (2.4.2). In umgekehrter Richtung ist $BC \subset C$ nach (i) und $BC \subset \overline{I}$, weil $B^{\mathrm{T}}I \subset \overline{B^*} \sqcup (BL)^{\mathrm{T}} = \overline{C}$. Schließlich beweisen wir durch elementares Ausrechnen mit $C = (C \sqcap I) \sqcup (C \sqcap \overline{I})$, daß $\mathrm{mAn}(C) = C \sqcap C\overline{I} = (C \sqcap \overline{I}) \sqcap (C \sqcap \overline{I})\overline{I} = \mathrm{mAn}(C \sqcap \overline{I})$. □

Bei der Multiplikation von links wirkt in (i) die Erreichbarkeit B^* wie ein neutrales Element auf die terminierende Erreichbarkeit; die terminierende Erreichbarkeit ist transitiv. Wir können (ii) folgendermaßen deuten: Wenn man von einem Punkt x *mehr* als einen terminalen Punkt erreichen kann, ist x selbst notwendigerweise *nicht* terminal. Man kann die betreffenden terminalen Punkte auch dadurch erreichen, daß man erst einen Schritt gemäß B geht und anschließend gemäß der terminierenden Erreichbarkeit C.

Die bisherigen Aussagen zur terminierenden Erreichbarkeit sind noch völlig allgemein; sie gelten unabhängig davon, ob und wieviel terminale Punkte man von einem Punkt aus erreichen kann. In Abschnitt 6.4 werden wir die Situation antreffen, daß *genau* oder *höchstens* einer der terminalen Punkte von einem Punkt aus erreicht werden kann. Das wäre z. B. der Fall, wenn wir mit B die Einzelübergänge eines Verfahrens zur Reduktion auf eine Normalform (eindeutig bestimmter zugehöriger terminaler Punkt) beschreiben. Ist C total, so gelten weitere Identitäten.

6.1.16 Satz. Ist die terminierende Erreichbarkeit C von B total, so gilt

i) $$L = B^*\overline{BL}, \qquad B^*B^{*\mathrm{T}} = CC^{\mathrm{T}},$$

ii) $$C \text{ eindeutig} \iff B^{\mathrm{T}*}C = C.$$

Beweis: i) $L = CL = (B^* \sqcap \overline{BL}^{\mathrm{T}})L = B^*\overline{BL}$. Nach (6.1.15) gilt bei totalem C die Inklusion

$$B^*B^{*\mathrm{T}} = B^*IB^{*\mathrm{T}} \subset B^*CC^{\mathrm{T}}B^{*\mathrm{T}} = CC^{\mathrm{T}}$$

und wegen $C \subset B^*$ gilt hierin sogar Gleichheit. ii) Für „$\Longrightarrow$" zeigen wir

$$B^{\mathrm{T}}C \subset CC^{\mathrm{T}}B^{\mathrm{T}}C \subset C(B^*C)^{\mathrm{T}}C = CC^{\mathrm{T}}C \subset C;$$

dabei wurde Totalität und Eindeutigkeit von C sowie $B^*C = C$ verwendet. Jetzt gilt $B^{\mathrm{T}i}C \subset C$ für alle $i \geq 0$ und somit $B^{\mathrm{T}*}C \subset C$. Die Umkehrung „$\Longleftarrow$" erhält man durch $C^{\mathrm{T}}C = (B^{\mathrm{T}*} \sqcap \overline{BL})C = B^{\mathrm{T}*}C \sqcap \overline{BL} = C \sqcap \overline{BL} \subset B^* \sqcap \overline{BL} = (I \sqcap \overline{BL}) \sqcup (B^+ \sqcap \overline{BL}) \subset I \sqcup O$. □

Aus $L = B^*\overline{BL}$ kann man offenbar auf die Totalität von C zurückschließen. Die zweite Aussage von (i) kann man genealogisch interpretieren: Gibt es zu x und y eine Person z, so daß sowohl x als auch y Ahne von z ist, dann gibt es zu x und y sogar eine kinderlose Person z', für die beide Ahnen sind. Voraussetzung dafür ist allerdings die realistische Feststellung, daß jeder Mensch einen kinderlosen Nachfahren besitzt, ihn selbst ggf. als nullten Nachfahren mitgerechnet.

Bei Übertragung auf die Relation $\leq$ für natürliche Zahlen wird der zweite Teil (i) hingegen falsch; es gibt keine bzgl. $\leq$ terminalen Elemente. Die Beziehung (ii) interpretieren wir im Falle, daß B einen Reduktionsschritt in Richtung auf eine hier eindeutig bestimmte Normalform beschreibt: Einem Element x und jedem anderen, von dem aus man dieses Element x durch Reduktionsschritte erreichen kann, ist *dieselbe* Normalform zugeordnet.

Übung

6.1.1 Man beweise unter Benutzung des Schubfachprinzips den endlichen Spezialfall von Satz 6.1.3.iv.

6.2 Ketten und Zyklen

Eng verwandt mit der Erreichbarkeit ist der Begriff der Verbindbarkeit, bei welchem zusätzlich *gegen* die Richtung von B fortgeschritten werden darf. Das erreicht man über die Symmetrisierung $B \sqcup B^{\mathrm{T}}$ von B. Allerdings unterdrückt man gern die Schlingen und stützt sich demgemäß auf die Adjazenz Γ.

6.2.1 Definition (*Kette als Punktfolge*). Ist Γ die Adjazenz eines einfachen Graphen und $k = (x_0, \ldots, x_h)$, $h \geq 0$, eine Folge von Punkten mit $x_{i-1} \subset \Gamma x_i$ für $i = 1, \ldots, h$, so nennen wir k **Kette** der **Länge** h von x_0 nach x_h (engl. chain). Die Kette (x_0) der Länge 0 heißt **leere Kette** in x_0. Eine Kette heißt **elementar**, wenn kein Punkt – mit Ausnahme der Möglichkeit $x_0 = x_h$ – mehrfach in der Folge auftritt. □

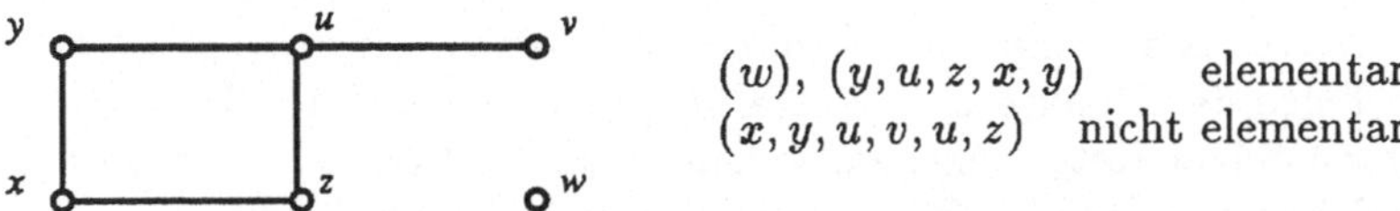

Abb. 6.2.1 Ketten in einem einfachen Graphen

In Abb. 6.2.1 sind einige Ketten angegeben. Zwei aufeinanderfolgende Punkte einer Kette sind notwendig verschieden.

In (6.1.3) konnten wir die Existenz von Wegen an der transitiven Hülle der Assoziierten ablesen. Ohne Beweis übertragen wir dieses Resultat auf die Existenz von Ketten in Beziehung zur transitiven Hülle der Adjazenz.

6.2.2 Satz. Ist Γ eine Adjazenz, sind x und y zwei beliebige Punkte und ist $h \geq 0$ eine natürliche Zahl, so gilt:

i) $x \subset \Gamma^h y \iff$ Es gibt eine Kette von x nach y der Länge h.

ii) $x \subset \Gamma^* y \iff$ Es gibt eine Kette von x nach y. □

Der Begriff des Kreises kann *nicht* analog dem des Weges übertragen werden. Die (symmetrische) Adjazenz Γ eignet sich nicht dafür, weil zuviele „Kreise" einfach dadurch zustandekommen, daß eine einzelne Kante hin und zurück durchlaufen wird.

Das Analogon zur Erreichbarkeit B^* entlang von Wegen ist die Verbindbarkeit Γ^* mit Hilfe von Ketten.

6.2.3 Definition. Ist Γ eine Adjazenz, so nennen wir Γ^* die zugehörige **Verbindbarkeit**. Sind x, y beliebige Punkte eines Graphen G, so heißen

$$x \text{ und } y \textbf{ verbindbar } :\iff xy^{\mathrm{T}} \subset \Gamma^*. \qquad \square$$

In (6.2.1) hatten wir die Kette als Folge von Punkten erklärt, in der je zwei aufeinanderfolgende Punkte vermöge der Adjazenz Γ benachbart sind. Eine Kette als Punkt-Folge und der Begriff „verbindbar" stehen also auch in einem Graphen oder Hypergraphen vermittels der zugeordneten Adjazenz zur Verfügung. Trotzdem ist für viele Fragestellungen ein hiermit verträglicher schärferer, an die Inzidenz M angelehnter Kettenbegriff nötig. Wir lassen uns dabei von (6.1.5) leiten.

6.2.4 Definition (*Kette und Zyklus als Punkt-Kanten-Folgen*). Es sei M die Inzidenz eines Graphen oder Hypergraphen. Eine alternierende Punkt-Kanten-Folge $(x_0, p_1, \ldots, p_h, x_h)$, $h > 0$, mit $x_0 \subset M^{\mathrm{T}} p_1$ (Anfangspunkt) und $x_h \subset M^{\mathrm{T}} p_h$ (Endpunkt) sowie $x_i \subset M^{\mathrm{T}} p_i \sqcap M^{\mathrm{T}} p_{i+1}$ für $i = 1, \ldots, h-1$ und $x_i \neq x_{i+1}$ für $i = 0, \ldots, h-1$ heißt **Kette** der Länge h von x_0 nach x_h. Die Folge (x_0) heiße die **leere Kette** im Punkt x_0. Eine Kette heißt **einfach**, wenn keine Kante mehrfach in der Folge auftritt.

Eine einfache Kette mit positiver endlicher Länge und übereinstimmendem Anfangs- und Endpunkt heißt **Zyklus** (engl. cycle) oder **geschlossene Kette**. Durch seine Niederschrift besitzt jeder Zyklus einen **Umlaufsinn**. □

Ist eine Kette als alternierende Punkt-Kanten-Folge gegeben, so ist offensichtlich die Folge der Punkte eine Kette im Sinne von (6.2.1). Ist nur die Folge der Kanten obiger Kette gegeben, so kann man die Punkte i. a. nicht ergänzen. Zwei aufeinanderfolgende (Hyper-) Kanten vom Range 3 könnten ja mit zwei gemeinsamen Punkten inzidieren. In einem Graphen, in dem alle Pfeile den

Rang 2 haben, bestimmt die Pfeilfolge einer Kette die Punkte eindeutig, solange diese Pfeilfolge nicht die leere Pfeilfolge ist. Eine Schlinge oder ein Tropfen kann wegen der Bedingung $x_i \neq x_{i+1}$ in einer Kette nicht vorkommen.

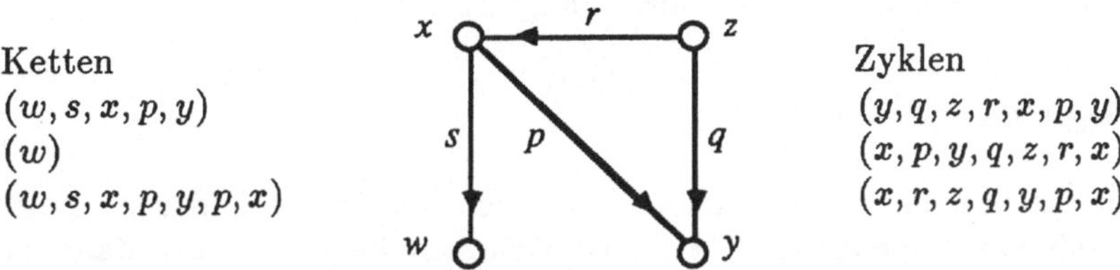

Abb. 6.2.2 Ketten und Zyklen

Die Begriffe Zyklus und Kreis wurden durch Folgen definiert. Die beiden Folgen (x, p, y, q, z, r, x) und (y, q, z, r, x, p, y) definieren daher in Abb. 6.2.2 *verschiedene* Zyklen. Da beide gleichen Umlaufsinn haben und unter Erhaltung dieses Umlaufsinnes „zyklisch ineinander überführt" werden können, nimmt man oft eine Identifizierung solcher Folgen vor; siehe auch die Bemerkungen im Anschluß an (6.1.1). Die noch gröbere Betrachtungsweise der Homologie-Theorie unterscheidet auch nicht mehr zwischen den Ketten (x, p, y, q, z, r, x) und (x, r, z, q, y, p, x) verschiedenen Umlaufsinns.

Zyklen müssen – im Gegensatz zu Kreisen – nicht nur geschlossen, sondern auch einfach sein. Deshalb übertragen sich die für Kreise in Abschnitt 6.1 festgestellten Aussagen *nicht* auf Zyklen.

Unter Verwendung der Zyklen kann man ein notwendiges und hinreichendes Kriterium dafür formulieren, daß ein Graph 2-teilbar oder 2-färbbar ist: Es ist genau dann der Fall, wenn in dem Graphen keine Zyklen ungerader Länge vorkommen.

Wir führen nun den Verbindbarkeitsbegriff des Zusammenhangs ein, der analog zum Erreichbarkeitsbegriff des starken Zusammenhangs gebildet ist, sich jedoch auf die Adjazenz stützt.

6.2.5 Definition. Gegeben sei ein einfacher Graph mit der Adjazenz Γ.

i) G **zusammenhängend** $:\Longleftrightarrow$ $\Gamma^* = L$.
$\Longleftrightarrow$ Je zwei Punkte sind verbindbar.

ii) Die Äquivalenzklassen von Punkten nach der Äquivalenzrelation Γ^* heißen **Zusammenhangskomponenten** von G. □

Wegen $B^* \subset B^{\mathsf{T}*}B^* \subset (B \sqcup B^{\mathsf{T}})^*$ herrscht die folgende Beziehung zwischen den verschiedenen Zusammenhangsbegriffen:

stark zusammenhängend $\Longrightarrow$ quasi-stark zusammenhängend $\Longrightarrow$ zusammenhängend.

Mit $\Gamma^* = (B \sqcup B^{\mathsf{T}})^*$ wurde hier die Äquivalenzhülle zu B gemäß Satz 3.2.3 gebildet. Im folgenden Spezialfall läßt sich diese Implikationskette schließen.

6.2.6 Satz. Für einen totalen Graphen G gilt:

$$G \text{ stark zusammenhängend} \iff \begin{cases} G \text{ zusammenhängend und jeder} \\ \text{Pfeil liegt auf einem Kreis.} \end{cases}$$

Der **Beweis** dieses Satzes wird als Übung 6.2.1 gestellt. □

Artikulation

Wir führen nun einige Begriffe ein, die sich damit beschäftigen, „wie fest" ein Graph zusammenhängt. Manche Graphen bleiben selbst dann zusammenhängend, wenn man irgendeinen Punkt wegschneidet, andere zerfallen dadurch in mehrere Zusammenhangskomponenten.

6.2.7 Definition. Ist G einfacher Graph und x eine Punktmenge, so heißt x **Artikulationsmenge** (bzw. **-punkt**, falls einelementig), wenn der von $\overline{x}$ erzeugte Untergraph *mehr* Zusammenhangskomponenten hat als G. □

Die n-Clique hat sicherlich keine Artikulationsmengen; umgekehrt zeigt eine elementare Überlegung, daß ein zusammenhängender Graph ohne jede Artikulationsmenge notwendig vollständig ist. Durch dieses Verhalten erfordert die n-Clique eine Ausnahmeregelung in der folgenden Definition.

6.2.8 Definition. Für einen zusammenhängenden einfachen Graphen G heiße

$$\chi := \begin{cases} \min\{\,|x| \mid x \text{ Artikulationsmenge}\,\}, & \text{falls } G \text{ keine Clique} \\ n-1, & \text{falls } G \text{ eine } n\text{-Clique} \end{cases}$$

Verbindungszahl. Ist $\chi \geq h$, so heißt G **h-zusammenhängend.** □

χ ist also die minimale Anzahl von Punkten, nach deren Entfernung G zerfällt oder sich auf einen einzigen Punkt reduziert. Für Nicht-Cliquen gilt $\chi \leq |V| - 2$. Der bekannte – hier nicht ausgeführte – Satz von Menger setzt h-Zusammenhang in Verbindung mit der Existenz von mindestens h sich nicht überkreuzenden Wegen zwischen je 2 Punkten des Graphen.

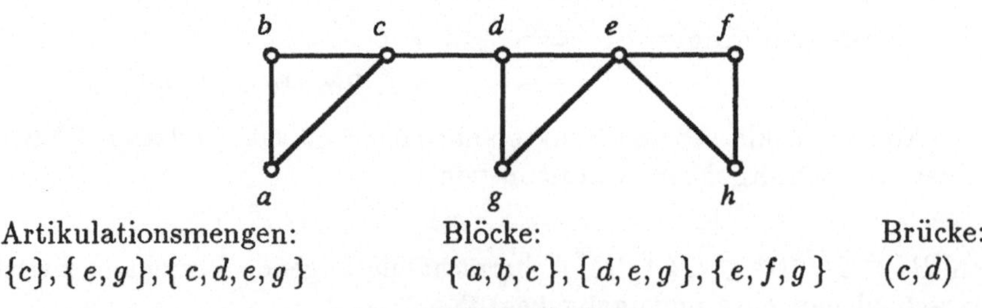

Artikulationsmengen:	Blöcke:	Brücke:
$\{c\}, \{e, g\}, \{c, d, e, g\}$	$\{a, b, c\}, \{d, e, g\}, \{e, f, g\}$	(c, d)

Abb. 6.2.3 Artikulation

Interessant sind auch die Bruchstücke, die nach dem „Zerschneiden" des Graphen an allen seinen Artikulationspunkten übrigbleiben. (Nach dem Zerschneiden in einem Artikulationspunkt soll dieser nicht wegfallen, sondern zu allen Teilstücken gehören.)

6.2.9 Definition. Ist G ein einfacher Graph, so heiße die Punktmenge x ein **Block**, wenn der von x erzeugte Untergraph ein zusammenhängender Untergraph ohne Artikulationspunkte ist und keine echt größere Punktmenge mit dieser Eigenschaft existiert. □

Abb. 6.2.3 zeigt einen Graphen mit der Verbindungszahl 1 und seine Zerlegung in Blöcke.

Die Existenz eines Artikulationspunktes x beschränkt offenbar die Zahl der im Graphen vorhandenen Relationsbeziehungen, weil sich x nicht „überbrükken" lassen darf. Man kann dazu auch eine quantitative Aussage machen: Ist G ein zusammenhängender einfacher Graph mit $n \geq 2$ Punkten und r Artikulationspunkten, so kann G höchstens $\binom{n-r}{2}+r$ Kanten haben. Diese Schranke ist sogar scharf.

Statt eines Punktes kann man auch eine Kante herausschneiden und beobachten, ob der Graph dabei auseinanderfällt. Eine Kante, bei der dies der Fall ist, heißt **Brücke**. Jede Kante eines Baumes ist offenbar Brücke, aber niemals eine Kante aus einem Zyklus in einem Graphen. Durch die Relation „Es gibt keine Brücke, die a und b trennt" gelangt man zu einer Äquivalenzrelation auf den Punkten des Graphen. Die Äquivalenzklassen nach dieser Relation werden **Brückenkomponenten** genannt.

Übung

6.2.1 Man beweise Satz 6.2.6.

6.3 Terminalität und Fundiertheit

Nachdem wir terminale Punkte in (5.2.1) als solche eingeführt haben, die keinen Nachfolger besitzen, von denen aus man weitere Punkte also nicht erreichen kann, wollen wir nun umgekehrt nach solchen Punkten suchen, von denen noch Wege mit beliebig vorgegebener Länge oder gar Wege unendlicher Länge ausgehen. Beide Begriffe stehen in enger Beziehung zueinander. Während sie bei endlichen Graphen noch übereinstimmen, unterscheiden sie sich bei nichtendlichen Graphen.

6.3.1 Definition. Ist x ein Punkt in einem Graphen G mit der Assoziierten B, so nennen wir

x **progressiv-beschränkt**	$:\Longleftrightarrow$	$x \subset \sup_{h\geq 0} \overline{B^h L}$
	$\Longleftrightarrow$	Es gibt eine Schranke für die Länge aller von x ausgehenden Wege.
B **progressiv-beschränkt**	$:\Longleftrightarrow$	$L = \sup_{h\geq 0} \overline{B^h L}$

Einige Autoren verwenden die Bezeichnung *regressiv-beschränkt*, falls progressive Beschränktheit in bezug auf B^{T} herrscht. □

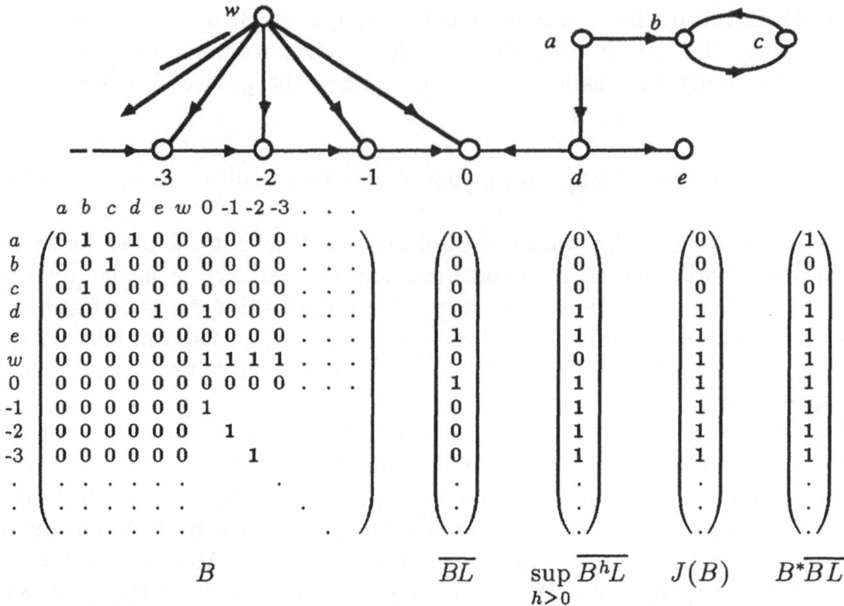

Abb. 6.3.1 Progressiv-beschränkte und progressiv-endliche Punkte

Die Einführung der progressiv-beschränkten Punkte geschah nach einem ähnlichen Schema wie die der terminalen Punkte. Die Inklusion $x \subset \overline{BL}$ bedeutet, daß es keinen Nachfolger von x, also keine Wege der Länge 1 gibt. Da ein Punkt x nach (2.4.5.i) ein Atom in der Menge der Vektoren ist, folgt aus $x \subset \sup_h \overline{B^hL}$ die Existenz eines $h := h_x$ mit $x \subset \overline{B^hL}$. Wegen $x = xL$ ist dies gleichbedeutend mit $x^{\mathrm{T}}B^hL \subset O$ und daher mit $B^{h\mathrm{T}}x = O$. Also ist $h_x - 1$ eine Schranke für die Länge der von x ausgehenden Wege. Damit ist insbesondere ausgeschlossen, daß von einem solchen Punkt ein Weg unendlicher Länge ausgeht. In Abb. 6.3.1 wäre etwa $h_d = 2$, $h_0 = 1$ und $h_{-4} = 5$.

Man beachte jedoch die Situation im Punkt w. Immer wenn man einen in w beginnenden Weg auswählt, stellt sich heraus, daß dieser Weg endliche Länge hat. Trotzdem gehört w nicht zu den progressiv-beschränkten Punkten. Nehmen wir nämlich an, n sei eine Längenschranke für alle Wege von w, so finden wir im Widerspruch hierzu mit $(w, -n, -n+1, \ldots, -1, 0)$ einen um 1 längeren Weg.

Der Punkt w zeigt die Lücke zwischen den progressiv-beschränkten Punkten und solchen, von denen aus keine Wege unendlicher Länge beginnen. Wir stellen uns daher die Aufgabe auszudrücken, daß von einem Punkt kein Weg unendlicher Länge ausgeht.

Wenn im Punkt x ein Weg unendlicher Länge beginnt, so sicherlich auch bei allen Vorgängern von x. Die Menge y aller Punkte, in denen ein Weg unendlicher Länge entspringt, erfüllt also die Bedingung $By \subset y$. Ist andererseits ein Punkt x gegeben, in dem ein Weg w_0 unendlicher Länge beginnt, so muß in wenigstens einem Nachfolger von x ein solcher Weg beginnen, mit Sicherheit nämlich in dem Nachfolgepunkt, über den der Weg w_0 führt. Wir haben also auch $y \subset By$. Beides zusammen liefert $By = y$ und damit eine Bedingung, die der Gleichung $Bx = \lambda x$ für einen Eigenvektor x zum Eigenwert $\lambda = 1$ ähnelt. Für uns ist es angemessen, darin eine Fixpunktdefinition[1] zu sehen, wie dies schon P. Hitchcock und D. Park 1972 bei der Untersuchung der Terminierung von Programmen taten.

Man könnte nun vermuten, die Menge y aller Anfangspunkte von Wegen unendlicher Länge sei durch $y = By$ bereits vollständig bestimmt. Abb. 6.3.2 zeigt jedoch ein Beispiel eines Graphen, in dem diese Charakterisierung noch unzureichend ist.

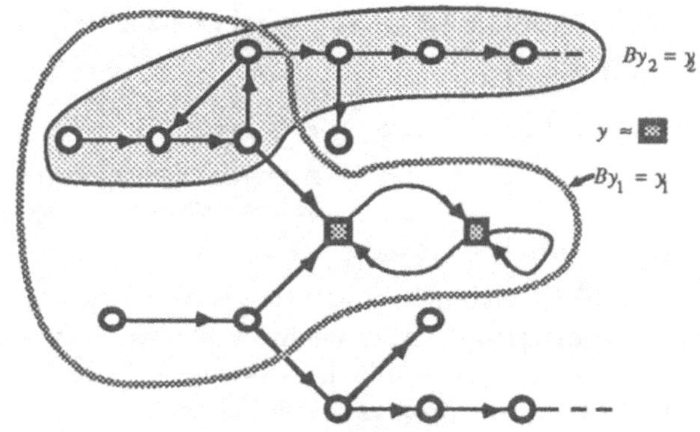

Abb. 6.3.2 Mengen von Anfangspunkten unendlicher Wege

Um die Menge aller Anfangspunkte von Wegen unendlicher Länge zu erhalten, muß demnach die größte Punktmenge y, die der Bedingung $y = By$ genügt, genommen werden. Eine solche größte Punktmenge existiert, denn es ist $O = BO$, und mit $y_i = By_i$, $i = 1, 2$ gilt auch $y_1 \sqcup y_2 = By_1 \sqcup By_2 = B(y_1 \sqcup y_2)$.

Die Menge aller Punkte, von denen aus es Wege unendlicher Länge gibt, wird also durch $\sup\{y \mid y = By\}$ beschrieben. Wir zeigen, daß bei dieser Supremumbildung sogar weitere Mengen zur Konkurrenz zugelassen werden können, und zwar alle y mit $y \subset By$. Wir sind nämlich imstande, zu jedem solchen y ein umfassendes $w \supset y$ mit $w = Bw$ zu konstruieren. Dazu nehmen wir $w := B^+y$, die Menge der Vorfahren von y. In der Tat gelten $y \subset By \subset B^+y = w$ und $Bw = BB^+y \subset B^+y = w$ sowie umgekehrt $w = B^+y \subset B^+By = BB^+y = Bw$. In Abb. 6.3.2 ergibt sich zu y das umfassende $w := y_1$.

[1] Im Abschnitt A.3 des Anhangs haben wir die folgenden Definitionen und Sätze in diesen wesentlich allgemeineren Zusammenhang gestellt. Es ist möglich, durch $\sigma(x) := B\overline{x}$ und $\varphi(x) := \overline{x}$ zwei antitone Abbildungen $\sigma, \varphi: 2^V \longrightarrow 2^V$ zu definieren und deren Hintereinanderschaltungen $\varphi(\sigma(x)) = \overline{B\overline{x}}$, $\sigma(\varphi(x)) = Bx$ zu betrachten. Dann ordnen sich die jetzigen Überlegungen einem allgemeinen Mechanismus unter, mit dem man allein aus der Tatsache der Antitonie von σ, φ mit verbandstheoretischen Mitteln weitreichende Folgerungen ziehen kann. Die Phänomene sind relativ schwierig, und wir gehen sie hier zunächst von der phänomenologischen Seite her an, ohne sofort verbandstheoretisches Geschütz aufzufahren.

Wir kehren zu unserer anfänglichen Fragestellung zurück und betrachten das Komplement von $\sup\{ y \mid y = By \}$. Die im folgenden erklärten Begriffe stellen sicher, daß man nur endlich oft gemäß einer Relation B vorwärtsschreiten kann. Sie haben in der Informatik wie in der Mathematik zentrale Bedeutung und sind eng mit Rekursions- und Induktionsprinzipien, Wohlordnung und Auswahlaxiom, wie auch mit den Kettenbedingungen der Idealtheorie verwandt.

6.3.2 Definition. Wir betrachten eine Relation B und Vektoren x.

i) Die Menge aller Punkte, von denen aus es nur Wege endlicher Länge gibt

$$J(B) := \inf\{ x \mid \overline{x} = B\overline{x} \} = \inf\{ x \mid \overline{x} \subset B\overline{x} \}$$

heiße **Initialteil** von B.

ii) x **progressiv-endlich** $:\iff$ $x \subset J(B)$

$\iff$ Alle von x ausgehenden Wege in B haben endliche Länge.

B **progressiv-endlich** $:\iff$ $J(B) = L$.

Statt „progressiv-endlich" ist auch **Noethersch** üblich und „erfüllt die **aufsteigende Kettenbedingung**". Man nennt B **fundiert**, **Artinsch**, **regressiv-endlich**, oder man sagt „B erfüllt die **absteigende Kettenbedingung**" (engl. well-founded), wenn B^{T} progressiv-endlich ist. □

Wir haben hier Noethersch, Artinsch usw. nicht nur für Ordnungen, sondern allgemein für Relationen erklärt. Auch die später zu besprechenden Induktionsprinzipien setzen keine Ordnung voraus. Übrigens kann nur eine Striktordnung die genannten Eigenschaften besitzen. Eine (reflexive) Ordnung kann nicht progressiv-endlich sein. Eine Artinsche konnexe Ordnung ist eine **Wohlordnung**.

Offenbar ist B progressiv-endlich, genau wenn für jede Punktmenge y gilt

$$y \subset By \implies y = O.$$

Progressiv-endliche Graphen sind also genau diejenigen, in denen von keinem Punkt ein Weg unendlicher Länge ausgeht. Die Implikation kann man auch zu

$$y \neq O \implies y \sqcap \overline{By} \neq O$$

umkehren mit der Deutung: In einem progressiv-endlichen Graphen enthält jede nichtleere Punktmenge y einen Punkt, der ohne Nachfolger in y ist.

Würde es sich bei der Relation B um eine irreflexive Ordnung handeln, so würde man sagen, jede nichtleere Punktmenge enthält (wenigstens) einen maximalen Punkt. (In dieser Form findet sich der Sachverhalt schon in v. NEUMANN, MORGENSTERN 44.)

Wir werden nun untersuchen, in welchem Verhältnis die Begriffe „progressiv-endlich" und „progressiv-beschränkt" zueinander stehen und inwieweit sie mit der Möglichkeit verwandt sind, einen terminalen Punkt zu erreichen. Die Ergebnisse hängen teilweise von Zusatzbedingungen ab; sie sind im folgenden Satz zusammengefaßt.

6.3.3 Satz. In einem Graphen mit der Assoziierten B gilt

i)			$\sup_{h\geq 0} \overline{B^h L} \subset J(B) \subset B^*\overline{BL}$;
ii)	B eindeutig	$\Longrightarrow$	$\sup_{h\geq 0} \overline{B^h L} = J(B) = B^*\overline{BL}$;
iii)	B progressiv-beschränkt	$\Longrightarrow$	$L = \sup_{h\geq 0} \overline{B^h L} = J(B) = B^*\overline{BL}$;
iv)	B progressiv-endlich	$\Longrightarrow$	$\sup_{h\geq 0} \overline{B^h L} \subset J(B) = B^*\overline{BL} = L$;
v)	B endlich	$\Longrightarrow$	$\sup_{h\geq 0} \overline{B^h L} = J(B) \subset B^*\overline{BL}$.

Beweis: i) Die Menge $x_0 := B^*\overline{BL}$ erfüllt $\overline{x_0} \subset B\overline{x_0}$ aufgrund von $x_0 \sqcup B\overline{x_0} = B^*\overline{BL} \sqcup \overline{BB^*\overline{BL}} = (\overline{BL} \sqcup BB^*\overline{BL}) \sqcup \overline{BB^*\overline{BL}} = \overline{BL} \sqcup BL = L$, so daß $J(B) \subset x_0$. Außerdem gilt für jedes x mit $B\overline{x} = \overline{x}$ zunächst $\overline{B^0 L} = O \subset x$ sowie durch Induktion $\overline{B^h L} \subset x \Longleftrightarrow \overline{x} \subset B^h L \Longrightarrow B\overline{x} = \overline{x} \subset B^{h+1}L \Longleftrightarrow \overline{B^{h+1}L} \subset x$. Folglich ist $\sup_{h\geq 0} \overline{B^h L} \subset x$. ii) Im Falle $B^{\mathrm{T}}B \subset I$ gilt

$$(B^h)^{\mathrm{T}} B^{h+1} L \subset (B^{h-1})^{\mathrm{T}} B^h L \subset \ldots \subset BL$$

stets für $h \geq 0$, so daß $B^h\overline{BL} \subset \overline{B^{h+1}L}$. Deshalb gilt $B^*\overline{BL} \subset \sup_{h\geq 0} \overline{B^h L}$.

iii) und iv) folgen unmittelbar aus den Definitionen von progressiv-endlich und progressiv-beschränkt.

v) Bei einem endlichen Graphen wird die Folge $L \supset BL \supset B^2 L \supset \ldots$ stationär, d. h. es gibt ein k mit $B^k L = BB^k L$, so daß auch $\inf_{h\geq 0} B^h L = B^k L = BB^k L = B \inf_{h\geq 0} B^h L$. Also erfüllt $x := \sup_{h\geq 0} \overline{B^h L}$ die Bedingung $\overline{x} = B\overline{x}$ und umfaßt somit $J(B)$. □

Jeder progressiv-beschränkte Punkt ist auch progressiv-endlich. Von den progressiv-endlichen Punkten aus kann stets ein terminaler Punkt erreicht werden: $J(B) \subset B^*\overline{BL}$. Anschaulich ist dies natürlich klar. In einem Punkt x, von dem aus es nur Wege von höchstens der Länge h_x gibt, kann selbstverständlich kein Weg unendlicher Länge entspringen. Wenn von einem Punkt kein Weg unendlicher Länge ausgeht, muß jeder Weg schließlich zu einem Punkt führen, von dem aus man nicht weiterkommt, d. h. zu einem terminalen Punkt.

Andererseits ist klar, daß es durchaus Punkte geben kann, von denen aus längs eines Weges ein terminaler Punkt erreicht wird, längs eines anderen Weges aber unendlich lange fortgeschritten werden kann. Im allgemeinen kann daher in (i) nirgends Gleichheit herrschen. Anders liegen die Dinge bei eindeutigem B; dann kann es die eben erwähnte Aufspaltung in verschiedene Wege nicht geben, und die drei Ausdrücke sind gleich. Deswegen ist der Umgang mit deterministischen Programmen soviel einfacher als der mit nichtdeterministischen.

Man wird nun fragen, wie weit die Begriffe „progressiv-beschränkt" und „progressiv-endlich" für nichtendliche Graphen divergieren können. Der Unterschied wird am ehesten klar, wenn man den Prozeß einer Rückwärtsausschöpfung von den terminalen Punkten her betrachtet, wie er in Abb. 6.3.3 dargestellt ist. Ausgehend von der Menge $z_0 = \overline{BL}$ der terminalen Punkte wird jeweils die Menge aller Punkte bestimmt, zu denen es keinen Nachfolger im Komplement der vorhergehenden Menge gibt. Die Erwartung ist, daß aufgrund einer solchen „sicheren“ Ausschöpfung alle Punkte x gewonnen werden, von denen man notwendigerweise nach einer festen Anzahl h_x von Schritten zu einem terminalen Punkt gelangen muß.

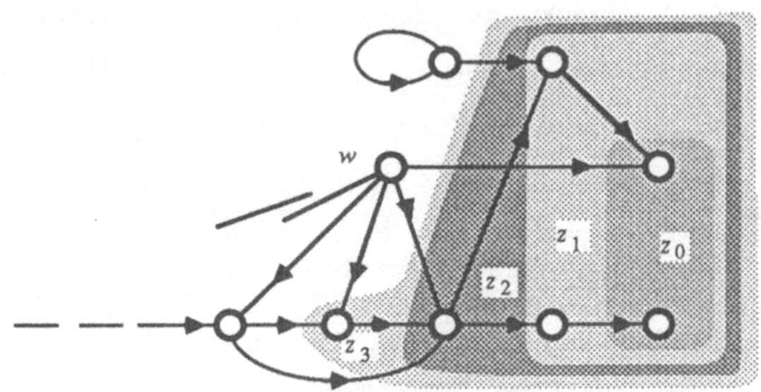

Abb. 6.3.3 Ausschöpfung der progressiv-beschränkten Punkte

6.3.4 Satz (*Ausschöpfungssatz*). In einem Graphen mit der Assoziierten B kann man alle progressiv-beschränkten Punkte durch die Iteration

$$z_0 := \overline{BL}, \quad z_{i+1} := \overline{B\overline{z_i}} \quad \text{für } i \geq 0$$

ausschöpfen, d. h. es gilt

$$\sup_{h\geq 0} z_h = \sup_{h\geq 0} \overline{B^h L}.$$

Beweis: Wir zeigen durch Induktion, daß $z_h = \overline{B^{h+1}L}$. Für $h = 0$ ist dies als Anfang der Iteration vorgeschrieben. Aus der Annahme $z_{h-1} = \overline{B^h L}$ folgt über $\overline{z_{h-1}} = B^h L$, $B\overline{z_{h-1}} = B^{h+1}L$ und $\overline{B\overline{z_{h-1}}} = \overline{B^{h+1}L}$ die Behauptung. □

Diesen Prozeß könnten wir auch mit $z_{-1} := O$ und $z_0 := \overline{B\overline{z_{-1}}}$ beginnen. Der progressiv-endliche Punkt w in Abb. 6.3.3 kann von dieser Ausschöpfung allerdings nicht erfaßt werden. Der Grund dafür ist, daß er unendlich viele, erst nacheinander einzufangende Nachfolger hat und wir hier eine transfinite Fortsetzung des Verfahrens nicht zulassen. Umgekehrt kann man hoffen, daß bei Graphen mit *endlichem* Nachfolgergrad $g_N(x)$ in jedem einzelnen Punkt x eine stärkere Übereinstimmung zwischen den Begriffen progressiv-endlich und progressiv-beschränkt herrscht.

6.3.5 Satz. In einem Graphen G mit der Assoziierten B, in dem alle Punkte x endlichen Nachfolgergrad haben, gilt

i) $\sup_{h\geq 0} \overline{B^h L} = J(B)$;

ii) G progressiv-beschränkt $\iff$ G progressiv-endlich.

Beweis: Nach (6.3.3.i) muß nur noch „$\supset$“ bewiesen werden. Wir nehmen daher an, es gäbe einen progressiv-endlichen aber nicht progressiv-beschränkten Punkt x. Zu jeder natürlichen Zahl h existiert dann ein Weg $w_{f(h)}$ der Länge

$|w_{f(h)}| \geq h$. Diese unendlich vielen Wege führen alle über die endlich vielen Nachfolger von x. Daher gibt es unter diesen Nachfolgern einen Punkt, über den eine unendliche Menge dieser Wege führt. Da man dieses Schubfach-Argument beliebig fortsetzen kann, entspringt in x ein Weg unendlicher Länge im Widerspruch zur Annahme, x sei progressiv-endlich. □

Von Satz 6.3.5.ii kannten wir bereits die Richtung „$\Longrightarrow$". Die neu hinzugekommene Aussage „$\Longleftarrow$" ist bekannt als **Königsches Lemma**. Im Jahre 1927 bewies D. König, daß sich in einem Graphen mit endlichem Nachfolgergrad, der nicht progressiv-beschränkt ist, die Existenz eines Weges unendlicher Länge nachweisen läßt. Neben v. Neumann, haben zu solchen Überlegungen unter Hervorhebung spieltheoretischer Aspekte (insbesondere beim Schach) auch Zermelo (1912), Kalmár (1928) und Euwe (1929) beigetragen.

Setzt man zusätzlich zum endlichen Nachfolgergrad voraus, daß der Graph G kreisfrei ist, so gilt

$$
\begin{aligned}
&G \text{ progressiv-beschränkt} \iff G \text{ progressiv-endlich}\\
&\iff \text{Für jeden Punkt } x \text{ ist die Menge } B^{*\mathsf{T}}x \\
&\qquad \text{aller von ihm aus erreichbaren Punkte endlich.}
\end{aligned}
$$

Die Kreisfreiheit erlaubt es, die Richtung „$\Longleftarrow$" der zweiten Äquivalenz zu beweisen. Da ein einmal von x aus erreichter Punkt beim Fortschreiten nie ein zweites Mal erreicht werden kann, gibt es überhaupt nur endlich viele Wege von x und damit auch eine gemeinsame Längenschranke.

In einem progressiv-endlichen Graphen gehen von *allen* Punkten nur Wege endlicher Länge aus. Wenn progressive Endlichkeit eines Graphen ausschließt, daß darin Wege unendlicher Länge möglich sind, so werden davon zwei verschiedene Typen von Wegen betroffen; einmal Wege über unendlich viele verschiedene Punkte und zum anderen Wege, die im unendlich häufigen Durchlaufen eines oder mehrerer Kreise endlicher Länge bestehen. In einem progressiv-endlichen Graphen sollten also keine Kreise vorkommen. Wir formulieren dies als Satz und empfehlen den formalen Beweis als Übung 6.3.2.

6.3.6 Satz. Jeder progressiv-endliche Graph ist kreisfrei, d. h. für die Assoziierte B eines Graphen gilt stets

$$L = J(B) \quad \Longrightarrow \quad B^{+} \subset \overline{I}. \qquad \square$$

Für einen endlichen, kreisfreien Graphen $G = (V, B)$ verschwindet eine Potenz von B, somit auch $\inf_h B^h L$, und G ist progressiv-beschränkt. Wir können also zusammenfassend den Implikationszyklus

$$G \begin{array}{l}\text{progressiv-}\\ \text{beschränkt}\end{array} \Longrightarrow G \begin{array}{l}\text{progressiv-}\\ \text{endlich}\end{array} \Longrightarrow G \text{ kreisfrei}$$

(Rückpfeil von „G kreisfrei" zu „G progressiv-beschränkt": falls G endlich)

notieren; alle drei Eigenschaften fallen demnach bei endlichen Graphen zusammen.

Im nichtendlichen, aber dafür regressiv-endlichen Fall können wir die Aussagen von Satz 6.1.13 verschärfen:

6.3.7 Satz. Für regressiv-endliche Graphen gilt:

$$\begin{array}{c}\text{quasi-stark}\\ \text{zusammenhängend}\end{array} \iff \text{Es gibt } \textit{genau} \text{ eine Wurzel.}$$

Beweis: Wegen des quasi-starken Zusammenhangs gilt

$$L = B^{\mathrm{T}*}B^* = (I \sqcup B^{\mathrm{T}}B^{\mathrm{T}*})B^* = B^* \sqcup B^{\mathrm{T}}B^{\mathrm{T}*}B^* = B^* \sqcup B^{\mathrm{T}}L,$$

und $\overline{B^*}$ wie auch $\overline{B^*}L$ sind in $B^{\mathrm{T}}L$ enthalten. Ein regressiv-endlicher Graph ist nach Satz 6.3.6 kreisfrei. Das bedeutet $B^+ = B\overline{B^*} \subset \overline{I}$ und ist gleichbedeutend mit $B^{\mathrm{T}} \subset \overline{B^*}$. Insgesamt haben wir also $\overline{B^*}L = B^{\mathrm{T}}L$. Wir nutzen nun (6.3.3.iv) aus und sehen an $L = J(B^{\mathrm{T}}) = B^{\mathrm{T}*}\overline{B^{\mathrm{T}}L}$, daß $\overline{B^{\mathrm{T}}L} \neq O$ sein muß, daß es also Punkte ohne Vorgänger gibt. Dann ist aber die Menge $a := \overline{\overline{B^*}L} = \overline{B^{\mathrm{T}}L}$ der Wurzeln nicht leer. Schließlich kann es auch nur eine Wurzel geben, weil durch zwei Wurzeln ein Kreis verlaufen müßte. Formal haben wir Injektivität von a nachzuweisen: Zum ersten ist $aa^{\mathrm{T}} \subset B^*$, denn $\overline{B^*}a \subset \overline{a} = \overline{B^*}L$ und zum anderen ist $aa^{\mathrm{T}} \subset \overline{B^{+\mathrm{T}}}$, denn $B^{+\mathrm{T}}a \subset \overline{a} = B^{\mathrm{T}}L$, so daß zusammengenommen $aa^{\mathrm{T}} \subset B^* \sqcap \overline{B^+} \subset I$ gilt. □

Induktionsprinzipien

Im Zusammenhang mit diesen Fragen steht eine wichtige Methode, Aussagen über Graphen zu beweisen. Es handelt sich um ein mit der bekannten transfiniten Induktion verwandtes verallgemeinertes Prinzip. Die Aussagen betreffen jeweils die Zugehörigkeit von Punkten eines Graphen zu einer Teilmenge x. Wenn man x statt als Teilmenge als Prädikat ansieht, geht es darum, ob dieses Prädikat für die Punkte zutrifft. Als erstes führen wir eine Bezeichnung für die in der Infimumbildung von Definition 6.3.2 zugelassene Art von Mengen ein.

6.3.8 Definition. Ist B Assoziierte eines Graphen und ist x eine Teilmenge der Punkte, so heiße diese Teilmenge

$$\begin{array}{lll} x \ B\text{-vollständig} & :\iff & \overline{x} \subset B\overline{x} \\ & \iff & \text{Jeder Punkt ohne Nachfolger im Komple-} \\ & & \text{ment von } x \text{ gehört selbst zu } x. \end{array}$$ □

Sei nun eine solche B-vollständige Menge x gegeben. Sie beschreibt mit Zugehörigkeit bzw. Nichtzugehörigkeit zu x eine Eigenschaft von Punkten des Graphen. Die Eigenschaft x eines beliebigen Punktes a folgt bei einer B-vollständigen Menge stets aus der Gültigkeit dieser Eigenschaft für *alle* Nachfolger von a. Sie kommt daher wenigstens allen Punkten des Initialteils zu, in einem progressiv-endlichen Graphen demnach allen Punkten. Die Eigenschaft x muß insbesondere für die terminalen Punkte gelten, denn diese haben keine Nachfolger, und die Eigenschaft x ist daher für alle diese nicht vorhandenen Nachfolger erfüllt. Es gilt also als unmittelbare Folge von Definition 6.3.2 folgender Satz.

6.3.9 Satz (*Verallgemeinertes Induktionsprinzip*). Es sei x eine Punktmenge in einem Graphen mit der Assoziierten B.

i) x B-vollständig $\Longrightarrow$ $J(B) \subset x$,

ii) x B-vollständig und B progressiv-endlich $\Longrightarrow$ $L = x$. □

Als Umformulierung und Spezialisierung ergibt sich das folgende Korollar für die regressiv-endliche Richtung.

6.3.10 Korollar (*Transfinite Induktion*). Es sei B eine fundierte Striktordnung und x eine Eigenschaft von Elementen der so geordneten Menge. Für den Beweis, daß alle Elemente dieser geordneten Menge die Eigenschaft x besitzen, genügt der Nachweis, daß ein Element stets dann die Eigenschaft x besitzt, wenn alle seine Vorgänger die Eigenschaft x haben. □

Ordnungen lassen sich oft besonders ökonomisch durch ihr Hasse-Diagramm beschreiben. Wir fragen nun, wie sich die Vollständigkeit bzgl. einer transitiven Relation zu der bzgl. einer Relation mit gleicher transitiver Hülle verhält. Allgemein gilt offenbar

$$x \ B\text{-vollständig} \quad \Longrightarrow \quad x \ B^+\text{-vollständig},$$

(jedoch *nicht* die Umkehrung, wie man sich an der Relation B „ist unmittelbarer Vorgänger von" auf den ganzen Zahlen und an der Teilmenge x der geraden Zahlen überlegt.) B-Vollständigkeit ist daher eine seltener erfüllte Voraussetzung als B^+-Vollständigkeit, und es stellt sich die Frage, ob die Aussage des Satzes 6.3.9 gültig bleibt, wenn man an dieser Stelle aufweicht. Einen ersten Hinweis gibt die Tatsache, daß wegen $BL = B^+L$ die B-terminalen und die B^+-terminalen Punkte übereinstimmen.

6.3.11 Satz. Ist B eine Relation und x eine Punktmenge, so gilt

i) $J(B) = J(B^+)$;

ii) x B^+-vollständig $\Longrightarrow$ $J(B) \subset x$;

iii) x B^+-vollständig und B progressiv-endlich $\Longrightarrow$ $L = x$.

Beweis: i) Mit $\overline{x} \subset B\overline{x}$ gilt stets auch $\overline{x} \subset B^+\overline{x}$, so daß angesichts der Infimum-Definition des Initialteils $J(B^+) \subset J(B)$. Umgekehrt erfüllt jedes y mit $\overline{y} = B^+\overline{y}$ auch

$$\overline{y} = B^+\overline{y} = BB^*\overline{y} = B(I \sqcup B^+)\overline{y} = B\overline{y} \sqcup BB^+\overline{y} = B\overline{y};$$

daher gilt $J(B) \subset J(B^+)$. (ii) und (iii) sind unmittelbare Folge von (i). □

Übungen

6.3.1 Der kleinste Fixpunkt des Funktionals $\tau(X) := \overline{B\overline{X}}$ wird in (6.3.2) als Initialteil eines Graphen bezeichnet. Man zeige, daß τ isoton ist, d. h. daß $X_1 \subset X_2 \implies \tau(X_1) \subset \tau(X_2)$. Man zeige an einem Beispiel, daß τ nicht stetig ist, d. h. daß $X_1 \subset X_2 \subset \ldots$ nicht impliziert $\tau(\sup_{h\geq 1} X_h) = \sup_{h\geq 1} \tau(X_h)$.

6.3.2 Man zeige, daß für die Assoziierte B eines Graphen gilt

$$L = J(B) \Longrightarrow B^+ \subset \overline{I},$$

d. h. daß jeder progressiv-endliche Graph kreisfrei ist.

6.3.3 Ist der Graph G homomorph in einen progressiv-beschränkten bzw. in einen progressiv-endlichen Graphen abgebildet, so ist G selbst progressiv-beschränkt bzw. progressiv-endlich.

6.3.4 Man zeige, daß für den Initialteil $J(B)$ gilt

$$B^{*\mathrm{T}} J(B) = J(B), \qquad B^* \overline{J(B)} = \overline{J(B)}.$$

6.3.5 Man beweise, daß stets $J(B) \subset \inf\{\, x \mid \overline{BL} \sqcup Bx \subset x \,\}$ und daß bei eindeutiger Relation B sogar $J(B) = \inf\{\, x \mid \overline{BL} \sqcup Bx \subset x \,\}$.

6.4 Konfluenz und Church-Rosser-Theoreme

In Abb. 6.4.1 ist eine Ableitungsstruktur als Graph aufgefaßt, die oft in verwandter Form bei Fragestellungen der Syntaxanalyse, der Termersetzung oder bei Konversionen im λ-Kalkül auftaucht. Als Menge der Punkte – hier natürlich nur ausschnittsweise gezeichnet – nehmen wir die nichtendliche Menge aller Zeichenfolgen über dem Zeichenvorrat $\{\, a, b, c, S \,\}$. Pfeile sind dort eingezeichnet, wo ein Reduktions-Übergang anhand der Ableitungsregel

$$S ::= aSbS \mid aS \mid c$$

möglich ist. S sei das Axiom.

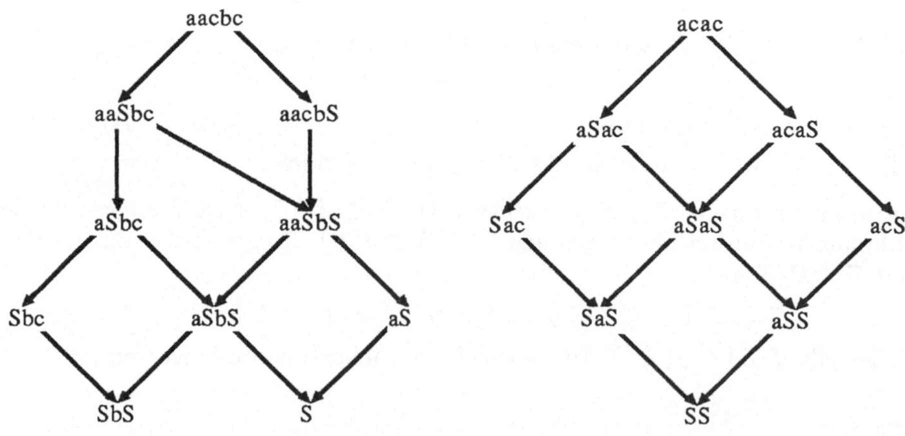

Abb. 6.4.1 Ableitungsstruktur als Graph

Beim Übersetzerbau oder auch beim automatischen Beweisen ist es von großer Bedeutung zu wissen, ob der Satz von Ableitungsregeln eine sackgassenfreie Analyse erlaubt oder nicht. In eine Sackgasse gerät man im linken Teil von Abb. 6.4.1, denn von SbS nach S gibt es mit dem vorhandenen Satz von

Regeln keinen Weg. Auf dem Wege zum Axiom S dieses Graphen muß man zu einer früheren Verzweigungsstelle zurückkehren und anders fortfahren. Ein besonderer Vorzug eines Satzes von Ableitungsregeln ist es, wenn unabhängig von der Entscheidung an der Verzweigungsstelle ein Weg zum Axiom gefunden werden kann.

Wir geben nun eine relationale Formulierung für eine solche Eigenschaft. Die Bezeichnungen gehen vor allem auf A. Church und B. Rosser (1936) sowie auf M. H. A. Newman (1942) zurück, die auch einige der nachfolgenden Aussagen als erste bewiesen haben.

6.4.1 Definition. Wir nennen eine Relation

B **konfluent** $:\Longleftrightarrow\quad B^{\mathrm{T}*}B^* \subset B^*B^{\mathrm{T}*} \quad\Longleftrightarrow\quad B^{\mathrm{T}}B^* \subset B^*B^{\mathrm{T}*}$

$\Longleftrightarrow\quad (B^{\mathrm{T}} \sqcup B)^* \subset B^*B^{\mathrm{T}*}$

$\Longleftrightarrow$ Je zwei Punkte mit gemeinsamen Vorfahren haben auch gemeinsame Nachfahren.

Insbesondere in der letzten Form spricht man auch von der **Church-Rosser-Eigenschaft.** □

Wir veranschaulichen uns zunächst die drei Situationen dieser Definition in Abb. 6.4.2 an Familienbeziehungen und erwähnen anschließend, wieso sie äquivalent sind. Aus der Tatsache, daß für irgend zwei Punkte x, y ein gemeinsamer Vorfahr v existiert, soll stets folgen, daß es auch einen gemeinsamen Nachfahren z gibt. Etwas schwächer scheint zunächst die Forderung, daß solch ein gemeinsamer Nachfahr nur dann existieren muß, wenn der gemeinsame Vorfahr u sogar (direkter) Vorgänger von x ist. Demgegenüber möchte man meinen, die Forderung, welche allein aus der Verwandtschaft von x und y, selbst wenn diese erst durch mehrfaches Auf- und Absteigen in der Ahnentafel nachweisbar ist, die Existenz eines gemeinsamen Nachfahren postuliert, sei schärfer.

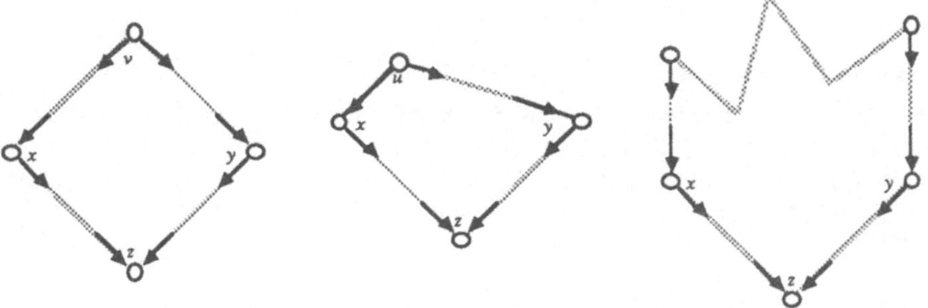

Abb. 6.4.2 Varianten der Konfluenzbedingung

Anstelle der zuletzt behaupteten Definitionsvariante kann nach (3.2.6.iii) auch $(B^{\mathrm{T}} \sqcup B)^* = B^*B^{\mathrm{T}*}$ gefordert werden. Durch Transposition erhält man aus der zweiten Variante auch $B^{\mathrm{T}*}B \subset B^*B^{\mathrm{T}*}$.

Die Definitionsvarianten sind tatsächlich gleichwertig. Für die nichttriviale Richtung „$\Longleftarrow$" zwischen den ersten beiden Varianten erhält man aus $B^TB^* \subset B^*B^{T*}$ sogleich $B^TB^TB^* \subset B^TB^*B^{T*} \subset B^*B^{T*}B^{T*} = B^*B^{T*}$, durch Induktion $B^{Ti}B^* \subset B^*B^{T*}$ für $i \geq 0$, und somit $B^{T*}B^* \subset B^*B^{T*}$. Die Richtung „$\Longleftarrow$" zwischen der ersten und dritten Variante ist ein Spezialfall von (3.2.6.iii) und für „$\Longrightarrow$" gilt: Wegen $B^{T*}B^* \subset B^*B^{T*}$ ist die Relation B^*B^{T*} transitiv und somit, da trivialerweise auch reflexiv und symmetrisch, eine Äquivalenzrelation. Weil $(B^T \sqcup B)^*$ die kleinste B^T und B umfassende Äquivalenzrelation ist, erhält man $(B^T \sqcup B)^* \subset B^*B^{T*}$. Außerdem halten wir das folgende Resultat fest, das man als Übung 6.4.1 beweisen möge.

6.4.2 Satz.
B konfluent $\iff$ B^*B^{*T} difunktional $\iff$ B^*B^{*T} Äquivalenz. □

Liegt Konfluenz vor, so haben „verwandte" Punkte stets gemeinsame Nachfahren. Gibt es mehrere gemeinsame Nachfahren, so sind diese wiederum verwandt und haben aufgrund der Konfluenz ihrerseits gemeinsame Nachfahren, usw. Zwei Möglichkeiten sind nun denkbar: Dies setzt sich beliebig fort oder die „Familie stirbt aus", indem ein Punkt ohne Nachfolger, also ein terminaler Punkt, erreichbar wird. Der folgende Satz weist nun nach, daß ein Punkt höchstens einen „kinderlosen" Nachfahren besitzen kann.

6.4.3 Satz. Bezeichnet $C := B^* \sqcap \overline{BL}^T$ die terminierende Erreichbarkeit zur Assoziierten B, so gilt:

i) In einem konfluenten Graphen ist von jedem Punkt aus höchstens ein terminaler Punkt erreichbar, d. h.

$$B \text{ konfluent} \Longrightarrow C \text{ eindeutig.}$$

ii) Ein Graph ist konfluent, falls von jedem Punkt aus genau ein terminaler Punkt erreichbar ist, d. h.

$$B \text{ konfluent} \Longleftarrow C \text{ Abbildung.}$$

Beweis: i) Einerseits ist $C^TC \subset (B^* \sqcap \overline{BL}^T)^TL \subset \overline{BLL} \subset \overline{BL}$ und analog $C^TC \subset \overline{BL}^T$; andererseits folgt aus der Konfluenz $C^TC \subset B^{T*}B^* \subset B^*B^{T*} = (I \sqcup B^+)(I \sqcup B^{+T}) \subset I \sqcup BL \sqcup (BL)^T$. Zusammen ergibt sich $C^TC \subset I$.

ii) Man verwendet nacheinander Totalität von C (6.1.16.ii) in Verbindung mit der Eindeutigkeit von C, um zu zeigen $B^{T*}B^* \subset B^{T*}CC^TB^* = CC^T \subset B^*B^{T*}$. □

Man beachte, daß hierbei nirgends Kreisfreiheit, progressive Beschränktheit oder progressive Endlichkeit vorausgesetzt werden mußte.

Anschaulich ist dieses Ergebnis natürlich klar. Könnten von einem Punkt aus zwei terminale Punkte erreicht werden, so wären diese verwandt, aber es wäre im Gegensatz zur postulierten Konfluenz unmöglich, von ihnen überhaupt einen Nachfolger, geschweige denn einen gemeinsamen Nachfahren zu erreichen.

Abb. 6.4.3 zeigt vier konfluente Graphen. Zugleich erkennt man, daß (6.4.3.i) keine Existenzaussage für einen terminalen erreichbaren Punkt beinhaltet und daß man sich nicht verleiten lassen darf, vom Erreichen eines terminalen Punktes auf Kreisfreiheit, progressive Endlichkeit oder Beschränktheit zu schließen. Obwohl a und b jeweils terminale Punkte in einem konfluenten Graphen sind, gibt es einmal einen Kreis und einmal einen Weg unendlicher Länge. Wenn man allerdings, wie in (6.4.3.ii), von jedem Punkt genau einen terminalen Punkt erreichen kann, so ist es klar, daß alle möglichen Verzweigungen irgendwo wieder zusammenlaufen müssen, daß also Konfluenz herrscht.

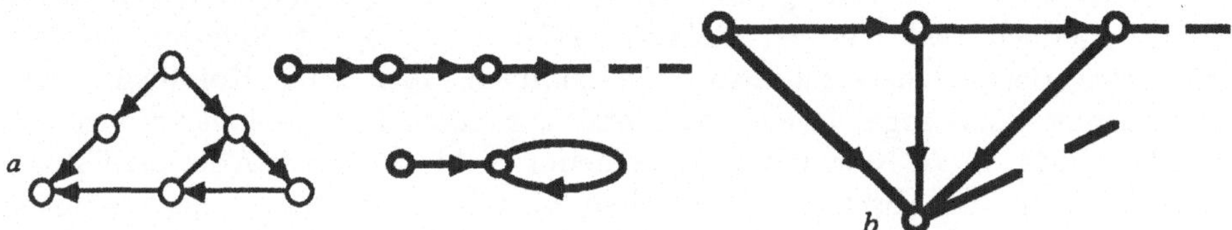

Abb. 6.4.3 Konfluenz und terminierende Erreichbarkeit

Die Eigenschaft der Konfluenz wurde unter Verwendung der Erreichbarkeit B^* ausgedrückt. Aus einer formal ähnlichen Bedingung mit B anstelle der Erreichbarkeit B^* sollte sich ebenfalls Konfluenz ergeben.

6.4.4 Satz. Jede „rautenförmige“ Relation ist konfluent, d. h.

$$B^{\mathrm{T}}B \subset BB^{\mathrm{T}} \quad \Longrightarrow \quad B \text{ konfluent.}$$

Ein Induktionsbeweis liefert die Inklusionen $B^{\mathrm{T}i}B^j \subset B^jB^{\mathrm{T}i}$ und somit gilt $B^{\mathrm{T}*}B^* \subset B^*B^{\mathrm{T}*}$. □

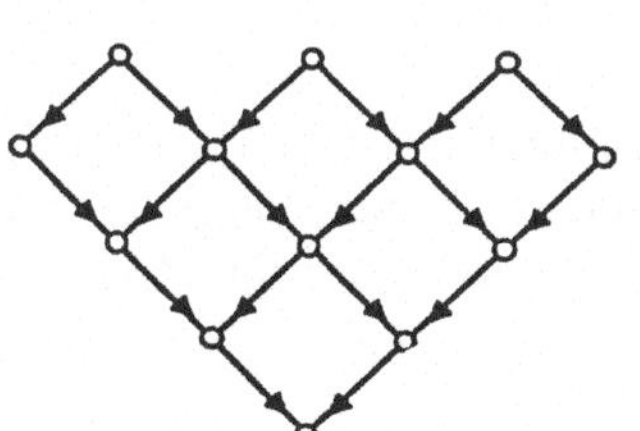

Abb. 6.4.4 Rautenförmige Konfluenz

Als unmittelbare Folgerung aus diesem Satz ergibt sich ein einfaches Konfluenzkriterium, mit welchem man sich beispielsweise auf ein, wie in Abb. 6.4.4 dargestelltes, nach unten rautenförmiges Hasse-Diagramm stützen kann. Spätere Beispiele zeigen allerdings, daß oft viel kompliziertere Verhältnisse vorliegen; ohne Beweis erwähnen wir:

6.4.5 Korollar. Ist B eine Relation, zu der es eine Relation S mit $S^* = B^*$ und $S^{\mathrm{T}}S \subset SS^{\mathrm{T}}$ gibt, so ist B konfluent. □

In Definition 6.4.1 erwies es sich als gleichwertig, Verwandte im allgemeinen Sinne zu betrachten (Version 1) oder Verwandtschaft zu Abkömmlingen des Vaters (Version 2). Hier liegt eine konsequente Fortführung nahe, und wir betrachten jetzt nur noch Verwandtschaft zwischen Geschwistern. Nur für diese fordern wir noch – entgegen der gesellschaftlichen Norm – gemeinsame Nachfahren.

6.4.6 Definition. Wir nennen eine Relation

B **lokal konfluent** $:\iff$ $B^{\mathrm{T}}B \subset B^*B^{\mathrm{T}*}$.
$\iff$ Je zwei Punkte mit gemeinsamem Vorgänger haben einen gemeinsamen Nachfahren. □

Lokale Konfluenz ist leichter nachprüfbar als Konfluenz und natürlich gilt

$$\text{konfluent} \implies \text{lokal konfluent}.$$

Die Umkehrung ist falsch, wofür es ein einfaches Beispiel von R. Hindley (1974) gibt. Die Punkte x und y in Abb. 6.4.5 stehen beidemal in der Relation $B^{\mathrm{T}*}B^*$, jedoch weder in der Relation $B^{\mathrm{T}}B$ noch in der Relation $B^*B^{\mathrm{T}*}$. Im linken Beispiel herrscht also Lokalkonfluenz aber keine Konfluenz. Die Umkehrung bleibt sogar falsch, wenn man zusätzlich Kreisfreiheit voraussetzt, wie der auf M. H. A. Newman zurückgehende rechte Graph in Abb. 6.4.5 zeigt. (Aus der Sicht von Abschnitt 7.3 ist dieser Graph eine Überlagerung des linken Graphen.)

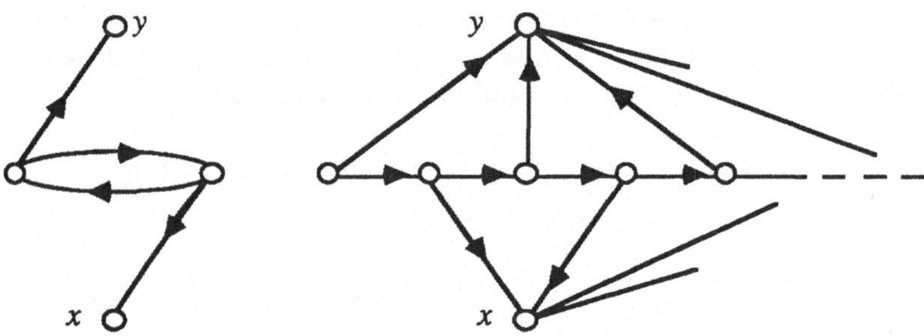

Abb. 6.4.5 Lokalkonfluenz ohne Konfluenz

Bereits Newman wies nach, daß progressive Endlichkeit eine Voraussetzung ist, die die Begriffe „konfluent" und „lokal konfluent" zusammenfallen läßt. Der Beweis verwendet üblicherweise Noethersche Induktion; er findet sich u. a. bei G. Huet.

6.4.7 Satz. Ist B progressiv-endlich und bezeichnet C die terminierende Erreichbarkeit, so gilt

$$B \text{ konfluent} \iff B \text{ lokal konfluent} \iff C \text{ Abbildung}.$$

Beweis: Trivial ist die Richtung „$\Longrightarrow$" der ersten Äquivalenz. Nach (6.4.3.ii) fehlt für einen zyklischen Beweis also nur noch die Richtung „$\Longrightarrow$" der zweiten Äquivalenz.

Totalität von C erhält man aus progressiver Endlichkeit, weil nach (6.3.3.iv)

$$L = J(B) = B^*\overline{BL} = (B^* \sqcap \overline{BL}^{\mathrm{T}})L = CL.$$

Wenn es gelingt, für den mehrdeutigen Anteil $\mathrm{mAn}(C) = C \sqcap C\overline{I} =: X$ zu zeigen $X \subset BX$, so sind wir fertig, weil dann aus der progressiven Endlichkeit

$X = O$, d. h. die Eindeutigkeit von C, folgt. Nach Satz 6.1.15.ii ist $X = \mathrm{mAn}(BC) = BC \sqcap B\overline{C\overline{I}}$. Hierin schneiden wir das Produkt $C\overline{I}$ mit C und mit $\overline{C}$. Im ersten Fall erhalten wir sofort etwas in BX Enthaltenes, und im zweiten Fall schließen wir

$$\begin{aligned} BC \sqcap B(\overline{C} \sqcap C\overline{I}) \subset BC \sqcap B\overline{C} &\subset (B \sqcap B\overline{C}C^{\mathrm{T}})(C \sqcap B^{\mathrm{T}}B\overline{C}) \\ &\subset B(C \sqcap B^*B^{\mathrm{T}*}\overline{C}), \quad \text{wegen der Lokalkonfluenz} \\ &= B(C \sqcap CC^{\mathrm{T}}\overline{C}), \quad \text{nach Satz 6.1.16.i} \\ &\subset B(C \sqcap C\overline{I}) = BX. \end{aligned}$$

□

Greifen wir die Motivierung der lokalen Konfluenzbedingung $B^{\mathrm{T}}B \subset B^*B^{\mathrm{T}*}$ wieder auf, so liegt ein weiterer Schritt nahe, nämlich das Ersetzen von B^* durch B nicht nur auf der linken Seite. Auch eine so modifizierte Bedingung ergibt ein hinreichendes Kriterium für Konfluenz; es ist in Abb. 6.4.6 veranschaulicht.

6.4.8 Satz. $B^{\mathrm{T}}B \subset B^*(B \sqcup I)^{\mathrm{T}} \implies B$ konfluent.

Beweis: Die Prämisse kann ergänzt werden zu $(B \sqcup I)^{\mathrm{T}}B \subset B^*(B \sqcup I)^{\mathrm{T}}$. In dieser Form erhält man

$$(B \sqcup I)^{\mathrm{T}}B^2 \subset B^*(B \sqcup I)^{\mathrm{T}}B \subset B^*B^*(B \sqcup I)^{\mathrm{T}} = B^*(B \sqcup I)^{\mathrm{T}}$$

und, wiederum durch Induktion, $(B \sqcup I)^{\mathrm{T}}B^* \subset B^*(B \sqcup I)^{\mathrm{T}}$. Daraus folgt $(B \sqcup I)^{\mathrm{T}}B^* \subset B^*(B \sqcup I)^{\mathrm{T}*}$ und schließlich $B^{\mathrm{T}}B^* \subset B^*B^{\mathrm{T}*}$. □

Abb. 6.4.6 Zum hinreichenden Konfluenzkriterium

Als Ausblick auf die weiterführende Theorie erwähnen wir folgendes: Die Konfluenzbedingung für eine Relation B kann verallgemeinert werden zu einer Bedingung für zwei Relationen R und S,

$$R^{\mathrm{T}*}S^* \subset S^*R^{\mathrm{T}*},$$

oder sie kann „modulo einer Relation" Q (meist einer Äquivalenzrelation)

$$R^{\mathrm{T}*}Q^{\mathrm{T}}S^* \subset S^*QR^{\mathrm{T}*}$$

formuliert werden. Die hier ausgeführten Techniken übertragen sich weitgehend.

Zopfrelationen

Ein lebensnahes Beispiel zur Konfluenz ist das Zöpfeflechten. Nehmen wir an, Vater und Mutter haben – einer auf der linken, einer auf der rechten Seite – das Haar ihrer Tochter gekämmt, in Strähnen gruppiert und unabhängig voneinander mit dem Flechten eines Zopfes begonnen. Zur mathematischen Aufbereitung kann man wie in Abb. 6.4.7 die Strähnenzwischenräume numerieren und den geflochtenen Zopf als Folge der Zwischenraumnummern darstellen, positiv, falls die rechte Strähne über die linke und negativ, falls die linke Strähne über die rechte gelegt wurde.

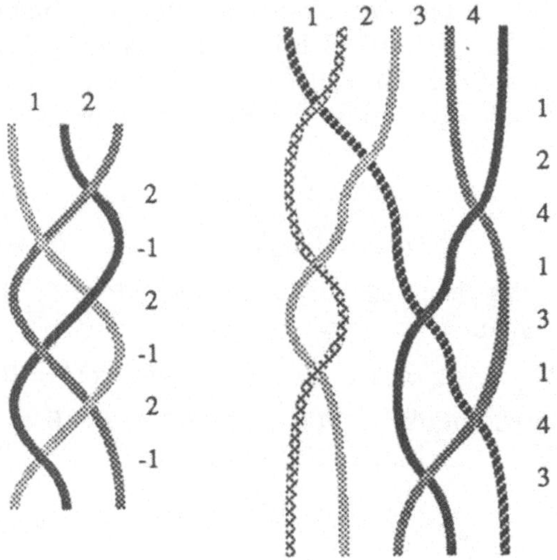

Abb. 6.4.7 Zopf als Überkreuzungsfolge

Der Einfachheit halber lassen wir hier nur zu, daß die jeweils rechte Strähne *über* die benachbarte linke Strähne gelegt wird. Man überzeugt sich, daß aus physikalischen Gründen („Strammziehen“) die nebeneinander gezeichneten Überkreuzungsfolgen in Abb. 6.4.8 als Zöpfe übereinstimmen und erhält in

$$ik = ki, \quad \text{falls} \quad |k - i| \geq 2$$
$$i(i+1)i = (i+1)i(i+1)$$

die sogenannten definierenden Relationen der Halbgruppe der einseitig verdrillten Zöpfe.

Vater und Mutter haben nunmehr, wie geschildert, unabhängig voneinander zu flechten begonnen und stellen nach einer Weile fest, daß ihre bislang ausgeführten Überkreuzungsfolgen *verschieden* sind. Einerseits finden sie nun, daß ihre Tochter zwei gleiche Zöpfe haben sollte, andererseits möchten sie aber nicht (in synchroner Weise) von vorn mit dem Flechten beginnen. Können beide so weiterflechten, daß die zwei Überkreuzungsfolgen vermöge der Zopfrelationen dieselben Zöpfe liefern?

In Abb. 6.4.9 ist ein Beispiel angegeben, in dem anschaulich durch eine Auspflasterung mit Vierecken und Sechsecken angedeutet ist, daß der anfäng-

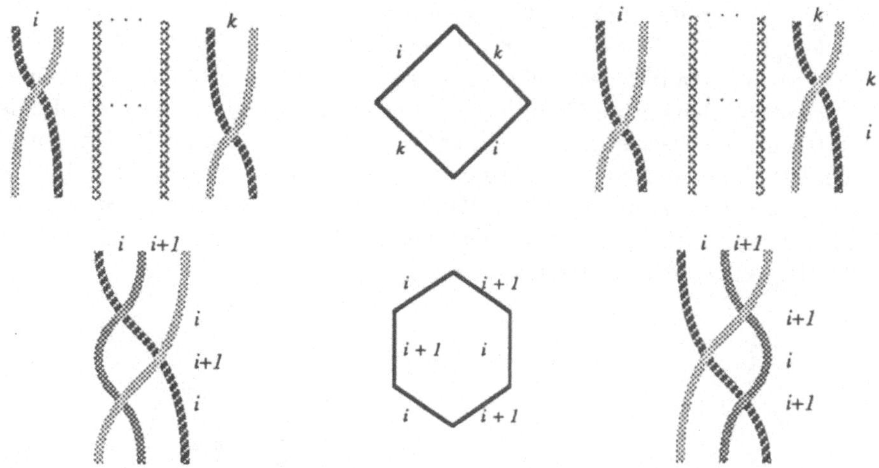

Abb. 6.4.8 Zopfrelationen

liche Vaterzopf 3142 und der anfängliche Mutterzopf 215 durch Weiterflechten zu 3142134235432 bzw. 2153213453423 zum gleichen Ergebnis führen. Beide Überkreuzungsfolgen sind in Abb. 6.4.10 noch einmal als Zöpfe dargestellt.

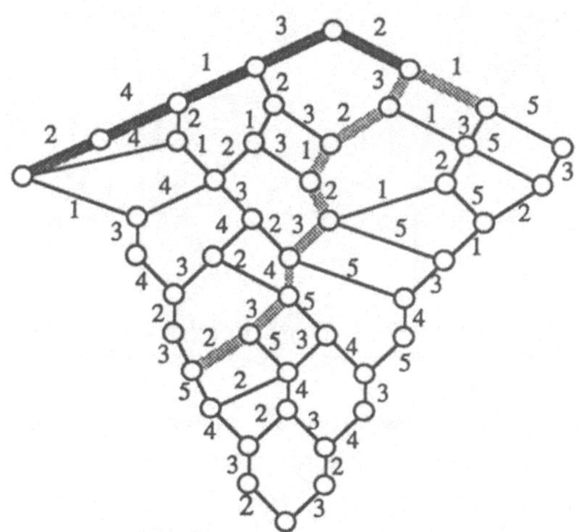

Abb. 6.4.9 Auspflasterung mit Zopfrelationen

Die Frage ist, ob ein solches Weiterflechten *stets* möglich ist, gleichgültig, wie Vater und Mutter mit dem Flechten begonnen haben, in mathematischer Ausdrucksweise, ob die Halbgruppe der gleichsinnig verdrillten Zöpfe „rechts reversibel" ist. In Abb. 6.4.9 denke man sich alle Kanten als abwärtsgerichtete Pfeile. Dann geht es um die typische Konfluenzfrage: Der ganz links gelegene und der ganz rechts gelegene Punkt haben mit dem obersten Punkt einen gemeinsamen Vorfahren. Gefragt ist nach dem gemeinsamen Nachfahren (unterste Spitze). Lokale Konfluenz liegt offensichtlich mit den Grundbausteinen ◇ und ⬡ vor; auch der Prozeß des Weiterflechtens ist im Prinzip klar: Wo immer ein nach unten offener Winkel übrig ist, pflastere man ihn aus. Offen ist lediglich, ob dieses Verfahren terminiert, ob also der Auspflasterungsgraph progressiv-endlich ist. Wie man am Beispiel der Abb. 6.4.9 erkennen kann, scheitern elementare Bemühungen um einen Induktionsbeweis. Mit der gepunkteten Linie liegt scheinbar ein größeres Auspflasterungsproblem vor als mit der fett dargestellten Linie. Allein der Versuch des Vaters von 3142 aus mit der ersten Überkreuzung 2 der Mutter gleichzuziehen, führt dazu, daß er sich im nächsten Schritt von dem *längeren* Zopf 32123432 ausgehend mit der Überkreuzung 1 synchronisieren muß.

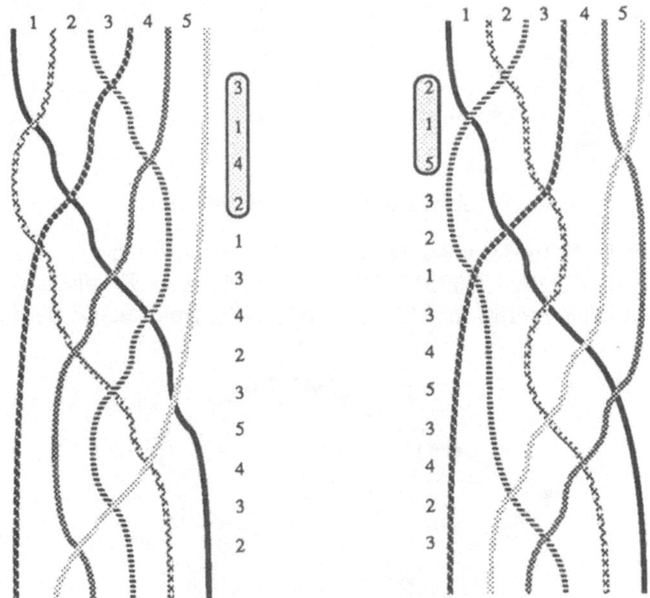

Abb. 6.4.10 Zwei Darstellungen eines Zopfes durch verschiedene Überkreuzungsfolgen

Seit den frühen Untersuchungen von E. Artin (1926) und K. Reidemeister (1932) interessiert man sich für Zöpfe. Das hier erwähnte Auspflasterungsproblem steht in Verbindung mit dem sog. Wortproblem und dem Konjugiertenproblem der Zopfgruppe, zu dem es Resultate von F. A. Garside (1969), G. S. Makanin (1968) und G. Schmidt (1969) gibt. Eine Beziehung zu Klassen unwesentlich verschiedener Ableitungsfolgen in Programmiersprachen stellten H. Langmaack und G. Schmidt (1969) her.

Übungen

6.4.1 Man beweise Satz 6.4.2.

6.4.2 Sind R_1 und R_2 konfluente Relationen mit $R_1^{\mathrm{T}*} R_2^* \subset R_2^* R_1^{\mathrm{T}*}$, so ist auch $R_1 \sqcup R_2$ konfluent. (Bemerkung: Die Voraussetzungen können etwas abgeschwächt werden; siehe STAPLES 75.)

6.5 Hasse-Diagramme und Diskretheit

Im Abschnitt 5.1 hatten wir für Graphen von einem Weg unendlicher Länge *von* einem Punkt aus gesprochen, hatten es jedoch vermieden, einen Weg unendlicher Länge *zwischen* zwei Punkten einzuführen. Wir wollen diesen unscharfen Begriff jetzt genauer studieren. Die Ergebnisse wenden wir hauptsächlich bei Ordnungsrelationen an.

H. Hermes nennt einen Verband **längenendlich**, „wenn jede Kette, die irgend zwei Elemente miteinander verbindet, eine endliche Länge besitzt". Der Verband zum Diagramm aus Abb. 6.5.3 wäre längenendlich, der aus Abb. 6.5.2 hingegen nicht. Es wird hier jedoch vorerst nicht vorausgesetzt, daß die betrachtete Relation einen Verband darstellt.

Wir wählen für den Zweck dieses Abschnitts folgende Redeweise: Es gibt einen **Weg unendlicher Länge zwischen zwei Punkten** genau dann, wenn es einen Weg zwischen diesen Punkten gibt, der sich beliebig oft (echt) verfeinern läßt. Dabei erhält man aus einem Weg einen echt feineren, wenn mindestens ein Pfeil durch einen echten Weg, d. h. einen Weg der Länge > 1 ersetzt wird. Abb. 6.5.1 illustriert mögliche Arten der Verfeinerung eines Weges. In BERGHAMMER, SCHMIDT 83 ist dieser Begriff untersucht worden.

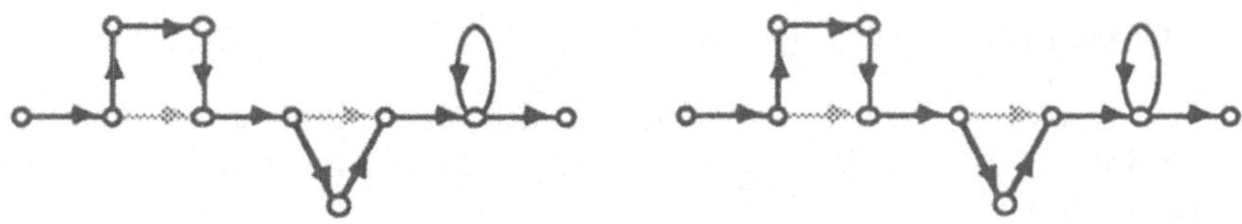

Abb. 6.5.1 Weg und Verfeinerung

In Abb. 6.5.2 gibt es einen Weg unendlicher Länge zwischen den Punkten x und 0, weil die Wege

$$(x, 0),\ (x, 1, 0),\ (x, 2, 1, 0),\ (x, 3, 2, 1, 0),\ \ldots$$

einander echt verfeinern. Hierbei wird systematisch der jeweils erste Pfeil durch einen Weg der Länge 2 ersetzt.

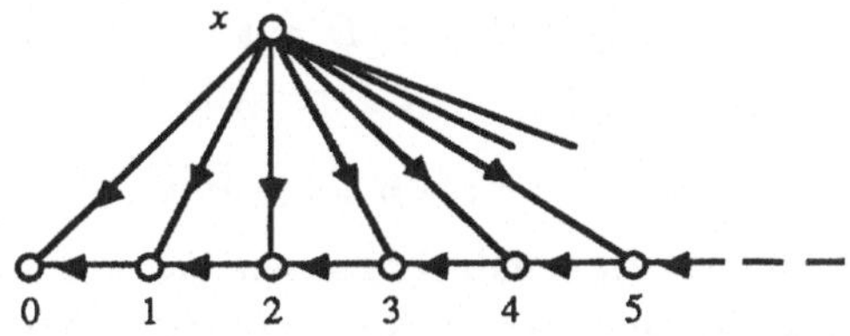

Abb. 6.5.2 Nicht Weg-diskrete und nicht diskrete Relation

Auf diesen Unendlichkeitsbegriff für Wege stützen wir uns im folgenden.

6.5.1 Definition. Wir nennen einen Graphen bzw. seine assoziierte Relation **Weg-diskret,** wenn es zwischen keinen zwei Punkten einen Weg unendlicher Länge gibt. □

In Abb. 6.5.2 haben wir also eine nicht Weg-diskrete Relation kennengelernt.

Abb. 6.5.3 stellt eine Weg-diskrete Relation dar, bei der die Längen der Wege von x nach y jedoch nicht beschränkt sind.

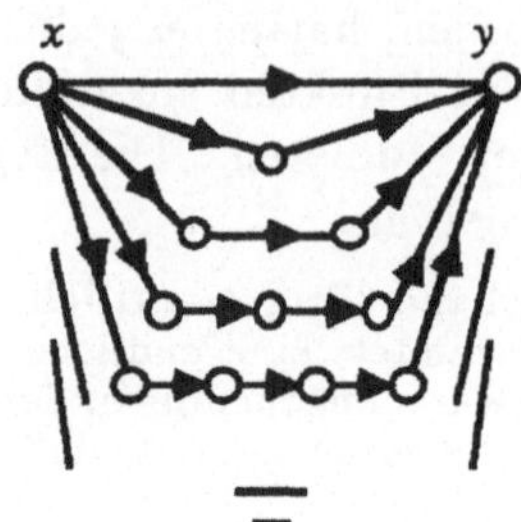

Abb. 6.5.3 Weg-diskrete Relation

Für den Begriff der Weglängen-Beschränkung orientieren uns an

$$\forall x, y : \exists n_{xy} \in \mathbb{N} : \forall m \geq n_{xy} : xy^{\mathrm{T}} \subset \overline{B^m}$$

und gelangen zur folgenden

6.5.2 Definition. Wir nennen eine Relation

$$B \text{ **Weglängen-beschränkt** } :\Longleftrightarrow \quad L = \sup_{n \geq 1} \inf_{m \geq n} \overline{B^m}. \qquad \square$$

Für eine transitive Relation vereinfacht sich diese Bedingung sehr; es gilt nämlich $\inf_{m \geq n} \overline{B^m} = \overline{B^n}$. Eine transitive Relation ist daher Weglängen-beschränkt, falls $L = \sup_{n \geq 1} \overline{B^n}$.

Eine Weglängen-beschränkte Relation ist stets irreflexiv, weil sich unter Ausnutzung von $R \subset I \implies R^2 = R$ ergibt

$$(I \sqcap B) = (I \sqcap B)^2 = (I \sqcap B)^3 = \ldots \subset \inf_{n \geq 1} \sup_{m \geq n} B^m = O.$$

Ein Zusammenhang mit progressiver Beschränktheit, $\sup_{n \geq 1} \overline{B^n L} = L$, ist sichtbar: Eine Weglängen-beschränkte Relation ist nicht notwendig progressiv-beschränkt (Ordnung der ganzen Zahlen!), jedoch gilt die Umkehrung, wie der folgende Satz zeigt.

6.5.3 Satz. Für eine beliebige Relation B gilt:

$$B \text{ progressiv-beschränkt} \implies B \text{ Weglängen-beschränkt.}$$

Beweis: Aus $\overline{B^n L} \subset \overline{B^m}$ für alle $m \geq n$ folgt $\overline{B^n L} \subset \inf_{m \geq n} \overline{B^m}$. $\square$

Bei der Suche nach der relationenalgebraischen Fassung der Weg-Diskretheit erinnern wir uns an Untersuchungen aus 6.3 zur progressiven Endlichkeit, bei denen Ausgangspunkte für unendliche Wege zu Punktmengen x mit der Eigenschaft $x \subset Bx$ zusammengefaßt wurden. Wir betrachten zu einer festen Relation B das Funktional

$$\tau_B(X) := B \sqcap (BX \sqcup XB).$$

Trivialerweise ist τ_B isoton. Nach dem Fixpunktsatz von Tarski-Knaster (siehe Satz A.3.1) besitzt τ_B also Fixpunkte, und es gibt sogar einen eindeutig bestimmten größten Fixpunkt, der dargestellt werden kann als Supremum

$$N_B := \sup \mathcal{M}_B$$

der Menge $\mathcal{M}_B := \{X \mid X \subset \tau_B(X)\}$ der von τ_B expandierten Relationen. Übrigens ist die Zugehörigkeit zu $\mathcal{M}_B$ sogar vereinigungserblich ($X_i \in \mathcal{M}_B$, $i = 1, 2$ hat zur Folge $X_1 \sqcup X_2 \in \mathcal{M}_B$), aber i. a. nicht durchschnittserblich; siehe Übung 6.5.1. Dies spricht gegen eine Approximierbarkeit des größten Fixpunktes N_B von oben $L \supset \tau_B(L) \supset \tau_B^2(L) \ldots$.

Wir führen nun zwei Bezeichnungen ein, die durch die nachstehenden Sätze gerechtfertigt werden.

6.5.4 Definition. Ist B eine beliebige Relation, so heiße N_B der **nicht-diskrete Anteil** von B. Wir nennen

$$B \textbf{ diskret} \quad :\Longleftrightarrow \quad N_B = O. \qquad \square$$

Jede in einer diskreten Relation enthaltene Relation erweist sich im Teil (i) des folgenden Satzes als ebenfalls diskret. Beispiele diskreter Relationen sind nach (ii) alle Weglängen-beschränkten, und damit nach (6.5.3) auch alle progressiv-beschränkten Relationen. Endliche diskrete Relationen, die überdies transitiv sind, lassen sich leicht charakterisieren: Es bleiben, wie in Übung 6.5.4 zu zeigen ist, nur die endlichen strikten Ordnungen übrig.

6.5.5 Satz. Seien B, D Relationen.

i) B diskret und $D \subset B \implies D$ diskret.

ii) B Weglängen-beschränkt $\implies B$ diskret.

Beweis: i) Ein beliebiges $Y \in \mathcal{M}_D$ erfüllt $Y \subset D \sqcap (DY \sqcup YD) \subset B \sqcap (BY \sqcup YB)$, und somit ist auch $Y \in \mathcal{M}_B$. Also gilt $\sup \mathcal{M}_D \subset \sup \mathcal{M}_B = O$.
ii) Durch Induktion ergibt sich leicht

$$X \subset B^m \quad \text{für alle } m \geq 1 \text{ und } X \in \mathcal{M}_B$$

und damit auch $X \subset \sup_{m \geq n} B^m$ für alle $n \geq 1$ sowie

$$\sup \mathcal{M}_B \subset \inf_{n \geq 1} \sup_{m \geq n} B^m = O,$$

woraus sich die Behauptung ableitet. $\square$

Hinsichtlich der Diskretheit verläuft eine diffizile Trennungslinie zwischen progressiver *Beschränktheit* (einer damit infolge (6.5.3) und (6.5.5) diskreten Relation) und progressiver *Endlichkeit*, welche nicht die Diskretheit nach sich zieht. Hierzu gibt Abb. 6.5.2 ein Beispiel, wo N_B der Menge der von x aus abwärtsgerichteten Pfeilen entspricht. Umgekehrt sind diskrete Relationen nicht immer progressiv-endlich. Nicht einmal die transitiven diskreten Relationen sind progressiv-endlich, wie man an den strikt geordneten natürlichen Zahlen sieht; diese wären allerdings Weglängen-beschränkt.

Die Diskretheit einer Relation B impliziert *nicht* die Diskretheit ihrer transitiven Hülle B^+. Dies ist in Abb. 6.5.4 angedeutet. (Daraus können Verständigungsprobleme entstehen, wenn man von einer *Ordnung* spricht, aber nur deren Hasse-Diagramm zeichnet.)

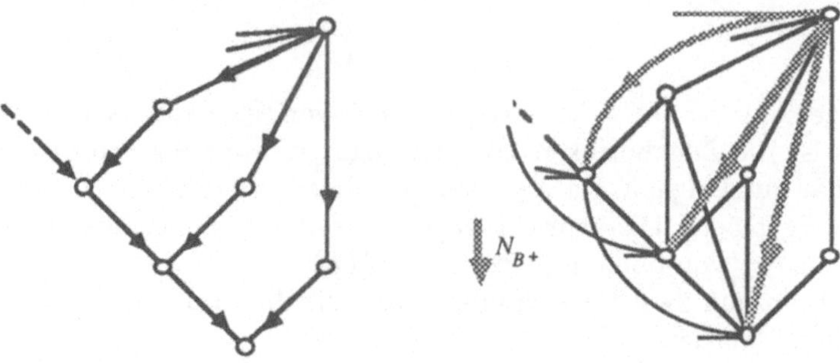

Abb. 6.5.4 Diskrete Relation mit nichtdiskreter transitiver Hülle

Wir wollen uns jetzt davon überzeugen, daß der abstrakte, über eine Fixpunktbetrachtung definierte Begriff der Diskretheit mit dem anschaulicheren der Weg-Diskretheit im wesentlichen übereinstimmt.

6.5.6.i Satz. Für eine beliebige Relation B gilt

$$B \text{ Weg-diskret} \implies B \text{ diskret.}$$

Beweis durch Herleitung eines Widerspruchs aus der Annahme, daß B nicht diskret sei: Dann gibt es eine Relation $N \neq O$ mit $N = B \sqcap (BN \sqcup NB)$. Es existieren also (bei Voraussetzung des Punkteaxioms) Punkte x und y mit $xy^{\mathrm{T}} \subset N$. Aufgrund des Zwischenpunktsatzes 2.4.8 gibt es also o. E. einen Punkt z mit $xz^{\mathrm{T}} \subset B$ und $zy^{\mathrm{T}} \subset N$. Auf diese Weise erhält man offensichtlich eine unendliche Folge von Verfeinerungen (x,y), $(x,z,y), \ldots$ □

Bei der Umkehrung muß Transitivität von B vorausgesetzt werden.

6.5.6.ii Satz. Für eine transitive Relation B gilt

$$B \text{ diskret} \implies B \text{ Weg-diskret.}$$

Beweis: Es bezeichne R diejenige Relation, die das Vorhandensein von Wegen unendlicher Länge zwischen zwei Punkten beschreibt. Wir wollen $R \in \mathcal{M}_B$ beweisen. Weil B transitiv ist, hat man $R \subset B$. Um $R \subset BR \sqcup RB$ nachzuweisen, betrachten wir ein Punktepaar mit $uv^{\mathrm{T}} \subset R$ und einen Weg $(u = x_0, x_1, \ldots, x_n = v)$ mit $n \geq 2$, der sich beliebig oft echt verfeinern läßt. Auf diesem Weg wählen wir einen beliebigen Zwischenpunkt $w = x_k$, $0 < k < n$. Dafür gilt $uw^{\mathrm{T}} \subset R$ oder $wv^{\mathrm{T}} \subset R$, denn wenn es weder zwischen u und w noch zwischen w und v einen Weg unendlicher Länge gäbe, könnte auch der Weg von u nach v keine unendliche Verfeinerung erfahren. Im ersten Fall haben wir wegen der Transitivität von B die Beziehung $uv^{\mathrm{T}} = uw^{\mathrm{T}}wv^{\mathrm{T}} \subset RB$ und im zweiten Fall $uv^{\mathrm{T}} \subset BR$. Es gilt also in der Tat $R \in \mathcal{M}_B$ und damit $R \subset \sup \mathcal{M}_B = O$, denn B ist nach Voraussetzung diskret. □

Diskrete Relationen wünscht man sich vor allem bei Ordnungen, die man durch Angabe ihrer Nachfolgerbeziehung ökonomischer zeichnen möchte. Wir erinnern an die Ausführungen in (3.2.5) und interessieren uns für die Menge

$$\mathcal{E}_B := \{ R \mid R \subset B,\ R^+ = B^+ \},$$

deren Elemente wir *Erzeugende* genannt hatten. Minimale Elemente in $\mathcal{E}_B$ waren die transitiv irreduziblen Kerne. Eine „kleine" Erzeugende R wird seltener neben Elementen x, y und y, z, die in der Relation R stehen, auch noch x und z in der Relation R haben. Wir drücken dies aus in folgender

6.5.7 Definition. Ist B eine beliebige Relation, so heißt $H_B := B \sqcap \overline{B^2}$ **nichttransitiver Anteil** von B. Stehen zwei Punkte x, y in der Relation H_B, so heißt y **unmittelbarer Nachfolger** von x. Falls $B = H_B^+$, heißt H_B **Hasse-Diagramm** von B. □

Blicken wir auf die Relationen $\mathring{R}$ in Abb. 3.2.1 zurück, so stimmt der transitiv irreduzible Kern K_1 mit dem nichttransitiven Anteil $R \sqcap \overline{R^2}$ überein, während K_2 ein Beispiel eines transitiv irreduziblen Kerns ungleich $R \sqcap \overline{R^2}$ ist. Transitiv irreduzible Kerne sind als minimale Elemente von $\mathcal{E}_B$ keineswegs eindeutig bestimmt. In Abb. 6.5.2 ist $B \sqcap \overline{B^2}$ der Teilgraph mit den horizontalen Pfeilen, der in jeder Erzeugenden enthalten ist.

Als Alternativen für die Definition des nichttransitiven Anteils einer Relation B bieten sich Ausdrücke wie

$$B \sqcap \overline{BB^+} = B \sqcap \overline{B^+B^+}$$

an; siehe etwa ERNÉ 82. (Für transitives B gilt natürlich $H_B = B \sqcap \overline{BB^+}$.) In Übung 6.5.2 ist zu zeigen, daß $B \sqcap \overline{BB^+}$ ebenso wie H_B in *jeder* Erzeugenden enthalten ist. Anders als bei H_B, muß man jedoch nicht mehr Transitivität voraussetzen.

Für reflexive Relationen werden die Verhältnisse irregulär; so ist der nichttransitive Anteil der 3-Clique gleich O, und es gibt als Erzeugende die beiden Kreise; aber auch der Graph, in dem einer der Punkte mit Vor- und Rückwärtspfeil mit jedem der beiden anderen Punkte verbunden ist, erzeugt die 3-Clique.

Besitzt B ein Hasse-Diagramm H_B, so ist B nach Definition notwendig transitiv, und H_B gehört zu $\mathcal{E}_B$.

6.5.8 Satz. B hat ein Hasse-Diagramm $\implies$ B Striktordnung.

Beweis: Transitivität ist klar. Wir zeigen Irreflexivität, indem wir zerlegen

$$B = H_B^+ = H_B \sqcup H_B^+ H_B = H_B \sqcup BH_B$$

und $H_B \subset \overline{I}$ sowie $BH_B \subset \overline{I}$ nachweisen. Die erste Inklusion folgt unmittelbar aus $I \sqcap B = (I \sqcap B)^2 \subset B^2$, während $BH_B \subset \overline{I}$ sich ergibt aus

$$BH_B \sqcap I \subset (B \sqcap IH_B^{\mathrm{T}})(H_B \sqcap B^{\mathrm{T}}I) \quad \text{und}$$
$$H_B \sqcap B^{\mathrm{T}} = B \sqcap \overline{B^2} \sqcap B^{\mathrm{T}} = (B^{\mathrm{T}}I \sqcap B) \sqcap \overline{B^2}$$
$$\subset (B^{\mathrm{T}} \sqcap BI^{\mathrm{T}})(I \sqcap BB) \sqcap \overline{B^2} \subset BB^2 \sqcap \overline{B^2} \subset BB \sqcap \overline{B^2} = O. \square$$

Die Umkehrung des vorstehenden Satzes gilt natürlich nicht, wie das Beispiel der strikt geordneten reellen Zahlen zeigt.

Mit dem folgenden Satz stellen wir das technische Hilfsmittel zu einem Existenzkriterium für Hasse-Diagramme bereit.

6.5.9 Satz. Für jedes B gilt $B \sqcap \overline{H_B^+} \in \mathcal{M}_B$.

Beweis: Es gilt $B \sqcap \overline{H_B^+} \subset B$, sowie

$$B^2 = [(B \sqcap H_B^+) \sqcup (B \sqcap \overline{H_B^+})]^2 \subset H_B^+ \sqcup B(B \sqcap \overline{H_B^+}) \sqcup (B \sqcap \overline{H_B^+})B,$$

da H_B^+ transitiv ist. Also haben wir

$$B^2 \sqcap \overline{H_B^+} \subset B(\overline{H_B^+} \sqcap B) \sqcup (\overline{H_B^+} \sqcap B)B,$$

und die Behauptung ergibt sich aus

$$\begin{aligned} B \sqcap \overline{H_B^+} &= B \sqcap \overline{H_B} \sqcap \overline{H_B^+} = B \sqcap (\overline{B} \sqcup B^2) \sqcap \overline{H_B^+} \\ &= [(B \sqcap \overline{B}) \sqcup (B \sqcap B^2)] \sqcap \overline{H_B^+} \subset B^2 \sqcap \overline{H_B^+}. \end{aligned}$$ □

Offensichtlich hat die nichtdiskrete Relation B der Abb. 6.5.2 kein Hasse-Diagramm, da die transitive Hülle des nichttransitiven Anteils von B keinesfalls B ergibt. Im folgenden Satz über die Existenz von Hasse-Diagrammen wird nun vorstehendes Lemma ausgenutzt.

6.5.10 Satz. B diskrete Striktordnung $\implies$ B hat ein Hasse-Diagramm.

Beweis: Satz 6.5.9 und die Diskretheit liefern $B \sqcap \overline{H_B^+} = O$ bzw. $B \subset H_B^+$. Die Richtung $H_B^+ \subset B$ ist eine Folge von $H_B \subset B$ und $B = B^+$. □

Zum besseren Verständnis beweise man diesen Satz im endlichen Fall als Übung 6.5.3 direkt und ohne Benutzung des Lemmas. Die Umkehrung von Satz 6.5.10 ist offensichtlich falsch, wie Abb. 6.5.4 zeigt. Allerdings ist eine Charakterisierung von Relationen, für die ein Hasse-Diagramm existiert, im endlichen Fall leicht möglich; siehe Übung 6.5.4.

Übungen

6.5.1 Das Funktional τ_B erfüllt

$$\tau_B(X \sqcup Y) = \tau_B(X) \sqcup \tau_B(Y), \quad \tau_B(X \sqcap Y) \subset \tau_B(X) \sqcap \tau_B(Y).$$

Man gebe ein Beispiel mit „ $\subsetneq$ " an.

6.5.2 Man beweise für beliebiges B:
$B \sqcap \overline{BB^+}$ ist untere Schranke von $\{ R \mid R \subset B,\ R^+ = B^+ \}$.

6.5.3 Für eine endliche transitive irreflexive Relation B weise man direkt nach, daß $H_B := B \sqcap \overline{B^2}$ das eindeutig bestimmte Hasse-Diagramm ist. Dazu zeige man $B \subset \sup_{1 \leq i \leq n} H_B^i \sqcap B^n$.

6.5.4 Für eine endliche transitive Relation B gilt:
B diskret $\iff$ B hat Hasse-Diagramm $\iff$ B Striktordnung.

6.6 Literaturhinweise

ARTIN E: *Theorie der Zöpfe.* Abh. Math. Sem. Univ. Hamburg **4** (1926) 47–72.

ARTIN E: *The theory of braids.* Ann. of Math. (2) **48** (1947) 101–126.

BERGHAMMER R, SCHMIDT G: *Discrete ordering relations.* Discrete Math. **43** (1983) 1–7.

CHURCH A, ROSSER JB: *Some properties of conversion.* Trans. Amer. Math. Soc. **39** (1936) 472–482.

ERNÉ M: *Einführung in die Ordnungstheorie.* Bibliographisches Institut, Mannheim, 1982.

EUWE M: *Mengentheoretische Betrachtungen über das Schachspiel.* Proc. Section of Sciences. Koninklijke Akad. van Wetensch. **32** (1929) 633–642.

GARSIDE FA: *The braid group and other groups.* Quart. J. Math. **20** (1969) 235–254.

HERMES H: *Einführung in die Verbandstheorie.* Springer, Berlin, 1955

HINDLEY R: *An abstract Church-Rosser theorem. II: Applications.* J. Symbolic Logic **39** (1974) 1–21.

HITCHCOCK P, PARK D: *Induction rules and termination proofs.* In: Nivat M (ed.): Automata, languages and programming. Proc. of a Symp. organized by IRIA, July 3–7 1972, Rocquencourt, North-Holland Publ. Co., Amsterdam, 1973, 225–251.

HUET G: *Confluent reductions: Abstract properties and applications to term rewriting systems.* J. Assoc. Comput. Mach. **27** (1980) 797–821.

KALMÁR L: *Zur Theorie der abstrakten Spiele.* Acta Sci. Math. (Szeged) **4** (1928/29) 65–85.

KÖNIG D: *Über eine Schlußweise aus dem Endlichen ins Unendliche.* Acta Sci. Math. (Szeged) **3** (1927) 121–130.

LANGMAACK H, SCHMIDT G: *Klassen unwesentlich verschiedener Ableitungen als Verbände.* In: Dörr J, Hotz G (eds.): Automatentheorie und formale Sprachen. Bericht einer Tagung des Math. Forschungsinstituts Oberwolfach, Okt. 1969, Bibliographisches Institut, Mannheim, 1970, 169–182.

MAKANIN GS: *The conjugacy problem in the braid group.* Soviet Math. Dokl. **9** (1968) 1156–1157.

MENGER K: *Zur allgemeinen Kurventheorie.* Fund. Math. **10** (1927) 96–115.

NEUMANN J VON, MORGENSTERN O: *Theory of Games and Economic Behavior.* Princeton Univ. Press., Princeton, N. J. (1944).

NEWMAN MHA: *On theories with a combinatorial definition of "equivalence".* Ann. of Math. (2) **43** (1942) 223–243.

REIDEMEISTER K: *Knotentheorie.* Erg. der Math. 1 (1932).

SCHMIDT G: *Der Verband der Zöpfe.* Abteilung Math. der Technischen Universität München, Bericht 6914, 1969.

STAPLES J: *Church-Rosser theorems for replacement systems.* In: Crossley JN (ed.): Algebra and logic-papers from the 1974 Summer Research Institute of the Australian Math. Soc. Monash Univ., Australia, Lecture Notes in Mathematics **450**, Springer, Berlin 1975, 291–307.

ZERMELO E: *Über eine Anwendung der Mengenlehre auf die Theorie des Schachspiels.* In: Proc. 5th International Congress Mathematics, Vol. II, Cambridge, 1912, 501–504.

7. Strukturfragen

Wo von mathematischen Strukturen die Rede ist, werden stets auch deren Homomorphismen, Kongruenzen und Unterstrukturen besprochen. Dabei zeigt sich ein bemerkenswerter Unterschied zwischen algebraischen und relationalen Strukturen.

Algebraisch heißt eine Struktur, die durch *Verknüpfungen* beschrieben wird, wie eine zweistellige Multiplikation $mult: A \times A \longrightarrow A$ oder eine einstellige Inversenbildung $inv: A \longrightarrow A$. Natürlich kann man diese Verknüpfungen auch als Relationen auffassen. Im ersten Beispiel hat man eine „ternäre" Relation $R_{mult} \subset (A \times A) \times A$ und im zweiten Beispiel eine Relation $R_{inv} \subset A \times A$. Beide Relationen sind eindeutig und total.

Bei *relationalen* Strukturen verzichtet man auf die Forderung nach Eindeutigkeit und Totalität und verlangt nur noch das Bestehen von Relationen R. Rein relationale Strukturen sind Ordnungen und alle Formen von Graphen. Typisch ist allerdings das vermischte Auftreten von algebraischen und relationalen Strukturen, z. B. beim angeordneten Körper.

Homomorphismen und Unterstrukturen werden wir in Abschnitt 7.1, ausgehend von unserem relationenalgebraischen Grundansatz, auf eine sowohl für algebraische als auch für relationale Strukturen geeignete Weise behandeln. Bei den Unterstrukturen nehmen wir die Unterscheidung der durch Kennzeichnung und der durch Injektion gegebenen Teilmenge aus Abschnitt 4.2 wieder auf.

Nach einer Diskussion dieser Konzepte am leichter überschaubaren Fall des 1-Graphen definieren wir in Abschnitt 7.2 Homomorphismen von Hypergraphen und einfachen Graphen analog. Unter Verwendung der dann zur Verfügung stehenden Homomorphiebegriffe führen wir einige Überlegungen zur Faktorisierbarkeit aus den Abschnitten 5.2 und 5.5 zu Ende.

Als wichtige Spezialfälle von Homomorphismen werden in Abschnitt 7.3 die Überlagerungen behandelt. Sie haben Querverbindungen zur Topologie, zur Funktionentheorie und zur „Ablaufsäquivalenz" von Flußdiagramm-Programmen.

In Abschnitt 7.4 untersuchen wir, wie sich Abbildungen und Äquivalenzrelationen zueinander verhalten. Dabei ist insbesondere die sog. Substitutionseigenschaft und die Quotientenbildung interessant.

Mit Abschnitt 7.5 zeigen wir, wie man ein Grunddefizit unserer bisherigen Erörterung, die Beschränkung auf binäre Relationen (und damit einstellige Funktionen) durch Übergang zu mehrstelligen Relationen beheben kann. Damit wird auch die relationenalgebraische Behandlung der mehrstelligen Datenbankrelationen aus Abschnitt 4.3 möglich. Es entstehen allerdings unerwartete Probleme: Es gibt Relationenalgebren, in denen sämtliche Gesetze mit

Ausnahme des Punkteaxioms gültig sind, die aber nicht unseren Vorstellungen von Relationen entsprechen. Wir geben dafür elementare Beispiele an.

7.1 Homomorphismen von 1-Graphen

Im allgemeinen umfaßt eine mathematische Struktur *mehrere* Trägermengen zwischen denen verschiedene Verknüpfungen und relationale Beziehungen bestehen. Man denke an Körper und Vektorraum mit Vektoraddition, Skalarmultiplikation und einer Ordnung auf dem Körper. Ein anderes Beispiel sind Punkte und Pfeile eines Graphen mit Ein- und Ausgangsinzidenz.

Wir studieren vorweg den allereinfachsten Fall und lassen zunächst nichts anderes als *eine* Trägermenge V und darauf *eine* Relation B zu. Für diesen Spezialfall haben wir schon eine anschauliche Terminologie: Wir sprechen vom 1-Graphen $G = (V, B)$.

Wenn ein 1-Graph G *strukturverträglich* in den 1-Graphen G' abgebildet sein soll, so erwarten wir zunächst die Angabe einer Abbildung Φ der Punktmenge von G in diejenige von G'. Sie soll der Bedingung genügen, daß die von der Assoziierten B gegebene Beziehung zwischen Punkten von V in die von B' gegebene Beziehung übertragen wird. Zwei Punkte x, y werden auf $\Phi^{\mathrm{T}}x$ und $\Phi^{\mathrm{T}}y$ abgebildet, und es soll stets aus $xy^{\mathrm{T}} \subset B$ folgen $\Phi^{\mathrm{T}}x(\Phi^{\mathrm{T}}y)^{\mathrm{T}} \subset B'$. Weil Φ Abbildung ist, ist dies gleichbedeutend mit $xy^{\mathrm{T}} \subset \Phi B' \Phi^{\mathrm{T}}$.

7.1.1 Definition. Sind $G = (V, B)$ und $G' = (V', B')$ zwei 1-Graphen, so heiße die Relation Φ ein (1-Graphen-) **Homomorphismus** von G in G', wenn

$$\Phi^{\mathrm{T}}\Phi \subset I, \quad I \subset \Phi\Phi^{\mathrm{T}}, \quad B \subset \Phi B' \Phi^{\mathrm{T}};$$

mit anderen Worten, wenn Φ eine Abbildung von V in V' mit $B \subset \Phi B' \Phi^{\mathrm{T}}$ ist. Wir schreiben auch $\Phi: G \longrightarrow G'$ für einen Homomorphismus. □

Anhand der expliziten Niederschrift von $\Phi^{\mathrm{T}}\Phi \subset I$ und $I \subset \Phi\Phi^{\mathrm{T}}$ läßt sich gut erkennen, daß $B \subset \Phi B' \Phi^{\mathrm{T}}$ äquivalent ist zu jeder der drei Inklusionen

$$B\Phi \subset \Phi B', \quad \Phi^{\mathrm{T}} B \Phi \subset B', \quad \Phi^{\mathrm{T}} B \subset B' \Phi^{\mathrm{T}}.$$

Man kann also die Homomorphiebedingung durch geeignetes Heranmultiplizieren von Φ „zyklisch durchrollen" und erhält stets eine äquivalente Form.

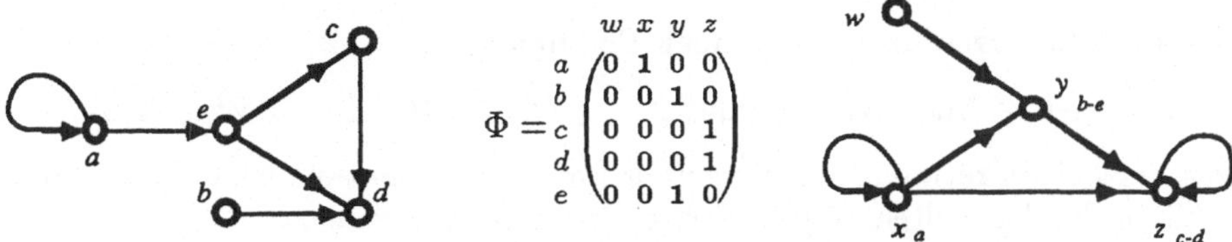

$$\Phi = \begin{array}{c} \\ a \\ b \\ c \\ d \\ e \end{array} \begin{array}{c} w\ x\ y\ z \\ \begin{pmatrix} 0 & 1 & 0 & 0 \\ 0 & 0 & 1 & 0 \\ 0 & 0 & 0 & 1 \\ 0 & 0 & 0 & 1 \\ 0 & 0 & 1 & 0 \end{pmatrix} \end{array}$$

Abb. 7.1.1 Ein 1-Graphen-Homomorphismus

Natürlich ergibt sich durch Hintereinanderschaltung $\Phi\Phi'$ zweier Homomorphismen $\Phi: G \longrightarrow G'$ und $\Phi': G' \longrightarrow G''$ wieder ein Homomorphismus. Das beweist man wie folgt:

$$B \subset \Phi B' \Phi^{\mathrm{T}} \subset \Phi\Phi' B'' \Phi'^{\mathrm{T}} \Phi^{\mathrm{T}} = (\Phi\Phi') B'' (\Phi\Phi')^{\mathrm{T}}.$$

In Abb. 7.1.1 ist ein Homomorphismus angegeben. Die Art der Punktzuordnung durch die Abbildung Φ haben wir mit den Indexfolgen im rechten Graphen und durch die Matrix Φ beschrieben. Betrachtet man diesen Homomorphismus im Detail, so löst er sich in die einzeln erfolgende Identifikation von je zwei Punkten und anschließendes Einfügen weiterer Punkte und Pfeile auf. Sind zwei identifizierte Punkte durch Pfeile verbunden, wie c und d, so muß der entstehende Punkt, hier z_{cd}, eine Schlinge tragen. Sind sie nicht verbunden, wie b und e, so braucht der entstehende Punkt, hier y_{be}, nicht notwendig eine Schlinge zu tragen. Besteht ein Homomorphismus nur aus einer dieser eben beschriebenen Identifikationen, so wird er gelegentlich als ein **elementarer Homomorphismus** bezeichnet.

Isomorphismen

Man darf auf der Suche nach einem für algebraische und relationale Strukturen gleichermaßen verwendbaren Isomorphiebegriff *nicht* so vorgehen, wie man es von Gruppenhomomorphismen oder linearen Abbildungen zwischen Vektorräumen her kennt, und sich damit begnügen, *allein* die Umkehrbarkeit der Abbildung Φ zusätzlich zur Homomorphiebedingung zu fordern.

Abb. 7.1.2 Bijektiver Homomorphismus einer relationalen Struktur

In Abb. 7.1.2 sehen wir einen hinsichtlich der Abbildung Φ bijektiven Homomorphismus eines 1-Graphen, den man sicher nicht als Isomorphismus bezeichnen möchte. Nicht schon der bijektive Homomorphismus einer relationalen Struktur ist ein Isomorphismus, sondern laut folgender Definition erst der Homomorphismus, für den auch die Umkehrung ein Homomorphismus ist.

7.1.2 Definition. Gegeben seien zwei 1-Graphen $G = (V, B)$ und $G' = (V', B')$ sowie eine Relation Φ. Wir nennen Φ einen (1-Graphen-) **Isomorphismus** von G auf G', wenn Φ *und* Φ^{T} Homomorphismen sind. □

Man hat also insgesamt die folgenden Bedingungen:

$$\Phi: V \longrightarrow V' \text{ bijektive Abbildung} \qquad B\Phi \subset \Phi B', \qquad B'\Phi^{\mathrm{T}} \subset \Phi^{\mathrm{T}} B.$$

Statt der beiden rechten Inklusionen darf man ebensogut die früher erwähnten „zyklisch durchgerollten“ äquivalenten Versionen verwenden.

Im Falle eines Isomorphismus herrscht natürlich in allen vier beim Durchrollen entstehenden Homomorphiebedingungen Gleichheit:

$$B = \Phi B' \Phi^{\mathrm{T}}, \quad B\Phi = \Phi B', \quad \Phi^{\mathrm{T}} B \Phi = B', \quad \Phi^{\mathrm{T}} B = B' \Phi^{\mathrm{T}}.$$

Jedoch kann man sich überlegen, daß die vier Gleichungen keineswegs äquivalent sind; siehe auch (7.1.6).

Zu erkennen, ob es zwischen zwei vorgelegten Graphen einen Isomorphismus[1] gibt, ob sie also bei geeigneter eineindeutiger Punktzuordnung als „gleich" anzusehen sind, ist eine in vielen Problemen der Informatik auftauchende Fragestellung. Sie ist in einfacheren Fällen pragmatisch schnell gelöst; allgemeine Algorithmen sind jedoch sehr rechenzeitaufwendig. Wir stellen hier die Aufgabe, einen Isomorphismus zwischen den beiden Graphen aus Abb. 7.1.3 zu finden.

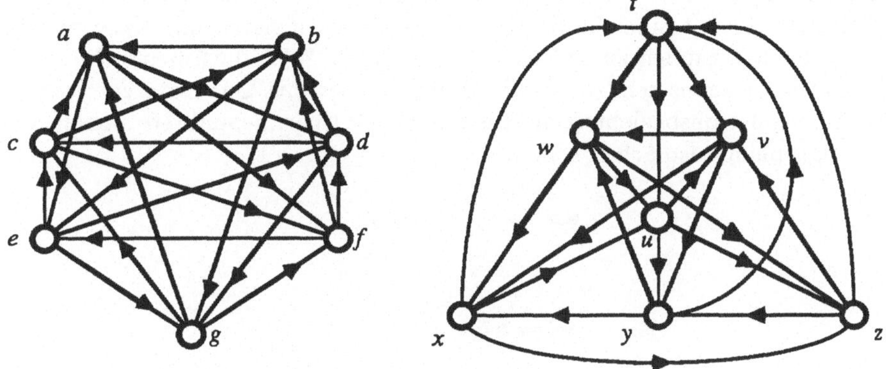

Abb. 7.1.3 Isomorphe Graphen

Teil- und Untergraphen

Der Isomorphiebegriff war eingeführt worden, um für zwei Graphen fragen zu können: „Sind diese beiden Graphen im wesentlichen gleich?" Oft stellt sich diese Frage anders: „Stimmt dieser Graph mit einem Teil des anderen Graphen überein?" Dann muß eine geeignete injektive Abbildung ι der Punkte gefunden werden[2].

Wir stehen also vor der Aufgabe, in einem Teil eines Graphen, der durch die Auswahl einiger Punkte oder Pfeile bestimmt ist, wiederum einen Graphen zu sehen. Wir erinnern an (2.4.1) und (4.2.7) und vermeiden zunächst die Kennzeichnung der Teilmenge V innerhalb der Punktmenge V''. Wir verlangen vielmehr die explizite Angabe einer injektiven Abbildung $\iota \subset V \times V''$, die ein Homomorphismus sein soll.

7.1.3 Definition. Sind $G = (V, B)$ und $G'' = (V'', B'')$ 1-Graphen und ist $\iota'': G \longrightarrow G''$ ein injektiver Homomorphismus, so heiße G ein **Teiluntergraph** (engl. partial subgraph) von G''. □

In Abb. 7.1.4 ist der Graph G Teiluntergraph von G''. Er umfaßt nicht alle, sondern nur einen Teil der Punkte von G'' und nicht alle, sondern nur einen Teil der zwischen den ausgewählten Punkten bestehenden Beziehungen.

[1] Hinsichtlich seiner Komplexität ist das Graphenisomorphieproblem interessant, weil es zur Klasse $\mathcal{NP}$ gehört, aber bisher nicht als $\mathcal{NP}$-vollständig erkannt wurde.

[2] Für dieses Problem ist übrigens $\mathcal{NP}$-Vollständigkeit nachgewiesen worden.

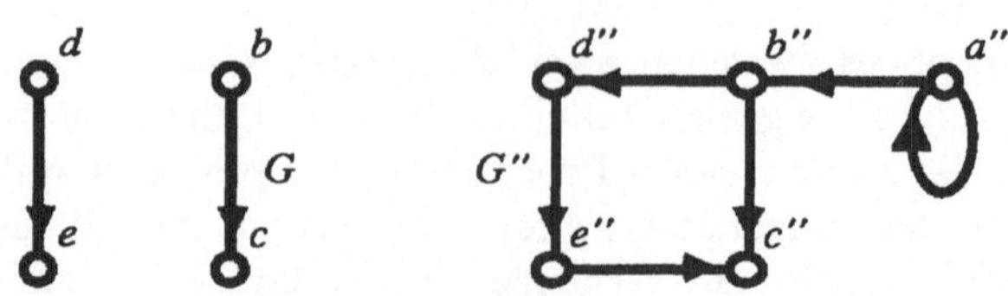

Abb. 7.1.4 Teiluntergraph als separater Graph

Da ι'' eine injektive Abbildung der Punktmenge V in die Punktmenge V'' ist, darf man V mit einer Teilmenge von V'' identifizieren und kann es sich ersparen, beide Graphen zu zeichnen. Wie in Abb. 7.1.5 darf man sich darauf beschränken zu kennzeichnen, welche Punkte (hier: als Quadrate gezeichnet) und welche Relationsbeziehungen zwischen ihnen (hier: gepunktete Pfeile) den Teiluntergraphen ausmachen sollen.

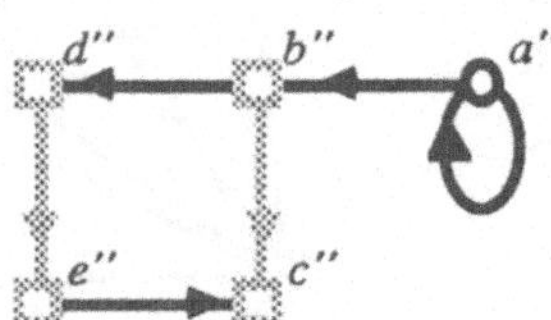

Abb. 7.1.5 Im umfassenden Graphen gekennzeichneter Teiluntergraph

Im allgemeinen Konzept der Teilunterstruktur sind zwei extreme Fälle möglich. Einmal werden *alle* Punkte ausgewählt, aber nur ein Teil der zwischen ihnen herrschenden Relationsbeziehungen (Teilgraph). Im anderen Fall wird eine Punktmenge ausgewählt, aber *alle* zwischen diesen herrschenden Relationsbeziehungen übernommen (Untergraph).

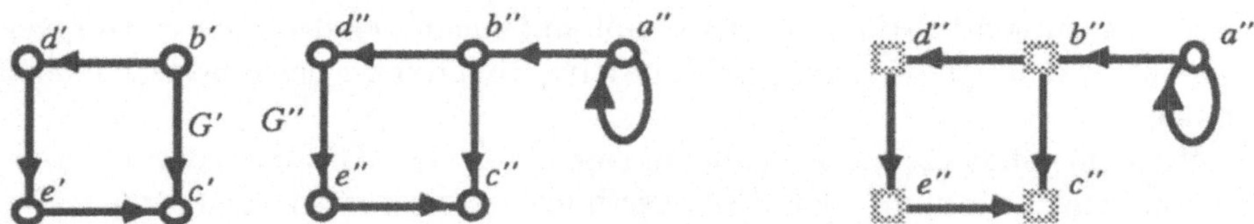

Abb. 7.1.6 Untergraph, separat und im umfassenden Graphen gekennzeichnet

7.1.4 Definition. Ist $G' = (V', B')$ vermöge des injektiven Homomorphismus ι' ein Teiluntergraph von $G'' = (V'', B'')$, so heiße G' der **von V' erzeugte Untergraph** (engl. subgraph) von G'', falls $B' = \iota' B'' \iota'^{\mathsf{T}}$. □

In Abb. 7.1.6 erkennt man, daß ein von der Teilmenge V' der Punkte erzeugter Untergraph G' alle zwischen diesen Punkten herrschenden Relationsbeziehungen umfaßt; man kann also darauf verzichten, die Pfeile von G' zeichnerisch gegenüber jenen aus G'' herauszuheben, wenn man den Untergraphen *im* Graphen darstellt; Punkte des Untergraphen sind wieder die Quadrate.

Wir betrachten nun den zweiten Spezialfall.

7.1.5 Definition. Ist $G = (V, B)$ vermöge des injektiven Homomorphismus ι Teiluntergraph von $G' = (V', B')$, so heiße G der **von B erzeugte Teilgraph** (engl. partial graph) von G', falls ι surjektiv ist. □

Weil ι injektive *und* surjektive Abbildung von V in V' ist, darf man V mit V' identifizieren. Ein Teilgraph umfaßt demnach stets alle Punkte, aber nicht notwendig alle Relationsbeziehungen zwischen diesen Punkten. Versucht man also, einen Teilgraphen G zeichnerisch *im* Graphen darzustellen, so kann man zwar auf die Heraushebung seiner Punkte verzichten, muß jedoch die zu ihm gehörigen Pfeile kennzeichnen; in Abb. 7.1.7 sind sie gepunktet.

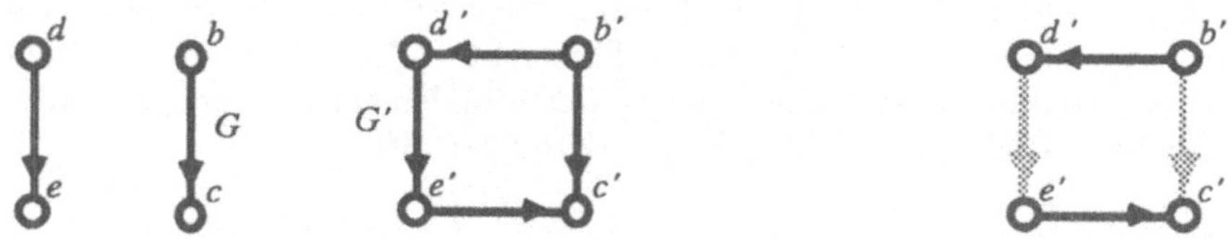

Abb. 7.1.7 Teilgraph, separat und im umfassenden Graphen gekennzeichnet

Jeden Teiluntergraphen G von G'' kann man sich entstanden denken als Teilgraphen G eines Untergraphen G' von G''.

Deutet man einen Graphen als Abbild der Beziehung „x schuldet y einen Geldbetrag“, so will man vielleicht nicht alle Schuldverhältnisse auf einmal betrachten. Man könnte den Personenkreis einschränken oder aber Schuldverhältnisse ihrem Betrage nach. Im ersten Fall wird ein Untergraph gebildet, im zweiten Fall hingegen ein Teilgraph.

Homomorphismus im Falle einer Verknüpfung

Der soeben eingeführte Homomorphiebegriff unterscheidet sich in bemerkenswerter Weise von dem in der Mathematik geläufigen: Es wird nicht eine *Gleichheit* (z. B. $B\Phi = \Phi B'$) verlangt, wie man es mit der Forderung

$$\varphi(x+y) = \varphi(x) +' \varphi(y)$$

bei additiven Gruppen täte. In Abb. 7.1.1 ist $a \not\subset B\Phi z$, aber $a \subset \Phi B' z$. Allerdings bilden Gruppen eine algebraische Struktur im Gegensatz zur relationalen Struktur eines Graphen. Daher fragen wir, wie sich das Homomorphie-Konzept ändert, wenn auf V nicht nur eine relationale Struktur sondern eine algebraische Struktur vorliegt. Wir bleiben beim einfachsten Fall und stellen die Zusatzforderung, daß B Abbildung von V in V (d. h. eine einstellige Verknüpfung auf V) ist. Diese Erörterungen bleiben beim Übergang zur Mehrstelligkeit gültig.

7.1.6 Satz. Gegeben seien die Graphen $G = (V, B)$ und $G' = (V', B')$, in denen B und B' Abbildungen sind, sowie eine Abbildung $\Phi \subset V \times V'$.

i) $$B\Phi \subset \Phi B' \iff B\Phi = \Phi B'.$$

ii) *Jede* der folgenden drei Gleichungen impliziert die Gleichung $B\Phi = \Phi B'$:

$$B = \Phi B' \Phi^{\mathrm{T}}, \quad \Phi^{\mathrm{T}} B \Phi = B', \quad \Phi^{\mathrm{T}} B = B' \Phi^{\mathrm{T}}.$$

Für alle anderen Paare unter den insgesamt vier Gleichungen gibt es Beispiele, daß die eine erfüllt, die andere aber nicht erfüllt ist.

Beweis: i) Zu zeigen ist nur die Richtung „$\Longrightarrow$“. In der Inklusion $B\Phi \subset \Phi B'$ ist die Relation $\Phi B'$ eindeutig, weil Φ und B' als Abbildungen eindeutig sind. Die Definitionsbereiche $B\Phi L = L = \Phi B' L$ von $B\Phi$ und $\Phi B'$ stimmen überein, weil alles Abbildungen und damit totale Relationen sind. Wir dürfen also Satz 4.2.2.iv verwenden, um auf $B\Phi = \Phi B'$ zu schließen.

ii) Aus jeder der drei Gleichungen folgt mit Durchrollen wenigstens die Inklusion $B\Phi \subset \Phi B'$ und somit nach (i) sogar $B\Phi = \Phi B'$. Zu den negativen Aussagen betrachten wir die Gegenbeispiele in Abb. 7.1.8. In jedem Fall handelt es sich um einen Homomorphismus des linken in den rechten Graphen, für den gewisse der Gleichungen erfüllt sind, andere aber nicht. □

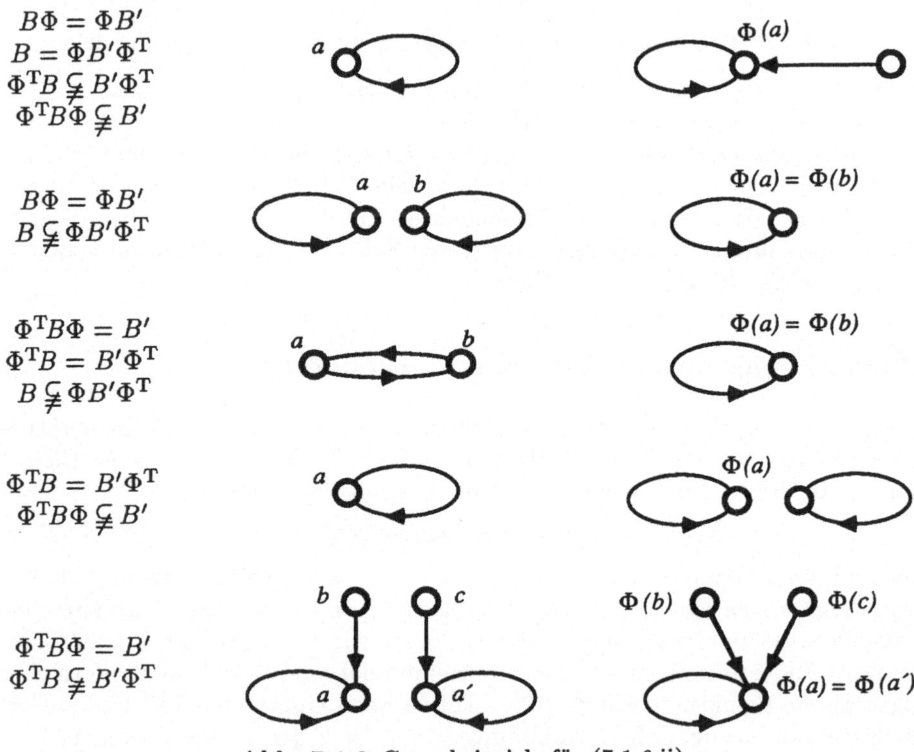

Abb. 7.1.8 Gegenbeispiele für (7.1.6.ii)

Die Homomorphiebedingung $B\Phi \subset \Phi B'$ gilt *sowohl* für algebraische *als auch* für relationale Strukturen. Die Gleichung $B\Phi = \Phi B'$ kann man nur im Falle einer algebraischen Struktur verwenden.

Zum Schluß überlegen wir, wieso *algebraische* Strukturen mit einem einfacheren Isomorphiebegriff auskommen. Wenn man eine algebraische Struktur voraussetzt, also B und B' Abbildungen sind, kann man aus $B\Phi \subset \Phi B'$ bereits auf das Erfülltsein der Homomorphiebedingung $B' \subset \Phi^T B \Phi$ für die Umkehrabbildung Φ^T schließen. Dazu verwendet man, daß nach (7.1.6.i)

$$B\Phi \subset \Phi B' \quad \Longleftrightarrow \quad B\Phi = \Phi B'.$$

Letzteres multipliziert man von links mit Φ^{T} und nutzt Surjektivität $I \subset \Phi^{\mathrm{T}}\Phi$ aus, um $B' \subset \Phi^{\mathrm{T}}\Phi B' = \Phi^{\mathrm{T}}B\Phi$ zu erhalten.

Übung

7.1.1 Ist $\Phi: G' \longrightarrow G''$ ein Homomorphismus, so gilt $\Phi\overline{B''L}\Phi^{\mathrm{T}} \subset \overline{B'L}$. Ein terminaler Bildpunkt hat also nur terminale Urbildpunkte.

7.2 Weitere Graphenhomomorphismen

In das am einfachen Fall des 1-Graphen vorgeführte Homomorphiekonzept aus Abschnitt 7.1 ordnen wir nun die Homomorphiedefinitionen für Hypergraphen, für gerichtete Graphen und für einfache Graphen ein. Auf die analogen Isomorphie- und Unterstrukturkonzepte gehen wir nicht im Detail ein.

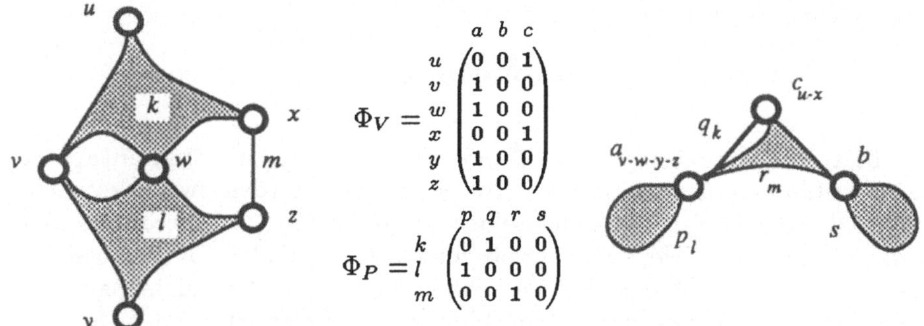

Abb. 7.2.1 Homomorphismus von Hypergraphen

Beim Hypergraphen kommt nur die *Mehrsortigkeit* neu hinzu. Wenn ein Hypergraph G homomorph in einen Hypergraphen G' abgebildet werden soll, so ist eine Abbildung Φ_V der Punkte *und* eine Abbildung Φ_P der Hyperkanten anzugeben. Wegen $M \subset P \times V$ hat man als Homomorphiebedingung zu fordern $M \subset \Phi_P M' \Phi_V^{\mathrm{T}}$. Auch diese Bedingung kann man zu vier äquivalenten Versionen der Homomorphiebedingung durchrollen:

$$M \subset \Phi_P M' \Phi_V^{\mathrm{T}} \qquad M\Phi_V \subset \Phi_P M' \qquad \Phi_P^{\mathrm{T}} M \Phi_V \subset M' \qquad \Phi_P^{\mathrm{T}} M \subset M' \Phi_V^{\mathrm{T}}.$$

In Abb. 7.2.1 ist ein Beispiel eines Hypergraphenhomomorphismus angegeben.

Im Falle des gerichteten Graphen, der aus dem Hypergraphen entsteht, falls die Inzidenz M als Vereinigung $M = A \sqcup E$ der eindeutigen Ausgangs- und Eingangsinzidenz gegeben ist, wird der soeben definierte Hypergraphen-Homomorphiebegriff verschärft durch die Forderung nach gesonderter Strukturerhaltung für A und E. Neben die Mehrsortigkeit tritt also die Tatsache, daß *mehrere* Relationen bei der Homomorphiebedingung zu beachten sind. Wegen $A \subset P \times V$, $E \subset P \times V$ ist zu fordern

$$A \subset \Phi_P A' \Phi_V^{\mathrm{T}}, \quad E \subset \Phi_P E' \Phi_V^{\mathrm{T}}.$$

Ein Beispiel eines Graphen-Homomorphismus, welches auch partielle Graphen mit erfaßt, gibt Abb. 7.2.2.

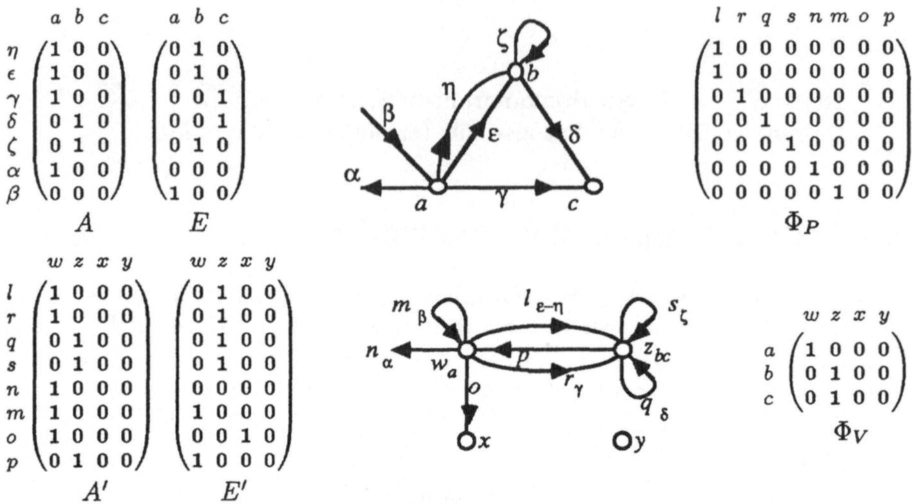

Abb. 7.2.2 Homomorphismus von gerichteten Graphen

Es gibt auch hier zwei Arten von Homomorphismen, die wir **elementare Homomorphismen** nennen wollen. Im ersten Fall werden zwei verschiedene Punkte des Urbildgraphen G demselben Bildpunkt in G' zugeordnet und alle übrigen Punkte und Pfeile umkehrbar eindeutig abgebildet. Dann müssen alle Pfeile, die zuvor in einem der beiden Urbilder begannen oder endeten, auf solche abgebildet sein, die entsprechend im Bildpunkt beginnen oder enden. Ein Pfeil, der die zwei Urbilder desselben Bildpunktes verbindet, muß notwendig auf eine Schlinge am Bildpunkt geworfen werden.

Im zweiten Fall werden zwei verschiedene Pfeile des Urbildgraphen G demselben Bildpfeil in G' zugeordnet und alle übrigen Pfeile und Punkte umkehrbar eindeutig abgebildet. Dann müssen die Urbildpfeile notwendig parallel sein. Surjektive Homomorphismen zwischen endlichen Graphen ohne partielle Pfeile lassen sich in eine Hintereinanderschaltung solcher elementaren Homomorphismen zerlegen.

Als letztes betrachten wir einfache Graphen. Wieder kann der allgemeine Homomorphiebegriff aus Definition 7.1.1 verwendet werden. Wegen $\Gamma \subset V \times V$ ist $\Gamma \subset \Phi\Gamma'\Phi^{\mathrm{T}}$ als Homomorphiebedingung zu fordern. Allerdings ergeben sich andere elementare Homomorphismen, weil die Adjazenz Γ stets symmetrisch und irreflexiv zu sein hat. Wenn man versuchen wollte, mit einem Homomorphismus zwei Punkte, die in der Relationsbeziehung Γ stehen, zusammenzuwerfen, so müßte ihr gemeinsamer Bildpunkt mit sich selbst in der Relationsbeziehung Γ stehen, also eine Schlinge tragen. In einem einfachen Graphen gibt es aber per definitionem keine Schlingen.

Der **elementare Adjazenz-Homomorphismus** beim einfachen Graphen besteht daher aus der Identifikation zweier *nicht adjazenter* Punkte. Die Identifikation zweier adjazenter Punkte (mit nachfolgender „Schlingenunterdrückung") wird auch gelegentlich benötigt. Man nennt sie **elementare Kontraktion**; dabei handelt es sich jedoch nicht um einen Homomorphismus in obigem Sinne. Abb. 7.2.3 zeigt ein Beispiel eines Adjazenz-Homomorphismus.

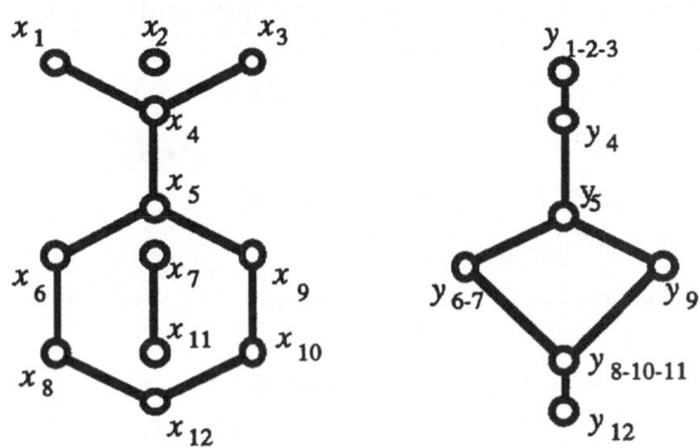

Abb. 7.2.3 Adjazenz-Homomorphismus

Faktorisierung einer Assoziierten

Wir erinnern an die Erörterungen vom Ende des Abschnitts 5.2, die wir noch einmal rekapitulieren: Der auf die Assoziierte bezogene Begriff des 1-Graphen verlangt das Vorliegen einer homogenen Relation B auf der Punktmenge V. Der Inzidenz-bezogene Begriff des Graphen besteht aus der Angabe zweier eindeutiger Relationen A und E.

Es ist einfach, von vorgelegten Ein- und Ausgangsinzidenzen E und A zur zugeordneten Assozierten $B := A^{\mathrm{T}}E$ zu gelangen. Zu einer Assoziierten B kann man aber leicht mehrere Paare A, E von Inzidenzen so angeben, daß $B = A^{\mathrm{T}}E$. Wenn für ein größeres Anwendungsproblem ein ursprünglich für ausreichend erachteter 1-Graph verwendet wurde und sich nachträglich ein Übergang zur Struktur eines Graphen als notwendig erweist, in dem auch parallele Pfeile vorkommen können, ergeben sich auch in der Praxis Schwierigkeiten.

Als Ergänzung zu 5.2 wird im folgenden Satz bewiesen, daß die Aufspaltung von B in die Faktoren A^{T} und E unter entsprechenden Voraussetzungen im wesentlichen eindeutig bestimmt ist.

7.2.1 Satz (*Faktorisierung einer Assoziierten zur Ausgangs- und Eingangsinzidenz*). Ist $G_1 = (V, B)$ ein 1-Graph, so existiert dazu bis auf Isomorphie höchstens ein totaler Graph ohne parallele Pfeile $G = (P, V, A, E)$ derart, daß $B = A^{\mathrm{T}}E$.

Beweis: Wir gehen von der Annahme aus, es gebe einen weiteren Graphen $G' = (P', V, A', E')$ mit den laut Satz 5.2.4 geforderten Eigenschaften $H' :=$

$A'A'^{\mathrm{T}} \sqcap E'E'^{\mathrm{T}} = I$ und $B = A'^{\mathrm{T}}E'$. Einen Isomorphismus des Graphen G in den Graphen G' können wir dann direkt angeben,

$$\Phi_V = I, \quad \Phi_P := AA'^{\mathrm{T}} \sqcap EE'^{\mathrm{T}},$$

indem wir uns von der Vorstellung leiten lassen, daß der Bildpfeil in G' dort beginnen soll, wo der Urbildpfeil beginnt *und* dort enden soll, wo der Urbildpfeil endet. Neben Φ_V ist auch Φ_P eine Abbildung, denn

$$\begin{aligned}\Phi_P\Phi_P^{\mathrm{T}} &= (AA'^{\mathrm{T}} \sqcap IEE'^{\mathrm{T}})(E'E^{\mathrm{T}} \sqcap A'A^{\mathrm{T}}I)\\ &\supset AA'^{\mathrm{T}}E'E^{\mathrm{T}} \sqcap I = ABE^{\mathrm{T}} \sqcap I = AA^{\mathrm{T}}EE^{\mathrm{T}} \sqcap I \supset II \sqcap I = I,\\ \Phi_P^{\mathrm{T}}\Phi_P &= (A'A^{\mathrm{T}} \sqcap E'E^{\mathrm{T}})(AA'^{\mathrm{T}} \sqcap EE'^{\mathrm{T}})\\ &\subset A'A^{\mathrm{T}}AA'^{\mathrm{T}} \sqcap E'E^{\mathrm{T}}EE'^{\mathrm{T}} \subset A'A'^{\mathrm{T}} \sqcap E'E'^{\mathrm{T}} = H' = I.\end{aligned}$$

Die Homomorphiebedingungen sind erfüllt, denn unter zweimaliger Verwendung von (4.2.2.iii) gilt o. E. für A:

$$\begin{aligned}A\Phi_V = A &= (AA^{\mathrm{T}} \sqcap EE^{\mathrm{T}})A = A \sqcap EE^{\mathrm{T}}A\\ &= A \sqcap EB^{\mathrm{T}} = A \sqcap EE'^{\mathrm{T}}A' = (AA'^{\mathrm{T}} \sqcap EE'^{\mathrm{T}})A' = \Phi_P A'.\end{aligned}$$

Da G in keiner Weise vor G' ausgezeichnet ist, gilt alles bisherige auch bei Vertauschung von beiden. Dabei geht Φ_P in Φ_P^{T} über, so daß Φ sogar ein Isomorphismus ist. □

Faktorisierung einer Adjazenz

Ein ähnliches Faktorisierungsproblem war auch in Abschnitt 5.5 aufgetaucht. Es ging darum, daß auf einfache Weise zu einer Inzidenz M eine Adjazenz $\Gamma := \overline{I} \sqcap M^{\mathrm{T}}M$ gewonnen werden, daß aber nur unter Voraussetzung gewisser Zusatzeigenschaften von der Adjazenz Γ zu einer Inzidenz übergegangen werden kann. Die Zusatzeigenschaften bestehen im einen Fall darin, daß erstens jede Kante mit genau zwei Punkten inzidiert und zweitens keine zwei verschiedenen Kanten mit demselben Paar von Punkten. Wir formulieren dies als Satz.

7.2.2 Satz (*Erste Faktorisierung einer Adjazenz zur Inzidenz*). Zu einer irreflexiven symmetrischen Relation Γ gibt es bis auf Isomorphie höchstens einen essentiellen Hypergraphen mit Kanten vom Range 2, dessen Adjazenz Γ ist.

Beweis: Wir nehmen an, daß zwei Inzidenzen M und M' der zugelassenen Art mit $\overline{I} \sqcap M^{\mathrm{T}}M = \Gamma = \overline{I} \sqcap M'^{\mathrm{T}}M'$ existieren. Als Isomorphie können wir dann sofort vermuten $\Phi = (\Phi_P, \Phi_V)$ mit

$$\Phi_V := I, \quad \Phi_P := \mathrm{syQ}(M^{\mathrm{T}}, M'^{\mathrm{T}}) = \overline{\overline{M}M'^{\mathrm{T}}} \sqcap \overline{M\overline{M'^{\mathrm{T}}}};$$

hier wird also zu einer Kante p die Menge der mit ihr M-inzidenten Punkte betrachtet und ihr dann die Menge aller genau mit dieser Punktmenge M'-inzidenten Kanten zugeordnet. Zu beweisen ist aus Symmetriegründen nur Eindeutigkeit und Totalität von Φ_P sowie das Erfülltsein der Homomorphiebedingung. Eindeutig ist Φ_P, weil

$$\begin{aligned}\Phi_P^{\mathrm{T}}\Phi_P &= \mathrm{syQ}(M^{\mathrm{T}}, M'^{\mathrm{T}})^{\mathrm{T}}\,\mathrm{syQ}(M^{\mathrm{T}}, M'^{\mathrm{T}}) \\ &\subset \mathrm{syQ}(M'^{\mathrm{T}}, M'^{\mathrm{T}}), && \text{nach (4.4.4)} \\ &\subset \overline{\overline{M'}M'^{\mathrm{T}}} \subset I, && \text{da } M' \text{ essentiell.}\end{aligned}$$

Die zu überprüfende Homomorphiebedingung $\Phi_P^{\mathrm{T}} M \Phi_V \subset M'$ ist hier äquivalent mit $\overline{M'}M^{\mathrm{T}} \subset \overline{\Phi_P^{\mathrm{T}}}$, was offensichtlich erfüllt ist.

Relativ umständlich war es in Übung 5.5.1, die Totalität von Φ_P nachzuweisen, weil man die Tatsache, daß jede Kante den Rang 2 hat, relational etwa in der Form ausdrücken muß, daß M Vereinigung zweier disjunkter Funktionen ist, $M = A \sqcup E$. □

Wir haben auch in diesem Satz nicht die Existenz einer Faktorisierung behauptet, sondern nur, daß es (innerhalb einer gegebenen Relationenalgebra!) bis auf Isomorphie *höchstens* eine Faktorisierung gibt.

Satz 7.2.2 bietet allerdings nicht die einzige Möglichkeit, einen unter gewissen Zusatzbedingungen im wesentlichen eindeutig bestimmten Hypergraphen zu einer gegebenen Adjazenz zu finden!

7.2.3 Satz (*Zweite Faktorisierung einer Adjazenz zur Inzidenz*). Zu einer irreflexiven symmetrischen Relation Γ gibt es bis auf Isomorphie höchstens einen essentiellen konformen Hypergraphen mit Γ als Adjazenz.

Beweis: Wir nehmen wieder an, es gebe zwei Hypergraphen mit essentieller und konformer Inzidenz M bzw. M', so daß $\overline{I} \sqcap M^{\mathrm{T}}M = \Gamma = \overline{I} \sqcap M'^{\mathrm{T}}M'$. Dann gilt sogar $M^{\mathrm{T}}M = M'^{\mathrm{T}}M'$, weil es bei konformer Inzidenz keinen freien Punkt x geben kann, d. h. $I \subset M^{\mathrm{T}}M$ und $I \subset M'^{\mathrm{T}}M'$. Neben $Mx = O$ wäre nämlich $xx^{\mathrm{T}} \sqcap \overline{I} \subset I \sqcap \overline{I} = O$, also nach (5.5.1) aufgrund der Konformität $L \neq \overline{M}x = \overline{M}x \sqcup O = \overline{M}x \sqcup Mx = Lx = LxL = L$.

Die einzige Möglichkeit zum Vergleich beider Inzidenzen besteht darin, die Mengen der mit den Kanten M- bzw. M'-inzidenten Punkte nebeneinanderzustellen. Wie bereits in (7.2.2) setzen wir daher den vermuteten Inzidenzisomorphismus an mit

$$\Phi_V = I, \quad \Phi_P = \mathrm{syQ}(M^{\mathrm{T}}, M'^{\mathrm{T}}) = \overline{M\overline{M'^{\mathrm{T}}}} \sqcap \overline{\overline{M}M'^{\mathrm{T}}}.$$

Nach zweimaliger Anwendung von (5.5.4) gilt hier sogar

$$\overline{M}M'^{\mathrm{T}} = M\overline{M^{\mathrm{T}}\overline{M}M'^{\mathrm{T}}} = M\overline{M'^{\mathrm{T}}\overline{M'}M'^{\mathrm{T}}} = M\overline{M'^{\mathrm{T}}},$$

und daher $\Phi_P = \overline{M\overline{M'^{\mathrm{T}}}} = \overline{\overline{M}M'^{\mathrm{T}}}$. Weil deswegen Φ_P^{T} die gleiche Bauart hat wie Φ_P müssen wir nur (Φ_P, Φ_V) als Homomorphismus nachweisen.

Die Homomorphiebedingung $\Phi_P^{\mathrm{T}} M \Phi_V \subset M'$ in der Form $\overline{M'}M^{\mathrm{T}} \subset \overline{\Phi_P^{\mathrm{T}}}$ ist offenbar erfüllt. Eindeutig ist Φ_P, weil bei essentiellem M'

$$\Phi_P\overline{I} = \overline{M\overline{M'^{\mathrm{T}}}}\,\overline{M'}M'^{\mathrm{T}} \subset \overline{M}M'^{\mathrm{T}} = \overline{\Phi_P}.$$

Schließlich ist Φ_P auch total. Ist nämlich p eine beliebige Hyperkante, so gilt wegen $pp^{\mathrm{T}} \subset I$ sicherlich $M^{\mathrm{T}}pp^{\mathrm{T}}M \sqcap \overline{I} \subset \Gamma$ und daher $L \neq \overline{\overline{M'}M^{\mathrm{T}}p}$ aufgrund der Konformität von M'. Die Annahme, Φ_P ordne diesem p keine

Bild-Hyperkante zu, d. h. $\Phi_P^{\mathrm{T}} p \subseteq O$, hat $Lp^{\mathrm{T}} \subset \overline{\Phi_P^{\mathrm{T}}} = \overline{M'M^{\mathrm{T}}}$ zur Folge, was nach (2.4.4) äquivalent zu $L = \overline{M'M^{\mathrm{T}}p}$ ist. Die Annahme führt also zu einem Widerspruch. Für die letzten Beweisschritte wurde wieder das Punkteaxiom benutzt. □

Gehen wir zurück auf Abb. 5.5.1 und lassen wir im Sinne des vorstehenden Satzes nur essentielle und konforme Hypergraphen zur Konkurrenz zu, so ist der dritte Hypergraph eindeutig von der Adjazenz bestimmt.

7.3 Überlagerungen und Ablaufsäquivalenz

Die Informatik ist wesensgemäß finitär. Deshalb ist es immer wieder notwendig, *Nichtendliches* mit *endlichen* Beschreibungshilfsmitteln darzustellen, etwa den Sprachschatz durch eine Grammatik, eine reguläre Menge durch einen regulären Ausdruck bzw. einen endlichen Automaten oder die Vielfalt intendierter Programmabläufe durch das Programm. Grammatik, Automat bzw. Programm sind dabei keineswegs eindeutig festgelegt. Verschiedene Grammatiken können denselben Sprachschatz beschreiben, verschiedene Programme zu derselben Menge von Programmabläufen führen, so daß die Frage nach den Gründen für diese Verwandtschaft der Grammatiken und Programme entsteht. Wir werden dies zunächst rein graphentheoretisch am Durchlaufen von Wurzelgraphen und Wurzelbäumen studieren. In Abschnitt 10.5 folgen Anwendungen auf Flußäquivalenz und (Ablaufs-) Transformation von Programmen.

Sicherlich ist die Wirkung eines Flußdiagramms besonders einfach zu verstehen, wenn der zugrundeliegende Wurzelgraph sogar ein Wurzel*baum* ist und somit keine verschränkten, mehrfach durchlaufbaren Kreise die Übersicht erschweren. Wurzelgraphen *mit* solchen Kreisen zu überblicken heißt, die i. a. nichtendliche Gesamtheit aller Möglichkeiten, diesen Wurzelgraphen von der Wurzel her zu durchlaufen, im Auge zu behalten. Dies gelingt durch die folgende Überlagerungstheorie. Sie baut auf dem Homomorphiebegriff auf.

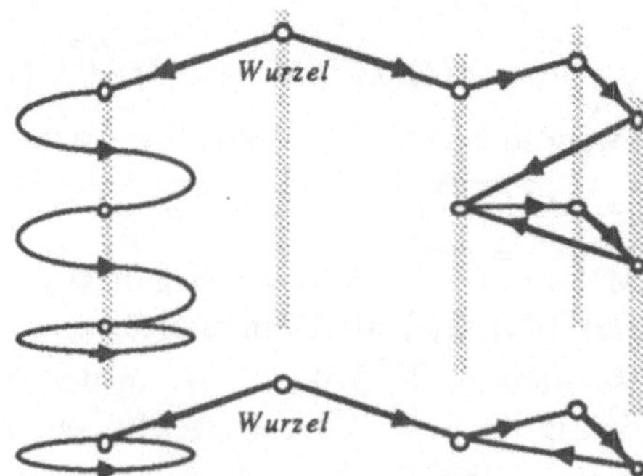

Abb. 7.3.1 Teilweises Entrollen von Kreisen eines Wurzelgraphen

Wir lassen uns von der naiven Vorstellung des Abrollens oder Entfaltens von Kreisen leiten und betrachten Abb. 7.3.1. Zu suchen ist nach einer Charakterisierung derjenigen Homomorphismen von Graphen, die seine Ablaufstruktur „im wesentlichen" unangetastet lassen. Es zeigt sich, daß solche Homomorphismen surjektiv sind, und daß in jedem Punkt die *Nachfolger*beziehung (modulo Homomorphismus) genau mit der im Bildpunkt übereinstimmen muß.

7.3.1 Definition. Einen surjektiven Homomorphismus $\Phi: G \longrightarrow G'$ nennen wir eine **Überlagerung**, wenn

$$\Phi B' \subset B\Phi, \quad B^{\mathrm{T}}B \sqcap \Phi\Phi^{\mathrm{T}} \subset I.$$

Gelegentlich verwenden wir auch die Redeweise „G ist Überlagerung von G' vermöge Φ". □

Man macht sich schnell klar, daß auch die Hintereinanderschaltung zweier Überlagerungen wieder eine Überlagerung ist.

In der ersten Inklusion gilt wegen der Homomorphie ohnehin „$\supset$" und damit sogar $B\Phi = \Phi B'$; sie vergleicht zwei Relationen zwischen Punkten von G und Punkten von G' und sorgt dafür, daß für einen beliebigen Urbildpunkt x eines Punktes x' und für jeden Nachfolger y' von x' *mindestens* ein Nachfolger y von x existiert, der Urbild von y' ist. Mit der zweiten Bedingung wird garantiert, daß *höchstens* ein solches y vorhanden ist, indem verlangt wird, daß die Relation „hat vermöge B gleichen Vorgänger und vermöge Φ gleiches Bild" in der Identität enthalten ist. Zeichnerisch anschaulich gibt man eine Überlagerung wieder, indem man die Urbilder eines Punktes als Faser senkrecht über diesem anordnet und Φ als Projektion erscheinen läßt.

Nach dieser rein graphentheoretischen Betrachtung geben wir eine etwas anschaulichere Deutung einer Überlagerung. Wir versehen die Pfeile mit Zeichen eines Zeichenvorrates und betrachten in Abb. 7.3.2 die Beziehung zu zwei Grammatiken mit übereinstimmendem Sprachschatz.

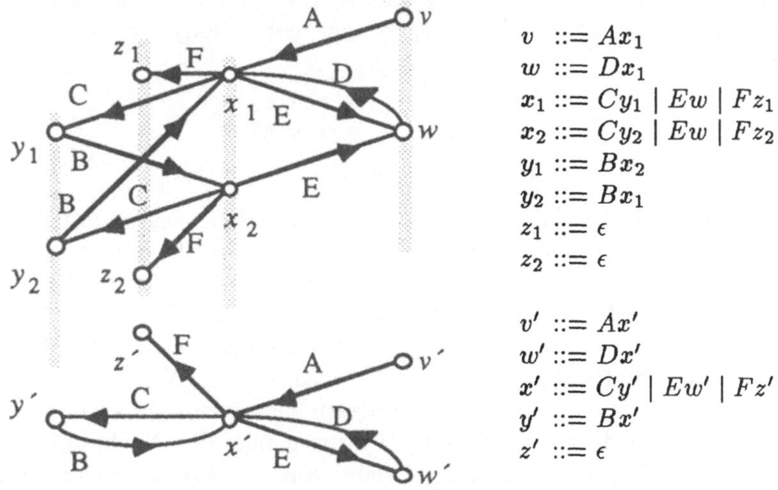

Abb. 7.3.2 Überlagerung der Wurzelgraphen zweier Grammatiken zum gleichen Sprachschatz

Aus der ersten Bedingung von (7.3.1) folgt sofort $B^*\Phi = \Phi B'^*$; von einer Überlagerung Φ werden also auch die Erreichbarkeiten genau übertragen. Wir können darüberhinaus beweisen, daß es zu jedem von x' ausgehenden Weg in G' von jedem Urbildpunkt x von x' aus genau einen Urbildweg gibt.

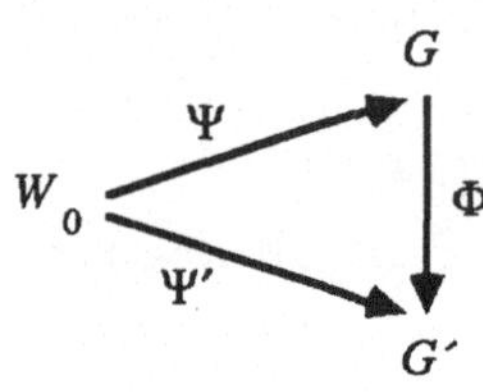

Abb. 7.3.3 Hochheben in die Überlagerung

Der folgende Satz ist sogar etwas allgemeiner formuliert; nicht nur für einen einzelnen Weg, sondern für ein ganzes Bündel von Wegen, aus technischen Gründen dargestellt durch das homomorphe Bild eines Wurzelbaumes. Zu zeigen ist die Möglichkeit, im Diagramm aus Abb. 7.3.3 den Homomorphismus Ψ' des Wurzelbaumes W_0 zum Homomorphismus Ψ „hochzuheben" oder zu „liften". Sätze dieses Typs sind für Überlagerungsbegriffe aus der Topologie bekannt. Ein relationenalgebraischer Beweis für Wurzelgraphen findet sich in SCHMIDT 76.

7.3.2 Satz (*Hochheben von Wegen*). Sei Φ eine Überlagerung des Graphen G auf den Graphen G' und sei ein Punkt a' in G' sowie ein Urbild a von a' in G ausgezeichnet. Gibt es dann einen Homomorphismus Ψ' eines Wurzelbaumes W_0 in den (überlagerten) Graphen G', welcher die Wurzel a_0 in den ausgezeichneten Punkt a' abbildet, so existiert dazu ein eindeutig bestimmter Homomorphismus Ψ von W_0 in die Überlagerung G, welcher a_0 in a abbildet und für den gilt $\Psi\Phi = \Psi'$.

Beweis: Mit B, B' und B_0 seien die Assoziierten bezeichnet. Nach (6.1.8) gilt $L = B_0^{\mathrm{T}*}a_0$, und wir können die Punktmenge von W_0 zerlegen zu $L = \sup_{i\geq 0} V_i$, wobei $V_i := B_0^{\mathrm{T}i}a_0$ die Menge aller Punkte der Entfernung i von der Wurzel a_0 bezeichne. Mit Verwendung von Ψ_i als Beschränkung der zu konstruierenden Abbildung Ψ auf V_i können wir in folgender Weise rekursiv definieren:

$$\begin{aligned}\Psi_0 &:= a_0 a^{\mathrm{T}}\\ \Psi_i &:= B_0^{\mathrm{T}}\Psi_{i-1}B \sqcap \Psi'\Phi^{\mathrm{T}}\\ \Psi &:= \sup_{i\geq 0}\Psi_i .\end{aligned}$$

Für $i = 0$ wird damit sicherlich die Wurzel a_0 auf den ausgezeichneten Punkt a abgebildet. Zu beweisen ist also noch, daß es sich bei Ψ um eine eindeutige und totale Relation handelt, die der Homomorphiebedingung $B_0\Psi \subset \Psi B$ und der „Faktorisierungsbedingung" $\Psi\Phi = \Psi'$ genügt.

Für $i > 0$ hat ein Punkt x_0 aus V_i einen eindeutig bestimmten Vorgänger in V_{i-1}, dessen Bild unter Ψ_{i-1} bereits bekannt ist. Wählt man nun das Ψ_i-Bild von x_0 in G unter den Nachfolgern dieses Bildpunktes, so wird Ψ der Homomorphiebedingung genügen. Bestimmt man den Nachfolger überdies so, daß er in der Φ-Faser über dem Ψ'-Bild von x_0 liegt, so wird später auch $\Psi\Phi = \Psi'$ gelten. Formal ergeben sich die Beweise wie folgt: Nach Konstruktion gilt mit (2.4.5) $\Psi_0 = a_0a^{\mathrm{T}} \subset a_0a'^{\mathrm{T}}(aa'^{\mathrm{T}})^{\mathrm{T}} \subset \Psi'\Phi^{\mathrm{T}}$ sowie $\Psi_i \subset \Psi'\Phi^{\mathrm{T}}$, so daß

$\Psi \subset \Psi'\Phi^{\mathrm{T}}$. Also erfüllt Ψ den Anteil $\Psi\Phi \subset \Psi'$ der Faktorisierungsbeziehung. Ebenso einfach ergibt sich die Homomorphieeigenschaft von Ψ:

$$B_0\Psi = \sup_{i\geq 0} B_0\Psi_i \subset B_0 a_0 a^{\mathrm{T}} \sqcup \sup_{i\geq 1} B_0 B_0^{\mathrm{T}}\Psi_{i-1}B \subset O \sqcup \sup_{i\geq 1} \Psi_{i-1}B \subset \Psi B,$$

wenn man sich daran erinnert, daß die Wurzel a_0 eines Wurzelbaumes keinen Vorgänger hat ($B_0 a_0 = O$) und Vorgänger ansonsten eindeutig bestimmt sind ($B_0 B_0^{\mathrm{T}} \subset I$).

Der Nachweis der Eindeutigkeit von Ψ gelingt mit $\Psi_0^{\mathrm{T}}\Psi_0 \subset I$ und

$$\Psi_i^{\mathrm{T}}\Psi_j \subset B^{\mathrm{T}}\Psi_{i-1}^{\mathrm{T}}B_0\Psi_j \sqcap \Phi\Psi'^{\mathrm{T}}\Psi_j \subset B^{\mathrm{T}}\Psi_{i-1}^{\mathrm{T}}\Psi_j B \sqcap \Phi\Psi'^{\mathrm{T}}\Psi'\Phi^{\mathrm{T}},$$

da aus dem Vorstehenden auch $B_0\Psi_j \subset \Psi_j B$ folgt. Für einen Induktionsschluß über i nehmen wir an $\Psi_{i-1}^{\mathrm{T}}\Psi_j \subset I$, so daß wir $\Psi_i^{\mathrm{T}}\Psi_j \subset B^{\mathrm{T}}B \sqcap \Phi\Phi^{\mathrm{T}}$ und nach (7.3.1) $\Psi_i^{\mathrm{T}}\Psi_j \subset I$ für alle i,j erhalten. Also gilt $\Psi^{\mathrm{T}}\Psi = \sup_{i,j\geq 0}\Psi_i^{\mathrm{T}}\Psi_j \subset I$, und damit Eindeutigkeit.

Zum Nachweis der Totalität von Ψ setzen wir die Definitionsbereiche der Ψ_i zueinander in Beziehung.

$$\begin{aligned}
\Psi_i L &= (B_0^{\mathrm{T}}\Psi_{i-1}B \sqcap \Psi'\Phi^{\mathrm{T}})L \\
&\supset (\Psi'\Phi^{\mathrm{T}} \sqcap B_0^{\mathrm{T}}\Psi_{i-1}B)(B^{\mathrm{T}} \sqcap \Phi\Psi'^{\mathrm{T}}B_0^{\mathrm{T}}\Psi_{i-1})L \\
&\supset (\Psi'\Phi^{\mathrm{T}}B^{\mathrm{T}} \sqcap B_0^{\mathrm{T}}\Psi_{i-1})L, && \text{aufgrund der Dedekind-Beziehung} \\
&= (\Psi'B'^{\mathrm{T}}\Phi^{\mathrm{T}} \sqcap B_0^{\mathrm{T}}\Psi_{i-1})L, && \text{wegen (7.3.1) für } \Phi \\
&\supset (B_0^{\mathrm{T}}\Psi'\Phi^{\mathrm{T}} \sqcap B_0^{\mathrm{T}}\Psi_{i-1})L && \text{da } \Psi' \text{ ein Homomorphismus ist} \\
&= B_0^{\mathrm{T}}(\Psi'\Phi^{\mathrm{T}} \sqcap \Psi_{i-1})L && \text{nach (4.2.2.ii) bei eindeutigem } B_0^{\mathrm{T}} \\
&= B_0^{\mathrm{T}}\Psi_{i-1}L, && \text{da } \Psi_{i-1} \subset \Psi \subset \Psi'\Phi^{\mathrm{T}}.
\end{aligned}$$

Daher gilt $\Psi_i L \supset B_0^{\mathrm{T}i}\Psi_0 L$, woraus sich mit

$$\Psi L = \sup_{i\geq 0}\Psi_i L \supset \sup_{i\geq 0} B_0^{\mathrm{T}i}\Psi_0 L = B_0^{\mathrm{T}*}\Psi_0 L = B_0^{\mathrm{T}*}a_0 = L$$

die Totalität von Ψ ergibt. Mit Ψ ist auch $\Psi\Phi$ total; also kann jetzt aus $\Psi\Phi \subset \Psi'$ mit (4.2.2.iv) auf $\Psi\Phi = \Psi'$ geschlossen werden. □

Neben diesen Beweis durch Induktion könnte man einen stärker verbandstheoretisch argumentierenden Beweis setzen. An die Stelle der „operativ ausschöpfenden“ Definition $\Psi := \sup_{i\geq 0}\Psi_i$ träte dabei die „deskriptive“ Form

$$\Psi := \inf\{\, X \mid a_0 a^{\mathrm{T}} \sqcup (B_0^{\mathrm{T}}XB \sqcap \Psi'\Phi^{\mathrm{T}}) \subset X \,\}.$$

Es sind im Kleinen dieselben Schlüsse nötig wie im eben ausgeführten Beweis, jedoch mit Modifikationen zur Ausnutzung des Infimumcharakters von Ψ. Wir stellen die Ausführung dieses Beweises, der durch die Vermeidung der Indizes kürzer und eleganter ist, als Übungsaufgabe 7.3.1.

Für Satz 7.3.2 notieren wir noch das folgende Korollar, dessen Beweis als Übung 7.3.2 empfohlen ist.

7.3.3 Korollar. Ist unter den Voraussetzungen von Satz 7.3.2 der Homomorphismus Ψ' sogar eine Überlagerung, so ist auch Ψ eine Überlagerung. □

Die Überlagerungen eines Wurzelgraphen (G', a') durch einen Wurzel*baum* (G, a) erfahren aufgrund dieses Korollars eine besondere Auszeichnung: Sie sind zugleich Überlagerung für jede andere Überlagerung des Wurzelgraphen (G', a'). Es läßt sich zeigen, daß es infolgedessen bis auf Isomorphie höchstens eine[1] Überlagerung eines Wurzelgraphen geben kann, die zugleich Wurzel*baum* ist.

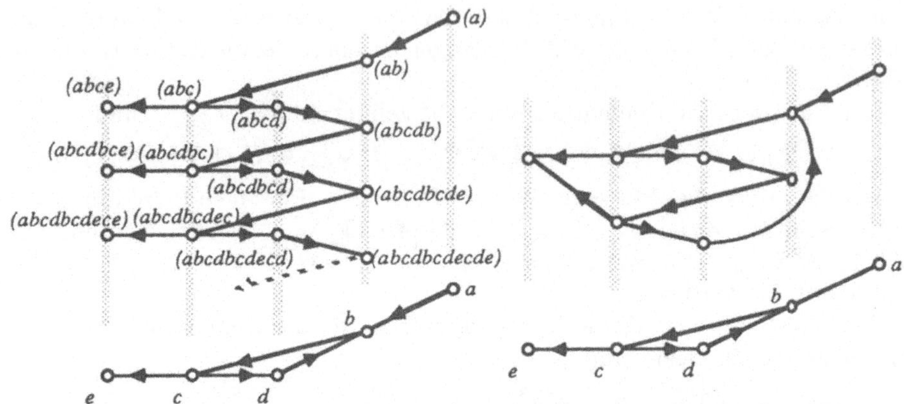

Abb. 7.3.4 Universelle Überlagerung und Überlagerung eines Graphen

Nun können wir uns unter Verwendung unseres Überlagerungsbegriffs einen Überblick über *alle* von der Wurzel a ausgehenden Wege in einem Wurzelgraphen W verschaffen. Dazu betrachten wir die Gesamtheit dieser Wege, erkennen darin die Struktur eines i. a. natürlich nichtendlichen Wurzel*baumes* und stellen fest, daß dieser Wurzelbaum eine Überlagerung von W bildet.

7.3.4 Satz. Es sei (V, B) ein Wurzelgraph mit der Wurzel a. Wir fassen die Menge $\tilde{V}$ aller Wege endlicher Länge von a aus als eine Menge von Punkten neuer Art auf. Einen Punkt $\tilde{v} \in \tilde{V}$ verbinden wir mit einem Punkt $\tilde{w} \in \tilde{V}$ genau dann durch einen Pfeil, wenn der Weg $\tilde{w}$ um den Punkt y länger ist als der Weg $\tilde{v}$:

$$\tilde{v} \subset \tilde{B}\tilde{w} \quad :\Longleftrightarrow \quad x \subset By, \quad \text{wobei } \tilde{v} = (a, \ldots, x) \text{ und } \tilde{w} = (a, \ldots, x, y).$$

Der so entstehende Graph $(\tilde{V}, \tilde{B})$ ist ein Wurzelbaum, dessen Wurzel $\tilde{a}$ dem leeren Weg (a) im Punkt a des Ursprungsgraphen entspricht.

Beweis: Mit $\tilde{B}$ ist sicherlich eine Relation auf $\tilde{V}$ erklärt, so daß $(\tilde{V}, \tilde{B})$ ein 1-Graph ist. Da alle endlich langen Wege von a aus sich im Graphen (V, B) durch schrittweises Verlängern des leeren Weges (a) ergeben, ist $\tilde{a} = (a)$ eine Wurzel des Graphen $(\tilde{V}, \tilde{B})$. Weil schließlich zu jedem Weg höchstens (und falls er ungleich (a) ist, genau) ein um einen Pfeil kürzerer Weg gehört, handelt es sich nach Satz 6.1.11.ii um einen Wurzelbaum. □

[1] Wir haben hier wieder nichts zur Existenz eines überlagernden Wurzelbaumes ausgesagt. Innerhalb einer vorgegebenen Relationenalgebra muß es zu einem Wurzelgraphen keineswegs einen überlagernden Wurzelbaum geben. Unterstellt man jedoch eine „hinreichend große" Relationenalgebra, so wird die Konstruktion eines überlagernden Wurzelbaumes möglich, wie sie der Satz 7.3.4 angibt.

In Abb. 7.3.4 sind zwei Überlagerungen eines Graphen gezeigt. Die rechte Überlagerung entrollt den Graphen nur *teilweise*; links ist der Beginn der universellen Überlagerung angedeutet.

Im nächsten Satz beweisen wir, daß $(\tilde{V}, \tilde{B})$ sogar eine Überlagerung von (V, B) ist. Wir gehen dabei noch einen Schritt weiter und zeigen, daß es „im wesentlichen", d. h. bis auf Isomorphie, nur diesen einen Wurzelbaum gibt, der Überlagerung von (V, B) ist.

7.3.5 Satz. i) Definieren wir unter den Voraussetzungen des Satzes 7.3.4 eine Abbildung $\tilde{\Phi}$ des Wurzelbaumes $(\tilde{V}, \tilde{B})$ in den Wurzelgraphen (V, B) dadurch, daß vermöge $\tilde{\Phi}$ jedem $\tilde{v} \in \tilde{V}$ genau der Endpunkt des Weges in V zugeordnet wird, so ist $\tilde{\Phi}$ eine Überlagerung von $(\tilde{V}, \tilde{B})$ auf (V, B).
ii) Es gibt (bis auf Isomorphie) höchstens einen Wurzel*baum*, welcher Überlagerung von (V, B) ist.

Beweis: i) $\tilde{\Phi}$ ist ein Homomorphismus. Bilden wir nämlich die Nachfolger eines Punktes $\tilde{v} \in \tilde{V}$, d. h. die um einen Pfeil gegenüber $\tilde{v}$ verlängerten Wege vermöge $\tilde{\Phi}$ ab, so erhalten wir in der Tat die Nachfolger vom Bild von $\tilde{v}$ in V. Die Nachfolgerfächer (Gesamtheit der ausgehenden Pfeile) in $\tilde{v}$ und im Bild von $\tilde{v}$ stimmen modulo $\tilde{\Phi}$ überein.

ii) Diese Behauptung enthält keine Existenzaussage und kann wieder relationenalgebraisch bewiesen werden. Wir nehmen an, es gäbe zwei Wurzel*bäume* (V_0, B_0) und (V_0', B_0'), die beide Überlagerungen von (V, B) vermöge der Abbildungen Φ_0 bzw. Φ_0' sind. Dann haben wir die Situation aus Abb. 7.3.5.

Nach Satz 7.3.2 gibt es daher Abbildungen Ψ bzw. Ψ', die Φ_0' bzw. Φ_0 zu $\Phi_0' = \Psi\Phi_0$ bzw. $\Phi_0 = \Psi'\Phi_0'$ faktorisieren; sie ergeben sich nach der Bemerkung im Anschluß an den Beweis von Satz 7.3.2 als

$$\Psi := \inf\{ Y \mid a_0 a_0'^{\mathrm{T}} \sqcup (B_0^{\mathrm{T}} Y B_0' \sqcap \Phi_0 \Phi_0'^{\mathrm{T}}) \subset Y \}$$
$$\Psi' := \inf\{ X \mid a_0' a_0^{\mathrm{T}} \sqcup (B_0'^{\mathrm{T}} X B_0 \sqcap \Phi_0' \Phi_0^{\mathrm{T}}) \subset X \},$$

sind also notwendig zueinander transponiert. □

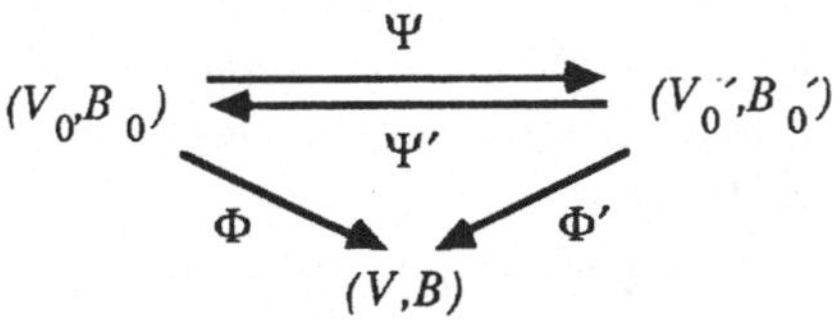

Abb. 7.3.5 Isomorphe Bilder überlagernder Wurzelgraphen

Die vorstehenden zwei Sätze ermöglichen die folgende Definition.

7.3.6 Definition. Den in Satz 7.3.3 beschriebenen Wurzelbaum $(\tilde{V}, \tilde{B})$ nennen wir *den* **überlagernden Wurzelbaum** oder auch *die* **universelle Überlagerung** von (V, B). □

Man nennt den überlagernden Wurzelbaum auch das „initiale Element" unter allen Überlagerungen.

Übungen

7.3.1 Man beweise Satz 7.3.2 ausgehend von der Definition

$$\Psi := \inf\{ X \mid a_0 a^{\mathrm{T}} \sqcup (B_0^{\mathrm{T}} X B \sqcap \Psi' \Phi^{\mathrm{T}}) \subset X \}.$$

7.3.2 Man beweise Korollar 7.3.3.

7.3.3 Gegeben seien die Wurzelgraphen G und G' sowie der (nicht notwendig surjektive) Wurzelgraphen-Homomorphismus Φ. Man zeige: Φ ist Überlagerung, falls $\Phi B' \subset B\Phi$ und $B^{\mathrm{T}} B \sqcap \Phi\Phi^{\mathrm{T}} \subset I$.

7.3.4 Die Hintereinanderschaltung zweier Überlagerungen ergibt wieder eine Überlagerung.

7.4 Kongruenzen

Eine mathematische Struktur auf einer Trägermenge tritt oft zusammen mit einer Äquivalenzrelation auf. Wenn die Struktur und eine Äquivalenzrelation miteinander „verträglich" sind, versucht man meist, die Äquivalenz „herauszudividieren". Das ist ein Grundmuster der Mathematik. Auch auf der Punktmenge eines Graphen gibt es gelegentlich neben der Assoziierten B eine Äquivalenzrelation Ξ.

7.4.1 Definition. Ist der 1-Graph $G = (V, B)$ und die Äquivalenz Ξ auf der Punktmenge V vorgelegt, so heiße

$$\Xi \text{ } B\text{-}\textbf{Kongruenz} \quad :\Longleftrightarrow \quad \Xi B \subset B\Xi. \qquad \square$$

Innerhalb einer gegebenen Relationenalgebra kann man im allgemeinen nicht zum Rechnen mit Äquivalenzklassen übergehen, wie man das beim Herausdividieren einer Äquivalenz oder Kongruenz normalerweise täte. Wir beschränken uns demnach darauf zu zeigen, daß es bis auf Isomorphie höchstens eine Quotientenmenge geben kann.

7.4.2 Satz. Ist ein 1-Graph (V, B) mit einer B-Kongruenz Ξ gegeben, so gibt es bis auf Isomorphie höchstens einen surjektiven Homomorphismus Φ auf einen 1-Graphen (V', B') mit

$$\Xi = \Phi\Phi^{\mathrm{T}} \quad \text{und} \quad B' = \Phi^{\mathrm{T}} B \Phi.$$

Beweis: Wir nehmen zunächst an, es gebe auch noch einen Homomorphismus Φ' nach (V'', B'') mit $\Xi = \Phi'\Phi'^{\mathrm{T}}$ und $B'' = \Phi'^{\mathrm{T}} B \Phi'$. Dann zeigen wir, daß $\Psi := \Phi^{\mathrm{T}}\Phi'$ ein Isomorphismus von (V', B') und (V'', B'') sein muß. Zunächst ist Ψ eindeutig und surjektiv:

$$\Psi^{\mathrm{T}}\Psi = \Phi'^{\mathrm{T}}\Phi\Phi^{\mathrm{T}}\Phi' = \Phi'^{\mathrm{T}}\Xi\Phi' = \Phi'^{\mathrm{T}}\Phi'\Phi'^{\mathrm{T}}\Phi' = II = I.$$

Analog ergibt sich Injektivität und Totalität. Wir zeigen o. E. eine Richtung der Homomorphie:

$$B'\Psi = \Phi^{\mathrm{T}} B \Phi\Phi^{\mathrm{T}}\Phi' = \Phi^{\mathrm{T}} B \Xi \Phi' = \Phi^{\mathrm{T}} B \Phi'\Phi'^{\mathrm{T}}\Phi' \subset \Phi^{\mathrm{T}}\Phi' B'' I = \Psi B''. \qquad \square$$

Kongruenzen entstehen insbesondere aus den Überlagerungen, die wir in Abschnitt 7.3 besprochen haben.

7.4.3 Satz. Ist Φ eine Überlagerung des 1-Graphen (V,B) auf den 1-Graphen (V',B'), so ist $\Xi := \Phi\Phi^{\mathrm{T}}$ eine B-Kongruenz.

Beweis: Natürlich ist Ξ reflexiv, symmetrisch und transitiv. Die Kongruenzeigenschaft zeigen wir mit Anwendung von (7.3.1) an vorletzter Stelle in

$$\Xi B = \Phi\Phi^{\mathrm{T}}B \subset \Phi B'\Phi^{\mathrm{T}} \subset B\Phi\Phi^{\mathrm{T}} = B\Xi. \qquad \square$$

Vielfach wird neben der Assoziierten B auch eine Kongruenz von einem Homomorphismus respektiert, wofür es eine eigene Sprechweise gibt.

7.4.4 Definition. Sind Ξ, Ξ' Äquivalenzen auf den Mengen V bzw. V' und ist $\Phi: V \longrightarrow V'$ eine Abbildung mit der Eigenschaft $\Xi\Phi \subset \Phi\Xi'$, so sagt man „Φ erfüllt die **Substitutionseigenschaft** bzgl. Ξ und Ξ'". □

Natürlich ist damit nichts anderes ausgedrückt, als daß Φ ein Homomorphismus des 1-Graphen (V,Ξ) in den 1-Graphen (V',Ξ') ist. Diese Situation kommt auch bei mehrstelligen Abbildungen vor. Wenn sie zweistellig ist, und man die Äquivalenzen Ξ auf X und Θ auf Y sowie Ω auf der Bildmenge Z in Infix-Form notiert, hat die Abbildung φ die Substitutionseigenschaft, sobald

$$\forall x_1, x_2 \in X \; \forall y_1, y_2 \in Y \; : \; x_1 \,\Xi\, x_2, \; y_1 \,\Theta\, y_2 \;\rightarrow\; \varphi(x_1, y_1) \,\Omega\, \varphi(x_2, y_2)$$

Auf Mehrstelligkeit gehen wir allerdings erst in Abschnitt 7.5 näher ein.

Reduzierter Graph

Wir besprechen nun eine mit dem Auftreten einer Kongruenz verwandte Situation. Unter gewissen Gesichtspunkten werden Punkte derselben starken Zusammenhangskomponente eines Graphen als gleichwertig erachtet. Wir präzisieren diesen Identifikationsprozess und erinnern zugleich an die Bemerkungen über Äquivalenzrelationen und Quotientenmengen in Abschnitt 3.1.

7.4.5 Definition. Es sei G ein Graph mit der Punktmenge V, der Assoziierten B und den starken Zusammenhangskomponenten $y_1, y_2, \ldots \subset V$. Wir fassen diese Komponenten als Punkte neuer Art auf und bilden die Punktmenge

$$V_{\mathrm{red}} := \{\, y_1, y_2, \ldots \}.$$

Die Punkte aus G werden vermöge $\Phi_{\mathrm{red}}: V \longrightarrow V_{\mathrm{red}}$ so auf die neuen Punkte abgebildet, daß ihnen diejenige starke Zusammenhangskomponente zugeordnet wird, der sie angehören. Definiert man über V_{red} die Assoziierte

$$B_{\mathrm{red}} := \Phi_{\mathrm{red}}^{\mathrm{T}} B \Phi_{\mathrm{red}},$$

so heißt $G_{\mathrm{red}} := (V_{\mathrm{red}}, B_{\mathrm{red}})$ **reduzierter Graph** von G. □

Die Abbildung Φ_{red} ist damit ein Homomorphismus $\Phi_{\mathrm{red}}: G \longrightarrow G_{\mathrm{red}}$ und zwar ein surjektiver Homomorphismus mit einem Bild ohne echte Kreise. Gäbe es nämlich in G_{red} einen echten Kreis $(y_0, y_1, \ldots)$ durch y_0, so könnte man jede Folge $(x_0, x_1, \ldots)$ von Urbildpunkten zu einem Kreis ergänzen, der im Widerspruch zu (6.1.7) durch verschiedene Zusammenhangskomponenten führen würde. Der reduzierte Graph hat stets einelementige starke Zusammenhangskomponenten. Nach Konstruktion ist B^*_{red} eine Ordnungsrelation, nämlich nach Bauart reflexiv und transitiv und überdies antisymmetrisch, weil *verschiedene* wechselseitig erreichbare Punkte von Φ_{red} stets zusammengeworfen werden.

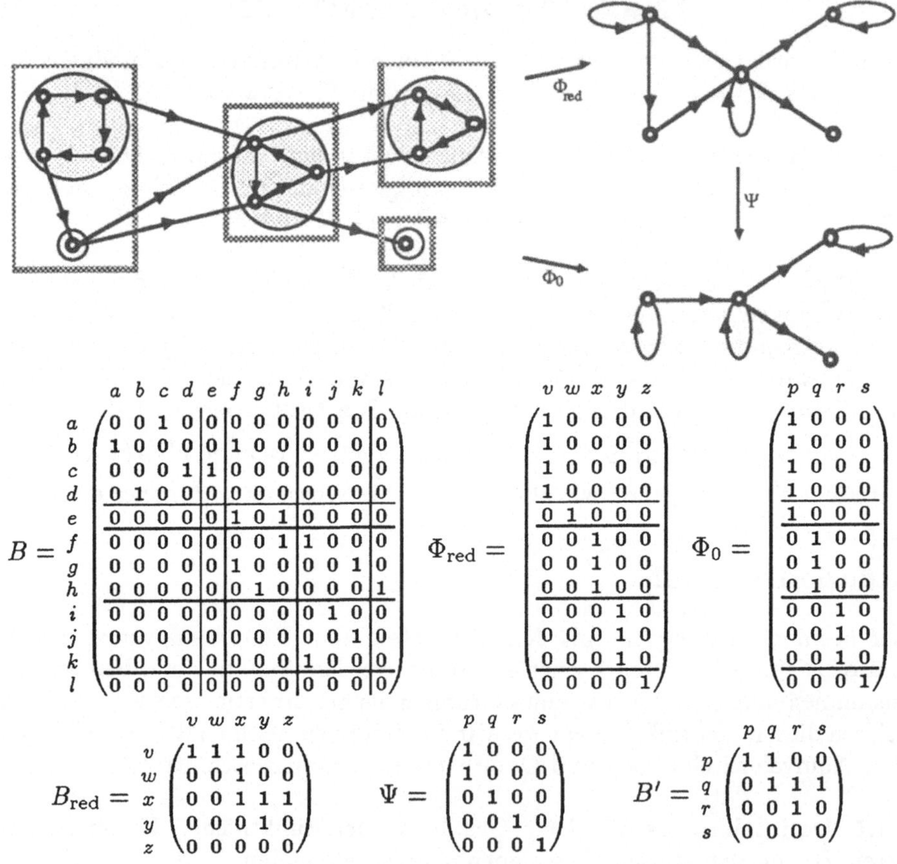

Abb. 7.4.1 Faktorisierung eines Homomorphismus in einen Graphen ohne echte Kreise

Wir hätten diese anschauliche Definition auch formaler fassen können: Die Äquivalenzrelation $B^* \sqcap B^{\mathrm{T}*}$, die zur Bildung der starken Zusammenhangskomponenten Anlaß gab, ist nach (4.4.5.i) und (4.4.9) difunktional. Wegen (4.4.10) kann es (bis auf Isomorphie) *höchstens* eine Zerlegung $B^* \sqcap B^{\mathrm{T}*} = FG^{\mathrm{T}}$ mit surjektiven Abbildungen F, G geben. Wenn eine solche Konstruktion in der vorgegebenen Relationenalgebra durchgeführt werden kann, ergibt sich aus Symmetriegründen $F = G = \Phi_{\mathrm{red}}$, und damit $B^* \sqcap B^{\mathrm{T}*} = \Phi_{\mathrm{red}}\Phi^{\mathrm{T}}_{\mathrm{red}}$.

Übrigens ist $B^* \sqcap B^{T*}$ keine B- sondern eine B^*-Kongruenz. Man überlege sich, daß außerdem gilt $B^*_{red} = \Phi^T_{red} B^* \Phi_{red}$. Ein beliebiger weiterer Homomorphismus Φ_0 von G in einen Graphen G' ohne echte Kreise ist notwendig „gröber", d. h. er identifiziert wenigstens alle Punkte, die auch Φ_{red} identifiziert. In formaler Weise kann man dies dadurch ausdrücken, daß man sagt, Φ_0 zerfalle in die Anwendung von Φ_{red} und einen nachfolgenden Homomorphismus Ψ, so daß $\Phi_0 = \Phi_{red}\Psi$. Diesen Homomorphismus kann man sofort mit $\Psi := \Phi^T_{red}\Phi_0$ angeben; siehe Übung 7.4.1. In Abb. 7.4.1 werden von Φ_{red} jeweils die gestrichelten Kreise und von Φ_0 die Rechtecke in einen Punkt abgebildet.

Übung

7.4.1 Man beweise die Behauptung, daß jeder Homomorphismus Φ_0 eines Graphen G in einen Graphen G' ohne echte Kreise ($B'^* \sqcap B'^{T*} \subset I$) in einen Homomorphismus $\Phi_{red}: G \longrightarrow G_{red}$ und einen Homomorphismus $\Psi: G_{red} \longrightarrow G'$ faktorisiert werden kann.

7.5 Direktes Produkt und Mehrstelligkeit

Wir haben Homomorphismen, Unterstrukturen und Kongruenzen bisher stets im Zusammenhang mit dyadischen Relationen studiert. Das bedeutete eine starke Einschränkung, die schon zweistellige Funktionen (entsprechend „triadischen" Relationen) nicht ohne weiteres zuließ. Natürlich sind die meisten real vorkommenden Verknüpfungen mehrstellig und mehrsortig, und wir wollen uns jetzt mit den Möglichkeiten zu deren Behandlung auseinandersetzen. Zu diesem Zweck studieren wir das direkte Produkt. Es beschreibt Paarbildung sowie die Projektionen von einem Paar auf seine erste bzw. zweite Komponente.

Zur Klärung der Situation schicken wir folgendes einfache Beispiel voraus: Gegeben seien die Mengen $X := \{a, b, c\}$ und $Y := \{1, 2\}$, sowie deren kartesisches Produkt $X \times Y = \{(a,1), (a,2), (b,1), (b,2), (c,1), (c,2)\}$. Dann existieren in natürlicher Weise die beiden in Abb. 7.5.1 angegebenen Projektionsabbildungen π und ρ.

$$\pi = \begin{array}{c} \\ (a,1) \\ (a,2) \\ (b,1) \\ (b,2) \\ (c,1) \\ (c,2) \end{array} \!\!\begin{array}{c} a\ b\ c \\ \begin{pmatrix} 1&0&0\\1&0&0\\0&1&0\\0&1&0\\0&0&1\\0&0&1 \end{pmatrix}\end{array} \quad \rho = \begin{array}{c} 1\ 2 \\ \begin{pmatrix} 1&0\\0&1\\1&0\\0&1\\1&0\\0&1 \end{pmatrix}\end{array} \quad X \xleftarrow{\ \pi\ } X \times Y \xrightarrow{\ \rho\ } Y \quad t = \begin{pmatrix} 1\\0\\1\\1\\0\\1 \end{pmatrix} \quad R = \begin{array}{c} \\ a \\ b \\ c \end{array}\!\!\begin{array}{c} 1\ 2 \\ \begin{pmatrix} 1&0\\1&1\\0&1 \end{pmatrix}\end{array}$$

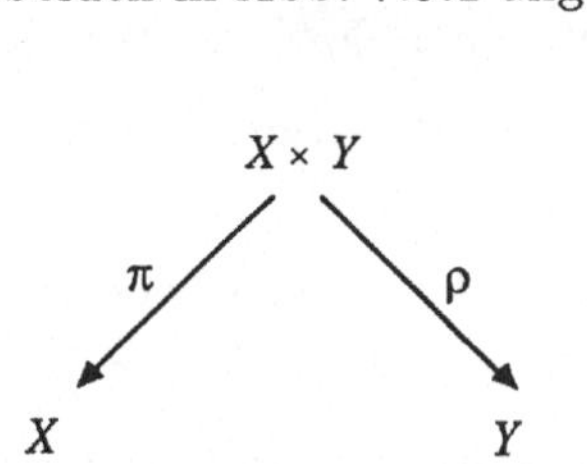

Abb. 7.5.1 Natürliche Projektionen

Wir sammeln in der folgenden Definition einige Eigenschaften solcher natürlichen Projektionen π, ρ und zeigen anschließend, inwieweit diese charakteristisch sind.

7.5.1 Definition. Sind π und ρ zwei Relationen, so nennen wir das Paar

$$(\pi,\rho)\ \textbf{direktes Produkt}\quad :\Longleftrightarrow\quad \begin{cases}\pi^{\mathrm{T}}\pi = I, & \rho^{\mathrm{T}}\rho = I,\\ \pi\pi^{\mathrm{T}}\sqcap\rho\rho^{\mathrm{T}} = I, & \pi^{\mathrm{T}}\rho = L.\end{cases}$$

In solch einem Fall heißen π und ρ **natürliche Projektionen.** □

Die natürlichen Projektionen π und ρ sind nach dieser Definition sicherlich surjektive Abbildungen. Es würde sogar genügen, nur $\pi^{\mathrm{T}}\pi\subset I$ zu verlangen, denn nach (4.2.2.iii) gilt $\pi^{\mathrm{T}}\pi = \pi^{\mathrm{T}}(\pi\pi^{\mathrm{T}}\sqcap\rho\rho^{\mathrm{T}})\pi = I\sqcap\pi^{\mathrm{T}}\rho\rho^{\mathrm{T}}\pi = I\sqcap LL = I$. Der Bedingungsanteil $\pi\pi^{\mathrm{T}}\sqcap\rho\rho^{\mathrm{T}}\subset I$ sorgt anschaulich gesprochen dafür, daß *höchstens* ein Paar mit gleichen Bildern in X und Y existiert.

Schließlich hat $\pi^{\mathrm{T}}\rho = L$ zur Folge, daß zu *jedem* Element aus X und *jedem* Element aus Y tatsächlich ein Paar in $X\times Y$ existiert. Ließe man bei allen betroffenen Relationen aus Abb. 7.5.1 die zu $(c,2)$ gehörenden Zeilen weg, so wären alle anderen Bedingungen der Definition erfüllt, nicht aber $\pi^{\mathrm{T}}\rho = L$.

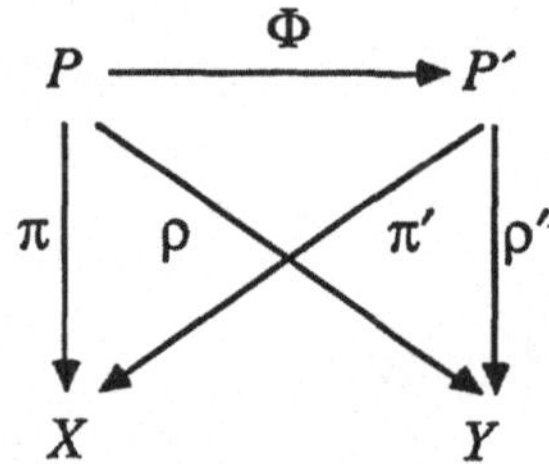

Abb. 7.5.2 Zur Monomorphie des direkten Produktes

Damit die Konstruktion des direkten Produkts unseren Vorstellungen von einem eindeutig bestimmten direkten Produkt entspricht, ist nachzuweisen, daß es zu zwei Mengen X und Y nicht zwei wesentlich verschiedene natürliche Projektionen π,ρ bzw. π',ρ' geben kann. Die naheliegende Frage, ob es *überhaupt* eine Menge $X\times Y$ mit Projektionen π,ρ gibt (Existenz eines Modells), muß *bei vorgegebener Relationenalgebra* i. a. negativ beantwortet werden. Im folgenden Satz gehen wir von *zwei* direkten Produkten aus und stellen die in Abb. 7.5.2 skizzierte Isomorphie dazwischen her:

7.5.2 Satz (*Monomorphie des direkten Produktes*). Sind die direkten Produkte (π,ρ) und (π',ρ') gegeben und existieren $\pi\pi'^{\mathrm{T}}$ sowie $\rho\rho'^{\mathrm{T}}$, so ist

$$\Phi := \pi\pi'^{\mathrm{T}}\sqcap\rho\rho'^{\mathrm{T}}$$

eine bijektive Abbildung, und es gilt

$$\pi = \Phi\pi',\quad \rho = \Phi\rho'\qquad (\pi' = \Phi^{\mathrm{T}}\pi,\quad \rho' = \Phi^{\mathrm{T}}\rho),$$

d. h. Φ ist hinsichtlich der Struktur eines direkten Produktes ein Isomorphismus.

Beweis: Nach (4.2.2.iii) gilt aufgrund der Eindeutigkeit von π'

$$\Phi\pi' = (\pi\pi'^{\mathrm{T}}\sqcap\rho\rho'^{\mathrm{T}})\pi' = \pi\sqcap\rho\rho'^{\mathrm{T}}\pi' = \pi\sqcap\rho L = \pi.$$

Analog folgen die übrigen Isomorphieaussagen für π und ρ. Zu zeigen bleibt, daß Φ eine Abbildung ist. Wir verwenden dabei (4.2.4.iii), denn π' und ρ' sind Abbildungen:

$$\begin{aligned}\Phi\overline{I} = \Phi\overline{\pi'\pi'^{\mathrm{T}}\sqcap\rho'\rho'^{\mathrm{T}}} &= \Phi(\pi'\overline{\pi'^{\mathrm{T}}}\sqcup\rho'\overline{\rho'^{\mathrm{T}}}) = \Phi\pi'\overline{\pi'^{\mathrm{T}}}\sqcup\Phi\rho'\overline{\rho'^{\mathrm{T}}}\\ &= \pi\overline{\pi'^{\mathrm{T}}}\sqcup\rho\overline{\rho'^{\mathrm{T}}} = \overline{\pi\pi'^{\mathrm{T}}\sqcap\rho\rho'^{\mathrm{T}}} = \overline{\Phi}.\end{aligned}$$

Aus Symmetriegründen ist auch Φ^{T} eine Funktion und damit Φ eine bijektive Abbildung. □

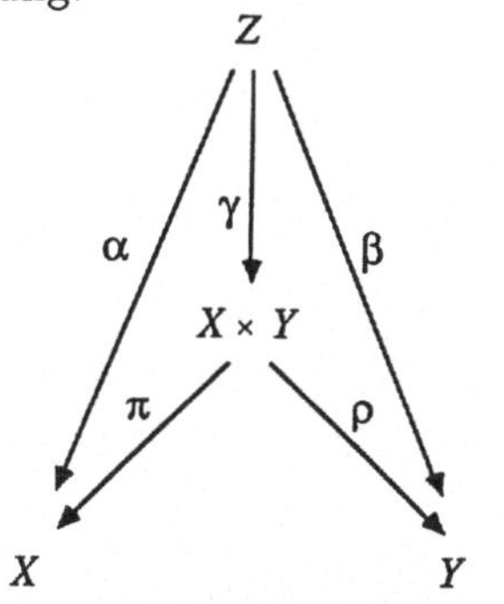

Abb. 7.5.3 Universelle Eigenschaft des direkten Produktes

Auch in folgender Hinsicht hat das direkte Produkt universelle Eigenschaften: Wenn wie in Abb. 7.5.3 irgendwelche Abbildungen α und β einer Menge Z in die Mengen X, Y gegeben sind, so existiert dazu notwendig eine Abbildung γ von Z in $X \times Y$, die direkt durch $\gamma := \alpha\pi^{\mathrm{T}} \sqcap \beta\rho^{\mathrm{T}}$ angegeben werden kann, und welche nach (4.2.2.iii) offensichtlich die Faktorisierungen $\alpha = \gamma\pi$ und $\beta = \gamma\rho$ erlaubt. Wir gehen jetzt noch auf mehrstellige direkte Produkte ein und fragen, ob die bekannte Assoziativität der kartesischen Produktbildung ein Gegenstück in der relationenalgebraischen Auffassung hat.

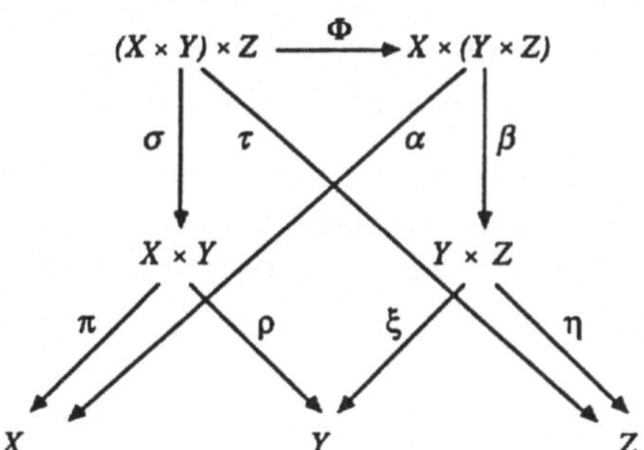

Abb. 7.5.4 Assoziativität des direkten Produktes

7.5.3 Satz (*Assoziativität des direkten Produktes*). Gegeben seien die in Abb. 7.5.4 angegebenen direkten Produkte (π, ρ), (σ, τ), (ξ, η) und (α, β). Dann existiert eine bijektive Abbildung Φ mit den Eigenschaften

$$\sigma\pi = \Phi\alpha, \quad \sigma\rho = \Phi\beta\xi \quad \text{und} \quad \tau = \Phi\beta\eta. \qquad \square$$

Mit $\Phi := \sigma\pi\alpha^{\mathrm{T}} \sqcap (\sigma\rho\xi^{\mathrm{T}} \sqcap \tau\eta^{\mathrm{T}})\beta^{\mathrm{T}}$ kann diese Abbildung angegeben werden; wir verzichten jedoch auf den weiteren Beweis. Ist eine beliebige Relation R zwischen X und Y gegeben, so muß es eine diese Relation kennzeichnende Teilmenge t von $X \times Y$ geben und umgekehrt, wie in Abb. 7.5.1 skizziert. Wir untersuchen die Übergänge von R nach t und von t nach R.

7.5.4 Satz. Es sei (π, ρ) ein direktes Produkt. Bilden wir jeweils zu einer Relation R die Teilmenge $\tau(R)$ und zu einer Teilmenge t die Relation $\sigma(t)$

$$\tau(R) := (\pi R \sqcap \rho)L, \qquad \sigma(t) := \pi^{\mathrm{T}}(\rho \sqcap tL),$$

so gilt

$$\tau(\sigma(t)) = t \quad \text{und} \quad \sigma(\tau(R)) = R.$$

Beweis: Zunächst gilt

$$\begin{aligned}\tau(\sigma(t)) &= (\pi\sigma(t) \sqcap \rho)L = (\pi\pi^{\mathrm{T}}(\rho \sqcap tL) \sqcap \rho)L \\ &\subset (\pi\pi^{\mathrm{T}} \sqcap \rho(\rho \sqcap tL)^{\mathrm{T}})(\rho \sqcap tL \sqcap \pi\pi^{\mathrm{T}}\rho)L \\ &\subset (\pi\pi^{\mathrm{T}} \sqcap \rho\rho^{\mathrm{T}})tL = ItL = tL = t.\end{aligned}$$

In umgekehrter Richtung ist zu zeigen

$$\begin{aligned}(\pi\pi^{\mathrm{T}}(\rho \sqcap tL) \sqcap \rho)L &\supset ((\rho \sqcap tL) \sqcap \rho)L = (\rho \sqcap tL)L \\ &\supset (\rho \sqcap tL)(L \sqcap \rho^{\mathrm{T}}t)L \supset (\rho L \sqcap t)L = (L \sqcap t)L = tL = t.\end{aligned}$$

Für $\sigma(\tau(R)) = R$ ist zu beweisen $\pi^{\mathrm{T}}((\pi R \sqcap \rho)L \sqcap \rho) = R$. Dies folgt teils aus der Dedekind-Beziehung

$$\pi^{\mathrm{T}}(\pi R \sqcap \rho \sqcap \rho L^{\mathrm{T}})(L \sqcap (\pi R \sqcap \rho)^{\mathrm{T}}\rho) \subset \pi^{\mathrm{T}}\pi R\rho^{\mathrm{T}}\rho = R$$

und teils aus

$$\begin{aligned}R &= \pi^{\mathrm{T}}\rho I \sqcap R \subset (\pi^{\mathrm{T}}\rho \sqcap RI)(I \sqcap (\pi^{\mathrm{T}}\rho)^{\mathrm{T}}R) \\ &= \pi^{\mathrm{T}}(\rho \sqcap \pi R)(I \sqcap LR) \subset \pi^{\mathrm{T}}(\rho \sqcap (\pi R \sqcap \rho)L).\end{aligned}$$

□

Natürlich sind die Funktionale σ und τ isoton, d. h.

$$R \subset R' \implies \tau(R) \subset \tau(R'), \qquad t \subset t' \implies \sigma(t) \subset \sigma(t').$$

Wir untersuchen nun, inwieweit die Abbildungen σ und τ die durch die Operationen $O, I, L, \overline{\ \ }, {}^{\mathrm{T}}, \sqcap, \sqcup, \circ$ gegebene Struktur der Relationenalgebra übertragen. Der folgende Satz gibt eine Teilantwort für die booleschen Operationen.

7.5.5 Satz.

i)	$\tau(O) = O,$	$\sigma(O) = O;$
ii)	$\tau(L) = L,$	$\sigma(L) = L;$
iii)	$\tau(\overline{R}) = \overline{\tau(R)},$	$\sigma(\overline{t}) = \overline{\sigma(t)};$
iv)	$\tau(R \sqcup S) = \tau(R) \sqcup \tau(S);$	$\sigma(t \sqcup s) = \sigma(t) \sqcup \sigma(s);$
v)	$\tau(R \sqcap S) = \tau(R) \sqcap \tau(S),$	$\sigma(t \sqcap s) = \sigma(t) \sqcap \sigma(s).$

Beweis: Die Fälle (i, ii, iv) lassen sich einfach ausrechnen. Bei (iii) folgt eine Richtung aus

$$\begin{aligned}L = \rho L = (\pi L \sqcap \rho)L &= ((\pi R \sqcup \pi\overline{R}) \sqcap \rho)L = (\pi R \sqcap \rho)L \sqcup (\pi\overline{R} \sqcap \rho)L, \\ \overline{\tau(R)} &= \overline{(\pi R \sqcap \rho)L} \subset (\pi\overline{R} \sqcap \rho)L = \tau(\overline{R}).\end{aligned}$$

Für die andere Richtung beginnen wir mit der Dedekind-Beziehung

$$(\pi R \sqcap \rho)L \sqcap \rho \subset ((\pi R \sqcap \rho) \sqcap \rho L)(L \sqcap (\pi R \sqcap \rho)^{\mathrm{T}}\rho) \subset \pi R\rho^{\mathrm{T}}\rho \subset \pi R.$$

Damit gilt $L = \overline{(\pi R \sqcap \rho)L} \sqcup \overline{\rho} \sqcup \pi R$, so daß, da π Funktion ist,

$$\tau(\overline{R}) = \pi\overline{R} \sqcap \rho = \overline{\pi R} \sqcap \rho \subset \overline{(\pi R \sqcap \rho)L} = \overline{\tau(R)}.$$

Die zweite Gleichung ergibt sich einfacher mit Hilfe der ersten:

$$\sigma(\overline{t}) = \sigma\left(\overline{\tau(\sigma(t))}\right) = \sigma\left(\tau\left(\overline{\sigma(t)}\right)\right) = \overline{\sigma(t)}.$$

Jetzt kann man (v) über die de Morganschen Regeln beweisen. □

Wir spezialisieren diesen Sachverhalt nun auf den Fall eines Produkts $X \times X$ mit zwei *gleichen* Faktoren. Dann sind als weitere Operationen I, ${}^{\mathrm{T}}, \circ$ zu beachten. Während alle Operationen in (7.5.5) durch gleichbezeichnete Operationen auf den Teilmengen zu ersetzen waren, tritt nun der Fall auf, daß auf der Teilmengenseite gänzlich andere Operationen zu untersuchen sind, für die wir erkennbar verwandte Bezeichnungen wählen:

$$\begin{aligned}\mathrm{ident} &:= (\pi \sqcap \rho)L,\\ \mathrm{transp}(t) &:= (\pi\rho^{\mathrm{T}} \sqcap \rho\pi^{\mathrm{T}})t,\\ \mathrm{mult}(t,s) &:= \big(\pi\pi^{\mathrm{T}}(\rho \sqcap tL) \sqcap \rho\rho^{\mathrm{T}}(\pi \sqcap sL)\big)L.\end{aligned}$$

Bei ident werden durch $\pi \sqcap \rho$ Paare mit zwei gleichen Komponenten ausgesondert und bei transp durch $\pi\rho^{\mathrm{T}} \sqcap \rho\pi^{\mathrm{T}}$ die Komponenten eines Paars vertauscht. Der dritte Fall ist nicht so leicht zu übersehen. Eine Reihe von Hilfsaussagen stellen wir im folgenden Satz voran.

7.5.6 Satz. Es sei (π, ρ) ein direktes Produkt, für das $\pi\rho^{\mathrm{T}}$ gebildet werden kann. Dann gilt:

i) Die Relation $\zeta := \pi\rho^{\mathrm{T}} \sqcap \rho\pi^{\mathrm{T}}$ ist eine bijektive Abbildung mit

$$\zeta\pi = \rho, \quad \zeta\rho = \pi, \quad \zeta^{\mathrm{T}} = \zeta.$$

ii) $$(\pi R^{\mathrm{T}} \sqcap \rho)L = (\rho R \sqcap \pi)L.$$

iii) $$(\pi RS \sqcap \rho)L = (\pi R \sqcap \rho S^{\mathrm{T}})L = (\rho S^{\mathrm{T}} R^{\mathrm{T}} \sqcap \pi)L.$$

Beweis: i) Mit (4.2.2.iii) zeigen wir zwei der Behauptungen:

$$\begin{aligned}\zeta\pi &= (\pi\rho^{\mathrm{T}} \sqcap \rho\pi^{\mathrm{T}})\pi = \pi\rho^{\mathrm{T}}\pi \sqcap \rho = L \sqcap \rho = \rho;\\ \zeta\overline{I} &= \zeta\overline{\pi\pi^{\mathrm{T}} \sqcap \rho\rho^{\mathrm{T}}} = \zeta(\overline{\pi\pi^{\mathrm{T}}} \sqcup \overline{\rho\rho^{\mathrm{T}}}) = \zeta\overline{\pi\pi^{\mathrm{T}}} \sqcup \zeta\overline{\rho\rho^{\mathrm{T}}} = \rho\overline{\pi^{\mathrm{T}}} \sqcup \pi\overline{\rho^{\mathrm{T}}}\\ &= \overline{\rho\pi^{\mathrm{T}}} \sqcup \overline{\pi\rho^{\mathrm{T}}} = \overline{\rho\pi^{\mathrm{T}} \sqcap \pi\rho^{\mathrm{T}}} = \overline{\zeta}.\end{aligned}$$

ii) und iii) werden beide völlig analog durch zyklische Abschätzung mit der Dedekindbeziehung bewiesen:

$$\begin{aligned}(\pi R^{\mathrm{T}} \sqcap \rho)L &\subset (\pi \sqcap \rho R)(R^{\mathrm{T}} \sqcap \pi^{\mathrm{T}}\rho)L \subset (\rho R \sqcap \pi)L\\ &\subset (\rho \sqcap \pi R^{\mathrm{T}})(R \sqcap \rho^{\mathrm{T}}\pi)L \subset (\pi R^{\mathrm{T}} \sqcap \rho)L.\end{aligned}$$ □

Mit diesen Hilfsmitteln lassen sich die Transposition und die Multiplikation von Relationen zu den genannten Operationen auf den entsprechenden Teilmengen zurückverfolgen. Wir ergänzen nun die obige Teilantwort für die restlichen Operationen.

7.5.7 Satz. Ist (π, ρ) ein direktes Produkt, und kann $\pi\rho^{\mathrm{T}}$ gebildet werden, so gilt:

$$\begin{aligned}\tau(I) &= \mathrm{ident}, & \sigma(\mathrm{ident}) &= I;\\ \tau(R^{\mathrm{T}}) &= \mathrm{transp}\big(\tau(R)\big), & \sigma\big(\mathrm{transp}(t)\big) &= [\sigma(t)]^{\mathrm{T}};\\ \tau(RS) &= \mathrm{mult}\big(\tau(R), \tau(S)\big), & \sigma\big(\mathrm{mult}(t,s)\big) &= \sigma(t)\sigma(s).\end{aligned}$$

Beweis: Wir beweisen die Behauptungen für τ. Die erste ist trivial.

$$\begin{aligned}
\operatorname{transp}(\tau(R)) &= \zeta\tau(R) = \zeta(\pi R \sqcap \rho)L = (\zeta\pi R \sqcap \zeta\rho)L \\
&= (\rho R \sqcap \pi)L = (\pi R^{\mathrm{T}} \sqcap \rho)L = \tau(R^{\mathrm{T}}), \\
\operatorname{mult}(\tau(R), \tau(S)) &= [\pi\pi^{\mathrm{T}}(\rho \sqcap \tau(R)) \sqcap \rho\rho^{\mathrm{T}}(\pi \sqcap \tau(S))]L \\
&= [\pi\sigma(\tau(R)) \sqcap \rho[\sigma(\tau(S))]^{\mathrm{T}}]L \\
&= (\pi R \sqcap \rho S^{\mathrm{T}})L = (\pi RS \sqcap \rho)L = \tau(RS).
\end{aligned}$$

Die zweite Kolonne von Aussagen führen wir nun einfach auf die soeben bewiesenen zurück, etwa durch $\sigma(\mathrm{ident}) = \sigma(\tau(I)) = I$. □

Relationenalgebren ohne Punkte

Wir haben beim Vorliegen des – wie zuvor bewiesen wurde, im wesentlichen eindeutig bestimmten – direkten Produktes die Möglichkeit, auf formal abgesicherte Weise zwischen einer Relation, aufgefaßt als mit anderen Relationen verknüpfbares *Element* der Relationenalgebra und dieser Relation, aufgefaßt als *Teilmenge* eines kartesischen Produktes hin und her zu wechseln. Eine strenge Unterscheidung dieser Nuancen wird von der normalen mengentheoretischen Betrachtungsweise und Notation nicht sonderlich unterstützt. Besonders in der Informatik, wo *Funktionen als Argumente höherer Funktionale* einerseits und als *auf Argumente anwendbare Funktionen* andererseits auftreten, ist eine saubere technische Beherrschung dieser Unterschiede besonders wichtig.

Deutlich wird diese Notwendigkeit unter anderem daran, daß es Relationenalgebren gibt, in denen man mit dem hier entwickelten Regelinstrumentarium rechnen kann, die aber nicht unserer hergebrachten Vorstellung von der Menge aller konkreten Relationen auf einer Menge entsprechen. Unser nächstes Ziel ist es, einen ersten Blick auf solche ungewöhnlichen Modelle zu werfen.

Wir betrachten dazu eine Äquivalenzrelation Θ auf $X \times X$ und verbinden anschaulich mit Θ die Vorstellung „ist nicht mit voller Genauigkeit zu beobachten" oder „das Paar ist nur bekannt modulo Θ". Wir fragen, wie sich eine solche Unschärfe der Beobachtung der Teilmengen auf die von diesen gekennzeichneten Relationen überträgt. Daß es dabei zu unerwarteten Effekten kommen kann, zeigt das folgende Beispiel:

7.5.8 Beispiel. Gegeben seien die Menge $X = \{a, b\}$, die Paarmenge $X \times X$ mit den Projektionen π, ρ sowie die Äquivalenzrelation Θ auf $X \times X$, wie in Abb. 7.5.5 angegeben.

Gewisse Teilmengen t von $X \times X$ sind gegenüber der Multiplikation mit Θ abgeschlossen. Es gibt genau vier Teilmengen mit dieser Eigenschaft, die in Abb. 7.5.5 als t_1, t_2, t_3, t_4 bezeichnet sind. Diesen vier Teilmengen sind dort mit $R_i := \sigma(t_i)$ die zugeordneten Relationen gegenübergestellt. Offensichtlich bilden diese 4 Relationen eine Relationenalgebra. Die Menge $\mathcal{R} = \{R_1, R_2, R_3, R_4\}$ ist nämlich gegenüber der Anwendung aller in einer Relationenalgebra verfügbaren Operationen abgeschlossen. Natürlich gelten auch

$$\Theta = \begin{matrix} & aa & ab & ba & bb \\ aa & 1 & 0 & 0 & 1 \\ ab & 0 & 1 & 1 & 0 \\ ba & 0 & 1 & 1 & 0 \\ bb & 1 & 0 & 0 & 1 \end{matrix} \quad \pi = \begin{pmatrix} 1 & 0 \\ 1 & 0 \\ 0 & 1 \\ 0 & 1 \end{pmatrix} \quad \rho = \begin{pmatrix} 1 & 0 \\ 0 & 1 \\ 1 & 0 \\ 0 & 1 \end{pmatrix} \quad t_1 = \begin{pmatrix} 0 \\ 0 \\ 0 \\ 0 \end{pmatrix} \quad t_2 = \begin{pmatrix} 1 \\ 0 \\ 0 \\ 1 \end{pmatrix} \quad t_3 = \begin{pmatrix} 0 \\ 1 \\ 1 \\ 0 \end{pmatrix} \quad t_4 = \begin{pmatrix} 1 \\ 1 \\ 1 \\ 1 \end{pmatrix}$$

$$R_1 = \begin{matrix} & a & b \\ a & 0 & 0 \\ b & 0 & 0 \end{matrix} \quad R_2 = \begin{pmatrix} 1 & 0 \\ 0 & 1 \end{pmatrix} \quad R_3 = \begin{pmatrix} 0 & 1 \\ 1 & 0 \end{pmatrix} \quad R_4 = \begin{pmatrix} 1 & 1 \\ 1 & 1 \end{pmatrix}$$

Abb. 7.5.5 Punktlose Relationenalgebra

die bekannten Rechenregeln einer Relationenalgebra. Sie galten ja bereits vor Einschränkung auf diese Teilmenge. Einen kleinen Makel hat diese Relationenalgebra allerdings. Sie besitzt keine Punkte. Die beiden einzigen Atome R_2, R_3 sind nicht zeilenkonstant und damit keine Punkte. In dieser Relationenalgebra gelten also nur die ohne Hilfe des Punkteaxioms oder des daraus hergeleiteten Zwischenpunktsatzes bewiesenen Aussagen. Beispielsweise gelten die Sätze (5.2.4), (6.1.3.), (8.1.3) und (9.3.12) nicht. □

Diese Idee wird nun zu einer allgemeinen Methode zur Konstruktion neuer Relationenalgebren ausgebaut. Dazu gehen wir von $\sigma(\tau(R))$ über zu $\sigma(\Theta\tau(R))$.

7.5.9 Definition. Ist Θ eine Äquivalenzrelation auf $X \times X$, so ist jeder Relation R auf X durch

$$\begin{aligned} h_\Theta(R) &:= \sigma(\Theta\tau(R)) = \pi^{\mathrm{T}}(\rho \sqcap \Theta(\pi R \sqcap \rho)L) \\ &= \inf\{\, X \mid R \subset X,\ X \subset \sigma(\Theta\tau(X)) \,\} \end{aligned}$$

ihre **Θ-Hülle** $h_\Theta(R)$ zugeordnet. Eine Relation mit $R = h_\Theta(R)$ heiße **Θ-saturiert**. Mit

$$\mathcal{S} := \{\, R \subset X \times X \mid R = h_\Theta(R) \,\}$$

bezeichnen wir die Menge der Θ-saturierten Relationen auf X. □

Im folgenden überzeugen wir uns davon, daß h_Θ in der Tat, wie es die Bezeichnung bereits nahelegt, eine Hüllenbildung auf der Menge der Relationen auf X ist. Sicherlich ist h_Θ *isoton*, d. h.

$$R \subset S \implies h_\Theta(R) \subset h_\Theta(S),$$

denn τ, die Multiplikation mit Θ und σ sind isoton. Wegen $\tau(R) \subset \Theta\tau(R)$ und der Isotonie von σ ist h_Θ *extensiv*;

$$R \subset h_\Theta(R).$$

Schließlich haben wir *Idempotenz* von h_Θ, die mit

$$h_\Theta(h_\Theta(R)) = \sigma(\Theta\tau(\sigma(\Theta\tau(R)))) = \sigma(\Theta\Theta\tau(R)) = \sigma(\Theta\tau(R)) = h_\Theta(R)$$

auf die Transitivität von Θ zurückgeführt wird.

Zugehörigkeit zur Menge $\mathcal{S}$ und Abgeschlossenheit gegenüber der Multiplikation mit Θ stehen nun in sehr enger Beziehung.

7.5.10 Satz. $R \in \mathcal{S} \iff \tau(R) = \Theta\tau(R)$.

Beweis: „$\Longrightarrow$" $\Theta\tau(R) = \tau(\sigma(\Theta\tau(R))) = \tau(h_\Theta(R)) = \tau(R)$,
„$\Longleftarrow$" $h_\Theta(R) = \sigma(\Theta\tau(R)) = \sigma(\tau(R)) = R$. □

Wir wollen nun untersuchen, unter welchen Umständen $\mathcal{S}$ eine Relationenalgebra bildet. Für diesen Zweck ist zu prüfen, ob $\mathcal{S}$ gegenüber Anwendung der Operationen $O, I, L, ^-, ^\mathsf{T}, \sqcap, \sqcup, \circ$ abgeschlossen ist. Bei einigen dieser Operationen brauchen wir keine Zusatzvoraussetzungen, bei anderen sind sie nötig. Wir werden sehr schematisch vorgehen und ganz allgemein eine n-stellige Operation auf Relationen und ihr Gegenstück auf den Teilmengen untersuchen.

7.5.11 Definition. Wir betrachten eine Äquivalenzrelation Θ auf $X \times X$ in Verbindung mit einer n-stelligen Operation Ψ für Relationen, der durch $\psi(t_1, \dots, t_n) := \tau(\Psi(\sigma(t_1), \dots, \sigma(t_n)))$ eine Operation auf Teilmengen zugeordnet ist. Die Äquivalenz Θ heiße **Ψ-verträglich**, falls für alle $t_1, \dots, t_n$

$$\Theta\psi(\Theta t_1, \dots, \Theta t_n) = \psi(\Theta t_1, \dots, \Theta t_n).$$ □

Im Falle $n = 0$ spezialisiert sich die Bedingung zu $\Theta\psi = \psi$. Es stellt sich nun heraus, daß Verträglichkeit mit einer Operation mit der Abgeschlossenheit von $\mathcal{S}$ gegenüber der zugeordneten (mit Kleinbuchstaben notierten) Operation in Beziehung steht.

7.5.12 Satz. Ist die Äquivalenzrelation Θ mit der n-stelligen Operation Ψ verträglich, so ist $\mathcal{S}$ gegenüber Anwendung der Operation ψ abgeschlossen.

Beweis: Aus Bequemlichkeit beweisen wir nur den 1-stelligen Fall:

$$\begin{aligned}
h_\Theta(\Psi(R)) &= \sigma(\Theta\tau(\Psi(R))) && \text{nach Definition von } h_\Theta \\
&= \sigma(\Theta\psi(\tau(R))) && \text{nach Definition von } \psi \\
&= \sigma(\Theta\psi(\Theta\tau(R))) && \text{da } R \in \mathcal{S} \text{ nach (7.5.10)} \\
&= \sigma(\psi(\Theta\tau(R))) && \text{da } \Theta\ \Psi\text{-verträglich ist} \\
&= \sigma(\psi(\tau(R))) && \text{da } R \in \mathcal{S} \text{ nach (7.5.10)} \\
&= \sigma(\tau(\Psi(R))) && \text{nach Definition von } \psi \\
&= \Psi(R) && \text{nach (7.5.2)}
\end{aligned}$$ □

Anhand der Bedingung 7.5.11 überprüfen wir nun die Verträglichkeit in bezug auf die Operationen $O, L, ^-, ^\mathsf{T}, \sqcap, \sqcup, \circ$.

7.5.13 Satz. i) Jede Äquivalenz Θ ist O-, L-, $^-$-, $\sqcup$- und $\sqcap$-verträglich.
ii) Θ ist I-verträglich, falls $\Theta(\pi \sqcap \rho)L = (\pi \sqcap \rho)L$.
iii) Θ ist $^\mathsf{T}$-verträglich, falls $\zeta\Theta = \Theta\zeta$.
iv) Θ ist $\circ$-verträglich, falls $\Theta\mathrm{mult}(\Theta t, \Theta s) = \mathrm{mult}(\Theta t, \Theta s)$ für alle t, s.

Beweis: Bei (i) sind alle Fälle außer den beiden folgenden sehr leicht nachzurechnen. $\Theta\overline{\Theta R} = \overline{\Theta R}$ gilt nach (3.1.6.i) bei beliebigem R für eine Äquivalenz

Θ. Ebenso gilt nach (3.1.6.ii) $\Theta(\Theta t \sqcap \Theta s) = (\Theta t \sqcap \Theta s)$ bei beliebigem t, s für jede Äquivalenz Θ. Für (ii) rechnen wir nach

$$\Theta \operatorname{transp}(\Theta t) = \Theta \zeta \Theta t = \zeta \Theta \Theta t = \zeta \Theta t = \operatorname{transp}(\Theta t).$$

Die übrigen Behauptungen folgen direkt aus der Definition. □

Damit sind alle Bedingungen überprüft. Bemerkenswert daran ist, daß im folgenden Korollar die Relationenalgebra $\mathcal{S}$ völlig durch die Äquivalenz Θ bestimmt wird.

7.5.14 Korollar. Die Menge $\mathcal{S} = \{R \subset X \times X \mid R = h_\Theta(R)\}$ der Θ-saturierten Relationen auf X bildet eine Relationenalgebra, wenn die Äquivalenz Θ identitätsverträglich, transpositionsverträglich und multiplikationsverträglich ist. □

Es ist nun auch möglich, ein Beispiel für eine Relationenalgebra anzugeben, in der der Zwischenpunktsatz 2.4.8 nicht gilt. Entstanden ist diese Relationenalgebra, indem alle dreireihigen booleschen Matrizen betrachtet, davon aber nur diejenigen genommen wurden, deren linke obere 2×2-Matrix der Algebra aus Abb. 7.5.5 angehört.

$$\left(\begin{array}{cc|c} 0&0&0\\ 0&0&0\\ \hline 0&0&0 \end{array}\right) \left(\begin{array}{cc|c} 0&0&1\\ 0&0&1\\ \hline 0&0&0 \end{array}\right) \left(\begin{array}{cc|c} 0&0&0\\ 0&0&0\\ \hline 1&1&0 \end{array}\right) \underset{R}{\left(\begin{array}{cc|c} 0&0&1\\ 0&0&1\\ \hline 1&1&0 \end{array}\right)} \underset{xx^{\mathrm{T}}}{\left(\begin{array}{cc|c} 0&0&0\\ 0&0&0\\ \hline 0&0&1 \end{array}\right)} \left(\begin{array}{cc|c} 0&0&1\\ 0&0&1\\ \hline 0&0&1 \end{array}\right) \underset{x}{\left(\begin{array}{cc|c} 0&0&0\\ 0&0&0\\ \hline 1&1&1 \end{array}\right)} \left(\begin{array}{cc|c} 0&0&1\\ 0&0&1\\ \hline 1&1&1 \end{array}\right)$$

$$\left(\begin{array}{cc|c} 1&0&0\\ 0&1&0\\ \hline 0&0&0 \end{array}\right) \left(\begin{array}{cc|c} 1&0&1\\ 0&1&1\\ \hline 0&0&0 \end{array}\right) \left(\begin{array}{cc|c} 1&0&0\\ 0&1&0\\ \hline 1&1&0 \end{array}\right) \left(\begin{array}{cc|c} 1&0&1\\ 0&1&1\\ \hline 1&1&0 \end{array}\right) \left(\begin{array}{cc|c} 1&0&0\\ 0&1&0\\ \hline 0&0&1 \end{array}\right) \left(\begin{array}{cc|c} 1&0&1\\ 0&1&1\\ \hline 0&0&1 \end{array}\right) \left(\begin{array}{cc|c} 1&0&0\\ 0&1&0\\ \hline 1&1&1 \end{array}\right) \left(\begin{array}{cc|c} 1&0&1\\ 0&1&1\\ \hline 1&1&1 \end{array}\right)$$

$$\left(\begin{array}{cc|c} 0&1&0\\ 1&0&0\\ \hline 0&0&0 \end{array}\right) \left(\begin{array}{cc|c} 0&1&1\\ 1&0&1\\ \hline 0&0&0 \end{array}\right) \left(\begin{array}{cc|c} 0&1&0\\ 1&0&0\\ \hline 1&1&0 \end{array}\right) \left(\begin{array}{cc|c} 0&1&1\\ 1&0&1\\ \hline 1&1&0 \end{array}\right) \left(\begin{array}{cc|c} 0&1&0\\ 1&0&0\\ \hline 0&0&1 \end{array}\right) \left(\begin{array}{cc|c} 0&1&1\\ 1&0&1\\ \hline 0&0&1 \end{array}\right) \left(\begin{array}{cc|c} 0&1&0\\ 1&0&0\\ \hline 1&1&1 \end{array}\right) \left(\begin{array}{cc|c} 0&1&1\\ 1&0&1\\ \hline 1&1&1 \end{array}\right)$$

$$\left(\begin{array}{cc|c} 1&1&0\\ 1&1&0\\ \hline 0&0&0 \end{array}\right) \left(\begin{array}{cc|c} 1&1&1\\ 1&1&1\\ \hline 0&0&0 \end{array}\right) \left(\begin{array}{cc|c} 1&1&0\\ 1&1&0\\ \hline 1&1&0 \end{array}\right) \left(\begin{array}{cc|c} 1&1&1\\ 1&1&1\\ \hline 1&1&0 \end{array}\right) \underset{RR}{\left(\begin{array}{cc|c} 1&1&0\\ 1&1&0\\ \hline 0&0&1 \end{array}\right)} \left(\begin{array}{cc|c} 1&1&1\\ 1&1&1\\ \hline 0&0&1 \end{array}\right) \left(\begin{array}{cc|c} 1&1&0\\ 1&1&0\\ \hline 1&1&1 \end{array}\right) \left(\begin{array}{cc|c} 1&1&1\\ 1&1&1\\ \hline 1&1&1 \end{array}\right)$$

Abb. 7.5.6 Relationenalgebra ohne Zwischenpunktsatz

In dieser Relationenalgebra gibt es nur den einen Punkt x. Multipliziert man R mit sich selbst, so ist offensichtlich xx^{T} in diesem Ergebnis enthalten; es gibt aber keinen Zwischenpunkt im Sinne von Satz 2.4.8.

Es ist zu überlegen, ob es für diesen Effekt eine nützliche Interpretation gibt. Zu denken wäre an mehrere parallel ablaufende Prozesse, die man im direkten Produkt ihrer Zustandsmengen betrachtet, allerdings mit gewissen Behinderungen, die es unmöglich machen, eine „gleichzeitige Momentaufnahme" aller dieser Prozeßzustände zu erhalten. Einer solchen Vorstellung kommt das Nichtvorhandensein eines Punktes einigermaßen nahe.

Kongruenzen bei Mehrsortigkeit

Mehrstellige Funktionen lassen sich über das direkte Produkt mit binären Relationen darstellen. Statt die 2-stellige Funktion $\varphi: X \times Y \longrightarrow Z$ als eine ternäre Relation $R_\varphi \subset X \times Y \times Z$ aufzufassen, bietet es sich an, zuerst das direkte Produkt $X \times Y$ zu bilden wie in Abb. 7.5.7 und von dort aus die 1-stellige Funktion F zu nehmen.

Für die Informatik ist bei mehrstelligen Funktionen die Striktheit und im Gegensatz dazu die Möglichkeit der partiellen Auswertung bei Bereitstellung von nur einem der beiden Argumente von Interesse. Die Komposition partiell auswertbarer Funktionen ist algebraisch sehr schwierig zu handhaben.

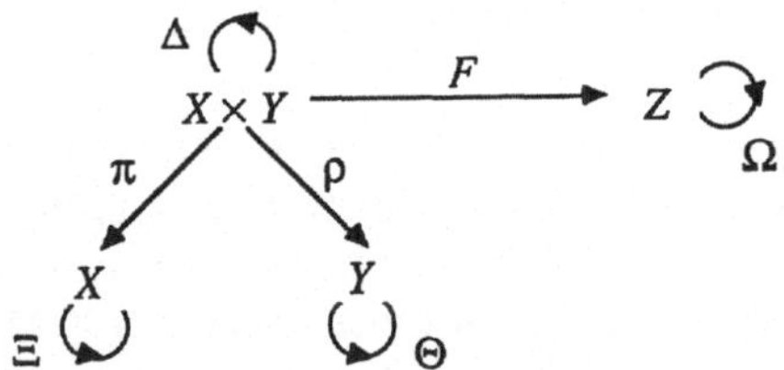

Abb. 7.5.7 Mehrstelligkeit

Interessant wird die Situation, wenn zusätzlich Kongruenzen zu betrachten sind. Die Substitutionseigenschaft

$$\forall x_1, x_2 \in X \; \forall y_1, y_2 \in Y \; : \; x_1 \,\Xi\, x_2,\; y_1 \,\Theta\, y_2 \;\rightarrow\; \varphi(x_1, y_1) \,\Omega\, \varphi(x_2, y_2)$$

führt zur Verwendung der Produktkongruenz $\Delta := \pi \Xi \pi^{\mathrm{T}} \sqcap \rho \Theta \rho^{\mathrm{T}}$ auf $X \times Y$. Für die nunmehr einstellige Funktion F kann man dann die Substitutionseigenschaft $\Delta F \subset F\Omega$ im Sinne von Definition 7.4.4 verwenden. Nun gibt es auf $X \times Y$ aber auch Kongruenzen, die nicht von einer Kongruenz Ξ auf X und einer Kongruenz Θ auf Y erzeugt werden, die also keine Produktkongruenzen sind. Sie können dennoch von π, ρ und F respektiert werden

$$\Delta\pi \subset \pi\Xi, \qquad \Delta\rho \subset \rho\Theta, \qquad \Delta F \subset F\Omega.$$

Wir betrachten weiterhin eine Relation B_0 auf dem direkten Produkt $X \times Y$, die aus den beiden Relationen B auf X und B' auf Y als Produktrelation

$$B_0 := \pi B \pi^{\mathrm{T}} \sqcap \rho B' \rho^{\mathrm{T}}$$

entsteht. Dabei verbinden wir mit B_0 die Vorstellung von zwei parallel ablaufenden und nicht interagierenden Prozessen B und B'. Denkbar ist es nun, in B_0 den Produktprozeß zu sehen, dessen Zustände Paare sind, bestehend aus einem Zustand eines jeden der beiden parallel ablaufenden Prozesse. Die Übergänge gemäß B_0 sind dann so zu interpretieren, daß jeder Einzelprozeß separat einen Zustandsübergang ausführt. Überraschend ist die Beobachtung, daß sich *auf relationenalgebraische Weise* nicht herleiten läßt, daß

$$B_0^2 = \pi B^2 \pi^{\mathrm{T}} \sqcap \rho B'^2 \rho^{\mathrm{T}},$$

was man als das Hintereinanderschalten dieser parallel ablaufenden Prozesse erwarten möchte, sondern nur „$\subset$“. Das spricht dafür, daß es Modelle gibt, bei denen diese Gleichheit nicht herrscht.

Eine nähere Untersuchung scheint – nicht zuletzt unter dem Aspekt der nicht standardmäßigen Relationenalgebren – lohnend. Es könnten von einem relationenalgebraischen Standpunkt Einsichten in die Logik und Observabilität „paralleler“, „konkurrierender“, „kooperierender“ oder „gleichzeitiger“ Prozesse gewonnen werden, die aus der Sicht der Informatik wie aus der Sicht der Physik Interesse verdienen.

7.6 Literaturhinweise

COHN PM: *Universal algebra.* Harper and Row, New York, 1965.

GRÄTZER G: *Universal algebra.* Springer, New York, 2nd ed. 1979.

SCHMIDT G: *Eine Überlagerungstheorie für Wurzelgraphen.* In: Noltemeier H (Ed.): Graphen, Algorithmen, Datenstrukturen. Ergebnisse der 2. Fachtagung über graphentheoret. Konzepte der Informatik, Juni 16-18, 1976, Hanser, München, 1976, 65–76.

8. Kerne und Spiele

Dieses Kapitel setzt vom bisherigen Stoff fast nichts voraus; für eine homogene dyadische Relation B werden durch die Suche nach Lösungen x der Gleichung $\overline{x} = Bx$ in einem booleschen Sinne Eigenvektoren bestimmt. Diese haben bei kombinatorischen Spielen schöne Anwendungen. Dabei gehen wir schrittweise vor. In Abschnitt 8.1 untersuchen wir die Fälle $\overline{x} \subset Bx$ (x absorbierend) und $Bx \subset \overline{x}$ (x stabil) separat. Teilmengen x, die beide Eigenschaften gleichzeitig besitzen, sind Kerne von B. In Abschnitt 8.2 wird untersucht, unter welchen Voraussetzungen Kerne überhaupt existieren. Hier kommt (nach seiner Anwendung beim Initialteil in Abschnitt 6.3) zum zweiten Mal ein mächtiger Mechanismus zum Tragen, dessen verbandstheoretisches Schema im Anhang A.3 herauspräpariert wird. Abschnitt 8.3 enthält die spieltheoretische Interpretation der Resultate über Kerne. Unter anderem werden NIM-artige Spiele und Schachendspiele erwähnt.

8.1 Absorption und Stabilität

Absorption ist eine nicht notwendig symmetrische Punkt-Punkt-Beziehung, für deren Beschreibung die Assoziierte B verwendet wird[1].

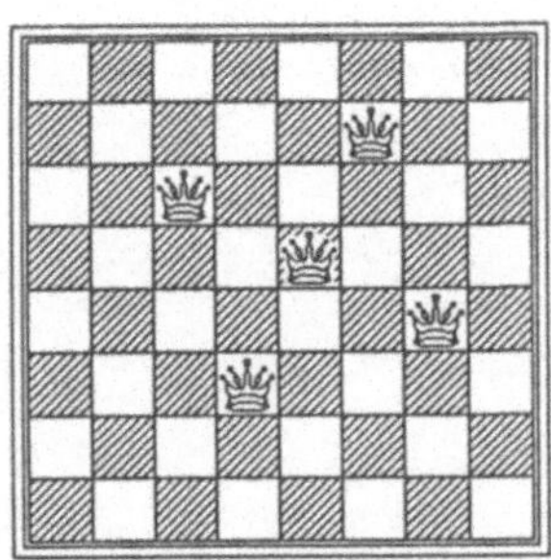

Abb. 8.1.1 5-Damen-Problem

Wir beginnen mit einem bekannten Beispiel. Gegeben sei ein Schachbrett, auf dem das Dame-Zugrecht wie üblich erklärt sei. Wie kann man mit der Aufstellung möglichst weniger Damen das gesamte übrige Schachbrett bedrohen? In Abb. 8.1.1 ist eine Aufstellung von 5 Damen gezeigt, die dies leistet.

Hierher gehört auch das Problem der Plazierung von Beobachtungsposten, so daß alle Information, an der Interesse besteht, „absorbiert“ wird. Nach C. Berge geben wir in Abb. 8.1.2 die Gänge eines Gefängnisses wieder, dessen Pforten (Punkte des Graphen) mit möglichst wenigen Beobachtungsposten überblickt werden sollen.

[1] Der Begriff der *Stabilität*, ebenfalls definiert über die Assoziierte, zeigt große Ähnlichkeit mit dem späteren Adjazenz-Begriff der Unabhängigkeit. Das gleichzeitige Auftreten von Absorption und Stabilität ist charakteristisch für Kerne.

Weil man in beiden Richtungen durch die Gänge (Kanten des Graphen) schauen kann, liegt hier sogar ein Graph mit symmetrischem B vor, und ein Gang steht jeweils für zwei entgegengerichtete Pfeile.

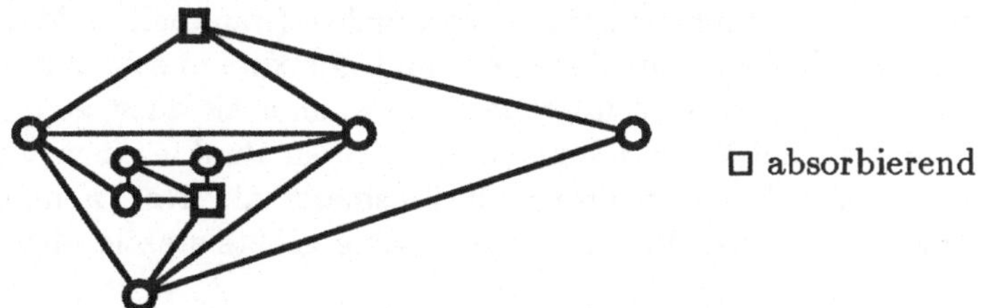

Abb. 8.1.2 Problem der Beobachtungsposten

8.1.1 Definition. Ist B die Assoziierte eines Graphen und x eine Punktmenge, so heiße

i) x **absorbierend** $:\iff$ $\overline{x} \subset Bx \iff \overline{Bx} \subset x$
$\iff$ Von jedem Punkt außerhalb von x gibt es (wenigstens) einen Pfeil in x hinein.

ii) x **stabil** $:\iff$ $Bx \subset \overline{x} \iff x \subset \overline{Bx}$
$\iff$ Endet ein Pfeil in der Punktmenge x, so beginnt er außerhalb von x. (Keine zwei Punkte in x sind verbunden.)

iii) $\beta := \min\{\,|x| \in \mathbb{N} \mid x \text{ absorbierend}\}$ **Absorptionszahl.**

Statt absorbierend sagt man auch **außenstabil**, engl. externally stable, und statt stabil auch **innenstabil**, engl. internally stable. Ist $\overline{x} \subset B^{\mathrm{T}}x$, so nennt man x **dominierend.** □

Man beachte, daß in der späteren Definition 9.1.1 ein eng mit der Stabilität verwandter Begriff erklärt wird, allerdings eingeschränkt auf eine symmetrische und irreflexive Relation. Für die maximale Kardinalität einer stabilen Menge wird dann analog zu β eine „Stabilitätszahl" α, genannt Punktunabhängigkeitszahl, eingeführt.

Wegen $Bx \subset \overline{x} \iff B^{\mathrm{T}}x \subset \overline{x}$ ist die Stabilität (nicht jedoch die Absorption!) unabhängig von der Richtung der Pfeile. Wegen $\overline{x} \subset Bx \iff \overline{x} \subset (B \sqcup I)x \iff \overline{x} \subset (B \sqcap \overline{I})x$ ist die Absorption (nicht jedoch die Stabilität!) unabhängig vom Auftreten von Schlingen.

Offensichtlich ist L stets absorbierend und O stets stabil. Ferner gilt[1]:

$$x \text{ absorbierend}, \quad x \subset y \implies y \text{ absorbierend}$$
$$x \text{ stabil}, \quad z \subset x \implies z \text{ stabil}$$

Da mit einer absorbierenden Menge auch jede umfassende Menge absorbierend ist, interessiert man sich für möglichst kleine absorbierende Mengen; da

[1] Beides steht im Zusammenhang mit der Tatsache, daß die Abbildung $f(x) := \overline{Bx}$ antiton ist. Absorbierende Mengen sind Post- und stabile Mengen sind Prä-Fixpunkte von f! In Abschnitt 8.2 werden wir mit den verbandstheoretischen Methoden aus dem Anhang A.3 die Fixpunkte von f näher studieren.

mit jeder stabilen Menge auch jede darin enthaltene Menge stabil ist, interessiert man sich entsprechend für möglichst große stabile Mengen.

Hier gibt es nun zwei Betrachtungsweisen. Man unterscheidet die im Anzahlsinne und die im Inklusionssinne maximalen (minimalen) Mengen, (im Englischen gelegentlich als „maximal set" und „maximum set" unterschieden; man läuft aber Gefahr, dies zu überlesen). Sowohl x als auch x' und x'' aus Abb. 8.1.3 verlieren bei Hinzunahme eines weiteren Punktes den Status einer stabilen Menge; alle drei sind also inklusionsmaximal. Nur x und x'' sind allerdings anzahlmaximale stabile Mengen. Eine größte stabile Menge gibt es deswegen nicht.

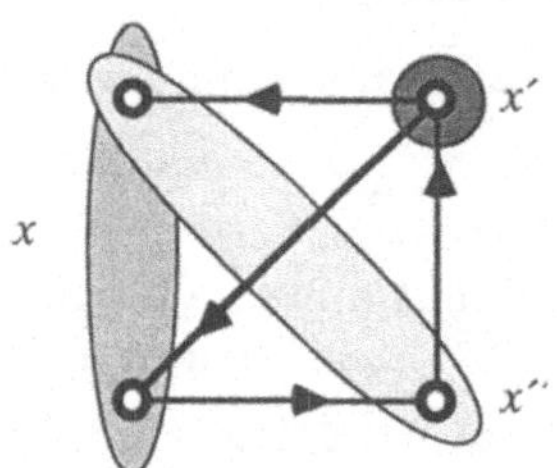

x, x', x'' inklusionsmaximal stabil
x, x'' anzahlmaximal stabil

Abb. 8.1.3 Inklusions- und anzahlmaximale stabile Mengen

In Abb. 8.1.4 sind x, x' und x'' inklusionsminimale absorbierende Mengen; beim Weglassen eines ihrer Punkte verlieren sie nämlich die Absorptions-Eigenschaft. Nur x' ist anzahlminimal absorbierend. Eine im Inklusionssinne kleinste absorbierende Menge gibt es nicht.

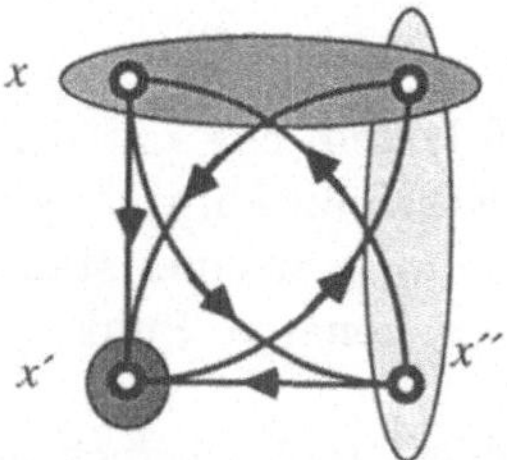

$x,\ x',\ x''$
inklusionsminimal absorbierend

x' anzahlminimal absorbierend

Abb. 8.1.4 Inklusions- und anzahlminimale absorbierende Mengen

8.1.2 Satz. Ist B die Assoziierte eines Graphen und x eine Menge von Punkten, so gilt

$$x = \overline{Bx} \quad \Longleftrightarrow \quad \begin{cases} x & \text{inklusionsmaximal stabil und} \\ & \text{inklusionsminimal absorbierend.} \end{cases}$$

Beweis: Aus der Annahme, $y \supset x$ sei stabil, folgt $y \subset \overline{By} \subset \overline{Bx} = x$. Aus der Annahme, $z \subset x$ sei absorbierend, folgt $x = \overline{Bx} \subset \overline{Bz} \subset z$. Bereits für zugleich stabiles und absorbierendes x gilt nach Definition 8.1.1 die Gleichheit $x = \overline{Bx}$. □

Eine Abschwächung dieser Aussage dahingehend, daß rechts nur eine der Bedingungen (entweder inklusionsmaximal stabil oder inklusionsminimal absorbierend) genommen wird, gilt natürlich nicht. Im ersten Fall betrachten wir den einpunktigen Graphen mit einer Schlinge in diesem Punkt: O ist die einzige und damit inklusionsmaximale stabile Menge; es gilt jedoch $O \neq \overline{BO}$. Für den zweiten Fall haben wir in Abb. 8.1.5 eine inklusionsminimale absorbierende Teilmenge x mit $\overline{x} \subsetneqq Bx$ angegeben; sie ist also nicht stabil.

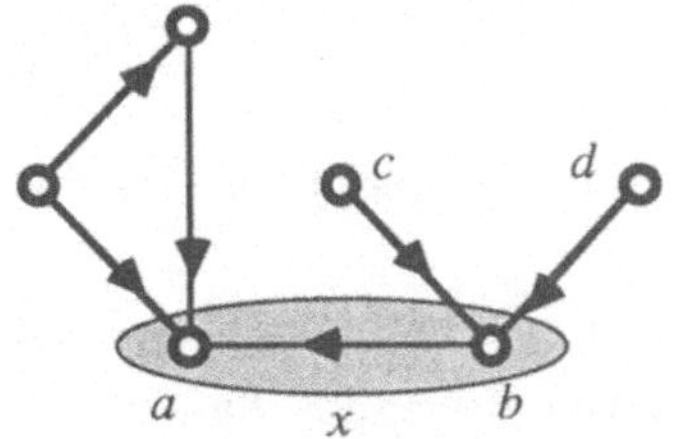

Abb. 8.1.5 Inklusionsminimale absorbierende aber nicht stabile Punktmenge

Es gibt allerdings Nebenbedingungen, unter denen diese Abschwächungen möglich sind. Im ersten Fall stört besonders die Schlinge; siehe dazu Satz 8.1.3. Wäre im zweiten Fall der Graph transitiv und würden demnach in Abb. 8.1.5 auch Pfeile von c und d nach a verlaufen, so könnte man offenbar den Punkt b bei der Minimierung der absorbierenden Menge einsparen. Diese Überlegung bleibt auch im allgemeinen Fall richtig, wenn man sicher sein kann, daß ein solches schrittweises Fortlassen von Punkten aus der absorbierenden Punktmenge einmal endet. Es ergeben sich die zwei folgenden Sätze.

8.1.3 Satz. In einem symmetrischen Graphen ohne Schlingen mit der Assoziierten B gilt für jede inklusionsmaximale stabile Menge x die Gleichung $x = \overline{Bx}$.

Beweis: Würde für ein inklusionsmaximales stabiles x gelten $Bx \subsetneqq \overline{x}$, so könnte x nach Auswahl eines Punktes v aus $\overline{x} \sqcap \overline{Bx}$ (Punkteaxiom!) zu einer Menge $x \sqcup v$ echt vergrößert werden, für die wir Stabilität nachweisen:

$$Bx \subset \overline{x}, \qquad\qquad Bv \subset \overline{x} \quad \text{wegen} \quad B = B^{\mathrm{T}},$$
$$Bx \subset \overline{v} \iff v \subset \overline{Bx}, \qquad Bv \subset \overline{v} \quad \text{wegen} \quad vv^{\mathrm{T}} \subset I \subset \overline{B}. \qquad \square$$

Man vergleiche den vorstehenden Satz mit dem späteren Satz 9.1.2.i.

8.1.4 Satz. Ist die Assoziierte B eines Graphen transitiv und ist von jedem Punkt ein terminaler Punkt erreichbar (d. h. $L = B^*\overline{BL}$, was nach (6.3.3.iv) insbesondere für progressiv-endliche Graphen gilt), so gibt es eine kleinste absorbierende Punktmenge, nämlich die Menge $x_0 := \overline{BL}$ der terminalen Punkte, und diese erfüllt $x_0 = \overline{Bx_0}$.

Beweis: $x_0 := \overline{BL}$ ist absorbierend, denn es gilt $L = B^*\overline{BL} = \overline{BL} \sqcup B^+\overline{BL}$ und damit wegen $B^+ = B$ auch $\overline{x_0} \subset Bx_0$. Weiterhin ist trivialerweise $Bx_0 \subset BL = \overline{x_0}$. Deshalb gilt $\overline{x_0} = Bx_0$, und x_0 ist nach Satz 8.1.2 inklusionsminimal absorbierend. Ist schließlich mit $\overline{y} \subset By$ irgendeine beliebige absorbierende Menge gegeben, so umfaßt diese notwendigerweise die terminalen Punkte, denn $\overline{BL} \subset \overline{By} \subset y$. $\square$

Wir werden eine ähnliche Fragestellung im nächsten Abschnitt wieder aufgreifen, wobei auf Transitivität verzichtet werden kann.

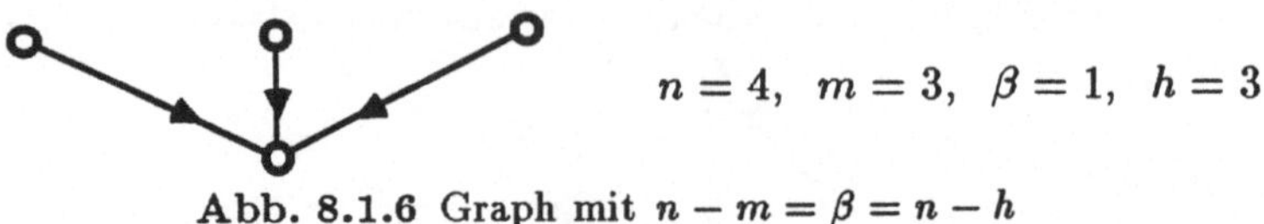

$n = 4, \quad m = 3, \quad \beta = 1, \quad h = 3$

Abb. 8.1.6 Graph mit $n - m = \beta = n - h$

Hier verschaffen wir uns als nächstes einen gewissen Überblick über die Absorptionszahl β und beweisen folgenden Satz.

8.1.5 Satz. In einem 1-Graphen mit n Punkten und m Pfeilen, in dem jeder Punkt höchstens (und wenigstens ein Punkt genau) h echte Vorgänger hat, gilt

$$n - m \leq \beta \leq n - h.$$

Beweis: Wir zeigen die linke Ungleichung folgendermaßen: Sei x eine anzahlminimale absorbierende Menge. Dann ist jeder Punkt von $\overline{x}$ ein Pfeilanfang; also gilt $m \geq |\overline{x}| = n - |x| = n - \beta$. Zum Nachweis der rechten Ungleichung nehmen wir einen Punkt x_0 mit der maximalen Anzahl h von echten Vorgängern. Das Komplement der Menge seiner echten Vorgänger enthält $n-h$ Punkte, darunter x_0, und ist absorbierend. Folglich gilt $\beta \leq n - h$. □

Die Abschätzungen sind schlecht; insbesondere wird die untere Schranke negativ, außer wenn *sehr* wenige Pfeile vorkommen. Für das 5-Damen-Problem ergibt sich $-1392 \leq \beta \leq 37$ bei $\beta = 5$. Es nützt also wenig, daß diese Abschätzungen scharf sind, wie der Graph aus Abb. 8.1.6 zeigt.

8.2 Kerne

Ein Kern eines Graphen ist eine Punktmenge s, die zugleich stabil und absorbierend ist. Dadurch wird für die Punktmenge s und das Fortschreiten in Pfeilrichtung eine Eigenschaft der Art „Muß aus s heraus – kann von außen nach s hinein“ beschrieben, die zu interessanten Problemstellungen führt, und später für die Behandlung von Spielen bedeutsam wird. Kerne wurden deshalb auch zuerst in der Spieltheorie untersucht.

8.2.1 Definition. Ist G ein Graph mit der Assoziierten B und s eine Punktmenge, so definieren wir:

s **Kern** $:\Longleftrightarrow$ $Bs = \overline{s}$ $\Longleftrightarrow$ s stabil und absorbierend

$\Longleftrightarrow$ Kein Pfeil beginnt *und* endet in s, und von jedem Punkt außerhalb von s führt ein Pfeil nach s hinein. □

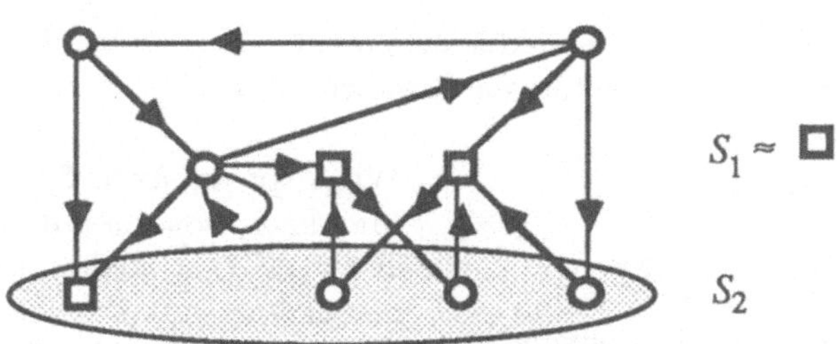

Abb. 8.2.1 Kerne eines Graphen

Nach (8.1.1) sind alle rechten Seiten dieser Definition äquivalent. Abb. 8.2.1 zeigt ein Beispiel, in dem zwei Kerne „windschief" zueinander liegen und verschieden mächtig sind; weder ihr Durchschnitt noch ihre Vereinigung ist ein Kern.

Andere Beispiele spezieller Kerne findet man in der definierenden Eigenschaft $R\overline{I} = \overline{R}$ einer Abbildung. An der Form $\overline{I}R^{\mathrm{T}} = \overline{R^{\mathrm{T}}}$ erkennt man, daß alle „Spalten" von R^{T} Kerne in bezug auf die Verschiedenheitsrelation $\overline{I}$ sein müssen. Jede „Zeile" von R muß also genau ein Element $\mathbf{1}$ enthalten, welches bei der Multiplikation mit $\overline{I}$ genau einmal auf das verschwindende Diagonalelement trifft.

D. König verwendete für einen Kern noch die Bezeichnung „Punktbasis zweiter Art"; unter einer „Punktbasis (erster Art)" in einem Graphen (V, B) verstand er nach unserer Notation einen Kern in $(V, \overline{I} \sqcap B^*)$. Heute ist diese Bezeichnungsweise nicht mehr gebräuchlich.

8.2.2 Definition. Ist G ein Graph mit der Assoziierten B und s eine Punktmenge, so heiße

$$s \textbf{ Basis} \quad :\Longleftrightarrow \quad (\overline{I} \sqcap B^*)s = \overline{s}. \qquad \square$$

Eine Punktmenge s ist also Basis, wenn kein Punkt aus s von einem *anderen* Punkt aus s erreichbar ist und von jedem Punkt aus $\overline{s}$ ein Punkt aus s erreicht werden kann.

Die Bedingungen für einen Kern, *Stabilität* und *Absorption*, sind gegenläufig in dem Sinne, daß mit einer stabilen Menge jede darin enthaltene Menge stabil ist und mit einer absorbierenden Menge jede umfassende Menge absorbierend ist. Daher wird die Existenzfrage schwierig sein. So hat der gerichtete Kreis der Länge 3 keinen Kern, da die inklusionsmaximalen stabilen Mengen einelementig und die inklusionsminimalen absorbierenden Mengen zweielementig sind. Immerhin können wir als unmittelbare Folge von Satz 8.1.2 ohne Beweis feststellen:

8.2.3 Satz. Ist s Kern eines Graphen, so ist s eine inklusionsmaximale stabile und zugleich eine inklusionsminimale absorbierende Menge. □

Der in Definition 8.2.1 verwendeten Bedingung „stabil und absorbierend" kann also nur Genüge getan werden, wenn sogar die verschärfte Form „inklusionsmaximal stabil und inklusionsminimal absorbierend" erfüllt wird.

Nach Satz 8.1.3 sind die inklusionsmaximalen stabilen Mengen in einem symmetrischen und schlingenfreien Graphen Kerne.

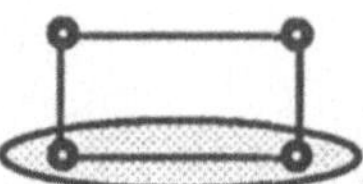

Abb. 8.2.2 Inklusionsminimal absorbierend, aber kein Kern

Wie man an Abb. 8.2.2 sieht, gibt es für Absorption unter der Voraussetzung $B = B^{\mathrm{T}} \subset \overline{I}$ keine analoge Aussage; denn keineswegs jede inklusionsminimale absorbierende Menge ist ein Kern.

8.2.4 Satz. Ist G ein symmetrischer Graph ohne Schlingen, so gilt

i) G hat mindestens einen Kern.

ii) Kerne sind genau die inklusionsmaximalen stabilen Mengen.

Beweis: Die leere Menge O ist stabil; es gibt also stabile Punktmengen. Wird unter diesen eine im Inklusionssinne maximale stabile Menge s ausgewählt, so erfüllt sie wegen $B \subset \overline{I}$ nach (8.1.3) $Bs = \overline{s}$, ist also ein Kern. □

Für den eben erbrachten Existenzbeweis wurde das Punkteaxiom verwendet und von Auswahlmöglichkeiten Gebrauch gemacht, die im Falle eines auf Papier gezeichneten endlichen Graphen ganz unreflektiert vorgenommen werden. Der Beweis des folgenden Satzes ist von dieser Problematik frei.

8.2.5 Satz. Ist G ein transitiver Graph mit $B^*\overline{BL} = L$ (z. B. ein endlicher schlingenfreier Graph oder ein progressiv-endlicher und transitiver Graph), so gilt:

i) G hat genau einen Kern.

ii) Der Kern ist die kleinste absorbierende Menge; das ist die Menge $\overline{BL}$ der terminalen Punkte.

Den **Beweis** liefert Satz 8.1.4 zusammen mit Satz 8.2.3. □

Für diese speziellen Fälle sind in Abb. 8.2.3 Beispiele angegeben.

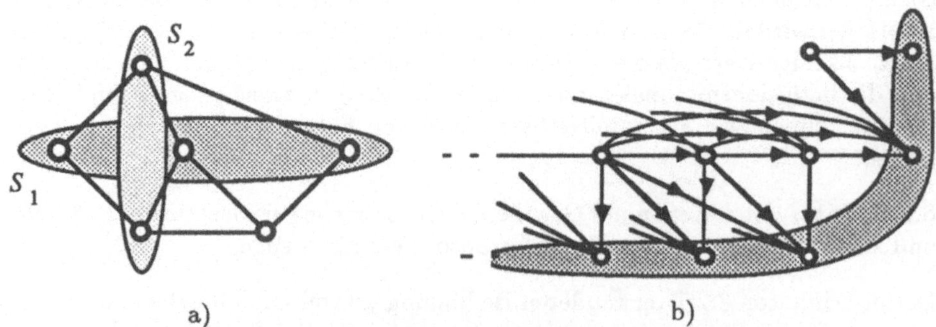

Abb. 8.2.3 Kerne im schlingenfreien symmetrischen Graphen (a) und im transitiven progressiv-endlichen Graphen (b)

Bei progressiv-endlichem B ist nach Satz 6.3.11.i auch B^+ progressiv-endlich, wobei $B^+ = \overline{I} \sqcap B^*$ gilt. Damit ergibt sich eine Existenzaussage für eine Basis in einem Graphen.

8.2.6 Korollar. Ein endlicher und schlingenfreier Graph oder ein progressiv-endlicher Graph hat genau eine Basis, nämlich die Menge aller terminalen Punkte. □

Wir wollen nun die Existenz von Kernen auch in anderen Fällen überprüfen. Insbesondere werden wir sehen, daß progressiv-endliche Graphen stets einen Kern besitzen, auch wenn sie nicht transitiv sind. Ausgangspunkt für diese Überlegungen ist die Definitionsbedingung $s = \overline{Bs}$ für einen Kern. Setzt man nämlich $f(x) := \overline{Bx}$, so ist ein Kern s jeweils ein Fixpunkt dieser Abbildung $f: 2^V \longrightarrow 2^V$ der Potenzmenge in sich. Es bietet sich also das gut entwickelte Instrumentarium der Fixpunkttheorie an, das in Anhang A.3 noch einmal zusammengefaßt ist. Offenbar ist f *antiton*, d. h.

$$x \subset y \quad \Longrightarrow \quad f(y) \subset f(x);$$

der nächstliegende Fixpunktsatz (A.3.1) ist jedoch nur für *isotone* Abbildungen bewiesen, kann also nicht direkt angewendet werden.

Betrachtet man jedoch nicht $f(x) = \overline{Bx}$, sondern $f^2(x) = \overline{B\overline{Bx}}$, so erhält man eine isotone Abbildung; in der Tat gilt

$$x \subset y \quad \Longrightarrow \quad f^2(x) \subset f^2(y).$$

Jeder Fixpunkt s von f erfüllt zweifellos auch $s = \overline{B\overline{Bs}}$, ist also Fixpunkt von f^2. Nicht jeder Fixpunkt von f^2 ist aber Fixpunkt von f; siehe Abb. 8.2.4.

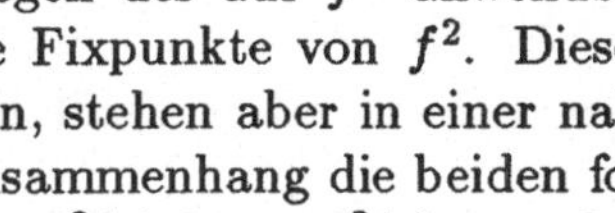

y x

$B = \begin{pmatrix} 1 & 0 \\ 1 & 0 \end{pmatrix}$ (Zeilen und Spalten x, y), $s_1 = \overline{B\overline{Bs_1}} = \begin{pmatrix} 1 \\ 1 \end{pmatrix}$, $\overline{Bs_1} = \begin{pmatrix} 0 \\ 0 \end{pmatrix}$, $s_2 = \overline{B\overline{Bs_2}} = \begin{pmatrix} 0 \\ 0 \end{pmatrix}$, $\overline{Bs_2} = \begin{pmatrix} 1 \\ 1 \end{pmatrix}$

Abb. 8.2.4 Zwei Mengen s mit $s = \overline{B\overline{Bs}}$, die wegen $s \neq \overline{Bs}$ keine Kerne sind

Wegen des auf f^2 anwendbaren Satzes A.3.1 studieren wir demnach zuerst die Fixpunkte von f^2. Diese müssen zwar, wie wir eben sahen, keine Kerne sein, stehen aber in einer nahen Beziehung zu diesen. Wichtig sind in diesem Zusammenhang die beiden folgenden Arten von Punktmengen, die man durch $s \subset f^2(s)$ bzw. $f^2(s) \subset s$ charakterisieren kann.

8.2.7 Definition. In einem Graphen mit der Assoziierten B nennen wir eine Punktmenge

i) s **retardierend** $:\Longleftrightarrow \quad B\overline{Bs} \subset \overline{s}$

$\Longleftrightarrow$ In s liegt kein Punkt, der einen Nachfolger ohne Nachfolger in s besitzt.

ii) z **expansiv** $:\Longleftrightarrow$ $\overline{z} \subset B\overline{Bz}$

$\Longleftrightarrow$ Alle Punkte, deren sämtliche Nachfolger einen Nachfolger in z besitzen, liegen in z. □

Für alle Punkte einer retardierenden Menge s gilt also: Führt ein Pfeil aus s hinaus, so gibt es einen wieder nach s hineinführenden (Nachfolger-)Pfeil. In Abb. 8.2.5 sind retardierende und expansive Mengen im Vergleich zu stabilen bzw. absorbierenden Mengen gezeigt. Es sind vier mögliche Fälle angegeben. Im progressiv-endlichen Fall können wir allerdings eine engere Beziehung festhalten:

8.2.8 Satz. In einem progressiv-endlichen Graphen gilt für jede Punktmenge

$$s \text{ retardierend} \quad\Longrightarrow\quad s \text{ stabil}.$$

Beweis: Bezeichnet B die Assoziierte, so weisen wir für $y := s \sqcap Bs$ nach:

$$y = Bs \sqcap s \subset (B \sqcap ss^{\mathrm{T}})(s \sqcap B^{\mathrm{T}}s) \subset B(s \sqcap Bs) = By.$$

Benutzt wurde dabei, daß $B^{\mathrm{T}}s \subset Bs$ gleichbedeutend ist mit $B\overline{Bs} \subset \overline{s}$. Im Fall progressiver Endlichkeit ist also wegen der Bemerkung im Anschluß an (6.3.2) notwendigerweise $y = O$. □

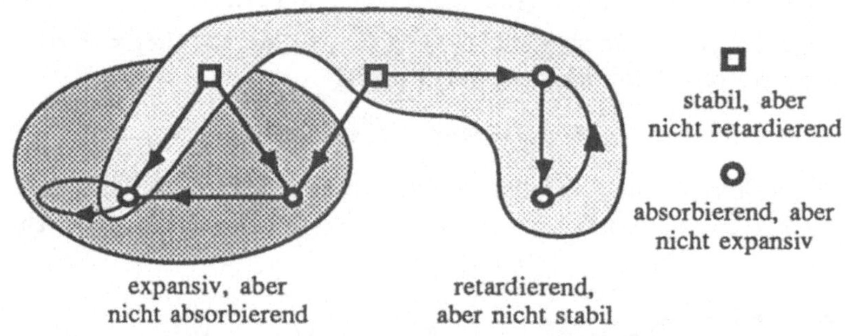

Abb. 8.2.5 Retardierende und expansive Mengen

Mit Hilfe dieser Mengen erhalten wir anhand der Sätze A.3.1 und A.3.2 den kleinsten und den größten Fixpunkt für f^2, nämlich

$$a := \inf\{\, z \mid z \text{ expansiv} \,\} = \inf\{\, z \mid z = f^2(z) \,\},$$
$$b := \sup\{\, s \mid s \text{ retardierend} \,\} = \sup\{\, s \mid s = f^2(s) \,\}.$$

Weil ein Kern nicht nur stets stabil und absorbierend ist, sondern zusätzlich expansiv und retardierend, gilt für jeden Kern s

$$\overline{Bb} = a \subset s \subset b = \overline{Ba};$$

wir nennen a und b daher die **deskriptiven Schranken für Kerne.** Aufgenommen wurde in diese Feststellung auch, daß $b = \overline{Ba}$ und $a = \overline{Bb}$ aufgrund von Satz A.3.8 gilt. Insbesondere sind also a und b beide zugleich expansiv und retardierend. In Abb. 8.2.6 sind diese deskriptiven Schranken für einen Graphen angegeben, welche in diesem einfachen Fall die Vereinigung bzw. der Durchschnitt der beiden einzigen Kerne sind.

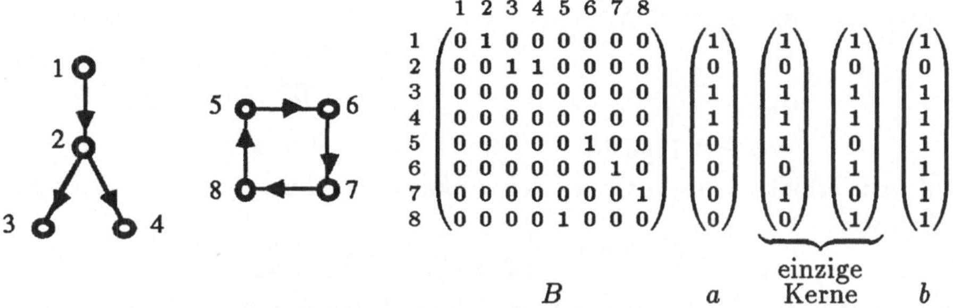

Abb. 8.2.6 Deskriptive Schranken für Kerne

Nun ist a stets retardierend und nach Satz 8.2.8 in einem progressiv-endlichen Graphen auch stabil, $Ba \subset \overline{a}$. Jeder Kern s erfüllt dann also $a = s = b$. Damit erhalten wir als unmittelbare Folgerung aus Satz 8.2.8 den folgenden Existenzsatz.

8.2.9 Satz. Ist G ein progressiv-endlicher Graph, so gilt:

i) G hat genau einen Kern.

ii) Für den Kern s gilt $a = s = b$. □

Für die Lokalisierung eines Kerns ist nun eine Iteration der Art $a_{i+1} := \overline{B\overline{Ba_i}}$ typisch, mit der man nach (A.3.3) den kleinsten Fixpunkt von f^2 approximieren kann:

$$a_0 := O, \quad a_1 := f^2(a_0), \quad a_2 := f^2(a_1), \ldots$$

Zunächst gehören alle Punkte zum Kern, welche nicht Pfeilanfang sind, so daß mit $a_0 := O$, $a_1 := \overline{BL}$ begonnen wird (siehe Abb. 8.2.7). Die Vorgänger Ba_1 dieser Punkte gehören nicht zum Kern; wir setzen $\overline{b_1} := Ba_1$. Punkte, deren sämtliche Nachfolger in $\overline{b_1}$ liegen, gehören wiederum zum Kern, d. h. $a_2 := \overline{B\overline{b_1}} = \overline{B\overline{Ba_1}}$; usw.

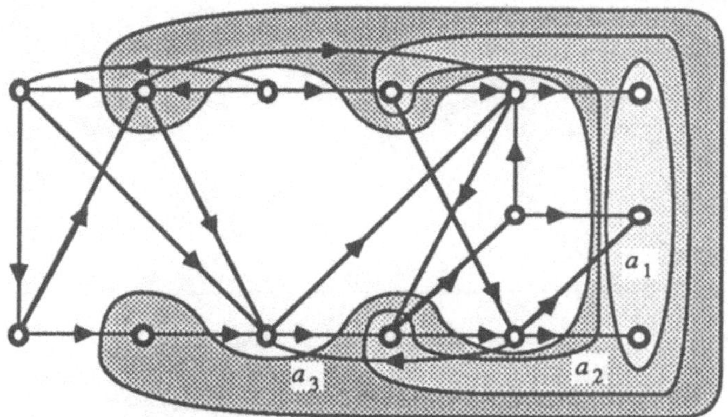

Abb. 8.2.7 Iterative Bestimmung eines Kerns in einem progressiv-beschränkten Graphen

Fächert man dies gemäß (A.3.9) in zwei Iterationen auf, so ergibt sich

$$a_0 := O, \qquad b_0 := L,$$
$$a_{i+1} := \overline{Bb_i}, \qquad b_{i+1} := \overline{Ba_i}, \qquad i \geq 1$$
$$a_\infty := \sup_{i\geq 0} a_i, \qquad b_\infty := \inf_{i\geq 0} b_i$$

und man erhält die **iterativen Schranken für Kerne** a_∞, b_∞. Insgesamt haben wir:

$$a_\infty \subset \overline{Bb_\infty} \subset \overline{Bb} = a \subset s \subset b = B\overline{a} \subset \overline{Ba_\infty} = b_\infty.$$

Man beachte die im allgemeinen herrschende Unsymmetrie in dieser Inklusionskette. Sie beruht auf $\sqcup$-Distributivität und $\sqcap$-*Sub*distributivität der Multiplikation. Es ist a_∞ stabil und b_∞ absorbierend, jedoch nicht notwendigerweise im Inklusionssinne maximal bzw. minimal, wie einfachste Beispiele (Kreis der Länge 2) zeigen. Ebenso ist b_∞ nicht notwendig stabil und a_∞ nicht notwendig absorbierend. Der Graph der Abb. 8.2.8 gibt hierzu ein Beispiel. Auch zeigt er, daß im allgemeinen $a_\infty \subsetneqq \overline{Bb_\infty}$.

Eine allgemeine Beziehung der iterativen Kernschranken zur Assoziierten notieren wir im folgenden Satz.

8.2.10 Satz. In einem Graphen mit der Assoziierten B und den iterativen Kernschranken a_∞, b_∞ gilt

$$\sup_{i\geq 0} \overline{B^i L} \subset \overline{b_\infty} \sqcup a_\infty.$$

Beweis durch Induktion: Wir beginnen mit $L = b_0 \subset a_0 \sqcup B^0 L = L$ und nehmen an, $b_i \subset a_i \sqcup B^i L$ sei richtig. Daraus leiten wir ab:

$$\overline{a_{i+1}} = Bb_i \subset B(a_i \sqcup B^i L) = \overline{b_{i+1}} \sqcup B^{i+1}L.$$

Aus den äquivalenten Inklusionen $\overline{B^i L} \subset \overline{b_i} \sqcup a_i$ folgt

$$\sup_{i\geq 0} \overline{B^i L} \subset \sup_{i\geq 0} \overline{b_i} \sqcup \sup_{i\geq 0} a_i = \overline{b_\infty} \sqcup a_\infty. \qquad \square$$

Für einen progressiv-beschränkten Graphen gilt also $L \subset \overline{b_\infty} \sqcup a_\infty$, so daß $b_\infty \subset a_\infty$ und damit $a_\infty = b_\infty$.

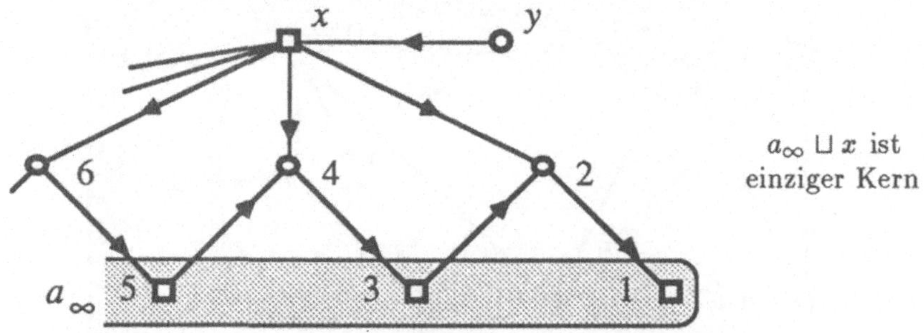

Abb. 8.2.8 Iteration und Kern im progressiv-endlichen, aber nicht progressiv-beschränkten Graphen

Wir formulieren nun einen Existenzsatz für einen Kern in einem progressiv-beschränkten Graphen als unmittelbare Folgerung hieraus.

8.2.11 Korollar. Ist G ein progressiv-beschränkter Graph mit der Assoziierten B (also beispielsweise ein kreisfreier endlicher Graph), so gilt:

i) G hat genau einen Kern.

ii) Der Kern ist der Grenzwert $\sup_{i \geq 0} a_i = a_\infty = b_\infty = \inf_{i \geq 0} b_i$ jeder der Iterationen

$$a_0 := O, \qquad b_0 := L,$$
$$a_{i+1} := \overline{B\overline{Ba_i}}, \qquad b_{i+1} := \overline{B\overline{Bb_i}}, \qquad i \geq 0. \qquad \square$$

Der Algorithmus 8.2.11 erscheint als eine zweistufige Variante des Ausschöpfungssatzes (6.3.4) für progressiv-beschränkte Graphen. Eine erste fundierte Untersuchung dieser Iteration findet sich wohl bei VON NEUMANN-MORGENSTERN 44.

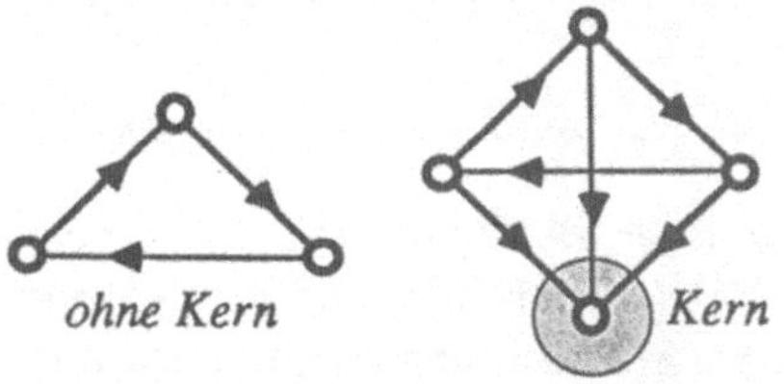

ohne Kern

Kern

Abb. 8.2.9 Kerne und Kreise ungerader Länge

Wir wollen uns nun bei unseren Existenzaussagen für Kerne von progressiver Endlichkeit oder Beschränktheit befreien und beispielsweise auch Kreise im Graphen zulassen. Kreise ungerader Länge scheinen der Existenz eines Kernes zwar gewisse Hindernisse zu bereiten, sie jedoch nicht generell zu verhindern, wie die einfachen Beispiele aus Abb. 8.2.9 zeigen.

Zur Vorbereitung betrachten wir eine spezielle Klasse von Graphen ohne Kreise ungerader Länge.

8.2.12 Satz. Ist G ein stark zusammenhängender Graph ohne Kreise ungerader Länge, so gilt:

i) G besitzt einen Kern.

ii) Wenn G nicht einpunktig ist, existieren sogar mindestens zwei verschiedene Kerne. Ist x ein Punkt, so ergeben sich zwei komplementäre Kerne durch die Punkte, die auf Wegen gerad- bzw. ungeradzahliger Länge von x aus erreichbar sind.

Beweis: Ist B die Assoziierte von G und kürzen wir ab $D := (B^2)^*$, so können wir die beiden Voraussetzungen schreiben als

G stark zusammenhängend	$\iff$	$L = B^* = D \sqcup BD$	$\iff$	$\overline{D} \subset BD$;
G ohne Kreise ungerader Länge	$\iff$	$BD = BDD \subset \overline{I}$	$\iff$	$(BD)^{\mathrm{T}} \subset \overline{D}$.

Zusammen ergibt dies $(BD)^{\mathrm{T}} \subset \overline{D} \subset BD$, also $(BD)^{\mathrm{T}} = BD$ und somit $BD = \overline{D}$. Jede „Spalte" von $D = (B^2)^*$ – es gibt nur zwei Typen von „Spalten", die jeweils alle längs Wegen geradzahliger Länge voneinander erreichbaren Punkte umfassen – ist also Kern. Nach Abb. 8.2.10 gibt es unter Umständen weitere Kerne. $\square$

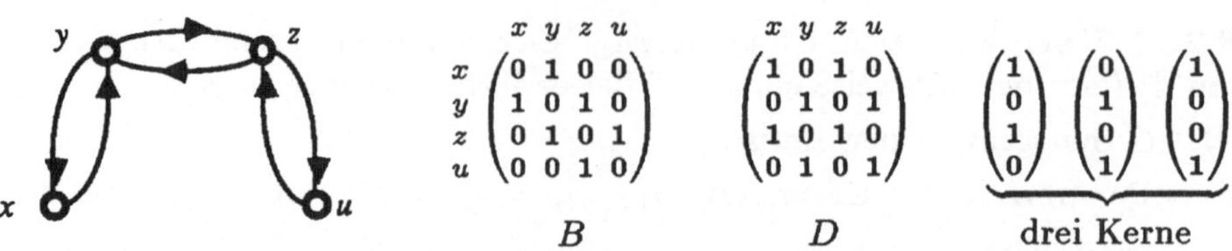

Abb. **8.2.10** Kerne eines stark zusammenhängenden Graphen ohne Kreise ungerader Länge

Nach diesen Vorbereitungen formulieren wir folgendes Resultat, dessen ursprünglicher Beweis auf Satz 8.2.6 zurückgeht.

8.2.13 Satz (*M. Richardson, 1953*). Für einen endlichen Graphen G ohne Kreise ungerader Länge gilt:

G hat mindestens einen Kern.

Beweis durch Induktion über die Punktezahl: Der (einzige) einpunktige Graph ohne Kreise ungerader Länge ist schlingenfrei, und sein einziger Punkt ist ein Kern. Nehmen wir an, der Satz sei für alle Graphen mit weniger als n Punkten richtig.

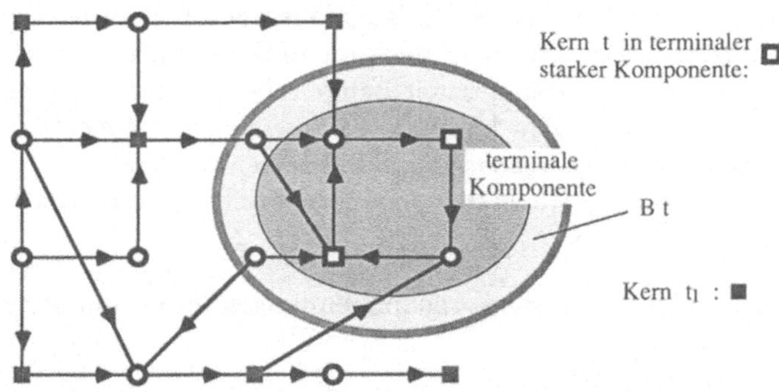

Abb. 8.2.11 Zerlegung im Satz von Richardson

In einem vorgelegten Graphen mit n Punkten betrachten wir nun eine terminale starke Zusammenhangskomponente, die ebenfalls nach Voraussetzung keinen Kreis ungerader Länge enthält. Der davon erzeugte Untergraph besitzt laut (8.2.12) einen Kern t und der von den restlichen Punkten abzüglich der Vorgänger von t, d. h. von $\overline{(I \sqcup B)t}$, erzeugte (evtl. leere) Untergraph besitzt einen Kern t_1 laut Induktionsvoraussetzung. Diese Situation ist dargestellt in Abb. 8.2.11. Offensichtlich ist $t \sqcup t_1$ Kern des gesamten Graphen.

Punkte innerhalb t oder innerhalb t_1 sind unverbunden, da beides Kerne sind. Verbindungen zwischen t und t_1 existieren nicht, da $t_1 \subset \overline{(I \sqcup B)t} \Longrightarrow t_1 t^{\mathrm{T}} \subset \overline{B}$ und da von t aus die terminale Komponente nicht verlassen werden kann. Die Punkte von $\overline{t \sqcup t_1}$ zerfallen in diejenigen von $\bar{t} \sqcap (I \sqcup B)t$ und die von $\overline{t_1} \sqcap \overline{(I \sqcup B)t}$. Von ersteren existiert ein Pfeil nach t und von letzteren per definitionem ein solcher nach t_1. □

Ein Ansatz zur Verschärfung dieses Resultats geht auf T. Ströhlein (1970) zurück, der bei Untersuchungen über kombinatorische Spiele Existenzaussagen für Kerne in 2-geteilten Spielgraphen machte. 2-geteilte Graphen haben gewiß keine Kreise ungerader Länge und daher nach (8.2.13) wenigstens einen Kern. Dabei beachte man, daß eine 2-Teilung in einem zusammenhängenden Graphen bereits eindeutig bestimmt ist (bis auf die Auszeichnung von „links" und „rechts"). Im folgenden Satz werden zwei Kerne angegeben, die eine in bezug auf alle möglichen Kerne ausgezeichnete Lage besitzen.

8.2.14 Satz. Ist G ein durch $L = g \sqcup d$ 2-geteilter Graph so gilt:

i) G hat zwei ausgezeichnete (nicht notwendig verschiedene) Kerne A' und A'', deren Durchschnitt und Vereinigung alle Kerne s von G eingrenzen:
$$A' \sqcap A'' \subset s \subset A' \sqcup A''.$$

ii) Die ausgezeichneten Kerne A' und A'' werden von den deskriptiven Kernschranken a und b bestimmt durch
$$A' := (g \sqcap b) \sqcup (d \sqcap a), \quad A'' := (g \sqcap a) \sqcup (d \sqcap b).$$

Beweis: Wir weisen o. E. die Kerneigenschaft für A' nach:
$$\begin{aligned} BA' &= B(g \sqcap b) \sqcup B(d \sqcap a) \\ &= (d \sqcap Bb) \sqcup (g \sqcap Ba), && \text{wegen (4.1.3)} \\ &= (d \sqcap \overline{a}) \sqcup (g \sqcap \overline{b}), && \text{nach den Bemerkungen vor (8.2.9)} \\ &= (d \sqcup \overline{b}) \sqcap (g \sqcup \overline{a}), && \text{nach dem Distributivgesetz} \\ &= \overline{A'}. \end{aligned}$$

Die behauptete Eingrenzungseigenschaft folgt aus $a \subset b$ wegen
$$\begin{aligned} A' \sqcap A'' &= [(g \sqcap b) \sqcup (d \sqcap a)] \sqcap [(g \sqcap a) \sqcup (d \sqcap b)] \\ &= [(g \sqcap b) \sqcap (g \sqcap a)] \sqcup [(d \sqcap a) \sqcap (d \sqcap b)] \\ &= (g \sqcap b \sqcap a) \sqcup (d \sqcap a \sqcap b) = b \sqcap a = a; \end{aligned}$$

analog ergibt sich $A' \sqcup A'' = b$. Ferner liegt in der Tat jeder Kern zwischen a und b. □

Versucht man im vorstehenden Satz ein entsprechendes Vorgehen mittels der iterativen Kernschranken,
$$a' := (g \sqcap b_\infty) \sqcup (d \sqcap a_\infty), \quad a'' := (g \sqcap a_\infty) \sqcup (d \sqcap b_\infty),$$
so gilt nur noch $Ba' \subset \overline{a'}$, $Ba'' \subset \overline{a''}$, d. h. es ergeben sich zwei ausgezeichnete stabile Mengen. (In der zweiten Zeile des Beweises von $BA' = \overline{A'}$ gilt nämlich statt $a = \overline{Bb}$ nur $a_\infty \subset \overline{Bb_\infty}$.) Die Eingrenzungseigenschaft bleibt jedoch erhalten. Betrachten wir den Graphen aus Abb. 8.2.8 und nehmen für g die ausgefüllten Punkte, so erhalten wir ein Beispiel eines 2-geteilten, nicht progressiv-beschränkten Graphen mit $Ba' \subsetneq \overline{a'}$. Man beachte, daß für endliche oder progressiv-beschränkte Graphen die iterativen und deskriptiven Schranken übereinstimmen.

Im 2-geteilten Fall gibt es eine wichtige Variante zur Gewinnung der iterativen Schranken a' und a''. Bisher wurde mit a_0, b_0 begonnen, durch Iteration a_∞ und b_∞ ermittelt und anschließend a' bzw. a'' nach Schneiden mit g bzw. d zusammengesetzt. Man kann dieselben Iterationsschritte stattdessen mit $a'_0 := g$ und $a''_0 := d$ starten und den Zusammensetzungsschritt gewissermaßen an den Anfang vorverlegen. Auch dann erhält man a' und a''.

Übung

8.2.1 Ist s Basis einer konfluenten Relation B, so ist $B^* \sqcap (sL)^{\mathrm{T}}$ Abbildung.

8.3 Spiele

Wir betrachten die Aussagen über Kerne aus Abschnitt 8.2 nun unter einem spieltheoretischen Aspekt. Dabei haben wir 2-Personen-Spiele im Auge, deren Spieler „alternierend" am Zuge sind und deren Ausgang mit „Gewinn" oder „Verlust" bewertet ist; allenfalls wird ein Ausgang des Spiels als „remis" noch in Betracht gezogen. Wir schließen somit ganzzahlige oder gar reellwertige Spielergebnisse aus und beschränken uns auf einen engen Ausschnitt der heute weitentwickelten Spieltheorie.

Stets soll es sich um Spiele „mit vollständiger Information" handeln, so daß Fragen der Wahrscheinlichkeit irgendwelcher Ereignisse, die für Karten- oder Würfelspiele so wesentlich sind, nicht auftauchen. Unter diesen Einschränkungen verbleiben vor allem Brettspiele (wie Schach, Go, Hex) und Streichholzspiele (wie NIM). Ihnen gemeinsam ist, daß *Gewinn* für einen Spieler gleichbedeutend ist mit *Verlust* für seinen Gegner und daß die sog. Verlustregel lautet: „Wer am Zuge ist, nach den Regeln aber keinen Zug mehr ausführen kann (Terminalsituation), hat verloren[1]."

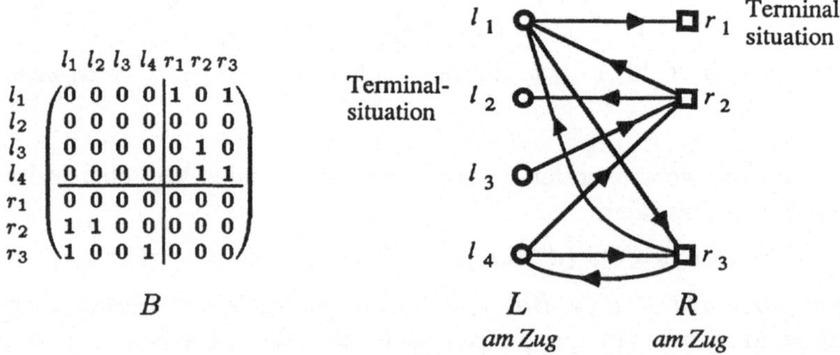

Abb. 8.3.1 Ein einfaches Spiel

[1] Im Englischen sagt man kürzer „last player losing". Das ist aber nicht eindeutig, weil man darüber disputieren kann, wer der letzte Spieler ist (derjenige, der noch einen echten letzten Zug ausführen konnte oder derjenige, der erstmals nicht mehr ziehen kann). Am klarsten spricht man wohl nach Zagler von „Verlust bei Zugunfähigkeit". Es werden auch andere Verlustregeln studiert, wie „last player winning", doch wirft dies zum Teil völlig andere Probleme auf; siehe etwa STRÖHLEIN, ZAGLER 77.

Eine erste Vorstellung von einem solchen Spiel gibt der 2-geteilte Graph in Abb. 8.3.1. Dieses Spiel hat die **Situationen** $\{ l_1, l_2, l_3, l_4, r_1, r_2, r_3 \}$ sowie die durch Pfeile dargestellten **Zugmöglichkeiten**. Im Verlauf des Spiels ist jeweils eine Situation die **aktuelle Situation**. In den Situationen auf der linken Seite sei immer der **Spieler** $\mathcal{L}$ am Zug und auf der rechten Seite der Spieler $\mathcal{R}$. Jede Situation bestimmt also den am Zug befindlichen Spieler eindeutig. Einen Zug auszuführen besteht darin, daß der am Zug befindliche Spieler einen der in der aktuellen Situation entspringenden Pfeile auswählt. Bei dieser Zug-Ausführung entsteht als neue Situation diejenige, die durch den Endpunkt des ausgewählten Pfeiles beschrieben wird. Wegen der 2-Teilung wechselt dabei das Zugrecht. **Terminalsituationen** sind l_2 und r_1. Gemäß der Regel „Verlust bei Zugunfähigkeit" hat in l_2 der Spieler $\mathcal{L}$ und in r_1 der Spieler $\mathcal{R}$ verloren; in beiden Fällen also der eindeutig durch die Situation bestimmte am Zug befindliche Spieler. Der jeweils andere Spieler hat dort gewonnen.

Wenn der Spieler $\mathcal{R}$ in der aktuellen Situation r_2 klug ist, wird er nach l_2 ziehen, worauf $\mathcal{L}$ verloren hat. Unklug wäre es für ihn, nach l_1 zu ziehen, denn dort hat sein Gegner $\mathcal{L}$ die Möglichkeit, nach r_1 zu ziehen und damit seinerseits zu gewinnen.

Man wird ferner feststellen: „Die Situation l_3 ist für den Spieler $\mathcal{R}$ gewonnen." Zwar ist dort $\mathcal{R}$ gar nicht am Zuge, doch kann $\mathcal{L}$ nicht so ziehen, daß es für $\mathcal{R}$ unmöglich wird, mit seinem nächsten Zug (von r_2 nach l_2) eine Terminalsituation mit Verlust für $\mathcal{L}$ herbeizuführen.

Schließlich sind l_4 und r_3 Remis-Situationen (sowohl für $\mathcal{L}$, als auch für $\mathcal{R}$). Wäre $\mathcal{L}$ ein schlechter Spieler, so zöge er vielleicht von l_4 nach r_2 und hätte nach dem Zug des Spielers $\mathcal{R}$ von r_2 nach l_2 verloren. Besser ist es für ihn, nach r_3 zu ziehen, wo es für $\mathcal{R}$ ganz ähnlich aussieht. Der Zug von r_3 nach l_1 durch $\mathcal{R}$ wäre schlecht, weil anschließend $\mathcal{L}$ die Möglichkeit ausnutzen kann, mit dem Zug von l_1 nach r_1 in die Terminalsituation mit Verlust für $\mathcal{R}$ zu ziehen. Um dies zu vermeiden, zieht $\mathcal{R}$ von r_3 nach l_4. Es ergibt sich also aus lauter Angst vor Verlust ein Remis durch unendliche Zugwiederholung. (Im Schach gibt es darüberhinaus auch das Patt als eine mit Remis *bewertete* Terminalsituation; so etwas schließen wir hier aus.)

Mit diesen Überlegungen wurde angedeutet, wie sich die Bewertung der *Terminal*situationen mit Verlust (für den eindeutig bestimmten am Zug befindlichen Spieler) zu einer Bewertung *aller* Situationen mit Gewinn, Verlust bzw. Remis fortsetzen läßt. Eine genauere Analyse von Abb. 8.3.1 liefert folgendes Ergebnis relativ zu dem am Zug befindlichen Spieler:

Verlustsituationen für den am Zug befindlichen Spieler: l_2, l_3, r_1,
Gewinnsituationen für den am Zug befindlichen Spieler: l_1, r_2,
Remissituationen für den am Zug befindlichen Spieler: l_4, r_3.

Aufgrund der umgangsprachlichen Gleichsetzung:

Gewinn für einen Spieler = Verlust für seinen Gegner

hat man auch als „absolute“ Qualifizierung:

	für $\mathcal{L}$	für $\mathcal{R}$
Verlustsituationen	l_2, l_3, r_2	l_1, r_1
Gewinnsituationen	l_1, r_1	l_2, l_3, r_2
Remissituationen	l_4, r_3	l_4, r_3

Der Zusammenhang ist offensichtlich:

- Verlustsituationen für den am Zug befindlichen Spieler sind die Verlustsituationen für $\mathcal{L}$, in denen $\mathcal{L}$ am Zug ist, und die Verlustsituationen für $\mathcal{R}$, in denen $\mathcal{R}$ am Zug ist.
- Verlustsituationen für $\mathcal{L}$ sind Verlustsituationen für den am Zug befindlichen Spieler, in denen $\mathcal{L}$ am Zug ist, und Gewinnsituationen für den am Zug befindlichen Spieler, in denen $\mathcal{R}$ am Zug ist.

Leider gibt die Umgangssprache hier keine prägnanteren Unterscheidungen zwischen der „relativen“ und der „absoluten“ Qualifizierung, so daß Mißverständnisse drohen.

Eine wichtige Tatsache werden wir hier nicht beweisen, sondern nur am Beispiel beobachten: Der Graph aus Abb. 8.3.1 hat genau zwei Kerne, nämlich

$$s_1 := \{ l_2, l_3, l_4, r_1 \} \text{ und } s_2 := \{ l_2, l_3, r_1, r_3 \}.$$

Seine (hier zugleich iterativen und deskriptiven) Kernschranken sind

$$a = \{ l_2, l_3, r_1 \} \subset s_i \subset \{ l_2, l_3, l_4, r_1, r_3 \} = b.$$

Zugleich sind s_1 und s_2 die in Satz 8.2.14 erwähnten ausgezeichneten Kerne, und die Kernschranken a und b sind deren Durchschnitt und Vereinigung.

8.3.1 Feststellung. Tragen zwei Spieler auf einem beliebigen 2-geteilten Graphen ein Spiel aus, wie hier diskutiert, so beschreibt

a die Verlustsituationen für den am Zug befindlichen Spieler,
$\overline{a} \sqcap b$ die Remissituationen für den am Zug befindlichen Spieler,
$\overline{b}$ die Gewinnsituationen für den am Zug befindlichen Spieler. □

Zwei Spieler $\mathcal{L}$ und $\mathcal{R}$ können offenbar auf jedem beliebigen 2-geteilten Graphen ein Spiel dieser Art austragen; wir verzichten darauf, dies noch einmal förmlich in einer Definition zusammenzufassen. Ein Spiel beginnt in einer aktuellen Situation, die **Startsituation** heiße. Sie ist oft konventionsgemäß festgelegt – im Schach beispielsweise durch zwei Faktoren: die bekannte Grundstellung und die Festlegung, daß dort Weiß am Zuge ist. Andererseits ist es im Schach üblich zu fragen, ob ein Spieler ausgehend von einer im Diagramm dargestellten Situation (Brettbild plus Anzugsrecht) noch gewinnen kann. Hier legt also das Diagramm eine andere Startsituation fest. Auch Schachprobleme sind meist so normiert, daß dort Weiß am Zuge ist.

Spiele mit symmetrischen Spielregeln

Im Spiel aus Abb. 8.3.1 müssen beide Spieler sehr unterschiedliche Überlegungen anstellen, um ihre Gewinnmöglichkeiten zu analysieren, da keine links-rechts-Symmetrie herrscht. In Spielen wie NIM oder Schach laufen die Überlegungen beider Spieler sehr viel mehr parallel. (Beim Partie-Schach kommt durch die Konvention, daß Weiß beginnt, ebenfalls eine Unsymmetrie herein. Ihre Auswirkung ist während der Eröffnungsphase gravierend, verliert sich aber nach dem Übergang zum Mittel- bzw. Endspiel.)

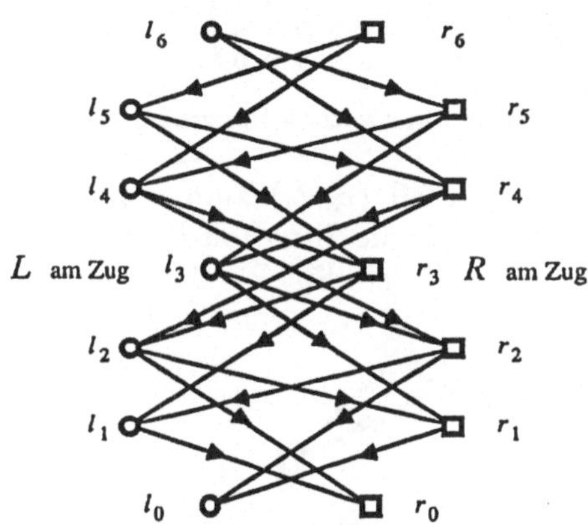

Abb. 8.3.2 Situationen eines Streichholzspiels

Wir schränken uns nun auf die Betrachtung von Spielen mit derartiger Symmetrie ein und betrachten den 2-geteilten Graphen aus Abb. 8.3.2. Er läßt sich als ein Streichholzspiel interpretieren: Von einem Häufchen von 6 Streichhölzern dürfen die zwei Spieler $\mathcal{L}$ und $\mathcal{R}$ abwechselnd wahlweise ein oder zwei Streichhölzer wegnehmen. Darf $\mathcal{L}$ beginnen, so ist l_6 Startsituation, darf $\mathcal{R}$ beginnen, so r_6.

Anders als im Spiel aus Abb. 8.3.1 sind die Möglichkeiten beider Spieler – bis auf die Festlegung, wer anfängt – im Prinzip dieselben. Der dargestellte Graph ist daher „im geometrischen Sinne" symmetrisch zur Mittelsenkrechten, was auch an seiner Assoziierten B in Abb. 8.3.3 erkennbar ist. Man beachte, daß B dennoch keine symmetrische Relation ist. Es besteht vielmehr die Möglichkeit zu einem Betrachtungswechsel[1], d. h. es gibt eine bijektive Abbildung $W: \mathcal{L} \longrightarrow \mathcal{R}$ für den Wechsel von Situationen mit dem Spieler $\mathcal{L}$ am Zug zu analogen Situationen mit dem Spieler $\mathcal{R}$ am Zug. Die Relationen Q und S erfüllen in bezug auf W offenbar die Beziehungen $WS = QW^{\mathsf{T}}$. (Bei entsprechender Zeilen- und Spaltennumerierung sind Q und S als Matrizen gleich.) Im Beispiel ist $W(l_i) = r_i$ für $0 \leq i \leq 6$.

Im folgenden betrachten wir ausschließlich Spiele mit symmetrischen Spielregeln; bei ihnen kann sich jeder Spieler (anders als in Abb. 8.3.1) bis auf den Betrachtungswechsel nach *derselben* Spielanleitung richten.

Bei solchen Spielen liegt es nahe, die durch W in Beziehung gesetzten Situationen zu identifizieren, wie dies Abb. 8.3.4 für das Spiel aus Abb. 8.3.2 leistet.

---

[1] Im Schach gibt ist es diesen Betrachtungswechsel ebenfalls. Man darf allerdings nicht die Situation einfach dadurch ändern, daß man bei gleichem Brettbild das Zugrecht auf den anderen Spieler überträgt. Steht etwa Weiß im Schach, so kann Schwarz beim gleichen Brettbild nicht am Zuge sein; es herrscht für diesen Wechsel also *keine* geometrische Symmetrie. Die Operation W beim Schach ist diffiziler: Man übertrage das Zugrecht auf den anderen Spieler, spiegele das Brettbild an der Mittellinie (zwischen 4 und 5) und gehe bei Figuren und Feldern zur jeweils anderen Farbe über.

$$B = \begin{pmatrix} O & Q \\ S & O \end{pmatrix} = \begin{array}{c|ccccccc|ccccccc|} & l_0 & l_1 & l_2 & l_3 & l_4 & l_5 & l_6 & r_0 & r_1 & r_2 & r_3 & r_4 & r_5 & r_6 \\ \hline l_0 & 0&0&0&0&0&0&0 & 0&0&0&0&0&0&0 \\ l_1 & 0&0&0&0&0&0&0 & 1&0&0&0&0&0&0 \\ l_2 & 0&0&0&0&0&0&0 & 1&1&0&0&0&0&0 \\ l_3 & 0&0&0&0&0&0&0 & 0&1&1&0&0&0&0 \\ l_4 & 0&0&0&0&0&0&0 & 0&0&1&1&0&0&0 \\ l_5 & 0&0&0&0&0&0&0 & 0&0&0&1&1&0&0 \\ l_6 & 0&0&0&0&0&0&0 & 0&0&0&0&1&1&0 \\ \hline r_0 & 0&0&0&0&0&0&0 & 0&0&0&0&0&0&0 \\ r_1 & 1&0&0&0&0&0&0 & 0&0&0&0&0&0&0 \\ r_2 & 1&1&0&0&0&0&0 & 0&0&0&0&0&0&0 \\ r_3 & 0&1&1&0&0&0&0 & 0&0&0&0&0&0&0 \\ r_4 & 0&0&1&1&0&0&0 & 0&0&0&0&0&0&0 \\ r_5 & 0&0&0&1&1&0&0 & 0&0&0&0&0&0&0 \\ r_6 & 0&0&0&0&1&1&0 & 0&0&0&0&0&0&0 \end{array}$$

Abb. 8.3.3 Assoziierte eines Spiels mit symmetrischen Spielregeln

Beispielsweise wird der Pfeil (l_5, r_4) mit dem Pfeil (r_5, l_4) zum Pfeil (5, 4) identifiziert. Man spricht dann von *Stellungen*. Für die Situation l_5 steht jetzt das Paar $(5, \mathcal{L})$, bestehend aus der Stellung 5 und dem Spieler $\mathcal{L}$ am Zuge.

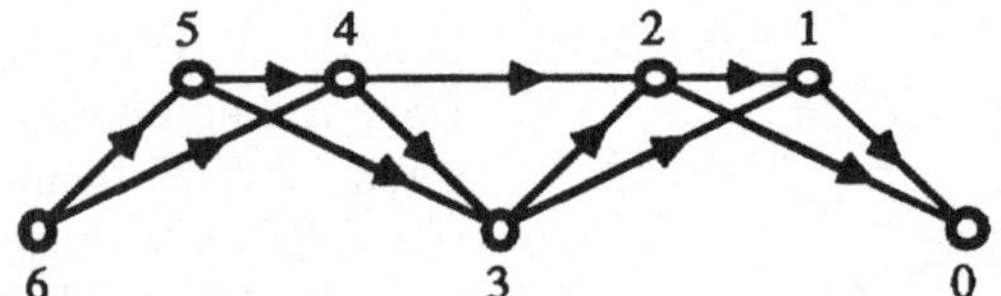

Abb. 8.3.4 Stellungen eines Streichholzspiels

Bei einem Zug im Graphen aus Abb. 8.3.4 ist der Zugrechtswechsel nicht mehr so gut als Wechsel von links nach rechts zu erkennen; dafür ist der Graph wesentlich übersichtlicher. Die Benennung der Spieler als $\mathcal{L}$ und $\mathcal{R}$ wird anläßlich dieser Links- und Rechtsidentifizierung unwesentlich. Wir wollen vielmehr unter ξ einen der Spieler ($\mathcal{L}$ bzw. $\mathcal{R}$), und unter $\overline{\xi}$ seinen Gegner ($\mathcal{R}$ bzw. $\mathcal{L}$) verstehen. Dessen Gegner $\overline{\overline{\xi}}$ wiederum stimmt mit ξ überein.

Die Menge der Stellungen des Spiels in Abb. 8.3.4 wird beschrieben durch die Zahlen von 0 bis 6. Man beachte, daß selbst bei der Auszeichnung von 6 als Startstellung und der Festlegung, daß dort ξ am Zug ist, aus einer Stellungsangabe i. a. nicht eindeutig hervorgeht, welcher Spieler am Zug ist. Die Stellung 4 kann nämlich erreicht worden sein durch „ξ nimmt 2“, aber auch „ξ nimmt 1“, gefolgt von „$\overline{\xi}$ nimmt 1“. Im ersten Fall ist dort $\overline{\xi}$, im zweiten Fall jedoch ξ am Zuge.

Anders als bei den Situationen ist also durch die Stellungen *nicht* festgelegt, wer am Zuge ist. Ersatzweise verwendet man die folgende Konvention: *Stellungen werden immer aus der Sicht des am Zuge befindlichen Spielers betrachtet.*

Nehmen wir 6 als Startstellung mit ξ am Zug, so überlegt man sich leicht, wie der Spieler $\overline{\xi}$ *stets* in der Lage ist, dafür zu sorgen, daß ξ verliert; er hat sich angesichts des Spielgraphen aus Abb. 8.3.4 nur zu merken „Ziehe niemals waagerecht“, um ξ stets nur in der unteren Punktreihe und letztlich im Punkt 0 am Zug sein zu lassen. Er kann sich diese Regel auch so merken: „Nimm stets 3 minus Zahl der zuletzt vom Gegner genommenen Streichhölzer.“

Verletzt $\bar{\xi}$ diese Regel nur ein einziges Mal, so ist ξ in der oberen Reihe am Zug und kann nun seinerseits aus eigener Kraft mit Hilfe derselben Regel dafür sorgen, daß $\bar{\xi}$ verliert. Die Regel liefert eine a priori getroffene Entscheidung, wie in einer Spielstellung gezogen wird, selbst wenn diese Stellung im konkreten Spielablauf gar nicht erreicht werden sollte. Man führt hierfür den Begriff der „Strategie" ein, der bereits 1925 von H. Steinhaus als mathematischer Begriff für die Spieltheorie formuliert wurde und grundlegend für den weiteren Aufbau ist. Spieler, die gewinnen möchten, suchen nach einer möglichst guten Strategie; dennoch geht die Qualität der Strategie nicht in deren Definition ein.

8.3.2 Definition. Eine **Strategie** ist eine Abbildung, die jeder nichtterminalen Stellung genau einen Zug zuordnet. Eine **Partie** (engl. play of the game), beginnend in einer Stellung x mit Spieler ξ am Zug, ist ein von x ausgehender Weg im Stellungsgraphen, dessen Züge von ξ und von $\bar{\xi}$ (beginnend mit ξ) abwechselnd bestimmt werden. □

Hat jeder Spieler eine Strategie gewählt, und ist eine Startsituation mit der Stellung x bestimmt worden, so gibt es offenbar genau eine in x beginnende Partie. Mit diesen Begriffen präzisieren wir die Bewertung der Stellungen.

8.3.3 Definition. Ist x eine Stellung im Graphen und ξ der in x am Zug befindliche Spieler, so heiße

x **Gewinnstellung für** ξ $:\Longleftrightarrow$
Es gibt eine Strategie für ξ, so daß gegen jede Strategie von $\bar{\xi}$ die in x beginnende Partie in einer Stellung endet, in welcher $\bar{\xi}$ am Zuge ist, aber nicht mehr ziehen kann.

x **Verluststellung für** ξ $:\Longleftrightarrow$
Es gibt eine Strategie für $\bar{\xi}$, so daß gegen jede Strategie von ξ die in x beginnende Partie in einer Stellung endet, in welcher ξ am Zuge ist, aber nicht mehr ziehen kann.

x **Remisstellung** $:\Longleftrightarrow$
x ist weder Gewinn- noch Verluststellung. □

Ohne den nicht ganz trivialen Beweis, der auf dem Begriff der Strategie beruht, geben wir im folgenden drei einleuchtende Feststellungen an und erinnern zuvor an die Konvention, Stellungen nur aus der Sicht des am Zug befindlichen Spielers zu bewerten:

- Aus einer Gewinnstellung gibt es wenigstens einen Zug in eine Verluststellung.
- Aus einer Verluststellung gibt es keinen Zug in eine Remisstellung und keinen Zug in eine Verluststellung.
- Aus einer Remisstellung gibt es wenigstens einen Zug in eine andere Remisstellung, aber keinen Zug in eine Verluststellung.

Damit gibt es von jeder Remisstellung aus einen unendlich langen Weg im Spielgraphen. In Abb. 8.3.5 sind diese Verhältnisse schematisch dargestellt. Ein dicker Pfeil steht für die Existenz wenigstens eines Pfeils von jeder Stellung aus („guter Zug"), ein durchgestrichener Pfeil für nicht existierende Pfeile und ein normaler Pfeil für mögliche, aber nicht notwendig vorhandene Pfeile. Solche Pfeile entsprechen in den Fällen „Gewinn → Gewinn“, „Gewinn → Remis“ und „Remis → Gewinn“ einem „schlecht ausgewählten“ Zug, hingegen bei „Verlust → Gewinn“ einem „unvermeidbar schlechten“ Zug.

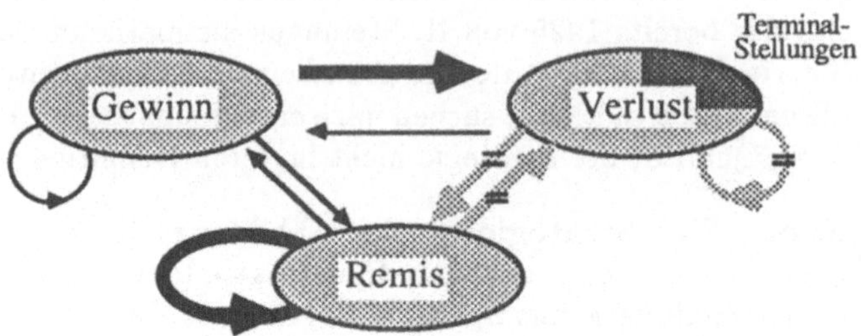

Abb. 8.3.5 Gewinn, Verlust und Remis (für den am Zug befindlichen Spieler)

Wir vergleichen dies mit der Beziehung zwischen einem Kern und seinem Komplement, die in Abb. 8.3.6 dargestellt und offenbar der Spezialfall einer leeren Menge von Remisstellungen ist. Es liegt nahe zu versuchen, das Wechselspiel von Gewinn, Verlust und Remis durch die Suche nach Kernen des Graphen aufzuklären.

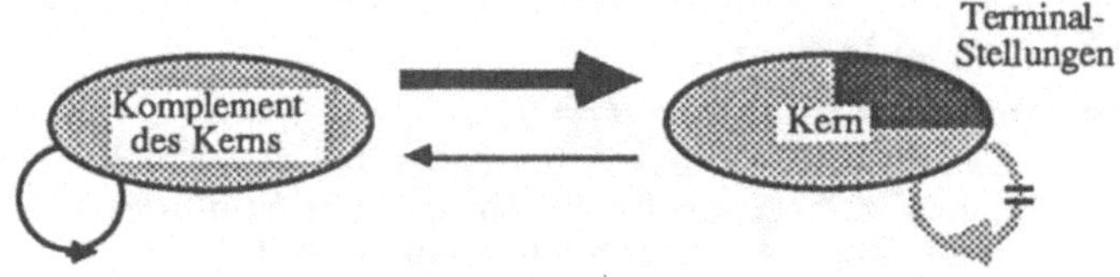

Abb. 8.3.6 Kern und Komplement

Es entsteht die Frage, was es hilft, wenn bei einem Spiel von jeder Stellung bekannt ist, ob sie eine Gewinn-, eine Verlust- oder eine Remisstellung ist. Die Information, ob die Stellung, von der aus er ziehen soll, gewonnen, verloren oder remis ist, hilft einem Spieler allein noch nicht viel: Er muß ja einen möglichen Gewinn erst realisieren bzw. ein Remis noch halten, wobei viele später zu durchlaufende Stellungen ebenfalls wichtig sind.

Wir nehmen nun an, der Spieler verfüge über die Möglichkeit, nicht nur von seiner Ausgangsstellung, sondern auch von allen Stellungen, in die er ziehen kann, festzustellen, ob sie gewonnen, verloren oder remis sind. Diese Fähigkeit verschafft ihm in Gewinnstellungen eine Strategie, die Verlust vermeidet, allerdings Gewinn nicht sicherstellt; die Strategie lautet: „Ziehe in eine Verluststellung.“ (Nach Voraussetzung existiert ein solcher Zug.) Den möglichen Gewinn kann der Spieler erst durch die zusätzliche Kenntnis des schichtweisen Aufbaus $a_0, a_1, \ldots$ der Menge a der Verluststellungen erzwingen. Seine Strategie lautet dann „Ziehe in eine Verluststellung, und zwar in eine Verluststellung aus dem kleinsten a_i, welches erreicht werden kann.“

In Remisstellungen hat der am Zug befindliche Spieler eine Strategie, die ihm das Remis sichert; sie lautet „Ziehe in eine Remisstellung“. (Nach Voraussetzung existiert auch dieser Zug.) Aus einer Verluststellung kann ein Spieler, wenn überhaupt, dann nur in eine Gewinnstellung ziehen. Kennt er zusätzlich die Mengen b_i, so hat er die Möglichkeit, einen *optimalen Verteidigungszug* zu wählen, welcher längstmöglich verhindert, daß er in eine Terminalstellung gelangt. Die Strategie dafür lautet, falls er sich nicht schon in einer Terminalstellung befindet: „Ziehe in eine Gewinnstellung aus dem größten erreichbaren b_i, die nicht zu b_{i-1} gehört." (Vgl. Abschnitt 8.2.)

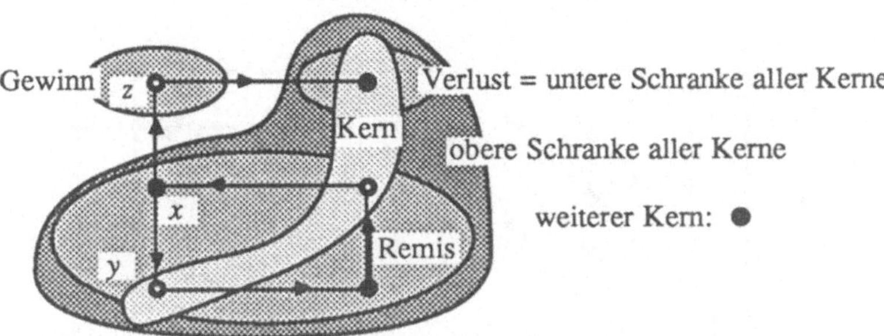

Abb. 8.3.7 Kern mit Gewinn-, Remis- und Verluststellungen

Die Situation ändert sich ein wenig, wenn man nicht die deskriptiven Kernschranken a und b kennt, sondern nur irgendeinen Kern und damit eine Obermenge der Menge der Verluststellungen, die evtl. auch noch einige Remisstellungen mit enthält. Wir betrachten hierzu Abb. 8.3.7. Die Kenntnis eines Kerns verschafft dem Anziehenden in Stellungen außerhalb des Kerns eine Strategie, die Verlust vermeidet, jedoch Gewinn nicht sicherstellt; die Strategie lautet: „Ziehe in den Kern hinein." Nach diesem Zug ist der Gegner am Zuge und befindet sich entweder in einer Terminalstellung des Kerns oder in einer Stellung, von der aus er den Kern wieder verlassen muß und den ersten Spieler wieder in die gleiche Lage bringt. In Stellungen innerhalb des Kerns, befähigt den Anziehenden die Kenntnis des Kerns *allein* nicht einmal dann, Remis zu halten, wenn es sich um eine Remisstellung handelt. Dazu betrachten wir ξ am Zug in der Stellung x aus Abb. 8.3.7. Mit jeder Strategie, die für x den Zug nach y vorsieht, hält ξ ein Remis durch unendliche Zugwiederholung, während ξ nach einem Zug nach z unweigerlich auch in der einzigen Terminalstellung am Zug ist, also verloren hat.

NIM-Spiele

Bei Spielen mit einem progressiv-endlichen Spielgraphen muß die Menge der Remisstellungen leer sein; zudem gibt es nach Satz 8.2.11 genau einen Kern. Da andererseits unendlich lange Partien aufgrund der progressiven Endlichkeit nicht vorkommen können, beschreibt der Kern genau die Verluststellungen für den am Zug befindlichen Spieler. Umgekehrt beschreibt das Komplement des Kerns die Gewinnstellungen.

Der Prototyp eines Spieles mit progressiv-endlichem Graphen ist das NIM-Spiel (C. L. Bouton, 1902). Wir illustrieren dies an einem speziellen Beispiel, das auf W. A. Wythoff (1907) zurückgeht.

Auf den Gitterpunkten des ersten Quadranten bewegen zwei Spieler abwechselnd einen Stein zu einem *anderen* Gitterpunkt senkrecht in Richtung auf eine der Achsen oder unter 45 Grad diagonal in Richtung Nullpunkt. Von $(2,1)$ kann also ein Spieler nach $(1,1),(0,1),(2,0)$ oder $(1,0)$ ziehen. Verlierer ist derjenige, der im Nullpunkt am Zuge ist, weil er im Sinne dieser Zugregeln keinen Zug mehr ausführen kann.

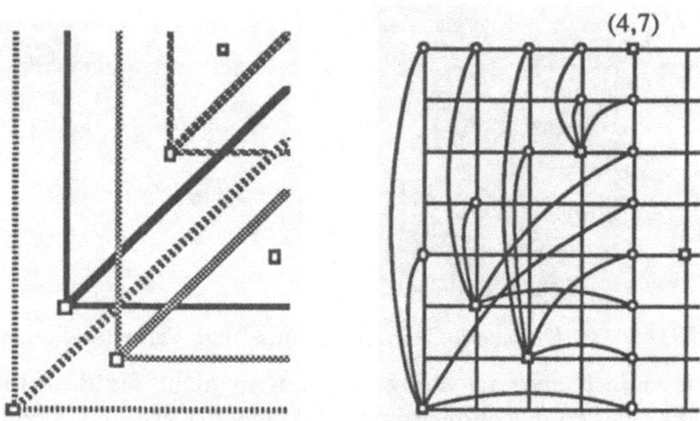

Abb. 8.3.8 Kern des Spiels von Wythoff

Ein Spieler, der in einer Stellung (i,k) am Zuge ist, hat genau dann verloren, wenn (i,k) im eindeutig bestimmten Kern des dadurch auf der Punktmenge $\{(i,k) \mid 0 \leq i,k\}$ definierten, offensichtlich sogar progressiv-beschränkten Stellungsgraphen liegt.

In Abb. 8.3.8 sind die ersten Punkte des Kerns als Quadrate gekennzeichnet, und die Konstruktion des Kerns entsprechend der Iteration aus Abschnitt 8.2 ist angedeutet.

Beginnt der Spieler ξ das Spiel, wenn der Stein im Kern (etwa in der Stellung $(4,7)$) steht, so hat sein Gegner $\overline{\xi}$ eine Strategie zur Verfügung, welche garantiert, daß ξ am Zug ist, wenn der Stein in $(0,0)$ steht, daß also ξ verliert. Wir haben dies für den genannten Punkt $(4,7)$ dadurch skizziert, daß wir in jedem beliebigen von $(4,7)$ aus durch ξ erreichbaren Punkt, der außerhalb des Kerns liegen muß, eingezeichnet haben, mit welchem Zug $\overline{\xi}$ wieder in den Kern hinein (und näher zu $(0,0)$) ziehen kann.

Der Kern dieses Spiels kann in geschlossener Form angegeben werden. Wir verwenden dafür eine modifizierte Fassung der auf G. Aumann (1966) zurückgehenden Methode, einen Kern durch „autogene Folgen“ zu beschreiben. Die Konstruktion beginnt in dem zum Kern gehörenden Nullpunkt. Definiert man im Gitter die Vektoren

$$s := (2,1) \quad \text{und} \quad k := (3,2),$$

so beginnt die Folge der Kernpunkte unterhalb der Diagonalen mit

$$\begin{array}{cccccccc} (0,0) & & (2,1) & & (5,3) & & (7,4) & & (10,6) & & (13,8) & & (15,9)\ldots \\ & s & & k & & s & & k & & k & & s & & k\ldots \end{array}$$

Eine einfache Überlegung zeigt, daß die Folge der s und k in dem Sinne „autogen" ist, daß sie, beginnend mit einem s, durch das „Produktionssystem"

s erzwingt das Anhängen von k

k erzwingt das Anhängen von sk

erzeugt werden kann, wie das in Abb. 8.3.9 angedeutet ist.

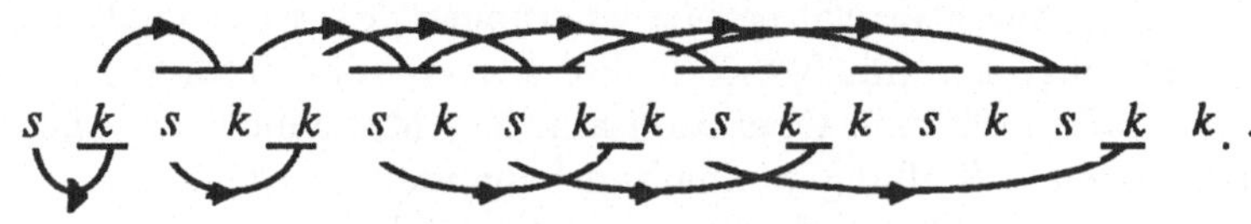

Abb. 8.3.9 Autogener Kern

Man bemerkt eine Rekursion für größere anzuhängende Teilwörter. Beginnend mit $w_1 := s$, $w_2 := k$ ergibt sich nämlich $w_h := w_{h-2}w_{h-1}$

$$\begin{array}{ccccccccccccc} s & | & k & | & sk & | & ksk & | & skksk & | & ksksk ksk & | & skkskksk skksk \ | \\ w_1 & & w_2 & & w_3 & & w_4 & & w_5 & & w_6 & & w_7 \quad \cdots \end{array}$$

Offenbar bilden die Längen dieser Teilwörter eine Fibonacci-Folge, und es deutet sich an, wie eine Darstellung der unteren Hälfte des Kerns

$$\{ (\lfloor \frac{3+\sqrt{5}}{2} n \rfloor, \lfloor \frac{1+\sqrt{5}}{2} n \rfloor) \mid n = 0,1,2,\ldots \}$$

bewiesen werden kann. Vergleiche dazu die Ausführungen von COXETER 53. Die Punkte des Kerns liegen also „fast" auf einer Geraden.

Schachendspiele

Theoretische Untersuchungen zum Schachspiel[1] haben unter Mathematikern Tradition. Zur mathematischen Analyse von Endlichkeitsfragen beim Schach haben schon E. Zermelo (1912) und D. König (1927) beigetragen. Die Schachweltmeister E. Lasker und M. Euwe waren Mathematiker.

Schach hat nur endlich viele Stellungen, so daß man im Prinzip die Zerlegung in Gewinn-, Remis- und Verluststellungen in gleicher Weise ermitteln kann wie in den bisherigen Fällen. Wegen der ungeheuren Zahl der Stellungen brauchen wir allerdings nicht zu befürchten, daß jemals *auf iterativem Wege* festgestellt werden wird, ob die Startstellung im Schach eine Gewinnstellung ist oder nicht – denkbar ist allenfalls ein intelligenter Beweis eines solchen Resultats.

---

[1] Hinsichtlich der Pattstellung – mit Remis *bewertete* Terminalstellung – ordnet sich Schach zunächst *nicht* in die bisherigen Betrachtungen ein. Durch eine kleine Modifikation der Spielregeln, die am eigentlichen Schachspiel nichts ändert, kann man jedoch erreichen, daß aus einer Pattstellung heraus unendlich lange nur hin- und herziehend weitergespielt werden muß. Damit wird aus einem „Stellungsremis" ein „Zugwiederholungsremis", welches wie bisher behandelt werden kann.

Man hat also keine Aussicht, die zuvor dargestellte Iteration erfolgreich auf das ganze Schachspiel anzuwenden. Im folgenden erwähnen wir einige Ergebnisse der rechnerischen Analyse bei Beschränkung auf Schach*endspiele* mit wenigen Figuren.

Die bereits 1967 – 1969 in München auf der AEG-Telefunken-Rechenanlage TR4 des Leibniz-Rechenzentrums durchgeführten Analysen mehrerer Drei- und Vier-Figuren-Endspiele waren damals hinsichtlich Speicher- und Rechenzeitbedarf nur möglich durch sorgfältige Verfeinerungen der Iteration. Diese erlauben es, über weite Strecken mit Maschinenworten als Bit-Vektoren zu arbeiten in dem Sinne, daß durch eine Operation auf dem Maschinenwort alle durch die Bits verschlüsselten Stellungen simultan behandelt wurden. Dazu mußte der Spielgraph um viele illegale Stellungen (etwa 2 Figuren auf einem Feld) erweitert und deren Einfluß nachher wieder eliminiert werden. Anbei konnten auch die Pattstellungen geeignet versorgt werden. Bereits beim Vier-Figuren-Endspiel mit weißem König und (nicht rochadefähigem) Turm gegen den schwarzen König mit einem Springer waren auf diese Weise $64^4 = 16.777.216$ Stellungen zu beachten. Auch nach Beschränkung auf legale Stellungen und Ausnutzung aller Symmetrien verblieben immer noch fast 2 Millionen Stellungen.

Damals entstanden vollständige Analysen der ersten fünf Spiele aus Tabelle 8.3.10. Mit STRÖHLEIN, ZAGLER 78 sind die Ergebnisse der Spiele (1) und (3) allgemein verfügbar gemacht worden. Die Spiele (6) und (7) wurden später im Rahmen einer Diplomarbeit analysiert. Spiel (8) wurde von K. Thompson gerechnet.

Endspiel	g.G.	A.S.	Beispiel-Stellung	
(1) wT	16	121	$w\,Ka1\,Tb2$,	$s\,Kc3$
(2) wD	10	1	$w\,Ka1\,Db2$,	$s\,Ke6$
(3) $wT : sL$	18	28	$w\,Ka4\,Tc3$,	$s\,Ka7\,La6$
(4) $wT : sS$	27	2	$w\,Kd1\,Th1$,	$s\,Kb1\,Sg4$
(5) $wD : sT$	31	4	$w\,Ka1\,Da4$,	$s\,Kf3\,Te1$
(6) $wD : sD$	10	5	$w\,Ke1\,Dg1$,	$s\,Kb1\,Da1$
(7) $wD : sT + sB(d2)$	29	10	$w\,Kh8\,Da4$,	$s\,Kf8\,Tf2\,Bd2$
(8) $wL + L : sS$	66		$w\,Ka8\,Lh1\,h6$,	$s\,Kf3\,Sg2$

g.G. = größte Gewinnzugzahl A.S. = Anzahl extremaler Stellungen

Abb. 8.3.10 Einige Schachendspiele mit 3, 4 oder 5 Steinen

Die Zügezählung differiert in diesen 8 Fällen. In Tabelle 8.3.10 gibt die Gewinnzugzahl in den Spielen (3) – (5) die Anzahl der Züge an für Gewinn durch Schlagen des schwarzen Königs (Matt + 1) oder der schwarzen Figur und in den Spielen (1), (2), (6) und (7) die Anzahl der Züge für Gewinn durch Matt oder Schlagen eines schwarzen Steins.

Im Frühjahr 1986 wurde in Schachzeitschriften über weitere von Thompson in den Bell-Laboratorien erzielte Ergebnisse der iterativen Analyse von Schachendspielen berichtet. Wir zitieren im folgenden einige dieser Resultate.

Ist eine Zügezahl angegeben, so steht sie für die Zahl der Züge, die nötig sind, um von der ungünstigsten Ausgangsstellung noch einen der beiden folgenden Effekte zu erzielen:

- Mattzug bzw.
- Schlagezug mit Reduktion des Endspiels auf ein Endspiel mit weniger Figuren, und zwar in einer Situation, die bereits als gewonnen bekannt ist.

In einigen Fällen wurde sogar die genaue maximale Zügezahl bis zum Matt angegeben.

Endspiel	meist	Extremfall
$wT + L : sT$	remis	maximal 59 bis zum Matt oder zur Reduktion
$wT + T : sT$	gewonnen	maximal 31 bis zum Matt
$wD + D : sD$	gewonnen	maximal 30 bis zum Matt
$wD : sL + L$	gewonnen	maximal 71 bis zum Matt oder zur Reduktion
$wD : sL + S$	gewonnen	maximal 42 bis zum Matt oder zur Reduktion
$wD : sS + S$	gewonnen	maximal 63 bis zum Matt oder zur Reduktion
$wD + T : sD$	gewonnen	maximal 67 bis zum Matt
$wD + L : sD$	remis	maximal 33 bis zum Matt
$wD + S : sD$	remis	maximal 41 bis zum Matt
$wT + S : sT$	remis	maximal 33 bis zum Matt oder zur Reduktion

Abb. 8.3.11 Weitere 5-Figuren-Endspiele

8.4 Literaturhinweise

Siehe auch die Literaturhinweise in Kapitel 6.

AHRENS W: *Mathematische Unterhaltungen und Spiele.* Teubner, Leipzig, 1901.

AUMANN G: *Über autogene Folgen und die Konstruktion des Kerns eines Graphen.* Bayer. Akad. Wiss. Math.-Natur. Kl. Sitzungsber. 1966 (1967) 53–63.

BALL WWR, COXETER HSM: *Mathematical recreations and essays.* MacMillan, London, 1956.

BOUTON CL: *Nim, a game with a complete mathematical theory.* Ann. of Math. (2) **3** (1902) 35–39.

COXETER HSM: *The golden section, phyllotaxis, and Wythoff's game.* Scripta Math. **19** (1953) 135–143.

KRAÏTCHIK M: *La mathématique des jeux ou récréations mathématiques.* Stevens Frères, Brüssel, 1930.

RICHARDSON M: *Solutions of irreflexive relations.* Ann. of Math. (2) **58** (1953) 573–590.

SCHMIDT G, STRÖHLEIN T: *On kernels of graphs and solutions of games: A synopsis based on relations and fixpoints.* SIAM J. Algebraic Discrete Methods **6** (1985) 54–65.

STEINHAUS H: *Definitions for a theory of games and pursuit.* (Polnisch, 1925), Engl. Nachdruck: Naval Res. Logist. Quart. **7** (1960) 105–108.

STRÖHLEIN T: *Untersuchungen über kombinatorische Spiele.* Diss., Techn. Univ. München, 1970.

STRÖHLEIN T, ZAGLER L: *Analyzing games by Boolean matrix iteration.* Discrete Math. **19** (1977) 183–193.

STRÖHLEIN T, ZAGLER L: *Ergebnisse einer vollständigen Analyse von Schachendspielen – König und Turm gegen König – König und Turm gegen König und Läufer.* TUM-INFO-09-78-00-FBMA, 202 S., Institut für Informatik der Techn. Univ. München, 1978.

WYTHOFF WA: *A modification of the game of Nim.* Nieuw Arch. Wisk. (2) **7** (1905/07) 199–202.

9. Zuordnungen und Überdeckungen

Die Resultate dieses Kapitels zeigen die enge Verflechtung von Adjazenz Γ und Inzidenz M. Sie besitzen wieder schöne kombinatorische Anwendungen. In Abschnitt 9.1 geht es um Unabhängigkeit, d. h. um „wechselweises Nichtbenachbartsein" von Punkten in einer Punktmenge, was eine einfache relationenalgebraische Charakterisierung mit Hilfe der Adjazenz Γ erlaubt. Hier interessieren wir uns für möglichst große Punktmengen mit dieser Eigenschaft.

Die in Abschnitt 9.2 studierte Eigenschaft einer Punktmenge, über die Inzidenz M *alle* Kanten zu „überdecken", hat auf den ersten Blick wenig mit der vorigen zu tun. Hier interessieren möglichst kleine Punktmengen, die noch diese Eigenschaft besitzen. Über den Zusammenhang $\Gamma = \overline{I} \sqcap M^{\mathrm{T}}M$ von Inzidenz und Adjazenz erkennen wir anschließend, daß eine Punktmenge im Idealfall genau dann unabhängig ist, wenn ihr Komplement überdeckend ist.

Schränkt man sich, wie es in Abschnitt 9.3 geschieht, auf 2-geteilte Graphen ein, so entsteht eine noch engere Wechselwirkung von Unabängigkeit und Überdeckung, die durch die bekannten Sätze von König und Hall beschrieben wird. Wir ordnen dies in einen wichtigen verbandstheoretischen Zusammenhang ein, den wir in Anhang A.3 darstellen. In Abschnitt 9.4 untersuchen wir die Sternförmigkeit als ein wichtiges Phänomen bei inklusionsminimalen Überdeckungen.

9.1 Unabhängigkeit

Der Begriff der Absorption für Punktmengen eines gerichteten Graphen ging in (8.1.1) von der – nicht notwendig symmetrischen – Assoziierten B aus. Die Eigenschaft „kein Paar verschiedener Punkte ist benachbart" (Unabhängigkeit, Independenz) einer Punktmenge setzt demgegenüber an der Adjazenz Γ an.

Wir besprechen diese Eigenschaften in erster Linie an einem einfachen Graphen. Ohne weiteres sind die Verhältnisse jedoch auf Hypergraphen und deren Adjazenz $\Gamma = \overline{I} \sqcap M^{\mathrm{T}}M$ übertragbar. Ebenso liegt die Dualisierung des Begriffs der Unabhängigkeit auf Kantenmengen unter Abstützung auf die Kantenadjazenz $\mathrm{K} = \overline{I} \sqcap MM^{\mathrm{T}}$ nahe.

Ein typisches Anwendungsproblem ist folgendes: Man stelle sich vor, daß der Protokollchef einer Botschaft Gäste an Tische zu plazieren hat. Die Schwierigkeit besteht darin, daß unter seinen Gästen politische Animositäten herrschen, und er unter allen Umständen vermeiden will, daß zwei miteinander verfeindete Gäste am gleichen Tisch sitzen müssen. Eine damit verwandte Verkleidung erhielt diese Aufgabe in dem berühmten **8-Damen-Problem**, das Franz Nauck

(1850) zugeschrieben wird, und zu dessen Lösung C. F. Gauss im gleichen Jahre beitrug. (In den klassischen Büchern zur Unterhaltungsmathematik von Ahrens, Kraïtchik und Ball-Coxeter ist dies ausführlich dargestellt.)

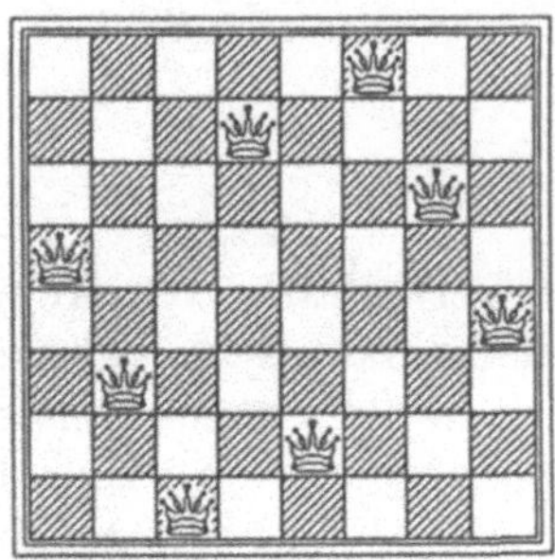

Abb. 9.1.1 Eine Lösung des 8-Damen-Problems von Gauss

Man betrachte nun Damen auf einem Schachbrett. Zwei Damen sollen genau dann als „verfeindet" gelten, wenn sie sich bedrohen. Es sollen möglichst viele Damen „eingeladen", d. h. auf dem Brett aufgestellt werden, von denen keine zwei untereinander verfeindet sind. Eine von den 92 Lösungen dieses Problems ist in Abb. 9.1.1 angegeben. Ein graphentheoretisches Gewand erhält diese Aufgabe, wenn man die 64 Schachfelder als Punkte (i,k) mit $1 \leq i,k \leq 8$ auffaßt, welche mit einer Adjazenz Γ, entsprechend dem Damezugrecht

$$((i,k),(j,l)) \in \Gamma \;:\Longleftrightarrow\; [(i \neq j) \vee (k \neq l)] \wedge [(i = j) \vee (k = l) \vee (|i-j| = |k-l|)],$$

verbunden sind. In diesem Graphen, den zeichnerisch wiederzugeben wir uns gehütet haben, ist nun eine Menge von paarweise nichtadjazenten Punkten auszuwählen.

Zur Illustration der dualen Form dieser Fragestellung sind in Abb. 9.1.2 drei Hyperkanten, gekennzeichnet durch stark ausgezogene Linien bzw. starke Schraffur, so ausgewählt, daß keine zwei von ihnen adjazent sind.

Aus diesen Vorbemerkungen entwickeln wir folgende Definition.

9.1.1 Definition. Ist Γ eine Adjazenz und K eine Kantenadjazenz, so wird für eine Punktmenge s bzw. eine Kantenmenge r erklärt:

i) s **unabhängig** $:\Longleftrightarrow$ $\Gamma s \subset \overline{s}$ $\Longleftrightarrow$ $ss^{\mathrm{T}} \subset \overline{\Gamma}$
$\Longleftrightarrow$ Kein Paar von Punkten aus s ist adjazent.

ii) r **unabhängig** $:\Longleftrightarrow$ $\mathrm{K}r \subset \overline{r}$ $\Longleftrightarrow$ $rr^{\mathrm{T}} \subset \overline{\mathrm{K}}$
$\Longleftrightarrow$ Kein Paar von Kanten aus r ist adjazent.

Statt unabhängig sagt man oft **independent**. Unabhängige Punktmengen in Hypergraphen nennt man auch **streng stabil**, engl. strongly stable. Bei unabhängigen Kantenmengen spricht man auch von einem **Plan**, engl. matching und frz. couplage.

iii) $\alpha := \max\{\,|s| \in \mathbb{N} \mid \Gamma s \subset \overline{s}\}$ **Punktunabhängigkeitszahl;**

iv) $\alpha^* := \max\{\,|r| \in \mathbb{N} \mid \mathrm{K}r \subset \overline{r}\}$ **Kantenunabhängigkeitszahl.** □

Die ebenfalls in diesem Zusammenhang und vor allem bei 2-geteilten Graphen häufig verwendeten Wörter „Zuordnung" und „Paarung" für unabhängige Kantenmengen haben wir für das sehr ähnliche Phänomen aus den Definitionen 9.1.5 und vor 9.3.5 reserviert.

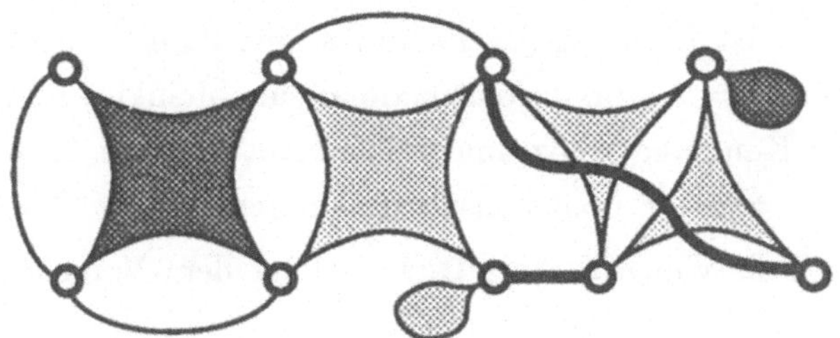

Abb. 9.1.2 Unabhängige Hyperkanten

Unabhängigkeit ist eng verwandt mit dem Begriff der Stabilität aus Abschnitt 8.1, bei dem es zusätzlich auf die Schlingen ankommt; in einfachen Graphen und in schlingenfreien gerichteten Graphen bedeuten Unabhängigkeit und Stabilität sogar dasselbe. Der formale Zusammenhang ergibt sich aus der Beziehung $\Gamma = \overline{I} \sqcap (B \sqcup B^{\mathrm{T}})$:

$$x \text{ stabil} \implies x \text{ unabhängig},$$
$$x \text{ stabil} \impliedby x \text{ unabhängig}, \quad \text{falls } B \text{ schlingenfrei.}$$

Da mit einer unabhängigen (Punkt- oder Kanten-)Menge offensichtlich auch jede darin enthaltene unabhängig ist, stellt sich ganz natürlich die Frage nach möglichst großen unabhängigen Mengen. In Abb. 9.1.3.a sind zwei unabhängige Punktmengen s_0 und s_1 angegeben. Beide sind im Inklusionssinne maximal, d. h. sie lassen sich durch Hinzunahme eines weiteren Punktes nicht mehr vergrößern. Nur s_0 ist jedoch auch im Anzahlsinne maximal, so daß $\alpha = |s_0| = 2$ gilt. Entsprechend bilden in Teil b) der Abbildung die zwei „Dreiecke" aber auch die drei „Parallelen" je eine unabhängige Kantenmenge, die nicht durch Hinzunahme weiterer Kanten vergrößert werden kann. Es ist $\alpha^* = |r_0| = 3$. Interessanter wird die Frage nach anzahlmaximalen unabhängigen Kantenmengen, wenn alle Kanten *gleichviele* (in der Regel zwei) Punkte enthalten.

Vergrößert man s in der Bedingung $\Gamma s \subset \overline{s}$, so wächst die kleinere Seite der Inklusion und die größere schrumpft. Die Vermutung liegt also nahe, daß $\Gamma s = \overline{s}$ ein Kennzeichen für eine nicht mehr vergrößerbare, also inklusionsmaximale unabhängige Menge sein könnte.

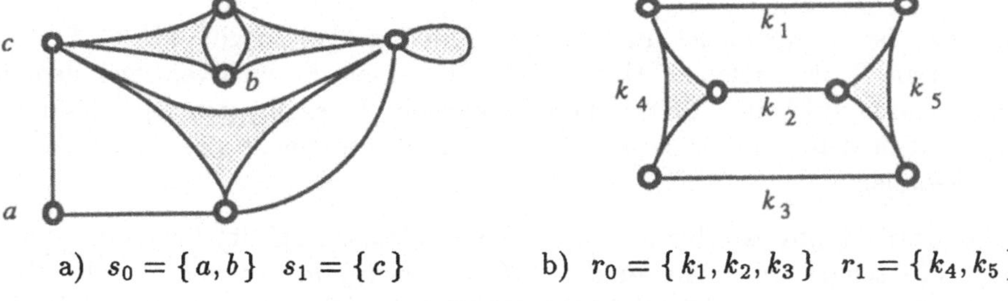

a) $s_0 = \{a, b\}$ $s_1 = \{c\}$ b) $r_0 = \{k_1, k_2, k_3\}$ $r_1 = \{k_4, k_5\}$

Abb. 9.1.3 Unabhängige Mengen

9.1.2 Satz. i) Ist Γ eine Adjazenz und s eine Punktmenge, so gilt

$$\Gamma s = \overline{s} \iff s \text{ inklusionsmaximale unabhängige Punktmenge.}$$

ii) Ist K eine Kantenadjazenz und r eine Kantenmenge, so gilt

$$\mathrm{K} r = \overline{r} \iff r \text{ inklusionsmaximale unabhängige Kantenmenge.}$$

Der für beide Teile völlig analoge **Beweis** folgt dem Vorgehen bei 8.1.2 und 8.1.3. □

Dieser Satz erlaubt einen einfachen Beweis für eine bekannte Abschätzung der Unabhängigkeitszahlen α und α^* nach unten.

9.1.3 Korollar. In einem Graphen mit n Punkten, m Kanten, maximal h Nachbarn pro Punkt und maximal k kantenadjazenten Kanten pro Kante gilt

i) s inklusionsmaximale unabhängige Punktmenge $\Longrightarrow \dfrac{n}{h+1} \leq |s| \leq \alpha.$

ii) r inklusionsmaximale unabhängige Kantenmenge $\Longrightarrow \dfrac{m}{k+1} \leq |r| \leq \alpha^*.$

Beweis: i) $n - |s| = |\overline{s}| = |\Gamma s| \leq h|s|$ und analog für (ii). □

Diese Abschätzung ist sogar scharf. Ist nämlich p die kleinste ganze Zahl größer gleich $\frac{n}{h+1}$, so können wir gegebene n Punkte auf p disjunkte und höchstens $(h+1)$-elementige nichtleere Mengen verteilen. Wenn wir dann einen Graphen auf diesen n Punkten in der Weise zeichnen, daß zwei Punkte verbunden werden, sobald sie in derselben Menge liegen, kann es nicht mehr gelingen, $p+1$ unabhängige Punkte auszuwählen. Angewandt auf das 8-Damen-Problem, ergibt sich mit $n = 64$ und $h = 27$ (= Zahl der von einer Dame auf d4 bedrohten Felder) die Ungleichung $\alpha \geq 64/27$, also wegen der Ganzzahligkeit die grobe Abschätzung $\alpha \geq 3$ für den exakten Wert $\alpha = 8$.

Eine, wenngleich ebenfalls grobe, Abschätzung nach oben geht aus von einer Zählung der insgesamt bestehenden Relationsbeziehungen.

9.1.4 Satz. Ist n die Zahl der Punkte eines einfachen Graphen und m die Zahl seiner Kanten, so gilt

$$\alpha \leq \sqrt{n^2 - 2m}.$$

Beweis: Ist s irgendeine unabhängige Punktmenge, so gilt $ss^{\mathrm{T}} \subset \overline{\Gamma}$. Wir fassen nun Γ als boolesche Matrix auf und zählen die nichtverschwindenden Koeffizienten auf beiden Seiten dieser Inklusion. Es ergibt sich $|s| \cdot |s| \leq n^2 - 2m$, weil in dem symmetrischen $\overline{\Gamma}$ zu jeder Kante genau zwei Koeffizienten verschwinden. □

Diese Abschätzung ist (bis auf die fehlende Ganzzahligkeit) für jedes n und $m \leq \binom{n}{2}$ scharf, wie man an der n-Clique sieht, in der man $\lfloor\sqrt{n^2 - 2m}\rfloor$ Punkte bestimmt und deren sämtliche Verbindungskanten entfernt. Wie alle Schranken, die einen großen Parameterbereich abdecken, kann auch diese sehr schief liegen. Im 8-Damen-Problem ist $\alpha = 8$, jedoch $\sqrt{n^2-2m} = \sqrt{64^2-2640}$

≈ 51.39. Die Zahl $2m$ ergibt sich zu $2640 = 4\times 27+12\times 25+20\times 23+28\times 21$, weil die Dame von 4 Feldern aus 27 Felder bedroht usw.

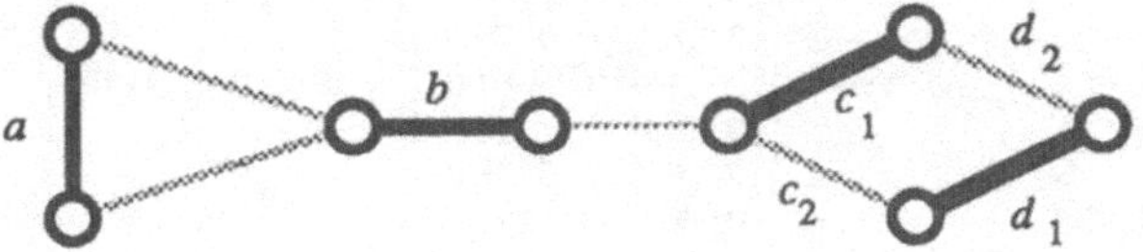

Abb. 9.1.4 Starre und flexible Kanten

Wenn es um anzahlmaximale Pläne geht, wird gelegentlich versucht, die Kanten genauer zu klassifizieren. In Abb. 9.1.4 gibt es beispielsweise genau die beiden anzahlmaximalen Pläne $\{a, b, c_1, d_1\}$ und $\{a, b, c_2, d_2\}$. Betrachten wir die Menge $\mathcal{M}$ aller anzahlmaximalen Pläne, so nennen wir eine Kante **starr**, wenn sie in *jedem* dieser Pläne vorkommt; wir nennen sie eine **Pseudokante**, engl. inadmissible, wenn sie in *keinem* dieser Pläne auftritt. Die übrigen Kanten heißen **flexibel** (engl. auch free). Für kombinatorische Fragestellungen ist die Feststellung dieser Eigenschaften wichtig, aber oft nur mit großem Aufwand entscheidbar, siehe z. B. SCHMIDT, STRÖHLEIN 76. Im angegebenen Beispiel wären a und b starr, c_1, c_2, d_1 und d_2 flexibel und die unbenannten übrigen Kanten wären Pseudokanten. Sobald man sich auf inklusionsmaximale Pläne einschränkt, gibt es keine einfachen Klassifizierungen dieser Art.

Zuordnungen

Dem Begriff des Planes (= Menge von Kanten mit einer Eigenschaft in bezug auf die *Kanten*adjazenz K) stellen wir nun einen Begriff zur Seite, der im wesentlichen dasselbe ausdrückt, jedoch mit Punkten und der *Punkt*adjazenz Γ arbeitet. Wir bevorzugen in diesem Zusammenhang die Redeweisen „Zuordnung" oder auch „Paarung" von Punkten. Da wir die Interdependenz aufzeigen wollen, nehmen wir an, M, Γ, K seien zugleich vorhanden. Ist dann wie in Abb. 9.1.5 ein Plan r gegeben, so liegt es nahe, auch diejenige Relation μ zu betrachten, welche Adjazenz nur über Kanten aus r vermittelt.

In diesem Graphen scheint die Angabe der unabhängigen Kantenmenge (d. h. des Planes) r „gleichwertig" zu sein mit der Angabe der eindeutigen, injektiven und symmetrischen Relation μ.

9.1.5 Definition. Ist Γ eine Adjazenz, so heiße die Relation

$$\mu \textbf{ Zuordnung} \quad :\Longleftrightarrow \quad \mu \subset \Gamma, \quad \mu = \mu^{\mathsf{T}}, \quad \mu^2 \subset I.$$

Üblich ist auch **Paarung**. Nötigenfalls sprechen wir von einer Γ-Zuordnung oder auch Γ-Paarung. □

Es scheint klar, daß die Verbindung zwischen den Begriffen Plan und Zuordnung durch die Inzidenz M hergestellt werden kann. Zwar leuchtet dieser Zusammenhang ein, doch ist der formale Nachweis unerwartet langwierig.

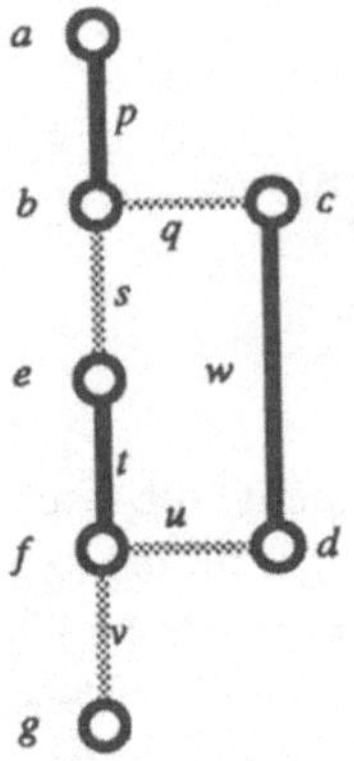

$$M = \begin{array}{c} \\ p\\ q\\ w\\ s\\ t\\ u\\ v \end{array}\!\!\begin{array}{c} a\;b\;c\;d\;e\;f\;g \\ \left(\begin{array}{ccccccc} 1&1&0&0&0&0&0\\ 0&1&1&0&0&0&0\\ 0&0&1&1&0&0&0\\ 0&1&0&0&1&0&0\\ 0&0&0&0&1&1&0\\ 0&0&0&1&0&1&0\\ 0&0&0&0&0&1&1 \end{array}\right)\end{array} \quad r = \begin{pmatrix}1\\0\\1\\0\\1\\0\\0\end{pmatrix} \quad \mathrm{K} = \begin{array}{c} p\;q\;w\;s\;t\;u\;v \\ \left(\begin{array}{ccccccc} 0&1&0&1&0&0&0\\ 1&0&1&1&0&0&0\\ 0&1&0&0&0&1&0\\ 1&1&0&0&1&0&0\\ 0&0&0&1&0&1&1\\ 0&0&1&0&1&0&1\\ 0&0&0&0&1&1&0 \end{array}\right)\end{array}$$

$$\Gamma = \begin{array}{c} \\ a\\ b\\ c\\ d\\ e\\ f\\ g \end{array}\!\!\begin{array}{c} a\;b\;c\;d\;e\;f\;g \\ \left(\begin{array}{ccccccc} 0&1&0&0&0&0&0\\ 1&0&1&0&1&0&0\\ 0&1&0&1&0&0&0\\ 0&0&1&0&0&1&0\\ 0&1&0&0&0&1&0\\ 0&0&0&1&1&0&1\\ 0&0&0&0&0&1&0 \end{array}\right)\end{array} \quad \supset \quad \mu = \begin{array}{c} a\;b\;c\;d\;e\;f\;g \\ \left(\begin{array}{ccccccc} 0&1&0&0&0&0&0\\ 1&0&0&0&0&0&0\\ 0&0&0&1&0&0&0\\ 0&0&1&0&0&0&0\\ 0&0&0&0&0&1&0\\ 0&0&0&0&1&0&0\\ 0&0&0&0&0&0&0 \end{array}\right)\end{array}$$

Abb. 9.1.5 Plan und Zuordnung

9.1.6 Satz. In einem einfachen Graphen mit Inzidenz M betrachten wir eine Kantenmenge r und eine Relation μ auf den Punkten.

i) r Plan $\Longrightarrow$ $\mu_r := \overline{I} \sqcap (M \sqcap rL)^{\mathrm{T}}(M \sqcap rL)$ Zuordnung.

ii) μ Zuordnung $\Longrightarrow$ $r_\mu := (M \sqcap M\mu)L$ Plan.

iii) Pläne und Zuordnungen entsprechen sich auf diese Weise umkehrbar eindeutig, d. h. $r = r_{\mu_r}$ und $\mu = \mu_{r_\mu}$.

Wir beschränken den **Beweis** auf i): Die Tatsache, daß es sich um einen *einfachen* Graphen handelt, bringen wir ein, indem wir $M = A \sqcup E$ als Vereinigung zweier Abbildungen A und E mit $A \sqcap E = O$ (Schlingenfreiheit), $AA^{\mathrm{T}} \sqcap EE^{\mathrm{T}} \subset I$ (keine parallelen Pfeile) und $AE^{\mathrm{T}} \sqcap EA^{\mathrm{T}} = O$ (keine einander entgegengerichteten Pfeile) ansetzen. Sicherlich ist μ_r symmetrisch und in Γ enthalten. Wegen der Eindeutigkeit von A und E und wegen $A \sqcap E = O \iff A^{\mathrm{T}}E \subset \overline{I} \iff AE^{\mathrm{T}} \subset \overline{I}$ erhalten wir sofort

$$\mu_r = (A \sqcap rL)^{\mathrm{T}}(E \sqcap rL) \sqcup (E \sqcap rL)^{\mathrm{T}}(A \sqcap rL).$$

Die Abschätzung $\mu_r^2 \subset I$ läßt sich nun für die vier Einzelterme erledigen nach dem Muster

$$\begin{aligned} &(A \sqcap rL)^{\mathrm{T}}\,[(E \sqcap rL)(A \sqcap rL)^{\mathrm{T}}](E \sqcap rL) \\ &\qquad \subset (rL)^{\mathrm{T}}\mathrm{K}rL \subset (rL)^{\mathrm{T}}\overline{r}L = (rL)^{\mathrm{T}}\overline{rL} \subset O, \\ &(A \sqcap rL)^{\mathrm{T}}\,[(E \sqcap rL)(E \sqcap rL)^{\mathrm{T}}](A \sqcap rL) \\ &\qquad \subset A^{\mathrm{T}}[EE^{\mathrm{T}} \sqcap rL(rL)^{\mathrm{T}}]A \subset A^{\mathrm{T}}[(I \sqcup \mathrm{K}) \sqcap \overline{\mathrm{K}}]A \subset A^{\mathrm{T}}A \subset I. \quad \square \end{aligned}$$

Besonders einfache Verhältnisse herrschen, wenn man diese Situation im Falle eines 2-geteilten Graphen (X, Y, Q) betrachtet. Dann reicht für das Vorliegen einer Zuordnung μ bereits die Angabe einer Relation $\lambda \subset Q$ zwischen der linksseitigen und der rechtsseitigen Punktmenge. Die Relationen λ und μ stehen in der Beziehung

$$\mu = \begin{pmatrix} O & \lambda \\ \lambda^{\mathrm{T}} & O \end{pmatrix}.$$

Aus der Bedingung $\mu^2 \subset I$ ergeben sich aufgrund der Symmetrie die Bedingungen für Eindeutigkeit und Injektivität von λ:

$$\lambda^{\mathrm{T}}\lambda \subset I, \quad \lambda\lambda^{\mathrm{T}} \subset I.$$

9.2 Überdeckungen

In Abschnitt 9.1 hatten wir die Unabhängigkeit (Independenz) von Punkten bzw. Kanten anhand der Adjazenz als das „Nichtbenachbartsein" erklärt. Den „komplementären" Begriff der Überdeckung (Transversalität) stützen wir auf die Inzidenz; er ist dann ebenfalls sowohl für Punkte als auch für Kanten tauglich. Der Zusammenhang zwischen beiden Begriffen wird im Falle der Punkte durch Satz 9.2.2 hergestellt.

Anwendungsaufgaben verlangen die Auswahl einer Teilmenge von Punkten eines Graphen oder Hypergraphen in der Art, daß jede Kante mit mindestens einem Punkt dieser Menge inzidiert. Dual hierzu ist es, eine Kantenmenge zu finden, so daß jeder Punkt mit einer dieser Kanten inzidiert. Aus ökonomischen Gründen möchte man mit möglichst wenigen Punkten bzw. Kanten auskommen. Durch sukzessives Fortlassen von Punkten gelangt man zu im Inklusionssinne minimalen Punktmengen mit der betreffenden Eigenschaft. Häufig hat die dabei übrigbleibende Inzidenz die Eigenschaft der Sternförmigkeit, die wir im Abschnitt 9.4 untersuchen wollen.

In der folgenden Definition ist berücksichtigt, daß es leere Kanten oder auch freie Punkte geben kann, die mit keinem Punkt bzw. keiner Kante inzidieren. Bekanntlich beschreibt ML die Menge der nichtleeren Kanten und $M^{\mathrm{T}}L$ die Menge der nichtfreien Punkte.

9.2.1 Definition. Ist M eine Inzidenz, u eine Punkt- und q eine Kantenmenge, so heiße

i) u **überdeckend** $:\Longleftrightarrow \quad ML \subset Mu \quad \Longleftrightarrow \quad ML = Mu$

$\Longleftrightarrow$ Jede nichtleere Kante inzidiert mit einem Punkt aus u.

ii) q **überdeckend** $:\Longleftrightarrow \quad M^{\mathrm{T}}L \subset M^{\mathrm{T}}q \quad \Longleftrightarrow \quad M^{\mathrm{T}}L = M^{\mathrm{T}}q$

$\Longleftrightarrow$ Jeder nichtfreie Punkt inzidiert mit einer Kante aus q.

Statt überdeckend sagt man auch **transversal**, engl. covering.

iii) $\tau := \min\{\, |u| \in \mathbb{N} \mid ML \subset Mu \,\}$ **Punktüberdeckungszahl,**

iv) $\tau^* := \min\{\, |q| \in \mathbb{N} \mid M^{\mathrm{T}}L \subset M^{\mathrm{T}}q \,\}$ **Kantenüberdeckungszahl.** □

In vielen Fällen genügt eine etwas einfachere Form der Definition 9.2.1. Gibt es keine freien Punkte, so ist offenbar

$$q \text{ überdeckend} \quad \Longleftrightarrow \quad L \subset M^{\mathrm{T}}q;$$

dies trifft also zu für surjektive Hypergraphen, 1-Graphen ohne isolierte Punkte und einfache Graphen ohne isolierte Punkte. Sind umgekehrt keine leeren Kanten vorhanden, so gilt

$$u \text{ überdeckend} \iff L \subset Mu.$$

Leere Kanten kommen bei 1-Graphen und einfachen Graphen nicht vor; sie treten nur bei nichttotalen Hypergraphen auf.

Eine überdeckende Punkt- oder Kantenmenge ohne irgendwelche zusätzlichen Eigenschaften zu finden, ist kein Problem. Man darf sogar willkürlich anfangen und eine Punktmenge s vorgeben. Offenbar beschreibt dann $\overline{Ms}$ die Menge der nicht von s bedeckten Kanten. Wir überzeugen uns, daß $s \sqcup M^{\mathrm{T}}\overline{Ms}$ eine überdeckende Punktmenge bildet:

$$\begin{aligned} ML = Ms \sqcup (M\overline{s} \sqcap \overline{Ms}) &\subset Ms \sqcup (M \sqcap \overline{Ms}\,\overline{s}^{\mathrm{T}})(\overline{s} \sqcap M^{\mathrm{T}}\overline{Ms}) \\ &\subset Ms \sqcup MM^{\mathrm{T}}\overline{Ms} = M(s \sqcup M^{\mathrm{T}}\overline{Ms}) \end{aligned}$$

Zu s wurden nämlich *alle* Punkte der von s nicht betroffenen Kanten hinzugenommen.

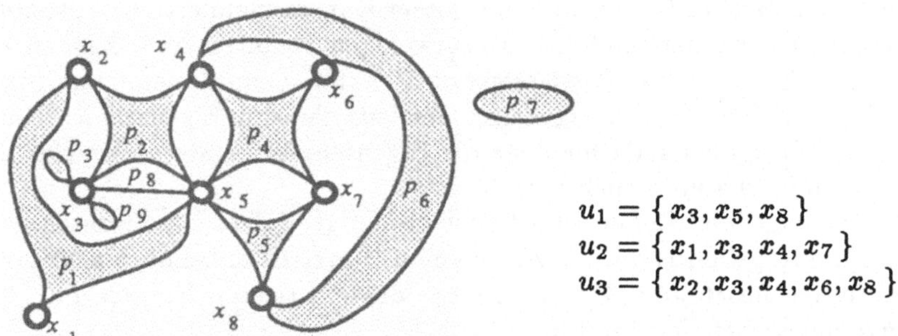

Abb. 9.2.1 Überdeckende Punktmengen in einem nichttotalen Hypergraphen

Aus der Definition heraus ist völlig klar, daß mit einer überdeckenden Menge auch jede umfassende Menge überdeckend ist; insbesondere ist die volle Punkt- bzw. Kantenmenge stets überdeckend. In ökonomischer Hinsicht interessant sind neben den schwieriger zu charakterisierenden anzahlminimalen auch inklusionsminimale überdeckende Mengen; läßt man aus ihnen ein Element fort, so verlieren sie die Eigenschaft überdeckend zu sein. In Abb. 9.2.1 sind die Punktmengen u_1, u_2 und u_3 überdeckend, aber nur u_1 und u_2 sind inklusionsminimal. Aus u_3 könnte man x_4 weglassen. Allerdings unterscheidet sich u_1 noch dadurch von u_2, daß es weniger Punkte umfaßt. Wie man leicht nachprüft, ist u_1 eine auch anzahlmäßig kleinste überdeckende Punktmenge.

Im dualen Fall haben wir mit $q := \{p_1, p_3, p_4, p_5\}$ eine im Inklusions- wie im Anzahlsinne minimale überdeckende Kantenmenge.

Wir studieren nun, wie der Inzidenz-Begriff der Transversalität mit dem Adjazenz-Begriff der Independenz in Beziehung steht. Zu unterstellen ist dafür, daß der Graph eine Inzidenz M und dazu eine Adjazenz $\Gamma := \overline{I} \sqcap M^{\mathrm{T}}M$ besitzt. Man beachte die Beschränkung auf Punkte.

9.2.2 Satz. i) Bei einer tropfenfreien Inzidenz gilt für eine Punktmenge

$$s \text{ unabhängig} \implies \overline{s} \text{ überdeckend.}$$

ii) Bei einer Inzidenz vom Range ≤ 2 gilt für eine Punktmenge

$$s \text{ unabhängig} \impliedby \overline{s} \text{ überdeckend.}$$

iii) In einfachen Graphen und in schlingenfreien totalen Graphen gilt

$$s \text{ unabhängig} \iff \overline{s} \text{ überdeckend.}$$

Beweis: Zu zeigen ist

$$\Gamma s \subset \overline{s} \implies ML \subset M\overline{s}, \quad \text{falls} \quad M \subset M\overline{I}$$
$$\Gamma s \subset \overline{s} \impliedby ML \subset M\overline{s}, \quad \text{falls} \quad r(M) \leq 2$$

„$\Longrightarrow$": $ML = Ms \sqcup M\overline{s}$ und $Ms = (M\overline{I} \sqcap M)s \subset (M \sqcap M\overline{I})(\overline{I} \sqcap M^{\mathrm{T}}M)s \subset M\Gamma s \subset M\overline{s}$.

„$\Longleftarrow$": Wenn der Rang von M nicht größer als 2 ist, dürfen wir annehmen, M sei zerlegt in $M = A \sqcup E$. Weil mit $B = A^{\mathrm{T}}E$ nach (2.2.2) und (5.1.7) die Beziehung $\Gamma = \overline{I} \sqcap (B \sqcup B^{\mathrm{T}})$ gilt, zeigen wir o. E.

$$\begin{aligned}
Bs &= A^{\mathrm{T}}Es \subset A^{\mathrm{T}}[(As \sqcap Es) \sqcup \overline{As}] = A^{\mathrm{T}}\overline{\overline{As} \sqcup \overline{Es}} \sqcup A^{\mathrm{T}}\overline{As} \\
&\subset A^{\mathrm{T}}\overline{A\overline{s} \sqcup E\overline{s}} \sqcup \overline{s}, && \text{weil für eindeutiges } A \text{ gilt } As \subset \overline{A\overline{s}} \\
&= A^{\mathrm{T}}\overline{(A \sqcup E)\overline{s}} \sqcup \overline{s} \subset M^{\mathrm{T}}\overline{M\overline{s}} \sqcup \overline{s}, \\
&\subset M^{\mathrm{T}}\overline{Ms} \sqcup \overline{s}, && \text{da nach Voraussetzung } Ms \subset ML \subset M\overline{s} \\
&\subset \overline{s} \sqcup \overline{s} = \overline{s}.
\end{aligned}$$

□

Eine andere Formulierung von (9.2.2.iii) liefert für die dort benannten Graphen

$$s \text{ überdeckend} \iff \Gamma\overline{s} \subset s,$$

was oft auch als Definition verwendet wird. Analog zu (9.1.2) hat man

$$s \text{ inklusionsminimal überdeckend} \iff \Gamma\overline{s} = s.$$

Der duale auf $\mathrm{K}\overline{v} \subset v$ gestützte Begriff für Kanten ist uninteressant; siehe Abb. 9.2.4.

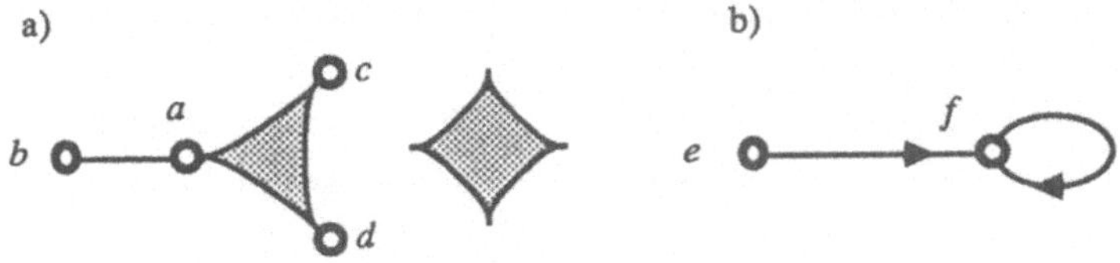

Abb. 9.2.2 Independenz und Transversalität

In Abb. 9.2.2 ist klar gemacht, warum in Satz 9.2.2 Einschränkungen in beiden Richtungen gemacht werden mußten. Im linken Bild führt die Hyperkante vom Rang 3 dazu, daß trotz des überdeckenden Komplementes $\{a\}$ die Punktmenge $s := \{b, c, d\}$ nicht unabhängig ist; c und d sind nämlich adjazent und beide in s enthalten. Im rechten Bild ist $s := \{f\}$ eine unabhängige Punktmenge; aber ihr Komplement $\overline{s} = \{e\}$ ist nicht überdeckend. In der Adjazenz $\Gamma =$

$\overline{I} \sqcap (B \sqcup B^{\mathrm{T}})$ wird die Information über die in f befindliche Schlinge des gerichteten Graphen unterdrückt. Gerade diese Schlinge wird von $\overline{s} = \{e\}$ nicht überdeckt.

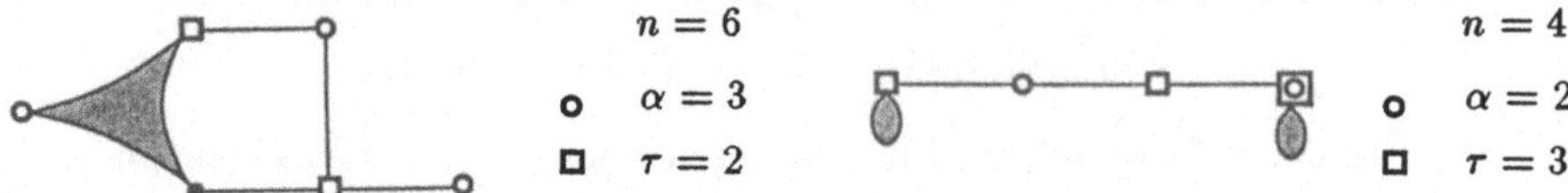

Abb. 9.2.3 Unabhängigkeits- und Überdeckungszahl

Aus Satz 9.2.2 ergeben sich quantitative Aussagen. Wir wollen sie zunächst an den Beispielen aus Abb. 9.2.3 zeigen.

9.2.3 Korollar. Gegeben sei ein Graph mit n Punkten. Dann gilt für die Punktunabhängigkeitszahl α und die Punktüberdeckungszahl τ :

i) bei tropfenfreier Inzidenz $\alpha + \tau \leq n$,

ii) bei einer Inzidenz vom Range ≤ 2 $\alpha + \tau \geq n$,

iii) in einfachen Graphen und in schlingenfreien totalen Graphen $\alpha + \tau = n$.

Beweis: i) Mit jeder anzahlmaximalen unabhängigen Menge s ist $\overline{s}$ überdeckend (aber u. U. nicht anzahlminimal), also

$$\tau \leq |\overline{s}| = n - |s| = n - \alpha.$$

ii) Mit jeder anzahlminimalen überdeckenden Menge t ist $\overline{t}$ unabhängig (aber u. U. nicht anzahlmaximal), also

$$\alpha \geq |\overline{t}| = n - |t| = n - \tau.$$

□

Formal läßt sich dieses Resultat zwar auf Kantenunabhängigkeitszahl α^*, Kantenüberdeckungszahl τ^* und Kantenzahl m übertragen, doch ist die Aussagekraft gering, weil Inzidenzen vom Grade 2 recht speziell sind. Es bleiben Graphen übrig, die wie in Abb. 9.2.4 aus mehreren Zyklen bestehen.

Abb. 9.2.4 Überdeckungen und Pläne in Graphen vom Grade 2

Bisher hatten wir versucht, von der Independenz einer Punktmenge ausgehend auf Transversalität ihres Komplementes, also einer weiteren *Punkt*menge zu schließen. Man kann aber auch zeigen, daß gewisse unabhängige Punktmengen, nämlich die inklusionsmaximalen, eine überdeckende *Kanten*menge bestimmen. Ein Indiz gibt Abb. 9.2.5.

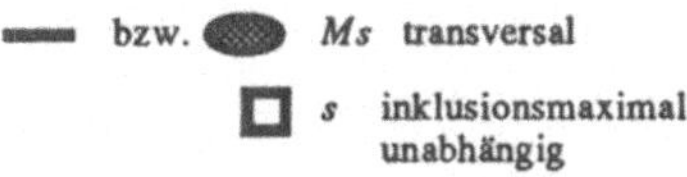

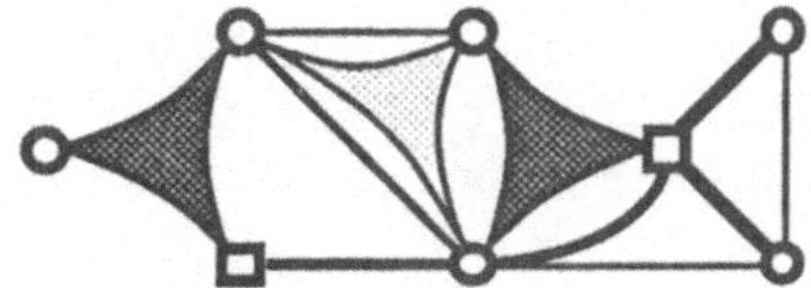

Abb. 9.2.5 Transversalität der von einer inklusionsmaximalen unabhängigen Punktmenge getroffenen Kanten

9.2.4 Satz. Ist $\Gamma = \overline{I} \sqcap M^{\mathrm{T}}M$ Adjazenz zur Inzidenz M und ist s eine Punktmenge, so gilt

$$s \begin{array}{l}\text{inklusionsmaximal}\\ \text{unabhängig}\end{array} \quad\Longrightarrow\quad Ms \text{ überdeckend.}$$

Beweis: Sicherlich gilt $M^{\mathrm{T}}L = M^{\mathrm{T}}(Ms \sqcup \overline{Ms}) = M^{\mathrm{T}}Ms \sqcup M^{\mathrm{T}}\overline{Ms}$. Die triviale Ungleichung $M^{\mathrm{T}}\overline{Ms} \subset \overline{s}$ kann man bei inklusionsmaximalem s nach (9.1.2) fortsetzen mit $\overline{s} = \Gamma s \subset M^{\mathrm{T}}Ms$. Damit gilt $M^{\mathrm{T}}L \subset M^{\mathrm{T}}Ms$. □

Die Aussage dieses Satzes leuchtet durchaus ein. Würde nämlich Ms nicht mit allen nichtfreien Punkten inzidieren, so bliebe wenigstens einer übrig. Um diesen Punkt ließe sich s echt vergrößern ohne seine Unabhängigkeit zu verlieren, denn er inzidiert mit *keiner* der Kanten aus Ms, also mit keiner der mit s inzidierenden Kanten.

Wenn keine freien Punkte auftreten, kann man aus der Transversalität einer Kantenmenge der Bauart Ms, bei der s eine unabhängige Punktmenge ist, in umgekehrter Richtung darauf schließen, daß s inklusionsmaximal sein muß. Es gilt nämlich, wiederum mittels (9.1.2),

$$\begin{aligned} s \sqcup \Gamma s = s \sqcup (\overline{I} \sqcap M^{\mathrm{T}}M)s &\supset (I \sqcap M^{\mathrm{T}}M)s \sqcup (\overline{I} \sqcap M^{\mathrm{T}}M)s = M^{\mathrm{T}}Ms \\ &\supset M^{\mathrm{T}}L, \qquad \text{da } Ms \text{ überdeckend} \\ &\supset L, \qquad \text{da ohne freie Punkte,} \end{aligned}$$

also $\overline{s} \subset \Gamma s$.

Zu Satz 9.2.4 ergibt sich als Korollar eine Beziehung zwischen Kantenüberdeckungszahl τ^* und Punktunabhängigkeitszahl α.

9.2.5 Korollar. Für eine Inzidenz vom Grade g gilt stets

$$\tau^* \leq g \cdot \alpha.$$

Beweis: Wir betrachten eine anzahl- und damit inklusionsmaximale unabhängige Punktmenge s, für die nach (9.2.4) Ms überdeckend ist, und schätzen ab

$$\tau^* \leq |Ms| \leq g \cdot |s| = g \cdot \alpha. \qquad □$$

Völlig analog erhält man für eine Inzidenz vom Range r die Ungleichung $\tau \leq r \cdot \alpha^*$, welche sich insbesondere zu $\tau \leq 2\alpha^*$ spezialisiert, wenn „echte“ Hypergraphen ausgeschlossen werden.

Wir betrachten nun eine inklusionsminimale überdeckende Kantenmenge q genauer. Läßt man aus q eine beliebige Kante fort, so verliert q die Eigenschaft überdeckend zu sein. Jede Kante aus q verfügt also über (wenigstens) einen Punkt, den nur sie selbst bedeckt, und der nach dem Fortlassen der Kante unbedeckt wäre. In Abb. 9.2.6 findet man bei der inklusionsminimalen Kantenüberdeckung $q = \{p_2, p_4, p_5\}$ als Punkte, welche nur von p_2, nicht aber von p_4 oder p_5 bedeckt werden, beispielsweise x_2 und x_3.

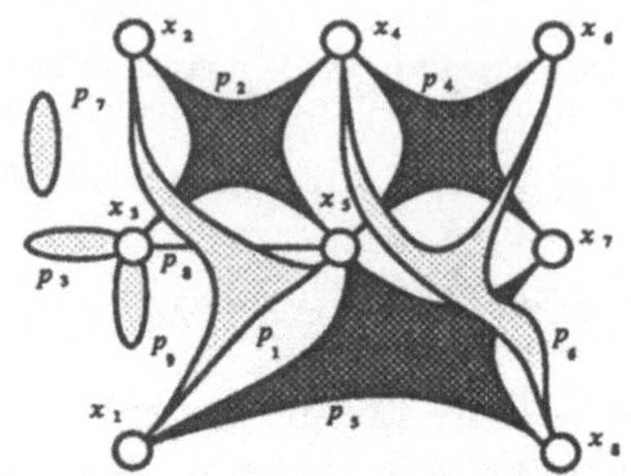

Abb. 9.2.6 Reduktion und Rand

Der Gesamtheit der Punkte, welche mit nur *einer* Kante aus q inzidieren, kommt also eine gewisse Bedeutung zu. Schon mehrfach hatten wir ähnliche Situationen kennengelernt und mit Hilfe des eindeutigen Anteils $\mathrm{eAn}(R)$ bzw. des mehrdeutigen Anteils $\mathrm{mAn}(R)$ einer Relation R beschrieben.

Im Anschluß an (5.3.6) wurde die gesamte Punktmenge zerlegt in die Menge $\overline{M^{\mathrm{T}}L}$ der freien Punkte, die Menge $\mathrm{mAn}(M^{\mathrm{T}})L$ der kantenverbindenden Punkte und die Menge $\mathrm{eAn}(M^{\mathrm{T}})L$ der Spitzen, d. h. der Punkte, die mit genau einer Kante inzidieren. Wir werden uns nun die damaligen Überlegungen zunutze machen, wobei wir nicht mehr die volle Inzidenz M sondern nur noch ihren mit dieser Kantenmenge q im Zusammenhang stehenden Teil betrachten.

9.2.6 Definition. Gegeben sei die Inzidenz M und die Kantenmenge q. Wir nennen

i) $M_q := M \sqcap qL$ **Reduktion** von M durch q,

ii) $\delta := \mathrm{eAn}(M_q^{\mathrm{T}})L$ **Rand** der Kantenmenge q. □

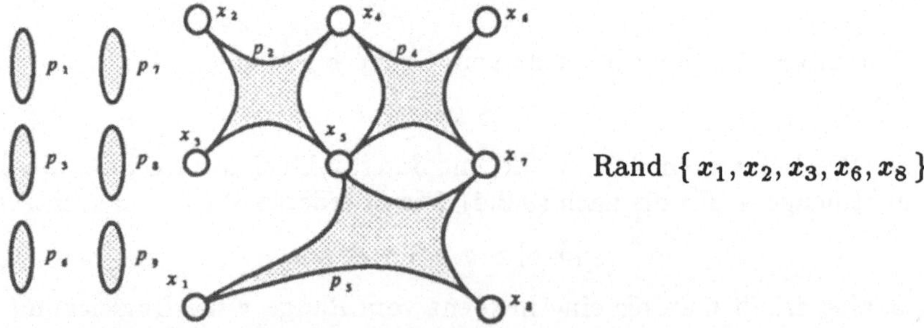

Abb. 9.2.7 Zur Reduktion M_q der Inzidenz M aus Abb. 9.2.6

Die Abhängigkeit von M und q muß man bei δ notfalls mit $\delta_{M,q}$ betonen. In Abb. 9.2.7 wird die Reduktion M_q der Inzidenz M aus Abb. 9.2.6 durch die Kantenmenge $q = \{p_2, p_4, p_5\}$ illustriert. Beim Rand $\delta = \{x_1, x_2, x_3, x_6, x_8\}$ der Kantenmenge q handelt es sich nach (5.3.5) gerade um die Spitzen der unter Ausblenden aller nicht zu q gehörigen Kanten (Reduktion) entstehenden Inzidenz M_q.

Mit Hilfe dieser beiden Begriffe gelingt die Charakterisierung der inklusionsminimalen Kantenüberdeckungen anhand der Inzidenz.

9.2.7 Satz. Es sei M eine Inzidenz und q eine überdeckende Kantenmenge. Ist M_q die von q bestimmte Reduktion der Inzidenz und δ der Rand der Kantenmenge q, so gilt

$$q \text{ inklusionsminimal} \iff q \subset M_q\delta.$$

Beweis: Für die Richtung „$\Longleftarrow$" unterstellen wir, es gäbe eine überdeckende Kantenmenge $r \subset q$ und schätzen wie folgt ab:

$$\begin{aligned} q \subset M_q\delta &= \mathrm{eAn}(M_q^{\mathrm{T}})^{\mathrm{T}}L, && \text{nach Satz 5.3.8.i} \\ &\subset \mathrm{eAn}(M_r^{\mathrm{T}})^{\mathrm{T}}L, && \text{nach Satz 4.2.9.iii, da } M_q \supset M_r \text{ und} \\ & && M_r^{\mathrm{T}}L = M^{\mathrm{T}}r = M^{\mathrm{T}}L = M^{\mathrm{T}}q = M_q^{\mathrm{T}}L \\ &\subset ([rL]^{\mathrm{T}})^{\mathrm{T}}L = rL = r. \end{aligned}$$

Also kann r nicht echt kleiner sein als q.

Wir beweisen nun „$\Longrightarrow$". Wäre $q \not\subset M_q\delta$, so existierte eine Kante $k \subseteq q \sqcap \overline{M_q\delta}$, und im Widerspruch zur Inklusionsminimalität erhielte man mit $q \sqcap \overline{k}$ eine echt kleinere überdeckende Kantenmenge: Wir zeigen $M^{\mathrm{T}}L \subset M^{\mathrm{T}}(q \sqcap \overline{k})$, indem wir zerlegen $M^{\mathrm{T}}L = \mathrm{eAn}(M_q^{\mathrm{T}})L \sqcup \mathrm{mAn}(M_q^{\mathrm{T}})L$:

$$\begin{aligned} \mathrm{eAn}(M_q^{\mathrm{T}})L &= \delta = M_q^{\mathrm{T}}L \sqcap \delta \subset (M_q^{\mathrm{T}} \sqcap \delta L)(L \sqcap M_q\delta) \\ &\subset M_q^{\mathrm{T}}M_q\delta \subset M^{\mathrm{T}}(q \sqcap \overline{k}) \\ \mathrm{mAn}(M_q^{\mathrm{T}})L &= \mathrm{mAn}(M_q^{\mathrm{T}})\overline{k}, && \text{nach (4.2.10.iv)} \\ &\subset M_q^{\mathrm{T}}\overline{k} = (M \sqcap qL)^{\mathrm{T}}\overline{k} = M^{\mathrm{T}}(q \sqcap \overline{k}), && \text{nach (2.4.2).} \quad \square \end{aligned}$$

Die Bedingung $q \subset M_q\delta$ kann wegen $M_q = M \sqcap qL$ offenbar durch die gleichwertigen Bedingungen $q = M_q\delta$ bzw. $q \subset M\delta$ ersetzt werden.

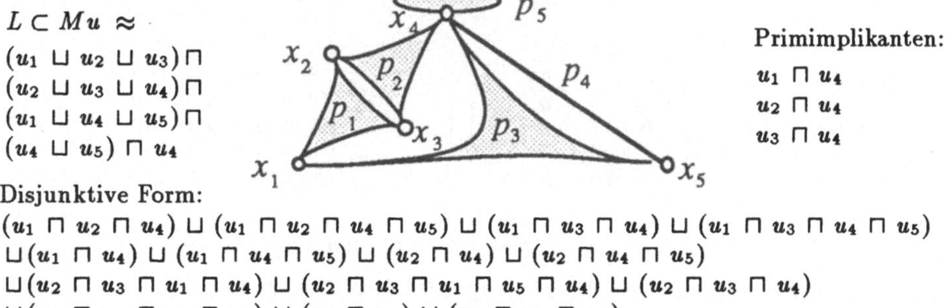

Abb. 9.2.8 Transversalen und Implikanten

Wir wollen noch eine Beziehung zur Schaltalgebra herstellen. Dabei ergibt sich zugleich ein für kleinere Graphen geeignetes systematisches Verfahren zur Bestimmung inklusionsminimaler Transversalen, (K. Maghout, 1959).

Ein Graph wie in Abb. 9.2.8 sei als total vorausgesetzt. Wir deuten die Bedingung $L \subset Mu$ für eine Transversale u als booleschen Ausdruck $\forall p \, \exists x : M_{px} \sqcap u_x$. Nach bekannter Technik wird dieser Ausdruck auf disjunktive Form gebracht. Dann entspricht jedem Konjunktionsterm (Implikant) in naheliegender Weise eine Transversale und jedem Primimplikanten eine inklusionsminimale Transversale.

9.3 Heiratssätze

Wir studieren wie in den beiden letzten Abschnitten Independenz und Transversalität, jedoch im speziellen Fall 2-geteilter Graphen, für den schärfere Aussagen über das Wechselspiel zwischen beiden Begriffen möglich werden. Dazu gehören insbesondere zwei berühmte Ergebnisse der Graphentheorie bzw. Kombinatorik, die Sätze von König und Hall.

Zuordnung und Überdeckung im 2-geteilten Graphen

Zunächst spezialisieren wir grundlegende Definitionen und Resultate der Abschnitte 9.1 und 9.2 auf den 2-geteilten Fall. Durch den dabei nötigen Wechsel der Notation ändert sich ihre Formulierung beträchtlich. Das schlägt sich auch in eigenen Redeweisen nieder – eine Überdeckung wird dann von manchen Autoren als **Schnitt** bezeichnet.

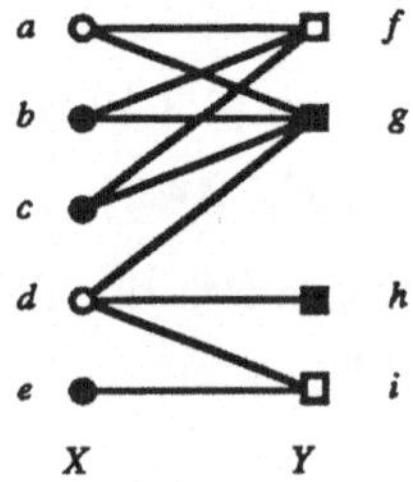

$$\Gamma = \begin{array}{c|ccccc|cccc} & a & b & c & d & e & f & g & h & i \\ \hline a & 0&0&0&0&0&1&1&0&0 \\ b & 0&0&0&0&0&1&1&0&0 \\ c & 0&0&0&0&0&1&1&0&0 \\ d & 0&0&0&0&0&0&1&1&1 \\ e & 0&0&0&0&0&0&0&0&1 \\ \hline f & 1&1&1&0&0&0&0&0&0 \\ g & 1&1&1&1&0&0&0&0&0 \\ h & 0&0&0&1&0&0&0&0&0 \\ i & 0&0&0&1&1&0&0&0&0 \end{array} \quad g = \begin{pmatrix}1\\1\\1\\1\\1\\0\\0\\0\\0\end{pmatrix} \quad d = \begin{pmatrix}0\\0\\0\\0\\0\\1\\1\\1\\1\end{pmatrix} \quad u = \begin{pmatrix}0\\1\\1\\0\\1\\0\\1\\0\\1\end{pmatrix} \quad u \sqcap g = \begin{pmatrix}0\\1\\1\\0\\1\\0\\0\\0\\0\end{pmatrix} \quad u \sqcap d = \begin{pmatrix}0\\0\\0\\0\\0\\0\\1\\1\\0\end{pmatrix}$$

$$Q = \begin{array}{c|cccc} & f & g & h & i \\ \hline a & 1&1&0&0 \\ b & 1&1&0&0 \\ c & 1&1&0&0 \\ d & 0&1&1&1 \\ e & 0&0&0&1 \end{array} \quad \gamma = \begin{array}{ccccccccc} a & b & c & d & e & f & g & h & i \\ \hline 1&0&0&0&0&0&0&0&0 \\ 0&1&0&0&0&0&0&0&0 \\ 0&0&1&0&0&0&0&0&0 \\ 0&0&0&1&0&0&0&0&0 \\ 0&0&0&0&1&0&0&0&0 \end{array} \quad s = \gamma u = \begin{pmatrix}0\\1\\1\\0\\1\end{pmatrix}$$

$$\delta = \begin{array}{c|ccccccccc} & a & b & c & d & e & f & g & h & i \\ \hline f & 0&0&0&0&0&1&0&0&0 \\ g & 0&0&0&0&0&0&1&0&0 \\ h & 0&0&0&0&0&0&0&1&0 \\ i & 0&0&0&0&0&0&0&0&1 \end{array} \quad t = \delta u = \begin{pmatrix}0\\1\\1\\0\end{pmatrix}$$

Abb. 9.3.1 2-Teilung von Adjazenz und Punktmengen

Die 2-Teilung der gesamten Punktmenge des Graphen in linke (g) und rechte (d) Punkte prägt sich auch jeder Teilmenge u von Punkten auf. Wir haben dies in Abb. 9.3.1 noch einmal zusammengestellt. Man kann eine Punktmenge u entweder wie in Abschnitt 4.1 zerlegen $u = (u \sqcap g) \sqcup (u \sqcap d)$ oder nach Abschnitt 5.2 aufgliedern in ein Paar (s, t) mit $s = \gamma u$ und $t = \delta u$. Das Komplement $\overline{u}$ von u gibt dann Anlaß zu dem Paar $(\overline{s}, \overline{t})$.

Die Definitionen 9.1.1 und 9.2.1 zusammen mit Satz 9.2.2 lauten in einer die 2-Teilung berücksichtigenden Form

$$(s,t) \text{ überdeckend } :\Longleftrightarrow \begin{pmatrix} O & Q \\ Q^{\mathrm{T}} & O \end{pmatrix} \begin{pmatrix} \overline{s} \\ \overline{t} \end{pmatrix} \subset \begin{pmatrix} s \\ t \end{pmatrix}$$

$$(s,t) \text{ unabhängig } :\Longleftrightarrow \begin{pmatrix} O & Q \\ Q^{\mathrm{T}} & O \end{pmatrix} \begin{pmatrix} s \\ t \end{pmatrix} \subset \begin{pmatrix} \overline{s} \\ \overline{t} \end{pmatrix}$$

Gemäß Satz 9.1.2 tritt in gewissen Fällen Gleichheit an die Stelle des Inklusionszeichens. Wir haben damit den wesentlichen Teil des Beweises für den folgenden Satz schon vorweggenommen.

9.3.1 Satz. Im 2-geteilten Graphen (X, Y, Q) ist eine 2-geteilte Punktmenge

i) (s,t) überdeckend $\Longleftrightarrow$ $Q\overline{t} \subset s$ $\Longleftrightarrow$ $Q \subset sL \sqcup (tL)^{\mathrm{T}}$.

(s,t) inklusionsminimal überdeckend $\Longleftrightarrow$ $Q\overline{t} = s$ und $Q^{\mathrm{T}}\overline{s} = t$.

ii) (s,t) unabhängig $\Longleftrightarrow$ $Qt \subset \overline{s}$ $\Longleftrightarrow$ $Q \subset \overline{sL} \sqcup \overline{tL}^{\mathrm{T}}$.

(s,t) inklusionsmaximal unabhängig $\Longleftrightarrow$ $Qt = \overline{s}$ und $Q^{\mathrm{T}}s = \overline{t}$.

Der restliche **Beweis** betrifft o. E. nur noch die Äquivalenz der zweiten mit der ersten Variante in (i).

„$\Longrightarrow$“: Trivialerweise gilt $Q \sqcap sL \subset sL$, aber nach (2.4.2.i) auch

$Q \sqcap \overline{sL} = IQ \sqcap \overline{sL} = (I \sqcap \overline{sL})Q = (I \sqcap \overline{sL}^{\mathrm{T}})Q \subset \overline{sL}^{\mathrm{T}}Q = (Q^{\mathrm{T}}\overline{sL})^{\mathrm{T}} \subset (tL)^{\mathrm{T}}$.

„$\Longleftarrow$“: $Q^{\mathrm{T}}\overline{s} \subset (sL)^{\mathrm{T}}\overline{s} \sqcup (tL)\overline{s} \subset O \sqcup tL = t$. □

Man beachte, daß $Qt \subset \overline{s}$ und $Q^{\mathrm{T}}s \subset \overline{t}$ aufgrund der Schröder-Umformung gleichwertige Bedingungen sind, nicht jedoch $Qt = \overline{s}$ und $Q^{\mathrm{T}}s = \overline{t}$.

In Abb. 9.3.2 ist angedeutet, daß man zur Überdeckung einer Relation außerordentlich unterschiedliche Teilmengenpaare verwenden kann; darunter insbesondere Paare wie (L, O), (O, L) oder etwas ökonomischer (QL, O) bzw. $(O, Q^{\mathrm{T}}L)$. Sucht man nun möglichst „kleine“ Überdeckungen, so geht man vielleicht von der Überdeckung $(\{b,c,d,e\}, \{2,3,4\})$ im ersten Teil von Abb. 9.3.2 zu einer Überdeckung mit der kleineren linksseitigen Menge $\{b,c,d\}$ über. Dabei tritt rechtsseitig ein gegenläufiger Effekt auf, und man muß $\{2,3,4\}$ wenigstens zu $\{1,2,3,4\}$ vergrößern, um die soeben freigelegte Beziehung von e und 1 noch zu überdecken. Durch diese Gegenläufigkeit wird also die Suche nach „kleinsten“ oder auch nur nach „minimalen“ Punktüberdeckungen schwierig.

Trotzdem bietet die Menge aller überdeckenden Punktmengen eine gewisse Struktur:

9.3.2 Satz (*A. L. Dulmage, N. S. Mendelsohn, 1958*). Definieren wir für die 2-geteilten Punktmengen (s,t) und (u,v) eines 2-geteilten Graphen vorübergehend als neue Operationen

Vereinigung $(s,t) \perp (u,v) := (s \sqcup u,\ t \sqcap v)$ und

Durchschnitt $(s,t) \top (u,v) := (s \sqcap u,\ t \sqcup v)$,

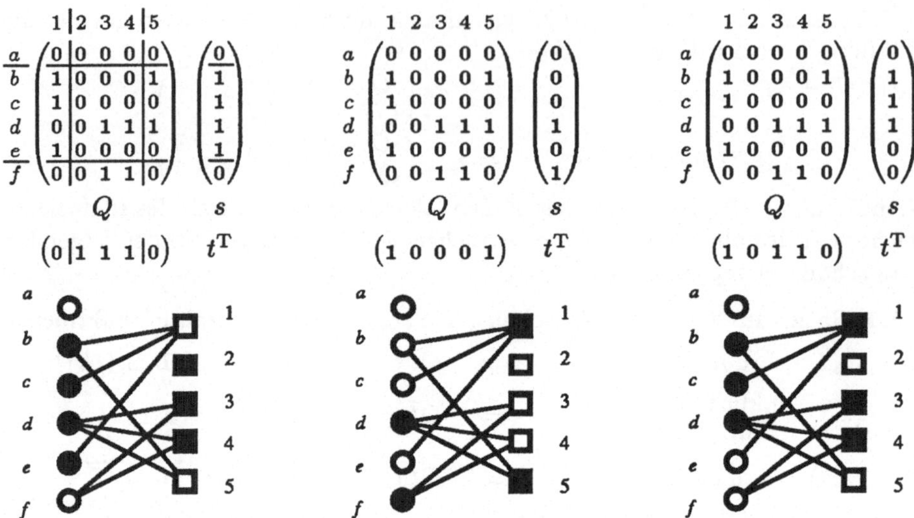

Abb. 9.3.2 Drei verschiedene Überdeckungen

sowie die entsprechenden unendlichen Operationen, so gilt: Sind (s,t) und (u,v) Punktüberdeckungen, so sind auch deren $\perp$-Vereinigung und $\top$-Durchschnitt Punktüberdeckungen. Die Menge der Punktüberdeckungen bildet in bezug auf diese Operationen sogar einen vollständigen Verband mit kleinstem Element (O,L) und größtem Element (L,O).

Der **Beweis** erfolgt durch unmittelbares Ausrechnen; man hat beispielsweise

$$Q\,\overline{(t \sqcup v)} = Q(\overline{t} \sqcap \overline{v}) \subset Q\overline{t} \sqcap Q\overline{v} \subset s \sqcap u. \qquad \square$$

Wir betrachten nun die mit „$\subset$" geordneten linksseitigen Teilmengen und die ebenfalls mit „$\subset$" geordneten rechtsseitigen Teilmengen. Um die soeben zutage getretene Gegenläufigkeit zu untersuchen, definieren wir mit

$$s \mapsto \sigma(s) := Q^{\mathrm{T}}\overline{s} \quad \text{bzw.} \quad t \mapsto \tau(t) := Q\overline{t}$$

eine antitone Abbildung σ der linksseitigen Teilmengen in die rechtsseitigen Teilmengen und mit τ das Entsprechende in umgekehrter Richtung. Weil trivialerweise

$$\tau(\sigma(s)) \subset s \quad \text{und} \quad \sigma(\tau(t)) \subset t$$

gilt, liegt mit σ und τ (im wesentlichen, d. h. bis auf eine Umkehr der Richtung *beider* Ordnungen, die die Antitonie unberührt läßt) eine Galois-Korrespondenz vor, siehe Anhang A.3. Die allgemeine Theorie besagt, daß dann die (linksseitigen) Mengen s mit der Eigenschaft $\tau(\sigma(s)) = s$ und die (rechtsseitigen) Mengen t mit $\sigma(\tau(t)) = t$, also die Fixpunkte der hintereinander geschalteten Abbildungen, jeweils isomorphe vollständige Verbände bilden. Allerdings stimmen im allgemeinen Fall die Operationen in diesen Verbänden nicht mit den Operationen $\perp, \top$ überein.

Nun hat aber $\tau(\sigma(s)) = Q\overline{Q^{\mathrm{T}}\overline{s}} = s$ bei $t := Q^{\mathrm{T}}\overline{s}$ zur Folge $Q\overline{t} = Q\overline{Q^{\mathrm{T}}\overline{s}} = s$ und umgekehrt, so daß es sich bei diesen Paaren (s,t), bestehend aus den korrespondierenden Fixpunkten, jeweils um eine inklusionsminimale Überdeckung handelt. Der Verband der inklusionsminimalen Punktüberdeckungen ist für das Beispiel aus Abb. 9.3.2 unter Angabe einander entsprechender Mengenpaare in Abb. 9.3.3 dargestellt.

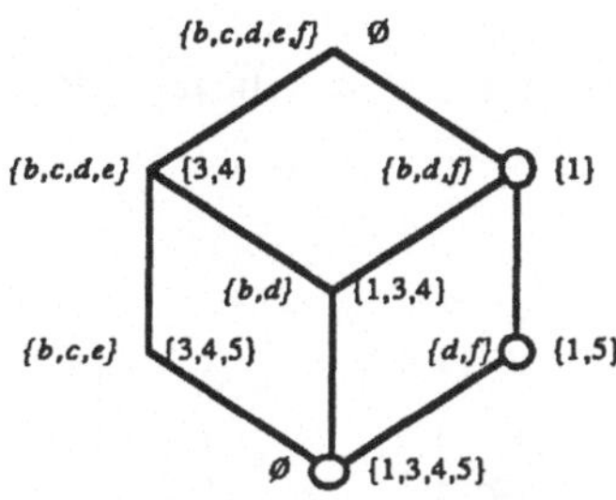

Abb. 9.3.3 Verband inklusionsminimaler Überdeckungen mit Kennzeichnung der anzahlminimalen

Man beachte, daß die inklusionsminimalen Überdeckungen $(s,t) = (\{b,c,e\}, \{3,4,5\})$ und $(u,v) = (\{b,d\}, \{1,3,4\})$ zu einer Überdeckung $(s,t) \top (u,v) = (\{b\}, \{1,3,4,5\})$ führen, die *nicht* inklusionsminimal ist. Vereinigung und Durchschnitt im Verband der inklusionsminimalen Überdeckungen aus Abb. 9.3.3 stimmen also *nicht* überein mit Vereinigung und Durchschnitt im mengentheoretischen Sinn, die in die Operationen $\bot, \top$ eingegangen sind. Ein Beispiel, daß auch in umgekehrter Richtung die $\bot$-Vereinigung zweier inklusionsminimaler Überdeckungen nicht zu einer inklusionsminimalen Überdeckung führt, ist $(s,t) = (\{b,c,e\}, \{3,4,5\})$ und $(u,v) = (\{d,f\}, \{1,5\})$.

Das charakteristische Aussehen einer inklusionsminimalen Überdeckung verdeutlichen wir noch einmal in Abb. 9.3.4 an den Teilmengen $\{b,d\}, \{1,3,4\}$ und $\{d,f\}, \{1,5\}$ aus der früheren Abb. 9.3.2, indem wir die Punkte bzw. Zeilen und Spalten umordnen und die Trennung herausheben.

Im unteren Fall liegt sogar eine anzahlminimale Überdeckung vor. Während man im oberen Fall durch linksseitiges Streichen von b, d und rechtsseitige Neuaufnahme von 5 in das Paar (s,t) zu einer Überdeckung mit weniger Punkten kommen kann, ist dies unten nicht möglich. Es stehen also *jeder* linksseitigen Teilmenge von s durch die Relation Q mindestens genausoviele rechtsseitige Punkte entgegen, so daß sich ein Austausch nicht lohnt.

Damit sind die folgenden Resultate weitgehend vorbereitet, bei denen es wieder um Unabhängigkeits- und Überdeckungszahlen geht. Vorauszusetzen sind für diese Betrachtungen gewisse Endlichkeitsbedingungen; wir beschränken uns der Einfachheit halber auf *endliche* 2-geteilte Graphen.

9.3.3 Definition. Ist Q eine endliche Relation und p eine Teilmenge, so definieren wir den **Defekt** (engl. deficiency) einer Teilmenge bzw. Relation durch

$$\mathrm{Defekt}(p) := |p| - |Q^{\mathrm{T}}p|;$$
$$\mathrm{Defekt}(Q) := \max_{p} \mathrm{Defekt}(p).$$

Außerdem sagen wir,

x erfüllt die **Hall-Bedingung**

$:\Longleftrightarrow$ Für jede Teilmenge $z \subset x$ ist $Q^{\mathrm{T}}z$ nicht weniger mächtig als z.

$\Longleftrightarrow$ Für jede Teilmenge $z \subset x$ existiert eine Relation ρ mit $\rho\rho^{\mathrm{T}} \subset I$, $\rho^{\mathrm{T}}\rho \subset I$, $\rho L = z$ und $\rho^{\mathrm{T}}L \subset Q^{\mathrm{T}}z$.

(im endlichen Fall:

$\Longleftrightarrow$ Für jede Teilmenge $z \subset x$ gilt $|z| \leq |Q^{\mathrm{T}}z|$.) □

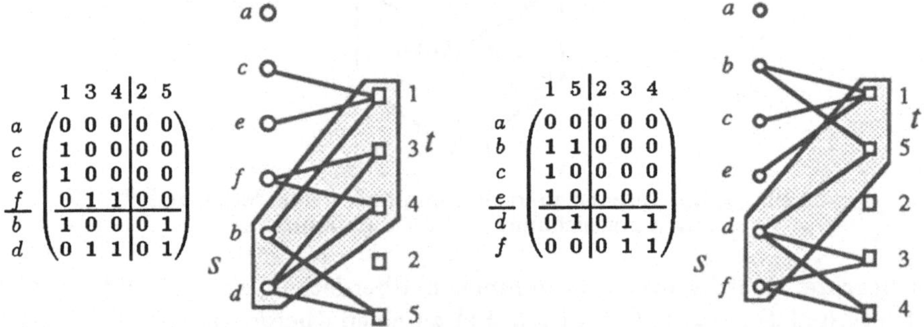

Abb. 9.3.4 Zwei inklusionsminimale Überdeckungen

Wenn $x := L$ die Hall-Bedingung erfüllt, gilt offenbar $\text{Defekt}(Q) = 0$. Wegen $\text{Defekt}(O) = 0$ für die leere Teilmenge ist sicher stets $\text{Defekt}(Q) \geq 0$. Einen Zusammenhang mit der Punktüberdeckungszahl τ zeigt der folgende Satz. Es geht darum, daß man die in einer linksseitigen Menge p entspringenden Kanten im Falle $|p| > |Q^{\mathrm{T}}p|$ ökonomischer von der rechten Seite her überdeckt.

9.3.4 Satz. In einem endlichen 2-geteilten Graphen (X, Y, Q) gilt

$$\tau = |X| - \text{Defekt}(Q).$$

Beweis: Obwohl τ als Minimum *aller* Mächtigkeiten von Punktüberdeckungen definiert ist, können wir uns auf das Minimum inklusionsminimaler Überdeckungen beschränken und Satz 9.3.1 anwenden:

$$\begin{aligned}\tau &= \min\{\, |u| \mid u \subset X \cup Y \ \text{ überdeckend} \,\}\\ &= \min\{\, |s| + |t| \mid s \subset X,\ t \subset Y,\ (s,t) \ \text{ überdeckend} \,\}\\ &= \min\{\, |s| + |t| \mid s \subset X,\ t \subset Y,\ (s,t) \ \text{ inklusionsminimal überdeckend} \,\}\\ &= \min\{\, |s| + |Q^{\mathrm{T}}\overline{s}| \mid s \subset X \,\}.\end{aligned}$$

Elementare Umformungen erbringen sodann

$$\begin{aligned}\tau &= \min\{\, |X| - |s'| + |Q^{\mathrm{T}}s'| \mid s' \subset X \,\}\\ &= |X| - \max\{\, |s| - |Q^{\mathrm{T}}s| \mid s \subset X \,\} = |X| - \text{Defekt}(Q).\end{aligned}$$

□

Als Spezialfall ergibt sich für einen Graphen, bei dem $x := L$ die Hall-Bedingung erfüllt, daß $\tau = |X|$. Wenn (s, t) eine anzahlminimale Überdeckung ist, ergibt sich Defekt$(Q) = |X| - \tau = |X| - (|s| + |t|) = |\bar{s}| - |t|$. Bei den drei anzahlminimalen Überdeckungen aus Abb. 9.3.3 ist Defekt$(Q) = |\bar{s}| - |t| = 2$.

Sätze von König und Hall

Die recht tiefliegenden folgenden Ergebnisse gehen von einer Fragestellung aus, die oft im dörflichen Milieu angesiedelt wird: Gegeben sei eine Relation Q zwischen der Menge X der Burschen und der Menge Y der Mädchen des Dorfes, deren Bestehen eine erhöhte Sympathie zwischen den jeweiligen Personen beschreibe. Im 2-geteilten Graphen aus Abb. 9.3.5 steht sich diese Dorfjugend gegenüber; Burschen links und Mädchen rechts. Im Falle gegenseitiger Sympathie sind zwei Personen durch eine Kante verbunden. Einseitige, nicht erwiderte Sympathie schließen wir aus, ebenso Sympathie der Burschen oder Mädchen untereinander. Daher herrscht Symmetrie, und wir arbeiten mit der Adjazenz, d. h. mit (X, Y, Q) als 2-geteiltem Graphen.

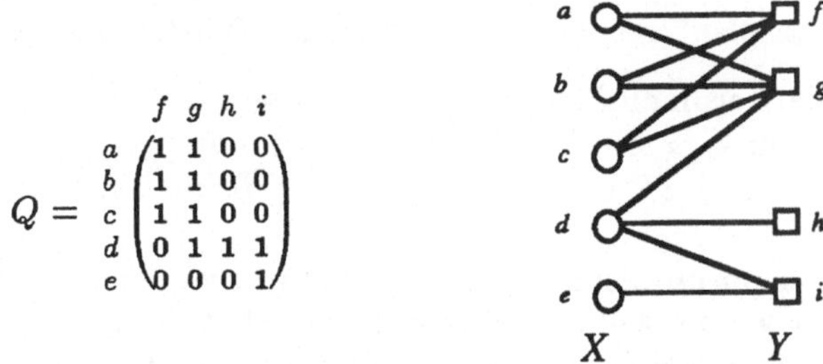

Abb. 9.3.5 Sympathiebeziehungen

Gesucht wird zu Q eine „Heiratsrelation" λ, die in Q enthalten ist, weil nur bei bestehender Sympathie geheiratet werden soll, und die eindeutig und injektiv ist, womit beschrieben wird, daß weder Polygamie noch Polyandrie entstehen darf.

Nun ist zweifellos $\lambda := O$ eine solche Relation; sie würde allerdings aus der blühenden Dorfjugend nur alte Jungfern und Hagestolze machen. Es sollen also *möglichst viele* Ehen gestiftet werden, weshalb wir neben der Relation λ auch die Mengen λL und $\lambda^{\mathrm{T}} L$ der davon verheirateten Burschen und Mädchen betrachten, um diese Mengen im Inklusions- oder im Anzahlsinne zu maximieren.

Damit eine Teilmenge x der Burschen die Ehe eingehen kann, ist als Minimalvoraussetzung erforderlich, daß die Vereinigung ihrer Sympathien wenigstens $|x|$ Mädchen erfaßt. Dies muß entsprechend für jede Teilmenge von X erfüllt sein.

In graphentheoretischer Sprechweise ist eine Zuordnung bzw. ein Plan in einem 2-geteilten Graphen zu finden. Den dafür notwendigen Begriff hatten wir am Ende von Abschnitt 9.1 definiert. Es hieß

λ **Zuordnung** $:\Longleftrightarrow \quad \lambda \subset Q, \quad \lambda\lambda^{\mathrm{T}} \subset I, \quad \lambda^{\mathrm{T}}\lambda \subset I$

$\Longleftrightarrow \quad \lambda$ ist eine in beiden Richtungen eindeutige und in Q enthaltene Relation.

Wir definieren hier weiter:

9.3.5 Definition. Gegeben sei ein 2-geteilter Graph (X, Y, Q). Es heiße die linksseitige Punktmenge

$$x \textbf{ planbar} \quad :\Longleftrightarrow \quad \text{Es gibt eine Zuordnung } \lambda \text{ mit } \lambda L = x.$$

Im Englischen heißt es, x „can be saturated" oder x „can be matched into Y". Besteht keine Klarheit, welches Q gemeint ist, so muß man von Q-Zuordnung und Q-Planbarkeit reden. □

Neben O ist für jedes Q auch $\mathrm{eAn}(\mathrm{eAn}(Q)^{\mathsf{T}})^{\mathsf{T}}$ eine Zuordnung; es wurde erst der eindeutige Teil von Q und anschließend davon der „injektive Anteil" genommen. Mit einer planbaren Menge x ist offenbar auch jede Teilmenge $x' \subset x$ planbar; ist nämlich λ eine Zuordnung mit $\lambda L = x$, so ist $\lambda' := \lambda \sqcap x'L$ eine Zuordnung mit $\lambda' L = x'$.

Als erste einfache Festellung ist folgendes zu notieren:

9.3.6 Satz. x planbar $\Longrightarrow$ x erfüllt die Hall-Bedingung.

Beweis: Um die Kardinalitätsbedingung zu beweisen, definiere man eine Abbildung ρ von z in $Q^{\mathsf{T}}z$ durch $\rho := \lambda \sqcap zL$. Dann gilt $\rho L = (\lambda \sqcap zL)L = \lambda L \sqcap zL = xL \sqcap zL = zL$ und $\rho^{\mathsf{T}}L = (\lambda \sqcap zL)^{\mathsf{T}}L = \lambda^{\mathsf{T}}zL \subset Q^{\mathsf{T}}zL$. □

Die Umkehrung kann im nichtendlichen Falle nicht allgemein gelten. Um dies zu zeigen, geben wir in Abb. 9.3.6 eine trotz erfüllter Hall-Bedingung nicht planbare Menge an. Die zugrundegelegte Relation Q bestehe zwischen $\mathbb{N} \cup \{\infty\}$ und $\mathbb{N}$; sie ordne jedem i alle in $\mathbb{N}$ gelegenen $j \leq i$ zu.

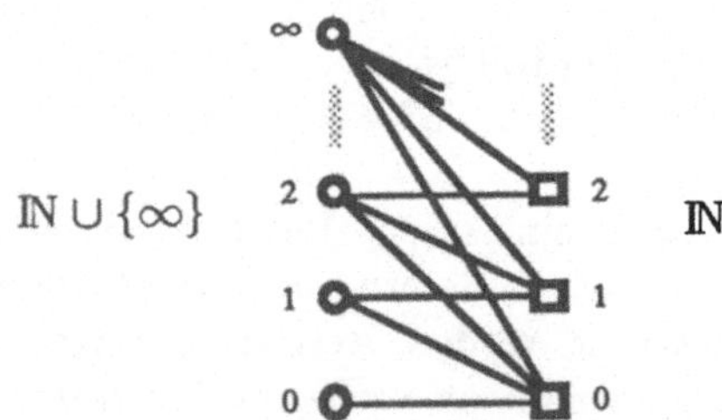

Abb. 9.3.6 Nicht-Planbarkeit trotz erfüllter Hall-Bedingung

Wir kehren nun zum dörflichen Heiratsproblem zurück und betrachten dazu Abb. 9.3.7. Im Falle a) sind 2 Ehen gestiftet, obwohl ersichtlich 3 Ehen geschlossen werden könnten. Die Relation Q ist für die Fälle b) und c) dieselbe. In allen 3 Fällen existiert offenbar keine Zuordnung $\lambda_1 \supsetneqq \lambda$. Bei a) gibt es immerhin eine Zuordnung λ_1 mit $\lambda_1 L \supsetneqq \lambda L$. Bei b) und c) gibt es das nicht; hier ist die Zuordnung nicht vergrößerbar im Sinne von $\lambda_1 \supsetneqq \lambda$, aber auch nicht ersetzbar durch eine Zuordnung mit $\lambda_1 L \supsetneqq \lambda L$. In den Dörfern b) und c) wird es sicherlich trotz aller Tüchtigkeit des Ehestifters 2 Junggesellen geben müssen, die sich aus den oberen 4 linksgelegenen Punkten rekrutieren. Auch die Ehen im unteren Teil sind durch die Maximalitätsforderung noch keineswegs eindeutig festgelegt. Dennoch steht fest, daß die Ehen „innerhalb des unteren

Teils“ geschlossen werden müssen. Die Ehe (x_0, y_1) hinterließe mit Sicherheit einen zusätzlichen Burschen, der nicht verheiratet werden könnte.

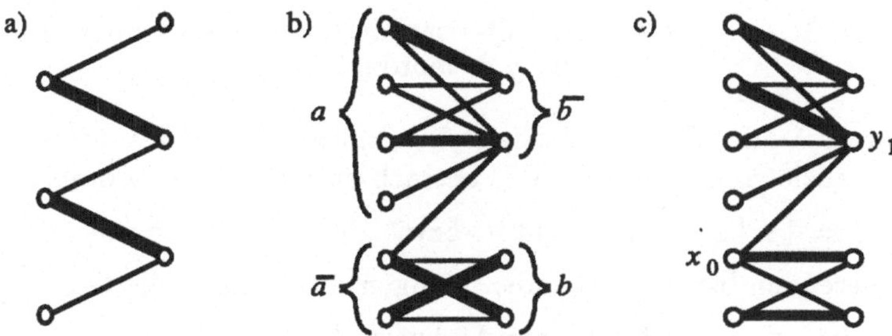

Abb. 9.3.7 Zuordnungen

Bei b) und c) ließe sich also eine prinzipielle Unterteilung $a \sqcup \overline{a}$ der linksseitigen Punktmenge vermuten. Der „unkritische“ Teil $\overline{a}$ scheint aus den unteren beiden Punkten mit Defekt$(\overline{a}) = 0$ zu bestehen, denen ausreichend viele rechtsseitige Punkte gegenüberstehen. Der andere Teil a umfaßt die oberen 4 Punkte mit Defekt$(a) = 2$. Bei den beiden in b) und c) vorgestellten, hinsichtlich λL inklusionsmaximalen, Plänen ist es so, daß die 4 oberen Punkte ihre (nicht ausreichenden) beiden Gegenüber aus der Menge $\overline{b}$ beanspruchen und damit die Punkte von $\overline{a}$ auf ihre gerade noch ausreichenden zwei rechts unten gelegenen Partner abdrängen.

Andererseits müssen die Burschen aus der unkritischen Menge $\overline{a}$ nicht besorgen, daß es bei einem Übergang zu einer Zuordnung λ' mit $\lambda' L \supsetneqq \lambda L$ unumgänglich wird, an ihrer Ehe zu rütteln. Sie sind ja vermöge λ nur an solche Mädchen vergeben, für die Burschen aus a ohnehin keine Sympathien hegen.

Wir versuchen nun eine Charakterisierung der Menge a. Sie enthält sicherlich alle von der Zuordnung λ nicht verplanten Punkte, also $a \supset \overline{\lambda L}$. Sie enthält aber auch alle diejenigen Punkte, die mit den eben erwähnten wegen der rechtsseitigen Punkte aus $\overline{b}$ in Konkurrenz stehen. Das sind die Punkte aus $\lambda Q^{\mathrm{T}} \overline{\lambda L}$, aus $(\lambda Q^{\mathrm{T}})^2 \overline{\lambda L}$, usw., von denen jeweils $\overline{\lambda L}$ mit alternierenden λ-Q^{T}-Wegen erreichbar ist. Man beachte, daß man in Abb. 9.3.7 auf diese Weise nie von $\overline{a}$ nach $\overline{\lambda L}$ gelangen kann.

In der folgenden Definition wird von dieser Überlegung ausgegangen; allerdings gibt es viele Mengen der beschriebenen Art, unter denen eine geeignete auszuwählen ist.

9.3.7 Definition. In einem 2-geteilten Graphen (X, Y, Q) betrachten wir eine beliebig vorgegebene Zuordnung λ und nennen eine linksseitige Teilmenge

$$x \textbf{ alterniernd} \quad :\Longleftrightarrow \quad \overline{\lambda L} \sqcup \lambda Q^{\mathrm{T}} x \subset x \quad \Longleftrightarrow \quad \overline{\lambda L} \sqcup \lambda Q^{\mathrm{T}} x = x$$

$$\Longleftrightarrow \quad \overline{\lambda \overline{Q^{\mathrm{T}} x}} \subset x \quad \Longleftrightarrow \quad \overline{\lambda \overline{Q^{\mathrm{T}} x}} = x$$

$\Longleftrightarrow$ Zu x gehören auch alle Punkte, die einem Q-Nachfolger von x zugeordnet sind.

Wir nennen eine rechtsseitige Punktmenge

$$y \textbf{ anziehend} \quad :\Longleftrightarrow \quad Qy \subset \lambda y \quad \Longleftrightarrow \quad Qy = \lambda y \quad \Longleftrightarrow \quad y \subset \overline{Q^{\mathrm{T}}\overline{\lambda y}}$$

$\Longleftrightarrow$ Alle Q-Vorgänger von y sind einem Punkt aus y zugeordnet.

Falls mehrere λ oder Q zur Debatte stehen, müssen wir von λ-Q^{T}-alternierend und λ-Q^{T}-anziehend sprechen. Wir betrachten nun die Gesamtheit

$$\mathcal{A} := \{\, x \mid x \text{ alternierend} \,\} \quad \text{bzw.} \quad \mathcal{B} := \{\, y \mid y \text{ anziehend} \,\}$$

der alternierenden bzw. anziehenden Mengen und nennen die Grenzen

$$a := \inf \mathcal{A} \textbf{ konkurrierend} \quad \text{bzw.} \quad b := \sup \mathcal{B} \textbf{ gesichert}. \qquad \square$$

Zunächst haben wir wieder mehrere Definitionsvarianten als äquivalent nachzuweisen. Das ergibt sich mit Satz 4.2.2.v aus $\lambda\overline{Q^{\mathrm{T}}x} = \lambda L \sqcap \overline{\lambda Q^{\mathrm{T}}x}$, sowie aus $\lambda^{\mathrm{T}}x \subset Q^{\mathrm{T}}x \iff \lambda\overline{Q^{\mathrm{T}}x} \subset \overline{x}$. Wegen $L \in \mathcal{A}$ ist sicherlich $\mathcal{A} \neq \emptyset$ und wegen $O \in \mathcal{B}$ auch $\mathcal{B} \neq \emptyset$. Im folgenden werden wir beweisen, daß die Infima existieren, und daß

$$a = \inf\{\, x \mid \overline{\lambda L} \sqcup \lambda Q^{\mathrm{T}}x \subset x \,\} = (\lambda Q^{\mathrm{T}})^{*}\,\overline{\lambda L}.$$

Die konkurrierende Menge besteht dann in der Tat aus allen Punkten, von denen aus $\overline{\lambda L}$ vermöge der Relation λQ^{T} erreichbar ist.

Unser Ziel ist es ferner zu zeigen, daß auch das Infimum a alternierend, also in $\mathcal{A}$ enthalten und damit die eindeutig bestimmte kleinste alternierende Menge ist; daß ferner auch b anziehend, also in $\mathcal{B}$ enthalten und damit die eindeutig bestimmte größte anziehende Menge ist. Dafür betrachten wir die Definition der so ausgezeichneten Mengen genauer und unterscheiden die Abbildungen

$$x \mapsto \sigma(x) := \overline{Q^{\mathrm{T}}x}$$
$$y \mapsto \pi(y) := \overline{\lambda y},$$

so daß x alternierend ist, genau wenn $\pi(\sigma(x)) \subset x$ und y anziehend ist, genau wenn $y \subset \sigma(\pi(y))$.

Im nächsten Satz beweisen wir zunächst recht allgemeine Eigenschaften für σ und π, die wegen der Eindeutigkeit von λ und der fehlenden Eindeutigkeit von Q *nicht* symmetrisch ausfallen.

9.3.8 Satz. i) σ und π sind antiton;

ii) $\sigma(\sup_\iota x_\iota) = \inf_\iota \sigma(x_\iota)$;

iii) $\pi(\sup_\iota y_\iota) = \inf_\iota \pi(y_\iota)$ und $\pi(\inf_\iota y_\iota) = \sup_\iota \pi(y_\iota)$.

Beweis: ii) $\sigma(x \sqcup x') = \overline{Q^{\mathrm{T}}(x \sqcup x')} = \overline{Q^{\mathrm{T}}x \sqcup Q^{\mathrm{T}}x'} = \sigma(x) \sqcap \sigma(x')$.

iii) Die erste Beziehung ergibt sich analog zu (ii) und die zweite unter Ausnutzung der Eindeutigkeit von λ aus

$$\pi(y \sqcap y') = \overline{\lambda(y \sqcap y')} = \overline{\lambda y \sqcap \lambda y'} = \pi(y) \sqcup \pi(y').$$

Die behaupteten Versionen für allgemeine Vereinigungen und Durchschnitte erhält man analog. i) ist trivial. $\square$

Das folgende Korollar ist ebenfalls unsymmetrisch; der Expansionseigenschaft von $\pi(\sigma(.))$ steht im allgemeinen *keine* Kontraktion bei $\sigma(\pi(.))$ gegenüber.

9.3.9 Korollar. Die Abbildungen

$$x \mapsto \pi(\sigma(x)) = \overline{\lambda\overline{Q^{\mathrm{T}}x}} \quad \text{und} \quad y \mapsto \sigma(\pi(y)) = \overline{Q^{\mathrm{T}}\overline{\lambda y}}$$

sind isoton und erfüllen

$$\pi(\sigma(\sup_\iota x_\iota)) = \sup_\iota \pi(\sigma(x_\iota)) \quad \text{und} \quad \sigma(\pi(\inf_\iota y_\iota)) = \inf_\iota \sigma(\pi(y_\iota)).$$

Die Abbildung $x \mapsto \pi(\sigma(x))$ ist überdies expandierend: $x \subset \pi(\sigma(x))$.

Beweis: Isotonie ist trivial, und wir errechnen o. E.

$$\pi(\sigma(\sup_\iota x_\iota)) = \pi(\inf_\iota \sigma(x_\iota)) = \sup_\iota \pi(\sigma(x_\iota)).$$

Man beachte wieder die Unsymmetrie im Verhalten von π und σ. Schließlich gilt $\lambda\overline{Q^{\mathrm{T}}x} \subset \overline{x} \iff \lambda^{\mathrm{T}}x \subset Q^{\mathrm{T}}x$. □

Mit Methoden der Verbandstheorie, die im Anhang A.3 noch einmal zusammengestellt sind, wollen wir im folgenden Satz die Grenzen

$$a = \inf \mathcal{A} = \inf\{\, x \mid \pi(\sigma(x)) \subset x \,\},$$
$$b = \sup \mathcal{B} = \sup\{\, y \mid y \subset \sigma(\pi(y)) \,\}$$

approximieren. Die eben noch als fehlend vermerkte Kontraktionseigenschaft für $\sigma(\pi(.))$ erweist sich aufgrund der Isotonie in einer sehr eingeschränkten Weise wenigstens als gültig für die Approximationsfolge

$$b_0 \supset b_1 = \sigma(\pi(b_0)) \supset b_2 \supset \dots .$$

9.3.10 Satz. Für die Approximation der Mengen a und b gilt folgendes:

i) $a \in \mathcal{A}$, d. h. $a = \overline{\lambda\overline{Q^{\mathrm{T}}a}} = \overline{\lambda L} \sqcup \lambda Q^{\mathrm{T}}a$ bzw. $a = \pi(\sigma(a))$;
$b \in \mathcal{B}$, d. h. $b = \overline{Q^{\mathrm{T}}\overline{\lambda b}}$ bzw. $b = \sigma(\pi(b))$.

ii) Durch die Iteration

$$a_0 := O, \quad a_{i+1} := \pi(\sigma(a_i)) = \overline{\lambda\overline{Q^{\mathrm{T}}a_i}}, \quad i \geq 0,$$

wird $a = \sup_i a_i$ von unten her approximiert.

iii) Durch die Iteration

$$b_0 := L, \quad b_{i+1} := \sigma(\pi(b_i)) = \overline{Q^{\mathrm{T}}\overline{\lambda b_i}}, \quad i \geq 0,$$

wird $b = \inf_i b_i$ von oben her approximiert.

iv) Es gilt ferner

$$\overline{b} = Q^{\mathrm{T}}a, \quad \overline{a} = \lambda b.$$

Beweis: i) Für alle $x \in \mathcal{A}$ gilt $x = \pi(\sigma(x))$ und $a \subset x$, also wegen der Isotonie $\pi(\sigma(a)) \subset \pi(\sigma(x)) = x$, so daß $\pi(\sigma(a))$ eine der unteren Schranken von $\mathcal{A}$ ist und folglich in a enthalten sein muß: $\pi(\sigma(a)) \subset a$. Damit gilt $a \in \mathcal{A}$, und auch $a = \pi(\sigma(a))$. Für alle $y \in \mathcal{B}$ gilt $y \subset \sigma(\pi(y))$ und $y \subset b$, also wegen der Isotonie $y \subset \sigma(\pi(y)) \subset \sigma(\pi(b))$, so daß $\sigma(\pi(b))$ als eine der oberen Schranken b umfassen muß: $b \subset \sigma(\pi(b))$. Damit gehört b zu $\mathcal{B}$; aus Isotoniegründen gilt aber weiter $\sigma(\pi(b)) \subset \sigma(\pi(\sigma(\pi(b))))$ und folglich $\sigma(\pi(b)) \in \mathcal{B}$. Im Gegensatz zum vorigen Fall haben wir erst jetzt $\sigma(\pi(b)) \subset b$ und damit die Gleichheit $b = \sigma(\pi(b))$, welche nicht schon für alle $y \in \mathcal{B}$ gilt.

ii) und iii) Wir zeigen simultan, daß die a_i eine in a enthaltene monoton steigende und die b_i eine b umfassende monoton fallende Folge bilden mit

$$a_{i+1} = \pi(b_i) \quad \text{und} \quad b_{i+1} = \sigma(a_{i+1}), \quad i \geq 0.$$

Sicherlich gilt nach (i) als Iterationsanfang

$$a_0 = O \subset a_1 = \overline{\lambda \overline{L}} = \pi(b_0) \subset a \quad \text{und} \quad b \subset b_1 = \overline{Q^{\mathrm{T}} \overline{\lambda \overline{L}}} = \sigma(a_1) \subset b_0 = L.$$

Aus der Induktionsannahme

$$a_i \subset a_{i+1} = \pi(b_i) \subset a \quad \text{und} \quad b \subset b_{i+1} = \sigma(a_{i+1}) \subset b_i$$

schließen wir mit der Isotonie auf

$$a_{i+1} = \pi(\sigma(a_i)) \subset a_{i+2} = \pi(\sigma(a_{i+1})) = \pi(\sigma(\pi(b_i))) = \pi(b_{i+1}) \subset \pi(\sigma(a)) = a,$$
$$b = \sigma(\pi(b)) \subset b_{i+2} = \sigma(\pi(b_{i+1})) = \sigma(\pi(\sigma(a_{i+1}))) = \sigma(a_{i+2}) \subset b_{i+1} = \sigma(\pi(b_i)).$$

Es gilt also $\sup_i a_i \subset a$ und $b \subset \inf_i b_i$. Nach (9.3.8.i und ii) folgt

$$\sigma(\sup_i a_i) = \inf_i \sigma(a_i) = \inf_i b_i, \quad \pi(\inf_i b_i) = \sup_i \pi(b_i) = \sup_i a_{i+1},$$

mithin

$$\pi\left(\sigma(\sup_i a_i)\right) = \pi(\inf_i b_i) = \sup_i a_i, \quad \sigma\left(\pi(\inf_i b_i)\right) = \sigma(\sup_i a_i) = \inf_i b_i.$$

Weil somit die Iterationsgrenzen $\sup a_i$ zu $\mathcal{A}$ und $\inf b_i$ zu $\mathcal{B}$ gehören, stimmen sie, wie behauptet, mit a bzw. b überein.

iv) Zuletzt erhielten wir auch $\pi(b) = a$, $\sigma(a) = b$, mithin $\overline{\lambda \overline{b}} = a$ und $\overline{Q^{\mathrm{T}} a} = b$. □

Die Iteration für a startet mit $a_0 = O$, $a_1 = \overline{\lambda \overline{L}}$, $a_2 = \overline{\lambda \overline{L}} \sqcup \lambda \overline{Q^{\mathrm{T}} \overline{\lambda \overline{L}}} = \overline{\lambda \overline{Q^{\mathrm{T}} \overline{\lambda \overline{L}}}}$, $a_3 = \overline{\lambda \overline{L}} \sqcup \lambda \overline{Q^{\mathrm{T}} \overline{\lambda \overline{L}}} \sqcup \lambda \overline{Q^{\mathrm{T}} \lambda \overline{Q^{\mathrm{T}} \overline{\lambda \overline{L}}}} = \overline{\lambda \overline{Q^{\mathrm{T}} \overline{\lambda \overline{Q^{\mathrm{T}} \overline{\lambda \overline{L}}}}}}, \ldots$ und führt zu $a = (\lambda \overline{Q^{\mathrm{T}}})^* \overline{\lambda \overline{L}}$. Hier kann man ihren alternierenden Charakter wieder gut erkennen. Auf diesem verbandstheoretischen Sachverhalt basieren Algorithmen mit alternierenden Ketten.

Jetzt taucht der erste Zusammenhang mit Überdeckungen auf: Aus den Gleichungen $\overline{a} = \lambda \overline{b}$ und $\overline{b} = Q^{\mathrm{T}} a$ ergibt sich nämlich das folgende Korollar.

9.3.11 Korollar. Bestimmt man für eine Zuordnung λ in einem 2-geteilten Graphen die konkurrierende Menge a und die gesicherte Menge b, so gilt auch $\overline{a} = Q\overline{b}$ und damit bildet das Paar $(\overline{a}, \overline{b})$ der Komplemente eine inklusionsminimale Überdeckung.

Beweis: $\overline{a} = \lambda \overline{b} \subset Q\overline{b}$ und $Q\overline{b} \subset \overline{a} \iff Q^{\mathrm{T}} a \subset \overline{b}$; damit sind die Bedingungen (9.3.1) für eine inklusionsminimale Überdeckung erfüllt. □

Bis hierher hatten wir eine beliebige Zuordnung λ betrachtet; es hätte sich insbesondere auch um $\lambda = O$ handeln dürfen, worauf sich $a = L$, $b = \overline{Q^{\mathrm{T}} L}$ und die (im Anzahlsinne schlechte) inklusionsminimale Überdeckung $(O, Q^{\mathrm{T}} L)$

ergeben hätte. Im folgenden unterstellen wir einen hinsichtlich λL inklusions- oder anzahlmaximalen Plan.

$$Q = \begin{array}{c} \\ a \\ \overline{a} \end{array} \begin{array}{c} b \quad \overline{b} \\ \left(\begin{array}{c|c} O & * \\ \hline * & * \end{array}\right) \end{array} \qquad \lambda = \begin{array}{c} \\ a \\ \overline{a} \end{array} \begin{array}{c} b \quad \overline{b} \\ \left(\begin{array}{c||c} O & * \\ \hline * & O \end{array}\right) \end{array}$$

Abb. 9.3.8 Zerlegung durch die konkurrierende und die gesicherte Punktmenge

Wir beobachten zunächst die von a und b ausgehende Zerlegung von Q und λ in Abb. 9.3.8. Sie ist so beschaffen, daß die Doppel-Winkellinie minimal wird. Aus unserer anschaulichen Überlegung anhand Abb. 9.3.7 erwarten wir, daß λ im unteren rechten Feld O enthält, d. h. daß gilt $\overline{b} \subset \lambda^{\mathrm{T}}a$, was das Resultat $\lambda b = \overline{a}$ aus (9.3.10.iv) ergänzen würde zu $\lambda^{\mathrm{T}}a = \overline{b}$. Dies zu beweisen ist unser nächstes Ziel. Im Beweis verwenden wir das Punkteaxiom und den Zwischenpunktsatz.

9.3.12 Satz. Für eine hinsichtlich λL inklusionsmaximale Zuordnung gilt

$$\overline{b} = \lambda^{\mathrm{T}}a.$$

Beweis: Wegen (9.3.10.iv) ist hiervon nur $\overline{b} \subset \lambda^{\mathrm{T}}a$ neu. Wir nehmen an, es gelte $\overline{b} \supsetneqq \lambda^{\mathrm{T}}a$ und konstruieren daraus eine Zuordnung λ' mit $\lambda' L \supsetneqq \lambda L$, also einen Widerspruch zur Maximalität. Wir verwenden dabei, daß

$$\overline{b} = Q^{\mathrm{T}}a = Q^{\mathrm{T}}(\lambda Q^{\mathrm{T}})^{*}\overline{\lambda L} = \sup_i Q^{\mathrm{T}}(\lambda Q^{\mathrm{T}})^{i}\overline{\lambda L}.$$

Es gibt also ein i derart, daß $Q^{\mathrm{T}}(\lambda Q^{\mathrm{T}})^{i}\overline{\lambda L} \sqcap \overline{\lambda^{\mathrm{T}}a} \neq O$, und wir können darin einen Punkt finden, den wir x_{2i+1} nennen wollen. Danach lassen sich in $2i+1$ Schritten die folgenden weiteren Punkte erhalten:

für $\quad i \geq j \geq 1$
jeweils $\; x_{2j} \;$ mit $\; x_{2j+1}x_{2j}^{\mathrm{T}} \subset Q^{\mathrm{T}} \;$ und $\; x_{2j} \subset \lambda(Q^{\mathrm{T}}\lambda)^{j-1}Q^{\mathrm{T}}\overline{\lambda L}$
und $\; x_{2j-1} := \lambda^{\mathrm{T}}x_{2j} = \lambda^{\mathrm{T}}\lambda(Q^{\mathrm{T}}\lambda)^{j-1}Q^{\mathrm{T}}\overline{\lambda L} \subset (Q^{\mathrm{T}}\lambda)^{j-1}Q^{\mathrm{T}}\overline{\lambda L}$

und schließlich x_0 mit $x_1x_0^{\mathrm{T}} \subset Q^{\mathrm{T}}$ und $x_0 \subset \overline{\lambda L}$.

Behauptet wird nun, daß $\lambda' := (\lambda \sqcap \overline{\sup_j x_{2j}}) \sqcup \sup_{0 \leq k \leq i} x_{2k}x_{2k+1}^{\mathrm{T}}$ eine Zuordnung mit $\lambda' L \supsetneqq \lambda L$ ist.

Dazu ist zunächst zu zeigen $\lambda' \subset Q$, was aus $\lambda \subset Q$ und $x_{2j}x_{2j+1}^{\mathrm{T}} \subset Q$ folgt. Eindeutigkeit ergibt sich aus $\overline{x_{2k}}^{\mathrm{T}}x_{2k}x_{2k+1}^{\mathrm{T}} \subset \overline{x_{2k}}^{\mathrm{T}}x_{2k}L \subset O$ und $x_{2k}^{\mathrm{T}}x_{2j} = O$ für $k \neq j$. Injektivität erhält man analog.

Der eigentliche Widerspruch steckt in der echten Vergrößerung von $\lambda' L$:

$$\begin{aligned} \lambda' L &= (\lambda \sqcap \overline{\sup_j x_{2j}})L \sqcup \sup_j x_{2j}x_{2j+1}^{\mathrm{T}}L \\ &= (\lambda L \sqcap \overline{\sup_j x_{2j}}) \sqcup \sup_j x_{2j}L, \quad \text{wegen} \quad x_{2j+1}^{\mathrm{T}}L = (Lx_{2j+1}L)^{\mathrm{T}} = L. \\ &= \lambda L \sqcup \sup_j x_{2j}L, \\ &= \lambda L \sqcup x_0 L, \quad \text{weil } x_{2j} \subset \lambda(Q^{\mathrm{T}}\lambda)^{j-1}Q^{\mathrm{T}}\overline{\lambda L} \subset \lambda L \\ &\supsetneqq \lambda L, \quad \text{aufgrund von} \quad x_0 L \subset \overline{\lambda L}. \end{aligned}$$

□

Hieraus kann man zwei berühmte Folgerungen ziehen.

9.3.13 Satz (*D. König, 1931*). In endlichen 2-geteilten Graphen stimmen Kantenunabhängigkeitszahl und Punktüberdeckungszahl überein, d. h. es gilt

$$\alpha^* = \tau.$$

Beweis: Man wähle anstelle eines anzahlmaximalen Planes nach (9.1.6) eine Zuordnung λ mit $\alpha^* = |\lambda L|$, und bestimme dafür a und b. Nach (9.3.11) bildet $(\overline{a}, \overline{b})$ eine inklusionsminimale Überdeckung. Die in (9.3.12) bewiesene Gleichung $\overline{b} = \lambda^{\mathrm{T}} a$ bedeutet, daß λ keinen Punkt aus $\overline{a}$ mit einem Punkt aus $\overline{b}$ verbindet; also gilt $|\lambda L| = |\overline{a}| + |\overline{b}|$, und man hat in $(\overline{a}, \overline{b})$ eine Überdeckung der Kardinalität α^*. Es gilt also $\alpha^* \geq \tau$. Es sind auch mindestens soviele Punkte notwendig für eine Überdeckung, weil keine zwei Kanten eines Planes mit nur einem Punkt überdeckt werden können. □

Dieser Satz wird in (9.4.8) durch ein ähnliches Resultat ergänzt. Als zweite Folgerung erhalten wir den bekannten Heiratssatz.

9.3.14 Satz (*Heiratssatz, P. Hall 1935*). In einem endlichen 2-geteilten Graphen ist jede Menge x, die die Hall-Bedingung erfüllt, auch planbar.

Beweis: Wir dürfen o. E. $Q \subset xL$ voraussetzen und damit alle Verbindungen eliminieren, die linksseitig nicht die Menge x treffen, also auch zu einer Verplanung von x nichts beitragen können. Angenommen, x sei nicht planbar. Dann gilt für eine Zuordnung λ stets $\lambda L \subsetneq x$. Wir betrachten nun eine Zuordnung, für die λL wenigstens inklusionsmaximal ist, bestimmen dazu a und b und weisen für die Menge $a \sqcap x$ die Verletzung der Hall-Bedingung nach.

Durch $\iota := \lambda \sqcap aL$ können wir eine eindeutige und injektive Relation angeben, die nach (9.3.12) $\iota^{\mathrm{T}} L = (\lambda \sqcap aL)^{\mathrm{T}}(a \sqcup \overline{a}) = (\lambda \sqcap aL)^{\mathrm{T}} a \sqcup (\lambda \sqcap aL)^{\mathrm{T}} \overline{a} = \lambda^{\mathrm{T}} a \sqcup O = \overline{b}$ und $\iota L = (\lambda \sqcap aL)L = \lambda L \sqcap aL \subset x \sqcap a$ erfüllt. Damit liegt eine Injektion der Menge $\overline{b}$ *in* $a \sqcap x$, jedoch nicht *auf* $a \sqcap x$ vor. Es kann nämlich nicht $a \sqcap x \subset \lambda L$ gelten. Dies zusammen mit $\overline{a} \sqcap x \subset \overline{a} = \lambda b \subset \lambda L$ würde ja $x \subset \lambda L$ ergeben, obwohl x als nicht planbar angenommen wurde. Es gilt also $|\overline{b}| < |a \sqcap x|$. Nun ist aber $|\overline{b}| = |Q^{\mathrm{T}} a| = |Q^{\mathrm{T}}(a \sqcap x)|$, so daß mit $|Q^{\mathrm{T}}(a \sqcap x)| < |a \sqcap x|$ ein Widerspruch zur Hall-Bedingung vorliegt. □

9.4 Sternförmigkeit

Bei der Suche nach inklusions- bzw. anzahlminimalen Transversalen hilft (unter gewissen Zusatzvoraussetzungen) eine Inzidenz von speziellem Typ. Sie besitzt Querverbindungen zur Helly-Eigenschaft, zur Konfluenz und auch zu induktiven Ordnungen, auf die wir hier nicht im Detail eingehen.

9.4.1 Definition. Ist die Inzidenz M eines Hypergraphen und ihre zugehörige Kantenadjazenz $\mathrm{K} := \overline{I} \sqcap MM^{\mathrm{T}}$ gegeben, so heiße

M **sternförmig** $:\iff M \subset (M \sqcap \overline{K\overline{M}})L \iff M \subset (M \sqcap \overline{MM^{\mathrm{T}}\overline{M}})L$

$\iff$ Jede nichtleere Kante p inzidiert mit einem Punkt, der auch mit allen zu p adjazenten Kanten inzidiert. □

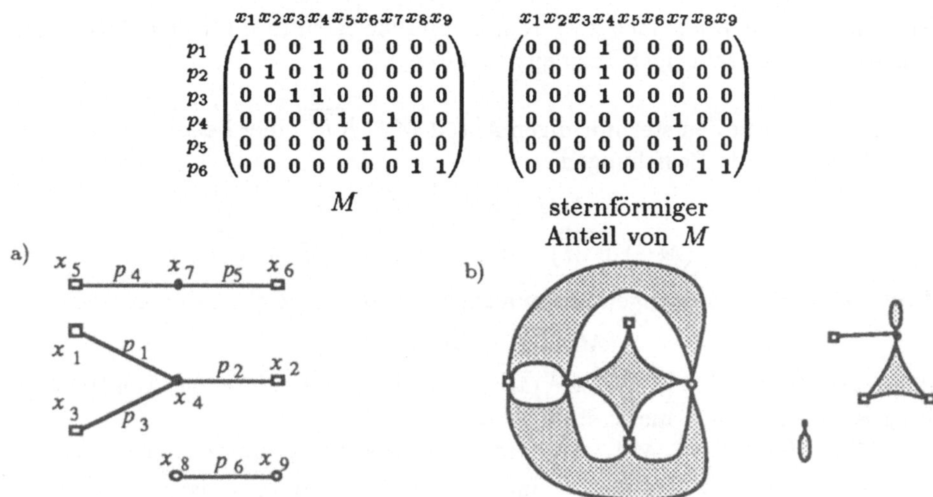

$$\begin{array}{c} \\ p_1\\ p_2\\ p_3\\ p_4\\ p_5\\ p_6 \end{array} \begin{array}{c} x_1x_2x_3x_4x_5x_6x_7x_8x_9 \\ \begin{pmatrix} 1&0&0&1&0&0&0&0&0\\ 0&1&0&1&0&0&0&0&0\\ 0&0&1&1&0&0&0&0&0\\ 0&0&0&0&1&0&1&0&0\\ 0&0&0&0&0&1&1&0&0\\ 0&0&0&0&0&0&0&1&1 \end{pmatrix} \\ M \end{array} \qquad \begin{array}{c} x_1x_2x_3x_4x_5x_6x_7x_8x_9 \\ \begin{pmatrix} 0&0&0&1&0&0&0&0&0\\ 0&0&0&1&0&0&0&0&0\\ 0&0&0&1&0&0&0&0&0\\ 0&0&0&0&0&0&1&0&0\\ 0&0&0&0&0&0&1&0&0\\ 0&0&0&0&0&0&0&1&1 \end{pmatrix} \\ \text{sternförmiger Anteil von } M \end{array}$$

Abb. 9.4.1 Sternförmige Inzidenz

$M \sqcap \overline{K\overline{M}}$ könnte man als den „sternförmigen Anteil" von M bezeichnen. In Übung 9.4.2 wird nachgerechnet, daß dieser Anteil auch durch $M \sqcap \overline{MM^{\mathrm{T}}\overline{M}}$ bestimmt wird; damit ist insbesondere die Äquivalenz der Definitionsvarianten nachgewiesen. Der Graph a) aus Abb. 9.4.1, zu dem auch die Relationen angegeben sind, hat sternförmige Inzidenz; ebenso der Hypergraph b), nicht jedoch der Hypergraph und der Graph in Abb. 9.4.2.

Ein wichtiger Spezialfall liegt vor, wenn M eine Ordnung und damit eine homogene Relation ist. Statt „ist kantenadjazent zu" liest man nun „ist verschieden von und hat eine gemeinsame obere Schranke mit". Weil Sternförmigkeit für eine Ordnung bedeutet, daß jeweils alle Elemente, die mit einem gegebenen Element x eine obere Schranke besitzen, auch eine *gemeinsame* obere Schranke besitzen, erwarten wir, daß diese gemeinsame obere Schranke dem Element x eindeutig zugeordnet ist, und daß Konfluenz in Richtung auf diese Schranke herrscht.

Ein sternförmiger Graph ist angesichts dieser Beispiele dadurch charakterisiert, daß jede Zusammenhangskomponente ein *Stern* ist. Alle Kanten eines Sterns sind paarweise adjazent. Für den Fall a) aus Abb. 9.4.1 trifft dies jedenfalls zu. In dem 3-Stern sowohl, als auch in dem 2-Stern sind die Kanten jeweils paarweise adjazent. Wir werden diese Aussage allgemein dadurch beweisen, daß wir zeigen, daß MM^{T} eine symmetrische und transitive Relation darstellt.

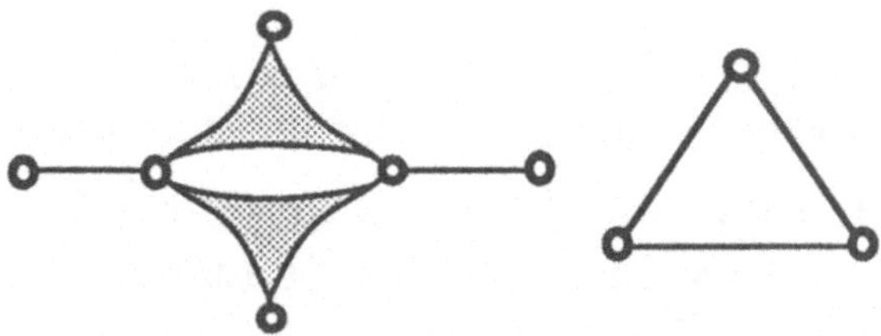

Abb. 9.4.2 Nichtsternförmige Inzidenz

Zunächst stellen wir jedoch zwei rein technische Resultate für den sternförmigen Anteil einer *beliebigen* Inzidenz zusammen.

9.4.2 Satz. Für den sternförmigen Anteil $M \sqcap \overline{K\overline{M}}$ einer beliebigen Inzidenz M gelten folgende Beziehungen

i) $$MM^{\mathrm{T}}(M \sqcap \overline{K\overline{M}}) \subset M;$$

ii) $$(M \sqcap \overline{K\overline{M}})M^{\mathrm{T}}(M \sqcap \overline{K\overline{M}}) \subset M \sqcap \overline{K\overline{M}}.$$

Beweis: i) Wir überzeugen uns zunächst von der Gültigkeit der Aussage

$$MM^{\mathrm{T}}\overline{M} \subset \overline{M} \sqcup K\overline{M},$$

die wegen $MM^{\mathrm{T}}\overline{M} = (I \sqcap MM^{\mathrm{T}})\overline{M} \sqcup (\overline{I} \sqcap MM^{\mathrm{T}})\overline{M}$ richtig ist. Die Behauptung ist offensichtlich hierzu äquivalent.

ii) Nach (i) gilt „$\subset M$“. Aus der transponierten Form von (i) ergibt sich zunächst $(M \sqcap \overline{K\overline{M}})^{\mathrm{T}}K \subset M^{\mathrm{T}}$ und somit, wiederum mit obiger Aussage

$$M(M \sqcap \overline{K\overline{M}})^{\mathrm{T}}K\overline{M} \subset MM^{\mathrm{T}}\overline{M} \subset \overline{M} \sqcup K\overline{M};$$

dies ist äquivalent zu „$\subset \overline{K\overline{M}}$“. □

Beide Aussagen sind elementar, wenngleich sprachlich etwas umständlich zu formulieren. Geht man gemäß (i) von einer Kante p zu einer adjazenten Kante q ($q = p$ eingeschlossen) über und geht man anschließend zu einem Punkt x von q über, der mit *allen* zu q adjazenten Kanten inzidiert, so inzidiert x notwendigerweise auch mit p. Verfügt p, wie in (ii) verlangt, ebenfalls über einen Punkt y, der mit *allen* zu p adjazenten Kanten inzidiert, und beschränkt man den eben erwähnten Übergang zu q auf den Übergang über solche Punkte y, dann ist auch x ein Punkt von p mit dieser Eigenschaft; alle mit p adjazenten Kanten sind nämlich via y auch mit q adjazent und inzidieren deswegen mit x.

Transitivität von MM^{T} erhält man nun im folgenden Korollar bei Spezialisierung auf sternförmige Inzidenzen. Dann ist $I \sqcup MM^{\mathrm{T}}$ eine Äquivalenzrelation auf den Kanten. Zusätzlich erhalten wir aber auch noch eine Zerlegung der Punktmenge.

9.4.3 Korollar. Für eine sternförmige Inzidenz M gilt

i) $MM^{\mathrm{T}} \subset (M \sqcap \overline{K\overline{M}})M^{\mathrm{T}}$,

ii) MM^{T} ist transitiv,

iii) $M^{\mathrm{T}}L = [\mathrm{eAn}(M \sqcap \overline{K\overline{M}})]^{\mathrm{T}}L \sqcup [\mathrm{mAn}(M \sqcap \overline{K\overline{M}})]^{\mathrm{T}}L \sqcup (M \sqcap K\overline{M})^{\mathrm{T}}L$ ist eine disjunkte Zerlegung der Menge der nichtfreien Punkte.

Beweis: i) $MM^{\mathrm{T}} = [(M \sqcap \overline{K\overline{M}})L \sqcap M]M^{\mathrm{T}} \subset (M \sqcap \overline{K\overline{M}} \sqcap ML)[L \sqcap (M \sqcap \overline{K\overline{M}})^{\mathrm{T}}M]M^{\mathrm{T}} \subset (M \sqcap \overline{K\overline{M}})(M \sqcap \overline{K\overline{M}})^{\mathrm{T}}MM^{\mathrm{T}} \subset (M \sqcap \overline{K\overline{M}})M^{\mathrm{T}}$, nach (9.4.2.i).

ii) ergibt sich direkt aus (i) und (9.4.2.i):

$$MM^{\mathrm{T}}MM^{\mathrm{T}} \subset MM^{\mathrm{T}}(M \sqcap \overline{K\overline{M}})M^{\mathrm{T}} \subset MM^{\mathrm{T}}.$$

iii) Da die Vereinigung offensichtlich $M^{\mathrm{T}}L$ ergibt, ist nur noch die Disjunktheit zu überprüfen, wozu wir uns auf die leicht zu beweisende Äquivalenz $X^{\mathrm{T}}L \sqcap Y^{\mathrm{T}}L = O \iff XY^{\mathrm{T}} = O$ stützen. Der dritte Bestandteil ist disjunkt von den ersten beiden, denn

$$
\begin{aligned}
(M \sqcap \overline{K\overline{M}})(M \sqcap K\overline{M})^{\mathrm{T}} &= (M \sqcap \overline{K\overline{M}})(\overline{M}^{\mathrm{T}}K \sqcap M^{\mathrm{T}}) \\
&\subset (M \sqcap \overline{K\overline{M}})[\overline{M}^{\mathrm{T}}M(M \sqcap \overline{K\overline{M}})^{\mathrm{T}} \sqcap M^{\mathrm{T}}], \text{ nach (i)} \\
&\subset (M \sqcap \overline{K\overline{M}})[\overline{M}^{\mathrm{T}}M \sqcap M^{\mathrm{T}}(M \sqcap \overline{K\overline{M}})][(M \sqcap \overline{K\overline{M}})^{\mathrm{T}} \sqcap M^{\mathrm{T}}\overline{M}M^{\mathrm{T}}] \\
&\subset [(M \sqcap \overline{MM^{\mathrm{T}}\overline{M}})\overline{M}^{\mathrm{T}}M \sqcap (M \sqcap \overline{K\overline{M}})M^{\mathrm{T}}(M \sqcap \overline{K\overline{M}})]L, \\
&\qquad \text{da } M \sqcap \overline{MM^{\mathrm{T}}\overline{M}} = M \sqcap \overline{K\overline{M}} \\
&\subset [\overline{MM^{\mathrm{T}}\overline{M}}\,\overline{M}^{\mathrm{T}}M \sqcap (M \sqcap \overline{K\overline{M}})]L, \text{ nach (9.4.2.ii)} \\
&\subset (\overline{MM^{\mathrm{T}}}M \sqcap M)L \subset (\overline{M} \sqcap M)L = O.
\end{aligned}
$$

Die beiden ersten Bestandteile sind disjunkt, weil

$$
\mathrm{eAn}(M \sqcap \overline{K\overline{M}})[\mathrm{mAn}(M \sqcap \overline{K\overline{M}})]^{\mathrm{T}} \subset \mathrm{eAn}(M \sqcap \overline{K\overline{M}})L,
$$

aber auch

$$
\begin{aligned}
&\mathrm{eAn}(M \sqcap \overline{K\overline{M}})[\mathrm{mAn}(M \sqcap \overline{K\overline{M}})]^{\mathrm{T}} \\
&\qquad \subset (M \sqcap \overline{K\overline{M}})[\overline{I}(M \sqcap \overline{K\overline{M}})^{\mathrm{T}} \sqcap (M \sqcap \overline{K\overline{M}})^{\mathrm{T}}] \\
&\qquad \subset (M \sqcap \overline{K\overline{M}})[\overline{I} \sqcap (M \sqcap \overline{K\overline{M}})^{\mathrm{T}}(M \sqcap \overline{K\overline{M}})] \\
&\qquad\qquad [(M \sqcap \overline{K\overline{M}})^{\mathrm{T}} \sqcap \overline{I}(M \sqcap \overline{K\overline{M}})^{\mathrm{T}}] \quad \text{nach der Dedekind-Regel} \\
&\qquad \subset [(M \sqcap \overline{K\overline{M}})\overline{I} \sqcap (M \sqcap \overline{K\overline{M}})(M \sqcap \overline{K\overline{M}})^{\mathrm{T}}(M \sqcap \overline{K\overline{M}})]L \\
&\qquad \subset [(M \sqcap \overline{K\overline{M}})\overline{I} \sqcap (M \sqcap \overline{K\overline{M}})]L, \text{ nach (9.4.2.ii)} \\
&\qquad = \mathrm{mAn}(M \sqcap \overline{K\overline{M}})L;
\end{aligned}
$$

das Produkt verschwindet also nach (4.2.11). □

Die Zerlegung ist in Abb. 9.4.1 kenntlich gemacht. Ausgefüllte Punkte sind einer Kante – und damit auch allen zu ihr adjazenten Kanten – *eindeutig* so zugeordnet, daß sie mit allen adjazenten Kanten inzidieren. Hat eine Kante mehrere Punkte, die auch mit allen adjazenten Kanten inzidieren, so auch jede dieser adjazenten Kanten; solche Punkte sind als Kreisringe dargestellt. Punkte einer Kante, die *nicht* mit allen adjazenten Kanten inzidieren – auch dies eine Eigenschaft bezüglich *aller* mit dem Punkt inzidierender Kanten – sind als Quadrate markiert.

Man kann übrigens nicht aus der Transitivität von MM^{T} in umgekehrter Richtung auf Sternförmigkeit der Inzidenz schließen; auch nicht für einfache Graphen. Ein Gegenbeispiel liefert das „Dreieck“ aus Abb. 9.4.2; dort ist $MM^{\mathrm{T}} = L$, also MM^{T} sicherlich transitiv.

Für den Fall, daß die Inzidenz M den Rang 2 besitzt, wollen wir nun die angekündigte Verbindung zwischen inklusionsminimalen transversalen Kantenmengen und Sternförmigkeit herstellen. Zur Vorbereitung beweisen wir einen

Satz über eine Inzidenz, in der jede nichtleere Kante ein Stachel ist. Das Resultat ist anschaulich klar; es im folgenden Beweis algebraisch nachzuvollziehen, ist relativ schwierig. Als Stachel hatten wir in (5.3.7) und (5.3.8) jene Kanten bezeichnet, die wenigstens eine Spitze (mit keiner weiteren Kante inzidierender Punkt) treffen.

9.4.4 Satz. Ein Hypergraph vom Range ≤ 2, in welchem jede nichtleere Kante ein Stachel ist, hat sternförmige Inzidenz.

Zum **Beweis** zerlegen wir die Inzidenz M in

$$\begin{aligned} M &= [\mathrm{eAn}(M^{\mathrm{T}}) \sqcup \mathrm{mAn}(M^{\mathrm{T}})]^{\mathrm{T}} \subset [\mathrm{eAn}(M^{\mathrm{T}})]^{\mathrm{T}} \sqcup [\mathrm{mAn}(M^{\mathrm{T}})]^{\mathrm{T}}L \\ &= ([\mathrm{eAn}(M^{\mathrm{T}})]^{\mathrm{T}} \sqcap \overline{[\mathrm{mAn}(M^{\mathrm{T}})]^{\mathrm{T}}L}) \sqcup [\mathrm{mAn}(M^{\mathrm{T}})]^{\mathrm{T}}L \end{aligned}$$

und betrachten die Inzidenz von Kanten, die ausschließlich Spitzen treffen, gesondert von Kanten, die einen Kantenverbindungspunkt treffen.

Im ersten Fall schätzen wir sofort ab

$$[\mathrm{eAn}(M^{\mathrm{T}})]^{\mathrm{T}} \sqcap \overline{[\mathrm{mAn}(M^{\mathrm{T}})]^{\mathrm{T}}L} \subset M \sqcap \overline{KL} \subset M \sqcap \overline{K\overline{M}} \subset (M \sqcap \overline{K\overline{M}})L,$$

weil $KL = (MM^{\mathrm{T}} \sqcap \overline{I})L \subset (M \sqcap \overline{I}M)(M^{\mathrm{T}} \sqcap M^{\mathrm{T}}\overline{I})L \subset [\mathrm{mAn}(M^{\mathrm{T}})]^{\mathrm{T}}L$.

Für den zweiten Bestandteil beweisen wir $[\mathrm{mAn}(M^{\mathrm{T}})]^{\mathrm{T}} \subset M \sqcap \overline{K\overline{M}}$. Davon ist „$\subset M$" trivialerweise erfüllt, so daß nur $M \sqcap \overline{I}M \subset \overline{K\overline{M}}$ bzw. $M \sqcap \overline{I}M \sqcap K\overline{M} \subset O$ zu zeigen ist. Dazu zerlegen wir das erste M aus $\mathrm{K} = \overline{I} \sqcap MM^{\mathrm{T}}$ in $M = (M \sqcap \overline{\overline{I}M}) \sqcup (M \sqcap \overline{I}M)$. Im einen Fall ist man fertig, denn

$$\overline{I} \sqcap (M \sqcap \overline{\overline{I}M})M^{\mathrm{T}} \subset \overline{I} \sqcap \overline{\overline{I}M}M^{\mathrm{T}} \subset \overline{I} \sqcap I = O.$$

Im anderen Fall hat man

$$\begin{aligned} &[\overline{I} \sqcap (M \sqcap \overline{I}M)M^{\mathrm{T}}]\overline{M} \sqcap (M \sqcap \overline{I}M) \subset (M \sqcap \overline{I}M)M^{\mathrm{T}}\overline{M} \sqcap (M \sqcap \overline{I}M) \\ &\quad \subset (M \sqcap \overline{I}M)\overline{I} \sqcap (M \sqcap \overline{I}M) = \mathrm{mAn}(M \sqcap \overline{I}M) = O. \end{aligned}$$

Die beiden Voraussetzungen des Satzes kommen nur im allerletzten Schluß vor, mit dem ausgenutzt wurde, daß $M \sqcap \overline{I}M$ eindeutig ist, sein mehrdeutiger Anteil also verschwindet: Jede nichtleere Kante ist nach Voraussetzung ein Stachel, d. h. sie inzidiert nach (5.3.8) mit einer Spitze. Es bleibt aufgrund des Ranges 2 *höchstens* ein Punkt der Kante übrig, welcher kantenverbindend ist, d. h. der nach (5.3.5) in $\mathrm{mAn}(M^{\mathrm{T}})L$ liegt. Folglich ist $M \sqcap [\mathrm{mAn}(M^{\mathrm{T}})L]^{\mathrm{T}} = M \sqcap \overline{I}M$ eindeutig. Der nichttriviale Teil der zuletzt verwendeten Gleichung ergibt sich aus

$$[\mathrm{mAn}(M^{\mathrm{T}})L]^{\mathrm{T}} = L(M \sqcap \overline{I}M) = I(M \sqcap \overline{I}M) \sqcup \overline{I}(M \sqcap \overline{I}M) \subset \overline{I}M \sqcup \overline{I}M.$$

□

Sternförmigkeit inklusionsminimaler Kantenüberdeckungen

Wir kehren nun zu dem Problem aus Abschnitt 9.2 zurück, bei dem inklusionsminimale transversale Mengen gefunden werden sollten.

Sind eine Inzidenz M und eine inklusionsminimale transversale Kantenmenge q vorgegeben, so betrachten wir gemäß Satz 9.2.6 die Reduktion M_q

und den Rand δ. Hat M den Rang 2, so haben alle Hyperkanten einen der Ränge 0, 1 oder 2. Leere Kanten kommen in q nicht vor, weil man sie ohne Schaden für die Überdeckung hätte fortlassen können. Eine Kante vom Rang 1 inzidiert mit ihrem Punkt als *einzige* Kante aus q, da man sie sonst weglassen könnte, und erfüllt damit die Sternförmigkeitseigenschaft. Eine Kante vom Rang 2 trifft den Rand δ, d. h. Adjazenz zu anderen Kanten aus q entsteht über *höchstens* einen ihrer beiden Punkte, nämlich den nicht zu δ gehörigen; damit ist dieser aber im Sinne der Sternförmigkeit gerade jener Punkt, der mit allen zu ihr adjazenten Kanten aus q inzidiert.

Die Querverbindung zu Satz 9.4.4 ist nun offensichtlich: In der reduzierten Inzidenz M_q ist jede nichtleere Kante ein Stachel; sie trifft nämlich einen Punkt von δ, also eine Spitze bezüglich M_q.

9.4.5 Korollar. Die Reduktion M_q der Inzidenz eines Hypergraphen vom Range ≤ 2 durch eine inklusionsminimale transversale Kantenmenge q ist eine sternförmige Inzidenz.

Beweis: Nach (9.2.7) gilt $q \subset M_q\delta$. Unter Verwendung von (5.3.8) ergibt sich

$$M_q = M \sqcap qL \subset qL = q \subset M_q\delta = M_q \,\mathrm{eAn}(M_q^{\mathrm{T}})L = [\mathrm{eAn}(M_q^{\mathrm{T}})]^{\mathrm{T}}L,$$

so daß nach (5.3.7) in der Tat jede nichtleere Kante der Reduktion M_q ein Stachel (bezüglich M_q) ist. Mit M hat auch M_q den Rang 2; die Behauptung folgt also aus (9.4.4). □

Wir leiten noch ein quantitatives Resultat aus diesem Satz ab, welches anschließend gestattet, die Kantenzahl einer anzahlminimalen Überdeckung in Beziehung zur Punktezahl zu setzen.

9.4.6 Satz. Es sei eine inklusionsminimale transversale Kantenmenge q in einem Hypergraphen vom Range ≤ 2 vorgelegt, sowie die zugehörige Zerlegung in Sterne. Bezeichnet man mit σ die Zahl der Sterne und mit ρ die Zahl der Kanten vom Range 2, so ergibt sich

$$\rho + \sigma = |M^{\mathrm{T}}L|.$$

Beweis: Nach (9.4.5) ist die Reduktion von M durch q sternförmig. Daher kann man die nichtfreien Punkte vermöge (9.4.3) disjunkt einteilen in

$$\begin{aligned} M^{\mathrm{T}}L = M^{\mathrm{T}}q &= M_q^{\mathrm{T}}L \\ &= [\mathrm{eAn}(M_q \sqcap \overline{M_q M_q^{\mathrm{T}} \overline{M_q}})]^{\mathrm{T}}L \sqcup [\mathrm{mAn}(M_q \sqcap \overline{M_q M_q^{\mathrm{T}} \overline{M_q}})]^{\mathrm{T}}L \\ &\qquad \sqcup (M_q \sqcap M_q M_q^{\mathrm{T}} \overline{M_q})^{\mathrm{T}}L \\ &=: a \sqcup b \sqcup c. \end{aligned}$$

Der erste Anteil a in dieser Vereinigung enthält die Punkte, die allen ihren Kanten *eindeutig* als gemeinsamer Punkt zugeordnet sind (in Abb. 9.4.1.a ausgefüllt). Der zweite Teil umfaßt genau die Punkte*paare* von isolierten Überdeckungskanten vom Rang 2 (in Abb. 9.4.1.a Kreisringe); der dritte Teil den Rest, d. h. Punkte, die weder zu einer isolierten Überdeckungskante gehören, noch mit allen zu ihren Kanten adjazenten Kanten ebenfalls inzidieren (in Abb. 9.4.1.a Quadrate). Die Zahl der Kanten vom Rang 2 in q bzw. die Zahl der Sterne ist demnach

$$\rho = |c| + \tfrac{1}{2}|b|, \qquad \sigma = |a| + \tfrac{1}{2}|b|. \qquad \square$$

Die Abb. 9.4.3 verdeutlicht diese Zerlegung. Die Formulierung des Satzes wird prägnanter, wenn man eine anzahlminimale Überdeckung betrachtet und keine freien Punkte und keine Tropfen mehr zuläßt (wohl aber leere Kanten). Dann ist die Zahl $|M^{\mathrm{T}}L|$ der nichtfreien Punkte gleich n und die Zahl der Kanten vom Rang 2 in der anzahlminimalen Überdeckung q gleich τ^*, und man erhält $\tau^* = n - \sigma$.

Abb. 9.4.3 Zerlegung der nichtfreien Punkte in $a \sqcup b \sqcup c$

Bewiesen haben wir damit ein interessantes Resultat mit einer rein äußerlichen Ähnlichkeit zu Satz 9.2.3.iii. (Wäre es eine echte Dualisierung dazu, so müßte sich nicht die Punkte-, sondern die Kantenzahl ergeben!)

9.4.7 Satz (*T. Gallai; R. Z. Norman - M. O. Rabin, 1959*). In einem einfachen Graphen mit n Punkten und ohne freie Punkte gilt

$$\alpha^* + \tau^* = n.$$

Beweis: „$\geq$“: Ein einfacher Graph hat den Rang 2; es gilt also $\tau^* = n - \sigma$. Wir wählen nun aus jedem der σ Sterne genau eine Kante aus. Diese Kanten sind paarweise nicht adjazent, bilden also eine unabhängige Kantenmenge, so daß $\sigma \leq \alpha^*$.

„$\leq$“: Gegeben sei ein Plan r, so daß bereits $2 \cdot |r|$ Punkte überdeckt sind, und man mit weiteren $n - 2 \cdot |r|$ Kanten auch alle übrigen – nicht freien – Punkte überdecken kann. Beides zusammen liefert eine Überdeckung mit $n - |r| \geq \tau^*$ Kanten. Wird r von vornherein als anzahlmaximal gewählt, so haben wir sogar $n - \alpha^* \geq \tau^*$. □

Ein weiteres Korollar schließt an Satz 9.3.13 an.

9.4.8 Korollar. In einem 2-geteilten Graphen ohne freie Punkte gilt stets

$$\alpha = \tau^*.$$

Beweis: Wir haben $\alpha = n - \tau$ nach (9.2.3.iii), setzen darin $\tau = \alpha^*$ nach (9.3.13), sowie $n - \alpha^* = \tau^*$ nach (9.4.7). □

Übungen

9.4.1 Eine sternförmige Inzidenz mit einer essentiellen Transponierten ist eindeutig.

9.4.2 Man zeige, daß stets $M \sqcap \overline{MM^{\mathrm{T}}\overline{M}} = M \sqcap \overline{K\overline{M}}$ gilt.

9.4.3 Für sternförmiges M gilt $M \sqcap [(M \sqcap \overline{K\overline{M}})^{\mathrm{T}}L^{\mathrm{T}}] = M \sqcap \overline{K\overline{M}}$.

9.4.4 Für eine reflexive, antisymmetrische und sternförmige Inzidenz M ist $\overline{MM^{\mathrm{T}}\overline{M}}$ stets eindeutig.

9.4.5 Für eine reflexive, antisymmetrische und sternförmige Inzidenz gilt

$$M \sqcap \overline{MM^{\mathrm{T}}\overline{M}} = M \sqcap \overline{(M \sqcap \overline{I})L}^{\mathrm{T}}.$$

9.4.6 Für jedes M gilt $M \sqcap \overline{MM^{\mathrm{T}}\overline{M}} = \mathrm{syQ}(MM^{\mathrm{T}}, M) \sqcap ML$.

9.4.7 Man zeige, daß jede sternförmige Inzidenz die Helly-Eigenschaft besitzt und gebe ein Beispiel dafür an, daß die Umkehrung nicht stimmt.

9.5 Literaturhinweise

Siehe auch die Literaturhinweise in Kapitel 8.

DULMAGE AL, MENDELSOHN NS: *Coverings of bipartite graphs.* Canadian J. Math. **10** (1958) 517–534.

GALLAI T: *Über extreme Punkt- und Kantenmengen.* Ann. Univ. Sci. Budapest, Eötvös Sect. Math. **2** (1959) 133–138.

HALL P: *On representations of subsets.* J. London Math. Soc. **10** (1935) 26–30.

KÖNIG D: *Graphen und Matrizen.* Mat. Fiz. Lapok **38** (1931) 116–119.

MAGHOUT K: *Sur la détermination des nombres de stabilité et du nombre chromatique d'un graphe.* C. R. Acad. Sci. Paris **248** (1959) 3522–3523.

NORMAN RZ, RABIN MO: *An algorithm for a minimum cover of a graph.* Proc. Amer. Math. Soc. **10** (1959) 315–319.

SCHMIDT G, STRÖHLEIN T: *A Boolean matrix iteration in timetable construction.* Linear Algebra Appl. **15** (1976) 27–51.

10. Programme: Korrektheit und Verifikation

Ein Bindeglied zwischen Programm und Graph ist das Flußdiagramm. Es unterscheidet zwischen den einzelnen Programmschritten und dem Ablauf eines Programms. Programmiersprachliche Aspekte treten bei solcher Betrachtungsweise in den Hintergrund. Damit verschwinden viele der allein in der textlichen Darstellung von Programmen begründeten Probleme. Soweit sich hier eine programmiersprachliche Darstellung nicht umgehen läßt, verwenden wir eine sparsame Form, ohne jedoch deren Syntax formal zu definieren:

- *Hintereinanderschaltung* $E; F$ von Programmschritten,
- *Verzweigung* **if** b **then** E **else** F **fi**,
- *nichtdeterministische* mit den Prädikaten b und c *bewachte Verzweigung* $\lceil b : E [\,] c : F \rfloor$ zu den Programmschritten E und F, wobei im Fall $b = c =$ **true** auch $E [\,] F$ steht,
- *Schleifen* **while** b **do** E **od** und **repeat** E **until** b,
- *Sprungbefehl* **goto** M.

Auch Programme mit Rekursion wurden relationenalgebraisch behandelt; sie hier aufzunehmen, würde aber zu weit führen.

In Abschnitt 10.1 beginnen wir mit dem Begriff des Flußdiagramm-Programms und definieren auf relationenalgebraische Weise sein Verhalten und seine Wirkung. Anschließend wird in Abschnitt 10.2 partielle Korrektheit eines Programms in bezug auf Vor- und Nachbedingungen studiert. Aus dem sehr allgemeinen Kontraktionssatz ergeben sich mehr oder weniger automatisch die Verifikationsregeln zu den einzelnen Programmkonstrukten.

Zur Untersuchung von Terminierung und totaler Korrektheit bieten sich in Abschnitt 10.3 drei unterschiedliche Begriffsbildungen an, die bei Einschränkung auf endlich verzweigenden Nichtdeterminismus zu zweien und bei Einschränkung auf deterministische Programme sogar zu einer einzigen Form zusammenfallen. Die Umsetzung des Begriffs der totalen Korrektheit in benutzbare Rechenregeln für schwächste Vorbedingungen (weakest preconditions) geschieht in Abschnitt 10.4. Wir gehen außerdem auf eine Querbeziehung zur dynamischen Logik ein.

Eine besondere Art von Programm-Homomorphismen, basierend auf den Überlagerungen aus Kapitel 7, variiert in Abschnitt 10.5 nur den Ablauf, läßt aber die verwendeten Programmschritte ungeändert. Wir zeigen, wie man daraus Wirkungsäquivalenz der Programme herleiten kann.

10.1 Programme und ihre Wirkung

Die Einführung des relationenalgebraischen Programmbegriffes geht vom Flußdiagramm aus, also von einer graphenartigen Beschreibung des Programm-*Ablaufs* und einer (oft nur schematischen) Angabe der dabei auszuführenden *Programmschritte*. In diesem Sinne beschreiben wir in Abb. 10.1.1 drei Programmkonstrukte durch Ablaufgraphen, deren Pfeile mit Relationen „bewertet" sind. (In den ersten beiden Fällen geben wir dazu die gewohnte Kästchenform des Flußdiagramms an. Wir werden jedoch sonst Programmschritte nicht einem „Kästchen", entsprechend einem Punkt im Ablaufgraphen, sondern einem Pfeil zuordnen.)

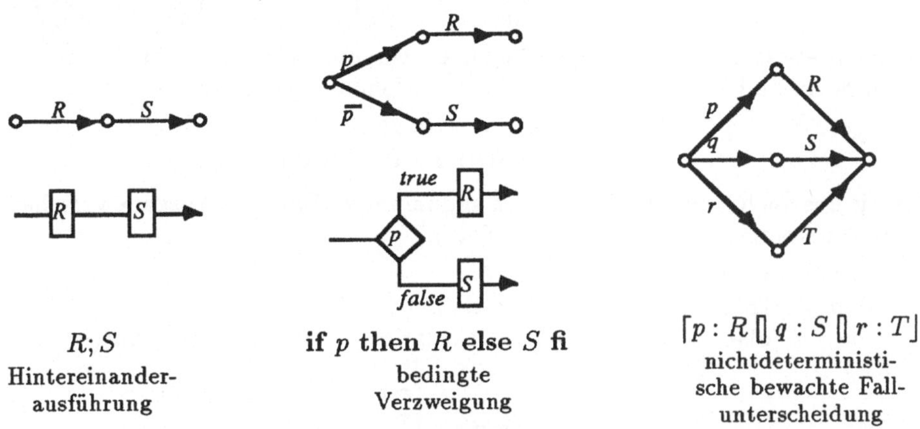

$R;S$	**if** p **then** R **else** S **fi**	$\lceil p:R \,[]\, q:S \,[]\, r:T \rfloor$
Hintereinander-ausführung	bedingte Verzweigung	nichtdeterministische bewachte Fallunterscheidung

Abb. 10.1.1 Ablaufgraphen elementarer Programmkonstrukte

Die Ablaufgraphen für diese Programmkonstrukte wären bei naheliegender Wahl der Punktreihenfolge mit den folgenden Assoziierten

$$\begin{pmatrix} 0&1&0\\ 0&0&1\\ 0&0&0 \end{pmatrix} \qquad \begin{pmatrix} 0&1&1&0&0\\ 0&0&0&1&0\\ 0&0&0&0&1\\ 0&0&0&0&0\\ 0&0&0&0&0 \end{pmatrix} \qquad \begin{pmatrix} 0&1&1&1&0\\ 0&0&0&0&1\\ 0&0&0&0&1\\ 0&0&0&0&1\\ 0&0&0&0&0 \end{pmatrix}$$

zu beschreiben. Statt die Koeffizienten $\mathtt{0}$ und $\mathtt{1}$ zu nehmen, liegt es nun nahe, die entlang der Programmschritte erfolgenden Operationen in die Matrix einzutragen. Man erhält

$$\begin{pmatrix} O&R&O\\ O&O&S\\ O&O&O \end{pmatrix} \qquad \begin{pmatrix} O&p&\overline{p}&O&O\\ O&O&O&R&O\\ O&O&O&O&S\\ O&O&O&O&O\\ O&O&O&O&O \end{pmatrix} \qquad \begin{pmatrix} O&p&q&r&O\\ O&O&O&O&R\\ O&O&O&O&S\\ O&O&O&O&T\\ O&O&O&O&O \end{pmatrix}.$$

Wir haben also Programmschritte als Koeffizienten einer Matrix genommen! Zunächst ist das nur eine denkbare symbolische Schreibweise, unter anderem sichtbar gemacht durch die Verwendung von O anstelle von $\mathtt{0}$. Einen mathematischen Hintergrund geben wir dafür im Anhang A.2.5 mit dem Beweis, daß die Matrizen mit Koeffizienten aus einer homogenen Relationenalgebra wieder eine Relationenalgebra bilden. Ehe wir dieser Schreibweise anschließend eine ganz normale relationenalgebraische Bedeutung unterlegen, bedenken wir, wie sich diese Matrizen bei der Matrixmultiplikation verhalten und erinnern uns an die Diskussion der Erreichbarkeit in Abschnitt 6.1:

$$\begin{pmatrix} O & R & O \\ O & O & S \\ O & O & O \end{pmatrix} \begin{pmatrix} O & R & O \\ O & O & S \\ O & O & O \end{pmatrix} = \begin{pmatrix} O & O & RS \\ O & O & O \\ O & O & O \end{pmatrix}$$

Der Doppelschritt wird also mit dem Relationsprodukt RS bewertet. Als nächstes kennzeichnen wir unter den drei bzw. fünf Positionen in den obigen drei Ablaufgraphen die Eingabe- und die Ausgabepositionen durch

$$e_G = \begin{pmatrix} 1 \\ 0 \\ 0 \end{pmatrix} \; a_G = \begin{pmatrix} 0 \\ 0 \\ 1 \end{pmatrix} \qquad e_G = \begin{pmatrix} 1 \\ 0 \\ 0 \\ 0 \\ 0 \end{pmatrix} \; a_G = \begin{pmatrix} 0 \\ 0 \\ 0 \\ 1 \\ 1 \end{pmatrix} \qquad e_G = \begin{pmatrix} 1 \\ 0 \\ 0 \\ 0 \\ 0 \end{pmatrix} \; a_G = \begin{pmatrix} 0 \\ 0 \\ 0 \\ 0 \\ 1 \end{pmatrix}.$$

In einem etwas größeren Beispiel beginnen wir mit einer programmiersprachlichen Form und betrachten ein Programmschema folgender Art

if p **then while** q **do** R **od**
else S; **while** r **do** T **od fi**,

das wir uns auch konkret interpretiert und mit einer Ein- und Ausgabe versehen vorstellen können, etwa in folgender Form:

nat n; *read*(n);
if $n > 1$ **then while** $n > 2$ **do** $n := n - 3$ **od**
else $n := n * n$; **while** $n > 0$ **do** $n := n - 1$ **od fi**; *print*(n)

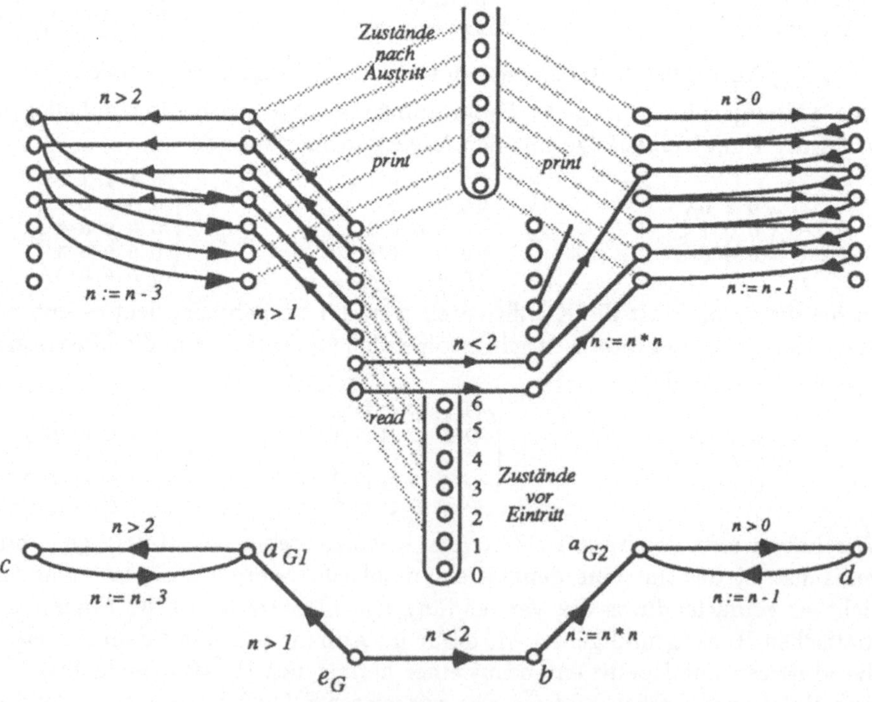

Abb. 10.1.2 Ablaufgraph und Situationsgraph

$$
\begin{array}{cc|ccccc|ccccc|ccccc|ccccc|ccccc|ccccc}
 & & \multicolumn{5}{c}{e_G} & \multicolumn{5}{c}{b} & \multicolumn{5}{c}{c} & \multicolumn{5}{c}{a_{G_1}} & \multicolumn{5}{c}{d} & \multicolumn{5}{c}{a_{G_2}} \\
 & & 0 & 1 & 2 & 3 & \dots & 0 & 1 & 2 & 3 & \dots & 0 & 1 & 2 & 3 & \dots & 0 & 1 & 2 & 3 & \dots & 0 & 1 & 2 & 3 & \dots & 0 & 1 & 2 & 3 & \dots \\
\hline
 & 0 & 0 & 0 & 0 & 0 & \dots & 1 & 0 & 0 & 0 & \dots & 0 & 0 & 0 & 0 & \dots & 0 & 0 & 0 & 0 & \dots & 0 & 0 & 0 & 0 & \dots & 0 & 0 & 0 & 0 & \dots \\
 & 1 & 0 & 0 & 0 & 0 & \dots & 0 & 1 & 0 & 0 & \dots & 0 & 0 & 0 & 0 & \dots & 0 & 0 & 0 & 0 & \dots & 0 & 0 & 0 & 0 & \dots & 0 & 0 & 0 & 0 & \dots \\
e_G & 2 & 0 & 0 & 0 & 0 & \dots & 0 & 0 & 0 & 0 & \dots & 0 & 0 & 0 & 0 & \dots & 0 & 0 & 1 & 0 & \dots & 0 & 0 & 0 & 0 & \dots & 0 & 0 & 0 & 0 & \dots \\
 & 3 & 0 & 0 & 0 & 0 & & 0 & 0 & 0 & 0 & & 0 & 0 & 0 & 0 & & 0 & 0 & 0 & 1 & & 0 & 0 & 0 & 0 & & 0 & 0 & 0 & 0 & \\
 & \vdots & \vdots & \vdots & \vdots & & \ddots & \vdots & \vdots & \vdots & & \ddots & \vdots & \vdots & \vdots & & \ddots & \vdots & \vdots & \vdots & & \ddots & \vdots & \vdots & \vdots & & \ddots & \vdots & \vdots & \vdots & & \ddots \\
\hline
 & 0 & 0 & 0 & 0 & 0 & \dots & 0 & 0 & 0 & 0 & \dots & 0 & 0 & 0 & 0 & \dots & 0 & 0 & 0 & 0 & \dots & 0 & 0 & 0 & 0 & \dots & 1 & 0 & 0 & 0 & \dots \\
 & 1 & 0 & 0 & 0 & 0 & \dots & 0 & 0 & 0 & 0 & \dots & 0 & 0 & 0 & 0 & \dots & 0 & 0 & 0 & 0 & \dots & 0 & 0 & 0 & 0 & \dots & 0 & 1 & 0 & 0 & \dots \\
b & 2 & 0 & 0 & 0 & 0 & \dots & 0 & 0 & 0 & 0 & \dots & 0 & 0 & 0 & 0 & \dots & 0 & 0 & 0 & 0 & \dots & 0 & 0 & 0 & 0 & \dots & 0 & 0 & 0 & 0 & 1 \\
 & 3 & 0 & 0 & 0 & 0 & & 0 & 0 & 0 & 0 & & 0 & 0 & 0 & 0 & & 0 & 0 & 0 & 0 & & 0 & 0 & 0 & 0 & & 0 & 0 & 0 & 0 & \\
 & \vdots & \vdots & \vdots & \vdots & & \ddots & \vdots & \vdots & \vdots & & \ddots & \vdots & \vdots & \vdots & & \ddots & \vdots & \vdots & \vdots & & \ddots & \vdots & \vdots & \vdots & & \ddots & \vdots & \vdots & \vdots & & \ddots \\
\hline
 & 0 & 0 & 0 & 0 & 0 & \dots & 0 & 0 & 0 & 0 & \dots & 0 & 0 & 0 & 0 & \dots & 0 & 0 & 0 & 0 & \dots & 0 & 0 & 0 & 0 & \dots & 0 & 0 & 0 & 0 & \dots \\
 & 1 & 0 & 0 & 0 & 0 & \dots & 0 & 0 & 0 & 0 & \dots & 0 & 0 & 0 & 0 & \dots & 0 & 0 & 0 & 0 & \dots & 0 & 0 & 0 & 0 & \dots & 0 & 0 & 0 & 0 & \dots \\
c & 2 & 0 & 0 & 0 & 0 & \dots & 0 & 0 & 0 & 0 & \dots & 0 & 0 & 0 & 0 & \dots & 0 & 0 & 0 & 0 & \dots & 0 & 0 & 0 & 0 & \dots & 0 & 0 & 0 & 0 & \dots \\
 & 3 & 0 & 0 & 0 & 0 & & 0 & 0 & 0 & 0 & & 0 & 0 & 0 & 0 & & 1 & 0 & 0 & 0 & & 0 & 0 & 0 & 0 & & 0 & 0 & 0 & 0 & \\
 & \vdots & \vdots & \vdots & \vdots & & \ddots & \vdots & \vdots & \vdots & & \ddots & \vdots & \vdots & \vdots & & \ddots & 0 & 1 & \vdots & & \ddots & \vdots & \vdots & \vdots & & \ddots & \vdots & \vdots & \vdots & & \ddots \\
\hline
 & 0 & 0 & 0 & 0 & 0 & \dots & 0 & 0 & 0 & 0 & \dots & 0 & 0 & 0 & 0 & \dots & 0 & 0 & 0 & 0 & \dots & 0 & 0 & 0 & 0 & \dots & 0 & 0 & 0 & 0 & \dots \\
 & 1 & 0 & 0 & 0 & 0 & \dots & 0 & 0 & 0 & 0 & \dots & 0 & 0 & 0 & 0 & \dots & 0 & 0 & 0 & 0 & \dots & 0 & 0 & 0 & 0 & \dots & 0 & 0 & 0 & 0 & \dots \\
a_{G_1} & 2 & 0 & 0 & 0 & 0 & \dots & 0 & 0 & 0 & 0 & \dots & 0 & 0 & 0 & 0 & \dots & 0 & 0 & 0 & 0 & \dots & 0 & 0 & 0 & 0 & \dots & 0 & 0 & 0 & 0 & \dots \\
 & 3 & 0 & 0 & 0 & 0 & & 0 & 0 & 0 & 0 & & 0 & 0 & 0 & 1 & & 0 & 0 & 0 & 0 & & 0 & 0 & 0 & 0 & & 0 & 0 & 0 & 0 & \\
 & \vdots & \vdots & \vdots & \vdots & & \ddots & \vdots & \vdots & \vdots & & \ddots & \vdots & \vdots & \vdots & & \ddots & \vdots & \vdots & \vdots & & \ddots & \vdots & \vdots & \vdots & & \ddots & \vdots & \vdots & \vdots & & \ddots \\
\hline
 & 0 & 0 & 0 & 0 & 0 & \dots & 0 & 0 & 0 & 0 & \dots & 0 & 0 & 0 & 0 & \dots & 0 & 0 & 0 & 0 & \dots & 0 & 0 & 0 & 0 & \dots & 0 & 0 & 0 & 0 & \dots \\
 & 1 & 0 & 0 & 0 & 0 & \dots & 0 & 0 & 0 & 0 & \dots & 0 & 0 & 0 & 0 & \dots & 0 & 0 & 0 & 0 & \dots & 0 & 0 & 0 & 0 & \dots & 1 & 0 & 0 & 0 & \dots \\
d & 2 & 0 & 0 & 0 & 0 & \dots & 0 & 0 & 0 & 0 & \dots & 0 & 0 & 0 & 0 & \dots & 0 & 0 & 0 & 0 & \dots & 0 & 0 & 0 & 0 & \dots & 0 & 1 & 0 & 0 & \dots \\
 & 3 & 0 & 0 & 0 & 0 & & 0 & 0 & 0 & 0 & & 0 & 0 & 0 & 0 & & 0 & 0 & 0 & 0 & & 0 & 0 & 0 & 0 & & 0 & 0 & 1 & 0 & \dots \\
 & \vdots & \vdots & \vdots & \vdots & & \ddots & \vdots & \vdots & \vdots & & \ddots & \vdots & \vdots & \vdots & & \ddots & \vdots & \vdots & \vdots & & \ddots & \vdots & \vdots & \vdots & & \ddots & \vdots & & & \ddots & \\
\hline
 & 0 & 0 & 0 & 0 & 0 & \dots & 0 & 0 & 0 & 0 & \dots & 0 & 0 & 0 & 0 & \dots & 0 & 0 & 0 & 0 & \dots & 0 & 0 & 0 & 0 & \dots & 0 & 0 & 0 & 0 & \dots \\
 & 1 & 0 & 0 & 0 & 0 & \dots & 0 & 0 & 0 & 0 & \dots & 0 & 0 & 0 & 0 & \dots & 0 & 0 & 0 & 0 & \dots & 0 & 1 & 0 & 0 & \dots & 0 & 0 & 0 & 0 & \dots \\
a_{G_2} & 2 & 0 & 0 & 0 & 0 & \dots & 0 & 0 & 0 & 0 & \dots & 0 & 0 & 0 & 0 & \dots & 0 & 0 & 0 & 0 & \dots & 0 & 0 & 1 & 0 & \dots & 0 & 0 & 0 & 0 & \dots \\
 & 3 & 0 & 0 & 0 & 0 & & 0 & 0 & 0 & 0 & & 0 & 0 & 0 & 0 & & 0 & 0 & 0 & 0 & & 0 & 0 & 0 & 1 & & 0 & 0 & 0 & 0 & \\
 & \vdots & \vdots & \vdots & \vdots & & \ddots & \vdots & \vdots & \vdots & & \ddots & \vdots & \vdots & \vdots & & \ddots & \vdots & \vdots & \vdots & & \ddots & \vdots & \vdots & \vdots & & \ddots & \vdots & \vdots & \vdots & & \ddots
\end{array}
$$

$$
B = \begin{array}{c}
e_G \\ b \\ c \\ a_{G_1} \\ d \\ a_{G_2}
\end{array}
\overset{\begin{array}{cccccc} e_G & b & c & a_{G_1} & d & a_{G_2} \end{array}}{\begin{pmatrix}
O & \overline{p} & O & p & O & O \\
O & O & O & O & O & S \\
O & O & O & R & O & O \\
O & O & q & O & O & O \\
O & O & O & O & O & T \\
O & O & O & O & r & O
\end{pmatrix}}
\qquad
B_G = \overset{\begin{array}{cccccc} e_G & b & c & a_{G_1} & d & a_{G_2} \end{array}}{\begin{pmatrix}
0 & 1 & 0 & 1 & 0 & 0 \\
0 & 0 & 0 & 0 & 0 & 1 \\
0 & 0 & 0 & 1 & 0 & 0 \\
0 & 0 & 1 & 0 & 0 & 0 \\
0 & 0 & 0 & 0 & 0 & 1 \\
0 & 0 & 0 & 0 & 1 & 0
\end{pmatrix}}
$$

$$
e = \begin{array}{c}
e_G \\ b \\ c \\ a_{G_1} \\ d \\ a_{G_2}
\end{array}
\begin{pmatrix} I \\ O \\ O \\ O \\ O \\ O \end{pmatrix}
\quad
e_G = \begin{pmatrix} 1 \\ 0 \\ 0 \\ 0 \\ 0 \\ 0 \end{pmatrix}
\quad
a = \begin{pmatrix} O \\ O \\ O \\ I \\ O \\ I \end{pmatrix}
\quad
a_G = \begin{pmatrix} 0 \\ 0 \\ 0 \\ 1 \\ 0 \\ 1 \end{pmatrix};
\qquad
I = \begin{array}{c} 0 \\ 1 \\ 2 \\ 3 \\ \vdots \end{array}
\overset{\begin{array}{ccccc} 0 & 1 & 2 & 3 & \dots \end{array}}{\begin{pmatrix}
1 & 0 & 0 & 0 & \dots \\
0 & 1 & 0 & 0 & \dots \\
0 & 0 & 1 & 0 & \dots \\
0 & 0 & 0 & 1 & \\
\vdots & \vdots & \vdots & & \ddots
\end{pmatrix}}
$$

Abb. 10.1.3 Relationen zu Ablaufgraph und Situationsgraph aus Abb. 10.1.2

Wir berauben nun dieses (absurde) Programm seiner programmiersprachlichen Einkleidung und konzentrieren uns auf die Gesamtheit der (von unterschiedlichen Eingaben herrührenden) möglichen Abläufe. Dabei haben wir zu unterscheiden zwischen der momentanen Besetzung der Variablen n, aufzufassen als „Maschinenzustand", und der *Position* im Ablaufgraphen, an der sich das Programm momentan befindet. Position im Ablaufgraphen und *Zustand* zusammen beschreiben eine *Situation* in der sich eine konkrete Abarbeitung des Programms zu einem gegebenen Zeitpunkt befinden kann. Der Zustand allein, beschrieben durch die Variablenbelegung, reicht dafür offenbar nicht aus, weil etwa $n = 4$ entstehen kann durch Einlesen der Zahl 4 oder durch Einlesen der Zahl 10 und anschließendes zweimaliges Herunterzählen um 3 in der ersten **while**-Schleife.

Um alle Situationen darzustellen, skizzieren wir in Abb. 10.1.2 oberhalb des Ablaufgraphen einen (nichtendlichen) Situationsgraphen. Dieser führt über jeder Position des Ablaufgraphen alle möglichen Werte für n, d. h. alle dort möglichen Zustände, auf. Pfeile im Situationsgraphen sind entsprechend den im Ablaufgraphen angegebenen Programmschritten gezeichnet. Schließlich wird Eingabe – entsprechend *read*(n) – und Ausgabe – entsprechend *print*(n) – dadurch ausgedrückt, daß die in ein Oval eingeschlossene Menge der *Zustände vor Eintritt* in bzw. *nach Ablauf* des Programms mit dem Situationsgraphen in Beziehung gesetzt wird (gepunktet).

Die an diesem Beispiel skizzierten Verhältnisse fassen wir in der folgenden Definition zu einem relationenalgebraischen Programmbegriff zusammen. Charakteristisch für diese Betrachtungsweise ist eine Unterscheidung von

- Zuständen vor Eintritt in das Programm,
- Zuständen nach Ablauf des Programms,
- Situationen im Verlaufe des Programms,
- Positionen im Ablaufgraphen

und die schematische Angabe der dazwischen herrschenden Relationen.

In der folgenden Definition beginnen wir deshalb mit zwei Graphen. Anschließend setzen wir sie auf elementare Weise zueinander in Beziehung, indem wir verlangen, Situationsübergänge im Situationsgraphen sollen nur dort möglich sein, wo dies der Ablaufgraph zuläßt. Schließlich geben wir an, welche Situationen mit Zuständen vor Eintritt in das Programm, und welche mit Zuständen nach Austritt aus dem Programm in Verbindung gebracht werden sollen.

10.1.1 Definition. Wir nennen das Quintupel $\mathcal{P} = (G, S, \Theta, e, a)$ ein **(Flußdiagramm-) Programm**, falls gilt

i) $S = (V, B)$ ist ein Graph, genannt **Situationsgraph**. Seine Punkte sollen **Situationen** heißen.
ii) $G = (V_G, B_G)$ ist ein Graph, genannt **Ablaufgraph**. Seine Punkte sollen **Positionen** heißen.
iii) $\Theta\colon V \longrightarrow V_G$ ist ein surjektiver Graphen-Homomorphismus von S auf G; daher genügt Θ folgenden Beziehungen:

$$\Theta\Theta^{\mathrm{T}} \supset I, \quad \Theta^{\mathrm{T}}\Theta = I, \quad B\Theta \subset \Theta B_G.$$

iv) e ist eine als **Eingaberelation** bezeichnete Relation zwischen Situationen und **Zuständen** vor Eintritt in das Programm, für die folgendes gilt:

$$e^{\mathrm{T}}e = I, \quad ee^{\mathrm{T}} \subset I, \quad eL = \Theta\Theta^{\mathrm{T}}eL, \quad \Theta^{\mathrm{T}}e = \Theta^{\mathrm{T}}eL.$$

v) a ist eine als **Ausgaberelation** bezeichnete Relation zwischen Situationen und Zuständen nach Austritt aus dem Programm, mit:

$$a^{\mathrm{T}}a = I, \quad aa^{\mathrm{T}} \sqcap \Theta^{\mathrm{T}}\Theta \subset I, \quad aL = \Theta\Theta^{\mathrm{T}}aL.$$

Ist B eindeutig, so heiße das Programm $\mathcal{P}$ **deterministisch**. Ist der zugrundeliegende Ablaufgraph ein Wurzel*baum*, so sprechen wir von einem **Wurzelbaumprogramm**. □

Dieser mit minimalen Mitteln formulierte Programmbegriff ist in unerwarteter Breite anwendbar. Es lassen sich daraus Korrektheitsbedingungen herleiten, Aussagen zur Ablaufsäquivalenz beweisen, Terminierungsbegriffe selbst im Falle der Rekursion bei Anwesenheit von Nichtdeterminismus studieren, Aussagen der dynamischen Logik nachvollziehen und Wirkungsgleichheit von repetitiven rekursiven und entsprechenden iterativen Programmen nachweisen.

Man überzeuge sich, daß durch

$$e_G := \Theta^{\mathrm{T}}eL \quad \text{bzw.} \quad a_G := \Theta^{\mathrm{T}}aL$$

genau ein Punkt bzw. eine nichtleere Punktmenge im Ablaufgraphen beschrieben wird. Dafür ist zu zeigen

$$O \neq e_G = e_GL, \quad e_Ge_G^{\mathrm{T}} \subset I, \quad O \neq a_G = a_GL.$$

Eine anschauliche Vorstellung kann man sich auf die folgende Weise verschaffen. Gegeben sei zunächst nur ein Ablaufgraph (V_G, B_G) mit einer Eingabeposition e_G und einer Menge a_G von Ausgabepositionen und dazu eine Menge Z von Maschinenzuständen. In jeder einzelnen Ablaufposition betrachte man nun die Gesamtheit aller Maschinenzustände, so daß man $V := V_G \times Z$ als eine Menge von Situationen erhält. Eine Situation ist dann durch Angabe einer Position im Ablaufgraphen und Angabe des dort herrschenden Maschinenzustandes spezifiziert. In diesem Spezialfall ist $\Theta\colon V_G \times Z \longrightarrow V_G$, die Projektionsabbildung auf die Komponente V_G. Ein Situationsübergang vermöge B von einer Situation aus $\{x\} \times Z \subset V_G \times Z$ zu einer Situation aus $\{y\} \times Z \subset V_G \times Z$ kann höchstens dann stattfinden, wenn im Ablaufgraphen ein Pfeil von der Position x zur Position y führt.

Der Vektor für die Eingabeposition e_G im Ablaufgraphen bestimmt die Eingaberelation $e = (O \dots I \dots O)^{\mathrm{T}} \subset (V_G \times Z) \times Z$ mit einer Identität I an der Stelle mit einer 1. Der Vektor a_G der Ausgabepositionen im Ablaufgraphen bestimmt die Ausgaberelation $a = (O \dots I \dots I \dots O)^{\mathrm{T}} \subset (V_G \times Z) \times Z$, mit je einer Identität I an den Stellen einer 1.

In Abb. 10.1.2 sind Situationsgraph, Ablaufgraph und die Art der Projektion Θ zu erkennen. Hierzu haben wir zunächst die Assoziierte $B_G \subset V_G \times V_G$ des Ablaufgraphen und die Assoziierte $B \subset (V_G \times Z) \times (V_G \times Z)$ des Situationsgraphen. Gehen wir nun zur Matrixauffassung über, so ist $B_G \in \mathbb{B}^{V_G \times V_G}$ und $B \in \mathbb{B}^{(V_G \times Z) \times (V_G \times Z)}$. Es ist aber auch möglich, in B ein Element von

$(\mathbb{B}^{Z\times Z})^{V_G\times V_G}$ zu sehen; dadurch wird die Zuordnung einer Relation aus $\mathbb{B}^{Z\times Z}$ zu dem Pfeil des Ablaufgraphen besonders deutlich. Es stört für die algebraische Behandlung nicht, daß diese als Koeffizienten auftretenden Relationen in Abb. 10.1.3 nichtendlich sind.

Wirkung und Verhalten

Programme in programmiersprachlicher Notation werden in der Regel geschrieben, um anschließend kompiliert und auf Eingabedaten angewendet (bzw. in Verbindung mit Daten interpretiert) zu werden. Es entsteht also die Frage nach der Semantik solcher Programme, d. h. die Frage, welche Eingabedaten (auf welchen Wegen) zu welchen Resultaten führen. Wir haben hier auch nichtdeterministische Programme zugelassen; die Beantwortung ist dafür sehr viel schwieriger, als wenn wir uns auf deterministische Programme beschränkt hätten. Außerdem fällt auf, daß in der Programmdefinition nicht verlangt worden ist, daß die Ausgabesituationen terminale Situationen sein sollen.

Wir stützen uns vor allem auf Erreichbarkeit und terminierende Erreichbarkeit aus Abschnitt 6.1, wobei wir allerdings die Terminologie dem hier betrachteten Gegenstand anpassen.

10.1.2 Definition. In einem Programm mit Eingabe e, Ausgabe a und der Assoziierten B des Situationsgraphen, heiße

$$B^* \quad \textbf{(Gesamt-) Verhalten,}$$
$$C := B^* \sqcap \overline{BL}^{\mathrm{T}} \quad \textbf{terminierendes Verhalten,}$$
$$\Sigma := e^{\mathrm{T}}Ca \quad \textbf{Wirkung.}$$
□

Das Gesamtverhalten eines Programmes ist also die Erreichbarkeit im Situationsgraphen; es stellt die Beziehung her zwischen einer Situation und allen in einer der davon ausgehenden Berechnungsfolgen durchlaufbaren Folgesituationen, während das terminierende Verhalten einer Situation nur die von ihr aus erreichbaren letzten Folgesituationen zuordnet, die keineswegs über den ausgezeichneten Ausgabepositionen des Ablaufgraphen liegen müssen (Abortion). Durch e und a wird hieraus der von Eingabe- zu Ausgabesituationen führende Teil ausgeblendet. Wir erhalten die Wirkung des Programms als Relation, die die Zustände vor Eintritt in das Programm mit denen nach Austritt aus dem Programm in Beziehung setzt und keine Details des durchlaufenen Situationsgraphen mehr offenlegt.

An dem kleinen Programm aus Abb. 10.1.4 machen wir uns dies klar. Von der Eingabeposition e_G zur Ausgabeposition a_G können (auf nichtdeterministische Weise) zwei verschiedene Ablaufwege beschritten werden. Je nachdem wird der Programmschritt T oder die Folge der Programmschritte QRS hintereinander ausgeführt. Als Wirkung des Programms erwarten wir also $T \sqcup QRS$. Auf dem formalen Weg nehmen wir die Assoziierte B, berechnen deren transitive Hülle B^*, ermitteln mit $\overline{BL}$ die terminalen Situationen und erhalten in der Tat durch das Ausblenden $e^{\mathrm{T}}Ca$ aus dem terminierenden Verhalten C die Wirkung $T \sqcup QRS$.

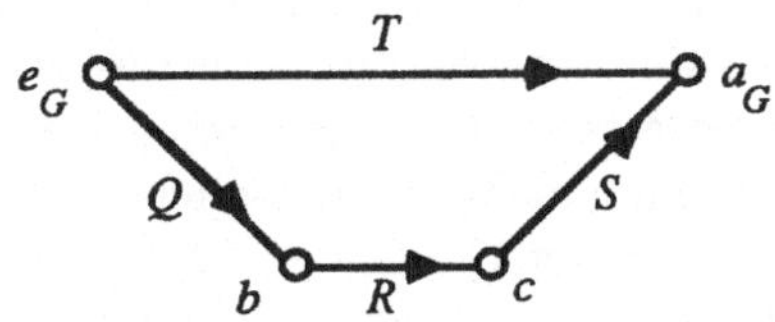

$$
\begin{array}{c|cccc}
 & e_G & b & c & a_G \\
\hline
e_G & O & Q & O & T \\
b & O & O & R & O \\
c & O & O & O & S \\
a_G & O & O & O & O
\end{array}
\qquad
\begin{array}{c|cccc}
 & e_G & b & c & a_G \\
\hline
e_G & I & Q & QR & T \sqcup QRS \\
b & O & I & R & RS \\
c & O & O & I & S \\
a_G & O & O & O & I
\end{array}
$$

$$B \qquad\qquad B^*$$

$$BL = \begin{array}{c} e_G \\ b \\ c \\ a_G \end{array} \begin{pmatrix} QL \sqcup TL \\ RL \\ SL \\ O \end{pmatrix} \qquad e = \begin{pmatrix} I \\ O \\ O \\ mO \end{pmatrix} \qquad a = \begin{pmatrix} O \\ O \\ O \\ I \end{pmatrix} \qquad \Sigma = T \sqcup QRS$$

Abb. 10.1.4 Verhalten und Wirkung von $\lceil T \,[\!]\, \lceil Q; R; S \rfloor \rfloor$

Man beachte, daß in Abb. 10.1.4 weder eine Angabe der Menge der Zustände erfolgt ist, noch eine Angabe, welche Relationen T, Q, R und S zwischen diesen herrschen sollen. Insofern liegt nur ein Programm*schema* vor. Wir haben also einen hohen Grad an Allgemeinheit beibehalten. Im konkreten Einzelfall würde sich etwa aus

$$T = \begin{pmatrix} 1 & 0 \\ 0 & 0 \end{pmatrix} \quad Q = \begin{pmatrix} 0 & 0 \\ 1 & 0 \end{pmatrix} \quad R = \begin{pmatrix} 0 & 1 \\ 1 & 0 \end{pmatrix} \quad S = \begin{pmatrix} 1 & 1 \\ 1 & 0 \end{pmatrix} \quad \text{bzw. aus}$$

$$T = \begin{pmatrix} 0 & 1 & 1 \\ 0 & 0 & 0 \\ 0 & 0 & 0 \end{pmatrix} \quad Q = \begin{pmatrix} 0 & 0 & 1 \\ 1 & 1 & 0 \\ 0 & 0 & 1 \end{pmatrix} \quad R = \begin{pmatrix} 0 & 1 & 0 \\ 0 & 0 & 1 \\ 1 & 0 & 0 \end{pmatrix} \quad S = \begin{pmatrix} 0 & 0 & 0 \\ 1 & 0 & 0 \\ 0 & 0 & 1 \end{pmatrix}$$

die Wirkung ergeben zu

$$\Sigma = \begin{pmatrix} 1 & 0 \\ 1 & 0 \end{pmatrix} \quad \text{bzw.} \quad \Sigma = \begin{pmatrix} 0 & 1 & 1 \\ 1 & 0 & 1 \\ 0 & 0 & 0 \end{pmatrix}.$$

Wir können dabei zugleich beobachten, daß zur Berechnung der Wirkung anstelle von C auch B^* verwendet werden kann, wenn die Situationen über den Ausgabepositionen im Ablaufgraphen terminal sind. Im folgenden Satz ist ferner mit relationenalgebraischen Mitteln hergeleitet, daß ein deterministisches Programm eine eindeutige Wirkungsrelation Σ besitzt.

10.1.3 Satz. Ist $\mathcal{P}$ ein Programm mit der Assoziierten B, der Ein- und Ausgabe e, a und der Wirkung Σ, so gilt

i) $\quad a \subset \overline{BL} \implies \Sigma = e^{\mathrm{T}} B^* a;$

ii) $\quad \mathcal{P}$ deterministisch $\implies \Sigma$ eindeutig.

Beweis: i) $\Sigma = e^{\mathrm{T}} C a = e^{\mathrm{T}} (B^* \sqcap \overline{BL}^{\mathrm{T}}) a = e^{\mathrm{T}} B^* (\overline{BL} \sqcap a) = e^{\mathrm{T}} B^* a$, nach (2.4.2.ii). ii) Aus $B^{\mathrm{T}} B \subset I$ folgt $B^{*\mathrm{T}} B^* = B^{*\mathrm{T}} \sqcup B^* \subset I \sqcup (BL)^{\mathrm{T}} \sqcup BL$. Damit erhält man zunächst die Eindeutigkeit von C

$$\begin{aligned} C^{\mathrm{T}} C &= (B^{*\mathrm{T}} \sqcap \overline{BL})(B^* \sqcap \overline{BL}^{\mathrm{T}}) \\ &= B^{*\mathrm{T}} B^* \sqcap \overline{BL}^{\mathrm{T}} \sqcap \overline{BL} \subset (I \sqcup (BL)^{\mathrm{T}} \sqcup BL) \sqcap \overline{BL}^{\mathrm{T}} \sqcap \overline{BL} \subset I, \end{aligned}$$

und sodann die Eindeutigkeit von Σ:

$$\Sigma^{\mathrm{T}} \Sigma = a^{\mathrm{T}} C^{\mathrm{T}} e e^{\mathrm{T}} C a \subset a^{\mathrm{T}} C^{\mathrm{T}} C a \subset a^{\mathrm{T}} a = I. \qquad \square$$

Die Konstellation (i) herrscht nach Übung 7.1.1 insbesondere dann, wenn die Ausgabepositionen im Ablaufgraphen terminal sind, wie es normalerweise von einem Flußdiagramm verlangt wird. (Wir haben diese Einschränkung mit Absicht nicht gefordert, um die Anwendung auf Rekursivität zu ermöglichen.)

Ein späteres Ziel ist der Wirkungsvergleich von verschiedenen, aber unter Verwendung derselben Programmschritte aufgebauten Programmen anhand der Ähnlichkeit ihres Ablaufes. Das setzt einen Homomorphiebegriff für Programme voraus.

Zwei Programme werden wir **homomorph** nennen, wenn die zugehörigen Ablaufgraphen homomorph aufeinander abgebildet sind – natürlich unter sinngemäßer Überführung der Ein- und Ausgabepositionen – und, wenn die den Urbildpfeilen zugeordneten Programmschritte sämtlich in demjenigen Programmschritt als Relation enthalten sind, der dem Bildpfeil zugeordnet ist. Wir stellen eine genauere Formulierung zurück bis Abschnitt 10.5, wo Homomorphismen für die Untersuchung von Überlagerungen benötigt werden.

10.2 Partielle Korrektheit und Verifikation

Sicherzustellen, daß ein vorgelegtes Programm für die Eingabewerte, für die man es benutzen will, das leistet, was man von ihm erwartet, ist eines der wichtigsten Probleme der Programmierung. Man spricht dann von der Korrektheit eines Programms. Wir wollen sie als eine formale Aussage über die *Wirkung* dieses Programms definieren.

Die Wirkung eines Programms enthält die Übergänge von den Zuständen *vor* Eintritt in das Programm zu Zuständen *nach* dessen Ablauf. Oft ist aber nur ein Teil dieser Relation von Bedeutung. Die Auswahl der „interessierenden" Anfangs- und Endzustände geschieht durch Prädikate, die Vor- und die Nachbedingung. Man nennt ein Programm diesbezüglich korrekt, falls *alle* in Ausgabepositionen terminierenden Berechnungsfolgen, die in Zuständen mit erfüllter Vorbedingung beginnen, in Zuständen mit erfüllter Nachbedingung enden.

10.2.1 Definition. Für ein Programm $\mathcal{P}$ mit der Wirkung Σ und zwei als Vorbedingung v und Nachbedingung n bezeichnete Prädikate auf der Zustandsmenge wird erklärt

$$\{v\}\mathcal{P}\{n\} \quad :\Longleftrightarrow \quad \Sigma^{\mathrm{T}} v \subset n,$$

und man sagt $\mathcal{P}$ sei **partiell korrekt bzgl.** v und n. □

Die Notation mit geschweiften Klammern ist mit gewissen Variationen aus der Literatur geläufig.

Die äquivalente Form $\Sigma\overline{n} \subset \overline{v}$ der Bedingung liest sich so: Führt die Wirkung des Programms zu einem Zustand, der die Nachbedingung verletzt, so war bereits die Vorbedingung verletzt. Schließlich kann man $\Sigma \subset \overline{v\overline{n}^{\mathrm{T}}}$ dahingehend interpretieren, daß es *nicht* möglich ist, durch den Programmablauf von Zuständen mit erfüllter Vorbedingung zu Zuständen mit *nicht* erfüllter Nachbedingung zu gelangen.

Ist mit n allein eine Nachbedingung gegeben, so ist $v_{\text{sup}} := \overline{\Sigma\overline{n}}$ die „schwächste (d. h. möglichst viele Zustände umfassende) Vorbedingung" zu n in dem Sinne, daß Korrektheit des Programms in bezug auf n und ein gegebenes v, also $\Sigma^{\mathrm{T}}v \subset n$, stets gleichbedeutend ist mit $\Sigma\overline{n} \subset \overline{v}$ und daher mit $v \subset \overline{\Sigma\overline{n}} = v_{\text{sup}}$. Ist dagegen nur eine Vorbedingung v gegeben, so ist $n_{\text{inf}} := \Sigma^{\mathrm{T}}v$ die „stärkste (d. h. möglichst wenige Zustände umfassende) Nachbedingung" zu v, weil aus Korrektheit $\Sigma^{\mathrm{T}}v \subset n$ stets folgt $n \supset n_{\text{inf}}$.

Natürlich möchte man die Korrektheit *am Programm selbst*, also an der Assoziierten B, überprüfen können und nicht am komplex daraus zusammengesetzten Wirkungsbegriff $\Sigma = e^{\mathrm{T}}(B^* \sqcap \overline{BL}^{\mathrm{T}})a$. Die wesentlichen Ansätze in dieser Richtung waren die *Methode der induktiven Zusicherungen* (inductive assertions) von R. W. Floyd (1967) und die axiomatischen Überlegungen von C. A. R. Hoare (1969), die von J. W. de Bakker und L. G. L. T. Meertens (1974) auch auf den rekursiven Fall übertragen wurden. Den Kern derartiger Methoden enthält der folgende relationenalgebraisch präzisierte Satz.

10.2.2 Satz (*Kontraktionssatz*). $\mathcal{P}$ sei ein Programm mit der Assoziierten B, der Eingaberelation e und der Ausgaberelation a. Ist dann v eine Vor- und n eine Nachbedingung, so gilt

$$\{v\}\mathcal{P}\{n\} \quad\Longleftrightarrow\quad \begin{cases} B^{\mathrm{T}}q \subset q, \quad v \subset e^{\mathrm{T}}q, \quad a^{\mathrm{T}}(q \sqcap \overline{BL}) \subset n \\ \text{für ein Prädikat } q \text{ auf den Situationen.}\end{cases}$$

Beweis: „$\Longrightarrow$": Es wird definiert $q := B^{*T}ev$, womit sicher $q = qL$ und $B^{\mathrm{T}}q \subset q$ sowie $v = e^{\mathrm{T}}ev \subset e^{\mathrm{T}}B^{*\mathrm{T}}ev = e^{\mathrm{T}}q$ erfüllt sind. Außerdem ist $a^{\mathrm{T}}(q \sqcap \overline{BL}) = a^{\mathrm{T}}(B^{*\mathrm{T}}ev \sqcap \overline{BL}) = a^{\mathrm{T}}(B^{*T} \sqcap \overline{BL})ev = a^{\mathrm{T}}C^{\mathrm{T}}ev = \Sigma^{\mathrm{T}}v \subset n$. „$\Longleftarrow$": $\Sigma^{\mathrm{T}}v \subset \Sigma^{\mathrm{T}}e^{\mathrm{T}}q = a^{\mathrm{T}}C^{\mathrm{T}}ee^{\mathrm{T}}q \subset a^{\mathrm{T}}C^{\mathrm{T}}q = a^{\mathrm{T}}(B^{*\mathrm{T}} \sqcap \overline{BL})q = a^{\mathrm{T}}(B^{*\mathrm{T}}q \sqcap \overline{BL}) = a^{\mathrm{T}}(q \sqcap \overline{BL}) \subset n$. □

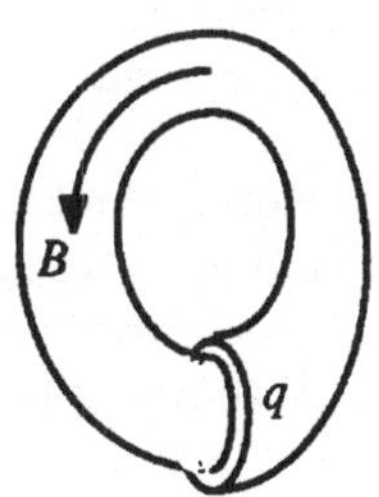

Abb. 10.2.1 Zur Kontraktion

Wir haben damit den Korrektheitsbegriff losgelöst vom Begriff der Wirkung Σ eines Programms, in den die Terminierung des Programms wesentlich eingeht. Dadurch eröffnet sich die Möglichkeit, auch Programme zu betrachten, die – wie Betriebssysteme – gar nicht terminieren sollen. In $B^{\mathrm{T}}q \subset q$ zeichnet q eine Menge von Situationen aus, die durch Anwendung von B nicht verlassen werden kann, wie es auch für die Menge der wohldefinierten Betriebssystemsituationen der Fall sein sollte.

Ausgegangen waren wir hier allerdings von Programmen, an deren Terminierung wir interessiert waren. Wir betonen noch einmal, daß v bzw. n Zustände vor Beginn bzw. nach Ablauf des Programms kennzeichnen, während das Prädikat q auf den Situationen erklärt ist und damit in gewisser Weise eine „Interpolation" zwischen v und n darstellt. Die Beschränkung von q auf Eingabesituationen über e_G soll v umfassen, die Beschränkung von q auf terminale Ausgabesituationen soll in n enthalten sein und die Assoziierte B muß von q „kontrahiert" werden.

Aus diesem übergeordneten Kontraktionssatz lassen sich als Aussagen über die partielle Korrektheit die Verifikationsregeln für elementare Programmkonstrukte herleiten. In Abb. 10.2.2 haben wir sechs einfache relationale Programme dargestellt und dazu die üblichen programmiersprachlichen Ausdrucksweisen angegeben.

Die programmiersprachlichen Versionen sollen hinsichtlich ihrer Semantik als hierdurch definiert gelten und künftig als Abkürzungen für das jeweilige relationale Programm verwendet werden. Übrigens sind beim **if-then-else-fi** willkürlich *zwei* Ausgabepositionen statt nur einer genommen worden; die Programmdefinition 10.1.1 gestattet das.

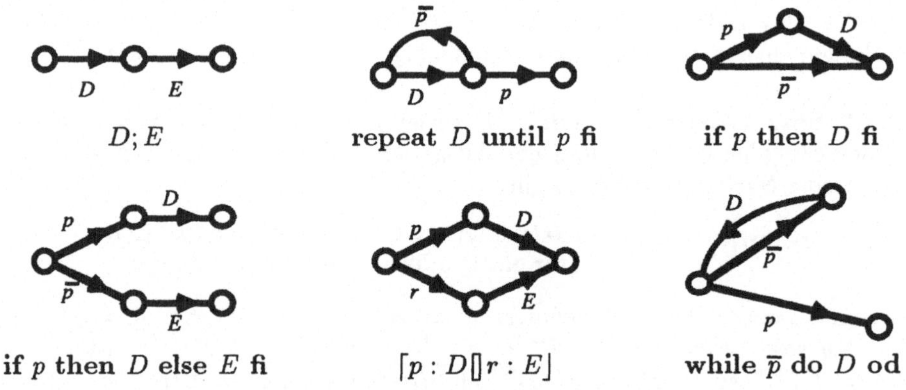

Abb. 10.2.2 Hintereinanderschaltung, Verzweigungen und Schleifen

Korrektheit war ursprünglich über die Wirkung Σ definiert worden. Der Kontraktionssatz 10.1.2 erlaubt es, sie als Eigenschaft des Programms, also der Assoziierten B zu sehen. Für jedes der sechs eben eingeführten Konstrukte erhalten wir die Korrektheitsregeln durch elementares Ausrechnen.

10.2.3 Satz (*Elementare Verifikationsregeln*). Partielle Korrektheit eines aus Programmschritten zusammengesetzten Programmkonstruktes in bezug auf eine Vorbedingung v und eine Nachbedingung n läßt sich zurückführen auf Aussagen über partielle Korrektheit seiner Bestandteile. Im einzelnen gilt für

i) Hintereinanderschaltung

$$\{v\}\, D; E\, \{n\} \iff \begin{array}{c}\{v\}D\{y\},\ \{y\}E\{n\}\\ \text{für ein geeignetes Prädikat } y;\end{array}$$

ii) bedingte Verzweigung

$$\{v\}\ \textbf{if}\ p\ \textbf{then}\ D\ \textbf{fi}\ \{n\} \iff \{p \sqcap v\}D\{n\},\ \overline{p} \sqcap v \subset n,$$

$$\{v\}\ \textbf{if}\ p\ \textbf{then}\ D\ \textbf{else}\ E\ \textbf{fi}\ \{n\} \iff \{p \sqcap v\}D\{n\},\ \{\overline{p} \sqcap v\}E\{n\};$$

iii) nichtdeterministische bewachte Verzweigung

$$\{v\}\ \lceil p : D \,[]\, r : E \rfloor\ \{n\} \iff \{v \sqcap p\}D\{n\},\ \{v \sqcap r\}E\{n\}.$$

Beweis für (i) und (iii); (ii) ist ein Spezialfall zu (iii).

i) Das Programm bestehend aus der Hintereinanderschaltung der Programmschritte D und E hat als Assoziierte B, Ein- bzw. Ausgaberelationen e, a und als allgemein anzusetzendes Prädikat q

$$B = \begin{pmatrix} O & D & O \\ O & O & E \\ O & O & O \end{pmatrix} \quad e = \begin{pmatrix} I \\ O \\ O \end{pmatrix} \quad a = \begin{pmatrix} O \\ O \\ I \end{pmatrix} \quad q = \begin{pmatrix} x \\ y \\ z \end{pmatrix}.$$

Nach dem Kontraktionssatz herrscht partielle Korrektheit in bezug auf v und n genau, wenn solch ein Prädikat q mit

$$D^{\mathrm{T}}x \subset y, \quad E^{\mathrm{T}}y \subset z, \quad v \subset x \quad \text{und} \quad z \subset n$$

existiert. Wir beobachten nun, daß x in der Weise einmal rechts und einmal links steht, daß man x zu v schrumpfen kann, ohne daß sich an der Lösbarkeit des Systems etwas ändert. Ebenso kann man z bis zu n aufblähen. Wenn es also eine Lösung $q = \begin{pmatrix} x \\ y \\ z \end{pmatrix}$ gibt, so ist sicherlich auch $q_1 = \begin{pmatrix} v \\ y \\ n \end{pmatrix}$ eine Lösung.

Ein q existiert damit genau dann, wenn ein Prädikat y so existiert, daß

$$D^{\mathrm{T}}v \subset y \quad \text{und} \quad E^{\mathrm{T}}y \subset n.$$

iii) Hierfür lauten die Relationen

$$B = \begin{pmatrix} O & p & r & O \\ O & O & O & D \\ O & O & O & E \\ O & O & O & O \end{pmatrix} \quad e = \begin{pmatrix} I \\ O \\ O \\ O \end{pmatrix} \quad a = \begin{pmatrix} O \\ O \\ O \\ I \end{pmatrix} \quad q = \begin{pmatrix} w \\ x \\ y \\ z \end{pmatrix}.$$

Nach dem Kontraktionssatz ist partielle Korrektheit äquivalent zu

$$(I \sqcap pL)w \subset x, \quad (I \sqcap rL)w \subset y, \quad D^{\mathrm{T}}x \sqcup E^{\mathrm{T}}y \subset z, \quad v \subset w, \quad z \subset n.$$

Hier darf w zu v und anschließend x zu $p \sqcap v$ sowie y zu $r \sqcap v$ geschrumpft und z zu n aufgebläht werden, ohne daß dies an der Existenz eines solchen q etwas ändert; man erhält in der Tat $D^{\mathrm{T}}(p \sqcap v) \subset n$, $E^{\mathrm{T}}(r \sqcap v) \subset n$. □

10.2.4 Satz (*Verifikationsregeln für Schleifen*).

i) **repeat**-Schleife

$$\{v\}\ \textbf{repeat}\ D\ \textbf{until}\ p\ \{n\} \iff \begin{array}{c} \{x\}D\{y\}, \quad p \sqcap y \subset n, \\ \overline{p} \sqcap y \subset x, \quad v \subset x \\ \text{für geeignete Prädikate } x, y; \end{array}$$

ii) **while**-Schleife

$$\{v\}\ \textbf{while}\ \overline{p}\ \textbf{do}\ D\ \textbf{od}\ \{n\} \iff \begin{array}{c} \{x\}D\{y\}, \quad p \sqcap y \subset n, \\ \overline{p} \sqcap y \subset x, \quad v \subset y \\ \text{für geeignete Prädikate } x, y. \end{array}$$

Beweis für i): Die entsprechenden Relationen lauten mit p statt $I \sqcap pL$

$$B = \begin{pmatrix} O & D & O \\ \overline{p} & O & p \\ O & O & O \end{pmatrix} \quad e = \begin{pmatrix} I \\ O \\ O \end{pmatrix} \quad a = \begin{pmatrix} O \\ O \\ I \end{pmatrix} \quad q = \begin{pmatrix} x \\ y \\ z \end{pmatrix},$$

so daß man als Bedingung des Kontraktionssatzes erhält

$$\underbrace{(I \sqcap \overline{pL})^{\mathrm{T}}y}_{=\overline{p} \sqcap y} \subset x, \quad D^{\mathrm{T}}x \subset y, \quad \underbrace{(I \sqcap pL)^{\mathrm{T}}y}_{=p \sqcap y} \subset z, \quad v \subset x, \quad z \subset n.$$

Unter Aufblähung von z zu n ergibt sich die Behauptung. (Hier durfte x nicht zu v geschrumpft werden!) □

Eine Ergänzung ist noch angebracht, weil man für die Iterationsfälle meist eine schwächere Form verwendet.

10.2.5 Korollar (*Hinreichende Bedingungen für die partielle Korrektheit*).

i) **repeat**-Schleife

$$\{v\}\ \textbf{repeat}\ D\ \textbf{until}\ p\ \{n\} \quad \Longleftarrow \quad \{\overline{p} \sqcap n\}D\{n\},\ \{v\}D\{n\};$$

ii) **while**-Schleife

$$\{v\}\ \textbf{while}\ \overline{p}\ \textbf{do}\ D\ \textbf{od}\ \{v \sqcap p\} \quad \Longleftarrow \quad \{v \sqcap \overline{p}\}D\{v\}.$$

Beweis: i) Man setze in (10.2.4.i) $x := v \sqcup (\overline{p} \sqcap n)$ und $y := n$.
ii) Man wähle in (10.2.4.ii) $x := \overline{p} \sqcap v,\ y := v$. □

In beiden Fällen nennt man ein Prädikat, das diesen hinreichendenVoraussetzungen genügt, eine *Invariante* der Schleife. Ein typisches Vorgehen für einen Beweis partieller Korrektheit ist es, sich eine solche Invariante zu suchen. Sie ist oft eng mit dem Problem verbunden und kann daher manchmal erraten werden. Mit ihr erhält man einen Beweis der partiellen Korrektheit allerdings nur in bezug auf mit p in Verbindung stehende Vor- und Nachbedingungen. Da diese gerade aufgrund einer solchen Verwandtschaft „sinngemäß" sind, ist man im allgemeinen mit den vereinfachten Verifikationsregeln zufrieden. Man beachte, daß x beim **repeat** echt größer sein kann als v. Am Beispiel des Programms

$$\textbf{repeat}\ i := i + 1\ \textbf{until}\ i \geq 4$$

mit der Vorbedingung $i \leq 1$ (bezeichnet als v) und der Nachbedingung $i > 3$ (bezeichnet als n) überlegt man sich, daß der Korrektheitsbeweis in bezug auf v und n sich auch auf die zunächst nicht gefragten Fälle $i = 2$ und $i = 3$ erstrecken muß, die vereinfachten Verifikationsregeln also wirklich nur hinreichend sind.

Wir haben bisher nur geklärt, wie verifiziert werden kann, wenn man den Programmablauf in kleinere Bestandteile zerlegt, indem man Hintereinanderschaltungen, Verzweigungen oder Schleifen auflöst. Da sich ein Programm nicht beliebig weiter zergliedern läßt, müssen wir wenigstens einen „atomaren" Programmschritt vorsehen.

Da es sich hier um zustands- und ablaufsorientierten Programmierstil handelt, wählen wir dafür die Wertzuweisung und setzen voraus, daß sie keinerlei Nebeneffekte habe. Betrachten wir die Zuweisung $y := x + 3$ sowie die Vorbedingung $x \geq 7$ und die Nachbedingung $y \geq 9$, so wird man die Aussage

$$\{x \geq 7\}\, y := x + 3\, \{y \geq 9\}$$

deswegen als gültig ansehen, weil die Zurückverfolgung der Nachbedingung über den Zuweisungsschritt zu $x + 3 \geq 9$ führt, und dieses aus der Vorbedingung hergeleitet werden kann.

10.2.6 Definition (*Zuweisungsregel*). Es gilt stets die Korrektheitsaussage

$$\{S_E^y n\}\, y := E\, \{n\}.$$

Hierbei sei $S_E^y n$ die Konjunktion über alle Prädikate, die aus n entstehen, indem man y ersetzt durch einen der bei der Auswertung des (i. a. nicht-deterministischen) E sich tatsächlich ergebenden Werte. □

Daß man hier vorsichtig sein muß gegenüber einer gar zu freihändigen Formulierung der Prädikate, zeigt das Beispiel einer als **real** deklarierten Variablen x und der **integer**-Variablen y. Da man die Korrektheitsaussage

$$\{\, y \text{ ist vom Typ } \mathbf{integer} \,\}\, x := y \,\{\, x \text{ ist vom Typ } \mathbf{integer} \,\}$$

nicht als wahr akzeptieren wird, ist klar, daß die Sprache zur Formulierung der Bedingungen syntaktisch genauer zu fassen ist; das ist aber nicht Gegenstand unserer Erörterung. Problemlos ist hingegen eine Abortion oder ein unendlich langes Arbeiten bei der Auswertung von E, wie die beiden folgenden nach Definition 10.2.1 gültigen Korrektheitsaussagen belegen:

$$\{\, x > 0 \,\}\, \lceil\ \mathbf{while}\ x > 1\ \mathbf{do}\ x := 2\ \mathbf{od};\ y := 2 \,\rfloor\, \{\, y = 2 \},$$

$$\{\, |y| < 4 \,\}\, y := \sqrt{y}\, \{\, y \leq 2 \,\}.$$

Wir zeigen nun die Auswirkung des Kontraktionsprinzips an einem etwas größeren Beispiel. Dabei wird der Mechanismus des Zusammenwirkens der Prädikate besonders deutlich. Gegeben sei das folgende Programm, welches in seiner Wirkung nicht unmittelbar zu übersehen ist:

```
      read(x);
      y := x - 1;
      z := x;
M1 :  if y = 0 then goto M3 fi;
      u := x;
M2 :  if u ≥ y then u := u - y; goto M2 fi;
      if u = 0 then z := z - y fi;
      y := y - 1;
      goto M1;
M3 :  if z = 0 then w := „ja“
                else w := „nein“ fi;
      print(w).
```

Auch wenn einem verraten wird, daß dieses Programm entscheidet, ob die vorgelegte Zahl x *perfekt* ist, also gleich der Summe ihrer Teiler kleiner x, wie etwa $6 = 1 + 2 + 3$, wird man zunächst nicht klüger. Immerhin kann man versuchen, zu einem Flußdiagramm-Programm zu gelangen. Bei totaler Auflösung in die Einzelschritte ergibt sich das Schema der Abb. 10.2.3. Dabei ist auch die Interpretation dieser Schritte im Zustandsraum Z angedeutet, der hier aus Quintupeln der Art **nat** x, y, u, **int** z, **string** w besteht.

Da wir für die verwendete programmiersprachliche Notation weder Syntax noch Semantik exakt definiert haben, nehmen wir den hier vollzogenen Übergang zum Flußdiagramm als informelle Entsprechung. In BERGHAMMER, ZIERER 86 ist am Beispiel einer applikativen Sprache gezeigt, wie man auf formalem Weg die relationale Semantik einer Sprache definieren kann.

$$
\begin{array}{c} \\ a\\ b\\ c\\ d\\ e\\ f\\ g\\ h\\ i\\ j\\ k\\ l\\ m \end{array}
\begin{array}{c}
\begin{array}{ccccccccccccc} a & b & c & d & e & f & g & h & i & j & k & l & m \end{array}\\
\left(\begin{array}{ccccccccccccc}
O & O & O & O & O & O & O & O & O & O & O & O & O\\
O & O & K & O & O & O & O & O & O & O & O & O & O\\
O & O & O & \overline{p} & O & O & O & O & O & O & p & O & O\\
O & O & O & O & O & O & C & O & O & O & O & O & O\\
O & A & O & O & O & O & O & O & O & O & O & O & O\\
O & O & O & O & O & O & D & O & O & O & O & O & O\\
O & O & O & O & O & t & O & \overline{t} & O & O & O & O & O\\
O & O & O & O & O & O & O & O & \overline{r} & r & O & O & O\\
O & O & F & O & O & O & O & O & O & O & O & O & O\\
O & O & O & O & O & O & O & O & E & O & O & O & O\\
O & O & O & O & O & O & O & O & O & O & O & \overline{s} & s\\
G & O & O & O & O & O & O & O & O & O & O & O & O\\
H & O & O & O & O & O & O & O & O & O & O & O & O
\end{array}\right)\\
B
\end{array}
\begin{array}{c}
\\
\left(\begin{array}{c} a\\ b\\ c\\ d\\ e\\ f\\ g\\ h\\ i\\ j\\ k\\ l\\ m \end{array}\right)\\
q
\end{array}
\qquad
\begin{array}{l}
A \approx y := x-1\\
K \approx z := x\\
C \approx u := x\\
D \approx u := u-y\\
E \approx z := z-y\\
F \approx y := y-1\\
G \approx w := \text{„}nein\text{“}\\
H \approx w := \text{„}ja\text{“}\\
p \ := \langle\!\langle y=0 \rangle\!\rangle\\
t \ := \langle\!\langle u \geq y \rangle\!\rangle\\
r \ := \langle\!\langle u=0 \rangle\!\rangle\\
s \ := \langle\!\langle z=0 \rangle\!\rangle
\end{array}
$$

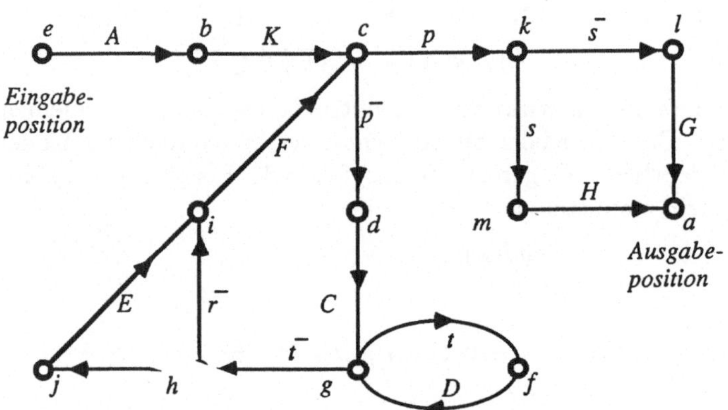

Abb. 10.2.3 Interpretiertes Programmschema zur Prüfung von Zahlen auf Perfektheit

Die Behauptung über die Wirkung des Programms $\mathcal{P}$ lautet

$$\{x \geq 1\} \quad \mathcal{P} \quad \{x = \sum_{d|x,\ d<x} d \Longrightarrow w = \text{„}ja\text{“}, \quad x \neq \sum_{d|x,\ d<x} d \Longrightarrow w = \text{„}nein\text{“}\};$$

mit anderen Worten: Wenn die eingegebene natürliche Zahl x positiv ist, und wenn das Programm terminiert, dann lautet das Ergebnis *„ja“* genau bei perfektem x. (Terminierung des Programms wird nicht behauptet, weil darüber erst mit den Hilfsmitteln der totalen Korrektheit, aber noch nicht mit der partiellen Korrektheit etwas ausgesagt werden kann.)

Zunächst betrachten wir nur das Programmschema und benennen Vorbedingung und Nachbedingung

$$v := \langle\!\langle x \geq 1 \rangle\!\rangle,$$

$$n := \langle\!\langle F(x,0) = 0 \Longrightarrow w = \text{„}ja\text{“}, \quad F(x,0) \neq 0 \Longrightarrow w = \text{„}nein\text{“} \rangle\!\rangle,$$

wobei abgekürzt sei

$$F(x,y) = x - \textstyle\sum_{d|x,\ y<d<x} d.$$

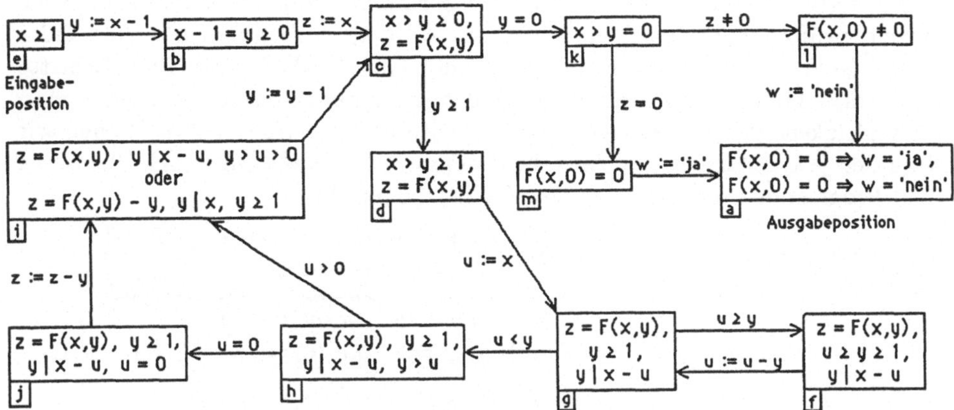

Abb. 10.2.4 Kontrahiertes Prädikat zu Abb. 10.2.3

Mit der Aufnahme eines weiteren Parameters y sind wir für die Verifikation zu einem allgemeineren Problem übergegangen, ein Vorgang aus der Programmentwicklung und -verifikation, den man *Einbettung* nennt. Wir haben jetzt nicht mehr allein die Summe aller Teiler im Auge, sondern die Summe aller Teiler, die größer als y sind. Das ursprüngliche Problem subsumiert sich darunter als Fall $y = 0$.

Nach dem Kontraktionssatz herrscht Korrektheit $\{v\}\mathcal{P}\{n\}$ genau dann, wenn man das erwähnte Prädikat q auf den Situationen finden kann. Wir setzen dieses Prädikat allgemein an und benennen der Einfachheit halber die Prädikate für die Zustände über den Punkten $a, \ldots, m$ ebenfalls mit $a, \ldots, m$.

Dann folgen aus (10.2.2) die Bedingungen

$$\begin{array}{rrr} G^{\mathrm{T}}l \sqcup H^{\mathrm{T}}m \subset a, & A^{\mathrm{T}}e \subset b, & K^{\mathrm{T}}b \sqcup F^{\mathrm{T}}i \subset c, \\ \overline{p} \sqcap c \subset d, & t \sqcap g \subset f, & C^{\mathrm{T}}d \sqcup D^{\mathrm{T}}f \subset g, \\ \overline{t} \sqcap g \subset h, & (\overline{r} \sqcap h) \sqcup E^{\mathrm{T}}j \subset i, & r \sqcap h \subset j, \\ p \sqcap c \subset k, & \overline{s} \sqcap k \subset l, & s \sqcap k \subset m, \end{array}$$

sowie $v \subset e$ und $a \subset n$.

(Wieder könnte man von vornherein e zu v schrumpfen und a zu n aufblähen und damit das Problem etwas verkleinern.) Das Auffinden der weiteren Prädikate entspricht dem Suchen nach einer Schleifeninvarianten. Da wir eine Syntax für die Formulierung der Prädikate nicht förmlich entwickelt haben, wollen wir diesen Auffindungs-Prozeß, der Intuition erfordert, nicht weiter verfolgen. Das Vorhandensein der formal ermittelten Wechselbeziehungen gibt natürlich die Leitlinie. In Abb. 10.2.4 geben wir diese Prädikate an, indem wir sie in jede Ablaufposition hineinschreiben.

Der Beweis der Korrektheit $\{v\}\mathcal{P}\{n\}$ ist erst abgeschlossen, wenn sämtliche vorerwähnten Beziehungen zwischen diesen Prädikaten überprüft sind. (Übrigens ist es für die Gültigkeit der Korrektheitsaussage im Nachhinein belanglos, ob man die Prädikate $a, \ldots, m$ errechnet oder erraten hatte.) Die Überprüfungen sind unterschiedlich schwierig; wir zeigen drei Fälle:

Die erste Beziehung $G^{\mathrm{T}} l \sqcup H^{\mathrm{T}} m \subset a$ zusammen mit $a \subset n$ läßt sich in die einzeln prüfbaren Inklusionen $G^{\mathrm{T}} l \subset n$, $H^{\mathrm{T}} m \subset n$ zerlegen, die wir wieder in die Korrektheitsaussagen $\{l\}G\{n\}$ und $\{m\}H\{n\}$ für die Einzelschritte G, H zurückübersetzen. In der folgenden interpretierten Form erkennt man die Gültigkeit dieser Aussagen. Zur Erleichterung der Überprüfung haben wir darunter jeweils angegeben, was sich anhand der Zuweisungsregel 10.2.6 aus dem Programmschritt und der Nachbedingung ergibt.

$$\{F(x,0) \neq 0\} \quad \underbrace{w := \text{„}nein\text{“} \quad \left\{\begin{array}{l} F(x,0) = 0 \Longrightarrow w = \text{„}ja\text{“}, \\ F(x,0) \neq 0 \Longrightarrow w = \text{„}nein\text{“} \end{array}\right\}}_{\begin{array}{c} F(x,0) = 0 \Longrightarrow \text{„}nein\text{“} = \text{„}ja\text{“}, \\ F(x,0) \neq 0 \Longrightarrow \text{„}nein\text{“} = \text{„}nein\text{“} \end{array}}$$

$$\{F(x,0) = 0\} \quad \underbrace{w := \text{„}ja\text{“} \quad \left\{\begin{array}{l} F(x,0) = 0 \Longrightarrow w = \text{„}ja\text{“}, \\ F(x,0) \neq 0 \Longrightarrow w = \text{„}nein\text{“} \end{array}\right\}}_{\begin{array}{c} F(x,0) = 0 \Longrightarrow \text{„}ja\text{“} = \text{„}ja\text{“}, \\ F(x,0) \neq 0 \Longrightarrow \text{„}ja\text{“} = \text{„}nein\text{“} \end{array}}$$

In der Tat hat die Vorbedingung jeweils die darunter angegebene Konjunktion von Aussagen zur Folge.

Wir prüfen nun $K^{\mathrm{T}} b \sqcup F^{\mathrm{T}} i \subset c$ in entsprechender Weise:

$$\{x - 1 = y \geq 0\} \quad \underbrace{z := x \quad \{x > y \geq 0,\ z = F(x,y)\}}_{x > y \geq 0, \quad x = F(x,y)}$$

$$\left\{\begin{array}{c} z = F(x,y),\ y \mid x - u,\ y > u > 0 \\ \text{oder} \\ z = F(x,y) - y,\ y \mid x,\ y \geq 1 \end{array}\right\} \quad \underbrace{y := y - 1 \quad \{x > y \geq 0,\ z = F(x,y)\}}_{x > y - 1 \geq 0, \quad z = F(x, y-1)}.$$

Wieder wurde das Ergebnis der Zuweisungsregel mit angegeben. Im ersten Fall gilt in der Tat

$$F(x, x-1) = x - \textstyle\sum_{d \mid x,\ x-1 < d < x} d = x - 0 = x.$$

Im zweiten Fall sind zwei Varianten zu studieren. Einmal ist

$$F(x,y) = x - \textstyle\sum_{d \mid x,\ y < d < x} d = x - \sum_{d \mid x,\ y \leq d < x} d = F(x, y-1)$$

sobald y die Zahl x nur mit dem Rest $0 < u < y$ teilt; wenn y andererseits x ohne Rest teilt, gilt $F(x,y) = F(x,y-1) - y$.

Als letztes prüfen wir $(\overline{r} \sqcap h) \sqcup E^{\mathrm{T}} j \subset i$. Hierbei treten zwei unterschiedliche Formen gemischt auf:

$$\begin{array}{c} u > 0,\ z = F(x,y),\ y \geq 1, \\ y > u,\ y \mid x - u \end{array} \quad \Longrightarrow \quad \begin{array}{c} z = F(x,y),\ y \mid x - u,\ y > u > 0 \\ \text{oder} \\ z = F(x,y) - y,\ y \mid x,\ y \geq 1 \end{array}$$

$$\left\{\begin{matrix} z = F(x,y),\ y \geq 1, \\ u = 0,\ y \mid x - u \end{matrix}\right\} \quad \underbrace{z := z - y \quad \left\{\begin{matrix} z = F(x,y),\ y \mid x - u,\ y > u > 0 \\ \text{oder} \\ z = F(x,y) - y,\ y \mid x,\ y \geq 1, \end{matrix}\right\}}_{\begin{matrix} z - y = F(x,y),\ y \mid x - u,\ y > u > 0 \\ \text{oder} \\ z - y = F(x,y) - y,\ y \mid x,\ y \geq 1 \end{matrix}}$$

In der ersten Folgerung wird rechts die erste Variante wirksam und in der zweiten die zweite.

Übungen

10.2.1 Man beweise (10.2.3.ii).

10.2.2 Man beweise (10.2.4.ii).

10.2.3 Man überprüfe die restlichen Fälle zur Behauptung, daß in Abb. 10.2.4 ein kontrahiertes Prädikat vorliegt.

10.3 Totale Korrektheit und Terminierung

Mit der partiellen Korrektheit allein können noch keine hinreichend präzisen Aussagen über ein Programm gemacht werden. Die Wirkung Σ läßt nämlich die eventuell auftretenden unendlichen Schleifen ebenso unberücksichtigt wie eine vorzeitige Terminierung (Abortion). Die Feststellung $\{v\}P\{n\}$ bedeutet

„*wenn* ein Programm $\mathcal{P}$ in einem Zustand mit der Vorbedingung v beginnt
und eine Berechnungsfolge terminiert,
dann genügt der erreichte Endzustand der Nachbedingung n".

Interessanter wäre die Aussage

„*wenn* das Programm $\mathcal{P}$ in einem Zustand mit Vorbedingung v beginnt,
dann terminieren alle von dort ausgehenden Berechnungsfolgen
und die Zustände, in denen es terminiert, genügen der Nachbedingung n".

Fragen der letztgenannten Art lassen sich mit dem Begriff der Wirkung Σ im allgemeinen nicht mehr behandeln. Wir erinnern uns jedoch an die Begriffsbildungen zur progressiven Endlichkeit und Beschränktheit aus Abschnitt 6.3; insbesondere an den Initialteil (6.3.2.i). Mit ihnen sollte es möglich werden, diejenigen Zustände vor Beginn des Programms zu charakterisieren, von denen aus jede Berechnungsfolge – wir studieren den allgemeineren nichtdeterministischen Fall! – endliche Länge hat oder eine Schranke für die Länge aller Berechnungsfolgen existiert. Zusätzlich ist die Bedingung zu formulieren, daß das terminierende Verhalten C – wegen der Möglichkeit der Abortion darf man nicht die Wirkung verwenden – nicht anders als in Ausgabezuständen mit erfüllter Nachbedingung n endet.

Unter Hinweis auf (6.3.2) definieren wir zunächst die Terminierungs- und Korrektheitsbegriffe.

10.3.1 Definition. Gegeben sei das Programm $\mathcal{P} = (G, S, \Theta, e, a)$ mit der Assoziierten B, dem terminierenden Verhalten $C := B^* \sqcap \overline{\overline{BL}}^{\mathrm{T}}$, dem Initialteil $J(B)$ und der Wirkung $\Sigma := e^{\mathrm{T}}Ca$. Ist v eine Vor- und n eine Nachbedingung, so heiße $\mathcal{P}$ **bzgl.** v und n **total korrekt vom**

$$\textbf{Typ 1,} \text{ wenn } v \subset e^{\mathrm{T}}\sup_{h\geq 0} \overline{B^h L} \sqcap e^{\mathrm{T}}\overline{C\overline{an}};$$

$$\textbf{Typ 2,} \text{ wenn } v \subset e^{\mathrm{T}}J(B) \sqcap e^{\mathrm{T}}\overline{C\overline{an}};$$

$$\textbf{Typ 3,} \text{ wenn } v \subset \Sigma n.$$

$\mathcal{P}$ **terminiert** für v **vom Typ** i, wenn $\mathcal{P}$ total korrekt vom Typ i bzgl. v und L ist. □

$\mathcal{P}$ ist also total korrekt vom Typ 1 in bezug auf v und n, wenn es von keinem Zustand vor Eintritt in das Programm, der der Bedingung v genügt, beliebig lange Berechnungsfolgen gibt, und wenn es *nicht* möglich ist, mit dem terminierenden Verhalten C zu einem Zustand zu gelangen, der *nicht* nach Ausgabe durch a die Nachbedingung n erfüllt, (sei es wegen Abortion vor der Ausgabe oder sei es wegen Erreichens eines Zustandes mit $\overline{n}$ danach).

Bei totaler Korrektheit vom Typ 2 wird nicht mehr verlangt, daß eine obere Schranke für die Längen aller Berechnungsfolgen von einem Eingabezustand mit v aus existiert; jede einzelne Berechnungsfolge darf allerdings nur endlich sein.

Für den Typ 3 ist es ausreichend, daß von jedem Eingabezustand mit v *wenigstens eine* terminierende Berechnungsfolge zu einem Ausgabezustand mit n führt. Durch ΣL ist also der Definitionsbereich der Wirkung des Programms beschrieben.

Man hat zur Unterscheidung der Terminierung vom Typ 3 „überirdische" Begriffe verwendet: Der Nichtdeterminismus gilt als **engelhaft** (engl. angelic), weil er sich die u. U. einzig mögliche terminierende Berechnungsfolge unter vielen abortierenden oder in eine Schleife geratenden aussucht. Andererseits wird der Nichtdeterminismus bei Typ 1 und 2 als **dämonisch** (engl. demonic) bezeichnet, wenn er jede Gelegenheit zur vorzeitigen Terminierung oder unendlichen Wiederholung wahrnehmen würde.

Typ 1 und Typ 2 werden noch nicht mit einprägsamen Schlagworten unterschieden. Der Unterschied zwischen totaler Korrektheit vom Typ 1 und vom Typ 2 bleibt nämlich oft unsichtbar. Nach Satz 6.3.5 stimmen bei endlicher Verzweigung – und diese liegt normalerweise vor – beide überein. Erst wenn nichtendliche Verzweigungen in Programmen zugelassen werden, unterscheiden sich beide Begriffe. Wir betrachten das folgende Programm $\mathcal{P}$ mit der infolge Verwendung von **some nat** nichtendlich verzweigenden nichtdeterministischen Auswahl einer natürlichen Zahl

$m :=$ **some nat**;
while $m > 0$ **do** $m := m - 1$ **od**,

das sicherlich nach endlich vielen Schritten beendet ist, bei dem man aber keine Schranke für die Anzahl der Schritte angeben kann. Es ist total korrekt vom

Typ 2 in bezug auf $v := L$ und $n := \langle\!\langle m = 0\rangle\!\rangle$; es ist in bezug auf diese beiden Bedingungen aber *nicht* total korrekt vom Typ 1.

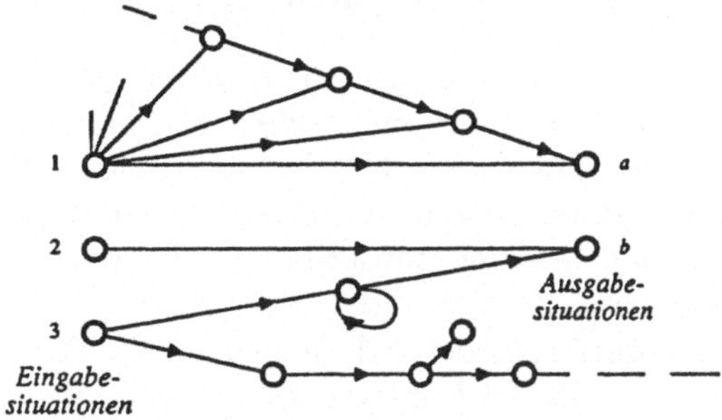

Abb. 10.3.1 Zur totalen Korrektheit

Eine Illustration zur totalen Korrektheit enthält Abb. 10.3.1. Der Graph bietet die Möglichkeit der Abortion, der nichtendlichen Verzweigung und unendlich langer Abläufe, sowohl als Folge einer unendlichen Schleife als auch durch beliebiges Fortschreiten über immer neue Punkte. Wir wollen diesen Graphen jetzt als Situationsgraphen eines Programms auffassen und haben deshalb Eingabe- und Ausgabesituationen ausgezeichnet.

Das Programm ist beispielsweise total korrekt in bezug auf die Vorbedingung v und die Nachbedingung $n \approx \{a, b\}$ in den Fällen

$v \approx \{2\}$	vom Typ 1
$v \approx \emptyset$, $v \approx \{1\}$, $v \approx \{2\}$, $v \approx \{1, 2\}$	vom Typ 2
$v \approx \{1, 2, 3\}$	vom Typ 3

Beim Typ 1 ist der Punkt 1 ausgeschlossen, weil er nicht progressiv-beschränkt ist; beim Typ 2 ist der Punkt 3 ausgeschlossen, weil er nicht progressiv-endlich ist. Offenbar entspricht $\{1, 2\}$ als größte der vier Mengen v beim Typ 2 gerade der *schwächsten* Vorbedingung, so daß $\mathcal{P}$ in bezug auf v und n total korrekt ist. Diesen Aspekt werden wir in Abschnitt 10.4 untersuchen. Wir überzeugen uns zunächst von der Gültigkeit zweier elementarer Eigenschaften.

10.3.2 Satz. i) Für jedes Programm $\mathcal{P}$ gilt

$\mathcal{P}$ total korrekt in bezug auf v und n

$$\text{vom Typ 1} \quad\Longrightarrow\quad \text{vom Typ 2} \quad\Longrightarrow\quad \text{vom Typ 3}.$$

ii) Falls das Programm $\mathcal{P}$ deterministisch ist, gilt

$\mathcal{P}$ total korrekt in bezug auf v und n

$$\text{vom Typ 1} \quad\Longleftrightarrow\quad \text{vom Typ 2} \quad\Longleftrightarrow\quad \text{vom Typ 3}.$$

Beweis: i) Nach Satz 6.3.3.i gilt sicher

$$e^{\mathrm{T}} \sup_{h\geq 0} \overline{B^h L} \sqcap e^{\mathrm{T}}\overline{\overline{Can}} \subset e^{\mathrm{T}}J(B) \sqcap e^{\mathrm{T}}\overline{\overline{Can}} \subset e^{\mathrm{T}}B^*\overline{BL} \sqcap e^{\mathrm{T}}\overline{\overline{Can}};$$

letzteres ist enthalten in $\overline{e^{\mathrm{T}}Can = \Sigma n}$ wegen

$$L = \overline{CL} \sqcup CL = \overline{(B^* \sqcap \overline{BL}^{\mathrm{T}})L \sqcup \overline{Can} \sqcup Can} = \overline{B^*\overline{BL} \sqcap \overline{\overline{Can}} \sqcup Can},$$

wobei (2.4.2) benutzt wurde.

ii) Wir verwenden nun (6.3.3.ii) und erhalten sofort die erste Äquivalenz. Für die zweite ist nur „$\Longleftarrow$“ zu zeigen. Dazu stellen wir fest, daß $Can \subset CL = B^*\overline{BL}$ sowie $C^{\mathrm{T}}C \subset I \Longrightarrow C^{\mathrm{T}}C\overline{an} \subset \overline{an} \Longleftrightarrow Can \subset \overline{C\overline{an}}$. □

Totale Korrektheit vom Typ 3 erlaubt die am wenigsten umständliche Definition. Sofern man nur mit deterministischen Programmen zu tun hat, darf man diese einfache Variante verwenden; in Satz 10.3.2 haben wir ja gezeigt, daß dann alle drei Varianten übereinstimmen. Am Auseinanderklaffen der drei Konstrukte erkennt man, wieviel schwieriger der Umgang mit nichtdeterministischen Programmen ist.

Im folgenden Satz unterscheidet sich jedoch totale Korrektheit des Typs 3 von den beiden anderen. Es wird untersucht, wann totale Korrektheit sich als Konjunktion von partieller Korrektheit und Terminierung ergibt.

10.3.3 Satz. Unter den Voraussetzungen der Definition 10.3.1 gilt für $i = 1,2$

$\mathcal{P}$ total korrekt vom Typ i bzgl. v und n $\Longleftrightarrow$ $\mathcal{P}$ partiell korrekt bzgl. v und n und $\mathcal{P}$ terminiert vom Typ i für v

Diese Aussage ist *falsch* für $i = 3$; es gilt nur „$\Longleftarrow$“.

Der **Beweis** wird für beide Fälle simultan erledigt; er läuft darauf hinaus,

$$v \subset e^{\mathrm{T}}\overline{C\overline{an}} \quad\Longleftrightarrow\quad v \subset \overline{\Sigma\overline{n}} \text{ und } v \subset e^{\mathrm{T}}\overline{C\overline{aL}}$$

zu zeigen, indem man

$$e^{\mathrm{T}}\overline{C\overline{an}} = \overline{\Sigma\overline{n}} \sqcap e^{\mathrm{T}}\overline{C\overline{aL}}$$

nachweist. Die Abbildung e^{T} darf nach (4.2.4) von links unter den Querstrich gezogen werden, so daß letzteres nach Negation äquivalent zu

$$e^{\mathrm{T}}C\overline{an} = e^{\mathrm{T}}Ca\overline{n} \sqcup e^{\mathrm{T}}C\overline{aL}$$

ist. Dies gilt in der Tat, denn bei eindeutigem a hat man nach (4.2.2.iv) $\overline{an} = a\overline{n} \sqcup \overline{aL}$. Im Fall $i = 3$ haben wir allgemein $v \subset \Sigma n \Longleftarrow v \subset \overline{\Sigma\overline{n}}$ und $v \subset \Sigma L$. Nach (4.2.2.v) wäre die andere Richtung eine Folge der bei deterministischen Programmen vorliegenden Eindeutigkeit von Σ. □

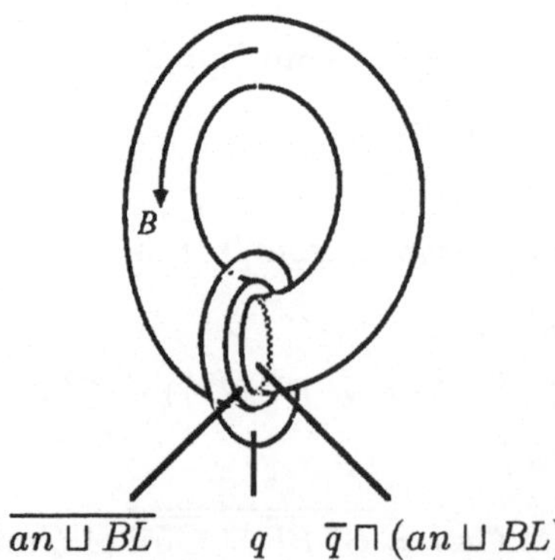

Abb. 10.3.2 Komplement-Expansion

Wie schon bei der partiellen Korrektheit, stellt sich auch bei der totalen Korrektheit die Frage, ob man sie direkt am Programm, also an der Assoziierten B oder nur am daraus abgeleiteten Konstrukt $e^{\mathrm{T}}J(B) \sqcap e^{\mathrm{T}}\overline{C\overline{an}}$ aus (10.3.1) ablesen kann. Wir suchen also etwas ähnliches wie den Kontraktionssatz 10.2.2 auch für totale Korrektheit. Wenn dies in einer auch äußerlich nicht ganz unähnlichen Form mit (10.3.4) und (10.3.5) bereitgestellt ist, werden wir in Abschnitt 10.4 einzelne Konstrukte untersuchen.

10.3.4 Satz (*Komplement-Expansionssatz*). Es sei $\mathcal{P}$ ein Programm mit der Assoziierten B, der Eingaberelation e und der Ausgaberelation a. Ist dann v eine Vor- und n eine Nachbedingung, so ist folgendes äquivalent:

$$\begin{array}{c} \mathcal{P} \text{ total korrekt} \\ \text{vom Typ 2 bzgl. } v,\ n \end{array} \iff \begin{array}{c} \text{Für alle Prädikate } q \text{ mit} \\ \overline{q} \subset B\overline{q} \sqcup \overline{an \sqcup \overline{BL}} \text{ gilt } v \subset e^{\mathrm{T}}q. \end{array}$$

Beweis: Kernpunkt des Beweises ist die Verwendung der anschließend bewiesenen Identität

$$J(B) \sqcap \overline{C\overline{an}} = \inf\{\, q \mid \overline{q} \subset B\overline{q} \sqcup \overline{an \sqcup \overline{BL}}\,\}.$$

Wenn wir dies in der Definition 10.3.1 ausnutzen, herrscht totale Korrektheit für $\mathcal{P}$ vom Typ 2 bzgl. v und n genau, wenn

$$v \subset e^{\mathrm{T}} \inf\{\, q \mid \overline{q} \subset B\overline{q} \sqcup \overline{an \sqcup \overline{BL}}\,\},$$

bei eindeutigem e^{T} also genau, wenn $v \subset e^{\mathrm{T}}q$ für *alle* Prädikate q dieser Art.

Mit der Abkürzung $F := \overline{an \sqcup \overline{BL}}$ tragen wir jetzt den Beweis nach, daß

$$\inf\{\, x \mid \overline{x} \subset B\overline{x}\,\} \sqcap \overline{C\overline{an}} = \inf\{\, q \mid \overline{q} \subset B\overline{q} \sqcup F\,\}.$$

Für x mit $\overline{x} \subset B\overline{x}$ erfüllt das darin enthaltene $q := x \sqcap \overline{C\overline{an}} = x \sqcap \overline{B^*F}$ die Beziehung $B\overline{q} \sqcup F = B\overline{x} \sqcup BB^*F \sqcup F \supset \overline{x} \sqcup B^*F = \overline{q}$; also gilt „$\supset$“. Umgekehrt findet man zu jedem q mit $\overline{q} \subset B\overline{q} \sqcup F$ ein $x := B^*(\overline{q} \sqcap \overline{B^*F})$, so daß

$$\begin{aligned} \overline{x} &= B^*(\overline{q} \sqcap \overline{B^*F}) = (\overline{q} \sqcap \overline{B^*F}) \sqcup BB^*(\overline{q} \sqcap \overline{B^*F}) \\ &\subset [(B\overline{q} \sqcup F) \sqcap \overline{B^*F}] \sqcup B\overline{x} = (B\overline{q} \sqcap \overline{B^*F}) \sqcup B\overline{x} \\ &= ([B(\overline{q} \sqcap \overline{B^*F}) \sqcup B(\overline{q} \sqcap B^*F)] \sqcap \overline{B^*F}) \sqcup B\overline{x} \\ &\subset [BB^*(\overline{q} \sqcap \overline{B^*F}) \sqcap \overline{B^*F}] \sqcup (B^+F \sqcap \overline{B^*F}) \sqcup B\overline{x} \\ &\subset BB^*(\overline{q} \sqcap \overline{B^*F}) \sqcup O \sqcup B\overline{x} = B\overline{x}. \end{aligned}$$

Aufgrund von $x = \overline{B^*(\overline{q} \sqcap \overline{\overline{B^*F}})} \subset \overline{I(\overline{q} \sqcap \overline{\overline{B^*F}})} = q \sqcup B^*F$, ist $x \sqcap \overline{C\overline{an}} = x \sqcap \overline{B^*F} \subset q$, und daher gilt „$\subset$“. □

Im folgenden vergleichen wir diesen Satz mit dem Kontraktionssatz 10.2.2:

$$\begin{array}{c} \mathcal{P} \text{ partiell korrekt} \\ \text{bzgl. } v,\ n \end{array} \iff \begin{array}{c} \text{Es gibt ein Prädikat } q \text{ mit } B^{\mathrm{T}}q \subset q, \\ a^{\mathrm{T}}(q \sqcap \overline{BL}) \subset n \text{ und } v \subset e^{\mathrm{T}}q. \end{array}$$

$$\begin{array}{c} \mathcal{P} \text{ total korrekt} \\ \text{vom Typ 2 bzgl. } v,\ n \end{array} \iff \begin{array}{c} \text{Für alle Prädikate } q \text{ mit} \\ \overline{q} \subset B\overline{q} \sqcup \overline{an \sqcup \overline{BL}} \text{ gilt } v \subset e^{\mathrm{T}}q. \end{array}$$

Bei $B\overline{q} \subset \overline{q}$ (was zu $B^{\mathrm{T}}q \subset q$ äquivalent ist) wird q kontrahiert. Der Übergang zur totalen Korrektheit wechselt zur Betrachtung der umgekehrten Inklusion (mit einer Ausnahmeregelung für terminale Punkte) und ändert die Quantifizierung.

Wir erinnern uns daran, wie in Satz 6.3.4 die progressiv-beschränkten Punkte durch einen Ausschöpfungsprozess erfaßt werden konnten. Während dort *alle* terminalen Punkte eines Graphen zu beachten waren, ist hier nur von denjenigen terminalen Ausgabezuständen auszugehen, welche nach Ablauf des Programms die Nachbedingung n erfüllen.

10.3.5 Satz. Es sei $\mathcal{P}$ ein Programm mit der Assoziierten B, der Eingaberelation e und der Ausgaberelation a. Ist dann v eine Vor- und n eine Nachbedingung, so ist folgendes äquivalent:

$$\begin{array}{c} \mathcal{P} \text{ total korrekt} \\ \text{vom Typ 1 bzgl. } v,\, n \end{array} \iff \begin{array}{c} \text{Für den Grenzwert der Iteration} \\ \overline{q_{-1}} := L; \quad \overline{q_i} := B\overline{q_{i-1}} \sqcup \overline{an \sqcup BL}, \quad i \geq 0 \\ \text{gilt } v \subset e^{\mathrm{T}} \sup_{i\geq 0} q_i . \end{array}$$

Beweis: In Analogie zum Beweis von (10.3.4) wird anschließend die Identität

$$\sup_{h\geq 0} \overline{B^h L} \sqcap \overline{\overline{Can}} = \sup_{i\geq 0} q_i$$

bewiesen werden. Totale Korrektheit für $\mathcal{P}$ vom Typ 1 in bezug auf v und n herrscht hiermit nach Definition 10.3.1 genau, wenn $v \subset e^{\mathrm{T}} \sup_{i\geq 0} q_i$.

Wiederum mit der Abkürzung $F := \overline{an \sqcup BL}$ beweisen wir obige Identität, indem wir zeigen, daß für beliebiges $r \geq -1$

$$\begin{aligned} \overline{\overline{Can}} = \overline{B^* \overline{\overline{an \sqcup BL}}} = \overline{B^* F} &= \overline{\sup_{0\leq m\leq r} B^m F \sqcup B^{r+1} B^* F} \\ &= \inf_{0\leq m\leq r} \overline{B^m F} \sqcap \overline{B^{r+1} \overline{\overline{Can}}}. \end{aligned}$$

Damit ergibt sich die folgende Zerlegung

$$\begin{aligned} \sup_{h\geq 0} \overline{B^h L} \sqcap \overline{\overline{Can}} &= \sup_{s\geq -1} (\overline{B^{s+1} L} \sqcap \overline{\overline{Can}}) \\ &= \sup_{s\geq -1} (\overline{B^{s+1} L} \sqcap \inf_{0\leq m\leq s} \overline{B^m F} \sqcap \overline{B^{s+1} \overline{\overline{Can}}}) \\ &= \sup_{s\geq -1} (\overline{B^{s+1} L} \sqcap \inf_{0\leq m\leq s} \overline{B^m F}). \end{aligned}$$

Die hierin auftretende monoton wachsende Folge von Summanden stimmt genau mit den q_s überein; denn $q_{-1} = O$ und weiter gilt mit Induktion

$$\overline{q_{i+1}} = B\overline{q_i} \sqcup F = B(B^{i+1} L \sqcup \sup_{0\leq m\leq i} B^m F) \sqcup F = B^{i+2} L \sqcup \sup_{0\leq h\leq i+1} B^h F.$$

□

Unter diesem Aspekt betrachten wir noch einmal das Beispiel der perfekten Zahlen aus Abschnitt 10.2.

Korrektheit vom Typ 2 herrscht beim Bestehen der folgenden Beziehungen, die sich von denen in Abschnitt 10.2 unterscheiden:

$$\begin{array}{ll} \overline{a} \subset \overline{n} & \overline{h} \subset (\overline{r} \sqcap \overline{i}) \sqcup (r \sqcap \overline{j}) \sqcup O \\ \overline{b} \subset K\overline{c} \sqcup \overline{KL} & \overline{i} \subset F\overline{c} \sqcup \overline{FL} \\ \overline{c} \subset (\overline{p} \sqcap \overline{d}) \sqcup (p \sqcap \overline{k}) \sqcup O & \overline{j} \subset E\overline{i} \sqcup \overline{EL} \\ \overline{d} \subset C\overline{g} \sqcup \overline{CL} & \overline{k} \subset (\overline{s} \sqcap \overline{l}) \sqcup (s \sqcap \overline{m}) \sqcup O \\ \overline{e} \subset A\overline{b} \sqcup \overline{AL} & \overline{l} \subset G\overline{a} \sqcup \overline{GL} \\ \overline{f} \subset D\overline{g} \sqcup \overline{DL} & \overline{m} \subset H\overline{a} \sqcup \overline{HL} \\ \overline{g} \subset (t \sqcap \overline{f}) \sqcup (\overline{t} \sqcap \overline{h}) \sqcup O. & \end{array}$$

Unter der in Abb. 10.2.3 angegebenen Interpretation des Programmschemas muß bewiesen werden, daß für *alle* Prädikate mit diesen Eigenschaften notwendig $v \subset e$ gilt. Die Kenntnis des einen Prädikates q aus Abb. 10.2.4 allein hilft offenbar nicht bei diesem Beweis, den wir erst mit den Hilfsmitteln des folgenden Abschnittes führen können.

Dynamische Logik

In Arbeiten zur dynamischen Logik, einem Zweig der Modallogik im Zusammenhang mit Fragen der Programmierung, werden die Operatoren □ (box) und ◇ (diamond) verwendet; siehe etwa MANNA 82 und HAREL 79. Ist die Assoziierte B eines Programms $\mathcal{P}$ mit der Wirkung Σ in Verbindung mit einer Nachbedingung n gegeben, so definiert man (siehe BERGHAMMER, SCHMIDT 82)

$[\mathcal{P}]n := \overline{\Sigma\overline{n}}$, um Zustände vor Eintritt in das Programm zu charakterisieren, für die jede terminierende aber nicht abortierende Ausführung des (nichtdeterministischen) Programms zu Zuständen führt, die n erfüllen,

$<\mathcal{P}>n := \Sigma n$, um Zustände vor Eintritt in das Programm zu charakterisieren, für die wenigstens eine terminierende und nicht abortierende Ausführung des Programms existiert, die zu n führt,

$\text{loop}_{\mathcal{P}} := e^{\mathrm{T}}\overline{J(B)}$, um Zustände zu charakterisieren, von denen aus es unendlich lange Berechnungsfolgen gibt,

$\text{fail}_{\mathcal{P}} := e^{\mathrm{T}}\overline{CaL}$, um Zustände zu charakterisieren, von denen aus man in eine Abortion geraten kann.

In quantorenbehafteter Form kann man in den zwei ersten Fällen auch schreiben

$$s \in [\mathcal{P}]n \;:=\; \forall t : (s,t) \in \Sigma \rightarrow t \in n,$$
$$s \in <\mathcal{P}>n \;:=\; \exists t : (s,t) \in \Sigma \wedge t \in n.$$

Für die Beziehungen zwischen diesen Konstrukten beweist man ohne größere Schwierigkeit eine Aussage wie die folgende, zu der man sich auch leicht die anschauliche Interpretation überlegen kann.

10.3.6 Satz. i) $<\mathcal{P}>n = [\mathcal{P}]n \sqcap <\mathcal{P}>L$, falls $\mathcal{P}$ deterministisch.

ii) $[\mathcal{P};\mathcal{Q}]n = [\mathcal{P}]([\mathcal{Q}]n)$. □

Ansätze für eine Behandlung der Rekursion mit relationenalgebraischen Mitteln finden sich u. a. in SANDERSON 80. Sprünge und **goto** wurden in ARBIB, ALAGIĆ 79 und CLINT, HOARE 72 untersucht.

Übungen

10.3.1 Man beweise Satz 10.3.6.

10.3.2 Man zeige $\text{fail}_{\mathcal{P}} \subset \text{fail}_{\mathcal{P};\mathcal{Q}}$.

10.4 Schwächste Vorbedingungen

Als wir in Abschnitt 10.2 die Aussage $\{v\}\mathcal{P}\{n\}$ zur partiellen Korrektheit durch $\Sigma^{\mathrm{T}}v \subset n$ definiert hatten, konnten wir mit $n_{\mathrm{inf}} := \Sigma^{\mathrm{T}}v$ die stärkste Nachbedingung zu v und mit $v_{\mathrm{sup}} := \overline{\Sigma\overline{n}}$ die schwächste Vorbedingung zu n betrachten, unter denen „gerade noch" partielle Korrektheit herrschte, wenn v bzw. n vorgegeben waren.

Für die totale Korrektheit ist es typisch, bei vorliegender Nachbedingung schwächste Vorbedingungen anzugeben. Wir haben drei Möglichkeiten dafür, entsprechend den drei Begriffen der totalen Korrektheit vom Typ 1, 2 und 3. Die letzte dieser drei Varianten werden wir nicht betrachten und uns auf die ersten beiden konzentrieren. In die folgenden Definitionen nehmen wir auch die Resultate der Sätze 10.3.4 und 10.3.5 mit auf.

10.4.1 Definition. Ist $\mathcal{P} = (G, S, \Theta, e, a)$ ein Programm mit der Assoziierten B und ist n eine Nachbedingung, so definieren wir als **schwächste Vorbedingung von $\mathcal{P}$ bzgl. n vom**

i) **Typ 1** $\quad \mathrm{wp}_1(\mathcal{P}, n) := e^{\mathrm{T}} \sup_{h\geq 0} \overline{B^h L} \sqcap e^{\mathrm{T}}\overline{C\overline{an}} = e^{\mathrm{T}} \sup_{i\geq 0} q_i\,,$

wobei $\overline{q_{-1}} := L$ und $\overline{q_i} := B\overline{q_{i-1}} \sqcup \overline{an} \sqcup \overline{BL}$ für $i \geq 0$;

ii) **Typ 2** $\quad \mathrm{wp}_2(\mathcal{P}, n) := e^{\mathrm{T}}\overline{J(B)} \sqcap e^{\mathrm{T}}\overline{C\overline{an}}$

$$= e^{\mathrm{T}} \inf\{\, q \mid \overline{q} \subset B\overline{q} \sqcup \overline{an} \sqcup \overline{BL}\,\}.$$ □

Mit $\mathrm{wp}_1(\mathcal{P}, L)$ bzw. $\mathrm{wp}_2(\mathcal{P}, L)$ hat man gerade diejenigen Zustände vor Eintritt in das Programm beschrieben, von denen aus jede Berechnungsfolge terminiert und keine abortiert. Die Bezeichnungen wp_1 und wp_2 sollen andeuten, daß das betreffende Aggregat Eigenschaften einer schwächsten Vorbedingung (weakest precondition) im Sinne von E. W. Dijkstra besitzt. Die Bezeichnung wp reservieren wir für den Fall, daß wp_1 und wp_2 zusammenfallen, und für den Fall, daß wir Beweise für wp_1 und wp_2 nach gleichem Schema erledigen können.

Wir wollen nun für mehrere Programmkonstrukte die schwächsten Vorbedingungen errechnen. Im einfachsten Fall liegt nur ein einzelner Programmschritt D vor, so daß $B = \begin{pmatrix} O & D \\ O & O \end{pmatrix}$ die Assoziierte des zugehörigen Programms ist. Totale Korrektheit vom Typ 1 und vom Typ 2 fallen offenbar zusammen, und man erhält als schwächste Vorbedingung

$$\begin{aligned}
\mathrm{wp}(D,n) &= (I\ O)\inf\{\begin{pmatrix} x \\ y\end{pmatrix} \mid \begin{pmatrix} \overline{x} \\ \overline{y}\end{pmatrix} \subset \begin{pmatrix} O & D \\ O & O\end{pmatrix}\begin{pmatrix} \overline{x} \\ \overline{y}\end{pmatrix} \sqcup \overline{\begin{pmatrix} O \\ n\end{pmatrix} \sqcup \begin{pmatrix} DL \\ O\end{pmatrix}}\}\\
&= (I\ O)\inf\{\begin{pmatrix} x \\ y\end{pmatrix} \mid \begin{pmatrix} \overline{D\overline{y}} \sqcap DL \\ n\end{pmatrix} \subset \begin{pmatrix} x \\ y\end{pmatrix}\} = (I\ O)\begin{pmatrix} \overline{D\overline{n}} \sqcap DL \\ n\end{pmatrix}\\
&= \overline{D\overline{n}} \sqcap DL.
\end{aligned}$$

Erwartungsgemäß ist der Programmschritt D total korrekt gegenüber der schwächsten Vorbedingung $\mathrm{wp}(D, n)$ und n, wenn er für jeden Zustand mit

$\mathrm{wp}(D,n)$ definiert ist und nicht zu einem Zustand führt, der n verletzt. Damit ist bereits der erste Teil des folgenden Satzes bewiesen.

10.4.2 Satz (*Schwächste Vorbedingung für die Hintereinanderschaltung*).

i) Besteht ein Programm nur aus einem einzigen Programmschritt D, so gilt

$$\mathrm{wp}(D,n) = \overline{D\overline{n}} \sqcap DL.$$

ii) Besteht das Programm aus zwei hintereinandergeschalteten Programmschritten D und E, so gilt

$$\mathrm{wp}\,((D;E),n) = \mathrm{wp}\,(D, \mathrm{wp}(E,n))\,.$$

Beweis nur zu ii): Werden die Programmschritte D und E hintereinander ausgeführt, so ist $B = \begin{pmatrix} O & D & O \\ O & O & E \\ O & O & O \end{pmatrix}$ die Assoziierte, und es ergibt sich

$$\mathrm{wp}\,((D;E),n) =$$

$$= (I\ O\ O)\inf\{\begin{pmatrix} x \\ y \\ z \end{pmatrix} \mid \begin{pmatrix} \overline{x} \\ \overline{y} \\ \overline{z} \end{pmatrix} \subset \begin{pmatrix} O\,D\,O \\ O\,O\,E \\ O\,O\,O \end{pmatrix} \begin{pmatrix} \overline{x} \\ \overline{y} \\ \overline{z} \end{pmatrix} \sqcup \overline{\begin{pmatrix} O \\ O \\ n \end{pmatrix} \sqcup \begin{pmatrix} DL \\ EL \\ O \end{pmatrix}}\}$$

$$= (I\ O\ O)\inf\{\begin{pmatrix} x \\ y \\ z \end{pmatrix} \mid \begin{pmatrix} \overline{D\overline{y}} \sqcap DL \\ \overline{E\overline{z}} \sqcap EL \\ n \end{pmatrix} \subset \begin{pmatrix} x \\ y \\ z \end{pmatrix}\} = (I\ O\ O)\begin{pmatrix} \overline{D\overline{\overline{E\overline{n}} \sqcap EL}} \sqcap DL \\ \overline{E\overline{n}} \sqcap EL \\ n \end{pmatrix}$$

$$= \overline{D\overline{\overline{E\overline{n}} \sqcap EL}} \sqcap DL = \overline{D\overline{\mathrm{wp}(E,n)}} \sqcap DL = \mathrm{wp}\,(D, \mathrm{wp}(E,n))\,. \qquad \square$$

Es ist nunmehr einfach, sich zu überzeugen, daß man die schwächste Vorbedingung für mehrere hintereinandergeschaltete Programmschritte schrittweise vom Ende beginnend, also rückwärts, ermitteln kann.

Wir formulieren nun die von Dijkstra für wp postulierten Eigenschaften der schwächsten Vorbedingungen als Satz.

10.4.3 Satz. Für schwächste Vorbedingungen vom Typ 1 und vom Typ 2 gilt

i) $\mathrm{wp}(\mathit{skip},n) = n$;
ii) $\mathrm{wp}(\mathit{abort},n) = O$;
iii) $\mathrm{wp}(\mathcal{P},O) = O$;
iv) $\mathrm{wp}(\mathcal{P},n_1) \sqcap \mathrm{wp}(\mathcal{P},n_2) = \mathrm{wp}(\mathcal{P},n_1 \sqcap n_2)$;
v) $\mathrm{wp}(\mathcal{P},n_1) \sqcup \mathrm{wp}(\mathcal{P},n_2) \subset \mathrm{wp}(\mathcal{P},n_1 \sqcup n_2)$, „=“, falls $\mathcal{P}$ deterministisch;
vi) $n_1 \subset n_2 \implies \mathrm{wp}(\mathcal{P},n_1) \subset \mathrm{wp}(\mathcal{P},n_2)$.

Beweis: „*skip*“ steht für ein Programm mit der Assoziierten $B = \begin{pmatrix} O & I \\ O & O \end{pmatrix}$ und „*abort*“ für ein Programm mit $B = O$. Setzt man dies in (10.3.1) ein, so erhält man (i, ii); ebenso $n = O$ für (iii); (iv, v, vi) ergeben sich direkt aus der Definition. $\square$

Auch bei der Fallunterscheidung und bei der **while**-Schleife sollen nun die Regeln für die schwächsten Vorbedingungen angegeben werden. In Abb. 10.4.1 ist die Fallunterscheidung einmal als Flußdiagramm und einmal mit aufgegliederten Relationen dargestellt.

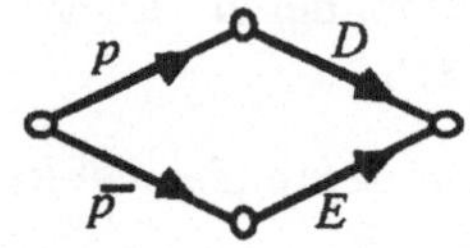

$$B = \begin{pmatrix} O & p & \overline{p} & O \\ O & O & O & D \\ O & O & O & E \\ O & O & O & O \end{pmatrix} \quad BL = \begin{pmatrix} L \\ DL \\ EL \\ O \end{pmatrix} \quad a = \begin{pmatrix} O \\ O \\ O \\ I \end{pmatrix}$$

Abb. 10.4.1 Schwächste Vorbedingung bei der Fallunterscheidung

Wir setzen entsprechend $\overline{q} \subset B\overline{q} \sqcup \overline{an \sqcup BL}$ an

$$\begin{pmatrix} \overline{x} \\ \overline{y} \\ \overline{z} \\ \overline{w} \end{pmatrix} \subset \begin{pmatrix} (p \sqcap \overline{y}) \sqcup (\overline{p} \sqcap \overline{z}) \\ D\overline{w} \sqcup \overline{DL} \\ E\overline{w} \sqcup \overline{EL} \\ \overline{n} \end{pmatrix}.$$

Hieraus folgen die vier Inklusionen

$$(\overline{p} \sqcup y) \sqcap (p \sqcup z) \subset x, \qquad \overline{D\overline{w}} \sqcap DL \subset y, \qquad \overline{E\overline{w}} \sqcap EL \subset z, \qquad n \subset w,$$

in denen für die Komponenten x, y, z und w von q das Infimum zu suchen ist. Offenbar hat man $w := n$ zu setzen, womit $\overline{D\overline{w}}$ und $\overline{E\overline{w}}$ ebenfalls kleinstmöglich werden. Dann fährt man fort mit $z := \overline{E\overline{n}} \sqcap EL = \text{wp}(E,n)$, $y := \overline{D\overline{n}} \sqcap DL = \text{wp}(D,n)$ und erreicht schließlich $x := [\overline{p} \sqcup \text{wp}(D,n)] \sqcap [p \sqcup \text{wp}(E,n)]$. Hieraus ergibt sich wegen $p \sqcup \overline{p} = L$ der erste Teil des folgenden Satzes, in dem wir zu einer mehr programmiersprachlichen Notation zurückkehren.

10.4.4 Satz (*Schwächste Vorbedingung bei Verzweigungen*).

i) $\text{wp}(\textbf{if } p \textbf{ then } D \textbf{ else } E \textbf{ fi}, n) = (p \sqcap \text{wp}(D,n)) \sqcup (\overline{p} \sqcap \text{wp}(E,n))$;

ii) $\text{wp}(\textbf{if } p \textbf{ then } D \textbf{ fi}, n) = (p \sqcap \text{wp}(D,n)) \sqcup (\overline{p} \sqcap n)$;

iii) $\text{wp}(\lceil p : D \,[\!]\, r : E \rfloor, n) = (\overline{p} \sqcup \text{wp}(D,n)) \sqcap (\overline{r} \sqcup \text{wp}(E,n))$.

Beweis: ii) folgt aus (i) mit Hilfe von (10.4.3), sobald man **if** p **then** D **fi** erklärt als **if** p **then** D **else** *skip* **fi**, oder $B = \begin{pmatrix} O & p & \overline{p} \\ O & O & D \\ O & O & O \end{pmatrix}$ verwendet.

iii) In Abb. 10.4.1 gehen wir von p und $\overline{p}$ über zu p und r und erhalten

$$(\overline{p} \sqcup y) \sqcap (\overline{r} \sqcup z) \subset x, \qquad \overline{D\overline{w}} \sqcap DL \subset y, \qquad \overline{E\overline{w}} \sqcap EL \subset z, \qquad n \subset w.$$

Im weiteren sind natürlich die auf $p \sqcup \overline{p} = L$ und $p \sqcap \overline{p} = O$ basierenden Umformungen zu vermeiden. Man erhält im Zuge der Infimumbildung $w := n$, $z := \text{wp}(E,n)$, $y := \text{wp}(D,n)$, $x := (\overline{p} \sqcup \text{wp}(D,n)) \sqcap (\overline{r} \sqcup \text{wp}(E,n))$. □

Wir betrachten nun das Diagramm und die Relationen für die **while**-Schleife in Abb. 10.4.2.

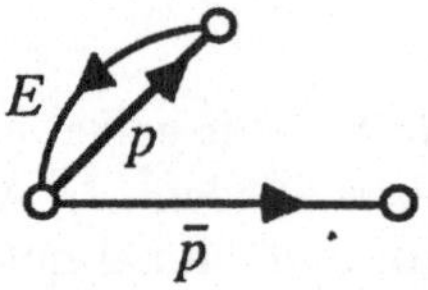

$$B = \begin{pmatrix} O & p & \overline{p} \\ E & O & O \\ O & O & O \end{pmatrix} \quad BL = \begin{pmatrix} L \\ EL \\ O \end{pmatrix} \quad a = \begin{pmatrix} O \\ O \\ I \end{pmatrix}$$

Abb. 10.4.2 Schwächste Vorbedingung bei der **while**-Schleife

Wieder setzen wir unter Bezug auf (10.4.1) an $\overline{q} \subset B\overline{q} \sqcup \overline{an \sqcup BL}$ bzw.

$$\begin{pmatrix}\overline{x}\\ \overline{y}\\ \overline{z}\end{pmatrix} \subset \begin{pmatrix}(p \sqcap \overline{y}) \sqcup (\overline{p} \sqcap \overline{z})\\ E\overline{x} \sqcup \overline{EL}\\ \overline{n}\end{pmatrix},$$

und erhalten hieraus die drei Inklusionen

$$(\overline{p} \sqcup y) \sqcap (p \sqcup z) \subset x, \quad \overline{E\overline{x}} \sqcap EL \subset y, \quad n \subset z,$$

in denen das kleinste Tripel x, y, z zu suchen ist. Man erhält hier zwar einen Teil der Lösung, nämlich $z := n$, direkt, hat aber nach wie vor x und y gemeinsam zu minimieren. Als Ergebnis erhalten wir Teil (i) des folgenden Satzes. Diese Aussage ist jedoch wegen der nach wie vor nötigen Infimumbildung ziemlich unhandlich. Man verzichtet daher meist darauf, eine Regel für die totale Korrektheit des **while**-Konstruktes bei einem beliebigen Paar v, n von Vor- und Nachbedingungen anzugeben und schränkt sich auf Paare von Vor- und Nachbedingungen ein, die untereinander und mit der Schleifenbedingung in enger Beziehung stehen und $n = v \sqcap \overline{p}$ erfüllen. Außerdem zieht man sich darauf zurück, eine nur hinreichende Form zu wählen, die eigentlich eine Regel zur partiellen Korrektheit ist; sie verwendet nämlich, daß totale Korrektheit nach (10.3.3) genau dann eintritt, wenn gleichzeitig Terminierung und partielle Korrektheit herrschen.

10.4.5 Satz (*Schwächste Vorbedingung für Schleifen*).

i) $\text{wp}(\textbf{while } p \textbf{ do } E \textbf{ od}, n) = \inf\{\, x \mid [p \sqcap \text{wp}(E, x)] \sqcup [\overline{p} \sqcap n] \subset x \,\}$;

ii) Unter Voraussetzung der partiellen Korrektheit $\{\, v \sqcap p \,\}E\{v\}$ gilt

$$v \sqcap \text{wp}(\textbf{while } p \textbf{ do } E \textbf{ od}, L) \subset \text{wp}(\textbf{while } p \textbf{ do } E \textbf{ od}, v \sqcap \overline{p}).$$

Beweis zu ii): Mit $\text{wp}(\textbf{while } p \textbf{ do } E \textbf{ od}, L)$ ist der Vorbereich abgesteckt, in dem Terminierung herrscht. Nach Satz 10.3.3 reicht es also zu zeigen, daß $\{v\}$ **while** p **do** E **od** $\{\, v \sqcap \overline{p} \,\}$ gilt; dies wiederum ergibt sich aus Korollar 10.2.5.ii. □

Eine Approximation dieses Infimums als Supremum einer aufsteigenden Iterationsfolge ist problematisch. Das Funktional wp ist nämlich nicht stetig, und man wird im allgemeinen nur eine untere Schranke erhalten, nicht aber das Infimum selbst; siehe Anhang A.3.

Damit ist es gelungen, schwächste Vorbedingungen für eine Reihe gängiger Programmkonstrukte aus entsprechenden Bedingungen für ihre Bestandteile zu synthetisieren. In (10.4.3) konnten sie in Spezialfällen direkt angegeben werden. Was noch fehlt ist die direkte Angabe einer solchen wp-Formel für ein nichttriviales nicht weiter zergliederbares „atomares" Konstrukt. Dafür nehmen wir wieder die Zuweisung.

Im Gegensatz zu (10.2.6) ist es hier wichtig zu wissen, ob die Auswertung des zuzuweisenden Ausdrucks stets terminiert.

10.4.6 Definition Die schwächste Vorbedingung für Zuweisungen lautet

i) bei einem nichtabortierenden terminierenden deterministischen Ausdruck
$$\mathrm{wp}(y := E, n) := S^y_E n.$$

ii) bei einem nichtdeterministischen Ausdruck
$$\mathrm{wp}(y := E, n) = S^y_E n \sqcap \left\langle\!\left\langle \begin{matrix}\text{Jeder Auswertungsweg für } E \text{ vom betr.}\\ \text{Zustand aus terminiert ohne zu abortieren.}\end{matrix} \right\rangle\!\right\rangle$$

Hierbei sei $S^y_E n$ das Prädikat, welches sich als Konjunktion über alle Prädikate ergibt, die aus n entstehen, indem man y durch einen bei der Auswertung des nichtdeterministischen E sich ergebenden Wert ersetzt. □

Es gilt also beispielsweise
$$\begin{aligned}
&\mathrm{wp}(y := |x-1|, \langle\!\langle y \le 7 \rangle\!\rangle) = \langle\!\langle |x-1| \le 7 \rangle\!\rangle,\\
&\mathrm{wp}(y := y/0, \langle\!\langle y < 1 \rangle\!\rangle) = O,\\
&\mathrm{wp}(n := \lceil 3 \,[\!]\, 5 \rfloor, \langle\!\langle n \ge k \rangle\!\rangle) = \langle\!\langle 3 \ge k,\ 5 \ge k \rangle\!\rangle,\\
&\mathrm{wp}(y := \lceil M : \textbf{if } x > 2 \textbf{ then } 2 \textbf{ else goto } M \textbf{ fi} \rfloor, \langle\!\langle y = 2 \rangle\!\rangle)\\
&\qquad = \langle\!\langle 2 = 2,\ x > 2 \rangle\!\rangle = \langle\!\langle x > 2 \rangle\!\rangle;
\end{aligned}$$

letzteres abweichend vom Beispiel nach (10.2.6).

Damit ist die Voraussetzung geschaffen, um das in 10.2 begonnene und in 10.3 fortgeführte Beispiel zur Bestimmung perfekter Zahlen zu beenden.

Mit dem Begriff der schwächsten Vorbedingung können wir das Geflecht von Beziehungen zwischen den Prädikaten, das sich in 10.3 ergeben hatte, etwas umschreiben:

$$\begin{array}{ll}
a \supset n & h \supset (r \sqcup i) \sqcap (\overline{r} \sqcup j)\\
b \supset \mathrm{wp}(K, c) & \quad = (r \sqcap j) \sqcup (\overline{r} \sqcap i)\\
c \supset (p \sqcup d) \sqcap (\overline{p} \sqcup k) & i \supset \mathrm{wp}(F, c)\\
\quad = (p \sqcap k) \sqcup (\overline{p} \sqcap d) & j \supset \mathrm{wp}(E, i)\\
d \supset \mathrm{wp}(C, g) & k \supset (s \sqcup l) \sqcap (\overline{s} \sqcup m)\\
e \supset \mathrm{wp}(A, b) & \quad = (s \sqcap m) \sqcup (\overline{s} \sqcap l)\\
f \supset \mathrm{wp}(D, g) & l \supset \mathrm{wp}(G, a)\\
g \supset (\overline{t} \sqcup f) \sqcap (t \sqcup h) & m \supset \mathrm{wp}(H, a)\\
\quad = (\overline{t} \sqcap h) \sqcup (t \sqcap f) &
\end{array}$$

Wenn ein solches Geflecht besteht, d. h. wenn ein beliebiges Prädikat q mit $\overline{q} \subset B\overline{q} \sqcup \overline{(an \sqcup BL)}$ gegeben ist, *dann* muß gelten $v \subset e$ (entsprechend $v \subset e^{\mathrm{T}}q$; hier besteht leider eine Bezeichnungskollision, weil Eingaberelation und Prädikat über der Eingabeposition beide mit e bezeichnet sind).

Wir wollen versuchen, diesen Beweis zu führen und die gegenüber 10.2 völlig veränderte Beweistechnik zu sehen. In interpretierter Form beginnt dieses Bedingungsgeflecht mit
$$a \supset \langle\!\langle F(x,0) = 0 \Longrightarrow w = \text{„}ja\text{“}, \quad F(x,0) \ne 0 \Longrightarrow w = \text{„}nein\text{“} \rangle\!\rangle,$$
woraus sich unter Verwendung von (10.4.6, 10.4.3.vi und iv) für l, m ergibt
$$l \supset \langle\!\langle F(x,0) \ne 0 \rangle\!\rangle, \qquad m \supset \langle\!\langle F(x,0) = 0 \rangle\!\rangle.$$

$$k \supset (\langle\!\langle z = 0 \rangle\!\rangle \sqcap \langle\!\langle F(x,0) = 0 \rangle\!\rangle) \sqcup (\langle\!\langle z \neq 0 \rangle\!\rangle \sqcap \langle\!\langle F(x,0) \neq 0 \rangle\!\rangle)$$
$$= (\langle\!\langle z = 0 \text{ genau wenn } F(x,0) = 0 \rangle\!\rangle)$$
$$c \supset (\langle\!\langle y = 0 \rangle\!\rangle \sqcap \langle\!\langle z = 0 \text{ genau wenn } F(x,0) = 0 \rangle\!\rangle) \sqcup (\langle\!\langle y > 0 \rangle\!\rangle \sqcap d).$$

Hier versagt erstmals die direkte Auswertung der schwächsten Vorbedingung; wegen der Schleifen im Programm beziehen sich die Bedingungen wechselseitig aufeinander. Bei $D \approx u := u - y$ und $F \approx y := y - 1$ müssen wir mit Bedingungen $u \geq y$ bzw. $y \geq 1$ das Abortieren berücksichtigen, welches wegen der Vereinbarung **nat** u, y entstehen kann.

$$i \supset \mathrm{wp}(F, c) = S^y_{y-1} c \sqcap \langle\!\langle y > 0 \rangle\!\rangle,$$
$$j \supset \mathrm{wp}(E, i) = S^z_{z-y} S^y_{y-1} c \sqcap \langle\!\langle y > 0 \rangle\!\rangle,$$
$$h \supset (\langle\!\langle u = 0 \rangle\!\rangle \sqcap j) \sqcup (\langle\!\langle u > 0 \rangle\!\rangle \sqcap i)$$
$$= \left(\langle\!\langle u = 0 \rangle\!\rangle \sqcap S^z_{z-y} S^y_{y-1} c \sqcap \langle\!\langle y > 0 \rangle\!\rangle\right)$$
$$\sqcup \left(\langle\!\langle u > 0 \rangle\!\rangle \sqcap S^y_{y-1} c \sqcap \langle\!\langle y > 0 \rangle\!\rangle\right).$$

Bei g und f tritt eine weitere Schleife auf.

$$g \supset (\langle\!\langle u < y \rangle\!\rangle \sqcap h) \sqcup (\langle\!\langle u \geq y \rangle\!\rangle \sqcap f),$$
$$f \supset \mathrm{wp}(D, g) = S^u_{u-y} g \sqcap \langle\!\langle u \geq y \rangle\!\rangle$$
$$= \left(\langle\!\langle 0 \leq u - y < y \rangle\!\rangle \sqcap S^u_{u-y} h\right) \sqcup \left(\langle\!\langle u - y \geq y \rangle\!\rangle \sqcap S^u_{u-y} f\right).$$

Hier verwenden wir nun, daß **nat** u vereinbart worden war, daß also nach jeweils endlich häufigem Abstieg von u nach $u - y$ der Fall $0 \leq u - y < y$ erreicht ist und sich infolgedessen f abschätzen läßt als

$$f \supset S^u_{\mathrm{mod}(u,y)} h.$$

Die soeben verwendete Funktion mod entspricht der Bildung des Restes bei ganzzahliger Division. Wir erhalten damit

$$g \supset (\langle\!\langle u < y \rangle\!\rangle \sqcap h) \sqcup \left(\langle\!\langle u \geq y \rangle\!\rangle \sqcap S^u_{\mathrm{mod}(u,y)} h\right)$$
$$= S^u_{\mathrm{mod}(u,y)} h, \qquad \text{denn} \quad u < y \implies u = \mathrm{mod}(u, y)$$

sowie

$$d \supset \mathrm{wp}(C, g) = S^u_x g \supset S^u_x S^u_{\mathrm{mod}(u,y)} h = S^u_{\mathrm{mod}(x,y)} h$$
$$= \left(\langle\!\langle \mathrm{mod}(x, y) = 0 \rangle\!\rangle \sqcap S^u_{\mathrm{mod}(x,y)} S^z_{z-y} S^y_{y-1} c \sqcap \langle\!\langle y > 0 \rangle\!\rangle\right)$$
$$\sqcup \left(\langle\!\langle \mathrm{mod}(x, y) > 0 \rangle\!\rangle \sqcap S^u_{\mathrm{mod}(x,y)} S^y_{y-1} c \sqcap \langle\!\langle y > 0 \rangle\!\rangle\right)$$
$$= \left(\langle\!\langle y \mid x \rangle\!\rangle \sqcap S^u_{\mathrm{mod}(x,y)} S^z_{z-y} S^y_{y-1} c \sqcap \langle\!\langle y > 0 \rangle\!\rangle\right)$$
$$\sqcup \left(\langle\!\langle y \nmid x \rangle\!\rangle \sqcap S^u_{\mathrm{mod}(x,y)} S^y_{y-1} c \sqcap \langle\!\langle y > 0 \rangle\!\rangle\right).$$

Jetzt ergibt sich eine rekurrente Bedingung für c:

$$c \supset (\langle\!\langle y = 0 \rangle\!\rangle \sqcap \langle\!\langle z = 0 \text{ genau wenn } F(x,0) = 0 \rangle\!\rangle)$$
$$\sqcup \left(\langle\!\langle y > 0 \rangle\!\rangle \sqcap \langle\!\langle y \mid x \rangle\!\rangle \sqcap S^u_{\mathrm{mod}(x,y)} S^z_{z-y} S^y_{y-1} c\right)$$
$$\sqcup \left(\langle\!\langle y > 0 \rangle\!\rangle \sqcap \langle\!\langle y \nmid x \rangle\!\rangle \sqcap S^u_{\mathrm{mod}(x,y)} S^y_{y-1} c\right).$$

Der erste der drei Terme der Abschätzung für c ist explizit angegeben, während die beiden übrigen sich wieder auf c beziehen. Also umfaßt c wenigstens den ersten Term und alles was sich mit dem zweiten bzw. dritten Term durch iteriertes Substituieren daraus ergibt. Man erhält

$$c \supset \langle\!\langle z = 0 \text{ genau wenn } F(x,y) = 0 \rangle\!\rangle,$$

wobei u. a. die vom Ende von 10.2 bekannten Eigenschaften von $F(x,y)$ zu verwenden sind. Nach Anwendung einer weiteren Zuweisungsregel

$$b \supset \mathrm{wp}(K,c) = S^z_x c = \langle\!\langle x = 0 \text{ genau wenn } F(x,y) = 0 \rangle\!\rangle$$

muß man beim Programmschritt $A \approx y := x - 1$ auf die Abortion im Falle **nat** $x = 0$ Rücksicht nehmen. Es ergibt sich also

$$\begin{aligned} e \supset \mathrm{wp}(A,b) &= S^y_{x-1} b \sqcap \langle\!\langle x \geq 1 \rangle\!\rangle \\ &= \langle\!\langle x = 0 \text{ genau wenn } F(x, x-1) = 0 \rangle\!\rangle \sqcap \langle\!\langle x \geq 1 \rangle\!\rangle = \langle\!\langle x \geq 1 \rangle\!\rangle. \end{aligned}$$

In dem hiermit zu Ende geführten Beweis der totalen Korrektheit wurde ganz wesentlich von der Tatsache Gebrauch gemacht, daß eine natürliche Zahl nur endlich oft echt vermindert werden kann. Für eine andersgeartete Interpretation des Programmschemas aus Abb. 10.2.2 wäre ein solcher Beweis u. U. nicht zu führen gewesen.

10.5 Programmüberlagerungen

Ein wichtiges Ziel ist der Wirkungsvergleich verschiedener, aber unter Verwendung derselben Programmschritte aufgebauter Programme anhand der Ähnlichkeit ihres Ablaufes. Das setzt einen Homomorphiebegriff für Programme voraus.

Zwei Programme werden wir homomorph nennen, wenn die zugehörigen Ablaufgraphen homomorph aufeinander abbildbar sind – natürlich unter sinngemäßer Überführung der Eingabe- und der Ausgabepositionen – und wenn die den Urbildpfeilen zugeordneten Programmschritte sämtlich in demjenigen Programmschritt als Relation enthalten sind, der dem Bildpfeil zugeordnet ist.

10.5.1 Definition. Sind $\mathcal{P} = (G, S, \Theta, e, a)$, $\mathcal{P}' = (G', S', \Theta', e', a')$ zwei Programme, so heiße das Paar (η, ξ) ein **(Programm-) Homomorphismus** von $\mathcal{P}$ in $\mathcal{P}'$, falls gilt

i) $\eta\colon G \longrightarrow G'$ und $\xi\colon S \longrightarrow S'$ sind Homomorphismen des Ablauf- und des Situationsgraphen.
ii) $\xi^{\mathrm{T}} e \subset e'$, $\quad a \subset \xi a'$.
iii) $\xi^{\mathrm{T}} \Theta = \Theta' \eta^{\mathrm{T}}$. □

In Abb. 10.5.1 geben wir einen Programm-Homomorphismus als Beispiel an. Es ist $R_1 \sqcup R_2 \subset R$ und $p_1 \sqcup p_2 \subset p$ vorauszusetzen.

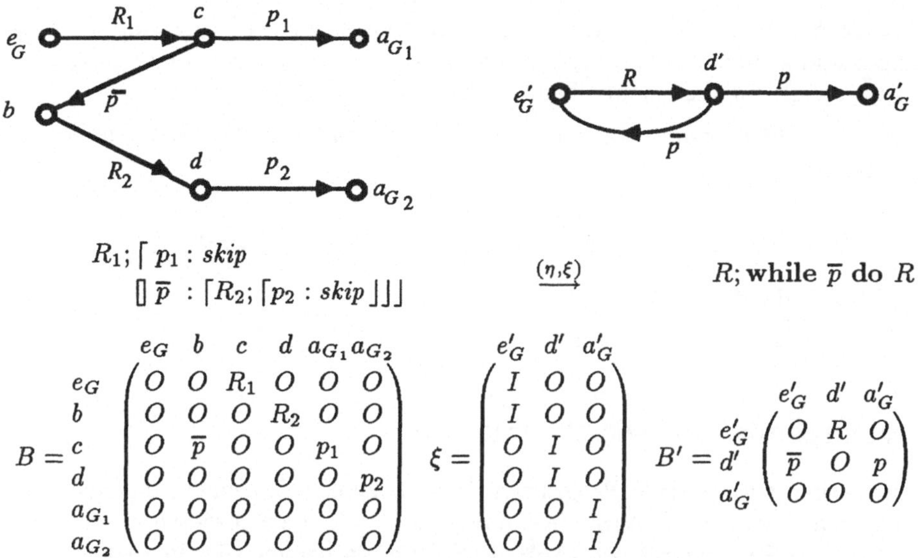

Abb. 10.5.1 Ein Programm-Homomorphismus

Die beiden Bedingungen in (ii) sind, obwohl äußerlich verschieden geschrieben, vermöge (2.4.4.i) gleichartig. Die Form ist unter Vorausschau auf die spätere Definition 10.5.3 gewählt. Aus (iii) folgt, weil ξ total und η eindeutig ist, $\Theta\eta \subset \xi\xi^{\mathrm{T}}\Theta\eta = \xi\Theta'\eta^{\mathrm{T}}\eta \subset \xi\Theta'$ und nach (4.2.2.iv) wegen $\Theta\eta L = \Theta L = L$ sogar Gleichheit $\Theta\eta = \xi\Theta'$. Also hat man mit (iii) die sog. Kommutativität *beider* Diagramme in Abb. 10.5.2; aus der Kommutativität des rechten Diagramms *allein* folgt die des linken dagegen nicht.

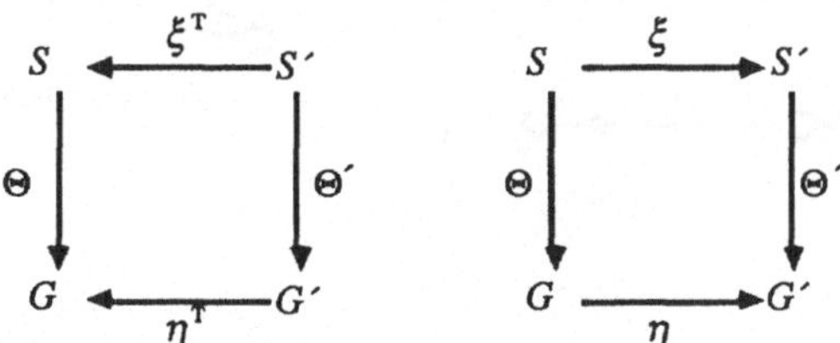

Abb. 10.5.2 Kommutative Diagramme zum Programm-Homomorphismus

Das rechte Diagramm könnte man so interpretieren: Das Aufsuchen der Ablaufposition zur Bildsituation liefert dasselbe wie die Angabe des Bildes der Ablaufposition. Im linken Diagramm wird zusätzlich folgendes ausgesagt: Hat die Ablaufposition einer Situation in S' ein Urbild in G, so hat auch die betrachtete Situation ein Urbild in S.

Ist S' das homomorphe Bild eines Graphen S, so sind nach Übung 7.1.1 die Urbildsituationen einer terminalen Situation ebenfalls terminal. Gilt im Falle eines Programm-Homomorphismus auch die Umkehrung, d. h. ist sichergestellt, daß beide Programme „gleichzeitig" enden, so kann man, entsprechend der Homomorphie, eine Inklusion der Wirkungen erwarten.

10.5.2 Satz. Ist das Programm $\mathcal{P}$ homomorph in das Programm $\mathcal{P}'$ abgebildet und genügt die Abbildung ξ der Situationsgraphen der Bedingung $\overline{BL} \subset \xi\overline{B'L}$, so gilt für die entsprechenden Wirkungen $\Sigma \subset \Sigma'$.

Beweis: Mit dem Resultat von Übung 7.1.1 erhält man für das terminierende Verhalten C

$$\begin{aligned} C\xi &= (B^* \sqcap \overline{BL}^{\mathrm{T}})\xi \subset (B^* \sqcap \overline{B'L}^{\mathrm{T}}\xi^{\mathrm{T}})\xi \\ &= B^*\xi \sqcap \overline{B'L}^{\mathrm{T}} \subset \xi B'^* \sqcap \overline{B'L}^{\mathrm{T}} = \xi(B'^* \sqcap \overline{B'L}^{\mathrm{T}}) = \xi C' \end{aligned}$$

und somit für die Wirkung

$$\Sigma = e^{\mathrm{T}}Ca \subset e^{\mathrm{T}}C\xi a' \subset e^{\mathrm{T}}\xi C'a' \subset e'^{\mathrm{T}}C'a' = \Sigma'. \qquad \square$$

Ablaufsäquivalenz von Programmen

Nun lernen wir spezielle Programm-Homomorphismen kennen, mit deren Zusatzeigenschaften auch Wirkungsäquivalenz $\Sigma = \Sigma'$ nachgewiesen werden kann.

Die drei Programme aus Abb. 10.5.3 unterscheiden sich im Ablauf, sind jedoch aus denselben Programmschritten R, $I \sqcap pL$ (aus Platzgründen wie üblich notiert als p), und $I \sqcap \overline{pL}$ (notiert als $\overline{p}$) aufgebaut. Nach allgemeiner Überzeugung leisten alle drei Programme dasselbe.

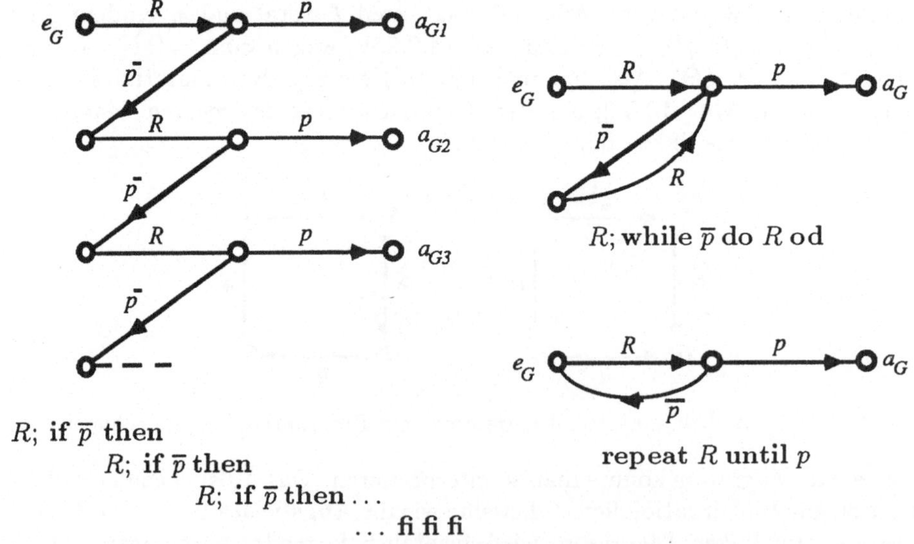

Abb. 10.5.3 Drei wirkungsäquivalente Programme

Die Übereinstimmung der Wirkung in dieser Weise verwandter Programme wird oft als selbstverständlich unterstellt. Wir streben einen formalen Beweis dafür an. Dieser wird sich auf die erwähnte Übereinstimmung der einzelnen Programmschritte stützen und auf die „Ähnlichkeit" des Ablaufs. Wir nehmen zu diesem Zweck den Faden von Abschnitt 7.3 wieder auf und studieren Überlagerungen nicht mehr nur an *Graphen* sondern auch an *Programmen*.

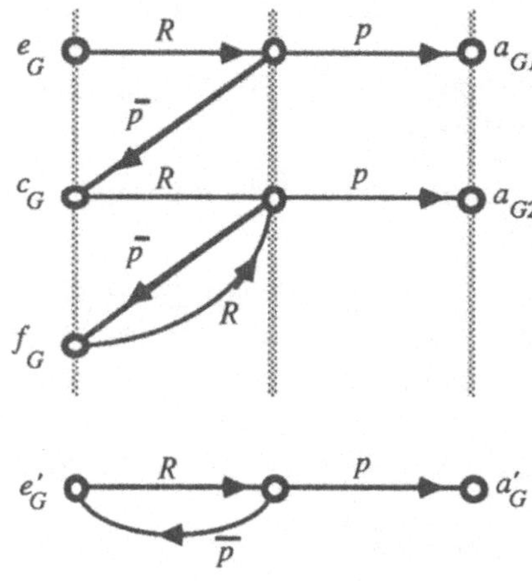

Abb. 10.5.4 Programm-Überlagerung

Ein Programm ist nach (10.1.1) gegeben durch den Ablaufgraphen und den Situationsgraphen, wobei letzterer homomorph in den Ablaufgraphen abgebildet ist. Das Überlagerungskonzept soll parallel für beide Graphen verwendet werden. Wir zeichnen also unter den Programm-Homomorphismen diejenigen aus, die sich analog zu Graphenüberlagerungen aus Definition 7.3.1 verhalten. Zum Beispiel aus Abb. 10.5.4 kann man leicht die Assoziierten für Ablauf- und Situationsgraphen angeben.

Wir werden $\mathcal{P}$ eine Überlagerung von $\mathcal{P}'$ nennen, wenn sich die zugehörigen Ablaufgraphen überlagern und den dabei übereinanderliegenden Pfeilen gleiche Programmschritte zugeordnet sind. Außerdem soll natürlich die Eingabeposition von $\mathcal{P}$ über derjenigen von $\mathcal{P}'$ liegen, und es sollen genau die über den Ausgabepositionen von $\mathcal{P}'$ liegenden Positionen Ausgabepositionen von $\mathcal{P}$ sein.

10.5.3 Definition. Der Homomorphismus (η, ξ) des Programms $\mathcal{P} = (G, S, \Theta, e, a)$ in das Programm $\mathcal{P}' = (G', S', \Theta', e', a')$ heiße eine (Programm-) **Überlagerung**[1] von $\mathcal{P}$ auf $\mathcal{P}'$, wenn gilt

i) $\eta: G \to G'$ und $\xi: S \to S'$ sind (Graphen-) Überlagerungen,
ii) $e' \subset \xi^{\mathrm{T}} e, \quad \xi a' \subset a$,
iii) $\Theta\Theta^{\mathrm{T}} \sqcap \xi\xi^{\mathrm{T}} \subset I$.

Liegen beidesmal universelle Überlagerungen vor, so spricht man von dem überlagernden Wurzelbaumprogramm oder der **universellen Überlagerung** des Programms. □

In (ii) gilt wegen (10.5.1.ii) sogar Gleichheit. Man beachte jedoch den Unterschied zwischen den Bedingungen für e und a. Während die Eingabesituationen von $\mathcal{P}'$ vermöge ξ^{T} nur auf die im Sinne der Überlagerung darüberliegenden Eingabesituationen von $\mathcal{P}$, bezogen sind, nicht jedoch auf andere ebenfalls darüberliegende, soll a mit der vollen ξ-Faser zu a' übereinstimmen. In Abb. 10.5.4 müssen also a_{G_1} und a_{G_2} Ausgabepositionen sein, während c_G und f_G nicht Eingabepositionen sein müssen.

Die Bedingung (iii), in der ebenfalls Gleichheit gilt, stellt sicher, daß eine Situation eindeutig durch ihre Position und ihre Bildsituation bestimmt wird.

[1] Diese Überlagerungen entsprechen dem Begriff der Flußäquivalenz, den GOGUEN 74 als Paar erklärt, bestehend aus einem speziellen Funktor der Wegekategorie zum Ablaufgraphen des ersten Programms in die entsprechende Wegekategorie des zweiten Programms und einer natürlichen Transformation. In der obigen Definition wird demgegenüber nicht von einer (i. a. nicht endlichen) Wegekategorie sondern vom Ablaufgraphen selber ausgegangen.

Zwei Situationen, die zur selben Position in G gehören und über derselben Situation in S' liegen, stimmen also überein.

Zur ersten Überprüfung dieser Definition beweisen wir für Programme den in Übung 7.3.4 für Graphen abgehandelten Sachverhalt.

10.5.4 Satz. Die Hintereinanderschaltung zweier Programm-Überlagerungen liefert wieder eine Programm-Überlagerung.

Beweis: Sei (η, ξ) Überlagerung von $\mathcal{P} = (G, S, \Theta, e, a)$ auf $\mathcal{P}' = (G', S', \Theta', e', a')$ und sei (η', ξ') Überlagerung von $\mathcal{P}'$ auf $\mathcal{P}'' = (G'', S'', \Theta'', e'', a'')$. Dann sind $\eta\eta'$ und $\xi\xi'$ sicherlich (Graphen-) Überlagerungen von G auf G'' bzw. von S auf S'', und $(\eta\eta', \xi\xi')$ ist ein (Programm-) Homomorphismus. Außerdem gilt $e'' \subset \xi'^{\mathrm{T}} e' \subset \xi'^{\mathrm{T}} \xi^{\mathrm{T}} e = (\xi\xi')^{\mathrm{T}} e$ und $\xi\xi' a'' \subset \xi a' \subset a$. Wegen $\Theta\Theta^{\mathrm{T}} \subset \Theta\eta\eta^{\mathrm{T}}\Theta^{\mathrm{T}} = \xi\Theta'\Theta'^{\mathrm{T}}\xi^{\mathrm{T}}$ folgt schließlich

$$\begin{aligned}\Theta\Theta^{\mathrm{T}} \sqcap \xi\xi'\xi'^{\mathrm{T}}\xi^{\mathrm{T}} &= \Theta\Theta^{\mathrm{T}} \sqcap \xi\Theta'\Theta'^{\mathrm{T}}\xi^{\mathrm{T}} \sqcap \xi\xi'\xi'^{\mathrm{T}}\xi^{\mathrm{T}} \\ &= \Theta\Theta^{\mathrm{T}} \sqcap \xi(\Theta'\Theta'^{\mathrm{T}} \sqcap \xi'\xi'^{\mathrm{T}})\xi^{\mathrm{T}} \subset \Theta\Theta^{\mathrm{T}} \sqcap \xi\xi^{\mathrm{T}} \subset I \qquad \square\end{aligned}$$

Das eigentliche Ziel ist jedoch die Verallgemeinerung des Satzes 7.3.2 auf Programme. In den Diagrammen aus Abb. 10.5.5 deuten wir den Sachverhalt noch einmal an.

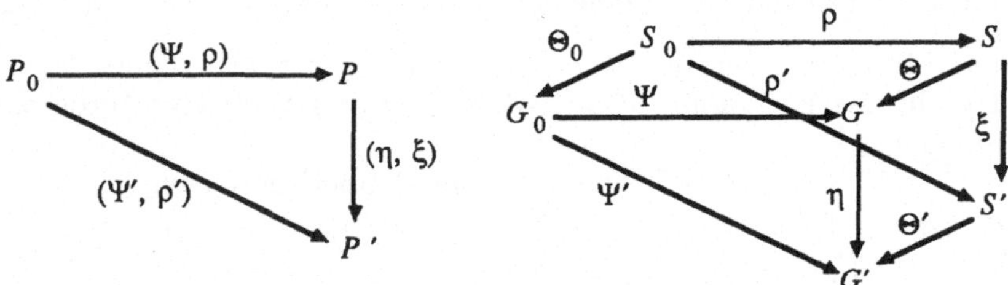

Abb. 10.5.5 Hochheben von Programm-Homomorphismen

10.5.5 Satz (*Hochheben von Berechnungsfolgen*). Es sei (η, ξ) eine Überlagerung des Programms $\mathcal{P}$ auf das Programm $\mathcal{P}'$. Ist dann ein Wurzelbaumprogramm $\mathcal{P}_0$ und ein Homomorphismus (Ψ', ρ') von $\mathcal{P}_0$ in $\mathcal{P}'$ gegeben, so existiert dazu ein Homomorphismus (Ψ, ρ) von $\mathcal{P}_0$ in $\mathcal{P}$ derart, daß die Hintereinanderschaltung von (Ψ, ρ) und (η, ξ) gleich (Ψ', ρ') ist.

Beweis: Für die Ablaufgraphen liegt die Konstellation aus Satz 7.3.2 vor, denn man kann $\eta^{\mathrm{T}} e_G = e'_G$ und $\Psi'^{\mathrm{T}} e_{G_0} = e'_G$ zeigen.

Damit existiert ein Ψ derart, daß $\Psi^{\mathrm{T}} e_{G_0} = e_G$ und daß die Vorderfläche des Diagramms aus Abb. 10.5.5 kommutativ ist: $\Psi' = \Psi\eta$. Dieses Ψ wird nun in naheliegender Weise zur Definition von ρ als Durchschnitt der zwei angestrebten Kommutativitätsbeziehungen für die hintere Fläche und für die Dachfläche herangezogen:

$$\rho := \rho'\xi^{\mathrm{T}} \sqcap \Theta_0\Psi\Theta^{\mathrm{T}}.$$

Es gelingt nun, mit relationenalgebraischen Mitteln der Reihe nach folgendes zu zeigen: die Faktorisierungseigenschaft $\rho\xi = \rho'$, die Homomorphie-Eigenschaft von (10.5.1.iii) $\rho^{\mathrm{T}}\Theta_0 = \Theta\Psi^{\mathrm{T}}$ sowie Totalität und Eindeutigkeit von ρ.

Der hier nur skizzierte Beweis schließt mit dem Nachweis der Homomorphie $B_0\rho \subset \rho B$ und der Bedingungen (10.5.1.ii) $\rho^{\mathrm{T}} e_0 \subset e$ und $a_0 \subset \rho a$. □

Eine Verschärfung des Satzes ergibt sich, wenn darin die Ablaufgraphen sogar Wurzelgraphen sind. Dann folgt nämlich aus der Tatsache, daß (Ψ', ρ') eine Überlagerung ist, daß auch (Ψ, ρ) eine Überlagerung ist.

10.5.6 Korollar. Ist in Satz 10.5.5 der dem Programm $\mathcal{P}_0$ zugrundeliegende Ablaufgraph ein Wurzelgraph und ist (Ψ', ρ') eine Überlagerung, so ist auch (Ψ, ρ) eine Überlagerung.

Beweis: Hier darf bereits $\Psi B \subset B_{G_0}\Psi$ und $B_{G_0}^{\mathrm{T}} B_{G_0} \sqcap \Psi\Psi^T \subset I$ verwendet werden, da Ψ nach (7.3.3) eine Überlagerung ist. Man zeigt der Reihe nach die Beziehung $\rho B \subset B_0 \rho$, Surjektivität von ρ, $e \subset \rho^{\mathrm{T}} e_0$, $\rho a \subset a_0$ und zuletzt $\Theta_0 \Theta_0^{\mathrm{T}} \sqcap \rho\rho^{\mathrm{T}} \subset I$. □

Aus diesem Grunde ist ein überlagerndes Wurzel*baum*-Programm im wesentlichen eindeutig bestimmt. Zwei überlagernde Wurzelbaum-Programme eines Programms $\mathcal{P}'$ würden sich nämlich wechselseitig überlagern und damit isomorph sein. Es ist daher korrekt, wenn in Definition 10.5.3 von *dem* überlagernden Wurzelbaum-Programm gesprochen wurde.

Innerhalb einer vorgegebenen Relationenalgebra muß die universelle Überlagerung zu einem Programm nicht existieren, wenngleich ihre Existenz für Programme über einem Wurzelgraphen im klassischen Sinne leicht durch Konstruktion nachgewiesen werden kann. Deswegen ist es wichtig, mit dem folgenden Satz *ohne* Verwendung der universellen Überlagerung die wirkungsmäßige Äquivalenz von einander überlagernden Programmen nachweisen zu können. Wir lassen dabei sogar nichtterminale Ausgabepositionen zu.

10.5.7 Satz. Die Wirkungen zweier sich überlagernder Programme stimmen überein: $\Sigma = \Sigma'$.

Der **Beweis** geht aus von $B\xi = \xi B'$, was sich mit (7.3.1) aus der Überlagerungseigenschaft von ξ ergibt. Damit gilt auch $B^*\xi = \xi B'^*$. Für die Abbildung ξ gilt $\xi\overline{B'L}\xi^{\mathrm{T}} = \overline{BL}$, und für das terminierende Verhalten folgt

$$\begin{aligned} C\xi &= (B^* \sqcap \overline{BL}^{\mathrm{T}})\xi = (B^* \sqcap \overline{\xi\overline{B'L}\xi^{\mathrm{T}}}^{\mathrm{T}})\xi = B^*\xi \sqcap \xi\overline{B'L}^{\mathrm{T}} \\ &= \xi B'^* \sqcap \xi\overline{B'L}^{\mathrm{T}} = \xi(B'^* \sqcap \overline{B'L}^{\mathrm{T}}) = \xi C'. \end{aligned}$$

Schließlich gilt $\Sigma = e^{\mathrm{T}} C a = e^{\mathrm{T}} C \xi a' = e^{\mathrm{T}} \xi C' a' = e'^{\mathrm{T}} C' a = \Sigma'$. □

10.6 Literaturhinweise

Arbib MH, Alagić S: *Proof rules for gotos.* Acta Informat. **11** (1979) 139–148.

Bakker JW de, Meertens LGLT: *On the completeness of the inductive assertion method.* J. Comput. Syst. Sci. **11** (1975) 323–357.

Berghammer R, Schmidt G: *A relational view on gotos and dynamic logic.* In: Schneider HJ, Göttler H (eds.): Proc. 8th Conf. on Graphtheoretic Concepts in Computer Science (WG 82), Neunkirchen a. Br. (Germany), June 16–18, 1982, Hanser, München, 1982, 13-24.

BERGHAMMER R, ZIERER H: *Relational algebraic semantics of deterministic and nondeterministic programs.* Theoret. Comput. Sci. **43** (1986) 123–147.

CLINT M, HOARE CAR: *Program proving: Jumps and functions.* Acta Informat. **1** (1972) 214–224.

FLOYD RW: *Assigning meaning to programs.* In: Schwartz JT (ed.): Mathematical Aspects of Computer Science. Amer. Math. Soc. Proc. Symp. in Appl. Math. XIX 1966, Providence, R. I. 1967, 19–32.

GOGUEN JA: *On homomorphisms, correctness, termination, unfoldments and equivalence of flow diagram programs.* J. Comput. System Sci. **8** (1974) 333–365.

HAREL D: *First-order dynamic logic.* Lecture Notes in Computer Science **68**, Springer, Berlin, 1979.

HOARE CAR: *An axiomatic basis for computer programming.* Comm. ACM **12** (1969) 576–580, 583.

MANNA Z: *Verification of sequential programs: Temporal axiomatization.* In: Broy M, Schmidt G (eds.): Theoretical foundations of programming methodology. Lecture Notes of an International Summer School at Marktoberdorf, 1981, Reidel, Dordrecht, 1982, 53-102.

SANDERSON JG: *A relational theory of computing.* Lecture Notes in Computer Science **82**, Springer, Berlin, 1980.

SCHMIDT G: *Programme als partielle Graphen.* Habil. Schrift, Techn. Univ. München, 1977.

Anhang

A.1 Boolesche Algebra

Die Bezeichnungen boolesche Algebra und boolescher Verband werden hier synonym verwendet.

Als einfachstes Beispiel eines booleschen Verbandes kennt man den **Verband der Wahrheitswerte** $\mathbb{B} := \{0, 1\}$ mit den Verknüpfungen $\bar{}$ Negation, $\vee$ Disjunktion und $\wedge$ Konjunktion nach den Verknüpfungstafeln:

$\bar{.}$	0	1
	1	0

$.\vee.$	0	1
0	0	1
1	1	1

$.\wedge.$	0	1
0	0	0
1	0	1

Zur formalen Einführung der algebraischen Struktur eines booleschen Verbandes spezialisieren wir Schritt für Schritt das Konzept des Verbandes. Natürlich unterscheiden wir uns dabei von der Vorgehensweise, die G. Boole 1847 in seiner „Mathematischen Analysis der Logik" wählte. Das heute übliche Axiomensystem des Verbandes geht auf die 1897 von R. Dedekind eingeführte „Dualgruppe" zurück. Aus dem dazwischen liegenden halben Jahrhundert sind vor allem von C. Peirce und E. Schröder umfangreiche Arbeiten und Lehrbücher zur „Algebra der Logik" bekannt, in denen die Wechselbeziehungen derartiger Axiome studiert wurden.

A.1.1 Definition. Ist X eine nichtleere Menge mit zwei Operationen $\vee$ und $\wedge$, die den Gesetzen der

Assoziativität	$(x \vee y) \vee z = x \vee (y \vee z)$,	$(x \wedge y) \wedge z = x \wedge (y \wedge z)$,
Kommutativität	$x \vee y = y \vee x$,	$x \wedge y = y \wedge x$,
Absorption	$x \vee (x \wedge y) = x$,	$x \wedge (x \vee y) = x$

genügen, so nennt man $(X, \vee, \wedge)$ einen **Verband** (engl. lattice). Die Operationen $\vee$ und $\wedge$ bezeichnet man als **Vereinigung** (engl. join) und **Durchschnitt** (engl. meet). □

Die beiden Gesetze innerhalb einer Zeile sind jeweils zueinander „dual" in dem Sinne, daß sie bei Vertauschung von $\vee$ und $\wedge$ ineinander übergehen.

Die Assoziativität von $\vee$ und $\wedge$ erlaubt es, in den abkürzenden Bezeichnungen

$$\sup_{1 \le i \le n} x_i := \bigvee_{i=1}^{n} x_i := x_1 \vee x_2 \vee \ldots \vee x_n, \qquad \inf_{1 \le i \le n} x_i := \bigwedge_{i=1}^{n} x_i := x_1 \wedge x_2 \wedge \ldots \wedge x_n$$

auf Klammern zu verzichten. Damit sind endliche Vereinigungen und Durchschnitte definiert. Durch die beiden Varianten einer Wertetabelle für $\vee$ und $\wedge$ aus Abb. A.1.1 ist auf vier Elementen jeweils ein Verband erklärt; andere vierelementige Verbände gibt es übrigens nicht.

$\vee$	a	b	c	d
a	a	b	c	d
b	b	b	d	d
c	c	d	c	d
d	d	d	d	d

$\wedge$	a	b	c	d
a	a	a	a	a
b	a	b	a	b
c	a	c	a	c
d	a	b	c	d

$\vee$	a	b	c	d
a	a	b	c	d
b	b	b	c	d
c	c	c	c	d
d	d	d	d	d

$\wedge$	a	b	c	d
a	a	a	a	a
b	a	b	b	b
c	a	b	c	c
d	a	b	c	d

Abb. A.1.1 Zwei Verbände mit vier Elementen

Die Absorptionsgesetze verschränken die beiden Verbandsoperationen und sind ein Schlüssel zum Beweis weiterer Eigenschaften.

A.1.2 Satz. In jedem Verband $(X, \vee, \wedge)$ gelten die Gesetze der

Idempotenz $\qquad x \vee x = x, \quad x \wedge x = x.$

Der **Beweis** ergibt sich unmittelbar aus beiden Absorptionsgesetzen. □

Offensichtlich ist der Nachweis der Idempotenz bei $\vee$ und bei $\wedge$ völlig analog. Dies ist die Auswirkung eines allgemeinen Prinzips, das sich bereits bei E. Schröder findet, und das auf der Symmetrie der Gesetze aus (A.1.1) beruht, nämlich des **Dualitätsprinzips der Verbandstheorie:** Ist ein verbandstheoretisches Theorem aus den Axiomen A.1.1 ableitbar, so ist auch das duale Theorem, welches durch Vertauschung von $\vee$ und $\wedge$ entsteht, ableitbar.

Aus den beiden Absorptionsgesetzen folgt weiter die Äquivalenz der Gleichungen $x \vee y = y$ und $x \wedge y = x$. Für das Bestehen einer solchen Beziehung zwischen x und y führt man eine abkürzende Schreibweise ein:

A.1.3 Definition. In einem Verband definiert man für Elemente x und y

$$x \subset y \quad :\Longleftrightarrow \quad x \wedge y = x$$

und sagt „x ist **enthalten in** y". Es soll $y \supset x$ gleichbedeutend mit $x \subset y$ sein. Die Relation $\subset$ heißt **Inklusion (Ordnung)** des Verbandes. □

In der Tat ist $\subset$ eine Ordnung: Es gilt nach (A.1.2) stets $x \subset x$ (Reflexivität). Aus $x \subset y$ und $y \subset z$ folgt $x \wedge z = (x \wedge y) \wedge z = x \wedge (y \wedge z) = x \wedge y = x$, d. h. $x \subset z$ (Transitivität) und aus $x \subset y$ und $y \subset x$ folgt $x = y$ (Antisymmetrie), was ebenso nachzurechnen ist. Ferner gilt für $\vee$ und $\wedge$

Isotonie $\qquad x \subset y \implies x \vee z \subset y \vee z \quad \text{und} \quad x \wedge z \subset y \wedge z.$

Neben die algebraische Definition A.1.1 eines Verbandes tritt nun gleichwertig die ordnungstheoretische Charakterisierung als eine mit $\subset$ geordnete Menge, in der jeweils Supremum $\sup\{x, y\}$ entsprechend $x \vee y$ und Infimum $\inf\{x, y\}$ entsprechend $x \wedge y$ für je zwei Elemente existieren. Der folgende Satz garantiert, daß $x \vee y$ in der Tat das kleinste unter allen Elementen ist, die sowohl größer gleich x als auch größer gleich y sind. Analog ist $x \wedge y$ das größte aller Elemente, die kleiner gleich x und kleiner gleich y sind.

A.1.4 Satz. In einem Verband $(X, \vee, \wedge)$ mit Ordnung $\subset$ gilt

i) $$x_1 \wedge x_2 \subset x_i \subset x_1 \vee x_2 \quad \text{für } i = 1,2;$$

ii) $$u \subset x_i \subset v \text{ für } i = 1,2 \iff u \subset x_1 \wedge x_2 \text{ und } x_1 \vee x_2 \subset v. \qquad \square$$

In jedem Verband kann man die allgemeine Gültigkeit der Ungleichungen

$$x \wedge (y \vee z) \supset (x \wedge y) \vee (x \wedge z), \quad x \vee (y \wedge z) \subset (x \vee y) \wedge (x \vee z)$$

zeigen. Mit folgender Eigenschaft fordern wir entsprechende Gleichungen.

A.1.5 Definition. Ein Verband heißt **distributiv,** falls stets gilt

$$x \vee (y \wedge z) = (x \vee y) \wedge (x \vee z), \quad x \wedge (y \vee z) = (x \wedge y) \vee (x \wedge z). \qquad \square$$

Es kann gezeigt werden, daß mit einem der beiden Distributivgesetze stets auch das andere erfüllt ist. In dieser Symmetrie besteht ein wesentlicher Gegensatz zu anderen Distributivgesetzen der Algebra.

Durch Induktion verallgemeinert sich (A.1.5) für endliches n und m zu

$$\bigvee_{i=1}^{n} x_i \wedge \bigvee_{j=1}^{m} y_j = \bigvee_{i=1}^{n} \bigvee_{j=1}^{m} x_i \wedge y_j, \quad \bigwedge_{i=1}^{n} x_i \vee \bigwedge_{j=1}^{m} y_j = \bigwedge_{i=1}^{n} \bigwedge_{j=1}^{m} x_i \vee y_j,.$$

A.1.6 Definition. Sei $(X, \vee, \wedge)$ ein Verband. Ein Element $O \in X$ heißt **Nullelement** (kleinstes Element) und ein Element $L \in X$ heißt **Universalelement** (größtes Element) des Verbandes, falls für jedes Element x gilt

$$O \vee x = x, \quad O \wedge x = O \qquad \text{bzw.} \qquad L \vee x = L, \quad L \wedge x = x \qquad \square$$

In den vierelementigen Verbänden aus Abb. A.1.1 ist a Null- und d Universalelement. Trivialerweise gibt es höchstens je ein solches Element in einem Verband. Existieren beide, so gilt für alle Elemente x des Verbandes $O \subset x \subset L$.

A.1.7 Definition. Ein Element a eines Verbandes mit Nullelement O heißt **Atom,** falls $a \neq O$ gilt und überdies

$$O \neq x \subset a \implies x = a.$$

Ein Verband heißt **atomar,** falls jedes Element ungleich O mindestens ein Atom enthält. $\square$

Atome sind also „nicht mehr unterteilbar"; jeder nichtverschwindende Bestandteil eines Atoms stimmt bereits mit ihm überein. (Man beachte, daß der Begriff des atomaren Verbandes in der Literatur unterschiedlich eingeführt wird.) Allerdings gilt allgemein

$$a, b \text{ Atome}, \ a \neq b \implies a \wedge b = O.$$

Aus $O \neq a \wedge b \subset b$ würde ja sonst $a \wedge b = b$ folgen; also wäre $O \neq b \subset a$ und damit $b = a$, obwohl $a \neq b$ vorausgesetzt war.

In einem distributiven Verband gilt ferner

$$a \text{ Atom}, \; a \subset x \vee y \quad \Longrightarrow \quad a \subset x \text{ oder } a \subset y.$$

Denn mit $a \not\subset x$ wäre $a \wedge x \neq a$, also $a \wedge x = O$ und mit $a \not\subset y$ wäre $a \wedge y = O$; sodann würde das distributive Gesetz $a \wedge (x \vee y) = (a \wedge x) \vee (a \wedge y) = O \vee O = O$ den Widerspruch $a \not\subset x \vee y$ implizieren. Allgemeiner gilt

$$a \text{ Atom}, \; a \subset \sup \mathcal{A} \quad \Longrightarrow \quad a \subset y \text{ für mindestens ein } y \in \mathcal{A}.$$

Wenn Null- und Universalelemente existieren, möchte man wissen, welches möglichst kleine Element mit x vereinigt werden muß, um L zu erhalten.

A.1.8 Definition. Ein Verband $(X, \vee, \wedge)$ mit Nullelement O und Universalelement L heißt **komplementär,** falls zu jedem Element x mindestens ein sogenanntes **Komplement** $\overline{x}$ existiert, für das gilt

$$x \vee \overline{x} = L, \quad x \wedge \overline{x} = O. \qquad \square$$

Unter einschränkenden Voraussetzungen gibt es jeweils nur ein Komplement zu einem Element.

A.1.9 Satz. In einem distributiven Verband gibt es zu jedem Element höchstens ein Komplement.

Zum **Beweis** zeigen wir, daß durch Anwendung des Absorptionsgesetzes und der Kommutativität bereits aus der abgeschwächten Annahme $x \vee \overline{x} = x \vee x'$ und $x \wedge \overline{x} = x \wedge x'$ die Übereinstimmung $\overline{x} = x'$ folgt:

$$\begin{aligned} \overline{x} &= \overline{x} \wedge (\overline{x} \vee x) = \overline{x} \wedge (x' \vee x) = (\overline{x} \wedge x') \vee (\overline{x} \wedge x) \\ &= (\overline{x} \wedge x') \vee (x' \wedge x) = (x \vee \overline{x}) \wedge x' = (x \vee x') \wedge x' = x'. \end{aligned} \qquad \square$$

In komplementären, distributiven Verbänden hat man wegen des vorstehenden Satzes eine zusätzliche 1-stellige Operation $^{-}$, die Komplementbildung. Manchmal werden auch O, L als 0-stellige Operationen aufgeführt.

A.1.10 Definition. Ein **boolescher Verband** (auch boolesche Algebra) $\mathcal{B} = (X, \vee, \wedge, ^{-})$ ist ein distributiver Verband $(X, \vee, \wedge)$, mit Nullelement O und Universalelement L, der eine Komplementoperation $^{-}$ besitzt. $\square$

Die Ordnung $\subset$ in einem booleschen Verband erfüllt zusätzliche Eigenschaften. Häufig verwendet werden:

$$x \subset y \iff L \subset \overline{x} \vee y \iff x \wedge \overline{y} \subset O$$

$$x \subset y \vee z \iff x \wedge \overline{y} \subset z \iff \overline{y} \subset \overline{x} \vee z \iff L \subset \overline{x} \vee y \vee z.$$

Wir weisen nur die allererste Äquivalenz nach; die weiteren können mit den nachfolgend bewiesenen de Morganschen Gesetzen gezeigt werden. Die Richtung „$\Longrightarrow$“ folgt aus der Isotonie $L = \overline{x} \vee x \subset \overline{x} \vee y$. Für „$\Longleftarrow$“ ergibt sich $x \subset L \subset \overline{x} \vee y$, also mit Ausnützung der Distributivität und der Komplementeigenschaften $x = x \wedge (\overline{x} \vee y) = (x \wedge \overline{x}) \vee (x \wedge y) = O \vee (x \wedge y) = x \wedge y$ und damit $x \subset y$.

Nach dem folgenden Satz ist die Komplementbildung ein involutorischer, dualer Automorphismus.

A.1.11 Satz. In einem booleschen Verband gelten die folgenden Gesetze:

Involution $\overline{\overline{x}} = x,$

de Morgan $\overline{x \vee y} = \overline{x} \wedge \overline{y}, \quad \overline{x \wedge y} = \overline{x} \vee \overline{y}.$

Beweis: Das Involutionsgesetz folgt aus der Symmetrie, die in der Definition A.1.8 zwischen x und $\overline{x}$ besteht. Von den de Morganschen Gesetzen folgt das zweite aus den beiden Gleichungen

$$(x \wedge y) \wedge (\overline{x} \vee \overline{y}) = (x \wedge y \wedge \overline{x}) \vee (x \wedge y \wedge \overline{y}) = O \vee O = O,$$
$$(x \wedge y) \vee (\overline{x} \vee \overline{y}) = (x \vee \overline{x} \vee \overline{y}) \wedge (y \vee \overline{x} \vee \overline{y}) = L \wedge L = L,$$

die das Komplement von $x \wedge y$ erfüllen muß. □

Der Vollständigkeit halber notieren wir die de Morganschen Gesetze auch in der allgemeinen Form:

$$\overline{\bigvee_i x_i} = \bigwedge_i \overline{x_i}, \qquad \overline{\bigwedge_i x_i} = \bigvee_i \overline{x_i},$$

$$\overline{\sup\{\, x \mid x \in S\,\}} = \inf\{\, y \mid \overline{y} \in S\,\}, \quad \overline{\inf\{\, x \mid x \in S\,\}} = \sup\{\, y \mid \overline{y} \in S\,\}.$$

Wir wollen nun auch unendliche Operationen zulassen. Es hat sich eingebürgert, dafür die ordnungstheoretische Version eines Verbandes anstelle der algebraischen Version zu verwenden. Wir fordern also jetzt die Existenz von Supremum und Infimum für *beliebige* Teilmengen.

A.1.12 Definition. Existiert in einem Verband $(X, \vee, \wedge)$ für eine beliebige Teilmenge $\mathcal{A} \subset X$, das Supremum $\sup \mathcal{A}$ und das Infimum $\inf \mathcal{A}$, so heißt der Verband **vollständig.** □

Damit nimmt Satz A.1.4 folgende Gestalt an:

$$\inf \mathcal{A} \subset x \text{ und } x \subset \sup \mathcal{A} \quad \text{für alle } x \in \mathcal{A},$$

$$u \subset x \subset v \text{ für alle } x \in \mathcal{A} \quad \Longleftrightarrow \quad u \subset \inf \mathcal{A} \text{ und } \sup \mathcal{A} \subset v.$$

In einem vollständigen booleschen Verband $(X, \vee, \wedge)$ läßt sich das Nullelement O als Infimum aller Elemente aus X und das Universalelement L als deren Supremum schreiben. Die Vereinbarung von O als Supremum und L als Infimum bei leerer Indexmenge bewirkt Konsistenz in der Notation. In einem vollständigen booleschen Verband gelten die Distributivgesetze auch für unendliche Mengen:

A.1.13 Satz. Ein vollständiger boolescher Verband ist **unendlich-distributiv,** d. h. es gilt für beliebige Teilmengen $\mathcal{A} \subset X$

$$x \wedge \sup \mathcal{A} = \sup\{\, x \wedge a \mid a \in \mathcal{A}\,\}, \quad x \vee \inf \mathcal{A} = \inf\{\, x \vee a \mid a \in \mathcal{A}\,\}.$$

Beweis: Wegen des Dualitätsprinzips zeigen wir nur die erste Identität. Bei leerem $\mathcal{A}$ ist sie sicher erfüllt, weil dann nach obiger Konvention auf beiden Seiten O steht. Gewiß ist in einem vollständigen Verband $\sup \mathcal{A} \supset a$ für alle $a \in \mathcal{A}$, also $x \wedge \sup \mathcal{A} \supset x \wedge a$; damit gilt „$\supset$". Nun kürzen wir die rechte Seite ab mit $u := \sup\{ x \wedge a \mid a \in \mathcal{A}\}$. Für jedes $a \in \mathcal{A}$ gilt $x \wedge a \subset u$ und daher, weil wir Komplemente bilden und distributiv rechnen dürfen, auch

$$a \subset a \vee \overline{x} = L \wedge (a \vee \overline{x}) = (x \vee \overline{x}) \wedge (a \vee \overline{x}) = (x \wedge a) \vee \overline{x} \subset u \vee \overline{x};$$

mithin $\sup \mathcal{A} \subset u \vee \overline{x}$ und $x \wedge \sup \mathcal{A} \subset u$. □

Die Frage nach der Struktur eines booleschen Verbandes wurde im wesentlichen von M. H. Stone, 1936, beantwortet, der nachwies, daß ein beliebiger boolescher Verband isomorph ist zu einem Mengenkörper. Damit sind alle endlichen booleschen Verbände in einfacher Weise charakterisiert: Sie haben stets 2^n Elemente und entsprechen der mit Inklusion geordneten Potenzmenge einer n-elementigen Menge. Bis auf Isomorphie gibt es daher genau einen booleschen Verband mit 1, 2, 4, 8, ... Elementen. Für $n = 1$ ergibt sich der Verband der Wahrheitswerte.

A.2 Abstrakte Relationenalgebra

In Kapitel 2 wurden die Grundlagen für das *Rechnen* mit Relationen geschaffen, daneben aber auch axiomatische Aspekte angesprochen. Hier wollen wir den Einblick in die abstrakte Struktur vertiefen und Näheres über die Art der Modelle erfahren. Als Standardmodell einer Relationenalgebra bietet sich die Menge der n-reihigen quadratischen booleschen Matrizen an, die der Menge der Relationen *auf* einer Menge entspricht. Es hat sich eingebürgert, von einer **Algebra von (konkreten) Relationen** zu reden, wenn eine Menge von Relationen vorliegt, die gegenüber den üblichen Operationen abgeschlossen ist. Eine **(abstrakte) Relationenalgebra** ist demgegenüber ein algebraisches Gebilde, in dem sämtliche von den Relationen her bekannten Identitäten und Regeln gültig sind.

Aus dieser Gegenüberstellung ergab sich das „Darstellungsproblem der Relationenalgebra", welches 1940/41 von J. C. C. McKinsey und A. Tarski formuliert wurde: Kann jede Relationenalgebra dargestellt werden als eine Algebra von konkreten Relationen? Man kann die Frage auch anders stellen: Gibt es auch dann die Möglichkeit wie in einer Relationenalgebra zu rechnen, wenn es sich *nicht* um die gewohnten Relationen auf einer Menge handelt, gibt es also Nicht-Standardmodelle? Wenn es solche anderen Modelle gibt, ist weiter zu fragen, ob man ihnen eine praktische Bedeutung zumessen kann, etwa im Hinblick auf die algebraische Behandlung paralleler Prozesse. Modelltheoretische Fragestellungen dieser Art setzen eine genaue Axiomatisierung der Relationenalgebra voraus, die wir hier – aufbauend auf den Ansätzen aus Kapitel 2 – vervollständigen wollen.

Systematische Untersuchungen dazu gehen insbesondere zurück auf McKINSEY 40 und TARSKI 41. Zu erwähnen sind auch die Arbeiten von R. C. Lyndon und B. Jónsson. Einige Information enthält das Kapitel über verbandsgeordnete Halbgruppen in der 3. Auflage von BIRKHOFF 67. Ausführlichere Literaturhinweise finden sich in SCHMIDT, STRÖHLEIN 85.

Beschränken wir uns auf homogene Relationen, sind also alle Verknüpfungen total, so haben wir die folgende einfache auf CHIN, TARSKI 51 zurückgehende Definition:

Eine **(homogene abstrakte) Relationenalgebra** $(\mathcal{R}, \sqcup, \sqcap, ^-, \circ, ^\mathrm{T})$ besteht aus einer nichtleeren Menge $\mathcal{R}$, deren Elemente Relationen heißen, so daß

- $(\mathcal{R}, \sqcup, \sqcap, ^-)$ eine vollständige atomare boolesche Algebra mit Null O, Universalelement L und Ordnung $\subset$ ist;
- $(\mathcal{R}, \circ)$ eine Halbgruppe mit genau einer Eins I ist und
- die Schröderschen Umformungen und die Tarski-Regel gelten.

Die 2. Forderung kann insofern abgeschwächt werden, als man nur ein Rechts-Einselement zu fordern braucht. Die Schrödersche Umformung wird manchmal auf LUCE 52 zurückgeführt, doch schon J. Riguet beobachtete 1948, daß es eine Variante einer von E. Schröder angegebenen Regel ist. Die Gültigkeit der Tarskischen Regel wird nicht in allen Axiomatisierungen der Relationenalgebra gefordert; sie steht im Zusammenhang mit der „Einfachheit“ der Struktur. Indem wir sie fordern, schließen wir *echte* Homomorphismen zwischen Relationenalgebren aus; es kann nur noch den identischen und den alles annullierenden Homomorphismus geben. Mit der Untersuchung der Unabhängigkeit dieser Axiome beschäftigten sich unter anderem KAMEL 54, WOOYENAKA 59 und BRINK 79B.

Durch Einbeziehung heterogener Relationen handelt man sich die Frage nach der Verknüpfbarkeit ein. Wir wollten jedoch in der Handhabung einer Relationenalgebra möglichst wenig darüber sagen, ob eine Relation mit einer anderen multipliziert, vereinigt oder geschnitten werden darf; es ist immer dann erlaubt, wenn es sich explizit aus den Voraussetzungen ableiten läßt, in denen ein Produkt, eine Vereinigung oder ein Durchschnitt entsprechender Art bereits auftaucht. Man hat dafür ein untrügliches Gespür, das von der Matrizenrechnung herrührt; dieses zu kodifizieren leistet etwa die Theorie der Kategorien. Ein Produkt $R \circ S$ schreiben wir vereinbarungsgemäß stets als RS.

A.2.1 Definition. Eine **(heterogene abstrakte) Relationenenalgebra** $(\mathcal{R}, \sqcup, \sqcap, ^-, \circ, ^\mathrm{T})$ besteht aus einer nichtleeren Menge $\mathcal{R}$ zusammen mit 1-stelligen Verknüpfungen $^-$, $^\mathrm{T}$ und 2-stelligen Verknüpfungen $\sqcup, \sqcap, \circ$ in der folgende Verknüpfungsregeln und Rechengesetze gelten.

i) Für jede Relation $R \in \mathcal{R}$ existieren das Komplement $\overline{R}$, die Transponierte R^T und die Produkte $RR^\mathrm{T}, R^\mathrm{T}R$. Bezeichnet $\mathcal{R}_{\sqcup,R}$ diejenigen Elemente $S \in \mathcal{R}$, für die die Vereinigung $R \sqcup S$ erklärt ist, so gilt: Die Menge $\mathcal{R}_{\sqcup,R}$ enthält R sowie ausgezeichnete Elemente O_R, L_R und ihr sind Elemente ${}^R I$ und I^R zugeordnet. Mit QR existiert auch QS für $S \in \mathcal{R}_{\sqcup,R}$.

ii) Für jedes Element R ist $(\mathcal{R}_{\sqcup,R}, \sqcup, \sqcap, ^-)$ ein vollständiger atomarer boolescher Verband mit Null O_R, Universalelement L_R, und Ordnung $\subset$.

iii) Die Multiplikation ist assoziativ: $Q(RS) = (QR)S$.

iv) ${}^{R}I$ wirkt als Rechtseins und I^{R} als Linkseins für Elemente aus $\mathcal{R}_{\sqcup,R}$.

v) Es gelten die Schröderschen Umformungen:

$$QR \subset S \iff Q^{\mathrm{T}}\overline{S} \subset \overline{R} \iff \overline{S}R^{\mathrm{T}} \subset \overline{Q}.$$

vi) Es gilt die Tarski-Regel:

$$R \neq O \implies LRL = L. \qquad \square$$

Wir beweisen nun als erstes die Rechenregeln aus den Abschnitten 2.2 und 2.3 allein aus diesen Axiomen. Für die Regeln der Multiplikation wurde das schon im Satz 2.3.6 erledigt.

A.2.2 Satz. In jeder Relationenalgebra können ohne Benutzung der Tarski-Regel die folgenden Regeln abgeleitet werden.

Regeln der Multiplikation:

i) $OR = RO = O$;

ii) $R \subset S \implies \begin{cases} QR \subset QS \\ RQ \subset SQ \end{cases}$ (Monotonie);

iii) $Q(R \sqcap S) \subset QR \sqcap QS \quad (R \sqcap S)Q \subset RQ \sqcap SQ$ ($\sqcap$-Subdistributivität)
$Q(R \sqcup S) = QR \sqcup QS \quad (R \sqcup S)Q = RQ \sqcup SQ$ ($\sqcup$-Distributivität);

Regeln der Transposition:

iv) $(R^{\mathrm{T}})^{\mathrm{T}} = R$;

v) $(RS)^{\mathrm{T}} = S^{\mathrm{T}}R^{\mathrm{T}}$;

vi) $R \subset S \iff R^{\mathrm{T}} \subset S^{\mathrm{T}}$;

vii) $\overline{R}^{\mathrm{T}} = \overline{R^{\mathrm{T}}}$;

viii) $(R \sqcup S)^{\mathrm{T}} = R^{\mathrm{T}} \sqcup S^{\mathrm{T}}$;
$(R \sqcap S)^{\mathrm{T}} = R^{\mathrm{T}} \sqcap S^{\mathrm{T}}$.

In einer homogenen Relationenalgebra gilt ferner:

$$I = I^{\mathrm{T}}; \quad O = O^{\mathrm{T}}; \quad L = L^{\mathrm{T}}.$$

Beweis: Die Fälle (i, ii, iii) wurden bereits in Satz 2.3.6 relationenalgebraisch bewiesen.

iv) $RI \subset R \iff R^{\mathrm{T}}\overline{R} \subset \overline{I} \iff R^{\mathrm{T}^{\mathrm{T}}}I \subset R \iff R^{\mathrm{T}^{\mathrm{T}}} \subset R$;
$R^{\mathrm{T}^{\mathrm{T}}}I \subset R^{\mathrm{T}^{\mathrm{T}}} \iff R^{\mathrm{T}}\overline{R^{\mathrm{TT}}} \subset \overline{I} \iff RI \subset R^{\mathrm{T}^{\mathrm{T}}} \iff R \subset R^{\mathrm{T}^{\mathrm{T}}}$.

v) $(RS)^{\mathrm{T}}I \subset (RS)^{\mathrm{T}} \iff RS\overline{(RS)^{\mathrm{T}}} \subset \overline{I} \iff R^{\mathrm{T}}I \subset \overline{S\overline{(RS)^{\mathrm{T}}}} \iff$
$S\overline{(RS)^{\mathrm{T}}} \subset \overline{R^{\mathrm{T}}} \iff S^{\mathrm{T}}R^{\mathrm{T}} \subset (RS)^{\mathrm{T}}$;
$S^{\mathrm{T}}R^{\mathrm{T}} \subset S^{\mathrm{T}}R^{\mathrm{T}} \iff S\overline{S^{\mathrm{T}}R^{\mathrm{T}}} \subset \overline{R^{\mathrm{T}}} \iff R^{\mathrm{T}}I \subset \overline{S\overline{S^{\mathrm{T}}R^{\mathrm{T}}}} \iff$
$RS\overline{S^{\mathrm{T}}R^{\mathrm{T}}} \subset \overline{I} \iff (RS)^{\mathrm{T}} \subset S^{\mathrm{T}}R^{\mathrm{T}}$.

vi) $S^{\mathrm{T}}I \subset S^{\mathrm{T}} \iff S\overline{S^{\mathrm{T}}} \subset \overline{I} \iff I\overline{S^{\mathrm{T}}}^{\mathrm{T}} \subset \overline{S} \implies I\overline{S^{\mathrm{T}}}^{\mathrm{T}} \subset \overline{R} \iff R\overline{S^{\mathrm{T}}} \subset$
$\overline{I} \iff R^{\mathrm{T}}I \subset S^{\mathrm{T}} \iff R^{\mathrm{T}} \subset S^{\mathrm{T}}$. „$\Longleftarrow$" wird dual hierzu bewiesen.

vii) $RI \subset R \iff R^{\mathrm{T}}\overline{R} \subset \overline{I} \iff I\overline{R}^{\mathrm{T}} \subset \overline{R^{\mathrm{T}}} \iff \overline{R}^{\mathrm{T}} \subset \overline{R^{\mathrm{T}}}$. Mit R^{T} anstelle von R folgt $\overline{R^{\mathrm{T}}}^{\mathrm{T}} \subset \overline{R}$ und deshalb $\overline{R^{\mathrm{T}}} \subset \overline{R}^{\mathrm{T}}$.

viii) Mit $Q := R^{\mathrm{T}} \sqcup S^{\mathrm{T}}$ gilt $IR^{\mathrm{T}} \subset Q \iff \overline{Q}R \subset \overline{I}$ und $IS^{\mathrm{T}} \subset Q \iff \overline{Q}S \subset \overline{I}$; deshalb $\overline{Q}(R \sqcup S) = \overline{Q}R \sqcup \overline{Q}S \subset \overline{I} \iff I(R \sqcup S)^{\mathrm{T}} \subset Q \iff (R \sqcup S)^{\mathrm{T}} \subset R^{\mathrm{T}} \sqcup S^{\mathrm{T}}$. „$\supset$" folgt aus (vi) und (iv).

Im homogenen Fall gilt ferner: $I\overline{I} = \overline{I} \Longrightarrow I\overline{I} \subset \overline{I} \Longrightarrow I^{\mathrm{T}} = I^{\mathrm{T}}I \subset I$. Transposition ergibt $I = I^{\mathrm{T}^{\mathrm{T}}} \subset I^{\mathrm{T}}$. Stets gilt $O \subset O^{\mathrm{T}}$, und $OL = O \subset \overline{I}$ impliziert $O^{\mathrm{T}} = O^{\mathrm{T}}I \subset \overline{L} = O$. Damit folgt auch $L = \overline{O} = \overline{O^{\mathrm{T}}} = \overline{O}^{\mathrm{T}} = L^{\mathrm{T}}$. □

Ein relationenalgebraischer Beweis der Dedekind-Regel

$$QR \sqcap S \subset (Q \sqcap SR^{\mathrm{T}})(R \sqcap Q^{\mathrm{T}}S)$$

wurde bereits als Übung 2.3.3 gestellt. Diese Regel erschien in LORENZEN 54 und GERICKE 63 als „Bund-Axiom". Sie gilt in jeder Relationenalgebra, ebenso wie alle anderen in Kapitel 2 relationenalgebraisch hergeleiteten Aussagen. (Beachte: Die Existenz von Punkten, (2.4.6), konnte nicht so hergeleitet werden!)

Bei den hier angestellten Strukturuntersuchungen klammern wir der Einfachheit halber den ganzen Fragenkomplex der Verknüpfbarkeit in einer partiellen Algebra aus und beschränken uns auf eine homogene Relationenalgebra. Damit sind wir in einem Bereich, in dem „klassische" mathematische Strukturuntersuchungen durchgeführt werden. Diese laufen üblicherweise darauf hinaus, eine Algebra in einem Matrizenring „darzustellen". Da eine homogene Relationenalgebra stets auch ein atomarer vollständiger Verband ist, stützt sich eine Strukturtheorie zunächst auf die Ergebnisse von Stone, dargestellt im Abschnitt A.1.

$.\sqcup.$	a	b	c	d
a	a	b	c	d
b	b	b	d	d
c	c	d	c	d
d	d	d	d	d

$.\sqcap.$	a	b	c	d
a	a	a	a	a
b	a	b	a	b
c	a	a	c	c
d	a	b	c	d

$.\circ.$	a	b	c	d
a	a	a	a	a
b	a	b	c	d
c	a	c	b	d
d	a	d	d	d

	a	b	c	d
$\overline{.}$	d	c	b	a
$.^{\mathrm{T}}$	a	b	c	d

Abb. A.2.1 Nichtkonkrete Relationenalgebra

Zur Lösung des Darstellungsproblems gibt es in der Literatur unterschiedliche Ansätze. Im wesentlichen ist die Menge zu konstruieren, auf der die Elemente der Relationenalgebra als Relationen im klassischen Sinne aufgefaßt werden können. Ganz ohne Zusatzannahmen kommt man dabei nicht aus, denn es gibt beispielsweise die Relationenalgebra aus Abb. A.2.1, bei der es sich aus Kardinalitätsgründen ($4 \neq 2^{n \times n}$) nicht um die Algebra aller Relationen auf einer Menge handeln kann. Offenbar hat man in a das Nullelement, in d das Universalelement und in b und c die Elemente I bzw. $\overline{I}$ vorliegen, was sich auch an einer Darstellung als boolesche 2×2-Matrizen in Abb. 7.5.5 ablesen läßt. Keines der vier Elemente ist übrigens ein Punkt, weil $a = O$, $b \neq bL$, $c \neq cL$ und $dd^{\mathrm{T}} \not\subset I$.

Es werden zusätzliche Forderungen gestellt, welche die Existenz von Punkten sichern sollen. Unter relativ starken Zusatzannahmen gelang MCKINSEY 48 die Konstruktion. In LYNDON 50/56 (siehe aber VELOSO 77/79) wird mit einem komplizierten Beispiel gezeigt, daß die Antwort i. a. negativ ist. Aus der Verwandtschaft mit projektiven Algebren ergab sich eine Konstruktionsmethode für nichtdarstellbare Relationenalgebren. Nach MONK 64 ist die Klasse der darstellbaren Relationenalgebren nicht endlich axiomatisierbar.

Wir wenden uns nun unserem Ansatz zu. In Abschnitt 2.4 wurde auf algebraische Weise das Konzept der Punkte vorgestellt. Punkte sind Atome unter den Vektoren (2.4.5.i); sie beschreiben i. w. auch die Atome unter den Relationen; siehe Übung 2.4.2. Wir fordern nun die Existenz von hinreichend vielen Punken als Ersatz für (2.4.6).

A.2.3 Definition. Eine Relationenalgebra erfüllt das **Punkteaxiom**, falls

$$R \neq O \quad \Longrightarrow \quad \text{Es gibt Punkte } x,\ y \text{ mit } xy^{\mathrm{T}} \subset R. \qquad \square$$

Dieses Punkteaxiom hatten wir schon an einigen Stellen in Beweisen benötigt; unter anderem für (2.4.7), (2.4.8) und (6.1.3). Insbesondere folgt aus dem Punkteaxiom die Möglichkeit der Zerlegung der Identität

$$I = \sup\{\, xx^{\mathrm{T}} \mid x \text{ Punkt}\,\}.$$

Wir wollen nun das Darstellungsproblem für den Fall lösen, daß in der Relationenalgebra das Punkteaxiom gilt. Ein ähnliches Resultat wurde in MADDUX 78 und MADDUX, TARSKI 76 publiziert und mit vereinfachtem Beweis in SCHMIDT, STRÖHLEIN 85. Sehr allgemeine Untersuchungen gab es aber schon in JÓNSSON, TARSKI 52.

A.2.4 Satz. Es sei $\mathcal{R}$ eine Relationenalgebra, die das Punkteaxiom erfüllt, und $\mathcal{P}$ die Menge ihrer Punkte. Dann ist $\mathcal{R}$ isomorph zur Algebra aller Relationen auf $\mathcal{P}$.

Beweis: Wir beziehen uns auf (2.4.5) und die Übungen 2.4.2 und 2.4.3. Mit dem Punkteaxiom ist garantiert, daß alle Atome in der Relationenalgebra als ein Produkt xy^{T} geschrieben werden können; diese Darstellung ist sogar eindeutig.

Nun versuchen wir, die Relationenalgebra $\mathcal{R}$ mit $2^{\mathcal{P}\times\mathcal{P}}$ zu vergleichen, indem wir die Abbildung $\mu\colon \mathcal{R} \longrightarrow 2^{\mathcal{P}\times\mathcal{P}}$ definieren vermöge

$$\mu(R) := \{\,(x,y) \in \mathcal{P}\times\mathcal{P} \mid xy^{\mathrm{T}} \subset R\,\}.$$

Die Abbildung μ ordnet also jeder Relation R aus $\mathcal{R}$ die Menge aller darin enthaltenen Atome zu, welche durch Paare von Punkten repräsentiert sind.

Wie man aus der Verbandstheorie weiß, etabliert eine solche Abbildung jedenfalls einen Isomorphismus für die Struktur eines vollständigen atomaren booleschen Verbandes.

Es fehlen also nur noch die Nachweise für $\mu(RS) = \mu(R)\mu(S)$ und $\mu(R^{\mathrm{T}}) = [\mu(R)]^{\mathrm{T}}$, die wir mit dem Zwischenpunktsatz 2.4.8 unter mehrfacher Verwendung von (2.4.4.i) führen:

$$\begin{aligned}
\mu(RS) &= \{\,(x,y) \mid xy^{\mathrm{T}} \subset RS\,\} = \{\,(x,y) \mid \exists z : xz^{\mathrm{T}} \subset R \text{ und } zy^{\mathrm{T}} \subset S\,\}\\
&= \{\,(x,y) \mid xy^{\mathrm{T}} \subset R\,\}\,\{\,(x,y) \mid xy^{\mathrm{T}} \subset S\,\} = \mu(R)\mu(S).\\
\mu(R^{\mathrm{T}}) &= \{\,(x,y) \mid xy^{\mathrm{T}} \subset R^{\mathrm{T}}\} = \{\,(y,x) \mid xy^{\mathrm{T}} \subset R\,\} = [\mu(R)]^{\mathrm{T}}. \qquad \square
\end{aligned}$$

Wir geben nun in Abb. A.2.2 eine heterogene Relationenalgebra an, die insgesamt 10 Relationen umfaßt, also ebenfalls aus Kardinalitätsgründen nicht darstellbar ist. Beispielsweise ergibt sich die Menge $\mathcal{R}_{\sqcup,e}$ als $\{e, f, g, h\}$. In ihr befinden sich die ausgezeichneten Elemente $O_e = O_f = O_g = O_h = e$.

$.\sqcup.$	a	b	c	d	e	f	g	h	i	j
a	a	b								
b	b	b								
c			c	d						
d			d	d						
e					e	f	g	h		
f					f	f	f	f		
g					g	f	g	f		
h					h	f	f	h		
i									i	j
j									j	j

$.\sqcap.$	a	b	c	d	e	f	g	h	i	j
a	a	a								
b	a	b								
c			c	c						
d			c	d						
e					e	e	e	e		
f					e	f	g	h		
g					e	g	g	e		
h					e	h	e	h		
i									i	i
j									i	j

$.\circ.$	a	b	c	d	e	f	g	h	i	j
a	a	a	c	c						
b	a	b	c	d						
c					c	c	c	c	a	a
d					c	d	d	d	a	b
e					e	e	e	e	i	i
f					e	f	f	f	i	j
g					e	f	g	h	i	j
h					e	f	g	h	i	j
i	i	i	e	e						
j	i	j	e	f						

	$.^{\mathrm{T}}$	$\overline{.}$
a	a	b
b	b	a
c	i	d
d	j	c
e	e	f
f	f	e
g	g	h
h	h	g
i	c	j
j	d	i

R	O_R	L_R	I^R	${}^{R}I$
a	a	b	b	b
b	a	b	b	b
c	c	d	b	g
d	c	d	b	g
e	e	f	g	g
f	e	f	g	g
g	e	f	g	g
h	e	f	g	g
i	i	j	g	b
j	i	j	g	b

Abb. A.2.2 Eine 10-elementige heterogene Relationenalgebra

Wir können diese Relationenalgebra zu der aus Abb. A.2.1 in Beziehung setzen: (Ein Indexpaar ij an einer Matrix gebe deren Zeilen- und Spaltenzahl an. Ein einzelner Index stehe für die Reihenzahl einer quadratischen Matrix.) Den Elementen $a, \ldots, j$ entsprechen in dieser Reihenfolge die booleschen Matrizen O_1, L_1, O_{12}, L_{12}, O_2, I_2, $\overline{I}_2$, L_2, O_{21} und L_{21}.

Wir formulieren nun noch als leicht zu verifizierenden Satz, daß auch die Matrizen mit Koeffizienten in einer Relationenalgebra wieder eine Relationenalgebra bilden.

A.2.5 Satz. Ist $\mathcal{R}$ eine homogene Relationenalgebra, so bilden die n-reihigen Matrizen mit Koeffizienten in $\mathcal{R}$ wieder eine Relationenalgebra, wenn man $\sqcup$, $\sqcap$, $^-$, O, L komponentenweise erklärt, jedoch Transposition und Multiplikation abweichend von Definition 2.3.1 definiert durch

$$S^{\mathrm{T}}(i,k) := [S(i,k)]^{\mathrm{T}};$$

$$RS(i,k) := \sup\{\, R(i,j)S(j,k) \in \mathcal{R} \mid 1 \le j \le n \,\}. \qquad \square$$

Hiermit ist sichergestellt, daß wir in der Tat in Kapitel 10 mit den Graphen, bei denen die Pfeile mit Relationen bewertet waren, wie in einer Relationenalgebra rechnen durften.

Wir fügen noch einige Bemerkungen zur Historie an: Die erste konsequente Entwicklung solcher Algebren muß man de Morgan und Peirce zuschreiben (siehe etwa BRINK 79A und MICHAEL 79). Ihre Arbeit wurde systematisch fortgeführt von E. Schröder in seiner „Algebra der Logik", in der er Operationen studiert, die auf Relationen angewendet werden, ohne daß ausgenutzt wird, daß es sich um „Relationen zwischen Individuen" handelt. Diese algebraische Behandlung wurde besonders durch L. Löwenheim fortgesetzt.

Ein halbes Jahrhundert später gaben Tarski (1941) und Riguet (1948) eine moderne Grundlegung für einen „Kalkül der Relationen". Unabhängig entwickelte sich eine Theorie der „projektiven Algebra", beginnend mit EVERETT, ULAM 46. Subtile Verfeinerungen über „zylindrische Algebren" sind ausführlich in HENKIN, MONK, TARSKI, ANDRÉKA, NÉMETI 81 besprochen. Die Querbeziehungen zwischen diesen Algebren wurden bald bemerkt; siehe CHIN, TARSKI 48, MCKINSEY 48, LYNDON 61, MONK 61 oder BEDNAREK, ULAM 78. Fragen der Vollständigkeit und Entscheidbarkeit sind KALICKI, SCOTT 55, TARSKI 56 und SCHÖNFELD 79 nachgegangen.

A.3 Fixpunktsätze und Antimorphie

Wir hatten mehrfach eine Relation X als Lösung einer Fixpunktgleichung $X = \rho(X)$ bestimmt. Die Fragen nach Existenz und iterativer Berechenbarkeit wurden jedesmal nach ähnlichem Schema entschieden. Dies lag an typischen verbandstheoretischen Eigenschaften von ρ und hatte wenig mit der Theorie der Relationen zu tun. Die ersten Resultate dieser Art gehen auf Untersuchungen von A. Tarski und B. Knaster zurück.

Eine Abbildung $\rho: V \longrightarrow W$ zwischen vollständigen Verbänden heißt **isoton** (auch monoton), wenn eines der folgenden, leicht als äquivalent nachzuweisenden Gesetze gilt; dabei machen wir – wie oft üblich – von der abkürzenden Notation $\rho(S) = \{\, \rho(s) \mid s \in S \,\}$ Gebrauch:

$$\begin{array}{rl} \rho(x) \subset \rho(y) & \text{falls } x, y \in V \text{ und } x \subset y; \\ \sup \rho(S) \subset \rho(\sup S) & \text{für alle } S \subset V; \\ \rho(\inf S) \subset \inf \rho(S) & \text{für alle } S \subset V. \end{array}$$

A.3.1 Satz (*Existenz kleinster Fixpunkte isotoner Abbildungen*). In einem vollständigen Verband V besitzt jede isotone Abbildung $\rho: V \longrightarrow V$ einen (eindeutig bestimmten) kleinsten Fixpunkt a. Dieser Fixpunkt kann auch beschrieben werden als kleinstes **kontrahiertes Element (Post-Fixpunkt)**

$$a = \inf\{\, x \mid \rho(x) = x \,\} = \inf\{\, x \mid \rho(x) \subset x \,\}.$$

Beweis: Man betrachte die Menge $\mathcal{A} := \{\, x \mid \rho(x) \subset x \,\}$ aller kontrahierten Elemente von V. Diese Menge ist nicht leer, weil mit Sicherheit das größte Element des Verbandes kontrahiert wird. Wir definieren nun $a := \inf \mathcal{A}$, benutzen also die zweite Charakterisierung zur Definition und beweisen anschließend, daß a notwendigerweise der kleinste Fixpunkt sein muß.

Für alle $x \in \mathcal{A}$ gilt nach Definition $a \subset x$, woraus sich mit Hilfe der Isotonie von ρ ergibt $\rho(a) \subset \rho(x)$. Da es sich bei den betrachteten Elementen x nur um kontrahierte Elemente handelt, kann man diese Inklusion fortsetzen mit $\rho(x) \subset x$ und hat in $\rho(a)$ eine weitere untere Schranke für $\mathcal{A}$ gewonnen, die notwendig kleiner ist als die per definitionem *größte* untere Schranke a; also gilt $\rho(a) \subset a$. Damit wiederum ist auch a ein kontrahiertes Element, welches folglich zu $\mathcal{A}$ gehört. Aus Isotoniegründen gilt ferner $\rho(\rho(a)) \subset \rho(a)$ und somit $\rho(a) \in \mathcal{A}$; also auch $a \subset \rho(a)$. Zusammen mit dem Vorherigen ergibt sich daher in der Tat $\rho(a) = a$. □

Da Verbände keine Präferenz hinsichtlich der Richtungen $\subset$ und $\supset$ erkennen lassen, hat man auch die duale Variante dieses Satzes:

A.3.2 Satz (*Existenz von größten Fixpunkten isotoner Abbildungen*). In einem vollständigen Verband V besitzt jede isotone Abbildung $\rho: V \longrightarrow V$ einen (eindeutig bestimmten) größten Fixpunkt b. Dieser Fixpunkt kann auch beschrieben werden als größtes **expandiertes Element (Prä-Fixpunkt)**

$$b = \sup\{\, x \mid x = \rho(x)\,\} = \sup\{\, x \mid x \subset \rho(x)\,\}. \qquad \square$$

Man muß sich aber darüber im klaren sein, daß bei aller Symmetrie, die in einem Verband herrscht, sofort nach Anwendung auf die Relationenalgebra Differenzierungen auftreten. In der Relationenalgebra gibt es eine starke Bevorzugung des ersten der beiden Sätze, wenn die Abbildung ρ von der Art $\rho(x) = Bx$ ist. Bei der Bedingung $Bx \subset x$ steht das Produkt auf der kleineren Seite und ist daher algebraisch einigermaßen manipulierbar; bei der Form $x \subset Bx$ steht es hingegen auf der größeren Seite, was sich immer als Hindernis für Umformungen herausgestellt hatte.

Durch die bisherigen Überlegungen ist ein kleinster bzw. größter Fixpunkt von ρ mit den üblichen mathematischen Hilfsmitteln *deskriptiv* gegeben. Für seine zielgerichtete *Berechnung* ist damit noch nichts getan – es sei denn, man bestimmt Fixpunkte in einem endlichen Verband, wo stets das Hilfsmittel des Durchprüfens aller Möglichkeiten besteht. In einem nichtendlichen Verband hat man dieses Mittel nicht, und man hat sich über Möglichkeiten einer iterativen Berechnung oder Approximation dieser Fixpunkte Gedanken zu machen. Leider gelingt es im allgemeinen nur, eine untere Schranke für den kleinsten bzw. eine obere Schranke für den größten Fixpunkt iterativ zu berechnen. Erst wenn die isotone Abbildung ρ zusätzliche Eigenschaften besitzt, gelingt es, den jeweiligen Fixpunkt selbst zu approximieren.

A.3.3 Satz (*Iterative Schranke für den kleinsten Fixpunkt einer isotonen Abbildung*). Ist $\rho: V \longrightarrow V$ eine isotone Abbildung eines vollständigen Verbandes in sich, so kann ausgehend von irgendeinem Element a_0 mit der Eigenschaft $a_0 \subset \rho(a_0) \subset a$ (einem Prä-Fixpunkt, welchen man meist als $a_0 := O$ wählt) durch die Iteration

$$a_{i+1} := \rho(a_i) \quad \text{für } i \geq 0$$

eine untere Schranke $a_\infty := \sup_i a_i$ für ihren kleinsten Fixpunkt a bestimmt werden.

Beweis: Die Existenz des kleinsten Fixpunktes a ist mit Satz A.3.1 bereits gesichert. Wir zeigen zunächst, daß für die Iterationsfolge gilt

$$a_0 \subset a_1 \subset a_2 \subset \ldots \subset a.$$

Nach Voraussetzung gilt $a_0 \subset a$. Hieraus ergibt sich mit der Isotonie $a_1 = \rho(a_0) \subset \rho(a) = a$. Wir dürfen also $a_0 \subset a_1 \subset a$ als Anfang eines Induktionsbeweises verwenden. Aus der Annahme $a_{i-1} \subset a_i \subset a$, schließen wir durch Anwendung der isotonen Abbildung ρ auf $a_i = \rho(a_{i-1}) \subset a_{i+1} = \rho(a_i) \subset \rho(a) = a$. Der kleinste Fixpunkt a ist folglich eine obere Schranke für die monoton steigende Iterationsfolge, umfaßt also die kleinste obere Schranke a_∞. □

Natürlich gilt dies auch in dualer Form.

A.3.4 Satz (*Iterative Schranke für den größten Fixpunkt bei isotonen Abbildungen*). Ist $\rho: V \longrightarrow V$ eine isotone Abbildung eines vollständigen Verbandes in sich, so kann, ausgehend von irgendeinem Element b_0 mit der Eigenschaft $b \subset \rho(b_0) \subset b_0$ (einem Post-Fixpunkt, den man meist als $b_0 := L$ wählt) durch die Iteration

$$b_{i+1} := \rho(b_i) \quad \text{für } i \geq 0$$

eine obere Schranke $b_\infty := \inf_i b_i$ für ihren größten Fixpunkt b bestimmt werden. □

Allein aus der Voraussetzung über die Isotonie von ρ und aus der Startsituation

$$a_0 \subset \rho(a_0) \subset a$$

haben wir also die Existenz des Fixpunktes a, sowie dessen Eingrenzung durch die iterative Schranke

$$a_0 \subset a_1 \subset \ldots \subset a_\infty \subset a$$

zeigen können. Wegen $a_i \subset a_\infty \subset a$ gilt nun $a_{i+1} = \rho(a_i) \subset \rho(a_\infty) \subset \rho(a) = a$, so daß wir diese Eingrenzung verfeinern können zu

$$a_0 \subset a_1 \subset \ldots \subset a_\infty \subset \rho(a_\infty) \subset a.$$

In dieser Inklusionskette wird im allgemeinen Fall nirgends Gleichheit herrschen. Man könnte sogar die Iteration mit a_∞ wieder von vorne beginnen, und dabei hoffen, näher an den Fixpunkt a heranzukommen; a_∞ erfüllt nämlich ebenfalls die Anfangsbedingung für die Iteration. Wir wollen aber eine solche „transfinite Fortsetzung“ der Iteration über den ersten Häufungspunkt a_∞ hinaus nicht weiter studieren, da dies „rechnerisch nicht mehr zugänglich“ ist. Uns interessiert vielmehr, unter welchen Bedingungen die Ermittlung der iterativen Schranke a_∞ für den Fixpunkt a zur Approximation wird, d. h. wann $a = a_\infty$ ist. Bisher gilt nur

$$\rho(a_\infty) = \rho(\sup_{i \geq 0} a_i) \supset \sup_{i \geq 0} \rho(a_i) = \sup_{i \geq 0} a_{i+1} = a_\infty.$$

In der folgenden Definition postulieren wir, daß am kritischen Schritt in dieser Kette ebenfalls Gleichheit herrscht.

A.3.5 Definition. Die Abbildung $\rho: V \longrightarrow V$ eines vollständigen Verbandes in sich heiße **(aufwärts) stetig**, falls für jede Teilmenge $S \subset V$ gilt

$$\rho(\sup S) = \sup \rho(S). \qquad \square$$

Stetige Abbildungen sind insbesondere isoton; für eine zweielementige Menge $S = \{a, b\}$ mit $a \subset b$ und $\sup S = b$ gilt nämlich $\rho(b) = \rho(\sup S) = \sup(\rho(S)) = \sup\{\rho(a), \rho(b)\}$ und damit $\rho(a) \subset \rho(b)$.

A.3.6 Korollar (*Approximation des kleinsten Fixpunktes stetiger Abbildungen*). Ist die Abbildung ρ nicht nur isoton, sondern sogar stetig, so approximiert die Iteration nicht nur eine Schranke, sondern den kleinsten Fixpunkt a selbst, d. h. es gilt

$$a_0 \subset a_1 \subset \ldots \subset a_\infty = a. \qquad \square$$

Natürlich gibt es auch hier eine duale Variante, für die jedoch zu beachten ist, daß Stetigkeit hier mit einer Aufwärtsrichtung verbunden wurde, so daß man vor einer Dualisierung zunächst einen in analoger Weise abwärtsgerichteten Stetigkeitsbegriff einzuführen hat. Dann gilt, daß bei jeder **abwärts stetigen** Abbildung ρ, die also

$$\rho(\inf S) = \inf \rho(S)$$

erfüllt, der größte Fixpunkt approximiert werden kann:

$$b = b_\infty \subset \ldots \subset b_1 \subset b_0.$$

Durch Paare antitoner Abbildungen bestimmte Fixpunkte

Häufig ist die isotone Abbildung ρ des vollständigen Verbandes in sich nicht direkt gegeben, sondern sie entsteht durch Hintereinanderschaltung zweier antitoner Abbildungen. In diesem Fall lassen sich speziellere fixpunkttheoretische Betrachtungen anstellen. Vorgekommen ist dies in Abschnitt 6.3 für die Untersuchungen zum Initialteil, in Abschnitt 8.2 bei der Frage nach der Existenz von Kernen in einem Graphen und in Abschnitt 9.3 bei den Zuordnungen in 2-geteilten Graphen.

Wir gehen von der folgenden Grundsituation aus: Gegeben sind zwei vollständige Verbände (die in den Anwendungsfällen gelegentlich zusammenfallen) und zwei antitone (ebenfalls manchmal übereinstimmende) Abbildungen zwischen diesen Verbänden.

A.3.7 Definition. Eine Abbildung $\sigma: V \longrightarrow W$ eines vollständigen Verbandes V in einen vollständigen Verband W heißt **antiton**, wenn eines der folgenden äquivalenten Gesetze erfüllt ist:

i) $\sigma(v') \subset \sigma(v)$ falls $v \subset v'$;

ii) $\sigma(\sup S) \subset \inf \sigma(S)$ für alle $S \subset V$;

iii) $\sup \sigma(S) \subset \sigma(\inf S)$ für alle $S \subset V$. □

Wir machen also die folgende *Generalvoraussetzung*: Es seien $\sigma: V \longrightarrow W$ und $\pi: W \longrightarrow V$ antitone Abbildungen zwischen vollständigen Verbänden und $\rho: V \longrightarrow V$, $\varphi: W \longrightarrow W$ die durch $\rho(v) := \pi(\sigma(v))$ und $\varphi(w) := \sigma(\pi(w))$ gegebenen Hintereinanderschaltungen dieser Abbildungen. Natürlich sind ρ und φ isotone Abbildungen des vollständigen Verbandes V bzw. W in sich, für die wir bereits die entsprechenden Aussagen über Existenz, Schranken und Approximation von Fixpunkten als etabliert ansehen können. (*Nicht* vorausgesetzt wird, daß wie bei einer Galois-Verbindung stets $v \subset \rho(v)$ und $w \subset \varphi(w)$.)

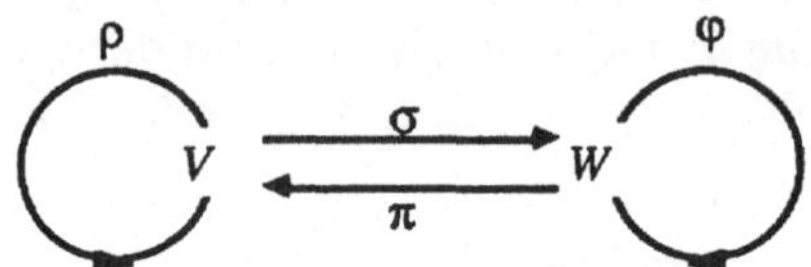

Abb. A.3.1 Paar antitoner Abbildungen

A.3.8 Satz (*Existenz extremaler Fixpunkte zu einem Paar antitoner Abbildungen*). Unter obiger Generalvoraussetzung gilt folgendes:

i) ρ und φ sind isoton.

ii) ρ hat einen eindeutig bestimmten kleinsten Fixpunkt a, der auch darstellbar ist als kleinstes kontrahiertes Element,
$$a = \inf\{ v \mid \rho(v) \subset v \} = \inf\{ v \mid \rho(v) = v \}.$$

iii) φ hat einen eindeutig bestimmten größten Fixpunkt b, der auch darstellbar ist als größtes expandiertes Element,
$$b = \sup\{ w \mid w \subset \varphi(w) \} = \sup\{ w \mid w = \varphi(w) \}.$$

iv) $b = \sigma(a), \quad \pi(b) = a.$

Beweis: Die ersten drei Punkte sind nach den Vorbemerkungen klar. Es geht also nur noch darum, die Aussage (iv) über die relative Lage der extremalen Fixpunkte zueinander zu beweisen. Gezeigt wird zunächst nur eine Hälfte davon:
$$\sup\{ w \mid \varphi(w) = w \} = b \subset \sigma(a), \qquad \pi(b) \subset a = \inf\{ v \mid \rho(v) = v \}.$$

Im ersten Fall gehen wir von irgendeinem der betrachteten w aus. Dafür gilt $w = \varphi(w) = \sigma(\pi(w))$ und damit auch $\pi(w) = \pi(\varphi(w)) = \pi(\sigma(\pi(w))) = \rho(\pi(w))$, so daß $\pi(w)$ ein Fixpunkt von ρ sein muß. Da a kleinster Fixpunkt von ρ ist, gilt $a \subset \pi(w)$, woraus aufgrund der Antitonie von σ folgt $w = \varphi(w) = \sigma(\pi(w)) \subset \sigma(a)$. Alle betrachteten w, also auch deren Supremum b, sind demnach kleiner oder gleich $\sigma(a)$. Für den zweiten Fall verfährt man dual. Wendet man nun σ auf $\pi(b) \subset a$ an und π auf $b \subset \sigma(a)$, so ergeben sich mit $b = \varphi(b) = \sigma(\pi(b)) \supset \sigma(a)$ und $\pi(b) \supset \pi(\sigma(a)) = \rho(a) = a$ die restlichen Beziehungen. □

Wiederum haben wir die Lösung deskriptiv angegeben, woraus sich noch keine Möglichkeit zu deren (iterativer) Berechnung ergibt. Natürlich erwarten wir, daß es ähnlich wie in Satz A.3.3 iterative Schranken geben wird, und daß angesichts von Korollar A.3.6 Bedingungen von der Art der Stetigkeit notwendig werden, wenn die extremalen Fixpunkte selbst approximiert werden sollen.

A.3.9 Satz (*Iterative Schranken für die extremalen Fixpunkte zu einem Paar antitoner Abbildungen*). Unter unserer Generalvoraussetzung führt eine zweiseitige Iteration

$$a_{i+1} := \pi(b_i), \qquad b_{i+1} := \sigma(a_i), \quad i \geq 0$$
$$a_\infty := \sup_i a_i, \qquad b_\infty := \inf_i b_i,$$

startend von zwei Elementen a_0, b_0, die $a_0 \subset \pi(b_0) \subset a$ und $b \subset \sigma(a_0) \subset b_0$ erfüllen (und die meist gewählt werden als $a_0 := O$ und $b_0 := L$), zu den folgenden iterativen Schranken für die extremalen Fixpunkte a und b:

$$a_0 \subset a_1 \subset \ldots \subset a_\infty \subset \pi(b_\infty) \subset a, \quad b \subset \sigma(a_\infty) \subset b_\infty \subset \ldots \subset b_1 \subset b_0.$$

Beweis: Vorab beweisen wir, daß die spezielle Wahl $a_0 := O$, $b_0 := L$ sich dem allgemeinen Fall unterordnet: Nichttrivial ist $\pi(b_0) \subset a$ und $b \subset \sigma(a_0)$, was sich mit $a = \pi(\sigma(a))$ und $b = \sigma(\pi(b))$ aus $b_0 \supset \sigma(a)$, $\pi(b) \supset a_0$ ergibt.

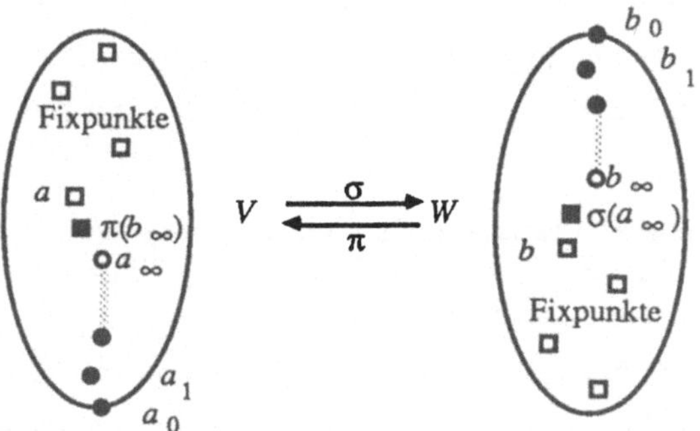

Abb. A.3.2 Schranken und Fixpunkte antitoner Abbildungen

Da ρ und φ isoton sind, besteht wenigstens die Situation aus Satz A.3.8, und wir haben den kleinsten Fixpunkt a von ρ und den größten Fixpunkt b von φ. Wir beginnen also die Iteration in der folgenden Situation:

$$a_0 \subset a_1 = \pi(b_0) \subset a_2 = \pi(b_1) \subset a, \quad b \subset b_2 = \sigma(a_1) \subset b_1 = \sigma(a_0) \subset b_0,$$

und wir haben dabei bereits eingebracht, daß von

$$a_0 \subset a_1 \subset a, \qquad b \subset b_1 \subset b_0$$

geschlossen werden kann auf

$$\sigma(a_0) \supset \sigma(a_1) \supset \sigma(a), \qquad \pi(b) \supset \pi(b_1) \supset \pi(b_0),$$

d. h. auf

$$b_1 \supset b_2 \supset b, \qquad a \supset a_2 \supset a_1.$$

Man beachte, daß hier im Grunde zwei in folgender Weise verschränkte Folgen vorliegen:

$$\begin{array}{ccccccccccccc} a_0 & & & & a_2 & & & & a_4 & & & & \dots \\ & \subset & & \subset & & \subset & & \subset & & \subset & & \subset & \\ & & a_1 & & & & a_3 & & & & a_5 & & \dots \end{array}$$

von denen man die erste mit dem Anfangswert a_0 durch Anwendung von ρ und die zweite mit dem Anfangswert $a_1 = \pi(b_0)$ ebenfalls durch Anwendung von ρ erzeugen kann; entsprechend auf der anderen Seite. Daher werden für den Induktionsschluß zwei Anfangsbedingungen benötigt. Wir nehmen nun an

$$a_{i-1} \subset a_i \subset a \quad \text{und} \quad b \subset b_i \subset b_{i-1} \quad \text{für } i \geq 1.$$

Einmalige Verwendung der Antitonie liefert

$$\sigma(a_{i-1}) = b_i \supset \sigma(a_i) = b_{i+1} \supset \sigma(a) = b,$$
$$\pi(b) = a \supset \pi(b_i) = a_{i+1} \supset \pi(b_{i-1}) = a_i.$$

Wir haben also in der Tat mit

$$a_0 \subset a_1 \subset a_2 \subset \ldots \subset \sup_i a_i =: a_\infty \subset a$$
$$b_0 \supset b_1 \supset b_2 \supset \ldots \supset \inf_i b_i =: b_\infty \supset b$$

die iterativen Schranken a_∞ und b_∞ für die beiden Fixpunkte angegeben. Wegen der Antitonie gilt für diese Grenzwerte

$$a_\infty = \sup_i \pi(b_i) \subset \pi(\inf_i b_i) = \pi(b_\infty), \qquad b_\infty = \inf_i \sigma(a_i) \supset \sigma(\sup_i a_i) = \sigma(a_\infty),$$

sowie $\pi(b_\infty) \subset \pi(b) = a$ und $\sigma(a_\infty) \supset \sigma(a) = b$ aufgrund von $b_\infty \supset b$ und $a_\infty \subset a$. □

Allein aus der Generalvoraussetzung über Antitonie von σ, π und aus den Startbedingungen haben wir also die Existenz der Fixpunkte a, b sowie deren Eingrenzung durch die iterativen Schranken

$$a_0 \subset a_1 \subset \ldots \subset a_\infty \subset \pi(b_\infty) \subset a, \qquad b \subset \sigma(a_\infty) \subset b_\infty \subset \ldots \subset b_1 \subset b_0$$

zeigen können. In diesen Inklusionsketten wird im allgemeinen Fall nirgends Gleichheit herrschen. Wenn man a_∞, b_∞ erhalten hat, kann man wieder von vorn beginnen, da auch dieses Paar wieder die Anfangsbedingungen für die Iteration erfüllt, und auch hier hoffen, näher an a, b heranzukommen. Uns interessiert jedoch mehr, unter welcher Bedingungen die iterative Gewinnung der Schranken für die Fixpunkte zur Approximation dieser Fixpunkte wird, wann also $a_\infty = a$ und $b = b_\infty$ gilt.

Ein erstes Resultat erhalten wir für den oft studierten Fall der Galois-Verbindung, d. h. bei Gültigkeit von $v \subset \rho(v)$ und $w \subset \varphi(w)$: Die fallende Iteration $b_{i+1} = \sigma(\pi(b_{i-1})) = \varphi(b_{i-1}) \subset b_{i-1}$ wird schon mit $b_2 = b_1 = b_0$ stationär und damit die steigende Iteration bei $a_0 \subset a_1 = a_2$.

Im allgemeinen Fall gehen wir etwas indirekt vor insofern, als wir nicht Aussagen über a, a_∞, b, b_∞ beweisen, sondern nur Aussagen über a_∞, b_∞. Im Grunde postulieren wir jetzt in (i) und (ii) genau das, was wir gerne haben möchten.

A.3.10 Satz (*Approximation der extremalen Fixpunkte eines „stetig antitonen" Paars von Abbildungen*).

i) $\sup \pi(T) = \pi(\inf T)$ für alle $T \subset W \implies a_\infty = \pi(b_\infty)$,

ii) $\sigma(\sup S) = \inf \sigma(S)$ für alle $S \subset V \implies b_\infty = \sigma(a_\infty)$,

iii) Unter den Voraussetzungen von (i) und (ii) gilt $a = a_\infty,\quad b = b_\infty$.

Beweis: Für (i) und (ii) betrachte man die letzten beiden Formelzeilen des vorangegangenen Beweises. Wenn beide Beziehungen gelten, kann man für (iii) fortfahren: $a_\infty = \pi(b_\infty) = \pi(\sigma(a_\infty)) = \rho(a_\infty)$, $b_\infty = \sigma(a_\infty) = \sigma(\pi(b_\infty)) = \varphi(b_\infty)$. Da mithin a_∞, b_∞ Fixpunkte von ρ bzw. φ sind, können sie nicht mehr echt kleiner als der kleinste bzw. echt größer als der größte Fixpunkt sein. □

Die Voraussetzungen (i) und (ii) sind Verschärfungen der Antitonie-Eigenschaft (A.3.7), jedoch in *unterschiedlichen* Richtungen für σ und π. Wie man an den folgenden Erörterungen sehen wird, ist das gleichzeitige Bestehen *beider* Voraussetzungen nicht die Regel; manchesmal kommen andere Eigenschaften zu Hilfe.

A.3.11 Korollar (*Approximation der extremalen Fixpunkte eines Paars antitoner Abbildungen im endlichen Fall*). Sind die vollständigen Verbände endlich, so gilt $a_\infty = a$, $b_\infty = b$.

Beweis: Wegen der Endlichkeit werden die Approximationsfolgen stationär:

$$a_0 \subset \ldots \subset a_m = a_\infty \subset \pi(b_\infty) \subset a, \quad b \subset \sigma(a_\infty) \subset b_\infty = b_n \subset \ldots \subset b_0.$$

Nun ist aber $\pi(b_\infty) = \pi(b_n) = \pi(\sigma(a_{n-1})) = a_{n+1} \subset a_\infty$ mithin $\pi(b_\infty) = a_\infty$ und analog $\sigma(a_\infty) = b_\infty$. Jetzt kann man so vorgehen, wie im Beweis von (A.3.10.iii). □

Gelegentlich kommt es vor, daß zwar zwei Bedingungen des in (A.3.10) nötigen Typs erfüllt sind, daß sie aber nicht in der wünschenswerten Weise zusammenwirken, daß sie vielmehr für π *und* σ von der Art (A.3.10.i) oder für π *und* σ von der Art (A.3.10.ii) sind. Dann folgt daraus nicht ohne weiteres die Approximierbarkeit. Wir lernen nun jedoch einen vor allem von den Anwendungen her wichtigen Fall kennen, in dem trotz der Richtungs-Unverträglichkeit dieser Gesetze die Approximation möglich ist. Dazu dient ein Mechanismus, mit dem man das zweite Gesetz „in die gewünschte Richtung klappen" kann. Wir nehmen dafür an, es liege nicht nur ein vollständiger Verband, sondern sogar ein vollständiger *boolescher* Verband vor. Dann dürfen Komplemente gebildet werden, die den üblichen Rechengesetzen genügen; siehe Abschnitt A.1.

A.3.12 Satz (*Approximation der extremalen Fixpunkte antitoner Funktionspaare in vollständigen* booleschen *Verbänden*). Gegeben sei irgendeine stetige Abbildung f. Die Abbildung π habe die Eigenschaften

$$\pi(\sup T) = \inf \pi(T) \qquad \text{für alle } T \subset W,$$
$$\pi(w) = f(\overline{\pi(\overline{w})}) \qquad \text{für alle } w \in W;$$

die Abbildung σ habe die Eigenschaft

$$\sigma(\sup S) = \inf \sigma(S) \qquad \text{für alle } S \subset V.$$

Dann gilt $a_\infty = a$, $b_\infty = b$.

Beweis: Offenbar erfüllt σ die Bedingung (A.3.10.ii). Mit der Hilfsformel über die Negation klappen wir die Beziehung für π so, daß (A.3.10.i) erfüllt wird:

$$\begin{aligned}\pi(\inf T) &= f(\overline{\pi(\overline{\inf T})}) = f(\overline{\pi(\sup \overline{T})}) = f(\overline{\inf \pi(\overline{T})}) = f(\sup \overline{\pi(\overline{T})}) \\ &= \sup f(\overline{\pi(\overline{T})}) = \sup \pi(T).\end{aligned}$$ □

Für die Abbildung f kann man mit einer Konstanten d etwa nehmen $f(x) := x \sqcup d$; insbesondere $f(x) := x \sqcup \pi(L)$. Als duales Resultat erhalten wir

A.3.13 Satz (*Approximation der extremalen Fixpunkte antitoner Funktionspaare in vollständigen* booleschen *Verbänden*). Gegeben sei irgendeine abwärts stetige Abbildung g. Die Abbildung σ habe die Eigenschaften

$$\sup \sigma(S) = \sigma(\inf S) \qquad \text{für alle } S \subset V,$$
$$\sigma(v) = g(\overline{\sigma(\overline{v})}) \qquad \text{für alle } v \in V;$$

die Abbildung π habe die Eigenschaft

$$\sup \pi(T) = \pi(\inf T) \qquad \text{für alle } T \subset W.$$

Dann gilt $a_\infty = a$, $b_\infty = b$. □

Eine typische Abbildung g bildet das Schneiden $g(x) = x \sqcap c$ mit einer Konstanten c; insbesondere im Falle $g(x) = x \sqcap \sigma(O)$.

Zum Abschluß geben wir fünf Beispiele an, die belegen, wie zentral diese Antimorphiesätze sind. In jedem Fall hätte man die hier entwickelte allgemeine Theorie verwenden und dadurch die Ausführungen in den früheren Kapiteln wesentlich knapper gestalten können.

Initialteil als Fixpunkt eines Paars antitoner Abbildungen

In Abschnitt 6.3 wurde als vollständiger Verband die Potenzmenge der Punktmenge V eines Graphen betrachtet. Wenn der Initialteil in (6.3.2) definiert wird als

$$J(B) = \inf\{\, x \mid \overline{x} \subset B\overline{x} \,\},$$

und wenn anschließend Iterationen

$$z_{-1} := O, \quad z_{i+1} := \overline{B\overline{z_i}}, \quad i \geq -1$$

betrachtet werden, kann man stattdessen im Lichte der soeben dargestellten allgemeinen Theorie von den antitonen Abbildungen $\sigma, \pi: 2^V \longrightarrow 2^V$ ausgehen, die definiert sind als

$$\sigma(x) := B\overline{x}, \quad \pi(x) := \overline{x}.$$

Damit ist $\rho(x) = \pi(\sigma(x)) = \overline{B\overline{x}}$ und $\varphi(y) = \sigma(\pi(y)) = By$. Folglich existieren die beiden extremalen Fixpunkte a und b, und es gilt $a = J(B)$ sowie wegen $a = \pi(b)$ auch $\overline{b} = J(B) = a$. Ferner haben wir $b = \sigma(a)$ entsprechend $\overline{J(B)} = B\overline{J(B)}$. Man überlegt sich, daß dann die Darstellungen in (6.3.2.i) mit (A.3.8.ii, iii) korrespondieren. Die Iteration aus (6.3.4) lautet hier,

$$a_{-1} := O, \quad a_{i+1} := \pi(\sigma(a_i)) = \rho(a_i) = \overline{B\overline{a_i}}, \quad i \geq -1$$

und folglich entspricht a_∞ dem Grenzwert $\sup_h \overline{B^h L}$. Die Iterationen starten wie folgt:

$$O = a_0 = a_1 = O \subset a_2 = \overline{BL} = a_3 = \overline{BL} \subset a_4 = \overline{B^2L} \subset \ldots \subset a_\infty = \sup_h \overline{B^hL},$$

$$L = b_0 \supset b_1 = BL = b_2 = BL \supset b_3 = B^2L = b_4 = B^2L \supset \ldots \supset b_\infty = \inf_h B^hL.$$

Jetzt überprüfen wir die Frage der Approximierbarkeit. Zwar gilt

$$\sup \pi(T) = \sup\{\pi(t) \mid t \in T\} = \sup\{\overline{t} \mid t \in T\} = \overline{\inf\{t \mid t \in T\}} = \pi(\inf T)$$

und deshalb $a_\infty = \pi(b_\infty)$ nach (A.3.10.i), doch bringt dies noch keine Approximierbarkeit, denn im allgemeinen Fall haben wir nur

$$\begin{aligned}\sigma(\sup S) &= B\overline{\sup S} = B\inf\{\overline{v} \mid v \in S\} \\ &\subsetneqq \inf\{B\overline{v} \mid v \in S\} = \inf\{\sigma(v) \mid v \in S\} = \inf \sigma(S),\end{aligned}$$

und deswegen auch nur $\sigma(a_\infty) \subsetneqq b_\infty$, entsprechend $B \inf_h B^hL \subsetneqq \inf_h B^hL$.

Wenn mit (6.3.3.v) für einen endlichen Graphen dennoch Gleichheit und damit auch Approximierbarkeit bewiesen werden konnte, so beruhte dies auf Korollar A.3.11. Ferner kann man (6.3.3.ii) auf Satz A.3.13 zurückführen, weil B nach (4.2.2) genau dann eindeutig ist, wenn $B\overline{v} = \overline{Bv} \sqcap BL$ gilt, d. h. $\sigma(v) = \overline{\sigma(\overline{v})} \sqcap \sigma(O)$, und weil wegen der $\sqcup$-Distributivität gilt

$$\begin{aligned}\sup \sigma(S) &= \sup\{\sigma(v) \mid v \in S\} = \sup\{B\overline{v} \mid v \in S\} = B\sup\{\overline{v} \mid v \in S\} \\ &= B\,\overline{\inf\{v \mid v \in S\}} = \sigma(\inf S).\end{aligned}$$

Kerne als Fixpunkte eines Paars antitoner Abbildungen

In Abschnitt 8.2 hatten wir Kerne eines Graphen als Punktmengen s mit der Eigenschaft $\overline{Bs} = s$ definiert, wobei sich eine Iteration

$$a_0 := O, \quad a_{i+1} := \overline{B\overline{Ba_i}}, \quad i \geq 0$$

für eine iterative Bestimmung von Schranken verwenden ließ. Hier wirken offenbar wieder zwei antitone Abbildungen zusammen, die gleichlautend definiert sind als

$$\sigma(x) := \pi(x) := \overline{Bx}.$$

Die zugehörigen Abbildungen $\rho(x) = \varphi(x) = \overline{B\overline{Bx}}$ stimmen natürlich ebenfalls überein. Beide Iterationen spielen sich in demselben vollständigen booleschen Verband 2^V ab, liefern jedoch einmal die größte untere und beim anderen Mal die kleinste obere Schranke. Mit (A.3.8) wissen wir, daß diese Fixpunkte a und b existieren, und daß sie $a = \pi(b)$ (hier entsprechend $a = \overline{Bb}$) und $\sigma(a) = b$ (hier entsprechend $\overline{Ba} = b$) erfüllen. Die iterativen Schranken a_∞ und b_∞ erfüllen nach Satz A.3.13

$$a_\infty \subset \overline{Bb_\infty} \subset a = \overline{Bb} \subset b = \overline{Ba} \subset \overline{Ba_\infty} \subset b_\infty .$$

Bekanntlich gilt in Abschnitt 8.2 an der letzten Stelle schärfer $\overline{Ba_\infty} = b_\infty$, also $\sigma(a_\infty) = b_\infty$; dies ist mit (A.3.10.ii) eine Folge der $\sqcup$-Distributivität

$$\sigma(\sup_i a_i) = \overline{B \sup_i a_i} = \overline{\sup_i Ba_i} = \inf_i \overline{Ba_i} = \inf_i \sigma(a_i).$$

Konkurrierende und gesicherte Menge als Fixpunkte eines Paars antitoner Abbildungen

Im Falle der Bestimmung der konkurrierenden und der gesicherten Menge eines 2-geteilten Graphen in (9.3.7), die wir nun in den hier entwickelten allgemeinen Mechanismus einordnen wollen, fallen die Punktmengen V und W nicht mehr zusammen. Die antitonen Abbildungen sind nunmehr

$$\sigma(v) := \overline{Q^{\mathrm{T}}v} \quad \text{und} \quad \pi(w) := \overline{\lambda w}.$$

Damit liegt fest, daß wir linksseitig den kleinsten Fixpunkt für $\rho(v) = \overline{\lambda\overline{Q^{\mathrm{T}}v}}$ und rechtsseitig den größten Fixpunkt für $\varphi(w) := \overline{Q^{\mathrm{T}}\overline{\lambda w}}$ zu bestimmen haben, die in der Beziehung $\overline{\lambda b} = a$, $b = \overline{Q^{\mathrm{T}}a}$ stehen müssen. Hier herrscht Approximierbarkeit, was wir mit (A.3.12) nachweisen können. Es gilt nämlich

$$\begin{aligned}\sigma(\sup S) &= \overline{Q^{\mathrm{T}} \sup S} = \overline{\sup\{\, Q^{\mathrm{T}}s \mid s \in S\,\}}\\ &= \inf\{\, \overline{Q^{\mathrm{T}}s} \mid s \in S\,\} = \inf\{\, \sigma(s) \mid s \in S\,\} = \inf \sigma(S),\end{aligned}$$

aufgrund der $\sqcup$-Distributivität der Relationenmultiplikation, und ebenso

$$\pi(\sup T) = \inf \pi(T), \quad \text{sowie} \quad \pi(w) = \overline{\lambda w} = \lambda\overline{w} \sqcup \overline{\lambda L} = \pi(\overline{w}) \sqcup \pi(L).$$

Minimale Punktüberdeckungen

Noch an einer anderen Stelle war ein Paar antitoner Abbildungen aufgetaucht, und zwar bei der Untersuchung von Punktüberdeckungen an einem 2-geteilten Graphen (X, Y, Q) in Abschnitt 9.3. Dort wurde definiert $\sigma(s) := Q^{\mathrm{T}}\overline{s}$ und $\tau(t) := Q\overline{t}$, womit für die Hintereinanderschaltungen $\rho(s) := \tau(\sigma(s)) = Q\overline{Q^{\mathrm{T}}\overline{s}}$ und $\varphi(t) := \sigma(\tau(t)) = Q^{\mathrm{T}}\overline{Q\overline{t}}$ zu setzen wäre. In Abb. 9.3.3 ist dargestellt, wie die (linksseitigen) Fixpunkte von ρ „gegenläufig“ zu den (rechtsseitigen) Fixpunkten von φ in Beziehung stehen; hierunter insbesondere der kleinste linksseitige Fixpunkt $a \approx \emptyset$ zum größten rechtsseitigen $b \approx \{1, 3, 4, 5\}$. Beide werden in diesem endlichen Fall von der verschränkten Iteration

$$a_0 := O, \quad a_{i+1} := \tau(b_i); \quad b_0 := L, \quad b_{i+1} := \sigma(a_i), \quad i \geq 0$$

geliefert:

$$O = a_0 = a_1 = a_2 = a_\infty = a; \quad L = b_0 \subset b_1 = Q^{\mathrm{T}}L = b_\infty = b.$$

Sie erfüllen natürlich auch $a = \tau(b)$, hier $O = \overline{Q\overline{Q^{\mathrm{T}}L}}$, und $b = \sigma(a)$, hier $Q^{\mathrm{T}}L = Q^{\mathrm{T}}L$. Der Aspekt der Iteration zur Gewinnung des Paars a, b kommt daher ein wenig kurz, weil diese Iteration aufgrund der Galois-Eigenschaft bereits nach dem ersten Schritt stationär ist.

Majoranten und Minoranten

In Abschnitt 3.3 hatten wir die Funktionale Ma und Mi betrachtet, die einer Teilmenge von Elementen einer geordneten Menge V die Menge aller oberen bzw. unteren Schranken zuordnen und offenbar antitone Abbildungen sind: $\mathrm{Mi}, \mathrm{Ma}: 2^V \longrightarrow 2^V$.

Sie erfüllen Eigenschaften wie

$$\mathrm{Ma}(\sup T) = \inf \mathrm{Ma}(S), \quad \mathrm{Mi}(\sup S) = \inf \mathrm{Mi}(S)$$

aber auch

$$\mathrm{Mi}\,(\mathrm{Ma}(S)) \supset S, \quad \mathrm{Ma}\,(\mathrm{Mi}(S)) \supset S.$$

so daß eine Galois-Verbindung vorliegt. Auch hier ist daher die Iteration sehr schnell stationär: $\mathrm{Ma}(T) = \mathrm{Ma}\,\mathrm{Mi}\,\mathrm{Ma}(T)$, $\mathrm{Mi}(S) = \mathrm{Mi}\,\mathrm{Ma}\,\mathrm{Mi}(S)$.

Fixpunkte für $S \mapsto \mathrm{Mi}\,(\mathrm{Ma}(S))$ und $S \mapsto \mathrm{Ma}\,(\mathrm{Mi}(S))$ sind hier die nach unten bzw. oben gerichteten Kegel.

A.4 Literaturhinweise

Siehe auch die Literaturhinweise in Kapitel 2 und 4.

BEDNAREK AR, ULAM SM: *Projective algebra and the calculus of relations.* J. Symbolic Logic **43** (1978) 56–64.

BIRKHOFF G: *Lattice Theory.* Amer. Math. Soc. Colloq. Publ. Vol. XXV, Providence, R. I., 1967.

BRINK C: *The algebra of relatives.* Notre Dame J. Formal Logic **20** (1979) 900–908.

BRINK C: *Two axiom systems for relation algebras.* Notre Dame J. Formal Logic **20** (1979) 909–914.

CHIN LH, TARSKI A: *Remarks on projective algebras.* (Abstract 90) Bull. Amer. Math. Soc. **54** (1948) 80–81.

EVERETT CJ, ULAM S: *Projective algebra I.* Amer. J. Math. **68** (1946) 77–88.

HENKIN L, MONK JD, TARSKI A, ANDRÉKA H, NÉMETI I: *Cylindric set algebras.* Lecture Notes in Mathematics **883**, Springer, Berlin, 1981.

HENKIN L, MONK JD, TARSKI A: *Cylindric algebras, Part II.* North-Holland Publ. Co, Amsterdam, 1985.

JÓNSSON B, TARSKI A: *Boolean algebras with operators. Part II.* Amer. J. Math. **74** (1952) 127–162.

KALICKI J, SCOTT D: *Equational completeness of abstract algebras.* Indag. Math. **17** (1955) 650–659.

KAMEL H: *Relational algebra and uniform spaces.* J. London Math. Soc. **29** (1954) 342–344.

KNASTER B: *Un théorème sur les fonctions d'ensembles.* Ann. Société Polonaise de Mathématique **6** (1927) 133–134.

LYNDON RC: *The representation of relational algebras.* Ann. of Math. (2) **51** (1950) 707–729.

LYNDON RC: *The representation of relation algebras. II.* Ann. of Math. (2) **63** (1956) 294–307.

LYNDON RC: *Relation algebras and projective geometries.* Michigan Math. J. **8** (1961) 21–28.

MADDUX R: *Some sufficient conditions for the representability of relation algebras.* Algebra Universalis **8** (1978) 162–172.

MADDUX R, TARSKI A: *A sufficient condition for the representability of relation algebras.* Notices Amer. Math. Soc. **23** (1976) A-477.

MCKINSEY JCC: *Postulates for the calculus of binary relations.* J. Symbolic Logic **5** (1940) 85–97.

MCKINSEY JCC: *On the representation of projective algebras.* Amer. J. Math. **70** (1948) 375–384.

MICHAEL E: *A note on Peirce on Boole's algebra of logic.* Notre Dame J. Formal Logic 20 (1979) 636–638.

MONK JD: *Relation algebras and cylindric algebras.* Notices Amer. Math. Soc. **8** (1961) 358.

MONK JD: *On representable relation algebras.* Michigan Math. J. **11** (1964) 207–210.

SCHMIDT G, STRÖHLEIN T: *Relation algebras: Concept of points and representability.* Discrete Math. **54** (1985) 83–92.

SCHÖNFELD W: *An undecidability result for relation algebras.* J. Symbolic Logic **44** (1979) 111–115.

TARSKI A: *A lattice-theoretical fixpoint theorem and its applications.* Pacific J. Math. **5**(1955) 285–309.

TARSKI A: *Equationally complete rings and relation algebras.* Indag. Math. **18** (1956) 39–41.

VELOSO PAS: *The history of an error in the theory of representations of relation algebras.* J. Symbolic Logic **42** (1977) 473, **44** (1979) 466.

WOOYENAKA Y: *On postulate-sets for relation algebras.* Notices Amer. Math. Soc. **6** (1959) 534–535.

Allgemeine Literaturhinweise

Siehe auch die Hinweise am Schluß der einzelnen Kapitel.

AHO AV, HOPCROFT JE, ULLMANN JD: *The design and analysis of computer algorithms.* Addison-Wesley, Reading, Mass., 1974.

BAUER FL, WÖSSNER H: *Algorithmische Sprache und Programmentwicklung.* Springer, Berlin, 1981.

BERGE C: *The theory of graphs and its applications.* Methuen, London, 1962.

BERGE C: *Graphs and hypergraphs.* North-Holland Publ. Co., Amsterdam, 1973.

GERICKE H: *Theorie der Verbände.* Bibliographisches Institut, Mannheim, 1963.

KIM KH: *Boolean matrix theory and applications.* Dekker, New York, 1982.

KÖNIG D: *Theorie der endlichen und unendlichen Graphen.* Akademische Verlagsgesellschaft, Leipzig, 1936 (Nachdruck: Chelsea, New York).

NOLTEMEIER H: *Graphentheorie mit Algorithmen und Anwendungen.* de Gruyter, Berlin, 1976.

OBERSCHELP A: *Elementare Logik und Mengenlehre II.* Bibliographisches Institut, Mannheim, 1978.

RUDEANU S: *Boolean functions and equations.* North-Holland Publ. Co., Amsterdam, 1974.

TINHOFER G: *Methoden der angewandten Graphentheorie.* Springer, Wien, 1976.

TREMBLAY JP, MANOHAR R: *Discrete Mathematical Structures with Applications to Computer Science.* McGraw-Hill, New York, 1975.

Symbolverzeichnis

Mengen

Logik

Relationen

$\mathrm{eAn}(R)$	eindeutiger Anteil	63
$\mathrm{mAn}(R)$	mehrdeutiger Anteil	63
H_B	nichttransitiver Anteil, Hasse-Diagramm	141
R^+	transitive Hülle	36
R^*	reflexiv-transitive Hülle	36
$h_{\text{äquiv}}(R)$	Äquivalenzhülle	37
$J(R)$	Initialteil	122

Graphen

$\|\| R \|\|$	maximale Zeilenkardinalität	60
$g_V(x)$, $g_N(x)$	Vorgänger- bzw. Nachfolgergrad	26
$g_0(x)$	einfacher Grad	27
χ	Verbindungszahl	118
β	Absorptionszahl	177
α	Punktunabhängigkeitszahl	204
α^*	Kantenunabhängigkeitszahl	204
τ	Punktüberdeckungszahl	209
τ^*	Kantenüberdeckungszahl	209
g, γ	links (gauche) in 2-Teilung	55, 88
d, δ	rechts (droit) in 2-Teilung	55, 88

Ordnungen

E	„kleiner gleich“ als Relation	33
C	„kleiner“ als Relation	33
$\mathrm{Max}(t)$, $\mathrm{Min}(t)$	Maxima, Minima	43
$\mathrm{Ma}(t)$, $\mathrm{Mi}(t)$	Majoranten, Minoranten	44
$\mathrm{gr}(t)$, $\mathrm{kl}(t)$	größte bzw. kleinste Punkte	46
$\mathrm{lub}(t)$, $\mathrm{glb}(t)$	obere bzw. untere Grenzen	47
$\lfloor x \rfloor$	größte ganze Zahl $\leq x$	199

Programme

$\lceil \ldots \rfloor$	**begin**...**end**	236
$E;F$	Hintereinanderschaltung	236
if b **then** E **else** F **fi**	bedingte Verzweigung	236
$E[]F$, $\lceil b : E[]c : F \rfloor$	nichtdeterministische Verzweigung	236
while b **do** E **od**		236
repeat E **until** b		236
goto M		236
$\{v\}\mathcal{P}\{n\}$	partiell korrekt	244
$\langle\langle x \geq 1 \rangle\rangle$	Aussage als Relation	251
$\Box$, $[\mathcal{P}]$	box	259
$\Diamond$, $<\mathcal{P}>$	diamond	259
$\mathrm{wp}(\mathcal{P}, n)$	schwächste Vorbedingung	260
R/S	weakest prespecification	19

Sachverzeichnis